普通高等教育电气信息类系列教材

# 机电传动控制

## 第2版

主　编　孙　蓓　张志义
副主编　王　尧　白　岩
　　　　肖　鹏　尹维生
参　编　曹元勋　郑文岗

机 械 工 业 出 版 社

本书以常规机床及数控机床的控制系统为主线，力求突出机电结合、电为机用的特点，从实际应用出发，详细介绍各种电器元件、控制电路及软件编程。

本书共8章，内容包括继电—接触器控制电路、典型环节、常用机床电气控制线路分析；可编程序控制器的基础知识、基本指令及设计应用；伺服电动机原理及驱动、变频器原理及应用；数控机床电气控制系统介绍。

本书在修订过程中将现在机械设备常用的控制技术及最新的数控系统西门子828D介绍给读者，并将部分内容做了更新和修改，以适应科技进步的要求。

本书可作为机械设计制造及其自动化专业本科生教材，也可作为高职、自学考试学生及相关专业工程技术人员的参考书。

**图书在版编目（CIP）数据**

机电传动控制/孙蓓，张志义主编．—2版．—北京：机械工业出版社，2015.6（2024.8重印）
普通高等教育电气信息类系列教材
ISBN 978-7-111-50168-8

Ⅰ.①机…　Ⅱ.①孙…　②张…　Ⅲ.①电力传动控制设备-高等学校-教材　Ⅳ.①TM921.5

中国版本图书馆CIP数据核字（2015）第094056号

机械工业出版社（北京市百万庄大街22号　邮政编码100037）
策划编辑：时　静　责任编辑：时　静　尚　晨
责任校对：刘怡丹　责任印制：李　昂
北京捷迅佳彩印刷有限公司印刷
2024年8月第2版第10次印刷
184mm×260mm · 22.75印张 · 565千字
标准书号：ISBN 978-7-111-50168-8
定价：69.00元

| 电话服务 | 网络服务 |
| --- | --- |
| 客服电话：010-88361066 | 机　工　官　网：www.cmpbook.com |
| 010-88379833 | 机　工　官　博：weibo.com/cmp1952 |
| 010-68326294 | 金　　书　　网：www.golden-book.com |
| **封底无防伪标均为盗版** | 机工教育服务网：www.cmpedu.com |

# 前　　言

百年大计，教育为本。习近平总书记在党的二十大报告中强调“教育、科技、人才是全面建设社会主义现代化国家的基础性、战略性支撑”，首次将教育、科技、人才一体安排部署，赋予教育新的战略地位、历史使命和发展格局。

“机电传动控制”课程是机械设计制造及其自动化专业的一门必修专业基础课，是机电一体化人才所需电气知识的结构基础。由于电力传动控制装置和机械设备是一个不可分割的整体，所以本书以常规机床所需的控制元件及控制系统为主线，详细介绍了机电传动的基础知识、常规控制元件、典型控制线路及现代化机械设备中所需的先进控制技术和设备，如软起动器、伺服电动机及驱动、PLC、数控系统工作原理及应用。

参加本书编写的有孙蓓（编写第1、3章），张志义（编写第4、5章及7.3节），王尧（编写第2章及附录A），白岩（编写第6章、8.3节及附录B），肖鹏（编写8.1~8.2节），尹维生（编写7.1~7.2节），曹元勋、郑文岗负责全书的图稿编辑加工。全书由孙蓓和张志义共同统稿。

本书在编写过程中参阅了许多国内外的教材及文献，在此向这些文献资料的作者致谢。对本书的错误及不妥之处，敬请读者提出宝贵意见。

编　者

# 目　录

# 第 1 章　常用低压电器

## 1.1　概述

生产机械不仅需要电动机拖动，而且还需要一套控制装置，即各类电器，用以实现各种工艺要求。电器就是控制电的器具，即凡是用来分、合电路，能够实现对电路或非电路对象切换、控制、保护、检测、变换和调节目的的元件称为电器。

电器按其工作电压等级可分为高压电器和低压电器。低压电器通常指工作于交流频率 50Hz 或 60Hz，交流电压 1200V 及其以下或直流电压 1500V 及其以下电路中的电器；高压电器是指工作于交流电压 1200V 及以上或直流电压 1500V 及以上电路中的电器。

本章主要介绍几种常用的低压电器，并通过对它们的结构、工作原理、型号、有关技术参数、图形和文字符号、选用原则及使用注意事项等几方面的内容进行介绍，为以后正确选用电器打好基础。

### 1.1.1　常用低压电器的分类

低压电器的种类繁多，结构各异，分类方法也很多。常见的低压电器的分类见表 1-1。

表 1-1　常用低压电器的分类

| 类别 | | 用途 | 举例 |
|---|---|---|---|
| 按用途分类 | 控制电器 | 用于控制各种电路和控制系统 | 接触器、继电器、按钮等 |
| | 配电电器 | 用于电能的传送和分配 | 刀开关、熔断器、断路器等 |
| | 执行电器 | 用于完成某种动作或传送功能 | 电磁铁、电磁离合器等 |
| | 其他电器 | | 变频调速器、可编程控制器、软起动器等 |
| 按电气传动控制系统常用低压电器分类 | 刀开关 | 用于不频繁手动通断交直流电路 | 开启式负荷开关、组合开关等 |
| | 熔断器 | 用于短路或严重过载保护 | 插入式、螺旋式、有（无）填料式等 |
| | 断路器 | 用于手动或自动通断电路，短路、严重过载或欠电压保护 | 万能框架式、装置式、模数化、智能化等 |
| | 接触器 | 用于频繁自动通断交直流电路 | 交（直）流接触器、真空接触器等 |
| | 继电器 | 用于自动控制和保护电力拖动装置 | 电磁式、电子式、双金属片式、特种继电器等 |
| | 主令电器 | 用于向控制系统发号施令 | 按钮、行程及接近开关、主令控制器等 |
| | 电器安装附件 | | 插头插座、接线端子、行线槽等 |

### 1.1.2 我国低压电器发展概况

近年来，我国低压电器行业出现了巨大的变化，低压电器产品发展到了一个崭新的阶段。我国低压电器产品的发展大致可分为以下几个阶段：20 世纪 50 年代的全面仿苏阶段；20 世纪 60 年代初至 70 年代初，自行开发设计的统一设计产品阶段，以 CJ10、DZ10、DW10 为代表，约 29 个系列；20 世纪 70 年代后期到 80 年代，完成了更新换代，同时引进国外技术生产产品阶段。更新的产品以 CJ20、DZ20、DW15 系列为代表，共 56 个系列；20 世纪 90 年代跟踪国外新技术、新产品、自行开发、设计、研制生产阶段，以 DW40、DW45、DZ40、CJ40、S 系列等为代表的 10 多个系列；最近研发的具有性能优良、工作可靠、体积小、组合化、模块化等特点的智能化可通信电器，其总体技术性能达到或接近国外 20 世纪 90 年代水平。

### 1.1.3 国内外低压电器发展趋势

**1. 相关新技术的发展与应用**

（1）现代设计技术

现代设计技术主要表现在如下三个方面：

- 三维计算机辅助设计系统与制造软件系统的引入；
- 电器开关特性的计算机模拟和仿真；
- 现代化的样机测试手段。

（2）三维计算机辅助设计系统的应用

三维计算机辅助设计系统集设计、制造和分析于一体（CAD/CAM/CAE），能实现设计与制造的自动化与优化，从零件设计、装配到产品总装、仿真运行等均可在计算机上完成，并能让设计者在三维空间完成零部件设计和装配，并在此基础上自动生成工程图样，大幅度缩短开发周期与开发费用，提高产品性能与缩小体积。它的辅助制造部分能自动完成零件的模具设计和加工工艺，并生成相应的数控代码、直接带动数控机床。分析仿真部分能进行产品的应力分析、热场甚至电磁场的计算、机构的静态和动态特性分析，并能通过分析使产品的设计优化，获得最佳的性能和最小的体积。目前国外一些著名的电气公司已广泛采用三维设计系统来开发产品，国内在 20 世纪 90 年代初首先由常熟开关厂依靠 UG 三维设计系统开发 CM1 系列高分断性能的塑壳断路器获得成功，产品由于优异的性能，加上极短的开发周期，一方面很快占领了市场，使工厂取得显著的经济效益；另一方面也带动其他工厂纷纷引进这种新技术，目前该技术已广泛采用。

（3）低压电器专用计算机应用软件

上述的 CAD/CAM/CAE 系统一般是指通用软件，为完善设计和提高设计效率，除建立必需的数据、符号、标准元件库外，还需要一些专用分析、计算软件，如电磁系统三维分析、计算软件包、电器开关特性的计算机模拟和仿真、低压电器接通和分断过程动态仿真、电磁机构和触点系统运动过程动态仿真、电弧产生与熄灭过程的动态仿真、样机测试等。用 ANSYS 有限元分析软件可进行触点灭弧系统和脱扣器的磁场分析及电器机壳的强度分析；用 ADAMS 软件可进行操纵机构的动态特性分析，用 CFX－F3D 三维流体计算软件可分析灭弧过程中电弧等离子体微观参数等。

(4) 计算机网络系统的应用

微处理器技术和计算机技术的引入及计算机网络技术和信息通信技术的应用，一方面使低压电器智能化；另一方面使智能化电器与中央控制计算机可进行双向通信。进入 20 世纪 90 年代，随着计算机通信网络的发展，低压电器与控制系统已统一形成了智能化监控、保护与信息网络。它由智能化电器、监控器、中央计算机（包括可编程序控制器（PLC））及网络元件四部分组成。监控器在网络中起参数测量与显示、某些保护功能、通信接口作用，并代替传统的指令电器，信号电器和测量仪表。网络元件，用于形成通信网络，主要有现场总线、操作器与传感器接口、地址编码器及寻址单元等。

计算机网络系统的应用，不仅提高了低压配电与控制系统的自动化程度，而且实现了信息化，使低压配电、控制系统的调度、操作和维护实现了四遥（遥控、遥信、遥测、遥调），提高了整个系统的可靠性。实现区域联锁，使选择性保护匹配合理。采用新型监控元件，使可提供的信息量大幅度增加，实现信息共享，减少信息重复和信息通道，简化二次控制线路，接线简单，安装方便，提高工作可靠性，随着计算机网络的应用，对低压电器产品提出了新的要求。如：

- 如何实现低压电器元件与网络的连接；
- 用户和设备之间的开放性和兼容性；
- 标准化的通信规约（协议）以及可靠性问题；
- 电磁兼容性（Electro Magnetic Compatibility，EMC）要求等。

在计算机网络中，为了保证数据通信的双方能正确自动地进行通信，必须制定一套关于信息传输的顺序、信息格式和信息内容的约定，即通信协议。国际标准化组织制定了开放系统互联 ISO/OSI 参考模型，共七层，包括传输规程和用户规程等。一些国家和公司按照 ISO/OSI 参考模型相继推出了各自的现场总线标准，如欧洲标准 ProfiBus、我国的《低压电器数据通信规约（V1.0）》等。由于现场总线技术的出现，不但为构造分布式计算机控制系统提供条件，而且即插即用、扩充性好、维护方便。因此由智能化电器与中央计算机通过接口构成的自动化通信网络正从集中式控制向分布式控制发展，目前这种技术已成为国内外关注的热点。

(5) 可靠性技术

随着低压电器和控制系统的大型化、复杂化，系统元件越来越多，一个元件发生故障将可能导致整个系统瘫痪。因此，国内外重点研究以下几个方面。

- 可靠性物理研究，即产品失效机理研究；
- 可靠性指标与考核方法研究；
- 可靠性实验装置研究；
- 提高可靠性研究。

(6) 新的灭弧系统和限流技术

由于电力系统发展的需要，对低压开关电器提出了高性能和小型化的要求，传统意义上的灭弧系统已不能满足对低压开关电器分断能力的要求，因此，国内外致力于研究新的灭弧系统和限流技术，实现开关电器“无飞弧”。如采用一种三维磁场集中驱弧技术来提高塑壳断路器的分断性能；采用旋转式双断点的限流结构，并在前后级保护特性配合方面实现“能量匹配”以提高开关电器分断能力；采用新的绝缘材料抑制由于电极的金属蒸气扩散至绝缘器壁上形成的金属粒子堆积，加强对电弧的冷却作用等。

**2. 我国主要低压电器产品总体发展方向**

低压电器发展方向，取决于国民经济的发展和现代工业自动化发展的需要，以及新技术、新工艺、新材料研究与应用。随着我国电力系统的飞速发展，低压配电系统网络化迫在眉睫，大力发展有通信功能的低压电器，实现与低压配电网络通信是实现低压配电系统网络化、提高低压配电系统自动化程度及信息化的基础。目前我国低压电器的总体发展方向大致如下。

（1）可通信低压电器的发展

随着计算机网络的发展与应用，要求低压电器能与上位机或中央控制计算机进行通信，为了实现低压电器的双向通信功能，低压电器必须向电子化、集成化、智能化及机电一体化方面发展。对可通信低压电器的基本要求是：带通信接口、通信规约标准化、可以直接挂在总线上及符合低压电器标准和相关 EMC 要求。因此，各种可通信低压电器一般采用以下三种方案。

- 带通信接口电路，通过外部设备可与通信网络及其他电器连接；
- 传统电器上派生或增加联网接口和通信接口；
- 直接带计算机接口和通信接口功能的电器。

（2）传统低压电器的发展

随着科学技术的进步，新技术、新材料、新工艺不断出现，传统低压电器也不断更新换代，目前正向着以下几个方面发展：高性能、高可靠性、小型化、模数化、模块化、组合化和零部件通用化。

模块化使电器制造过程大为简便，通过不同模块积木式的组合，使电器可获得不同的附加功能，例如新一代小容量接触器都设计成多功能组合模块式结构，在接触器主体的上下左右侧可根据需要加装机械联锁、延时元件、辅助触点和瞬态过电压抑制元件等模块，以实现不同的功能要求。

组合化使不同功能的电器组合在一起，有利于使电器结构紧凑，减少线路中所需元件品种，并使保护特性得到良好匹配，我国自行开发生产的 KBO 型控制与保护开关电器（CPS），就是一种典型的组合化低压电器，它兼有接触器、断路器和过载继电器功能。组合化是实现多功能的重要途径，一般有两种方式。

- 功能组合，由各种功能组合而成，主单元可独立，其他不能；
- 组合功能，把两种及以上的电器组合在一起。因此，低压电器的模块化、（宽度）模数化、（安装）导轨化、外形尺寸一致、功能协调是组合电器和成套电器的基础。

模数化使电器外形尺寸规范化，便于安装和组合，不同额定值或不同类型电器实现部件通用化，例如以 C45 系列为代表的各种品牌的小型化高分断能力低压断路器，不同系列不同额定值的均可安装在统一的 35mm 安装轨上，并可与模数化的熔断器、隔离器和电源插座等组合安装在一个安装平面上。

开关电器小型化有两种含义，一方面是电器本身的尺寸要小；另一方面是减小喷弧距离或实现“无飞弧”以缩小安装这种电器的开关柜尺寸，近几年国内做了不少工作来实现断路器的“无飞弧”。我国新设计的 S 系列和 TM30 系列塑壳断路器及 DW45 系列框架断路器都已做到了零飞弧。这种断路器结构紧凑，体积小，其体积仅相当于同容量框架断路器的一半。

## 1.2 刀开关

刀开关是一种结构简单，应用十分广泛的手动电器，主要供无负载通断电路用，即在不分断负载电流或分断时各极两触点间不会出现明显极间电压的条件下接通或分断电路用。有时也可用来通断较小工作电流，作为照明设备或小容量电动机作不频繁操作的电源开关用。

根据工作条件和用途的不同，刀开关的结构形式也不同（如开启式刀开关、开启式负荷开关、封闭式负荷开关、组合开关等），但工作原理基本相似。刀开关按极数可分为单极、双极、三极和四极刀开关；按切换功能可分为单投和双投刀开关；按灭弧罩可分有、无灭弧罩；按操纵方式分为中央手柄式和带杠杆机构操纵式等。

下面介绍几种常用的刀开关。

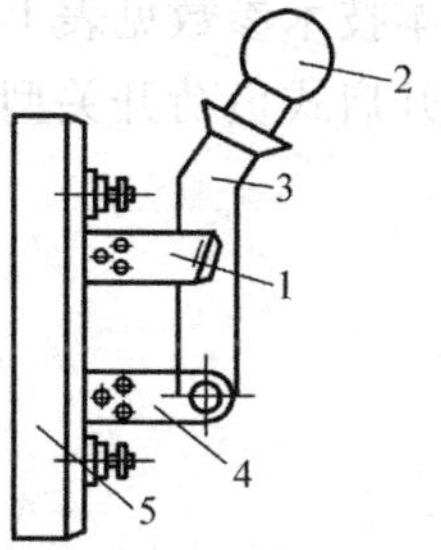

图 1-1 刀开关结构
1—静插座 2—手柄 3—动触刀
4—铰链支座 5—绝缘底座

### 1.2.1 开启式刀开关

开启式刀开关由手柄、动触刀、静插座、铰链支座、绝缘底板和灭弧罩等组成，一般在额定电压交流 380V、直流 440V，额定电流 1500A 的配电设备中作电源隔离用，依靠手动来实现动触刀插入插座与脱离插座的控制。开启式刀开关的结构如图 1-1 所示。

开启式刀开关型号意义如下：

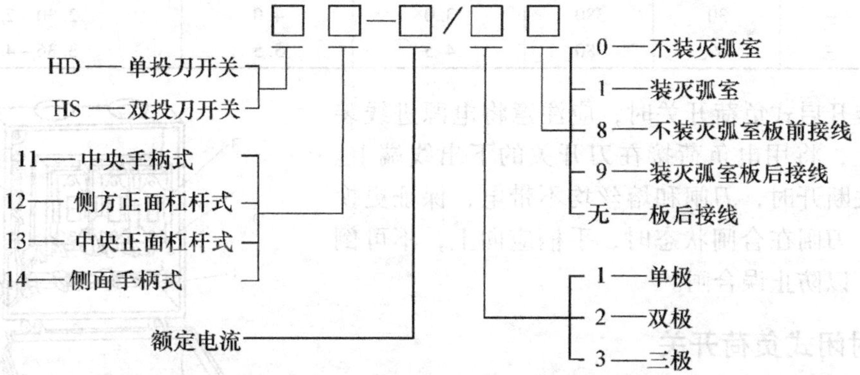


### 1.2.2 开启式负荷开关

开启式负荷开关俗称瓷底胶壳刀开关，是一种结构简单、应用最为广泛的手动电器，其结构如图 1-2 所示。HK 系列刀开关不设专门的灭弧设备，用胶木盖防止电弧灼伤人手。操作者在拉闸和合闸时，要求动作迅速，使电弧较快熄灭，以减轻电弧对刀片和触座的灼伤。

开启式负荷开关因其内部装设了熔丝，当它所在电路发生短路故障时，可通过熔丝的熔断迅速切断电路，从而保护电路中其他的电器设备。

这种开关分有两极和三极两种，两极的额定电压为 220V 或 250V，额定电流有 10A、

15A 和 30A 三种；三极的额定电压为380V 或 500V，额定电流有 15A、30A 和 60A 三种。用于照明电路时可选用额定电压为 250V、额定电流等于或大于电路最大工作电流的两极开关；用于电动机直接起动时，可选用额定电压为 380V 或 500V、额定电流等于或大于电动机额定电流 3 倍的三极开关。开启式负荷开关的基本技术参数见表 1-2。

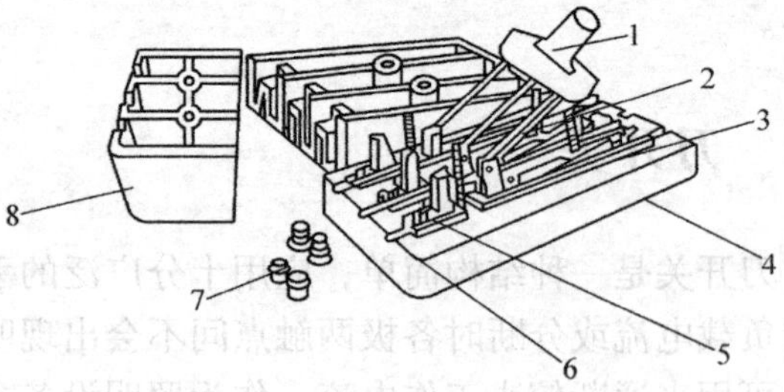


图 1-2　开启式负荷开关

1—瓷柄　2—动触点　3—出线座　4—瓷底
5—静触座　6—进线座　7—胶盖紧固螺钉　8—胶盖

开启式负荷开关型号意义如下：

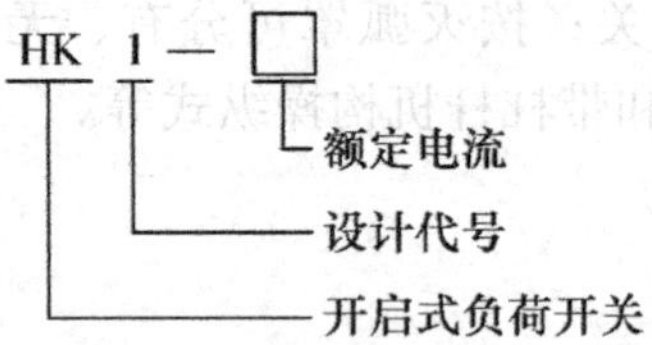


**表 1-2　HK1 系列开启式负荷开关基本技术参数**

| 型号 | 极数 | 额定电流 /A | 额定电压 /V | 可控制电动机最大容量/kW | | 熔丝线径 φ/mm |
|---|---|---|---|---|---|---|
| | | | | 220V | 380V | |
| HK1—15 | 二 | 15 | 220 | — | — | 1.45 ~ 1.59 |
| HK1—30 | 二 | 30 | 220 | — | — | 2.30 ~ 2.52 |
| HK1—60 | 二 | 60 | 220 | — | — | 3.36 ~ 4.00 |
| HK1—15 | 三 | 15 | 380 | 1.5 | 2.2 | 1.45 ~ 1.59 |
| HK1—30 | 三 | 30 | 380 | 3.0 | 4.0 | 2.30 ~ 2.52 |
| HK1—60 | 三 | 60 | 380 | 4.5 | 5.5 | 3.36 ~ 4.00 |

在安装开启式负荷开关时，应注意将电源进线装在静触座上，将用电负荷接在刀开关的下出线端上。这样当开关断开时，刀闸和熔丝均不带电，保证更换熔丝安全。刀闸在合闸状态时，手柄应向上，不可倒装或平装，以防止误合闸。

## 1.2.3　封闭式负荷开关

封闭式负荷开关俗称铁壳开关，其外观及结构如图1-3所示。

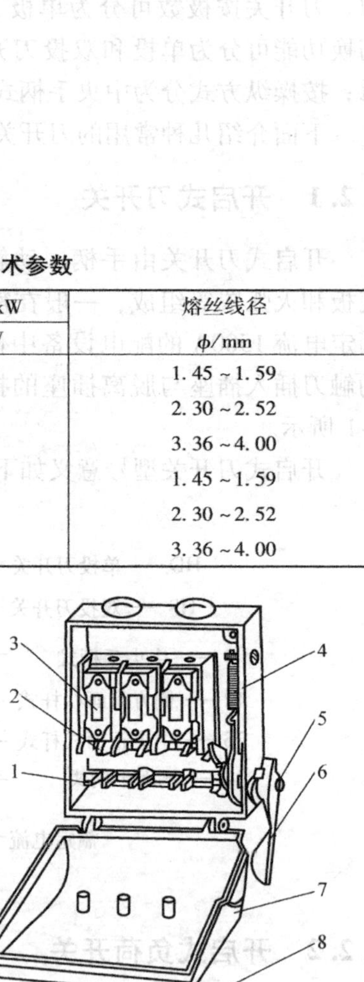


图 1-3　封闭式负荷开关

1—U 形动触点　2—静触座　3—瓷插式熔断器
4—速断弹簧　5—转轴　6—操作手柄
7—开关盖　8—开关盖锁紧螺钉

封闭式负荷开关的手柄转轴与底座之间装有一个速断弹簧，用钩子扣在转轴上，当扳动手柄分闸或合闸时，开始阶段 U 形双刀片并不移动，只拉伸了弹簧，储蓄了能量，当转轴转到一定角度时，弹簧力使 U 形双刀片迅速从夹座拉开或将刀片迅速嵌入夹座，电弧被很快熄灭。为了保证用电安全，铁壳上装有机械联锁装置，当箱盖打开时，不能合闸；合闸后，箱盖不能打开。

封闭式负荷开关用来控制照明线路时，开关的额定电流可按该电路的额定电流选择。用来控制起动不频繁的小容量电动机时，可按表1-3进行选择，但不适宜用60A以上的开关来控制电动机，否则可能发生电弧灼伤手等事故。

在安装封闭式负荷开关时，应保证开关的金属外壳可靠接地或接零，防止因意外漏电而发生触电事故。接线时，应将电源线接在静触座的接线端上，负荷接在熔断器一端。在运行时应注意检查机械联锁是否正常，速断弹簧有无锈蚀变形，压线螺钉是否完好，发现问题应及时修复或更换。

**表1-3 HH系列与可控制电动机容量的配合**

| 额定电流/A | 可控制电动机最大容量/kW | | |
|---|---|---|---|
| | 220V | 380V | 500V |
| 10 | 1.5 | 2.7 | 3.5 |
| 15 | 2.0 | 3.0 | 4.5 |
| 20 | 3.5 | 5.0 | 7.0 |
| 30 | 4.5 | 7.0 | 10 |
| 60 | 9.5 | 15 | 20 |

封闭式负荷开关型号意义如下：

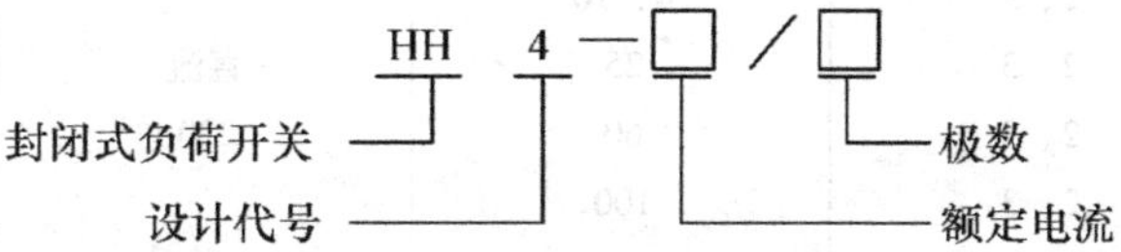


刀开关应按期检查刀片接触是否良好，底板上是否积有灰尘，应确保良好的绝缘。如果刀片磨损严重或被电弧烧坏，应及时更换。检查刀开关电源侧和负荷侧，进出线端子与开关连接处是否压接牢固，有无接触不良、过热变色等现象，如果出现异常应及时处理。

### 1.2.4 组合开关

组合开关又称转换开关，属于刀开关类型，其结构特点是刀片是转动式的，比刀开关轻巧而且组合性强，能组成各种不同的线路。它有单极、双极和多极之分。组合开关的外观及结构如图1-4所示。

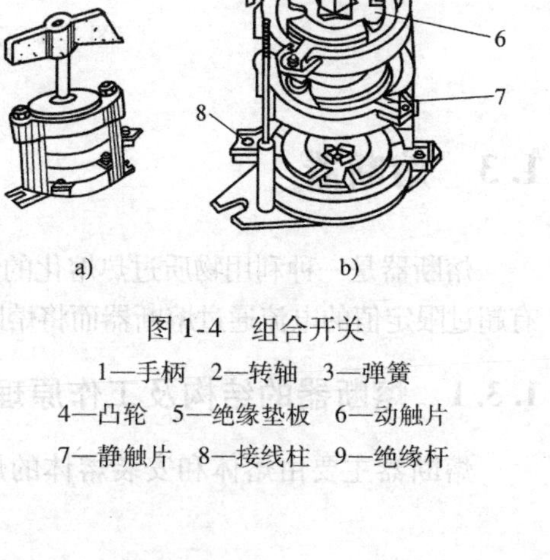


a) b)

图1-4 组合开关

1—手柄 2—转轴 3—弹簧 4—凸轮 5—绝缘垫板 6—动触片 7—静触片 8—接线柱 9—绝缘杆

图中所示的组合开关有三个静触点，分别安装在三层绝缘垫板上，并附有接线柱，伸出盒外，以便和电源及用电设备相接，三个动触点是由两个磷铜片或硬纯铜片和消弧性能良好的绝缘钢纸板铆合而成的，和绝缘垫板一起套在附有手柄的绝缘杆上，手柄每次转动 90°，带动三个动触片分别与三对静触片接通和断开，顶盖部分由凸轮、弹簧及手柄等零件构成操作机构，这个机构由于采用了弹簧储能使开关快速闭合及分断。

组合开关有许多系列，如 HZ1、HZ2、HZ4、HZ5 和 HZ10 等，其中 HZ1 至 HZ5 是已淘汰产品，HZ10 系列是全国统一设计产品，具有寿命长、使用可靠、结构简单等特点，适用于交流 50Hz、380V 以下和直流 220V 及以下的电源引入，5kW 以下小容量电动机的直接起动，电动机的正反转控制及机床照明控制电路中。

组合开关型号意义如下：

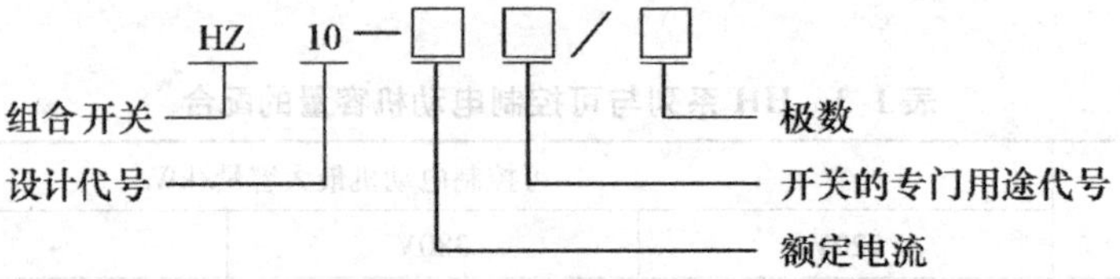


HZ10 系列组合开关是根据电源种类、电压等级、所需触点数、电动机的容量进行选用的。开关的额定电流一般取电动机额定电流的 1.5 ~ 2.5 倍。

HZ10 系列组合开关额定电压及电流见表 1-4。

**表 1-4　HZ10 系列组合开关额定电压及电流**

| 型号 | 极数 | 额定电流/A | 额定电压/V | |
|---|---|---|---|---|
| HZ10—10 | 2、3 | 6，10 | | |
| HZ10—25 | 2、3 | 25 | 直流 | 交流 |
| HZ10—60 | 2、3 | 60 | 220 | 380 |
| HZ10—100 | 2、3 | 100 | | |

### 1.2.5　刀开关的图形符号和文字符号

刀开关的图形符号和文字符号如图 1-5 所示。

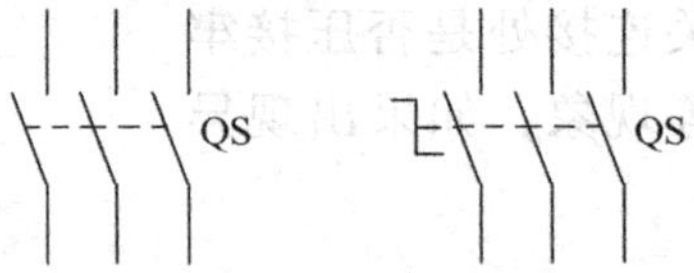


图 1-5　刀开关的图形符号和文字符号

## 1.3　熔断器

熔断器是一种利用物质过热熔化的性质制作的保护电器。当电路发生严重过载或短路时，将有超过限定值的电流通过熔断器而将熔断器的熔体熔断，从而切断电路，达到保护的目的。

### 1.3.1　熔断器的结构及工作原理

熔断器主要由熔体和安装熔体的熔管或熔座两部分组成。其中熔体是主要部分，它既是感受元件又是执行元件。熔体可做成丝状、片状、带状或笼状，其材料有两类：一类为低熔点材料，如铅、锌、锡及铅锡合金等；另一类为高熔点材料，如银、铜、铝等。熔断器接入电路时，熔体是串接在被保护电路中的。熔管是熔体的保护外壳，可做成封闭式或半封闭式，其材料一般为陶瓷、绝缘钢纸或玻璃纤维。

熔断器熔体中的电流为熔体的额定电流时，熔体长期不熔断；当电路发生严重过载时，熔体在较短时间内熔断；当电路发生短路时，熔体能在瞬间熔断。熔体的这个特性称为反时限特性。即电流为额定值时长期不熔断，过载电流或短路电流越大，熔断时间就越短。电流与熔断时间的关系曲线称为安秒特性，如图 1-6 所示。由于熔断器对过载反应不灵敏，所以不宜用于电路的过载保护，主要用于电路的短路保护。

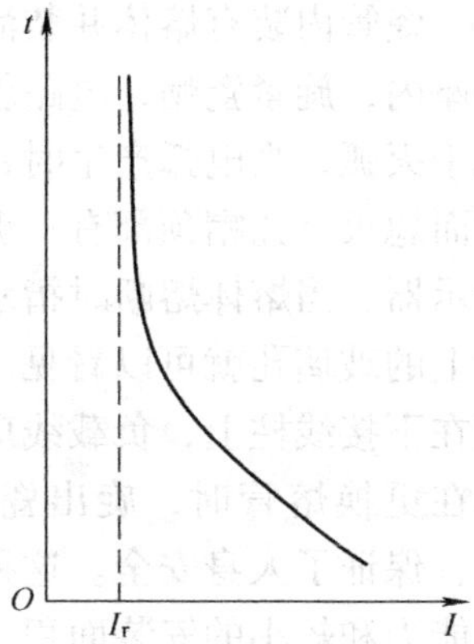


图 1-6　熔断器的安秒特性（反时限特性）

图 1-6 中的电流 $I_r$ 为熔体的最小熔断电流。当通过熔体的电流等于或大于 $I_r$ 时，熔体熔断；当通过熔体的电流小于 $I_r$ 时，熔体不能熔断。根据对熔断器的要求，熔体在额定电流 $I_N$ 时绝对不应熔断，即 $I_r > I_N$。熔断器的主要技术参数有额定电压、额定电流、熔体的额定电流和极限分断能力等。

## 1.3.2　常用低压熔断器

### 1. RC1A 系列瓷插式熔断器

RC1A 系列瓷插式熔断器是一种常见的结构简单的熔断器，俗称瓷插保险。它由瓷盖、灭弧室、瓷座、熔体、动触点和静触点 6 部分组成，外观及结构如图 1-7 所示。

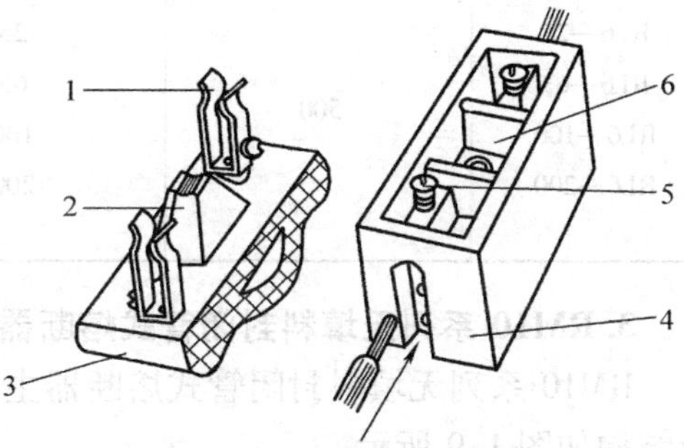


图 1-7　RC1A 系列瓷插式熔断器

1—动触点　2—熔体　3—瓷盖　4—瓷座　5—静触点　6—灭弧室

瓷盖和瓷座均为电工瓷制成；电源线和负载线可分别接在瓷座两端静触点上，熔丝接在瓷盖的动触点上。瓷座中间有一空腔与瓷盖突出部分构成灭弧室。容量较大的熔断器在灭弧室内垫有石棉垫，以加强熄弧效果。

RC1A 系列熔断器结构简单，价格便宜，更换方便，用于照明和小容量电动机的短路保护。

RC1A 系列熔断器的基本技术数据见表 1-5。

**表 1-5　RC1A 系列熔断器的基本技术数据**

| 型号 | 额定电压/V | 额定电流/A | 熔体额定电流/A | 熔体材料 | 极限分断能力/kA |
|---|---|---|---|---|---|
| RC1A—5 | 380 | 5 | 2，4 | 铅锡合金 | 0.25 |
| RC1A—10 | | 10 | 6，10 | 铅锡合金 | 0.5 |
| RC1A—15 | | 15 | 15 | 铅锡合金 | 0.5 |
| RC1A—30 | | 30 | 20，25，30 | 铜 | 1.5 |
| RC1A—60 | | 60 | 40，50，60 | 铜 | 3 |
| RC1A—100 | | 100 | 80，100 | 铜 | 3 |
| RC1A—200 | | 200 | 120，150，200 | 变截面紫铜 | 3 |

**2. RL6 系列螺旋式熔断器**

RL6 系列熔断器由带螺纹的瓷帽、熔管、瓷套、上接线柱、下接线柱及底座组成，外形及结构如图 1-8 所示。

瓷管内装有熔体并装满石英砂，将熔管置于底座内，旋紧瓷帽，电路就可接通。管内石英砂用于灭弧，当电弧产生时，电弧在石英砂中因冷却而熄灭。瓷帽顶部有一玻璃圆孔，内装有熔断指示器，当熔体熔断时指示器弹出脱落，透过瓷帽上的玻璃孔就可以看见。在装接时，电源线应接在下接线柱上，负载线应接在上接线柱上，这样在更换熔管时，旋出瓷帽后螺纹壳上不会带电，保证了人身安全。这种熔断器具有较高的分断能力和较小的安装面积，常用于机床控制线路中以保护电动机。

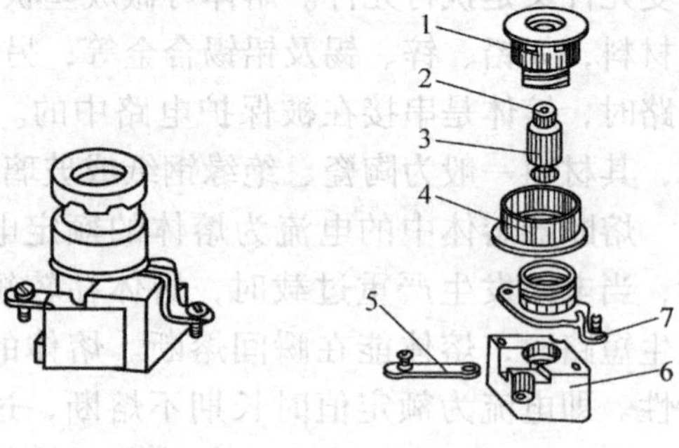


图 1-8 RL6 系列螺旋式熔断器

1—瓷帽 2—熔断指示器 3—熔管 4—瓷套 5—下接线柱 6—底座 7—上接线柱

RL6 系列熔断器基本技术数据见表 1-6。

**表 1-6 RL6 系列熔断器基本技术数据**

| 型号 | 额定电压/V | 额定电流/A | 熔体额定电流/A | 极限分断能力/kA |
|---|---|---|---|---|
| RL6—25 | 500 | 25 | 2，4，6，10，16，20，25 | 50 |
| RL6—63 | | 63 | 35，50，63 | |
| RL6—100 | | 100 | 80，100 | |
| RL6—200 | | 200 | 125，160，200 | |

**3. RM10 系列无填料封闭管式熔断器**

RM10 系列无填料封闭管式熔断器主要由熔管、熔体、插刀、夹座等部分组成，其外观及结构如图 1-9 所示。

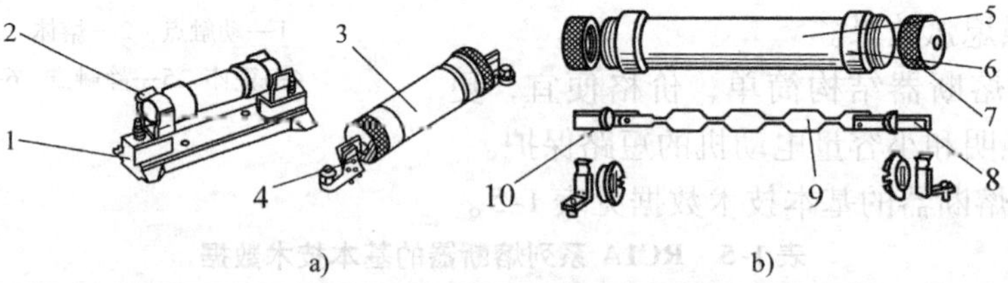


图 1-9 RM10 系列无填料封闭管式熔断器

1—底座 2—夹座 3—熔管 4—夹座 5—钢纸管 6—黄铜套管 7—黄铜帽 8—夹座 9—熔体 10—插刀

RM10 系列无填料封闭管式熔断器的夹座钉装于绝缘底板上。熔管由钢纸纤维制成，管的两端由黄铜帽封闭，管内不充填料。熔体为变截面的锌片，用螺钉固定于熔断器两端的插刀上，并装于熔管内。熔体熔断时，电弧在管内不会向外喷出。这种熔断器的优点是更换熔体方便，使用安全，适用于电气设备的短路保护和电缆的过载保护。

RM10 系列无填料封闭管式熔断器基本技术数据见表 1-7。

**表 1-7 RM10 系列无填料封闭管式熔断器基本技术数据**

| 型号 | 额定电流/A | 熔体额定电流/A | 极限分断能力/kA |
|---|---|---|---|
| RM10—15 | 15 | 6，10，15 | 1.2 |
| RM10—60 | 60 | 15，20，25，35，45，60 | 3.5 |
| RM10—100 | 100 | 60，80，100 | 10 |
| RM10—200 | 200 | 100，125，160，200 | 10 |
| RM10—350 | 350 | 200，225，260，300，350 | 10 |
| RM10—600 | 600 | 350，430，500，600 | 10 |
| RM10—1000 | 1000 | 600，700，850，1000 | 12 |

**4. RT12 和 RT14 系列有填料封闭式熔断器**

随着低压电网容量的增大，当线路发生短路故障时，短路电流常高达 25～50kA。上面介绍的几种系列的熔断器都不能分断这么大的电流，必须采用 RT12 和 RT14 系列有填料封闭式熔断器。它们的外观及结构如图 1-10 所示。

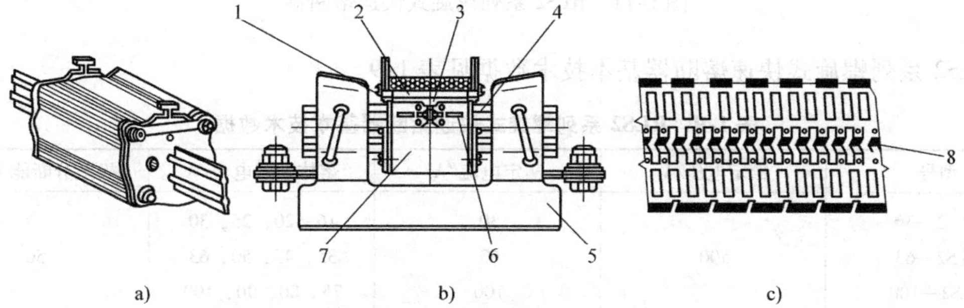


图 1-10 RT12 和 RT14 系列有填料封闭式熔断器

1—熔断指示器 2—石英砂填料 3—指示器熔丝 4—插刀 5—底座 6—熔体 7—熔管 8—锡桥

RT12 系列熔断器为瓷质管体，管体两端的铜帽上焊有偏置式连接板，可用螺钉安装在母线排上。管内装有边界面熔体。在管体的正面或侧面或背面有一指示用的红色小珠，熔体熔断时，红色小珠就弹出。这种熔断器的极限分断能力可达 80kA。

RT14 系列熔断器有带撞击器和不带撞击器两种类型。其中带撞击器的熔断器在熔体熔断时，撞击器会弹出，既可作熔断信号指示，也可触动微动开关的控制接触器线圈，作三相电动机的断相保护用。这种熔断器的极限分断能力可达 100kA。

RT12 和 RT14 系列有填料封闭式熔断器基本技术数据见表 1-8。

**5. RLS2 系列螺旋式快速熔断器**

该系列熔断器的熔体为银丝，适用于对小容量的硅整流元件和晶闸管的短路保护，其外观如图 1-11 所示。

表 1-8　RT12 和 RT14 系列有填料封闭式熔断器基本技术数据

| 型号 | 额定电压/V | 额定电流/A | 熔体额定电流/A | 极限分断能力/kA |
|---|---|---|---|---|
| RT12—20 | 415 | 20 | 2，4，6，10，16，20 | 80 |
| RT12—32 | | 32 | 20，25，32 | |
| RT12—63 | | 63 | 32，40，50，63 | |
| RT12—100 | | 100 | 63，80，100 | |
| RT14—20 | 380 | 20 | 2，4，6，10，16，20 | 100 |
| RT14—32 | | 32 | 2，4，6，10，16，20，25，32 | |
| RT14—63 | | 63 | 10，16，20，25，32，40，50，63 | |

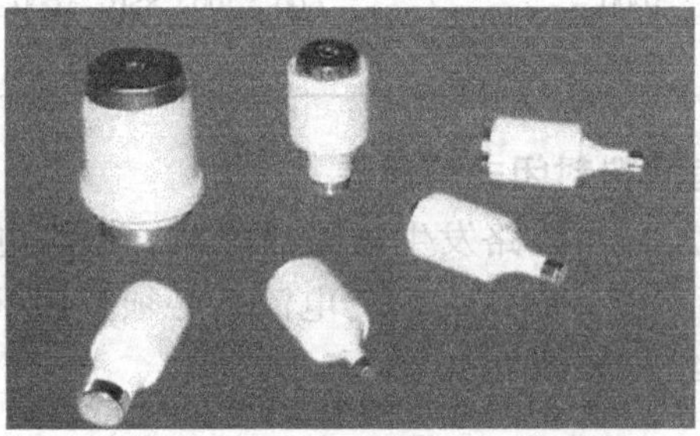

图 1-11　RLS2 系列螺旋式快速熔断器

RLS2 系列螺旋式快速熔断器基本技术数据见表 1-9。

表 1-9　RLS2 系列螺旋式快速熔断器基本技术数据

| 型号 | 额定电压/V | 额定电流/A | 熔体额定电流/A | 极限分断能力/kA |
|---|---|---|---|---|
| RLS2—30 | 500 | 30 | 16，20，25，30 | 50 |
| RLS2—63 | | 63 | 35，45，50，63 | |
| RLS2—100 | | 100 | 75，80，90，100 | |

## 1.3.3　熔断器的图形符号和文字符号

熔断器的图形符号和文字符号如图 1-12 所示。

## 1.3.4　熔断器的选用

图 1-12　熔断器的图形符号和文字符号

工业上选用熔断器一般应从以下几个方面考虑：

1）熔断器的类型应根据线路的要求、使用场合及安装条件进行选择。

2）熔断器的额定电压必须等于或高于熔断器工作点的电压。

3）熔断器的额定电流根据被保护的电路（支路）及设备的额定负载电流选择。熔断器的额定电流必须等于或高于所装熔体的额定电流。

4）熔断器的额定分断能力必须大于电路中可能出现的最大故障电流。

5）熔断器的选择需考虑电路中其他配电电器、控制电器之间选择性配合等要求。为此，应使上一级（供电干线）熔断器的熔体额定电流比下一级（供电支线）大 1～2 个级差。

6）熔断器所装熔体额定电流的选择：

- 对于照明线路等没有冲击电流的负载，应使熔体的额定电流等于或稍大于电路的工作电流，即

$$I_{FU} \geqslant I \tag{1-1}$$

式中 $I_{FU}$——熔体的额定电流；

$I$——电路的工作电流。

- 对于电动机类负载，要考虑起动冲击电流的影响，应按下式计算

$$I_{FU} \geqslant (1.5 \sim 2.5) I_N \tag{1-2}$$

- 对于多台电动机由一个熔断器保护时，熔体额定电流应按下式计算

$$I_{FU} \geqslant (1.5 \sim 2.5) I_{Nmax} + \sum I_N \tag{1-3}$$

式中 $I_{Nmax}$——容量最大的一台电动机的额定电流；

$\sum I_N$——其余电动机额定电流的总和。

- 减压起动的电动机选用熔体的额定电流等于或略大于电动机的额定电流。

## 1.4 断路器

断路器俗称自动空气开关，是低压配电网络和电力拖动系统中的主要电器开关之一，它集控制功能和多种保护功能于一身，当电路中发生短路、欠电压、过载等非正常现象时，能自动切断电路，也可用在不频繁操作的低压配电线路或开关柜（箱）中作为电源开关使用。

断路器的优点：操作安全，安装简单方便，工作可靠，分断能力较高，具有多种保护功能，动作值可调，动作后不需要更换元件，因此应用十分广泛。

### 1.4.1 断路器的分类

断路器的分类方式很多，主要有以下几种：

- 按极数可分为单极、双极和三极；
- 按保护形式可分为复式脱扣器式、电磁脱扣器式、热脱扣器式和无脱扣器式；
- 按结构形式可分为塑料外壳式、万能框架式、限流式、直流快速式、零点灭弧式和漏电保护式；
- 按分断时间可分为一般式和快速式。

### 1.4.2 断路器的结构及工作原理

断路器由动触点、静触点、灭弧室、热脱扣器、过电流脱扣器、欠电压脱扣器、手动脱扣操作装置及外壳等部分组成，其外形及结构如图 1-13 所示。

断路器的工作原理如图 1-14 所示。图中 2 为断路器的三对主触点，串联在被保护的三相主电路中。当按下接通按钮时，主电路中三对主触点 2 由锁链 3 钩住搭钩 4，克服弹簧 1 的拉力使触点保持在闭合状态。搭钩 4 可以绕轴 5 转动。

当线路正常工作时，过电流脱扣器 6 的线圈所产生的吸力不能将它的衔铁 8 吸合。

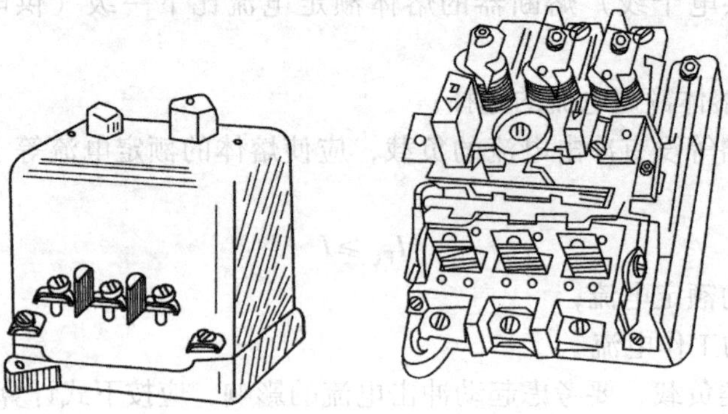

图 1-13　断路器的外形及结构

如果线路发生短路和产生很大过电流，过电流脱扣器的吸力增加，将衔铁 8 吸合，并撞击杠杆 7，把搭钩 4 顶上去，切断动触点与静触点接通的线路。

如果线路上的电压下降或失去电压，欠电压脱扣器 11 的吸力减小或失去吸力，衔铁 10 被弹簧 9 拉开，撞击杠杆 7，把搭钩 4 顶上去，切断动触点与静触点接通的线路。

如果线路发生过载时，过载电流流过发热元件 13 使双金属片 12 受热弯曲，撞击杠杆 7，把搭钩 4 顶上去，切断动触点与静触点接通的线路。

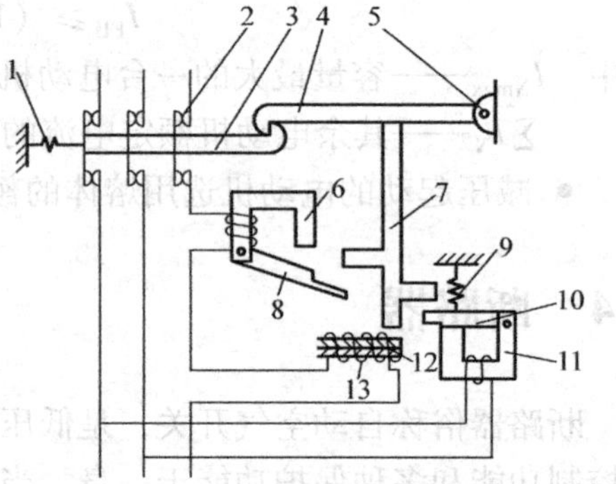


图 1-14　断路器的工作原理

1—弹簧　2—主触点　3—锁链　4—搭钩　5—轴
6—过电流脱扣器　7—杠杆　8、10—衔铁　9—弹簧
11—欠电压脱扣器　12—双金属片　13—发热元件

## 1.4.3　断路器的保护特性

低压断路器的保护特性主要是指其过载和过电流保护特性，即断路器的动作时间与过载和过电流脱扣器的动作电流的关系特性。为了能起到良好的保护作用，断路器的保护特性应同保护对象的允许发热特性匹配，即断路器的保护特性应位于保护对象的允许发热特性之下，如图 1-15 所示，其中，曲线 1 为保护对象的发热特性，曲线 2 为低压断路器的保护特性。

为了充分利用电气设备的过载能力，尽可能缩小事故范围，低压断路器的保护特性必须具有选择性，即它应当是分段的。保护特性的 $ab$ 段是过载保护部分，它是反时限的，即动作电流的大小同动作时间的长短成反比。$df$ 段是瞬时动作部分，只要故障电流超过 $i_1$ 时，过电流脱扣器便瞬时动作，切断故障电路。$ce$ 段是定时限延时动作部分，只要故障电流超过 $i_1$ 时，过电流脱扣器经过一定的延时后动作，切断故障电路。根据需要，断路器的保护特性可以是两段式的，如 $abdf$ 式，即过载长延时和短路瞬时动

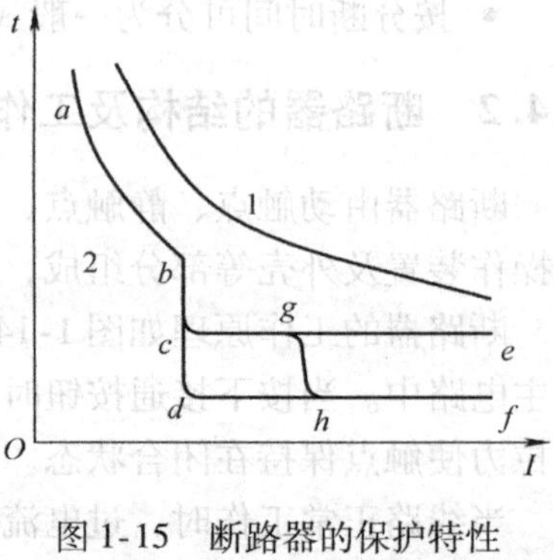


图 1-15　断路器的保护特性

作；*abce* 式，即过载长延时和短路短延时动作。为了获得更完整的选择性和上、下级开关间的协调配合，还可以有三段式的保护特性，即 *abcghf* 式的保护特性，过载长延时、短路短延时和特大短路瞬时动作。

## 1.4.4 常用典型断路器

### 1. 塑料外壳式断路器

塑料外壳式断路器有一绝缘塑料外壳。触点系统、灭弧室及脱扣器等均安装于塑料外壳内，而手动脱扣操作机构露在正面壳外中央处，可手动或电动分合闸。它有较高的分断能力和动稳定性及比较完善的选择性保护功能，广泛应用于配电线路中，也可用于控制不频繁起动的电动机和照明线路中。常用的塑料外壳式断路器有 DZ5、DZ10、DZX10、DZ15、DZX19、DZ20 等系列。DZ20 系列断路器的外观如图 1-16 所示。

图 1-16　DZ20 系列断路器

### 2. 万能框架式断路器

万能框架式断路器一般有一个带绝缘衬底的钢制框架，所有部件均安装在这个框架底座内。它有一般式、多功能式、高性能式和智能式等几种结构形式；有固定式和抽屉式两种安装方式；手动和电动两种操作方式；具有多段式保护特性，主要用于配电网络的总开关和保护。它的容量较大，可装设较多的脱扣器，辅助触点的数量也较多。不同的脱扣器组合可产生不同的保护特性，有选择性或非选择性配电用断路器及有反时限动作特性的电动机保护用断路器。容量较小的多用电磁机构传动，容量较大的多用电动机机构传动。极限通断能力较高的万能框架式断路器还采用储能操作机构以提高通断速度。

常用主要型号有 DW16、DW15HH、DW45 等系列，另外还有 ME、AE 和 M 等系列。DW16 和 DW15HH 的外观如图 1-17 所示。

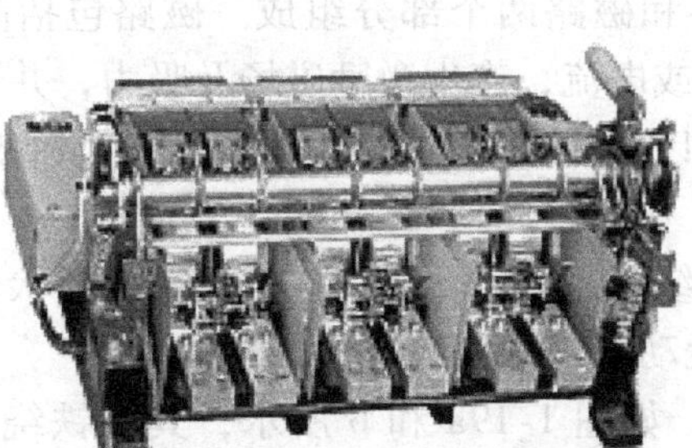

图 1-17　DW16 和 DW15HH 万能框架式断路器

## 1.4.5 断路器的图形符号和文字符号

断路器的图形符号和文字符号如图 1-18 所示。

### 1.4.6 断路器的选用

**1. 选用的技术标准**

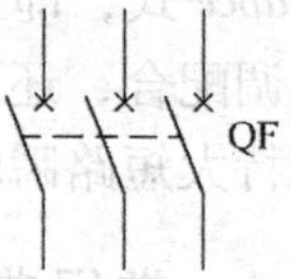


图 1-18 断路器的图形符号和文字符号

低压断路器的选用应符合 GB/T 14048.1—2000《低压开关设备和控制设备总则》、GB/T 14048.2—1993《低压电器外壳防护等级》、GB/T 14048.2—2008《低压开关设备和控制设备低压断路器》等国家标准，且与国际标准接轨。

**2. 选用的技术原则**

1）断路器的额定工作电压应大于或等于线路或设备的额定工作电压。对于配电电路来说应注意区别是电源端保护还是负载保护，电源端电压比负载端电压高出约5%。

2）断路器主电路额定工作电流大于或等于负载工作电流。

3）断路器的过载脱扣整定电流应等于负载工作电流。

4）断路器的额定通断能力大于或等于电路的最大短路电流。

5）断路器的欠电压脱扣器额定电压等于主电路额定电压。

6）断路器类型的选择，应根据电路的额定电流及保护的要求来选用。

## 1.5 电磁执行机构

### 1.5.1 电磁机构

电磁机构是电磁式继电器和接触器等的主要组成部件之一，其工作原理是将电磁能转换成为机械能，从而带动触点动作。

**1. 电磁机构的结构形式**

电磁机构由吸引线圈（励磁线圈）和磁路两个部分组成。磁路包括静铁心、铁轭、衔铁和空气隙。吸引线圈通以一定的电压或电流，产生激励磁场及吸力，并通过气隙转换为机械能，从而带动衔铁运动使触点动作，以完成触点的断开和闭合。图 1-19 是几种常用的电磁机构结构示意图。

由图可见，衔铁可以直动，也可以绕某一支点转动。按电磁系统形状分类，电磁机构可分为 U 形和 E 形两种。铁心按衔铁的运动方式分为如下几类：

- 衔铁沿棱角转动的拍合式铁心，如图 1-19a 和 b 所示，其衔铁绕铁轭的棱角转动，磨损较小，铁心一般用电工软铁制成，适用于直流继电器和接触器；
- 衔铁沿轴转动的拍合式铁心，如图 1-19c 和 d 所示，其衔铁绕轴而转动，铁心一般用硅钢片叠铆而成，适用于容量较大的交流接触器；
- 衔铁做直线运动的直动式铁心，如图 1-19e、f 和 g 所示，衔铁在线圈内成直线运动，适用于中小容量的交流接触器和继电器。

吸引线圈按其中的通电种类可分为直流电磁线圈和交流电磁线圈。对于直流电磁线圈，它匝数多，电阻大，铜损大，线圈本身发热，因此，常做成长而薄的圆筒状，不设线圈骨架，使线圈与铁心直接接触，以便散热；对于交流电磁线圈，它匝数少，电阻小，铜损小，

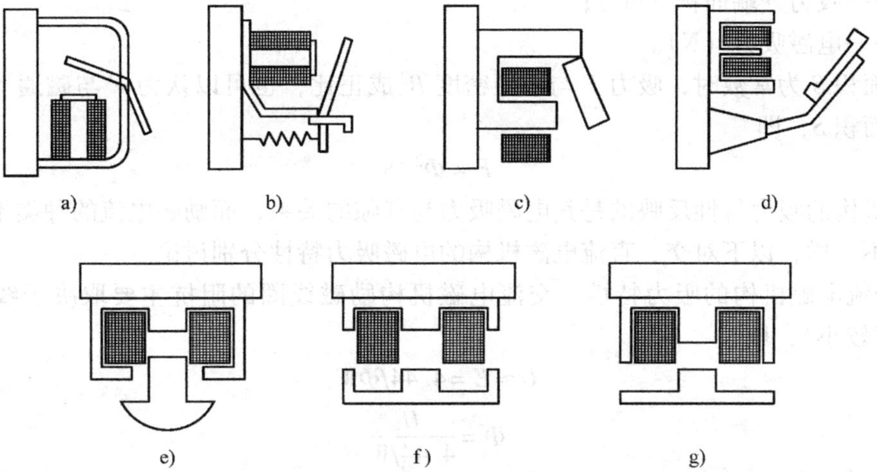


图 1-19　常用电磁机构的形式

线圈本身发热不多，为了增加铁心的散热面积，设置了线圈骨架，使铁心与线圈隔离并将线圈制成粗而短的圆筒状。

**2. 电磁机构的工作原理**

电磁机构的工作特性常用反力特性和吸力特性来表达。电磁机构使衔铁释放（复位）的力与气隙的关系曲线称为反力特性。电磁机构使衔铁吸合的力与气隙的关系曲线称为吸力特性。

（1）反力特性

电磁机构使衔铁释放的力一般有两种：一种是利用弹簧的反力，如图 1-19b 所示；另一种是利用衔铁的自身重力，如图 1-19g 所示。弹簧的反力与其机械变形的位移量 $x$ 成正比，其反力特性可写成

$$F_{f1} = K_1 x \tag{1-4}$$

自重的反力与气隙大小无关，如果气隙方向与重力 $M$ 一致，如图 1-19e、f 和 g 所示，其反力特性可写成

$$F_{f2} = -M \tag{1-5}$$

考虑到动合触点闭合时超行程机构的弹力作用，上述两种反力特性曲线如图 1-20 所示。其中 $\delta_1$ 为电磁机构气隙的初始值；$\delta_2$ 为动、静触点开始接触时的气隙长度。由于超行程机构的弹力作用，反力特性在 $\delta_2$ 处有一突变。

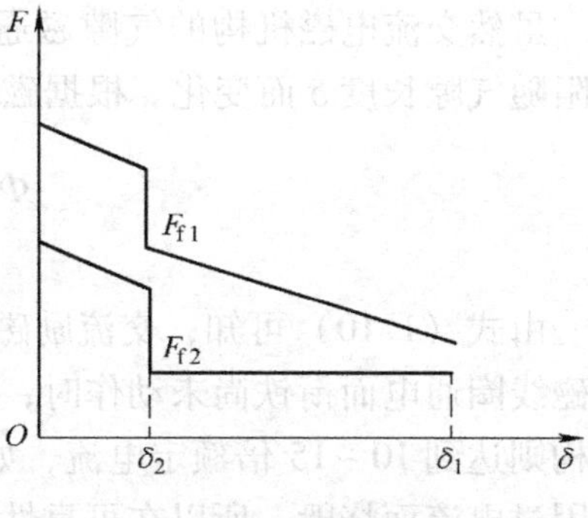


图 1-20　反力特性

（2）吸力特性

电磁机构的吸力与很多因素有关，当铁心与衔铁端面互相平行，且气隙 $\delta$ 比较小时，吸力可近似按下式求得

$$F = 4 \times 10^5 B^2 S \tag{1-6}$$

式中　$B$——气隙磁通密度（T）；

$S$——吸力处端面积（$m^2$）；

$F$——电磁吸力（N）。

当端面积 $S$ 为常数时，吸力 $F$ 与磁通密度 $B^2$ 成正比，也可以认为 $F$ 与磁通 $\Phi^2$ 成正比，反比于端面积 $S$，即

$$F \propto \Phi^2/S \tag{1-7}$$

电磁机构的吸力特性反映的是其电磁吸力与气隙的关系，而励磁电流的种类不同，其吸力特性也不一样，以下对交、直流电磁机构的电磁吸力特性分别讨论。

1）交流电磁机构的吸力特性。交流电磁机构励磁线圈的阻抗主要取决于线圈的电抗（电阻相对较小），则

$$U \approx E = 4.44 f \Phi W \tag{1-8}$$

$$\Phi = \frac{U}{4.44 f W} \tag{1-9}$$

式中　$U$——线圈电压（V）；

$E$——线圈感应电动势（V）；

$f$——线圈外加电压的频率（Hz）；

$\Phi$——气隙磁通（Wb）；

$W$——线圈匝数。

当频率 $f$、匝数 $W$ 和外加电压 $U$ 都为常数时，由式（1-9）可知，磁通 $\Phi$ 亦为常数。由式（1-8）又可知，此时电磁吸力 $F$ 为常数，这是因为交流励磁时，电压、磁通都随时间做周期性变化，其电磁吸力也作周期性变化。因此，此处 $F$ 为常数是指电磁吸力的幅值不变。由于线圈外加电压 $U$ 与气隙 $\delta$ 的变化无关，所以其吸力 $F$ 亦与气隙 $\delta$ 的大小无关。实际上，考虑到漏磁通的影响，吸力 $F$ 随气隙 $\delta$ 的减小略有增加。其吸力特性曲线如图 1-21所示。

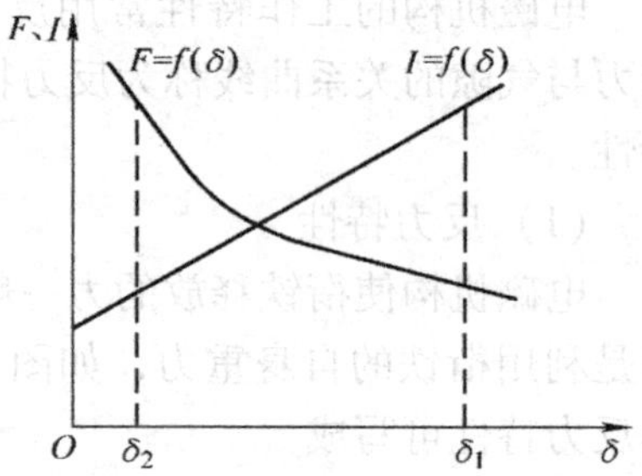

图 1-21　交流电磁机构吸力特性

虽然交流电磁机构的气隙磁通 $\Phi$ 近似不变，但气隙磁阻随气隙长度 $\delta$ 而变化。根据磁路定律：

$$\Phi = \frac{IW}{R_m} = \frac{IW}{\dfrac{\delta}{\mu_0 S}} = \frac{(IW)(\mu_0 S)}{\delta} \tag{1-10}$$

由式（1-10）可知，交流励磁线圈的电流 $I$ 与气隙 $\delta$ 成正比。一般 U 形交流电磁机构的励磁线圈通电而衔铁尚未动作时，其电流可达到吸合后额定电流的 5 ~ 6 倍；E 形交流电磁机构则达到 10 ~ 15 倍额定电流，如果衔铁卡住不能吸合或者频繁动作，交流励磁线圈很可能因过电流而烧毁。所以在可靠性要求高或操作频繁的场合，一般不采用交流电磁机构。

2）直流电磁机构的吸力特性。直流电磁机构由直流电流励磁。稳态时，磁路对电路无影响，所以可认为其励磁电流不受气隙变化的影响，即其磁动势 $WI$ 不受气隙变化的影响。由式（1-10）和式（1-7）可知，此时

$$F \propto \Phi^2 \propto \left(\frac{1}{\delta}\right)^2 \tag{1-11}$$

由式（1-11）可知，直流电磁机构的吸力 $F$ 与气隙 $\delta$ 的二次方成反比。其吸力特性曲线如图 1-22 所示。

图 1-22 表明衔铁闭合前后吸力变化很大，气隙越小，吸力越大。由于衔铁闭合前后励磁线圈的电流不变，所以直流电磁机构适用于动作频繁的场合，且吸合后电磁吸力大，工作可靠性高。但是，当直流电磁机构的励磁线圈断电时，磁动势就由 $WI$ 急速变为接近于零。电磁机构的磁通也发生相应的急速变化，因而就会在励磁线圈中感应很大反电动势。此反电动势可达线圈额定电压的 10 ~ 20 倍，很容易使线圈因过电压而损坏。为减少此反电动势，通常在励磁线圈上并联一个放电回路，由电阻 $R$ 和一个硅二极管组成，如图 1-23 所示。这样，当线圈断电时，放电回路使原先储于磁场中的能量消耗在电阻上，而不致产生过电压。通常，放电电阻的电阻值可取线圈直流电阻的 6 ~ 8 倍。

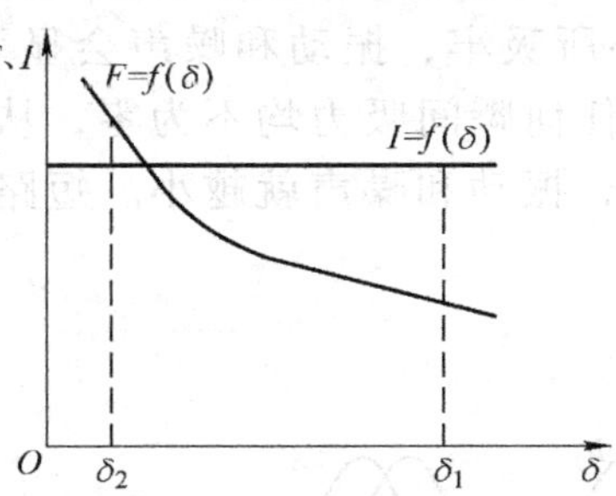


图 1-22　直流电磁机构吸力特性

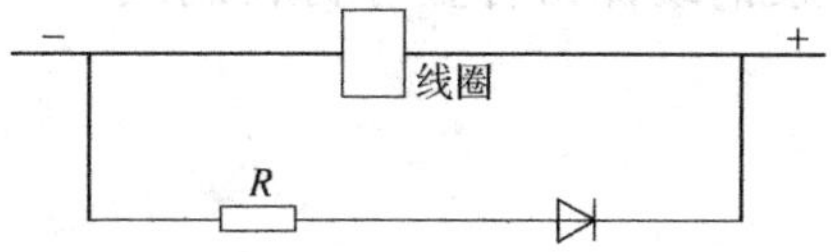


图 1-23　在直流线圈上并联放电电路

3）剩磁的吸力特性。由于铁磁物质有剩磁，它使电磁机构的励磁线圈失电后仍有一定的磁性吸力存在，剩磁的吸力随气隙 $\delta$ 的增大而减小。剩磁的吸力特性曲线如图 1-24 所示。

**3. 吸力特性与反力特性的配合**

电磁机构欲使衔铁吸合，在整个吸合过程中，吸力都必须大于反力；但也不能过大，否则会影响电器的机械寿命。反映在特性曲线图上，就是要保证吸力特性在反力特性的上方。当切断电磁机构的励磁电流以释放衔铁时，其反力特性必须大于剩磁吸力，才能保证衔铁可靠释放。所以在特性曲线图上，电磁机构的反力特性必须介于电磁吸力特性和剩磁吸力特性之间，如图 1-24 所示。

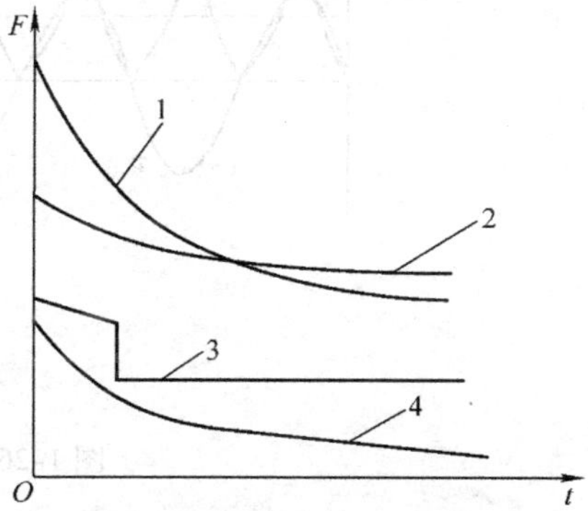


图 1-24　吸力特性和反力特性

1—直流吸力特性　2—交流吸力特性

3—反力特性　4—剩磁吸力特性

在实际使用中，无论是直流还是交流操作，只要线圈两端电压大于释放电压，闭合状态的电磁机构都必须产生大于反力弹簧反力的吸力。直流电磁机构在这方面毫无问题，但对于交流电磁机构来说，铁心中的磁通量及吸力是一个周期函数，该周期函数包括两个分量，即直流分量和频率为电网频率 2 倍的正弦分量，而吸力总是正的，在磁通每次过零点时，即 $t=0$、$\pi/2$、$T$（$T$ 为磁通周期）时，吸力为零，此时弹簧反力大于电磁吸力，电磁机构释放，而在 π/2 ~ $T$ 之间，吸力又大于反力，衔铁克服原来的分离运动，使电磁机构又重新吸合。这样，在 $f$ = 50Hz 时，每周期内衔铁吸力要两次过零点，电磁机构就会出现频率为 100Hz 的持续抖动与撞击，使得铁心迅速损坏，并产生难以忍受的噪声，这种现象是不允许存在的。为了消除衔铁振动，通常在静铁心端面上安装一个用铜制成的分磁环（短路环或减振环），如图 1-25 所示。

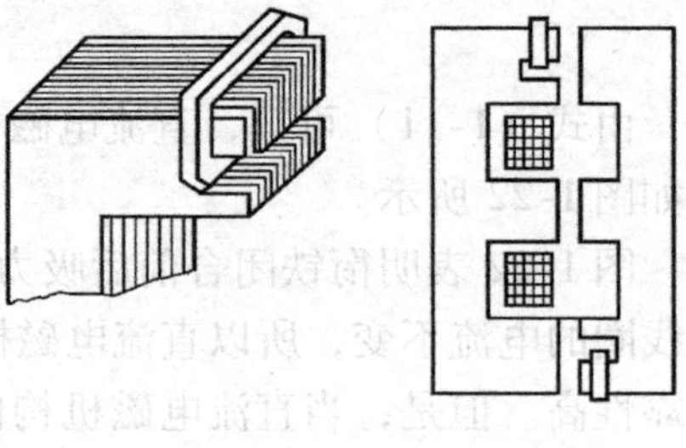

图 1-25　铁心上的短路环

短路环顾名思义，就是一匝两端接在一起的线圈，一般镶嵌在静铁心端面的槽内，当电磁线圈通入交流电后，线圈电流 $I_1$ 产生磁通 $\Phi_1$，短路环中产生感应电流 $I_2$ 而形成磁通 $\Phi_2$，由于电流 $I_1$ 和 $I_2$ 的相位不同，所以 $\Phi_1$ 与 $\Phi_2$ 的相位也不同，即 $\Phi_1$ 与 $\Phi_2$ 不同时为零，这样，在磁通 $\Phi_1$ 经过零时，$\Phi_2$ 就不为零而产生吸力吸住衔铁，从而使衔铁始终被静铁心所吸牢，振动和噪声会显著减小，如图 1-26 所示，吸力 $F_1$ 和吸力 $F_2$ 不同时为零，使任何瞬间吸力均不为零，从而显著减小了振动和噪声。气隙越小，短路环的作用越大，振动和噪声就越小。短路环一般用铜、康铜或镍铬合金等材料制成。

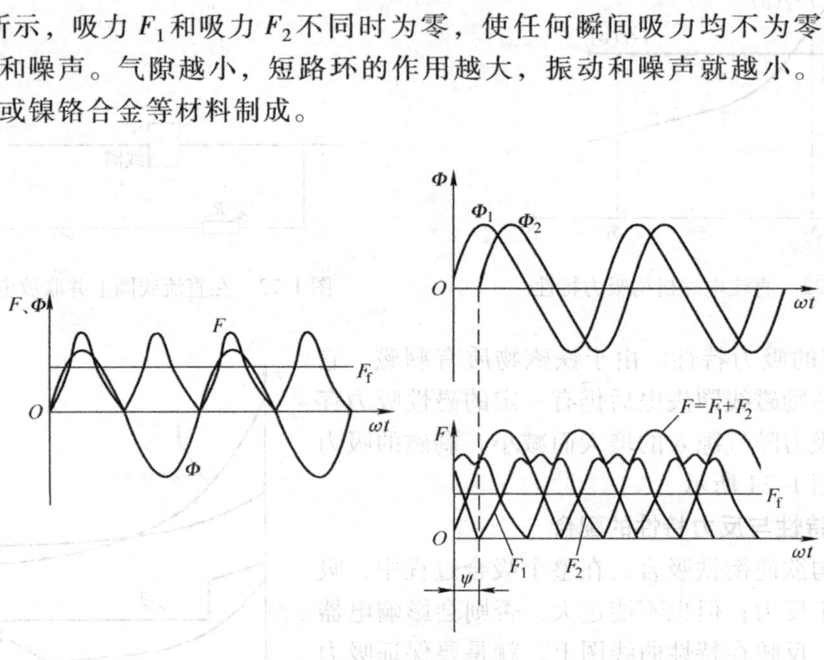


图 1-26　交流电磁机构实际吸力特性

## 1.5.2　电磁铁

电磁铁由励磁线圈、铁心和衔铁三个基本部分构成，衔铁也称动铁心，是牵动主轴或触点支架动作的部分。当励磁线圈通以励磁电流后便产生磁场及电磁力，衔铁被吸合，并带动机械装置完成一定的动作，把电磁能转换为机械能。根据励磁电流的性质，电磁铁分为直流电磁铁和交流电磁铁。直流电磁铁的铁心根据不同的剩磁要求选用整块的铸钢或工程纯铁制成，交流电磁铁的铁心则用相互绝缘的硅钢片叠成。电磁铁的结构形式多种多样，直流电磁铁常用拍合式与螺管式两种结构。拍合式电磁铁的动铁心是平板状的，它在励磁线圈的外面将磁路闭合；而螺管式电磁铁通常由圆柱形动铁心插入线圈内部将磁路闭合。交流电磁铁的结构形式主要有 U 形和 E 形两种。

直流电磁铁和交流电磁铁具有各自不同的机电特性，因此适用于不同场合。选用电磁铁时，应考虑用电类型、额定行程、额定吸力及额定电压等技术参数。衔铁在起动时与铁心的距离称为额定行程。衔铁处于额定行程时的吸力称为额定吸力，它必须大于机械装置所需的起动吸力。额定电压（励磁线圈两端的电压）应尽量与机械设备的电控系统所用电压相符。此外，在实际应用中要根据机械设计上的特点，考虑直流电磁铁和交流电磁铁具有的特点能否满足工艺要求、安全要求等，选择交流或直流电磁铁。

直流电磁铁具有如下特点：

- 励磁电流的大小仅取决于励磁线圈两端的电压及本身的电阻，而与衔铁的位置无关，因此，一旦机械装置被卡住，励磁电流不会因此而增加，也不会导致线圈烧毁；
- 直流电磁铁的吸力在衔铁起动时最小，而在吸合时最大，因此吸力与衔铁的位置有关，在起动时吸力较小，吸合后电磁铁容易因励磁电流大而发热。

交流电磁铁具有如下特点：

- 励磁电流与衔铁的位置有关，当衔铁处于起动位置时，电流最大，当衔铁吸合后，电流就降到额定值，因此一旦机械装置被卡住而衔铁无法被吸合时，励磁电流将大大超过额定电流，容易使线圈烧毁；
- 吸力与衔铁的位置无关，衔铁处于起始位置与处于吸合位置时吸力相同，因此，交流电磁铁具有较大的起动初始吸力。

### 1.5.3 电磁阀

电磁阀按电源种类分为直流电磁阀、交流电磁阀、交直流电磁阀和自锁电磁阀等；按用途分为控制一般介质（气体、流体）电磁阀、制冷装置用电磁阀、蒸汽电磁阀和脉冲电磁阀等；按使用环境分为一般用、户外用和防爆用电磁阀等。各种电磁阀还可分为二通、三通、四通、五通等规格，还可分为主阀和控制阀等。图 1-27 所示是一般控制用螺管电磁系统电磁阀的结构示意图。

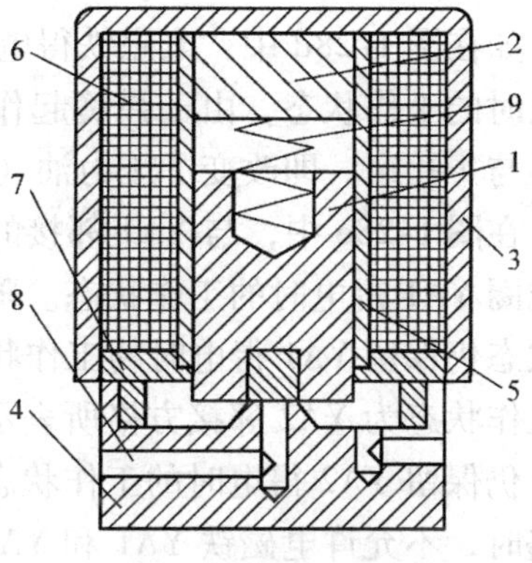


图 1-27　电磁阀结构示意图

1—动铁心　2—静铁心　3—外壳　4—阀体　5—隔磁管　6—线圈　7—压盖　8—管路　9—反力弹簧

由图中可见，电磁阀由动铁心、静铁心、外壳、压盖、隔磁管、线圈、管路、阀体、反力弹簧等组成。为了使介质与磁路的其他部分隔绝，用非磁性材料（如不锈钢）制成隔磁管将动铁心与静铁心包住，并将其下部与压盖密封，在压盖与阀体之间用氟橡胶密封圈密封，使进、出管之间不会泄漏。阀门为直通式，用反力弹簧压住动铁心上端，而用动铁心下端装有的氟橡胶塞将阀门进出口密封阻塞。如要接通管道，必须接通线圈电源，产生电磁力，克服反力弹簧的阻力，开启阀门。

另外，在液压系统中电磁阀用来控制液流方向。阀门开关由电磁铁来操纵，因此，控制电磁铁就是控制电磁阀。电磁阀的结构性能可用它的位置数和通路数来表示，有单电磁铁（称为单电式）和双电磁铁（称为双电式）两种。

图1-28是电磁阀的图形符号，其中图1-28a为单电两位二通电磁换向阀，图1-28b为单电两位三通电磁换向阀，图1-28c为单电两位四通电磁换向阀，图1-28d为单电两位五通电磁换向阀，图1-28e为双电两位四通电磁换向阀，图1-28f为双电三位四通电磁换向阀，图1-28g为电磁阀的一般图形符号。单电磁铁图形符号中，与电磁铁邻接的方格中表示孔的通向正是电磁铁得电的工作状态，与弹簧邻接的方格中表示的状态是电磁铁失电时的工作状态。双电磁铁图形符号中，与电磁铁邻接的方格中表示孔的通向正是该侧电磁铁得电的工作状态。

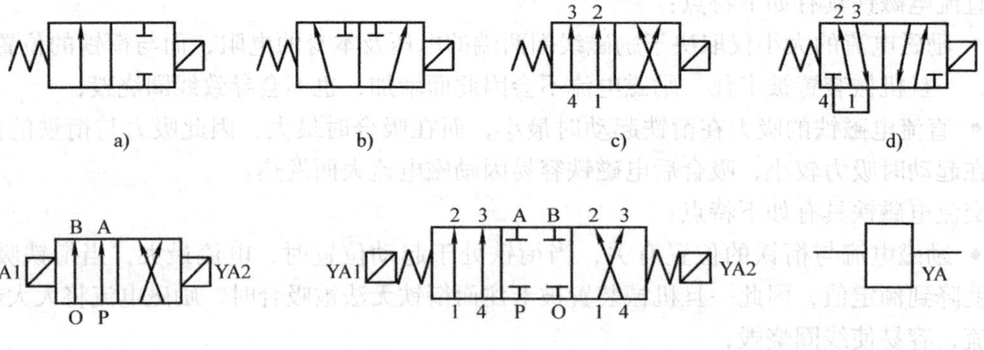


a) b) c) d) e) f) g)

图1-28 电磁阀的图形符号

如在图1-28d中，电磁铁得电的工作状态是1孔与3孔相通，2孔与4孔相通；电磁铁失电时的工作状态，由于弹簧起作用，使阀芯处在右边，1孔与2孔通，3孔与4孔通，2孔还与4孔通，即改变了压力油（压缩空气）进入液（气）压缸的方向，实现了换向。

在图1-28e中，与YA1邻接的方格中的工作状态是P与A通，B与O通，亦即表示电磁线圈YA1得电时的工作状态。随后如果YA1失电，而YA2又未得电。此时，电磁阀的工作状态仍保留YA1得电时的工作状态，没有变化。直至电磁铁YA2得电时，电磁阀才换向，其工作状态为YA2邻接方格所表示的内容，即P与B通，A与O通。同样，如接着YA2失电，仍保留YA2得电时的工作状态，如要换向，则需YA1得电，才能改变流向。设计控制电路时，不允许电磁铁YA1和YA2同时得电。

在图1-28f中，当电磁铁YA1和YA2都失电时，其工作状态是以中间方格的内容表示，四孔互不相通，同上述的一样，如YA1得电时，阀的工作状态由邻接YA1的方格中所表示的内容确定，即P与A通，B与O通。当YA2得电时，阀的工作状态由邻接YA2的方格中所表示的内容确定，即P与B通，A与O通。对三位四（五）通电磁阀，在设计控制电路时，同样是不允许电磁铁YA1和YA2同时得电。

选用电磁阀时应注意如下几点：

- 阀的工作机能要符合执行机构的要求，据此确定采用阀的型号（二位或三位，单电或双电，二通或三通、四通、五通）；
- 阀的孔径是否允许通过额定流量；
- 阀的工作压力等级；
- 电磁铁线圈采用交流或直流电，以及电压等级等都要与控制电路一致，并应考虑通电持续率。

### 1.5.4 电磁制动器

电磁制动器是应用电磁铁原理使衔铁产生位移的机械运动装置，广泛应用于起重机、卷扬机、碾压机等类型的升降机械设备。

电磁制动器由制动器、电磁铁或电力液压推动器、摩擦片、制动轮（盘）或闸瓦等组成。图1-29是盘式电磁制动器结构示意图。由图可见，盘式电磁制动器在电动机轴端装着一个钢制圆盘，它靠制动钳块与圆盘表面的离合，实现对电动机的制动和释放。圆盘的直径越大，制动力矩也越大，可以根据所需要的制动力矩选择与之相匹配的圆盘。

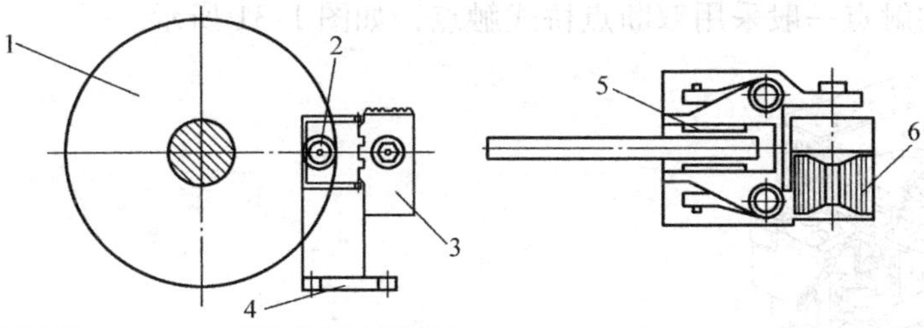


图1-29　盘式电磁制动器结构示意图

1—圆盘　2—铁心　3—壳体　4—支架　5—摩擦片　6—衔铁

盘式电磁制动器的供电方式采用桥式整流装置，其电磁系统是在直流状态下工作的。它的工作电流很小，整流装置是与盘式电磁制动器装在一起的，其吸引线圈用环氧树脂密封于壳体内，这样适宜于在露天或多尘埃等各种恶劣的环境中工作。

## 1.6 接触器

接触器是一种用来接通或切断交、直流主电路和控制电路，并且能够实现远距离控制的电器。大多数情况下其控制对象是电动机，也可用于其他电力负载，如电阻炉、电焊机等。接触器不仅能够自动地接通或切断电路，还具有控制容量大、欠电压释放保护、零电压保护、频繁操作、工作可靠、寿命长等优点，因此，接触器在电气控制系统中应用广泛。

接触器的种类很多，按驱动力的不同可分为电磁式、气动式和液压式，以电磁式应用最为广泛；按接触器主触点通过电流的种类分为交流接触器和直流接触器两种；按冷却方式分为自然空气冷却式、油冷和水冷式等，以自然空气冷却式为最多；按主触点的极数分为单极、双极、三极、四极、五极等多种。

### 1.6.1 交流接触器

交流接触器用于远距离接通和分断电压至380V，电流至600A的50Hz或60Hz的交流电路，以及频繁起动和控制交流电动机。常用的交流接触器有CJ20、CJ21、CJ26、CJ29、CJ35、CJ40、NC、B、LC1-D、3TB和3TF等系列。近年来，还生产了由晶闸管组成的无触点式接触器，主要用于冶金和化工行业。

**1. 交流接触器的结构**

交流接触器的结构主要由触点系统、电磁系统和灭弧装置三大部分组成，另外还有反作用力弹簧、缓冲弹簧、触点压力弹簧和传动机构等部分。图 1-30 是 CJ20 型交流接触器的外观及其结构图。

(1) 触点系统

接触器的触点用来接通和断开电路，是接触器的执行部分，因此要求它的工作必须绝对可靠。为了保证接触器可靠工作和有足够长的寿命，触点必须满足以下要求：连续工作时，不应超过规定的允许温升，接触良好，耐弧耐磨，有足够的电动稳定性和热稳定性，价格便宜，便于制造和维护，使用寿命长。

交流接触器的触点一般采用双断点桥式触点，如图 1-31 所示。

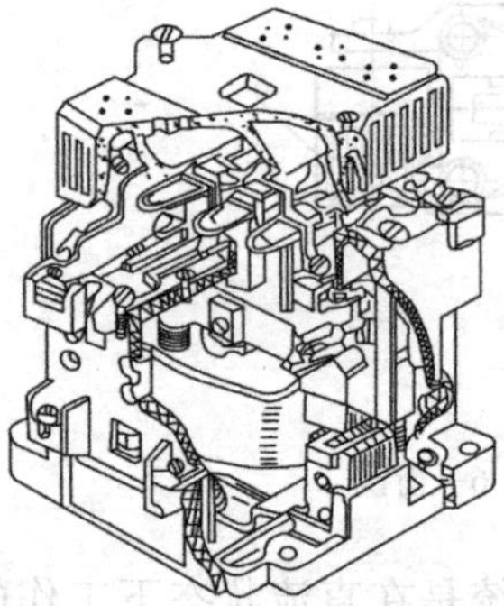
图 1-30 交流接触器的结构

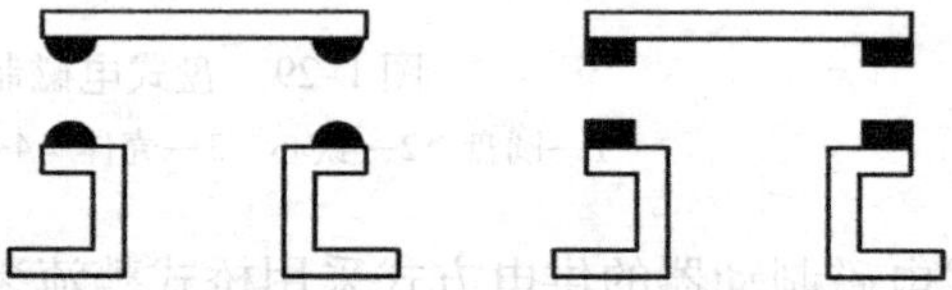
图 1-31 双断点桥式触点

触点是用纯铜片制成的，由于铜的表面容易氧化而生成一层不易导电的氧化铜，故在触点接触点部分镶上银块，而银的接触电阻小，且银的黑色氧化物对接触电阻影响不大。接触器的触点系统分为主触点和辅助触点。主触点用在通断电流较大的主电路中，一般由三对动合触点组成，体积较大。辅助触点用以通断小电流的控制电路，体积较小，它有动合触点和动断触点组成。“动合”、“动断”是指电磁系统未通电动作前触点的状态。动合触点是指在线圈未通电时，其动、静触点是处于断开状态的；当线圈通电后就闭合。动断触点是指在线圈未通电时，其动、静触点是处于闭合状态的；当线圈通电后就断开。

接触器的动断和动合触点是连同动作的，即线圈通电时，动断触点先断开，动合触点再闭合，中间有一个很短的时间间隔；线圈断电时，动合触点先恢复断开，随即动断触点恢复原来的接通状态，同样中间也存在一个很短的时间间隔，在分析电路时，应注意这个时间间隔。

(2) 电磁系统

电磁系统是用来操纵触点的闭合和断开的，包括静铁心、动铁心（又称衔铁）和吸引线圈三部分。交流接触器电磁系统的结构形式主要取决于铁心形状和衔铁运动方式。

交流接触器的铁心一般用硅钢片叠压后铆成，以减少交变磁场在铁心中产生的涡流与磁滞损耗，防止铁心过热。交流接触器线圈的电阻较小，所以铜损引起的发热较小。为了增加铁心的散热面积，线圈一般做成短而粗的圆筒状。E 形铁心的中柱较短，铁心闭合时，上下中柱间形成很小的间隙，以减少剩磁，防止线圈断电后铁心粘连。

交流接触器的铁心端面上装有短路环。

(3) 灭弧装置

交流接触器在断开大电流电路时，往往会在动、静触点之间产生很强的电弧。电弧是触点间气体在强电场作用下产生的放电现象，它一方面发光发热造成触点灼伤，另一方面会使电路的切断时间延长，影响接触器的正常工作。因此对容量较大的交流接触器往往采用电动力灭弧、纵缝灭弧或灭弧栅灭弧，其原理如图 1-32 所示。

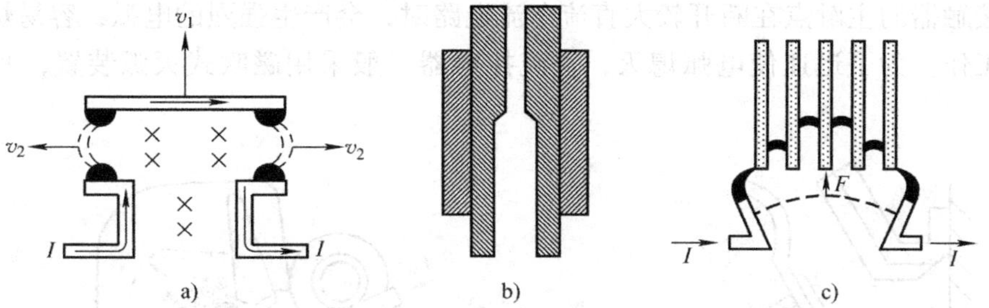


图 1-32　交流接触器常用灭弧装置

(4) 其他部分

交流接触器的其他部分有反作用弹簧、缓冲弹簧、触点压力弹簧、传动机构和接线柱等。反作用弹簧的作用是当吸引线圈断电时，迅速使主触点和动合辅助触点复位分断；缓冲弹簧的作用是缓冲动、静铁心吸合时对静铁心及外壳的冲击力；触点压力弹簧的作用是增加动、静触点之间的压力，增大接触面积以降低接触电阻，避免触点由于接触不良而造成的过热灼伤，并有减振的作用。

**2. 交流接触器的工作原理**

交流接触器的工作原理简图如图 1-33 所示。线圈得电以后，产生的磁场将铁心磁化，吸引衔铁，克服反作用弹簧的弹力，使它向着静铁心运动，拖动触点系统运动，使得动合触点闭合，动断触点断开。一旦电源电压消失或者显著降低，以致电磁线圈没有励磁或励磁不足，衔铁就会因电磁吸力消失或过小而在反作用弹簧的弹力作用下释放，使得动触点与静触点脱离，触点恢复线圈未通电时的状态。

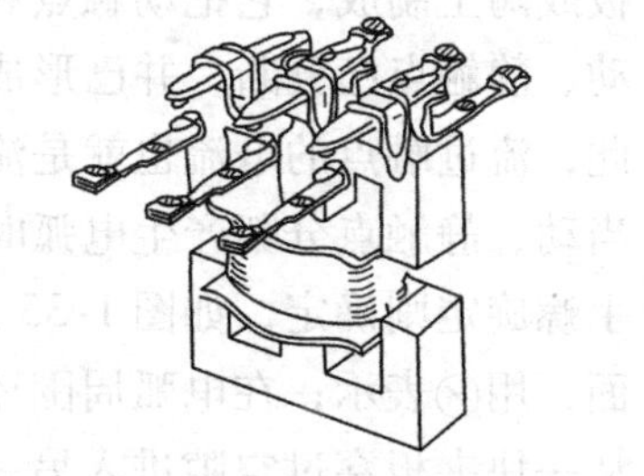

图 1-33　交流接触器工作原理图

## 1.6.2　直流接触器

直流接触器主要用于远距离接触或分断额定电压至 440V，额定电流至 600A 的直流电路，或频繁地操作和控制直流电机的一种控制电器。常用的有 CZ0 系列，另外还有 CZ1、CZ2、CZ3、CZ5 ~ 11 等系列产品，广泛应用于冶金、机械和机床的电器控制设备中。

直流接触器的结构和工作原理与交流接触器的基本相同，但直流接触器用于控制直流设备，所以具体结构与交流接触器有些不同。

(1) 触点系统

直流接触器有主触点和辅助触点。主触点由于通断电流较大，故采用滚动接触的指形触点，如图 1-34 所示。辅助触点的通断电流较小，故采用点接触的双断点桥式触点。

（2）电磁系统

直流接触器的电磁系统由铁心、线圈和衔铁等组成。由于线圈中通的是直流电，在铁心中不会产生涡流，所以铁心可用整块铸铁或工程纯铁制成，并且不需要有短路环。由于铁心没有涡流故不发热，但线圈的匝数较多，电阻大，铜损大，所以线圈本身发热是主要的。为了使线圈散热良好，通常将线圈做成长而薄的圆筒状。

（3）灭弧装置

直流接触器的主触点在断开较大直流电流电路时，会产生强烈的电弧，容易烧坏触点而不能连续工作。为了迅速使电弧熄灭，直流接触器一般采用磁吹式灭弧装置，其结构如图1-35所示。

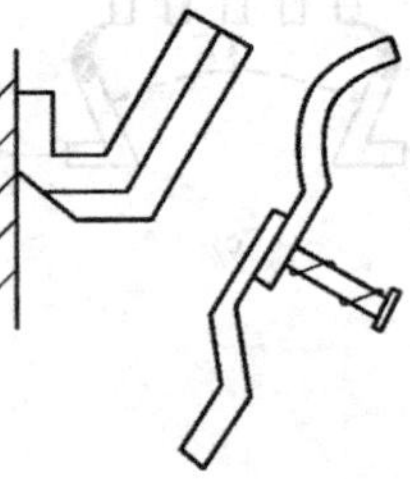

图 1-34　指形触点

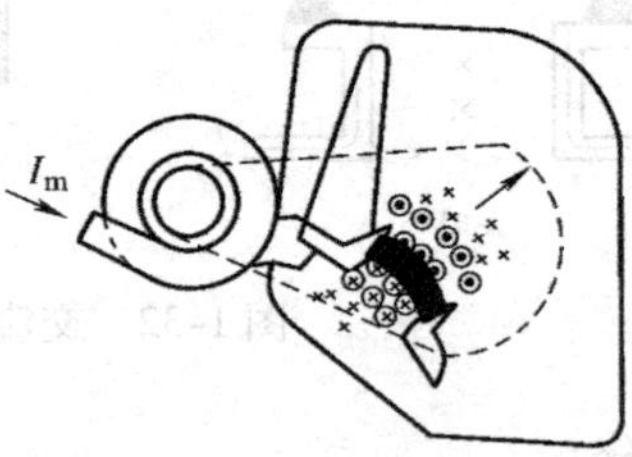


图 1-35　磁吹式灭弧装置

磁吹式灭弧装置主要是由磁吹线圈、灭弧罩和灭弧角等组成。

磁吹线圈由扁铜条弯成，中间装有铁心，它们之间隔有绝缘套筒，铁心的两端装有两片铁夹板，夹持在灭弧罩的两边，放在灭弧罩内的触点就处在铁夹板之间。灭弧罩由石棉水泥板或陶土制成，它把动触点和静触点罩住，触点就在灭弧罩内闭合和分断。图 1-35 中表示动、静触点已分断，并已形成电弧（图中用粗黑线表示）。磁吹线圈是和主触点串联的，因此，流过触点的电流也就是流过磁吹线圈的电流 $I_m$，电流 $I_m$ 的方向如图 1-35 中箭头所示。当动、静触点分断产生电弧时，电弧电流 $I_m$ 在电弧四周形成一个磁场，磁场的方向可用右手螺旋定则确定，如图 1-35 所示，在电弧上方是引出纸面，用⊙表示，电弧下方是进入纸面，用⊗表示；在电弧周围还有一个由磁吹线圈电流 $I_m$ 所产生的磁场，在铁心中产生磁通，从一块夹板穿过空隙进入另一块夹板，形成闭合磁路，磁场方向可根据右手螺旋定则确定，如图所示是进入纸面的，用×表示。这样，在电弧的上方，磁吹线圈电流与电弧电流所产生的两个磁通方向相反而相互抵消；在电弧的下方，两个磁通的方向相同而磁通增加，电弧将从磁场强的一边拉向磁场弱的一边，于是电弧就被迫向上运动。

灭弧角和静触点相连接，它的作用是引导电弧向上运动。电弧自下而上地运动，迅速拉长和空气发生了相对运动，使电弧温度降低而熄灭；同时，电弧被吹进灭弧罩上部时，电弧的热量被传给了灭弧罩，降低了电弧的温度而促使其熄灭。另外，电弧在向上运动的过程中，在静触点上的弧根将逐渐转移到灭弧角上，弧根向上移动就会使电弧继续拉长，当电源电压不足以维持电弧燃烧时，它就熄灭了。由此可见，磁吹式灭弧装置的灭弧是靠磁吹力的作用使电弧拉长，在空气中很快冷却，从而使电弧迅速熄灭。

直流接触器由于通的是直流电，没有冲击起动电流，所以不会产生铁心猛烈撞击的现象，因此它的寿命长，适用于频繁起动的场合。

### 1.6.3 接触器的图形符号和文字符号

接触器的图形符号和文字符号如图 1-36 所示。

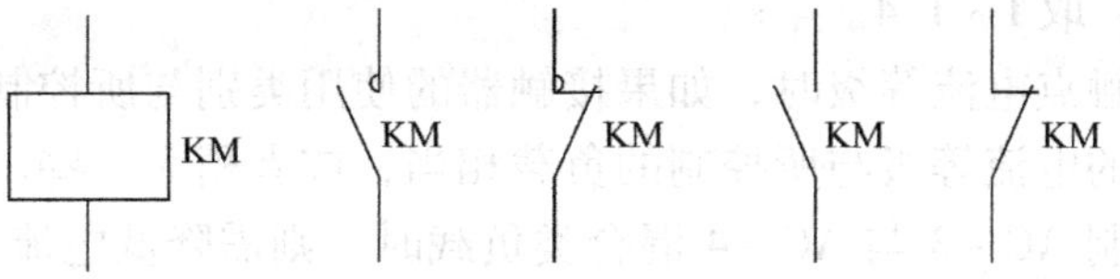


图 1-36 接触器的图形符号和文字符号

### 1.6.4 接触器的选用

为了保证系统正常工作，必须根据以下原则正确选择接触器，使接触器的技术参数满足控制电路的要求。

**1. 接触器类型的选择**

接触器的类型应根据电路中负载电流的种类来选择。即交流负载应选用交流接触器，直流负载应选用直流接触器。

根据使用类别选用相应系列产品，接触器产品系列是按使用类别设计的，所以应根据接触器负载的工作任务来选择相应的使用类别。若电动机承担一般任务，其接触器可选 AC－3 类；若承担重任务可选用 AC－4 类。如选用 AC－3 类用于重任务时，应降低容量使用。例如，AC－3 设计的控制 4kW 电动机的接触器，用于重任务时，应降低一个容量等级，只能控制 2. 2kW 电动机等。直流接触器的选择类别与交流接触器类似。

**2. 接触器主触点额定电压的选择**

被选用的接触器主触点的额定电压应大于或等于负载的额定电压。

**3. 接触器主触点额定电流的选择**

对于电动机负载，接触器主触点额定电流按下式计算

$$I_N = \frac{P_N \times 10^3}{\sqrt{3} U_N \cos\theta \cdot \eta} \tag{1-12}$$

式中 $P_N$——电动机功率（kW）；

$U_N$——电动机额定线电压（V）；

$\cos\theta$——电动机功率因数，其值为 0. 85～0. 9；

$\eta$——电动机的效率，其值一般为 0. 8～0. 9。

在选用接触器时，其额定电流应大于计算值。也可以根据电气设备手册给出的被控电动机的容量和接触器额定电流对应的数据选择。

根据式（1-12），在已知接触器主触点额定电流的情况下，可以计算出所控制电动机的功率。例如，CJ20—63 型交流接触器在 380V 时的额定工作电流为 63A，故它在 380V 时能控制的电动机的功率为

$$P_N = \sqrt{3} \times 380\text{V} \times 63\text{A} \times 0.9 \times 0.9 \times 10^{-3}\text{kW} \approx 33\text{kW} \tag{1-13}$$

其中，$\cos\theta$、$\eta$ 均取 0. 9。

由此可见，在 380V 的情况下，63A 的接触器的额定控制功率为 33kW。

在实际应用中，接触器主触点的额定电流也常常按下面的经验公式计算

$$I_{N}=\frac{P_{N}\times 10^{3}}{KU_{N}} \tag{1-14}$$

式中，$K$ 为经验系数，取 1～1.4。

在确定接触器主触点电流等级时，如果接触器的使用类别与所控制负载的工作任务相对应，一般应使主触点的电流等级与所控制的负载相当，或者稍大一些。如果不对应，例如用 AC－3 类的接触器控制 AC－3 与 AC－4 混合类负载时，则需降低电流等级使用。

当负载为电容器或白炽灯时，接通时的冲击电流可达额定工作电流的十几倍，这时宜选用 AC－4 类的接触器。如果不得不用 AC－3 类别的产品，则应降低为 70%～80% 额定容量来使用。

**4. 接触器吸引线圈电压的选择**

如果控制线路比较简单，所用接触器数量较少，则交流接触器线圈的额定电压一般直接选用 380V 或 220V。如果控制线路比较复杂，使用的电器又比较多，为了安全起见，线圈的额定电压可选低一些。例如，交流接触器线圈电压可选择 127V、36V 等，这时需要附加一个控制变压器。

直流接触器线圈的额定电压应视控制回路的情况而定。同一系列、同一容量等级的接触器，其线圈的额定电压有几种，可以选线圈的额定电压与直流控制电路的电压一致。

直流接触器的线圈加的是直流电压，交流接触器的线圈一般是加交流电压。有时为了提高接触器的最大操作频率，交流接触器也可以采用直流线圈。

## 1.7 继电器

继电器是根据电量（如电压、电流等）或非电量（如时间、温度、压力、转速等）的变化接通或断开控制线路，实现保护或自动控制电力拖动装置的一种电器。继电器一般由感测机构、中间机构和执行机构三个基本部分组成。感测机构把感测到的电量或非电量传递给中间机构，将它与额定的整定值进行比较，当达到整定值（过量或欠量）时，中间机构便使执行机构动作，从而接通或断开被控电路。

一般情况下，继电器不直接控制较大电流的主电路，而主要用于反映或扩大控制信号。因此与接触器比较，继电器触点分断能力很小，不设灭弧装置。继电器体积小，结构简单，但对其动作的准确性则要求很高。

继电器的种类很多，按照继电器在电力拖动自动控制系统中的作用，可分为控制继电器和保护继电器；按输入信号的性质可分为电压继电器、电流继电器、时间继电器、速度继电器、压力继电器和温度继电器等；按工作原理可分为电磁式继电器、感应式继电器、热继电器和电子式继电器等；按动作时间可分为瞬时继电器和延时继电器等。

### 1.7.1 电磁式电流、电压和中间继电器

电磁式继电器是电气控制设备中应用较多的一种继电器，其结构和工作原理与电磁式接触器相似，也是由电磁系统和触点系统组成的。电磁式继电器结构简图如图 1-37 所示。

铁心和铁轭为一整体，减少了非工作气隙；极靴为一圆环，套在铁心端部；衔铁靠反力

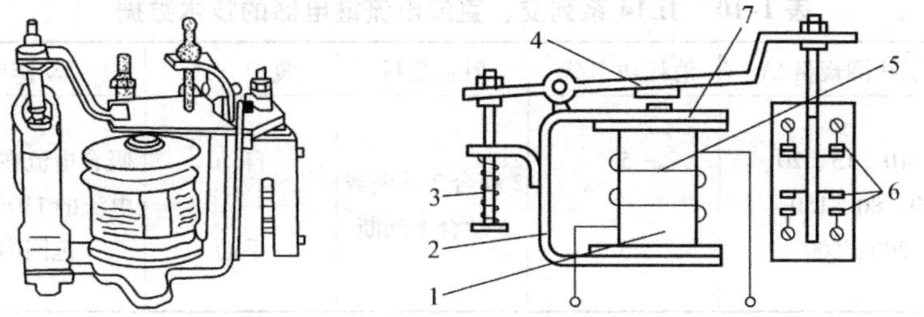


a)　　　　　　　　b)

图 1-37　电磁式继电器结构简图

1—铁心　2—磁轭　3—反作用弹簧　4—衔铁　5—线圈　6—触点　7—极靴

弹簧的作用而打开。衔铁上垫有非导磁性垫片，装设不同的线圈后，可分别制成电流继电器、电压继电器和中间继电器。这种继电器的线圈有交流和直流两种，其中直流的继电器加装筒套后可以构成电磁式时间继电器。

**1. 电流继电器**

根据线圈中电流的大小而接通或断开电路的继电器称为电流继电器。电流继电器的线圈串接在电路中，为了不影响电路工作情况，电流继电器吸引线圈匝数少，导线粗。线圈电流高于整定值动作的继电器称为过电流继电器；低于整定值动作的继电器称为欠电流继电器。

过电流继电器在正常工作时，通过线圈的电流为额定值，所产生的电磁吸力不足以克服反作用弹簧力，动断触点仍保持闭合状态；只有当通过线圈的电流超过整定值后，电磁吸力大于反作用弹簧力，铁心吸引衔铁使动断触点分断，切断控制回路，从而保护了负载。

欠电流继电器是当线圈电流降到低于整定值时释放的继电器，所以线圈电流正常时，衔铁处于吸合状态。

过电流继电器主要用于频繁、重载起动场合，作为电动机或主电路的短路和过载保护。欠电流继电器常用于直流电动机和电磁吸盘的弱磁保护。

在选用过电流继电器时，对于小容量直流电动机和绕线转子异步电动机，继电器线圈的额定电流一般可按电动机长期工作的额定电流来选择；对于频繁起动的电动机，由于起动电流的发热效应，继电器线圈的额定电流应选择大一些。

过电流继电器的整定值，可按电动机起动电流的 1.2 倍左右调定。调节反作用弹簧弹力，可调定继电器的动作电流值。

常用的过电流继电器有 JT4、JL12 及 JL14 系列，其中 JT4 为通用继电器。

电流继电器的型号意义：

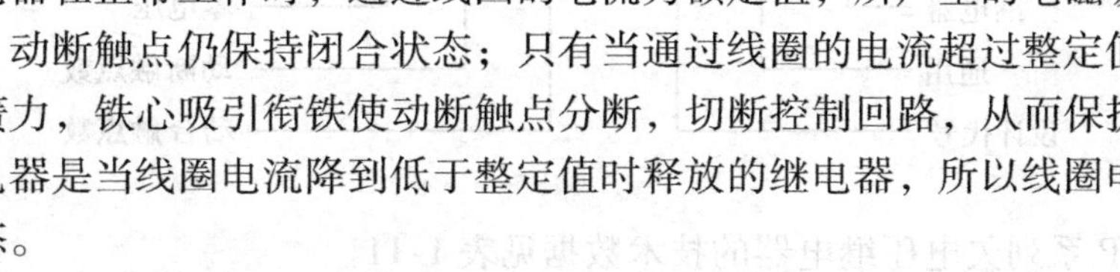


JL14 系列交、直流电流继电器的技术数据见表 1-10。

**表 1-10　JL14 系列交、直流电流继电器的技术数据**

| 型号 | 吸引线圈规格/A | 消耗功率/W | 触点数目 | 复位方式 | 动作电流 | 返回系数 |
|---|---|---|---|---|---|---|
| JT4 - □□L | 5、10、15、20、40、80、150、300、600 | 5 | 2 动合 2 动断或 1 动合 1 动断 | 自动 | 吸合电流在线圈额定电流的 110% ~350% 范围内调节 | 0. 1 ~0. 3 |
| JT4 - □□S | | 5 | | 手动 | | |

**2. 电压继电器**

根据线圈两端电压大小而接通或断开电路的继电器称为电压继电器。这种继电器并联在主电路中，线圈的导线细，匝数多，阻抗大，刻度表上标出的数据是继电器的动作电压。

电压继电器有过电压继电器和欠电压继电器之分。常用的欠电压继电器的外形结构及动作原理与电流继电器相似。一般情况下，过电压继电器在电压为（1. 1 ~1. 15）倍额定电压以上时动作，对电路进行过电压保护；欠电压继电器的电压为（0. 4 ~0.7）倍额定电压时动作，对电路进行欠电压保护；零电压继电器在电压降为（0. 05 ~0. 25）倍额定电压时动作，对电路进行零电压保护。

电压继电器的型号意义：

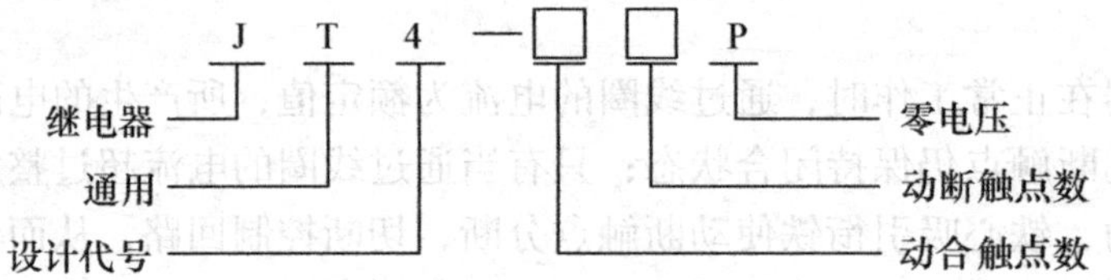


常用的 JT4P 系列欠电压继电器的技术数据见表 1-11。

**表 1-11　JT4P 系列欠电压继电器的技术数据**

| 型号 | 吸引线圈规格/A | 消耗功率/W | 触点数目 | 复位方式 | 动作电流 | 返回系数 |
|---|---|---|---|---|---|---|
| JT4P | 110、127、220、380 | 75 | 2 动合 2 动断或 1 动合 1 动断 | 自动 | 吸合电压在线圈额定电压的 60% ~85% 范围内调节，释放电压在线圈额定电压的 10% ~35% 范围内调节 | 0. 2 ~0. 4 |

**3. 中间继电器**

中间继电器是用来转换控制信号的中间元件，将一个输入信号变换成一个或多个输出信号，其输入信号为线圈的通电或断电，输出信号为触点的动作。

常用的中间继电器有 JZ7 系列和 JZ8 系列两种。JZ7 系列继电器的结构与小型接触器相似。它由吸引线圈、静铁心、衔铁、触点系统、反作用弹簧和复位弹簧等组成。它的触点较多，一般有 8 对，可组成 4 对动合、4 对动断；6 对动合、2 对动断或 8 对动合三种形式，多用于交流控制电路。

中间继电器的动作原理与接触器完全相同，只是中间继电器的触点对数较多，且没有主、辅之分，各对触点允许通过的电流大小相同，其额定电流多为 5A，小型的多为 3A。对于额定电流不超过5A的电动机也可以用中间继电器代替接触器使用。

JZ8系列为交直流两用的中间继电器，其线圈电压有交流110V、127V、220V、380V和直流12V、24V、48V、110V、200V，触点有2动合、6动断；4动合、4动断和6动合、2动断等。如果把触点簧片反装便可使动合与动断触点相互转换。

JZ7系列中间继电器技术数据见表1-12。

**表1-12　JZ7系列中间继电器技术数据**

| 型号 | 触点额定电压/V | 触点额定电流/A | 触点数量 | | 吸引线圈电压/V | 操作频率/次 |
|---|---|---|---|---|---|---|
| | | | 动合 | 动断 | | |
| JZ7—44 | 500 | 5 | 4 | 4 | 12、24、36、48、110、127、380、420、440、500 | 1200 |
| JZ7—62 | 500 | 5 | 6 | 2 | | |
| JZ7—80 | 500 | 5 | 8 | 0 | | |

在选择中间继电器时，要保证线圈的电压或电流满足电路的要求，触点的数量与额定电压和额定电流满足被控制电路的要求，电源也应满足控制电路的要求。

中间继电器有两种用途：

- 当电压或电流继电器的触点容量不够时，可借助中间继电器来控制，用中间继电器作为执行元件；
- 当其他继电器触点数量不够时，可利用中间继电器来切换复杂电路。

中间继电器的型号意义：

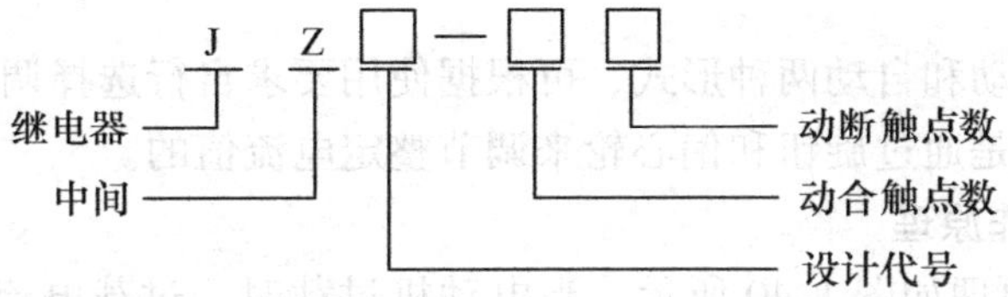


#### 4. 电磁式继电器的图形符号和文字符号

电磁式继电器的图形符号和文字符号如图1-38所示。

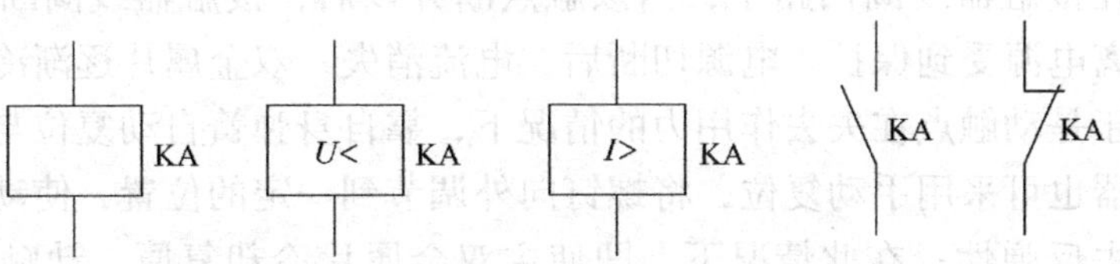


图1-38　电磁式继电器的图形符号和文字符号

## 1.7.2　热继电器

热继电器是利用电流的热效应来推动动作机构使触点系统闭合或分断的保护电器。其用途是作为电动机的过载、断相、三相电流不平衡运行的保护及其他电气设备发热状态的控制。

**1. 热继电器的外形及结构**

热继电器的外形及结构如图 1-39 所示，它由热元件、触点系统、动作机构、复位机构和电流整定装置等几部分组成。

1）热元件共有三片，是热继电器的主要部分，是由双金属片及围绕在双金属片外面的电阻丝组成的。双金属片是由两种热膨胀系数不同的金属片复合而成的，如铁镍铬合金和铁镍合金。电阻丝一般用康铜、镍铬合金等材料做成，使用时，将电阻丝直接串联在异步电动机的电路中。

2）动作机构是利用杠杆传递及弹簧跳跃式机构完成触点动作的。触点多为单断点弹簧跳跃式动作，一般为一个触点动断、一个触点动合。

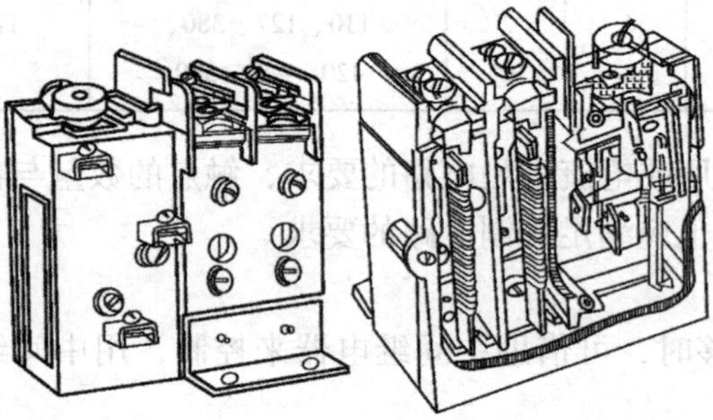

a)　　b)

图 1-39　热继电器的外形及结构图

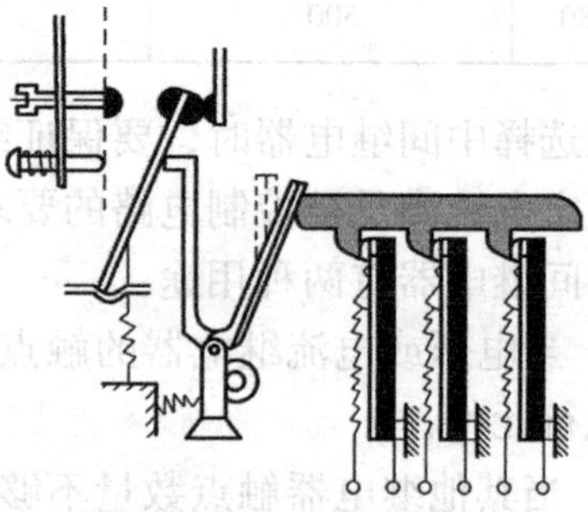

图 1-40　热继电器的工作原理

3）复位机构有手动和自动两种形式，可根据使用要求自行选择调整。

4）电流整定装置是通过旋钮和偏心轮来调节整定电流值的。

**2. 热继电器的工作原理**

热继电器的工作原理如图 1-40 所示。当电动机过载时，过载电流通过串联在定子电路中的电阻丝元件使其发热，双金属片受热膨胀，因右侧金属的膨胀系数较大，所以双金属片向左弯曲，通过导板推动温度补偿片，使推杆绕轴转动，又推动动触点，使动断触点断开。该动断触点串联在接触器线圈回路中，当该触点断开以后，接触器线圈断电，使主触点分断，电动机便脱离电源受到保护。电源切断后，电流消失，双金属片逐渐冷却，经过一段时间后恢复原状，于是动触点在失去作用力的情况下，靠自身弹簧自动复位与静触点闭合。

这种热继电器也可采用手动复位，将螺钉向外调节到一定的位置，使动触点弹簧的转动超过一定角度失去反弹性；在此情况下，即使主双金属片冷却复原，动触点也不能自动复位。必须采用手动复位。按下复位按钮使动触点弹簧恢复到具有弹性的角度，使之与静触点恢复闭合，这对于某些要求故障未被消除而防止带故障投入运行的场合是必要的。

热继电器的动作电流还与周围环境温度有关。当环境温度变化时，主双金属片会发生所谓的零点漂移（即发热元件未通过电流时主双金属片所产生的变形），因而在一定动作电流下的动作时间会发生误差。为了补偿周围环境温度变化所带来的影响，设置了温度补偿双金属片。当主双金属片因环境温度升高向左弯曲时，补偿双金属片也同样向左弯曲，这就使热继电器在同一整定电流下，保证动作行程基本一致。

热继电器的整定电流是指热继电器持续工作而不动作的最大电流。超过整定电流，热继电器将在负载未达到其允许过载极限之前动作。整定电流的调节可以借助旋转凸轮到不同位置来实现，旋钮上刻有整定电流值的标尺，转动旋钮来改变凸轮的位置也就改变了支撑杆的起始位置，即改变了推杆与动触点连杆的距离，调节范围可达1∶1.6。

**3. 带断相保护的热继电器**

在三相电源对称、电动机三相绕组绝缘良好的情况下，电动机的三相线电流是对称的，这时可以采用一相结构的热继电器。

当电动机出现一相断线故障，并且正好发生在串有一相结构的热继电器这一相时，就需要采用两相结构的热继电器。

当三相电源因供电线路故障而发生严重的不平衡、电动机绕组内部发生短路或绝缘不良等故障时，就可能使电动机某一线电流比其他两线电流高，而恰好在电流过高的这一相中没有热元件，此时就需采用具有三个热元件的三相结构热继电器。JR16 系列带有差动式断相运行保护装置的继电器结构和动作原理如图 1-41 所示。

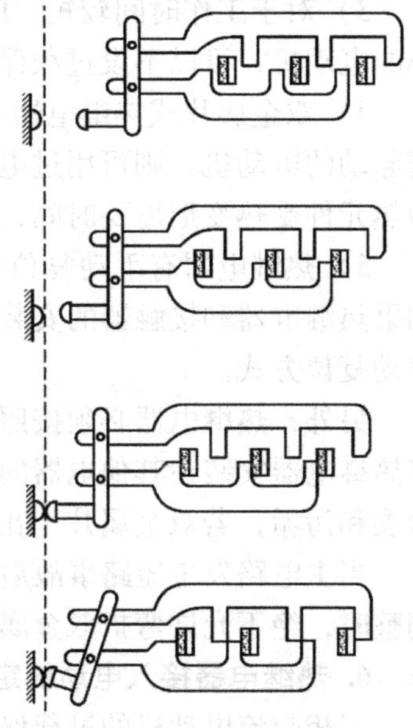

图 1-41　带有差动式断相运行保护装置的热继电器结构和动作原理

图 1-41a 为未通电时的位置。图 1-41b 是三相均接通额定电流时的位置，此时三相双金属片 U、V、W 均匀受热，同时向左弯曲，内外导板一起平行左移一段距离达到临界位置，触点不动作。图 1-41c 为当三相均过载时，三相双金属片都受热向左弯曲，推动外导板（还同时带动内导板）左移，超过临界位置，通过补偿双金属片和推杆等机构带动，使动断动触点瞬时脱离静触点，从而切断控制回路，达到保护电动机的目的。图 1-41d 是当电动机发生一相（如 W 相）断线故障时，该相双金属片 W 逐渐冷却，向右移动，并带动内导板同时右移，其余两相的双金属片 U、V 则继续向左移动，并带动外导板向左移动，这样，内外导板产生一左一右的反向移动，就形成了差动作用，通过杠杆的放大作用使继电器迅速动作，切断控制回路，使电动机得到保护。

**4. 热继电器的图形符号和文字符号**

热继电器的图形符号和文字符号如图 1-42 所示。

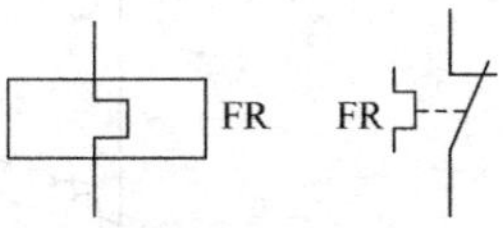

图 1-42　热继电器的图形符号和文字符号

**5. 热继电器的选用与维护**

热继电器的选用是否得当直接影响着对电动机进行过载保护的可靠性。

1）热继电器有两相、三相和三相带断相保护等形式。星形联结的电动机及电源对称性较好的情况可选用两相或三相结构的热继电器；三角形联结的电动机应选用带断相保护装置的三相结构热继电器。

2）原则上热继电器的额定电流应按电动机的额定电流来选择。但对于过载能力较差的电动机，其配用的热继电器（主要是发热元件）的额定电流应适当小些，一般选取热继电器的额定电流（实际上是选取发热元件的额定电流）为电动机额定电流的60%～80%。在不频繁起动的场合，要保证热继电器在电动机的起动过程中不产生误动作。通常，当电动机的起动电流为其额定电流的6倍，起动时间不超过6s且电动机很少连续起动时，就可按电动机的额定电流来选用热继电器。

热元件选好后，还需按电动机的额定电流来调整它的整定值。

3）对于工作时间较短、间歇时间较长的电动机，以及虽然长期工作但过载的可能性很小的电动机，可以不设过载保护。

4）双金属片式热继电器一般用于轻载、不频繁起动电动机的过载保护。对于重载、频繁起动的电动机，则可用过电流继电器（延时动作型的）作它的过载保护和短路保护。因为热元件受热变形需要时间，故热继电器不能作短路保护用。

5）热继电器有手动复位和自动复位两种方式。对于重要设备，宜采用手动复位方式；如果热继电器和接触器的安装地点远离操作地点，且从工艺上又易于了解过载情况，宜采用自动复位方式。

另外，热继电器必须按照产品说明书规定的方式安装。当与其他电器安装在一起时，应将热继电器安装在其他电器的下方，以免其动作受其他电器发热的影响。使用中应定期除去尘埃和污垢，若双金属片上出现锈斑，可用棉布蘸上汽油轻轻揩拭，切忌用砂纸打磨。另外，当主电路发生短路事故后，应检查发热元件和双金属片是否已经发生永久性变形。在做调整时，绝不允许弯折双金属片。

**6. 热继电器接入电动机定子电路方式**

三相交流电动机的过载保护大多数采用三相式热继电器，由于热继电器有带断相保护和不带断相保护两种，根据电动机绕组的接法，这两种类型的热继电器接入电动机定子电路的方式也不尽相同。

当电动机的定子绕组为星形联结时，带断相保护和不带断相保护的热继电器均可接在线电路中，如图1-43a所示。采用这种接入电路方式，在发生三相均匀过载、不均匀过载乃至发生一相断线事故时，流过热继电器的电流即为流过电动机绕组的电流，所以热继电器可以如实地反映电动机的过载情况。

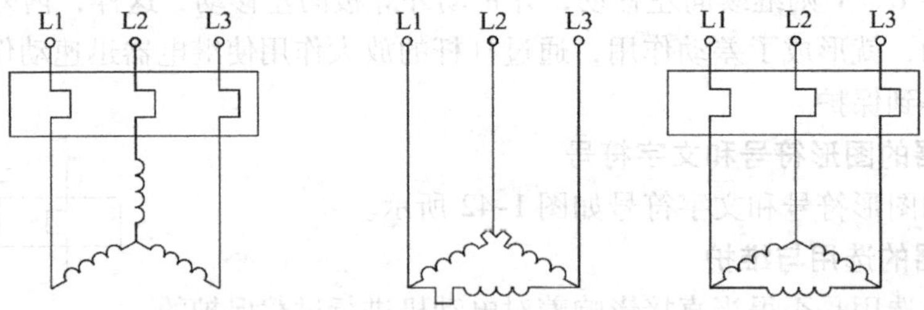


图1-43　热继电器接入电动机定子电路方式

电动机的额定电流是指线电流，电动机在三角形联结时，额定线电流为每相绕组额定相电流的3倍。当发生断相运行时，如果故障线电流达到电动机的额定电流，可以证明，此时电动机电流最大一相绕组的电流将达到额定相电流的1.15倍。若将热继电器的热元件串联在三角形联结电动机的电源进线中，并且按电动机的额定电流选择热继电器，当故障线电流达到额定电流时，在电动机绕组内部，电流较大的那一相绕组的故障相电流将超过额定电流。因热继电器串在电源进线中，所以热继电器不动作，但对电动机来说就有过热危险了。

因此，当电动机定子绕组为三角形联结时，若采用普通热继电器，为了能进行断相保护，必须将三个发热元件串联在电动机的每相绕组上，如图 1-43b 所示。如果采用断相式热继电器，可以采用图 1-43c 的接线形式。

## 1.7.3 速度继电器

速度继电器常用于三相感应电动机按速度原则控制的反接制动线路中，亦称反接制动继电器。它主要由转子、定子和触点三部分组成。转子是一个圆柱形永久磁铁，定子是一个笼型空心圆环，由硅钢片叠铆而成，并装有笼型绕组。速度继电器的工作原理如图 1-44 所示。其转子轴与电动机轴相连接，定子空套在转子上。当电动机转动时，速度继电器的转子（永久磁铁）随之转动，在空间产生旋转磁场，切割定子绕组，而在其中感应出电流。此电流又在旋转磁场作用下产生转矩，使定子随转子转动方向旋转一定的角度，与定子装在一起的摆锤推动触点动作，使动断触点断开，动合触点闭合。当电动机转速低于某一值时，定子产生的转矩减小，动触点复位。

常用的速度继电器有 JY1 型和 JFZ0 型。JY1 型能在 3000r/min 以下可靠工作；JFZ0－1 型适用于 300～1000r/min，JFZ0－2 型适用于 1000～3600r/min；JFZ0 型有两对动合、动断触点。一般速度继电器转轴在 120r/min 左右即能动作，在 100r/min 以下触点复位。

速度继电器的图形符号及文字符号如图 1-45 所示。

图 1-44　速度继电器工作原理图

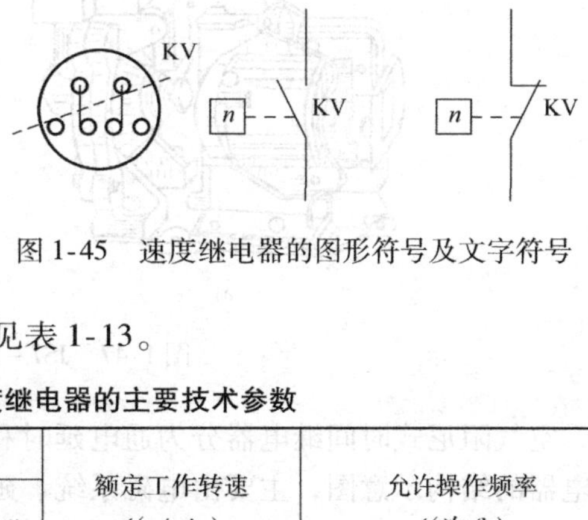


图 1-45　速度继电器的图形符号及文字符号

JY1 型和 JFZ0 型速度继电器的主要技术参数见表 1-13。

**表 1-13　JY1 型和 JFZ0 型速度继电器的主要技术参数**

| 型号 | 触点容量 | | 触点数量 | | 额定工作转速/(r/min) | 允许操作频率/(次/h) |
|---|---|---|---|---|---|---|
| | 额定电压/V | 额定电流/A | 正转时动作 | 反转时动作 | | |
| JY1<br>JFZ0 | 380 | 2 | 1 组转换触点 | 1 组转换触点 | 100～3600<br>300～3600 | <30 |

## 1.7.4 时间继电器

在电力拖动控制系统中，不仅需要动作迅速的继电器，而且需要当吸引线圈通电或断电以后其触点经过一定延时再动作的继电器，这种继电器称为时间继电器。按其动作原理及构造不同可分为电磁式、空气阻尼式、电动式和电子式等时间继电器。

**1. 直流电磁式时间继电器**

电磁式时间继电器一般在直流电气控制电路中应用较广，只能直流断电延时动作。在直流电磁式电压继电器的铁心上增加一个阻尼铜套或在铁心上再套一个匝数较少、截面积较大且两端短接的线圈，如图1-46所示。即构成时间继电器。

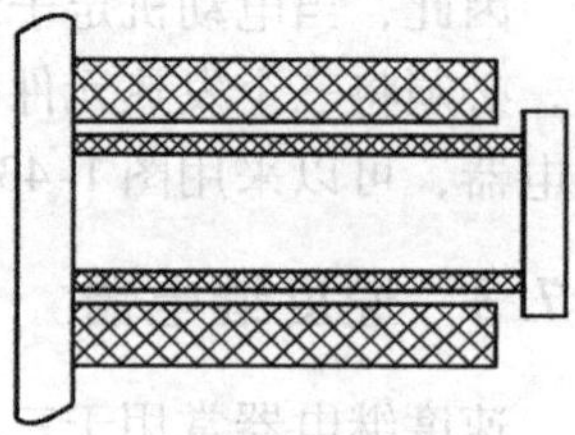

图1-46 带有阻尼铜套的铁心示意图

其工作原理是，当线圈断电后，通过铁心的磁通迅速减少，由于电磁感应，在阻尼铜套内产生感应电流。根据电磁感应定律，感应电流产生的磁场总是阻碍原磁场的减弱，使铁心继续吸持衔铁一小段时间，达到延时的目的。

这种时间继电器延时时间的长短是靠改变铁心与衔铁间非磁性垫片的厚度（粗调）或改变释放弹簧的松紧（细调）来调节的。垫片越厚延时越短，反之越长；而弹簧越紧则延时越短，反之越长。因非导磁性垫片的厚度一般为0.1mm、0.2mm、0.3mm，具有阶梯性，故用于粗调。由于弹簧松紧可连续调节，故用于细调。

电磁式时间继电器的优点是结构简单、运行可靠、寿命长，缺点是延时时间短。

**2. 空气阻尼式时间继电器**

空气阻尼式时间继电器是利用空气阻尼作用来获得延时的，线圈电压为交流，因交流继电器不能像直流继电器那样依靠断电后磁阻尼延时，因而采用空气阻尼式延时。其外观如图1-47所示。

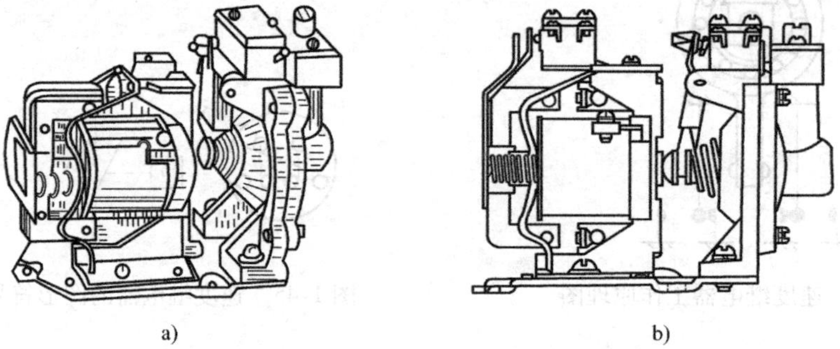

a)　　　　b)

图1-47 JS7－A系列时间继电器外观

空气阻尼式时间继电器分为通电延时和断电延时两种类型。图1-48是JS7－A系列时间继电器的结构示意图，主要由电磁系统、延时机构和工作触点三部分组成。

图1-48a为通电延时型时间继电器，当线圈通电后，铁心将衔铁吸合，同时杠杆使微动开关立即动作。活塞杆在塔形弹簧的作用下，带动活塞及橡皮膜向上移动，由于橡皮膜下方气室空气稀薄，形成负压，因此活塞杆不能迅速上移。当空气由进气孔进入时，活塞杆才逐渐上移。移到最上端时，杠杆才使微动开关动作。延时时间即为自电磁铁吸引线圈通电时刻起到微动开关动作为止这段时间。通过调节螺杆来改变进气孔的大小，就可以调节延时时间。

当线圈断电时，衔铁在复位弹簧的作用下将活塞推向最下端。因活塞被往下推时，橡皮膜下方气室内的空气，都通过橡皮膜、弱弹簧和活塞肩部所形成的单向阀，经上气室缝隙顺

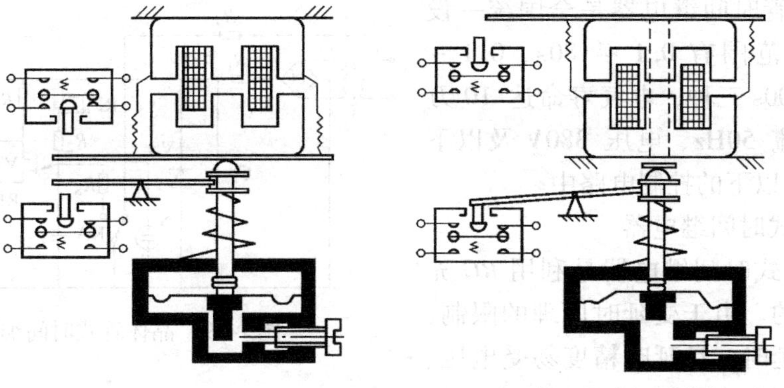

a)　　　b)

图 1-48　时间继电器结构简图

利排掉，因此延时与不延时的微动开关都能迅速复位。

将电磁机构翻转 180°安装后，可得到图 1-48b 所示的断电延时型时间继电器。它的工作原理与通电延时型相似，微动开关是在吸引线圈断电后延时动作的。

空气阻尼式时间继电器的优点是结构简单、寿命长、价格低，还附有不延时的触点，所以应用较为广泛。缺点是准确度低、延时误差大（±10% ~ ±20%），在要求延时精度高的场合不宜采用。

国产空气阻尼式时间继电器型号为 JS7 系列和 JS7－A 系列，A 为改型产品，体积小。

JS7－A 系列空气阻尼式时间继电器主要技术参数见表 1-14。

**表 1-14　JS7－A 系列空气阻尼式时间继电器主要技术参数**

| 型号 | 瞬时动作触点数量 | | 有延时的触点数量 | | | | 触点额定电压/V | 触点额定电流/A | 线圈电压/V | 延时范围/s | 额定操作频率/(次/h) |
|---|---|---|---|---|---|---|---|---|---|---|---|
| | | | 通电延时 | | 断电延时 | | | | | | |
| | 动合 | 动断 | 动合 | 动断 | 动合 | 动断 | | | | | |
| JS7—1A | — | — | 1 | 1 | — | — | 380 | 5 | 24<br>36<br>110<br>127<br>220<br>380<br>420 | 0.4 ~ 60 及 0.4 ~ 180 | 600 |
| JS7—2A | 1 | 1 | 1 | 1 | — | — | | | | | |
| JS7—3A | — | — | — | — | 1 | 1 | | | | | |
| JS7—4A | 1 | 1 | — | — | 1 | 1 | | | | | |

**3. 电子式时间继电器**

电子式时间继电器按其构成可分为 *RC* 式晶体管式时间继电器和数字式时间继电器，多用于电力传动、自动顺序控制及各种过程控制系统中，并以其延时范围宽、精度高、体积小、工作可靠的优势逐步取代传统的电磁式、空气阻尼式等时间继电器。

（1）晶体管式时间继电器

晶体管式时间继电器是以 *RC* 电路中电容 $C_2$ 充电时，电容器上的电压逐步升高的原理为延时基础制成的，其工作原理如图 1-49 所示。

常用的晶体管式时间继电器有 JS14A、JS15、JS20、JSJ、JSB、JS14P 系列等。其中，

JS20 系列晶体管时间继电器是全国统一设计产品，延时范围有 0.1 ~ 180s、0.1 ~ 300s、0.1 ~3600s 三种，电气寿命达 10 万次，适用于交流 50Hz、电压 380V 及以下或直流 110V 及以下的控制电路中。

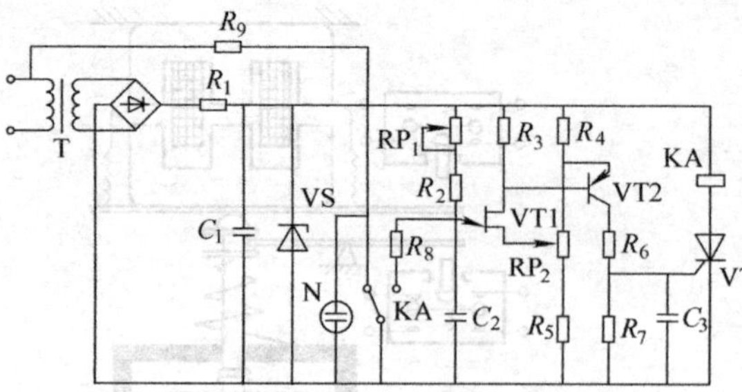

图 1-49　晶体管式时间继电器

（2）数字式时间继电器

*RC* 晶体管式时间继电器是利用 *RC* 充放电原理制成的。由于受延时原理的限制，不容易做成长延时，且延时精度易受电压、温度的影响，精度较低，延时过程也不能显示，因而影响了它的推广。随着半导体技术、特别是集成电路技术的进一步发展，采用新延时原理的时间继电器——数字式时间继电器便应运而生，各种性能指标得到大幅度的提高。目前最先进的数字式时间继电器内部装有微处理器。

目前市场上的数字式时间继电器型号很多，有 DH48S、DH14S、DH11S、JSS1、JS14S 系列等。其中，JS14S 系列与 JS14、JS14P、JS20 系列时间继电器兼容，替代方便。DH48S 系列数字时间继电器，为引进技术及工艺制造，替代进口产品，延时范围为 0.01s ~ 99h99min，可任意预置。另外，还有从日本富士公司引进生产的 ST 系列等。

**4. 时间继电器的图形符号和文字符号**

时间继电器的图形符号和文字符号如图 1-50 所示。

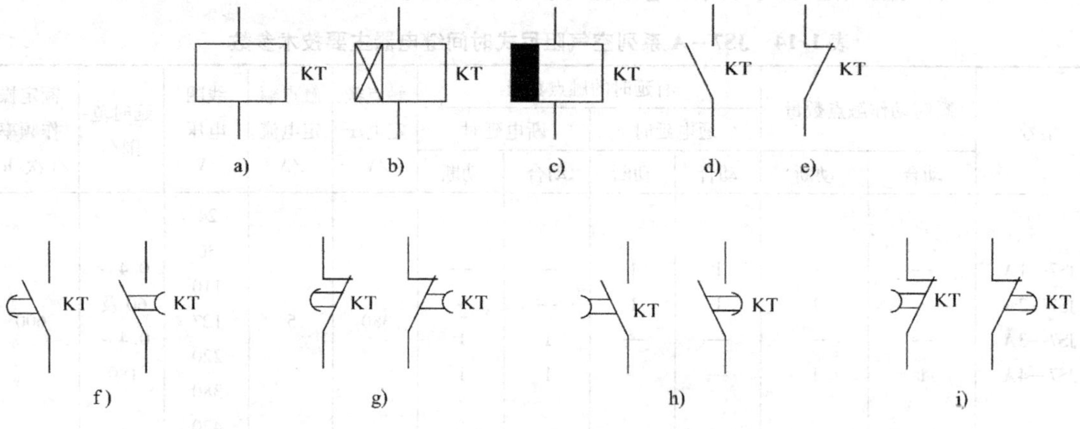

图 1-50　时间继电器的图形符号和文字符号

图 1-50f 和图 1-50g 为通电延时型时间继电器的触点，它们在线圈通电时延时动作，在线圈断电时瞬时动作；图 1-50h 和图 1-50i 为断电延时型时间继电器的触点，它们在线圈通电时瞬时动作，在线圈断电时延时动作。

对于通电延时型时间继电器，使用通电延时线圈图 1-50b，所用的触点是延时闭合动合触点图 1-50f 和延时断开动断触点图 1-50g；对于断电延时时间继电器，使用断电延时线圈图 1-50c，所用的触点是延时断开动合触点图 1-50h 和延时闭合动断触点图 1-50i；有的时间继电器还附有瞬动动合触点图 1-50d 和瞬动动断触点图 1-50e。

时间继电器在选用时应考虑延时方式（通电延时或断电延时）、延时范围、延时精度要求、外形尺寸、安装方式、价格等因素。

常用的时间继电器有空气阻尼式、电磁式、电动式及电子式等，在要求延时范围大、延时准确度较高的场合，应选用电动式或电子式时间继电器。当延时精度要求不高、电源电压波动大的场合，可选用价格较低的电磁式或空气阻尼式时间继电器。

### 1.7.5 干簧继电器

干式舌簧继电器简称干簧继电器，是近年来迅速发展起来的一种新型密封触点的继电器。普通的电磁式继电器由于动作部分惯量较大，动作速度不快；同时因线圈的电感较大，其时间常数也较大，因而对信号的反应不够灵敏。而且普通继电器的触点又暴露在外，易受污染，使触点接触不可靠。干簧继电器克服了上述缺点，具备快速动作、高度灵敏、稳定可靠和功率消耗低等优点，为自动控制装置和通信设备所广泛采用。

干簧继电器的主要部件是由铁镍合金制成的干簧片，它既能导磁又能导电，兼有普通电磁继电器的触点和磁路系统的双重作用。干簧片装在密封的玻璃管内，管内充有纯净干燥的惰性气体，以防止触点表面氧化。为了提高触点的可靠性和减小接触电阻，通常在干簧片的触点表画镀有导电性良好、耐磨的贵重金属（如金、铂、铑及合金）。

在干簧管外面套一励磁线圈就构成一只完整的干簧继电器，如图 1-51a 所示。当线圈通以电流时，在线圈的轴向产生磁场，该磁场使密封管内的两干簧片被磁化，于是两干簧片触点产生极性相反的两磁极，它们相互吸引而闭合。当切断线圈电流时，磁场消失，两干簧片也失去磁性，依靠其自身的弹性而恢复原位，使触点断开。

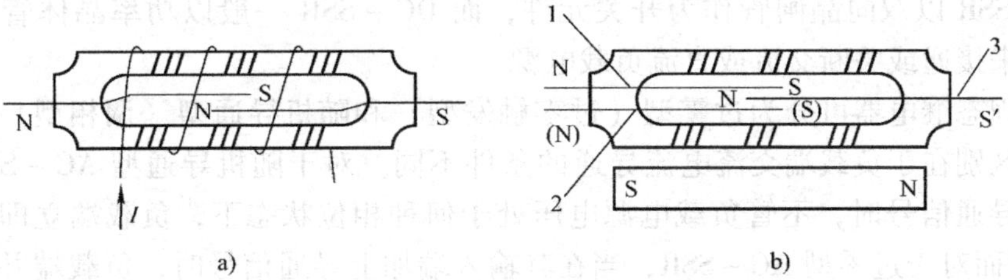


图 1-51 干簧继电器

除了可以用通电线圈来作为干簧片的励磁之外，还可以直接用一块永久磁铁靠近干簧片来励磁，如图 1-51b 所示。当永久磁铁靠近干簧片时，触点同样也被磁化而闭合，当永久磁铁离开干簧片时，触点则断开。

干簧片的触点有两种：一种是如图 1-51a 所示的动合式触点，另一种则是如图 1-51b 所示的切换式触点。后者当给予励磁时（例如用条形永久磁铁靠近），干簧管中的三根簧片均被磁化，其中，簧片 1、2 的触点被磁化后产生相同的磁极（图示为 S 极性），因而互相排斥，使动断触点断开；而簧片 1、3 的触点则因被磁化后产生的磁性相反而吸合。

常用的干簧继电器有 JAG－2 型、小型 JAC－4 型、大型 JAC－5 型等，其中又分动合、动断与转换三种不同的类型。另外，还有双列直插式塑料封装的干簧继电器，其外形尺寸和引脚与 14 根引出端的 DIP 标准封装的集成电路完全一致，因此称为 DIP（双列直插）封装的干簧继电器，它符合安装标准，可直接装配在印制电路板上。该继电器具有一组动合触点，还可内装保护电子回路的抑制二极管。线圈工作电压有 5V、6V、12V、24V 等系列，可用半导体元件或集成电路直接驱动。

### 1.7.6 固态继电器

**1. 概述**

固态继电器简称 SSR，是一种无触点通断电子开关，因为可实现电磁式继电器的功能，故称固态继电器，又因其“断开”和“闭合”均为无触点、无火花，因而又称其为无触点开关。

由于固态继电器是由固体元件组成的无触点开关元件，所以与电磁继电器相比，它具有体积小、重量轻、工作可靠、寿命长、对外界干扰小、能与逻辑电路兼容、抗干扰能力强、开关速度快、使用方便等一系列优点。同时由于采用整体集成封装，使其具有耐腐蚀、抗振动、防潮湿等特点，因而在许多领域有着广泛的应用，在某些领域有逐步取代传统电磁式继电器的趋势。固态继电器的应用还在电磁式继电器难以胜任的领域得到扩展，如计算机和可编程控制器的输入输出接口、计算机外围和终端设备、机械控制、中间继电器、电磁阀、电动机等的驱动装置、调压装置、调速装置等。在一些要求耐振、耐潮、耐腐蚀、防爆的特殊装置和恶劣的工作环境以及要求工作可靠性高的场合中，使用固态继电器都较传统电磁式继电器具有无可比拟的优越性。

**2. 固态继电器的分类**

（1）按负载电源类型分类

固态继电器可分为交流型固态继电器（AC – SSR）和直流型固态继电器（DC – SSR）两种。AC – SSR 以双向晶闸管作为开关元件，而 DC – SSR 一般以功率晶体管作为开关元件，分别用来接通或关断交流或直流负载电源。

交流型固态继电器可分为过零型（过零触发型）和随机导通型（调相型）两种，它们之间的主要区别在于负载端交流电流导通的条件不同。对于随机导通型 AC – SSR，当在其输入端加上导通信号时，不管负载电源电压处于何种相位状态下，负载端立即导通，如图 1-52a所示；而对于过零型 AC – SSR，当在其输入端加上导通信号时，负载端并不一定立即导通，只有当电源电压过零时才导通，如图 1-52b 所示，因此，减少了晶闸管接通时的干扰，谐波干扰少，可用于计算机 I/O 接口等场合。随机导通型 AC – SSR 由于是在交流电源的任意状态（指相位）上导通，因而导通瞬间可能产生较大的干扰。

由于双向晶闸管的关断条件是门极导通电压撤除，同时负载电流必须小于双向晶闸管导通的维持电流。因此，对于随机导通型和过零型 AC – SSR，在导通信号撤除后，都必须在负载电流小于双向晶闸管维持电流时才关断，可见这两种固态继电器的关断条件是相同的。

直流固态继电器（DC – SSR）的输入 – 输出波形如图 1-53 所示。DC – SSR 内部的功率器件一般为功率晶体管，在控制信号的作用下工作在饱和导通或截止状态。DC – SSR 在导通信号撤除后立刻关断。

（2）按安装形式分类

固态继电器可分为装配式固态继电器、焊接式固态继电器和插座式固态继电器。装配式固态继电器可装配在电路板上，焊接式固态继电器可直接焊装在印制电路板上。

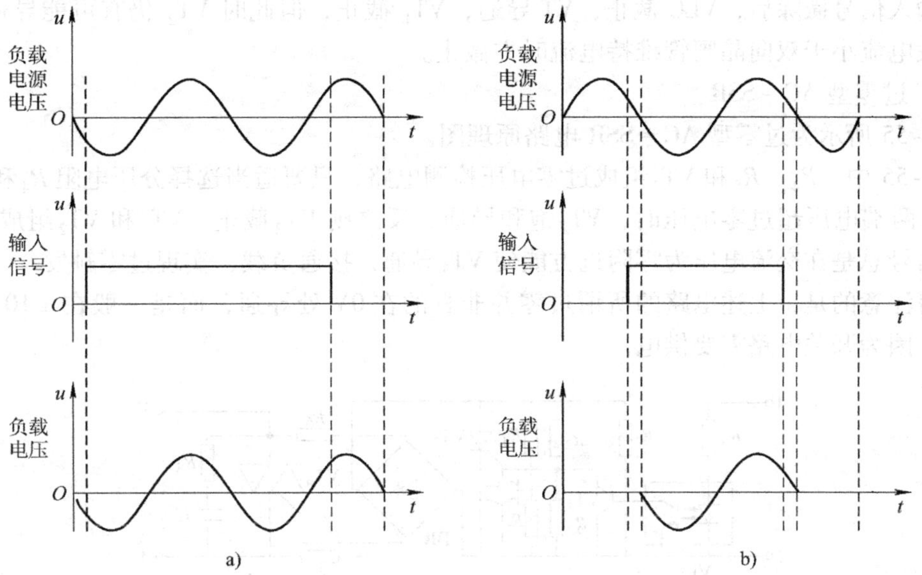


图 1-52　AC－SSR 输入输出关系波形图

**3. 固态继电器的工作原理**

AC－SSR 为四端器件，两个输入端，两个输出端。DC－SSR 有四端型和五端型之分，其中，两个为输入端，对于五端型输出增加一个负端。图 1-54 和图 1-55 为随机导通型和过零型 AC－SSR 的电路原理图，下面将分别介绍它们的工作原理。

（1）随机导通型 AC－SSR

图 1-54 所示为随机导通型 AC－SSR 电路原理图。

图 1-54 中，VLC 为光耦合器，它把输入输出两部分从电气上隔离，VT 为放大器，$VT_1$ 和 BR 用来获得使双向晶闸管 $VT_2$ 开启用的双向触发脉冲。$R_0$ 和 $R_4$ 为限流电阻，$R_4$ 也为 $VT_1$ 的负载，$R_3$ 和 $R_5$ 为分流电阻，分别用来保护 $VT_1$ 和 $VT_2$，$R_6$ 和 $C$ 用来组成浪涌吸收电路，BR 为双向整流桥。

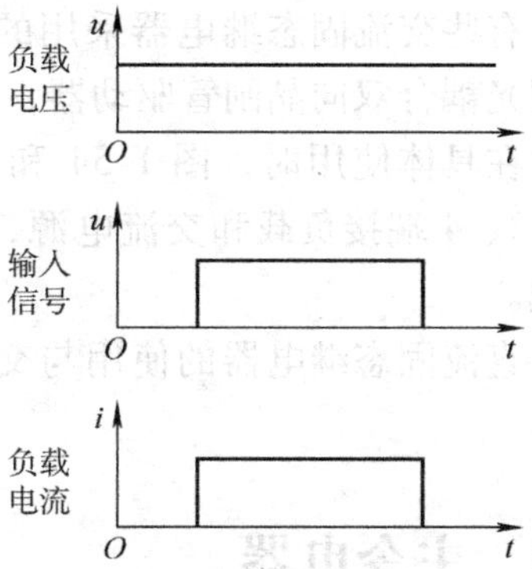


图 1-53　DC－SSR 输入－输出波形图

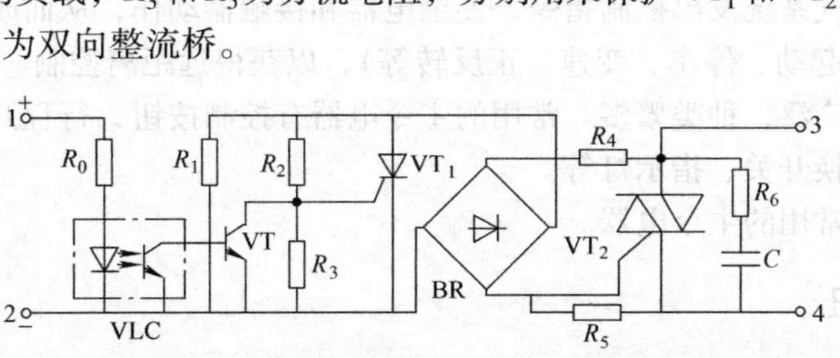


图 1-54　随机导通型 AC－SSR 电路原理图

当输入端加上信号时，VLC 导通，VT 截止，$VT_1$ 导通，在 $VT_2$ 的门极上将会得到从 $R_4$ →BR→$VT_1$→BR→$R_5$ 以及反方向的脉冲，使 $VT_2$ 导通，负载接通。

当输入信号撤除后，VLC 截止，VT 导通，$VT_1$ 截止，但此时 $VT_2$ 仍有可能导通，必须等到负载电流小于双向晶闸管维持电流时方截止。

（2）过零型 AC－SSR

图 1-55 所示为过零型 AC－SSR 电路原理图。

图 1-55 中，$R_4$、$R_5$和 $VT_2$组成过零电压检测电路，只要适当选择分压电阻 $R_4$和 $R_5$，使得在 $VT_3$两端电压超过零电压时，$VT_2$饱和导通，反之则 $VT_2$截止。$VT_1$和 $VT_2$组成门电路，即输入信号总是在交流电压为零附近方能使 $VT_3$导通，接通负载，实现过零触发。

值得注意的是，上述电路的所谓过零并非真的在 0V 处导通，而是一般在 ±10 ~ ±25V 区域内，因为开关电路需要供电。

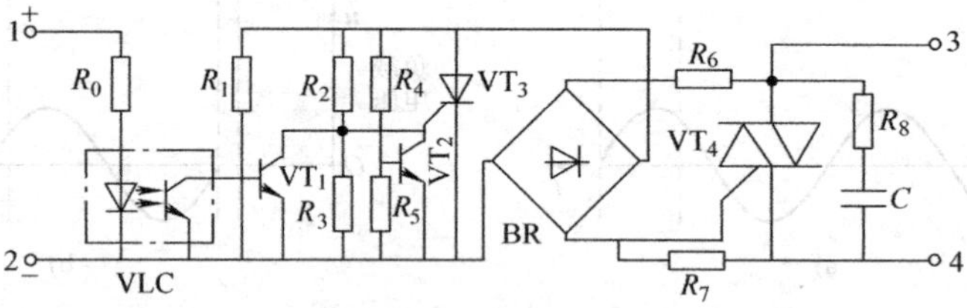

图 1-55　过零型 AC－SSR 电路原理图

有些交流固态继电器采用的是晶闸管型光耦合器。对于过零型光耦合双向晶闸管驱动器，其内部还带过零检测电路。

在具体使用时，图 1-54 和图 1-55 中的 1、2 端接控制信号，3、4 端接负载和交流电源，如图 1-56 所示。图中的 $R_L$为负载。

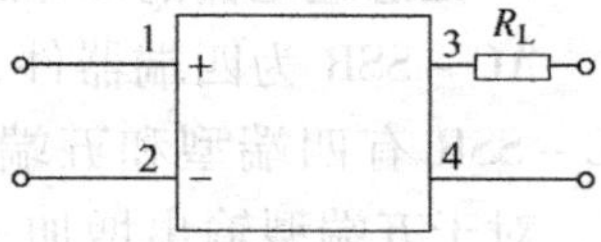

图 1-56　固态继电器接线图

直流固态继电器的使用与交流固态继电器类似，这里不再叙述。

## 1.8　主令电器

自动控制系统中用于发送控制指令的电器称为主令电器。主令电器是一种机械操作的控制电器，对各种电气系统发出控制指令，使继电器和接触器动作，从而改变拖动装置的工作状态（如电动机的起动、停车、变速、正反转等），以获得远距离控制。

主令电器应用广泛，种类繁多。常用的主令电器有控制按钮、行程开关、接近开关、主令控制器、万能转换开关、指示灯等。

下面介绍几种常用的主令电器。

### 1.8.1　控制按钮

控制按钮是一种结构简单、应用十分广泛的主令电器。在电气自动控制电路中，控制按钮用于手动发出控制信号以控制接触器、继电器、电磁起动器等，其结构如图 1-57 所示。

控制按钮的结构种类很多，可分为普通按钮式、蘑菇头式、自锁式、自复位式、旋柄式、带指示灯式、带灯符号式及钥匙式等，有单钮、双钮、三钮及不同组合形式。它一般采用积木式结构，由按钮帽、复位弹簧、桥式触点和外壳等组成。通常做成复合式，有一对动断触点和一对动合触点，有的产品可通过多个元件的叠加增加触点对数，最多可增至8对。还有一种自持式按钮，按下后即可自动保持闭合位置，断电后才能打开。

为了标明各个按钮的作用，避免误操作，通常将按钮帽做成不同的颜色，以示区别。其颜色有红、绿、黑、黄、蓝、白等，如红色表示停止按钮，绿色表示起动按钮等。另外，还有形象化符号可供选用。

目前使用比较多的有LA10、LA18、LA19、LA20、LA25、LAY3、LAY5、LAY9、HUL1、HUL2等系列产品。其中，LAY3系列是引进产品，LAY5系列是仿法国施耐德电气公司产品；LAY9系列是综合日本和泉公司、德国西门子公司等产品的优点而设计制造的，符合IEC337标准。

控制按钮的选用依据主要是根据需要的触点对数、动作要求、是否需要带指示灯、使用场合以及颜色等要求。

按钮的图形符号和文字符号如图1-58所示。

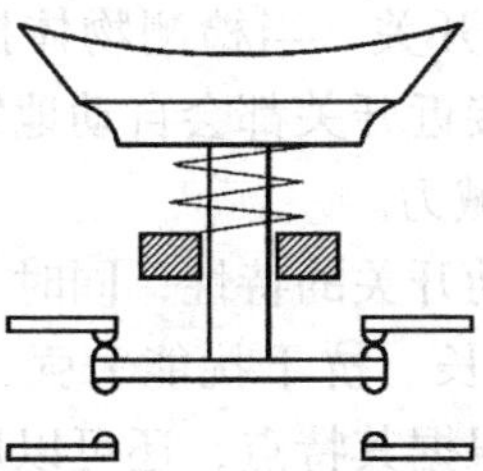

图1-57 控制按钮的结构

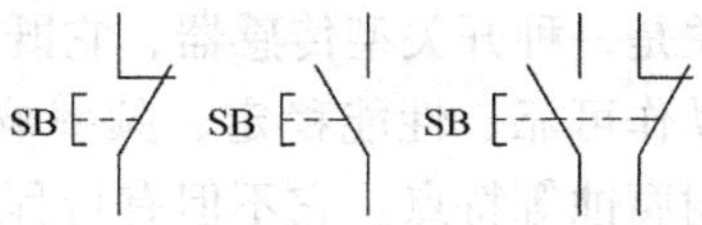


图1-58 按钮的图形符号和文字符号

## 1.8.2 行程开关

依据生产机械的行程发出命令以控制其运行方向或行程长短的主令电器，称为行程开关。若将行程开关安装于生产机械行程终点处，以限制其行程，则称为限位开关或终点开关。行程开关广泛用于各类机床和起重机械中以控制这些机械的行程。

行程开关的种类很多，其主要变化在于传动操作方式和传动头形状的变化。操作方式有瞬动型和蠕动型。头部结构有直动、滚动直动、杠杆单轮、双轮、滚动摆杆可调式、杠杆可调式以及弹簧杆等。

行程开关的工作原理与控制按钮类似，只是它用运动部件上的撞块来碰撞行程开关的推杆。行程开关触点结构示意如图1-59所示。触点结构是双断点直动式，为瞬动型触点，瞬动操作是靠传感头推动推杆达到一定行程后，触桥中心点过死点以使触点在弹簧的作用下迅速从一个位置跳到另一个位置，完成接触状态转换，使常闭触点断开，常开触点闭合。闭合与分断速度不取决于推杆行进速度，而由弹簧刚度和结构决定。各种结构的行程开关，只是传感部件的机构方式不同，而触点的动作原理都是类似的。

目前，市场上常用的行程开关有LX19、LX22、LX32、LX33、JLXL1以及LXW-11、JLXK1-11、JLXW5等系列。

行程开关在选用时，主要根据机械位置对开关形式的要求和控制线路对触点的数量要求以及电流、电压等级来确定其型号。行程开关的图形符号和文字符号如图1-60所示。

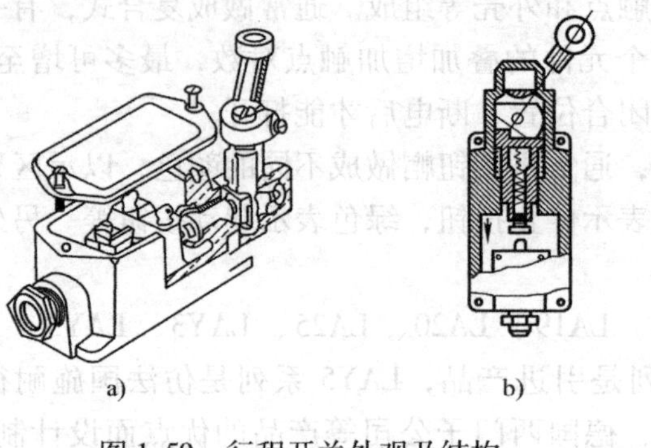


图 1-59　行程开关外观及结构

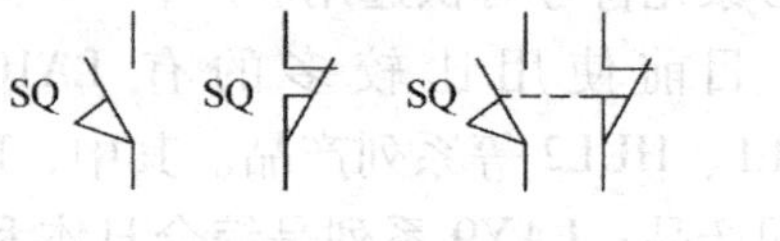


图 1-60　行程开关的图形符号和文字符号

## 1.8.3　接近开关

接近开关是一种非接触式物体检测装置。也就是某一物体接近某一信号机构时，信号机构发出“动作”信号的开关。接近开关又称为无触点行程开关，当检测物体接近它的工作面并达到一定距离时，不论检测体是运动的还是静止的，接近开关都会自动地发出物体接近而“动作”的信号，而不像机械式行程开关那样需施以机械力。

接近开关是一种开关型传感器，它既有行程开关、微动开关的特性，同时又具有传感器的性能，且动作可靠、性能稳定、频率响应快、使用寿命长、抗干扰能力强，而且具有防水、防震、耐腐蚀等特点。它不但有行程控制方式，而且根据其特点，还可以用于计数、测速、零件尺寸检测、金属和非金属的探测、无触点按钮、液面控制等电量与非电量检测的自动化系统中，还可以同微机、逻辑元件配合使用，组成无触点控制系统。

接近开关的种类很多，但不论何种类型的接近开关，其基本组成都是由信号发生机构（感测机构）、振荡器、检波器、鉴幅器和输出电路组成的。感测机构的作用是将物理量变换成电量，实现由非电量向电量的转换。

目前市场上接近开关的产品很多，型号各异，例如 LXJO 型、LJ－1 型、LJ－2 型、LJ－3 型、CJK 型、JKDX 型、JKS 型晶体管无触点接近开关以及 J 系列接近开关等，但功能基本相同，外形有 M6～M34 圆柱形、方形、普通形、分离形、槽形等。

## 1.8.4　主令控制器

主令控制器是用来较为频繁地切换复杂多回路控制电路的主令电器。它操作比较轻便，允许每小时通电次数较多，触点为双断点桥式结构，适用于按顺序操作的多个控制回路。其外观如图 1-61a 所示。

主令控制器一般由触点、凸轮、定位机构、转轴、面板及其支承件等部分组成。图 1-61b 为主令控制器的结构图，图中凸轮块是固定于方轴上的；由接线柱连向被操作的回路；静触点由桥式动触点来闭合与断开；静触点固定于能绕轴转动的支杆上。当操作者用手柄转动凸轮块的方轴使凸轮块达到推压小轮带动支杆向外张开时，将被操作的回路断电，在其他情况下（凸轮块离开推压轮）触点是闭合的。根据每块凸轮块的形状不同，可使触点按一定的顺序闭合与断开。这样只要安装一层层不同形状的凸轮块即可实现控制回路顺序地接通与断开。

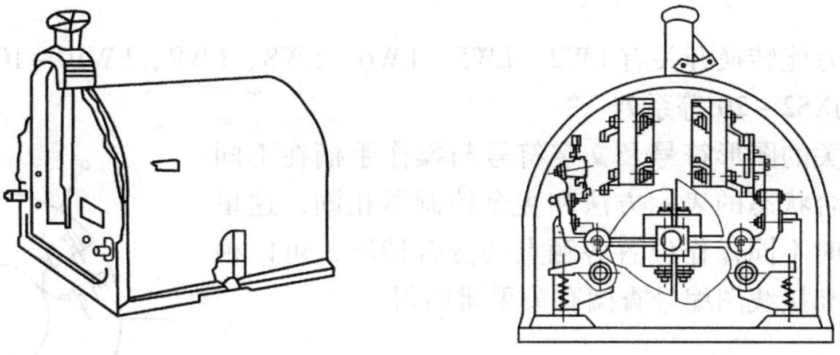

a)　　　　　　　　b)

图 1-61　主令控制器外观及结构

从结构形式来看，主令控制器有两种类型，一种是凸轮调整式主令控制器，它的凸轮片上开有孔和槽，凸轮片的位置可根据给定的触点分合表进行调整；另一种是凸轮非调整式主令控制器，其凸轮不能调整，只能按触点分合表做适当的排列组合。

目前常用的主令电器有 LS3、LK4、LK5 和 LK7、LK18 系列。其中，LK4 系列属于调整式主令控制器，即闭合顺序可根据不同要求进行任意调节。

主令控制器的图形符号及触点分合表如图 1-62 所示。

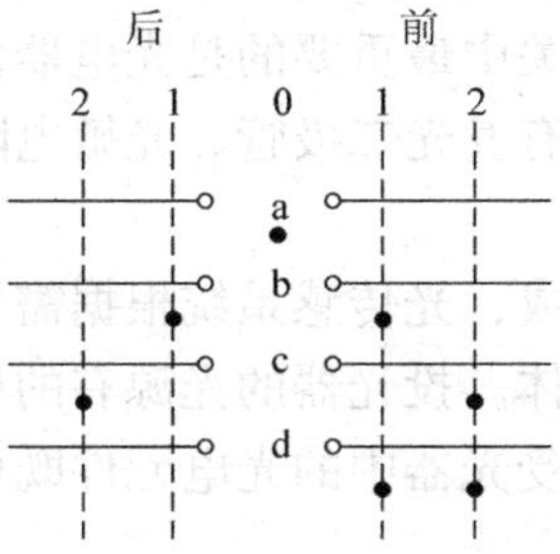


| 触点号 | 正转 | | | | | 反转 | | | |
|---|---|---|---|---|---|---|---|---|---|
| | 4 | 3 | 2 | 1 | | 1 | 2 | 3 | 4 |
| $SA_1$ | | | | | × | | | | |
| $SA_2$ | × | × | × | × | | × | × | × | × |
| $SA_3$ | | | | | | × | × | × | × |
| $SA_4$ | × | × | × | × | | | | | |
| $SA_5$ | × | × | × | | | | × | × | × |
| $SA_6$ | × | × | | | | | | × | × |
| $SA_7$ | × | | | | | | | | × |

图 1-62　主令控制器的图形符号及触点分合表

图形符号中“每一横线”代表一路触点，而用竖的虚线代表手柄位置。哪一路接通就在代表该位置的虚线上的触点下用黑点“·”表示。例如，在图 1-62 左图中，当主令控制器的手柄置于“前 1”位时，触点“b”“d”接通，其他触点断开；当手柄置于“后 2”位时，触点“c”接通，其他触点断开等。

## 1.8.5　万能转换开关

万能转换开关是一种多档式且能对电路进行多种转换的主令电器。它是由多组相同结构的触点组件叠装而成的多回路控制电器，主要用于各种配电装置的远距离控制，也可作为电气测量仪表的转换开关或用作小容量电动机的起动、制动、调速和换向的控制。由于触点档数多，换接的线路多，用途又广泛，故称万能转换开关。

万能转换开关一般由操作机构、面板、手柄及数个触点座等部件组成，用螺栓组装成为整体。触点的分断与闭合由凸轮进行控制，如图 1-63 所示。由于每层凸轮可做成不同的形状，因此当手柄转到不同位置时，通过凸轮的作用，可以使各对触点按需要的规律接通和分断。

目前常用的万能转换开关有 LW2、LW5、LW6、LW8、LW9、LW10－10、LW12、LW15 和 3LB、3ST1、JXS2－20 等系列。

万能转换开关的图形符号及文字符号与操作手柄在不同位置时的触点分合状态的表示方法和主令控制器相同，这里不再赘述。使用时不同操作位置各触点的分合情况，可以根据定位特征代号和接线图编号查阅有关手册而得。

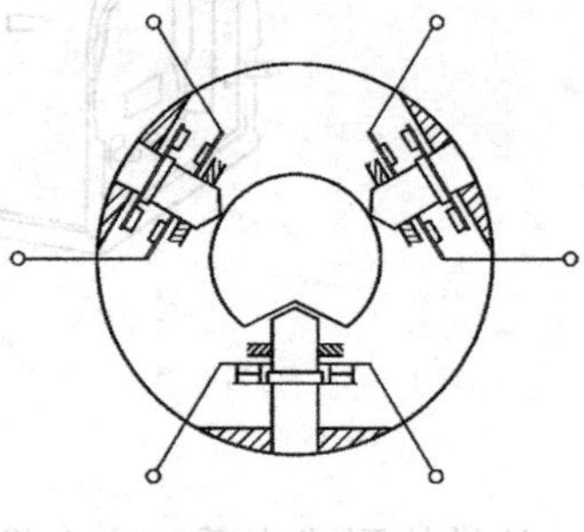

图 1-63　LW12 系列万能转换开关结构

## 1.8.6　光电开关

光电开关又称为非接触检测和控制开关。它是利用物质对光束的遮蔽、吸收或反射等作用，对物体的位置、形状、标志、符号等进行检测。

光电开关能非接触、无损伤地检测各种固体、液体、透明体、烟雾等。它具有体积小、功能多、寿命长、功耗低、精度高、响应速度快、检测距离远和抗光、电、磁干扰性能好等优点。它广泛应用于各种生产设备中作为物体检测、液位检测、行程控制、产品计数、速度检测、产品精度检测、尺寸控制、宽度鉴别、色斑与标记识别、人体接近开关和防盗警戒等，成为自动控制系统和生产线中不可缺少的重要元件。

光电开关是一种新兴的控制开关。在光电开关中最重要的是光电器件，是把光照强弱的变化转换为电信号的传感元件。光电元器件主要有发光二极管、光敏电阻、光敏晶体管、光耦合器等，它们构成了光电开关的传感系统。

光电开关的电路一般是由投光器和受光器组成，光传感系统根据需要有的是投光器和受光器相互分离；也有的是投光器和受光器组成一体。投光器的光源有的用白炽灯，而现在普遍采用以磷化镓为材料的发光二极管作为光源。受光器中的光电元件既可用光敏晶体管也可用光敏二极管。

目前市场上的光电开关型号很多，例如 G 系列等，但功能基本相同，需要注意的是并非所有的光电开关都能用作人身安全保护。

## 1.8.7　指示灯

指示灯在各类电气设备及电气线路中做电源指示及指挥信号、预告信号、运行信号、事故信号及其他信号的指示。

指示灯主要由壳体、发光体、灯罩等组成，外形结构多种多样。发光体主要有白炽灯、氖灯和半导体型三种。发光颜色有黄、绿、红、白、橙五种，使用时应按国标规定的相应用途选用。

常用国产产品系列有 AD11、AD30、XDJ1 等。另外国外进口和合资生产的品种很多，几乎生产低压电器的公司均有指示灯产品，如日本和泉、富士；德国金钟－默勒、西门子；法国施耐德等。

## 1.9 常用低压电器故障及排除

各种低压电器元件经长期使用，由于自然磨损或者频繁动作或者日常维护不及时，在运行中都会产生故障而影响正常工作，因此必须及时做好维修工作。

由于低压电器种类很多，结构繁简程度不一，产生故障的原因是多方面的，主要集中在触点系统和电磁机构上。

### 1.9.1 触点系统的故障及排除

触点是接触器、继电器及主令电器等设备的主要部件，由于起着接通和分断电路电流的作用，所以是电器中比较容易损坏的部件。触点系统的故障一般有触点过热、磨损和熔焊等情况。

**1. 触点过热**

触点通过电流会发热，其发热程度与触点的接触电阻有关。动、静触点之间的接触电阻越大，触点发热越厉害，有时甚至将动、静触点熔在一起，从而影响电器的使用，甚至不能使用。因此，对于触点发热必须查明原因，及时处理，保护电器的正常工作。造成触点发热的原因主要有以下几个方面：

1）触点接触压力不足，造成过热。电器使用过久或由于受到机械损伤和高温电弧的影响，使弹簧产生变形、变软而失去弹性，造成触点压力不足；当触点磨损变薄，使动、静触点完全闭合后触点间的压力减小。这两种情况都会使动、静触点接触不良，接触电阻增大，引起触点过热。

处理的方法是调整触点上的弹簧压力，用以增加触点间的接触压力。如调整后仍达不到要求，则应更换弹簧或触点。

2）触点表面接触不良，触点表面氧化或积有污垢，也会造成触点过热。

处理方法是对于银触点氧化后，影响不大；对于铜触点，需用小刀将其表面的氧化层刮去。触点表面的污垢，可用汽油或四氯化碳清洗。

3）触点接触表面被电弧灼伤，使触点过热。

处理方法是要用小刀或什锦锉修整毛面，修整时不宜将触点表面锉得过分光滑，因为过分光滑会使触点接触面变小，接触电阻反而增大，同时触点表面锉得过多也影响使用寿命。不允许用砂布或砂纸来修整触点的毛面。

此外，由于用电设备或线路产生的过电流故障，也会引起触点过热。此时应从用电设备和线路中查找故障并排除，避免触点过热。

**2. 触点磨损**

触点的磨损有两种：一种是电磨损，由触点间电弧或电火花的高温使触点产生磨损；另一种是机械磨损，是由于触点闭合时的撞击、触点接触面的相对滑动摩擦等造成的。触点在使用过程中，其厚度越来越薄，这是由于磨损造成的。若发现触点磨损过快，则应查明原因，排除故障。如果触点磨损到原来的2/3～1/2时，需要更换触点。

**3. 触点熔焊**

触点熔焊是指动、静触点表面被熔化后焊在一起而断不开的现象。熔焊是由于触点闭合时，撞击和产生的振动在动、静触点间的小间隙中产生电弧，电弧温度很高，可使触点表面被灼伤以致烧熔，熔化后的金属使动、静触点焊在一起。当发生触点熔焊时，要及时更换触点，否则会造成人身或设备的事故。产生触点熔焊的原因大都是触点弹簧损坏，触点的初压力太小，此时应调整触点压力或更换弹簧。有时因为触点容量过小或因电路发生过载，当触点闭合时通过的电流太大，而使触点熔焊。

### 1.9.2 电磁机构的故障及排除

许多电器触点的闭合或分断是靠电磁机构的动作来完成的，电磁机构一般由铁心、衔铁和吸引线圈等组成。电磁机构的常见故障有衔铁噪声大、线圈过热或烧毁、衔铁不释放和衔铁不吸合等。

**1. 衔铁噪声大**

电磁机构在工作时发出一种轻微的嗡嗡声，这是正常的，若声音过大或异常，这就说明电磁机构出现了故障，其原因一般有以下几个方面：

1）衔铁与铁心的接触面接触不良或衔铁歪斜。电磁机构工作过程中，衔铁与铁心经过多次碰撞后，接触面变形或磨损，以及接触面上积有锈蚀、油污，都会造成相互间接触不良，产生振动和噪声。衔铁的振动将导致衔铁和铁心的加速损坏，同时还会使线圈过热，严重的甚至烧毁线圈。通过清洗接触面的油污及杂质，修整衔铁端面，来保持接触良好，排除故障。

2）短路环损坏。铁心经过多次碰撞后，短路环会出现断裂而使铁心发出较大的噪声，此时应更换短路环。

3）机械方面原因。如果触点弹簧压力过大或因活动部分受到卡阻而使衔铁不能完全吸合，都会产生较强烈的振动和噪声。此时应调整弹簧压力，排除机械卡阻等故障。

**2. 线圈过热或烧毁**

线圈的主要故障是由于所通过的电流过大，使线圈过热，甚至烧毁。如果线圈发生匝间短路，应重新绕制或更换；如果衔铁和铁心间不能完全闭合，有间隙，也会造成线圈过热。电源电压过低或电器操作超过额定操作频率，也会使线圈过热。

**3. 衔铁不释放**

当线圈断电后，衔铁不释放，应立即断开电源开关，以免发生意外事故。衔铁不释放的原因主要有：触点熔焊在一起；铁心剩磁太大；反作用弹簧弹力不足；活动部分机械上被卡住；铁心端面有油污等。上述原因都可能导致线圈断电后衔铁仍不释放，触点不能复位。

**4. 衔铁不吸合**

当线圈接通电源后，衔铁不能被铁心吸合时，应立即断开电源开关，以免线圈被烧毁。导致衔铁不能吸合的原因有线圈的引出线连接处发生脱落；线圈有断线或烧毁的现象，此时衔铁没有振动和噪声。活动部分有卡阻现象、电源电压过低等也会造成衔铁不能吸合，但此时衔铁有振动和噪声。应通过检查，分别采取措施，保证衔铁正常吸合。

## 1.10 练习题

1. 什么是电器？什么是低压电器？

2. 断路器可以起到哪些保护作用？说明各种保护作用的工作原理。

3. 交流接触器和直流接触器在结构上有哪些区别？

4. 交流接触器的线圈中通入直流电会有什么现象？直流接触器的线圈通入交流电会有什么现象？

5. 带有交流电磁机构的接触器，线圈通电后衔铁被卡住，会发生什么现象？为什么？

6. 带有直流电磁机构的接触器是否允许频繁操作？为什么？

7. 交流电磁铁的铁心端面上为什么要安装短路环？

8. 交流接触器能否串联使用，为什么？

9. 简述直流电磁式时间继电器的延时原理。如何整定延时范围？

10. 交流电压继电器与直流电压继电器在结构上有哪些区别？

11. 直流电压继电器与直流电流继电器在结构上有哪些区别？

12. 电动机的起动电流很大，那么电动机在起动过程中，热继电器会不会动作，为什么？

13. 既然在电动机的控制电路中装有熔断器，为什么还要装热继电器？装有热继电器是否就可以不装熔断器，为什么？

14. 星形联结的三相异步电动机能否采用两相结构的热继电器作为断相和过载保护？三角形联结的三相异步电动机为什么要采用带有断相保护的热继电器？

15. 简述速度继电器的用途和工作原理。

16. 什么是主令电器？主要有哪几种主令电器？

# 第2章 电气控制线路的基本环节

由于三相异步电动机具有结构简单、成本低廉、维护方便等一系列优点，所以在生产机械中得到广泛的应用。

用电动机拖动生产机械时，必须有相应的电气线路来控制电动机，以实现生产机械的各项功能。实现简单功能的电气线路称为基本环节电路。任何复杂的电气线路都是由一些基本环节电路所组成的，所以，熟悉和掌握基本环节电路是学习、阅读和分析电气线路的基础。

电气控制线路的基本环节一般包括电动机的全压起动、减压起动、制动、调速和行程控制等基本环节电路。

## 2.1 控制线路的原理图、安装图与互连图

### 2.1.1 控制线路的图形符号和文字符号

继电－接触器控制线路系统中包括多种继电器、接触器、主令电器和电动机等。每个电器和电动机都是由一些功能部件所组成的，如触点系统、吸引线圈、电动机的电枢绕组和磁场绕组等。为了表达电气控制系统的设计意图，便于分析系统工作原理、安装和检修控制系统，要将电气控制系统中各电器元件及其连接用一定图形表达出来，其中用不同的图形符号和文字符号表示各种电器元件，用不同的文字符号表示设备及线路的功能、状态和特征。这些图形符号和文字符号必须采用符合国家电气制图标准及国际电工委员会（IEC）颁布的有关文件要求，用统一标准的图形符号和文字符号及规定的画法绘制。

**1. 图形符号**

图形符号通常是指用图样或其他文件，表示一个设备或概念的图形、标记或字符。

（1）图形符号的构成

图形符号由符号要素、一般符号和限定符号构成。

1）符号要素。符号要素是一种具有确定意义的简单图形，必须同其他图形组合才能构成一个设备或概念的完整符号。例如，电动机符号Ⓜ就是由表示装置的符号要素○和电动机英文的字头M组合而成的。

2）一般符号。一般符号是用于表示同一类产品和此类产品特性的一种很简单的符号，它们是各类电器元件的基本符号。例如，电机的一般符号为⊛，它是表示各类电机的基础。如果符号⊛中的＊用M来代替，则可表示为Ⓜ，即电动机。如果＊用G来代替，则可表示为Ⓖ，即发电机。

3）限定符号。限定符号是用以提供附加信息的一种加在其他符号之上的符号。例如，在电阻器一般符号的基础上，加上不同的限定符号就可组成可变电阻器、光敏电阻器、热敏电阻器等具有不同功能的电阻器。也就是说，使用限定符号以后，可以使图形符号具有多样性。

限定符号一般不能单独使用。一般符号有时可以作为限定符号，例如，电容器的一般符号加到二极管的一般符号上就构成了变容二极管的图形符号。

（2）图形符号的使用规则

1）图形符号的大小和方位可根据图面布置确定，但不应改变其含义，而且符号中的文字和指示方向应符合读图要求。采用计算机辅助绘图时，应按特定的模数 $M=2.5\text{mm}$ 的网格设计。这可使符号的构成、尺寸一目了然，方便人们正确掌握符号各个部分的比例。

2）在绝大多数情况下，符号的含义由其形式决定，而符号大小和线宽一般不影响符号的含义。有时为了强调某些方面或者为了便于补充信息，允许采用不同大小的符号，改变彼此有关的符号的尺寸，但符号间及符号本身的比例应保持不变。

3）在满足需要的前提下，尽量采用最简单的形式；对于电路图，必须使用完整形式的图形符号来详细表示。

4）在同一张电气图中只能选用一种图形形式，图形符号的大小和线宽亦应基本一致。

5）符号方位不是强制的。在不改变符号含义的前提下，符号可根据图面布置的需要旋转或成镜像放置，但文字和指示方向不得倒置。

6）图形符号中一般没有端子符号。如果端子符号是符号的一部分，则端子符号必须画出。

7）导线符号可以用不同宽度的线条表示，以突出或区分某些电路、连接线等。

8）图形符号一般都画有引线。在不改变其符号含义的原则下，引线可取不同方向。在某些情况下，引线符号的位置不加限制；当引线符号的位置影响符号的含义时，必须按规定绘制。

9）图形符号均按无电压、无外力作用的正常状态表示。

10）图形符号中的文字符号、物理量符号，应视为图形符号的组成部分。当这些符号不能满足时，可再按有关标准加以充实。

**2. 文字符号**

文字符号是用于标明电气设备、装置和元器件的名称、功能、状态和特征的，可在相应的电气设备、装置和元器件上或其近旁使用，以表明电气设备、装置和元器件种类的字母代码和功能字母代码。电气技术中的文字符号分为基本文字符号和辅助文字符号。

（1）基本文字符号

基本文字符号分为单字母符号和双字母符号两种。

单字母符号是用拉丁字母将各种电气设备、装置和元器件划分为23大类，每一类用一个字母表示。例如，“R”代表电阻器，“M”代表电动机，“C”代表电容器等。

双字母符号由一个表示种类的单字母符号与另一字母组成，并且是单字母符号在前，另一字母在后。双字母中在后的字母通常选用该类设备、装置和元器件的英文名词的首位字母，这样，双字母符号可以较详细和更具体地表述电气设备、装置和元器件的名称。例如，“RP”代表电位器，“RT”代表热敏电阻，“MD”代表直流电动机，“MC”代表笼型异步电动机。

（2）辅助文字符号

辅助文字符号是用以表示电气设备、装置和元器件以及线路的功能、状态和特征的，通常也是由英文单词的前一两个字母构成的。例如，“DC”代表直流（Direct Current），“IN”

代表输入（Input），“S”代表信号（Signal）。

辅助文字符号一般放在单字母文字符号后面，构成组合双字母符号。例如，“Y”是电气操作机械装置的单字母符号，“B”是代表制动的辅助文字符号，“YB”代表制动电磁铁的组合符号。辅助文字符号也可单独使用，例如，“ON”代表闭合，“N”代表中性线。

**3. 电气图中的接线端子标记**

电气控制线路图中的支路、元件和接点等一般都要加上标号。主电路标号由文字符号和数字组成。文字符号用以标明主电路中的元件或线路的主要特征，数字标号用以区别电路不同线段。

三相交流电源引入线采用L1、L2、L3标记，中性线为N。电源开关之后的三相交流电源主电路分别按U、V、W顺序进行标记，接地端为PE。电动机分支电路各接点标记采用三相文字代号后面加数字来表示，数字中的个位数表示电动机代号，十位数表示该支路接点的代号，从上到下按数值的大小顺序标记。如$U_{11}$表示电动机$M_1$的第一相的第一个接点代号，$U_{21}$为第一相的第二个接点代号，依次类推。

电动机绕组首端分别用$U_1$、$V_1$、$W_1$标记，尾端分别用$U_2$、$V_2$、$W_2$标记，双绕组的中性点则用$U_3$、$V_3$、$W_3$标记。也可以用U、V、W标记电动机绕组首端，用U′、V′、W′标记绕组尾端，U″、V″、W″标记双绕组的中性点。

对于数台电动机，在字母前加数字来区别。如对$M_1$电动机，其三相绕组接线端以1U、1V、1W来区别；对$M_2$电动机，其三相绕组接线端则标以2U、2V、2W来区别。

## 2.1.2 电气线路图的分类与作用

电气线路图可分为主电路和辅助电路两部分。交流电动机的定子、转子电路和直流电动机的电枢电路等通过大电流的电路属于主电路，它是由电能转化成为其他形式能的电路。其他均属于辅助电路，辅助电路包括控制电路、照明电路、信号电路及保护电路等。辅助电路一般由接触器和继电器的线圈、接触器的辅助触点、继电器触点、按钮、照明灯、信号灯、控制变压器等电器元件组成，在这些电路中消耗的电能是比较小的。

根据需要，电气线路图包括三种形式，即电气原理图、电气安装图、电气互连图。

**1. 电气原理图**

电气原理图是说明电气设备工作原理的线路图。在电气原理图中并不考虑电气元件的实际安装位置和实际连线情况，只是把各个元件按接线顺序用符号展开在平面图上，用直线将各个元件连接起来。图2-1为三相笼型异步电动机控制线路电气原理图。

在阅读和绘制电气原理图时应注意以下几点：

1）电气原理图中各个元器件的文字符号和图形符号必须按照标准绘制和标注。同一电器的所有元件必须用同一文字符号标注。

2）电气原理图应按照功能来组合，同一功能的电气相关元件应画在一起。电路应按动作顺序和信号流程自上而下或自左向右排列。

3）电气原理图分主电路和辅助电路两部分，一般主电路画在左侧，辅助电路画在右侧。

4）电气原理图中各电器应该是未通电或未动作的状态，二进制逻辑元件应是置零的状态，机械开关应是循环开始的状态，即按电路“常态”画出。

**2. 电气安装图**

电气安装图表示各种电气设备在机械设备和电气控制柜中的实际安装位置。它将提供电气设备各个单元的布局和安装工作所需数据的图样。例如，电动机要和被拖动的机械装置放在一起，行程开关应画在获取信息的地方，操作手柄应画在便于操作的地方，一般电气元件应放在电气控制柜中。图 2-2 为三相笼型异步电动机控制线路电气安装图。

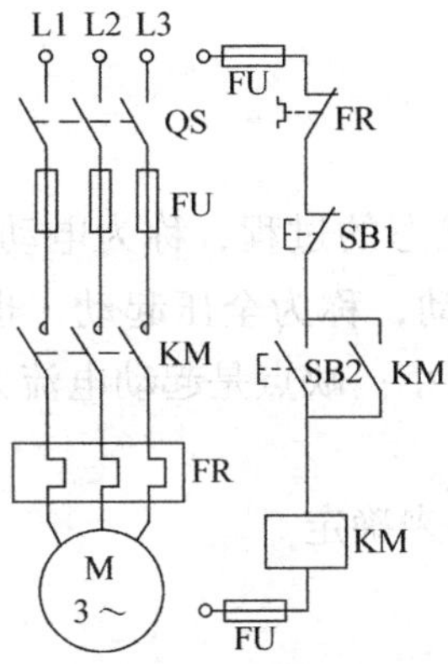


图 2-1　电气原理图

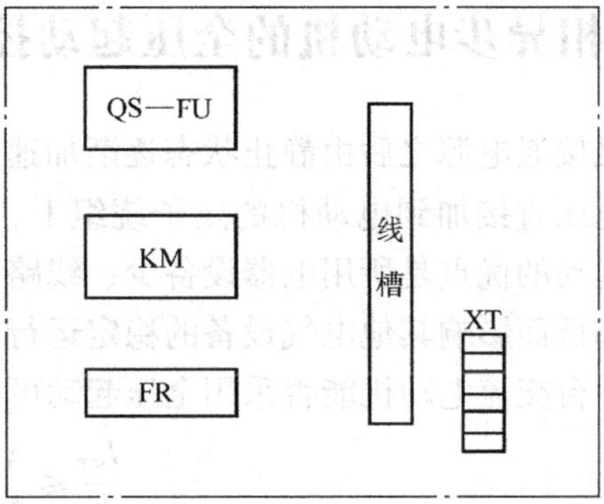


图 2-2　电气安装图

在阅读和绘制电气安装图时应注意以下几点：

1）按电气原理图要求，应将动力、控制和信号电路分开布置，并各自安装在相应的位置，以便于操作和维护。

2）电气控制柜中各元件之间，上、下、左、右之间的连线应保持一定距离，并且应考虑器件的发热和散热因素，应便于布线、接线和检修。

3）给出部分元器件型号和参数。

4）图中的文字符号应与电气原理图和电气设备清单一致。

**3. 电气互连图**

电气互连图是用来表明电气设备各单元之间的接线关系，一般不包括单元内部的连接，着重表明电气设备外部元件的相对位置及它们之间的电气连接。图 2-3 为三相笼型异步电动机控制线路电气互连图。

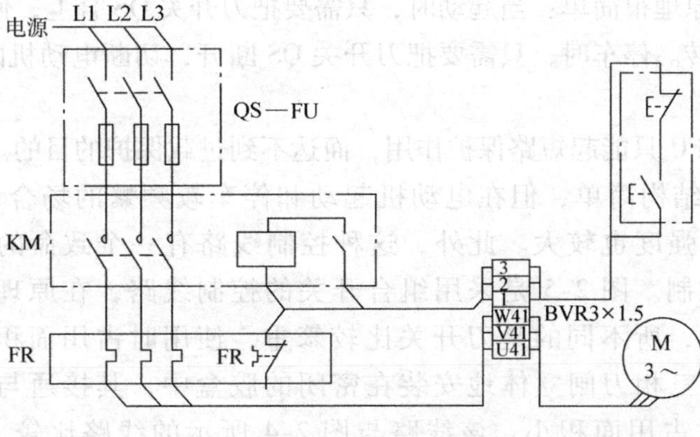


图 2-3　电气互连图

在阅读和绘制电气互连图时应注意以下几点：

1）外部单元同一电器的各个部件画在一起，其布置应该尽量符合电器的实际情况。

2）不在同一控制柜或同一配电屏上的各个电气元件的连接，必须经过接线端子进行。图中文字符号、图形符号及接线端子编号，应与电气原理图相一致。

3）电气设备的外部连接应标明电源的引入点。

## 2.2 三相异步电动机的全压起动控制线路

电动机接通电源之后由静止状态逐渐加速到稳定运行状态的过程，称为电动机的起动。若将额定电压直接加到电动机的定子绕组上，使电动机起动，称为全压起动，也称直接起动。全压起动的优点是所用电器设备少、线路简单、维修量小；缺点是起动电流太大，会使电网电压降低而影响其他电气设备的稳定运行。

判断一台交流电动机能否采用全压起动可按下面的条件来确定

$$\frac{I_{ST}}{I_N} \leqslant \frac{3}{4} + \frac{S_T}{4P_N} \tag{2-1}$$

式中 $I_{ST}$——电动机全压起动的起动电流；

$I_N$——电动机额定电流；

$S_T$——电源变压器容量；

$P_N$——电动机额定功率。

满足此条件即可全压起动，否则应采用减压起动。

### 2.2.1 刀开关控制线路

刀开关控制线路也即手动控制线路，是最简单的正转控制线路。图2-4是采用刀开关的控制线路。电路中QS为刀开关，FU为熔断器，电动机电源的接通与断开是通过人工操作刀开关来实现的。由于刀开关QS在接通与断开电路时会产生严重的电弧，所以采用刀开关的控制线路一般仅用于容量在10kW以下的电动机，如三相电风扇和砂轮机等设备常采用这种线路。

这种线路的工作原理很简单：当起动时，只需要把刀开关QS合上，使电动机M接通电源，则电动机起动运转。停车时，只需要把刀开关QS断开，切断电动机的电源，则电动机停转。

线路中的熔断器FU只能起短路保护作用，而达不到过载保护的目的。

刀开关控制线路结构简单，但在电动机起动和停车较频繁的场合，使用很不方便，且不安全，操作劳动强度也较大。此外，这种控制线路有一个致命的缺点就是无法实现自动控制和多地控制。图2-5是采用组合开关的控制线路，在原理上，组合开关与刀开关无本质的区别，所不同的是刀开关比较笨重，使用时占用面积较大，而组合开关则比较灵活，它的三相刀闸立体地安装在密闭的胶盒中，其接通与分断通过手柄的旋转来操作，使用时占用面积小，该线路与图2-4所示的线路比较，有一定的改进，但前者的大部分缺陷依然存在。

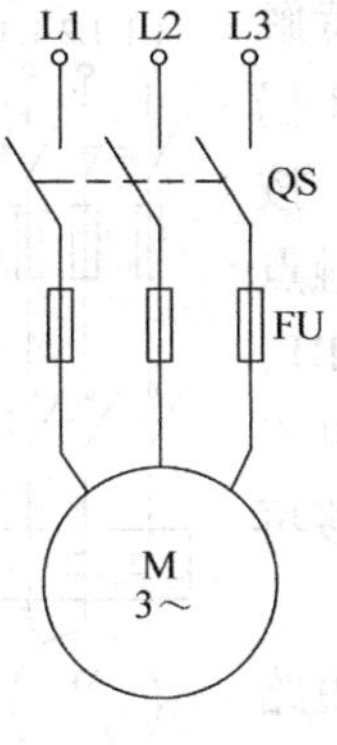


图 2-4　刀开关控制线路

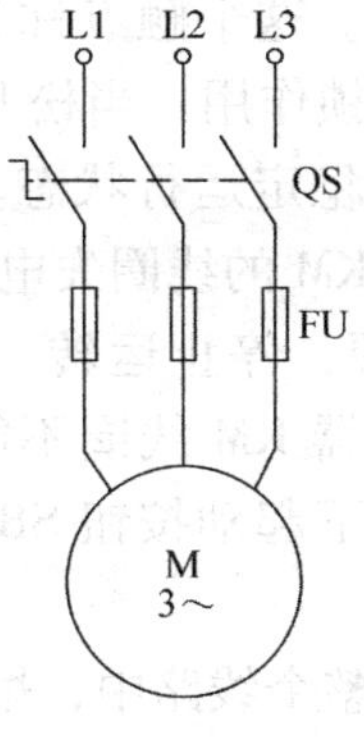


图 2-5　组合开关控制线路

## 2.2.2　点动控制线路

机械设备中，如机床在调整刀架、试车或吊车在定点放落重物时，常常需要电动机短时断续工作。即按下按钮时，电动机起动，松开按钮时，电动机停车，实现这种动作特点的控制称为点动控制。

图 2-6 是采用带有灭弧装置的交流接触器的点动控制线路图，此电路是由刀开关 QS、熔断器 FU、热继电器 FR、起动按钮 SB、接触器 KM 及电动机 M 组成的。该线路与前面图 2-4 和图 2-5 所示的电路相比较，已经有了主电路与辅助电路之分。

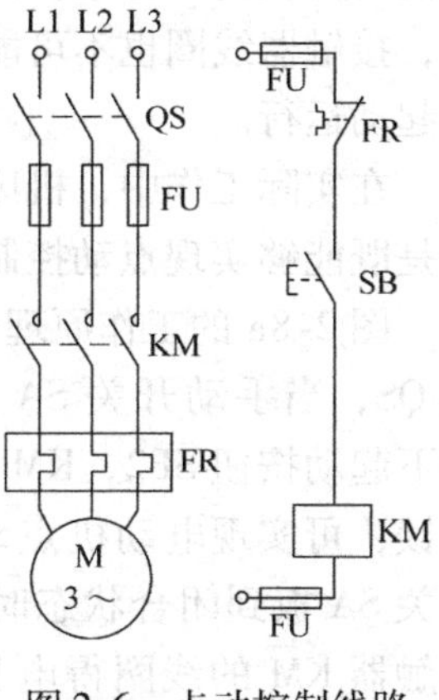


图 2-6　点动控制线路

需要点动时，先合上刀开关 QS，这时电动机 M 尚未接通电源。按下起动按钮 SB，接触器 KM 的线圈得电，使衔铁吸合，带动接触器动合主触点闭合，电动机接通电源便转动起来。松开起动按钮 SB，按钮在复位弹簧作用下恢复到常开状态，使接触器线圈失电，这时接触器的动合主触点恢复到常开状态，电动机因失电而停止转动。如此按下、松开按钮 SB，就可使电动机接通、断开电源，实现点动控制。电动机运转时间的长短完全由起动按钮 SB 按下的时间长短决定。

## 2.2.3　自锁（长动）控制线路

三相笼型异步电动机单向自锁控制是一种最常用、最简单的自动控制方式。它能够实现对电动机起动、停车的自动控制、远距离控制和频繁操作等。

图 2-7 所示为三相笼型异步电动机单向自锁控制线路。主电路由刀开关 QS、熔断器 FU、接触器 KM 的常开主触点、热继电器 FR 的热元件和电动机 M 组成。控制电路由起动按钮 SB2、停止按钮 SB1、接触器 KM 的线圈和动合辅助触点、热继电器 FR 的动断触点构成。

线路的工作原理：合上刀开关 QS，按下起动按钮 SB2，接触器 KM 的线圈得电，三对动合主触点闭合，将电动机 M 接入电源，电动机起动。同时，与 SB2 并联的 KM 的动合辅助触点闭合，即使不再按下 SB2，接触器 KM 的吸引线圈通过其辅助触点可以继续保持通电，因此，可继续维持吸合状态。凡是接触器或继电器利用自己的辅助触点来保持线圈带电的，称之为自锁或自保持。这个触点称为自锁触点或自保持触点。由于接触器 KM 的自锁作用，当松开 SB2 后，电动机 M 仍能够继续起动，进而达到稳定运行状态。若要电动机停车，按下停车按钮 SB1，接触器 KM 的线圈失电，其主触点和辅助触点均断开，电动机脱离电源，停止运转。这时，即使松开 SB1，由于自锁触点断开，接触器 KM 线圈不能够再得电，电动机不会自行起动。只有再次按下起动按钮 SB2 时，电动机方能够再次起动运转。

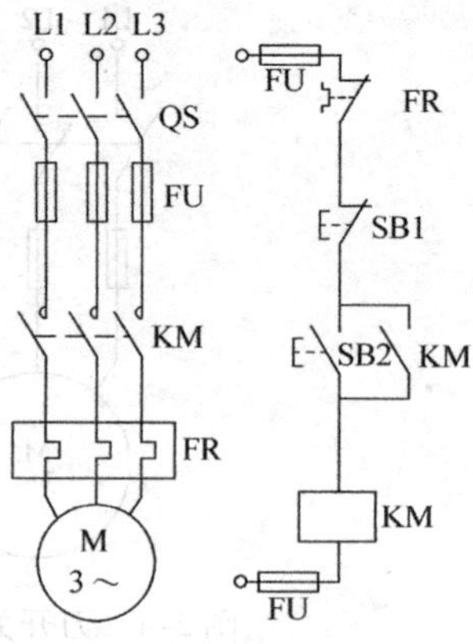


图 2-7　自锁控制线路

线路的保护环节：在整个线路中，熔断器 FU 作为电路短路保护。为了扩大保护范围，在线路中尽量靠近电源，一般直接装在刀开关下面。热继电器 FR 作为过载保护，由于热继电器的热惯性比较大，即使热元件上流过几倍的额定电流，热元件也不会立即动作。只有在电动机长期过载的情况下，FR 才动作而断开控制电路，使接触器 KM 的线圈失电释放，电动机停车，实现电动机的过载保护。欠电压保护和失电压保护是依靠接触器自身的电磁机构来实现的。当电源电压由于某种原因而严重欠电压或失电压时，接触器的衔铁自动释放，主触点和辅助触点恢复常开状态，电动机停车。当电源电压恢复正常时，接触器线圈也不可能自行通电，只有在操作人员再次按下按钮 SB2 时，电动机才能重新起动运行。

在实际工作中，机床一般都需要既能够点动控制，也能自锁控制。图 2-8 所示的控制线路是既能够实现点动控制，也能够实现自锁控制的线路。

图 2-8a 的工作原理：首先合上电源开关 QS，当手动开关 SA 处于断开状态时，按下起动按钮 SB2，KM 的线圈得电但不能自锁，可实现电动机点动控制；当把手动开关 SA 扳到闭合状态时，按下起动按钮，接触器 KM 的线圈得电且自锁，线路可实现电动机长动控制。

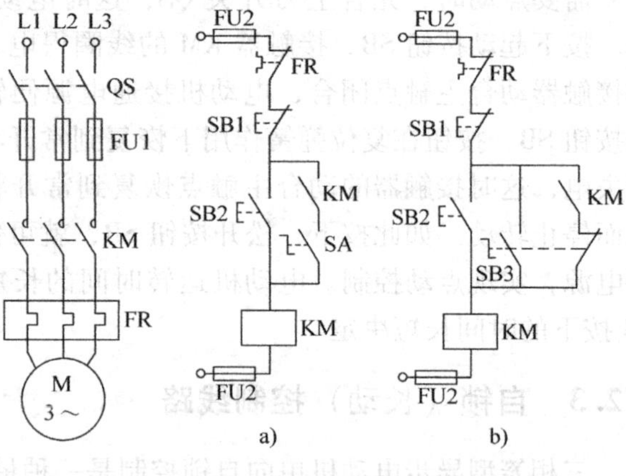


图 2-8　既能点动又能自锁的控制线路

图 2-8b 的工作原理：首先合上电源开关 QS，当按下起动按钮 SB2 时，接触器 KM 的线圈得电且自锁，线路可实现电动机长动控制；当按下起动用复式按钮 SB3 时，SB3 的动断触点先断开，切断了 KM 的自锁触点的电路，SB3 的动合触点随即闭合，KM 的线圈得电但不能自锁，可实现电动机的点动控制。

## 2.2.4　正反转控制线路

在前面所介绍的控制线路中，电动机都只能朝某一个方向旋转，即单向运行或正转运行。但是，在生产过程中有许多生产机械往往要求运动部件可以正反两个方向运动，如机床工作台的前进与后退、主轴的正转与反转、起重机的上升与下降等，这就要通过电动机正反双向运转以拖动生产机械来实现。

要实现三相异步电动机反向运转，只需要改变电动机旋转磁场的旋转方向，而实现这一点只要改变输入电动机三相电源的相序即可。

**1. 倒顺开关正反转控制线路**

倒顺开关也称可逆转换开关，利用它可以改变电源相序来实现电动机的手动正反转控制。铣床主轴电动机的正反转选择就是由倒顺开关来控制的。图 2-9 所示的就是倒顺开关正反转控制线路。

线路的工作原理：合上电源开关 QS1，操作倒顺开关 QS2，手柄扳至“顺”位置时，QS2 的动触点和静触点接触，电路按 L1 - U、L2 - V、L3 - W 接通，三相交流电源接入电动机定子绕组，电源相序为 L1、L2、L3，电动机正转。

手柄扳至“停”位置时，QS2 的动、静触点不接触，电路不通，电动机不转。

手柄扳至“倒”位置时，QS2 的动、静触点接触，电路按 L1 - V、L2 - U、L3 - W 接通，三相交流电源接入电动机定子绕组，电源相序为 L2、L1、L3，电动机反转。

需要注意的是，当电动机处于正转的时候，欲使它反转，必须先把手柄扳至“停”位置，使电动机先停转，然后再把手柄扳至“倒”位置，使它反转。如果直接由“顺”位置扳至“倒”位置，因电源突然反接，会产生很大的反接电流，易使电动机的定子绕组损坏。

**2. 接触器正反转控制线路**

由接触器组成的正反转控制线路如图 2-10 所示。

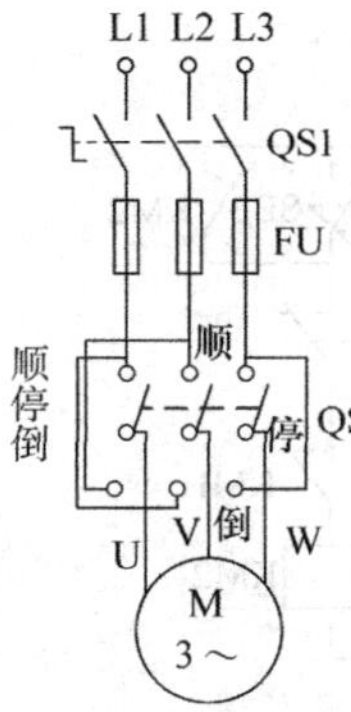


图 2-9　倒顺开关正反转控制线路

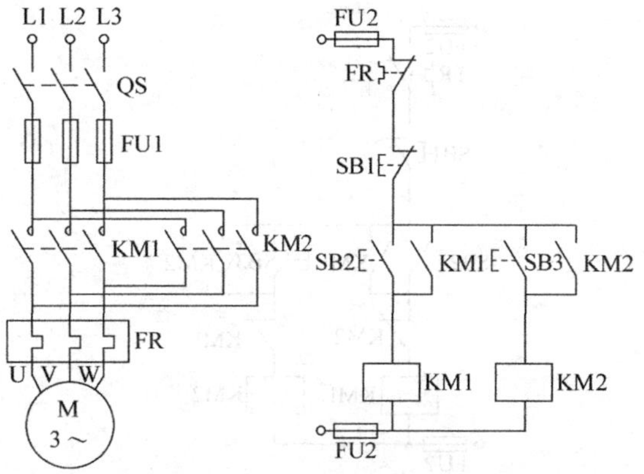


图 2-10　正反转控制线路

线路中 KM1、KM2 分别为正反转接触器，可以看出当 KM1 的主触点闭合，而 KM2 的主触点断开时，电动机将接通电源，相序为 U、V、W，电动机正转；当 KM2 的主触点闭合，而 KM1 主触点断开时，U、W 两相交换，电源相序变为 W、V、U，电动机反转。

上述控制线路虽然可以完成正反转控制任务，但是这个线路是有缺点的，在按下正转按钮 SB2 时，KM1 线圈通电且自锁，电动机正转。若发生错误操作，误按下反转按钮 SB3，KM2 线圈通电且自锁，此时 KM1、KM2 在主电路的触点同时闭合，将发生 U、W 两相电源短路事故。

**3. 接触器联锁正反转控制线路**

为了避免接触器正反转控制线路中的弊端，正反转控制线路中必须保证两个接触器不能同时工作，这种在同一时间里两个接触器只允许一个工作的控制作用称为互锁或联锁。

图 2-11 所示为带接触器联锁正反转控制线路。线路中正转接触器 KM1 的一个动断辅助触点串接在反转接触器 KM2 的线圈的电路中，而反转接触器 KM2 的一个动断辅助触点串接在正转接触器 KM1 的线圈的电路中。这种动断辅助触点称为互锁触点或联锁触点。

线路的工作原理：合上刀开关 QS，按下正转起动按钮 SB2 时，正转接触器 KM1 的线圈得电，主触点闭合，电动机正转。与此同时，联锁触点切断了反转接触器 KM2 的线圈的电路。因此，即使误操作，按下了反转按钮 SB3，也不会使反转接触器的线圈得电工作。同理，在反转接触器 KM2 工作的时候，也保证了正转接触器 KM1 不会工作。

但是，这种控制线路也存在缺点，即在正转过程中要求反转，必须先按下停止按钮 SB1，使得正转接触器 KM1 的线圈失电，联锁触点闭合后，才能按反转起动按钮使电动机反转，这就给操作带来了不便。

**4. 按钮、接触器复式联锁的正反转控制线路**

为了解决上述问题，在生产上常采用复式按钮和接触器触点联锁的控制线路，如图 2-12 所示。在这个线路中，保留了由接触器动断触点组成互锁的电气联锁，并增添了由复式按钮 SB2 和 SB3 的动断触点组成的机械联锁。这样，当需要电动机由正转变为反转时，只需要按下反转复式按钮 SB3，便会通过复式按钮 SB3 的动断触点先断开接触器 KM1 的线圈的电路，接触器 KM1 起互锁作用的触点闭合，接通接触器 KM2 的线圈的电路，进而实现了电动机的反转。

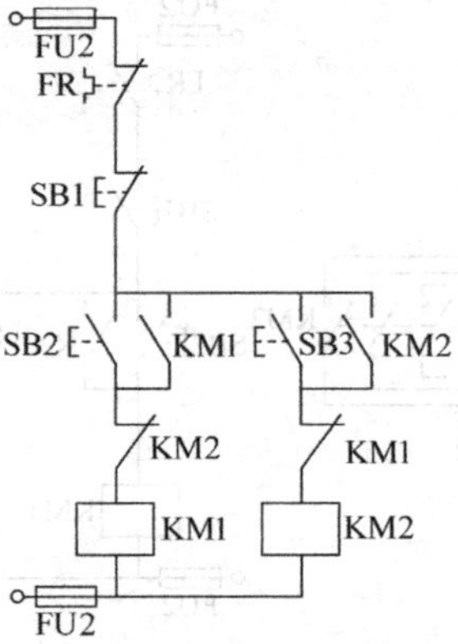


图 2-11　接触器联锁的正反转控制线路

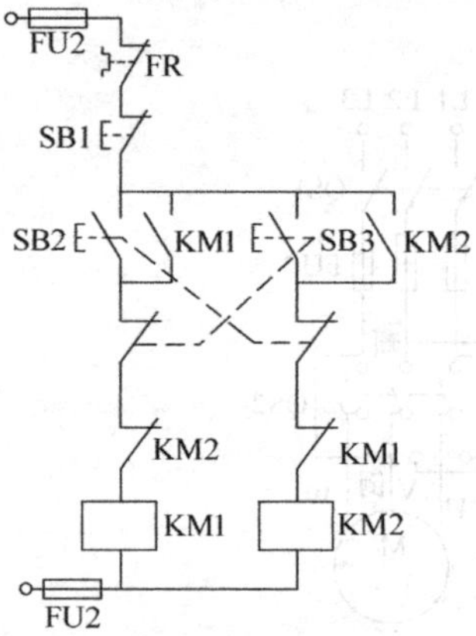


图 2-12　按钮、接触器复式联锁的正反转控制线路

这里要注意的是，复式按钮不能代替联锁触点的作用。例如，主电路中正转接触器 KM1 的触点发生熔焊现象时，由于串接在反转接触器 KM2 线圈的电路中的联锁触点 KM1 不能够闭合，从而可防止反转接触器 KM2 的线圈得电，使得 KM2 的主触点闭合而造成的电源短路事故，而复式按钮却不能做到这点。

## 2.2.5 顺序控制与多地控制线路

**1. 顺序控制线路**

在机床的控制线路中，经常要求多台电动机有顺序地起动和停止。例如，磨床上要求润滑油泵起动后才能起动主轴电动机；龙门刨床工作台移动前，导轨润滑油泵要先起动；铣床在主轴旋转后，工作台方可移动等。这些都要求电动机有顺序地起动。这种要求多台电动机按顺序起动和停止的控制称为顺序控制。图 2-13 所示为当 M1 电动机起动后，M2 电动机方能够起动的控制线路。

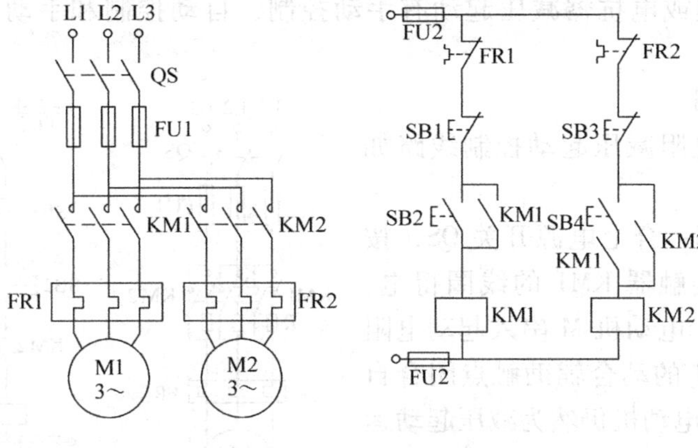


图 2-13　顺序控制举例线路

**2. 多地控制线路**

有些机械和生产设备为了操作方便，常在两地或两个以上的地点进行控制。例如，重型龙门刨床有时在固定的操作台上控制，有时需要站在机床的四周，采用悬挂按钮进行控制等。用一组按钮只可在一处进行控制。要在两地进行控制，就应该有两组按钮；要在三地进行控制，就应该有三组按钮。而且这多组按钮的连接原则是动合起动按钮要并联，动断停车按钮要串联。这一原则也适用于更多地点的控制。如图 2-14 所示电动机 M 可在甲、乙两地分别控制起动和停车。

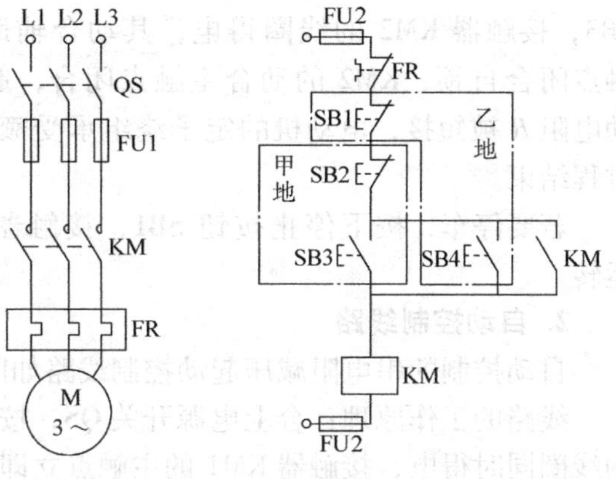


图 2-14　两地控制电动机举例

## 2.3　三相笼型异步电动机的减压起动控制线路

当电动机的容量较大或不满足式（2-1）条件时，就不能进行直接起动，应采用减压起动。减压起动是将电源电压适当降低后，再加到电动机定子绕组上进行起动，当电动机起动后，再使电压恢复到额定值。

减压起动的目的是为了减小起动电流。减压起动适用于空载或轻载下起动。

常用的减压起动方法有串联电阻减压起动、星形－三角形减压起动、自耦变压器减压起动和延边三角形减压起动等。

### 2.3.1　定子电路串电阻减压起动控制线路

定子电路串电阻或电抗器减压起动控制线路就是在电动机起动过程中，在电动机定子线路中串联电阻或电抗器，利用串联电阻或电抗器来减小定子绕组电压，以达到限制起动电流的目的。一旦电动机起动完毕，再将串接电阻或电抗器短接，电动机便进入全压正常运行状态。这个用来限制起动电流大小的电阻或电抗器，称为起动电阻或起动电抗器。

定子电路串电阻或电抗器减压起动有手动控制，自动控制和手动、自动混合控制等方法。

**1. 手动控制线路**

手动控制的串电阻减压起动控制线路如图 2-15 所示。

线路的工作原理：合上电源开关 QS，按下起动按钮 SB2，接触器 KM1 的线圈得电，KM1 的主触点闭合，电动机 M 串入起动电阻 R 起动，接触器 KM1 的动合辅助触点闭合自锁，即使释放 SB2，电动机仍然为减压起动运行状态。

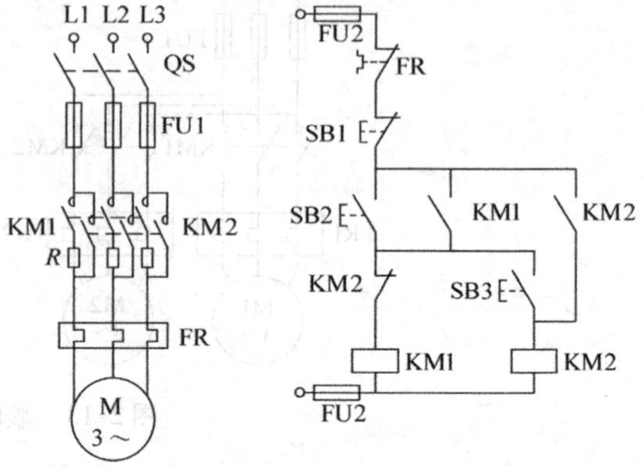

图 2-15　手动控制的串电阻减压起动控制线路

当电动机转速接近额定值时，再按下 SB3，接触器 KM2 的线圈得电，其动合辅助触点闭合自锁，KM2 的动合主触点闭合，起动电阻 *R* 被短接，电动机的定子绕组承受额定电压，使电动机正常全压运行，即减压起动过程结束。

若要停车，按下停止按钮 SB1，接触器 KM1 和 KM2 的线圈都失电，电动机 M 停止运转。

**2. 自动控制线路**

自动控制的串电阻减压起动控制线路如图 2-16 所示。

线路的工作原理：合上电源开关 QS，按下起动按钮 SB2，接触器 KM1 与时间继电器 KT 的线圈同时得电，接触器 KM1 的主触点立即闭合，而时间继电器 KT 的通电延时闭合的动合触点不立即闭合，此时接触器 KM2 的线圈不能得电。这时电动机定子电路串起动电阻 *R* 减压起动。当时间继电器延时时间到，时间继电器动作，其延时闭合的动合触点闭合，接通接触器 KM2 的线圈电路，KM2 的线圈得电，KM2 的主触点闭合，将起动电阻 *R* 短接，电动机在额定电压下正常运转。

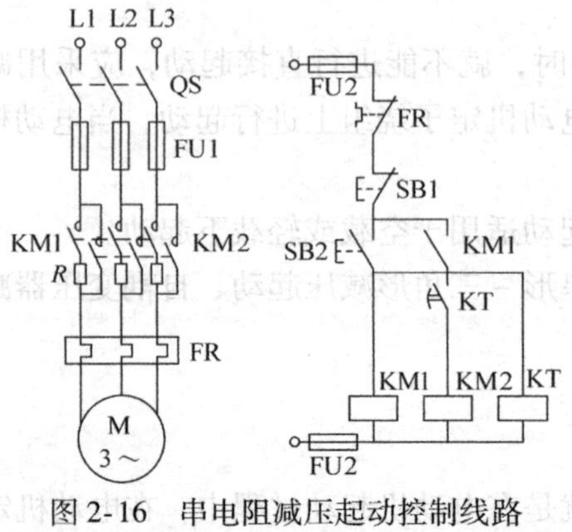

图 2-16　串电阻减压起动控制线路

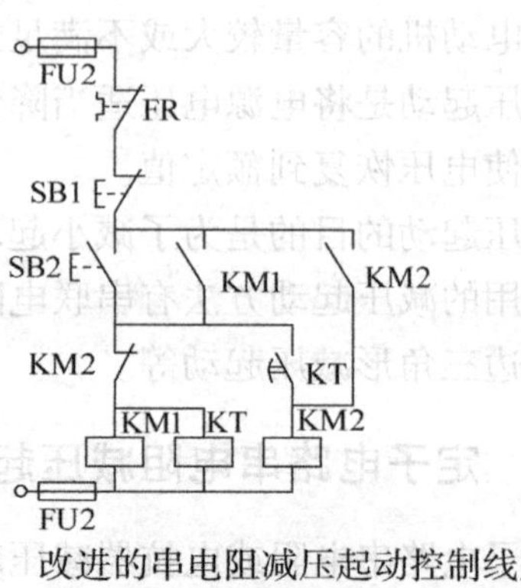

图 2-17　改进的串电阻减压起动控制线路

从主电路看，只要接触器 KM2 得电就能使电动机进入全压正常运行状态，但是如图 2-16所示，电动机起动结束后 KM1 和 KT 一直处于工作状态，这是没有必要的，如果使 KM1 和 KT 的线圈失电，可减少能量损耗，延长接触器和时间继电器的寿命。如图 2-17 所示的线路，可解决上述问题。此线路在 KM2 线圈及 KT 线圈回路中串入 KM2 动断辅助触点，组成互锁电路，同时加 KM2 自锁电路，因此，当时间继电器延时时间到后，接触器 KM2 得电后，其动断辅助触点将切断 KM1 和 KT 线圈回路，使其失电，同时 KM2 自锁，线路中只有 KM2 得电，使电动机正常运行。

电路中所串的电阻 $R$ 一般采用电阻丝绕制的板式电阻或铸铁电阻，它的阻值小、功率大，允许通过较大的电流。每相串接的减压电阻阻值可用以下经验公式计算

$$R = \frac{220}{I_N}\sqrt{\left(\frac{I_{ST}}{I'_{ST}}\right)^2 - 1} \tag{2-2}$$

式中 $I_N$——电动机额定电流（A）；

$I_{ST}$——额定电压下未串减压电阻的起动电流，一般取 $I_{ST}$ =（5 ~7）$I_N$（A）；

$I'_{ST}$——减压起动时的起动电流，一般取 $I'_{ST}$ =（2 ~3）$I_N$（A）。

减压电阻的功率 $P$ 的计算：

$$P = {I'_{ST}}^2 R \tag{2-3}$$

由于减压电阻只在电动机起动的时候应用，而起动时间又很短，所以实际选用电阻的功率可以比计算值小 3 ~4 倍。若电动机定子电路只串接两相的减压电阻，则电阻值应取式(2-2)计算值的 1.5 倍。

定子电路串电阻减压起动时，能量损耗较大，为了节省能量可采用电抗器代替电阻，但其价格昂贵，成本较高。

## 2.3.2 星形 - 三角形减压起动控制线路

星形 - 三角形减压起动简称星三角减压起动或 Y - △减压起动。电动机起动时，把定子绕组联结成星形，每相绕组承受的电压为电源的相电压（220V），减小了起动电流对电网的影响。而在起动即将完毕时，再恢复成三角形联结。凡是正常运行时定子绕组接成三角形的笼型异步电动机均可采用这种线路。但是由于电动机起动时，联结成星形，加在每相定子绕组上的电压只有三角形联结时的 $1/\sqrt{3}$，起动电流为三角形联结时的 1/3，故起动转矩也只有三角形联结时的 1/3，故它只适用于空载或轻载起动。

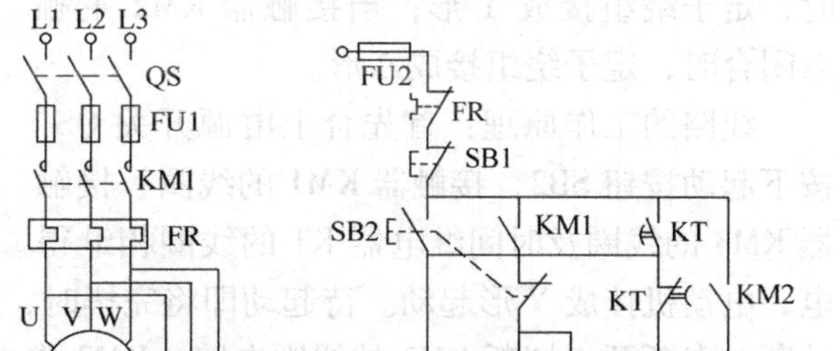

图 2-18　两个接触器 Y - △减压起动控制线路

### 1. 电动机容量在 4 ~13kW 时

电动机容量在 4 ~13kW 时常用两个接触器 Y - △减压起动控制线路，如图 2-18 所示。

线路的工作原理：首先合上电源开关 QS，起动时，按下起动按钮 SB2，时间继电器 KT 和交流接触器 KM1 的线圈得电，接触器 KM1 自锁，同时，KM1 主触点闭合，将电动机定子绕组接为 Y 形减压起动，而接触器 KM2 的线圈因 SB2 动断触点和 KM1 动断辅助触点的相继断开而始终没得电。当时间继电器 KT 延时时间到，即起动即将完毕时，时间继电器 KT 的延时断开的动断触点断开，切断了 KM1 线圈通路，KM1 线圈失电，电动机瞬时断电。KM1 动断触点及 KT 的延时闭合的动合触点闭合，接通 KM2 线圈电路，KM2 的线圈得电且自锁，其主电路中的动合主触点和动断辅助触点动作，将电动机接成三角形，同时，KM2 的动合辅助触点闭合，再次接通 KM1 的线圈电路，KM1 线圈再次得电，KM1 的主触点再次闭合，接通三相交流电源，电动机进入正常运行状态。

此线路的主要特点：

• 闭合电动机三相绕组中性点的 KM2 动断触点为辅助触点，如工作电流太大就会烧坏触点。因此，这种控制线路只适用于功率较小（一般为 13kW 以下）的电动机。

• 这种控制线路的优点是线路简单，仅用两个接触器和一个时间继电器就可实现控制要求。另外，在由 Y 形接法转换为△形接法时，控制△形接法的交流接触器 KM2 是在不带负载的情况下吸合的，转换完毕后，KM1 才吸合，接通电源。这样可以延长 KM2 的使用寿命。

• 将起动按钮 SB2 的动断触点接于 KM2 的线圈电路中，使电动机刚起动时不至于直接接成△形起动运行。

**2. 电动机容量在 13kW 以上时**

电动机容量在 13kW 以上时的控制线路如图 2-19 所示。

电动机三相定子绕组引出六个端点：U、V、W 分别为第一相、第二相、第三相绕组的起端，U′、V′、W′分别为第一相、第二相、第三相绕组的末端。当接触器 KM3 主触点闭合时，定子绕组接成 Y 形；当接触器 KM2 主触点闭合时，定子绕组接成△形。

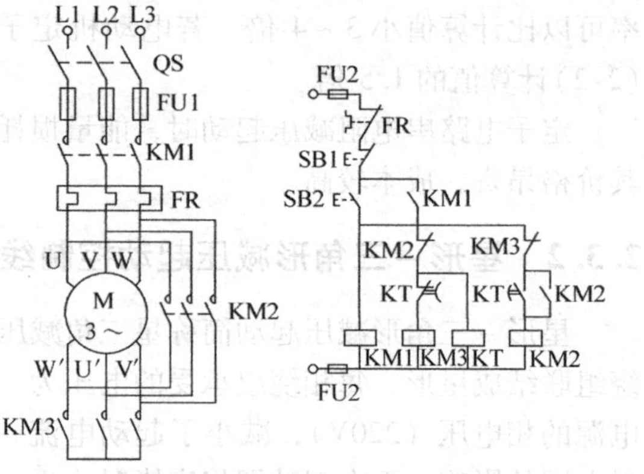

图 2-19　三个接触器 Y－△减压起动控制线路

线路的工作原理：首先合上电源开关 QS，按下起动按钮 SB2，接触器 KM1 的线圈、接触器 KM3 的线圈及时间继电器 KT 的线圈相继得电，电动机接成 Y 形起动。待起动即将完毕时，时间继电器 KT 延时时间到，其延时断开的动断触点断开，切断 KM3 的线圈电路，KM3 失电释放，其主触点、辅助触点复位，使接触器 KM2 的线圈得电且自锁，将电动机接成△形运行状态。同时，时间继电器 KT 的线圈也因 KM2 的动断辅助触点的断开而失电。时间继电器复位，为下一次减压起动做好准备。

### 2.3.3　自耦变压器减压起动控制线路

在自耦变压器减压起动的控制线路中，限制电动机起动电流是依靠自耦变压器的减压作用来实现的。自耦变压器的一次侧和电源相接，二次侧与电动机相连。自耦变压器的二次侧一般有 3 个抽头，可得到 3 种数值不等的电压。使用时，可根据起动电流和起动转矩的要求灵活选择。电动机起动时，定子绕组得到的电压是自耦变压器的二次电压，一旦起动完毕，自耦变压器便被切除，电动机直接接至电源，即得到自耦变压器的一次电压，电动机进入全压运行。通常称这种自耦变压器为起动补偿器。

图 2-20 所示为采用两个接触器控制的自耦变压器减压起动控制线路。

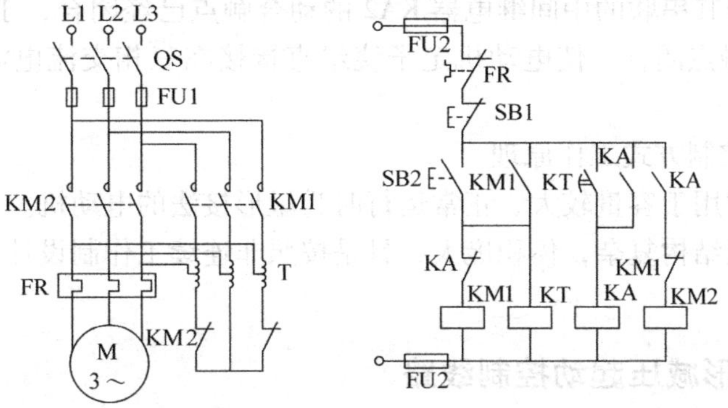


图 2-20　采用两个接触器控制的自耦变压器减压起动控制线路

线路的工作原理：合上电源开关 QS，按下起动按钮 SB2，接触器 KM1 的线圈得电且自锁，将自耦变压器 T 接入，电动机定子绕组经自耦变压器供电作减压起动，同时时间继电器 KT 的线圈得电，当电动机的转速上升到接近额定转速时，对应的 KT 延时时间到，其延时闭合的动合触点闭合，使得中间继电器 KA 的线圈得电且自锁，KA 的动断触点断开了 KM1 线圈的电路，使 KM1 的线圈失电，KM1 的主触点断开，同时 KA 的动合触点闭合使接触器 KM2 的线圈得电，KM2 的主触点闭合，此时便将自耦变压器 T 切除，电动机在全压下正常运行。

图 2-21 所示为自动和手动两种用转换开关 QC 来实现的控制线路。当转换开关扳到 Z 位置时，为自动起动控制方式；当转换开关扳到 S 位置时，为手动起动控制方式。

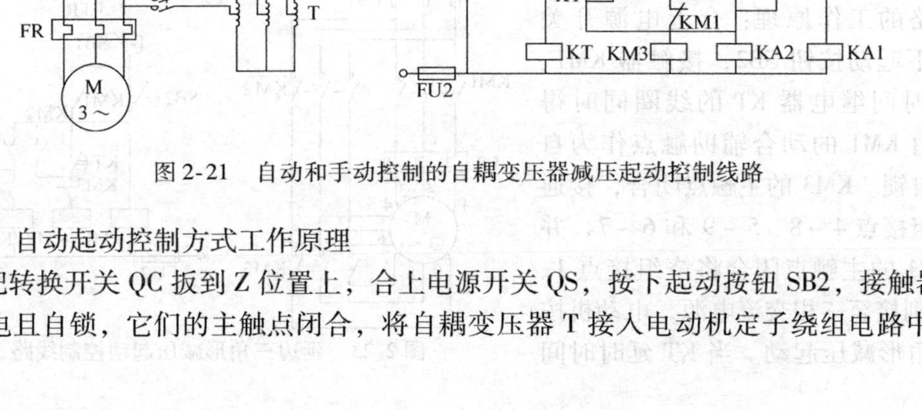


图 2-21　自动和手动控制的自耦变压器减压起动控制线路

（1）自动起动控制方式工作原理

先把转换开关 QC 扳到 Z 位置上，合上电源开关 QS，按下起动按钮 SB2，接触器 KM1、KM2 得电且自锁，它们的主触点闭合，将自耦变压器 T 接入电动机定子绕组电路中，实现了减压起动。同时，KM1 的动合辅助触点闭合，中间继电器 KA1 的线圈得电且自锁，其动合触点闭合，使时间继电器 KT 的线圈得电。当 KT 延时时间到，它的延时闭合的动合触点闭合，使中间继电器 KA2 线圈得电且自锁，KA2 的动断触点断开，使接触器 KM1 和接触器 KM2 线圈失电，它们的主触点断开，自耦变压器被切除。当接触器 KM1 线圈失电，它的动断触点闭合，由于与其串联的中间继电器 KA2 的动合触点已经闭合，于是接触器 KM3 的线圈得电，KM3 的主触点闭合，使电动机定子绕组直接接在三相交流电源上，电动机进入全压正常运行状态。

（2）手动起动控制方式工作原理

这种起动方法常用于容量较大、正常运行时为星形接法的电动机。其缺点是自耦变压器价格昂贵，相对电阻结构复杂，体积庞大，且是按照非连续工作制设计制造的，故不允许频繁操作。

## 2.3.4 延边三角形减压起动控制线路

采用 Y-△减压起动时，可以在不增加专用起动设备的条件下实现减压起动，但起动转矩只有额定电压下起动转矩的1/3，仅适用于空载或轻载下起动。而延边三角形减压起动是既不增加起动设备，又能适当提高起动转矩的一种减压起动方法，适用于定子绕组特别设计的异步电动机，这种电动机共有 9 个出线端，如图 2-22 所示为延边三角形电动机定子绕组抽头连接方式。其中图 2-22a 是原始状态。图 2-22b 为起动时接成延边三角形的状态。图 2-22c 为正常运行时状态。它的 9 个抽线头改变定子绕组抽头比（即 $N_1$ 与 $N_2$ 之比），就能改变起动时定子绕组上电压的大小，从而改变起动电流和起动转矩。但一般来说，电动机的抽头比已经固定，所以，仅在这些抽头比的范围内作有限的变动。例如，通过相量计算可知，若线电压为 380V，当 $N_1/N_2=1/1$ 时，则相电压为 264V；当 $N_1/N_2=1/2$ 时，则相电压为 290V。

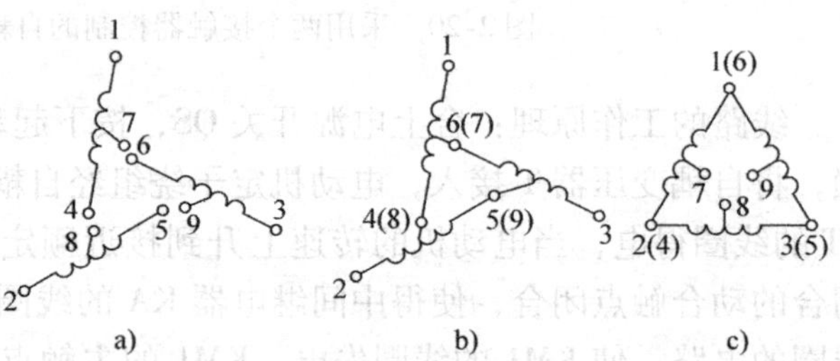

图 2-22　延边三角形电动机定子绕组抽头连接方式

延边三角形减压起动控制线路如图 2-23 所示。

线路的工作原理：合上电源开关 QS，按下起动按钮 SB2，接触器 KM1、KM3 和时间继电器 KT 的线圈同时得电，并由 KM1 的动合辅助触点作为自锁触点自锁。KM3 的主触点闭合，接通定子绕组接点 4-8、5-9 和 6-7，并通过 KM1 的主触点闭合将绕组接点 1、2、3 分别接至三相交流电源，电动机按延边三角形减压起动。当 KT 延时时间

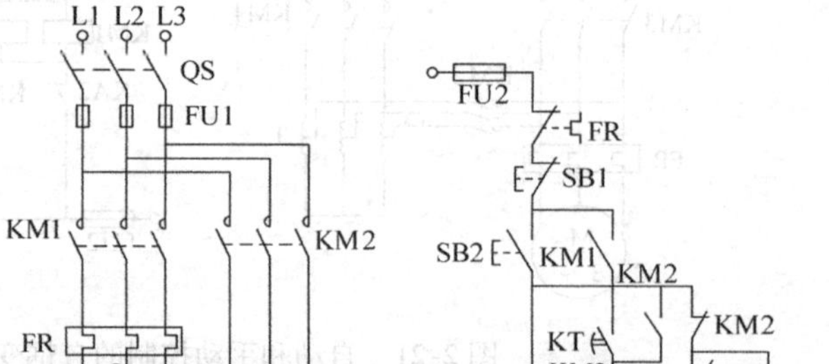

图 2-23　延边三角形减压起动控制线路

到，其延时断开的动断触点断开，KM3 线圈电路断开，KM3 线圈失电，同时，延时闭合的动合触点闭合，接通 KM2 的线圈电路，KM2 线圈得电。这样，KM3 的主触点断开，KM2 的主触点闭合，将绕组接点 1－6、2－4、3－5 相连而接成三角形，并接至三相交流电源，电动机全压正常运行。

这种控制线路安装和接线非常复杂，因此尚未被广泛应用。

### 2.3.5 软起动器控制线路

软起动器（Soft Starter）如图 2-24 所示，是一种集软起动、软停车、轻载节能和多功能保护于一体的电机控制装置，实现在整个起动过程中无冲击而平滑地起动，而且可根据电动机负载的特性来调节起动过程中的各种参数，如限流值、起动时间等。

图 2-24 软起动器

**1. 工作原理**

软起动器采用三相反并联晶闸管作为调压器，将其接入电源和电动机定子之间。这种电路如三相全控桥式整流电路。

使用软起动器起动电动机时，晶闸管的输出电压逐渐增加，电动机逐渐加速，直到晶闸管全导通，电动机工作在额定电压的机械特性上，实现平滑起动，降低起动电流，避免起动过流跳闸。待电动机达到额定转速时，起动过程结束，软起动器自动用旁路接触器取代已完成任务的晶闸管，为电动机正常运转提供额定电压，以降低晶闸管的热损耗，延长软起动器的使用寿命，提高其工作效率，又使电网避免了谐波污染。软起动器同时还提供软停车功能，软停车与软起动过程相反，电压逐渐降低，转速逐渐下降到零，避免自由停车引起的转矩冲击。

**2. 起动方式**

软起动器串接于电源与被控电机之间，控制其内部晶闸管的导通角，使电动机输入电压从零以预设函数关系逐渐上升，直至起动结束，赋予电动机全电压，即为软起动，在软起动过程中，电动机起动转矩逐渐增加，转速也逐渐增加。软起动一般有下面几种起动方式。

（1）斜坡升压软起动

斜坡升压软起动方式最简单，不具备电流闭环控制，仅调整晶闸管导通角，使之与时间成一定函数关系增加。其缺点是，由于不限流，在电动机起动过程中，有时要产生较大的冲击电流使晶闸管损坏，对电网影响较大，实际很少应用。

（2）斜坡恒流软起动

斜坡恒流软起动方式是在电动机起动的初始阶段起动电流逐渐增加，当电流达到预先所设定的值后保持恒定，直至起动完毕。起动过程中，电流上升变化的速率是可以根据电动机负载调整设定。电流上升速率大，则起动转矩大，起动时间短。该起动方式是应用最多的起动方式，尤其适用于风机、泵类负载的起动。

（3）阶跃起动

即以最短时间，使起动电流迅速达到设定值，即为阶跃起动。通过调节起动电流设定值，可以达到快速起动效果。

（4）脉冲冲击起动

在起动开始阶段，让晶闸管在极短时间内，以较大电流导通一段时间后回落，再按原设定值线性上升，接入恒流起动。该起动方法在一般负载中较少应用，适用于重载并需克服较大静摩擦的起动场合。

（5）电压双斜坡起动

在起动过程中，电动机的输出力矩随电压增加，在起动时提供一个初始的起动电压 $U_s$，$U_s$ 根据负载可调，将 $U_s$ 调到大于负载静磨擦力矩，使负载能立即开始转动。这时输出电压从 $U_s$ 开始按一定的斜率上升（斜率可调），电动机不断加速。当输出电压达到达速电压 $U_r$ 时，电动机也基本达到额定转速。软起动器在起动过程中自动检测达速电压，当电动机达到额定转速时，输出电压达到额定电压。

（6）限流起动

电动机的起动过程中限制其起动电流不超过某一设定值（$I_m$）的软起动方式。其输出电压从零开始迅速增长，直到输出电流达到预先设定的电流限值 $I_m$，然后保持输出电流 $I_m$。这种起动方式的优点是起动电流小，且可按需要调整，对电网影响小；其缺点是在起动时难以知道起动压降，不能充分利用压降空间。

**3. 主要功能**

（1）过载保护功能

软起动器引进了电流控制环，因而随时跟踪检测电动机电流的变化状况。通过增加过载电流的设定和反时限控制模式，实现了过载保护功能，使电机过载时，关断晶闸管并发出报警信号。

（2）缺相保护功能

工作时，软起动器随时检测三相线电流的变化，一旦发生断流，即可做出缺相保护反应。

（3）过热保护功能

通过软起动器内部热继电器检测晶闸管散热器的温度，一旦散热器温度超过允许值后自动关断晶闸管，并发出报警信号。

（4）测量回路参数功能

电动机工作时，软起动器内的检测器一直监视着电动机运行状态，并将监测到的参数送给 CPU 进行处理，CPU 将监测参数进行分析、存储、显示。因此软起动器还具有测量回路参数的功能。

（5）其他功能

通过电子电路的组合，还可在系统中实现其他联锁保护。

**4. 应用**

软起动装置本体通常为模块型，需装在柜体或箱体内与开关配合使用组成电动机的控制电路，从应用上分为旁路型（如图 2-25b）和在线型（如图 2-25a）两种，在线型不需要加装旁路接触器和热过载继电器，即能起到电动机的起动控制和过载、缺相、三相不平衡、过电压及欠电压保护。其应用如图 2-25 所示，图中 QF 为断路器、FU 为快速熔断器

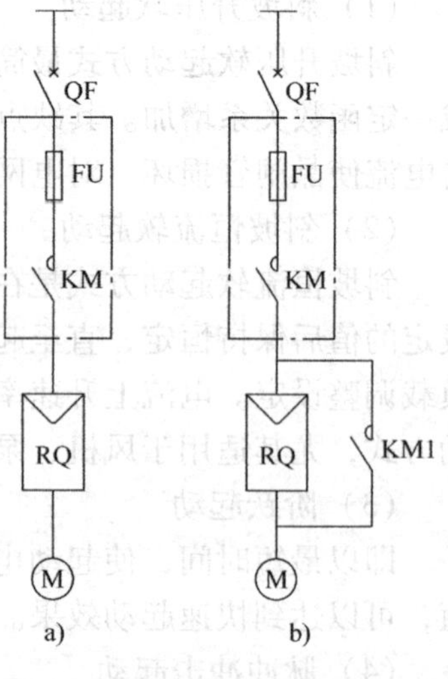


图 2-25　软起动主电路接线图

（可选）、KM 为进线接触器（可选）、KM1 为旁路接触器（旁路型软起动器专用）、RQ 为软起动装置、M 为电动机。虚框内的器件可以不接，由自动开关直接连到软起动器。控制回路应用如图 2-26 所示，软起动器为旁路型。

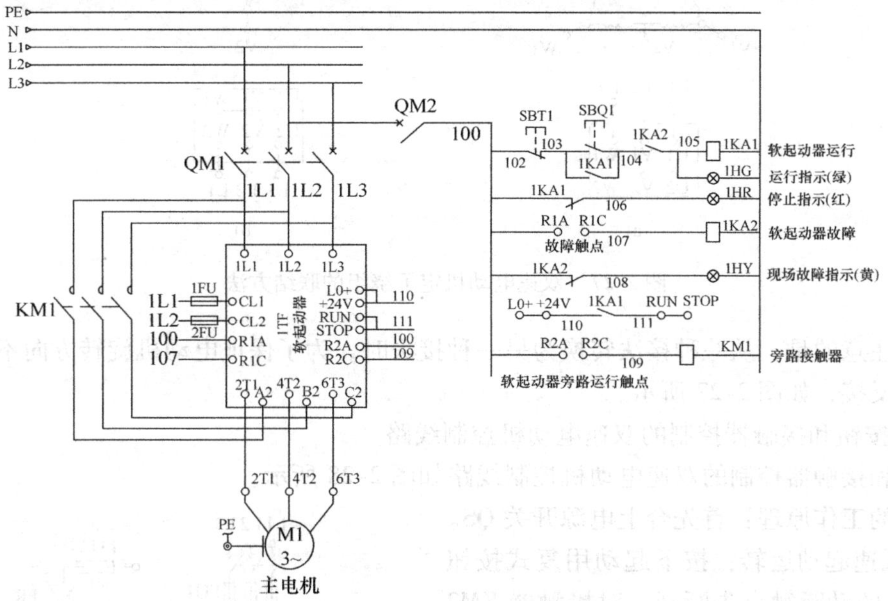


图 2-26　软起动器控制接线图

## 2.4　三相异步电动机的调速控制线路

由异步电动机的转速公式可知，改变异步电动机转速有以下三种方法：改变磁极对数 $p$、改变转差率 $s$、改变电源频率 $f$。改变异步电动机的磁极对数调速称为变极调速，只适用于笼型异步电动机。在转子电路中串接可变电阻调速是改变电动机转差率进行调速的方法之一，只适用于绕线转子异步电动机。

### 2.4.1　笼型异步电动机多速控制线路

**1. 双速电动机控制线路**

双速电动机定子绕组的联结方法如图 2-27 所示。图中电动机的三相绕组接成三角形，三个联结点引出三个出线端 U1、V1、W1；每相绕组的中点各引出一个出线端 U2、V2、W2，共有六个出线端，改变这六个出线端与电源的联结方法就可得到两种不同的转速。

要使电动机低速工作时，只需将三相电源接至电动机绕组三角形联结顶点的出线端 U1、V1、W1 上，其余三个出线端 U2、V2、W2 悬空，如图 2-27a 所示，此时电动机为三角形联结，磁极数为 4 极，同步转速为 1500r/min。

要使电动机以高速工作时，把电动机绕组三个出线端 U1、V1、W1 联结在一起，电源接到 U2、V2、W2 三个出线端上，如图 2-27b 所示。这时电动机绕组成为 YY 联结，磁极数为 2 极，同步转速为 3000r/min。可见，双速电动机高转速是低转速的两倍。

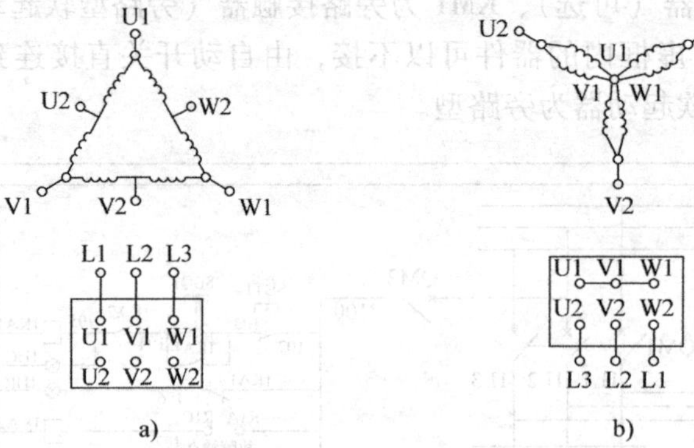


图 2-27　双速电动机定子绕组的联结方法

必须注意的是，从一种接法转换为另一种接法时，为了保证电动机旋转方向不变，应把电源相序反接，如图 2-27 所示。

（1）按钮和接触器控制的双速电动机控制线路

按钮和接触器控制的双速电动机控制线路如图 2-28 所示。

线路的工作原理：首先合上电源开关 QS。

1）低速起动运转：按下起动用复式按钮 SB2，SB2 的动断触点先断开，对接触器 KM2 和 KM3 进行机械联锁，SB2 的动合触点随即闭合，接触器 KM1 的线圈得电且自锁，KM1 的主触点闭合，并对 KM2 和 KM3 进行电气联锁，电动机 M 接成三角形低速运行。

2）高速起动运转：按下起动用复式按钮 SB3，SB3 的动断触点先断开，KM1 的线圈失电，KM1 的主触点断开，电动机断开电源，KM1 的动断辅助触点复位闭合。SB3 的动合触点随即闭合，KM2 和 KM3 的线圈同时得电且自锁，KM2 和 KM3 的主触点闭合，电动机接成 YY 形高速运转。同时，KM2 和 KM3 的动断触点断开，对接触器 KM1 进行电气联锁。

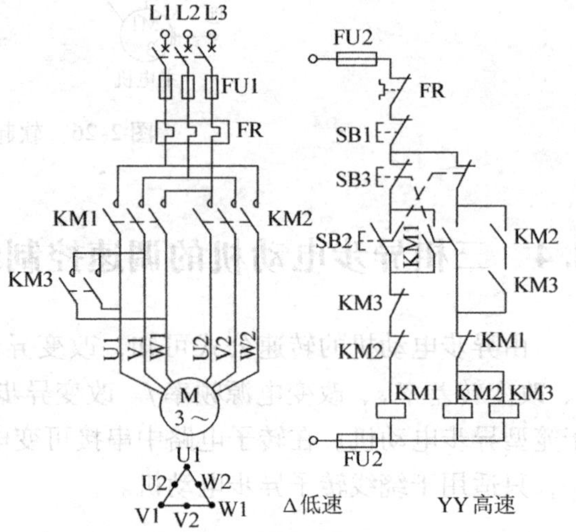


图 2-28　按钮和接触器控制的双速电动机控制线路

（2）时间继电器控制的双速电动机控制线路

时间继电器控制的双速电动机控制线路如图 2-29 所示。图中的转换开关 SC 具有三个接点位置，即“低速”位、“高速”位、“停车”位。

线路的工作原理：当把转换开关 SC 扳到中间位置时，电动机停车。

当把转换开关 SC 扳到“低速”位时，接触器 KM1 的线圈得电，KM1 的主触点闭合，电动机的定子绕组的三个出线端 U1、V1、W1 与电源连接，电动机的定子绕组接成三角形低速运转。

当把转换开关 SC 扳到“高速”位时，时间继电器 KT 的线圈得电，KT 的瞬动动合触点闭合，接触器 KM1 的线圈得电，电动机接成三角形低速运转。经过一段延时，KT 延时时间

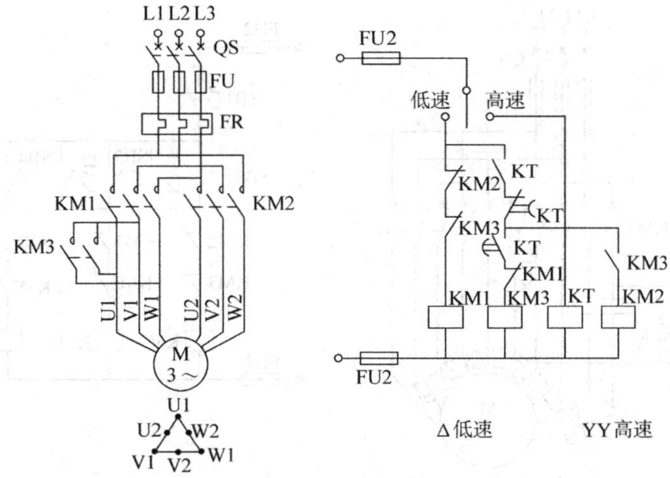


图 2-29　时间继电器控制的双速电动机控制线路

到，KT 的延时断开动断触点断开，延时闭合的动合触点闭合，KM1 线圈失电，KM1 的动断辅助触点复位闭合，接触器 KM3 的线圈得电，其动合辅助触点闭合，接触器 KM2 的线圈得电，KM3 和 KM2 的主触点相继闭合，电动机定子绕组接成 YY 形高速运转。

**2. 三速电动机控制线路**

三速电动机定子绕组的联结方法如图 2-30 所示。用按钮和接触器控制三速电动机的控制线路如图 2-31 所示。

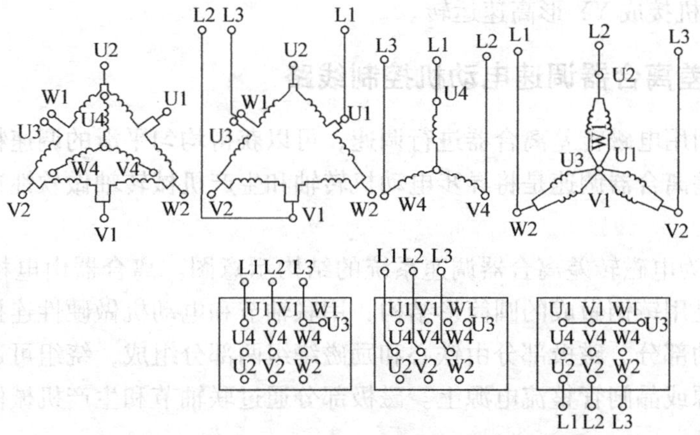

图 2-30　三速电动机定子绕组的联结方法

线路的工作原理：首先合上电源开关 QS。

1）低速起动运转：按下起动按钮 SB2，接触器 KM1 的线圈得电且自锁，它的两对动断辅助触点断开，对接触器 KM2 和 KM3 进行电气联锁。同时它的主触点闭合，电动机 M 的第一套定子绕组出线端 U1、V1、W1（W1 与 U3 接通）与电源接通，电动机接成三角形低速运转。

2）低速转为中速运转：先按下停车按钮 SB1，接触器 KM1 的线圈失电，其所有触点复位，电动机断开电源，再按下按钮 SB3，接触器 KM2 的线圈得电且自锁，它的两对动断辅

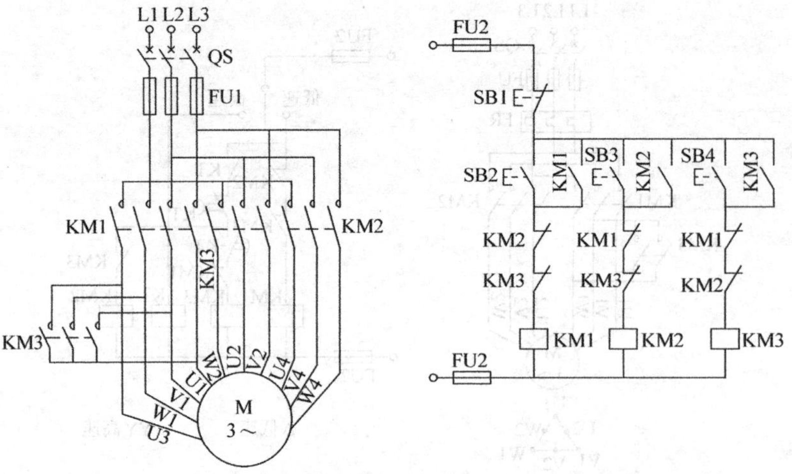


图 2-31　用按钮和接触器控制三速电动机的控制线路

助触点断开，对接触器 KM1 和 KM3 进行电气联锁。同时它的主触点闭合，电动机 M 的另一套定子绕组出线端 U4、V4、W4 与电源接通，电动机接成 Y 形中速运转。

3）中速转为高速运转：先按下停车按钮 SB1，接触器 KM2 的线圈失电，其所有触点复位，电动机断开电源，再按下按钮 SB4，接触器 KM3 的线圈得电且自锁，它的两对动断辅助触点断开，对接触器 KM1 和 KM2 进行电气联锁。同时它的主触点闭合，电动机 M 的第一套定子绕组出线端 U2、V2、W2 与电源接通（U1、V1、W1、U3 则通过 KM3 的其他三对主触点接通），电动机接成 YY 形高速运转。

## 2.4.2　电磁转差离合器调速电动机控制线路

异步电动机利用电磁转差离合器进行调速，可以获得均匀平滑的调速特性，即无级调速的特性。电磁转差离合器调速是将异步电动机转轴和生产机械转轴做软性连接以传递功率的一种装置。

图 2-32 所示为电磁转差离合器调速系统的结构示意图。离合器由电枢和磁极两个主要部分组成，电枢是用铸钢做成的圆筒形结构，用联轴节和电动机做硬性连接，由电动机带着它转动，称为主动部分。磁极部分由铁心和励磁绕组两部分组成，绕组可通过集电环和电刷接到一般直流电源或晶闸管整流电源上。磁极部分通过联轴节和生产机械做硬性连接，称为从动部分。

当电动机带着电枢旋转时，因切割磁极的磁感应线，在电枢内感应出涡流，涡流再与磁极相互作用产生转矩，推动着磁极跟随电枢而旋转，从而带着生产机械转动起来。显然，当励磁电流等于零时，磁极没有磁通，电枢不会产生涡流，不能产生转矩，磁极和生产机械也就不会转动；一旦加上励磁电流，磁极即刻转动起来，生产机械也转动起来。此外还可以看出，电磁离合器的工作原理与异步电动机类似，磁极和电枢的转速不能相同，如果相同，电枢也就不会切割磁感应线产生涡流，也就不会产生带动生产机械旋转的转矩。这就好像异步电动机的转子导体和定子旋转磁场的作用一样，依靠这个“转差”才能工作。当负载一定时，如果减小励磁电流，将使磁场的磁通减小，因此，磁极与电枢“转差”被迫增大，这样才能产生比较大的涡流，以便获得同样大的转矩，使负载稳定在比较低的转速下运行。所以，通过调节励磁绕组的电流，就可以调节生产机械的转速。

图 2-33 所示为电磁转差离合器的机械特性，它表示从动轴的转速 $n$ 与转矩 $T$ 的关系，它的理想空载转速 $n_1$ 就是电动机的转速。改变励磁电流的大小，就改变了磁场的强弱，实质上和异步电动机改变定子电压相似。当从动部分的转轴带有一定的负载转矩时，励磁电流的大小便决定了转速的高低。励磁电流越大，转速越高；反之，励磁电流越小，转速越低。

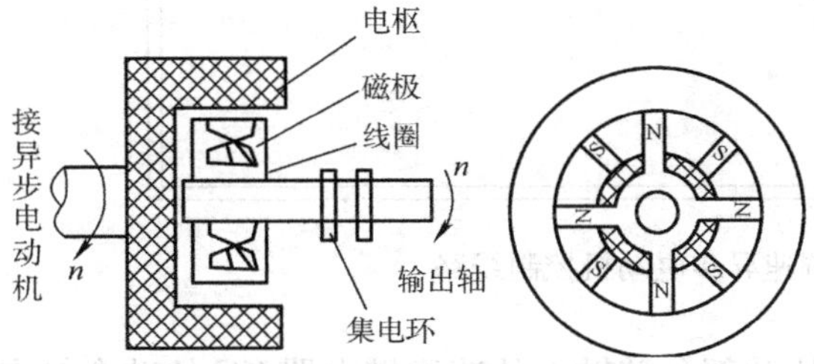


图 2-32　电磁转差离合器调速系统的结构示意图

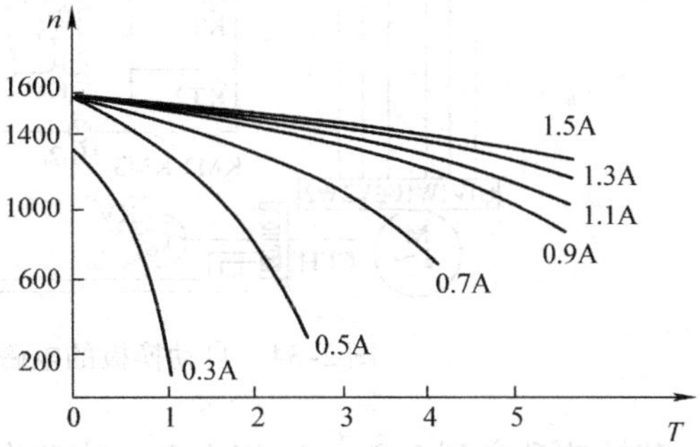


图 2-33　电磁转差离合器的机械特性

如果励磁电流太小，磁通太弱，产生的转矩太小，从动轴转动不起来，就会失控；在一定的磁场下，如果负载过大，从动轴转速太低，也会形成从动部分跟不上主动部分而失控。因此，应避免工作在失控区。

从图 2-33 中可以看出，电磁离合器机械特性较软，稳定性差，因此在工程实际中，常常采用带转速负反馈的闭环调速系统提高机械特性的硬度。

图 2-34 所示为能够自动换极的电磁转差离合器，可以调速 4/8 极异步电动机控制线路。在电动机定子绕组双星形联结运行时，如果电磁离合器从动部分的转速由于励磁电流减小而下降到 600r/min 以下，则该控制线路便能够使电动机定子绕组自动变换到三角形联结运行，即由 4 极变换到 8 极转速，其目的主要是为了提高电磁转差离合器低速运行时的效率。同样，如果电动机运行在定子绕组三角形联结时，从动部分的转速由于励磁电流的增大而上升到 600r/min 以上时，为了使速度进一步提高，该控制线路能够使电动机的定子绕组自动变换到双星形联结。电磁转差离合器的励磁电流是由单结晶体管触发的单相半控桥式整流电路提供的，调节电阻 $R_P$ 可以改变励磁电流的大小，也就改变了生产机械的转速。为了使电动机在 4/8 极或者 8/4 极变换时，其转向维持不变，在具体接线时，将 U2、V2 对调，如图 2-34 所示。

线路的工作原理：合上自动开关 QF，按下起动按钮 SB2，接触器 KM1 线圈得电并自锁，KM1 的主触点闭合，将电动机定子绕组接成三角形，电动机从 8 极开始起动运行，电磁离合器的主动部分在它的拖动下一起运行，同时信号灯 HL1 亮。由于 KM1 的动断辅助触点断开，接触器 KM2、KM3 的线圈均不能得电，而 KM1 的动合辅助触点闭合，使晶闸管调压线路的触发部分和可控桥部分获得单相的交流电源。调节电阻 $R_P$ 为某一适当值，励磁绕组流过一个直流电流，于是离合器从动部分开始跟随主动部分一起旋转。在此可以通过调节电阻 $R_P$ 改变励磁线圈中的电流，使从动部分所带的负载稳定在所需要的转速上。在调节过

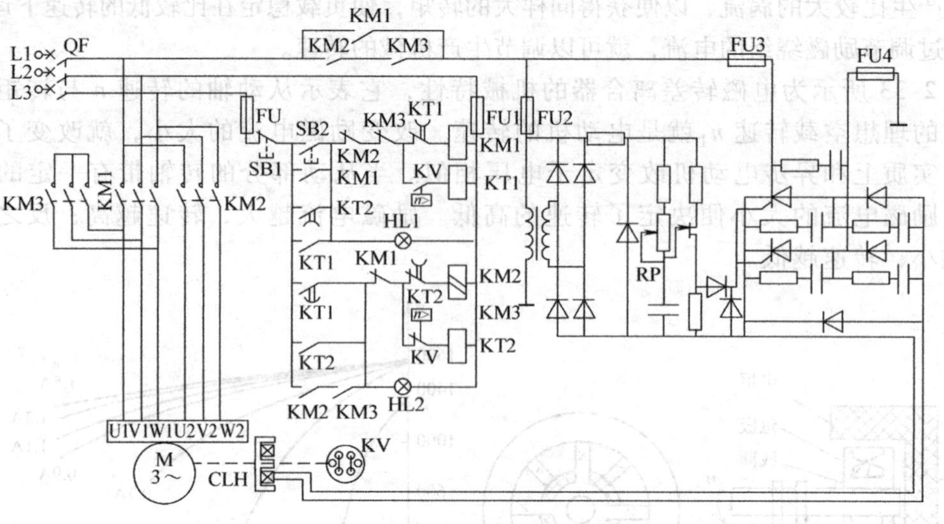


图 2-34　自动换极的电磁调速异步电动机控制线路

程中，若转速升高到600r/min以上时，安装在从动部分转轴上的速度继电器KV的动合触点闭合，时间继电器KT1的线圈得电并用其瞬动动合触点自锁。当KT1的延时时间到，其延时断开的动断触点断开，使KM1线圈失电，触点复位；KT1延时闭合的动合触点闭合，接触器KM2、KM3的线圈得电并自锁，KT1线圈失电，为下次工作做好准备。KM2和KM3的动合触点闭合，它一方面使晶闸管调压线路继续获得单相交流电源；另一方面使电动机定子绕组接成双星形，电动机与离合器主动部分的转速升高到4极转速，从动部分的转速也随之升高。转速上升以后，转矩便相应增加，由电磁转差离合器调速异步电动机机械特性可知，在一定的励磁电流条件下，转矩的上升会使转速自动下降，而随着转速的下降，转矩又会增加，最后转速稳定在机械特性曲线的某一点上。假如此时的转速还需要进一步提高，则可以通过继续增加励磁电流来提高负载的转速，但提高是有一定限度的。

如果工艺要求转速下降，则可以通过减小励磁电流来达到。如果电动机运行在定子绕组双星形接线的时候，当从动部分的转速由于励磁电流的减小等原因下降到600r/min以下时，速度继电器KV的动断触点便复位，时间继电器KT2的线圈得电并通过瞬动动合触点自锁。当KT2的延时时间到，其延时断开的动断触点断开，接触器KM2、KM3的线圈失电，则电动机的U2、V2、W2失去三相交流电源，U1、V1、W1三个接线端也不再短接，KT2延时闭合的动合触点闭合，使KM1线圈得电并自锁，KT2的线圈失电，为下次工作做好准备。KM1的动合触点闭合，它一方面使晶闸管调压线路继续获得三相交流电源；另一方面使电动机定子绕组又在三角形联结下运行，电动机与离合器的主动部分的转速迅速下降，从动部分的转速也随之降低。但是由于转速突然下降后转矩相应减小，转速又会自动上升，最后稳定在机械特性曲线的某一点上。假如此时的转速仍需进一步减小，则可以通过继续减小励磁电流来降低负载转速，但这也是有一定限度的。

在速度继电器KV两对触点转换的过程中，即在电动机定子绕组极数变换，接触器KM1、KM2、KM3在瞬间存在同时处于释放状态的时候，此时电动机、电磁离合器的主动部分和从动部分均依靠惯性旋转。

当需要负载停止运行时，首先将励磁电流减为零，然后按下停止按钮 SB1。

## 2.5　三相异步电动机的制动控制线路

电动机断电后，由于惯性作用，停车时间较长。某些生产工艺要求电动机能迅速而准确地停车，这就要求对电动机进行强迫制动。制动停车的方式有机械制动和电气制动两种，机械制动是采用机械抱闸制动；电气制动是产生一个与原来转动方向相反的制动力矩。三相笼型异步电动机与直流电动机和三相绕线转子异步电动机一样，制动可采用反接制动和能耗制动。无论哪种制动方式，在制动过程中，电流、转速、时间三个参量都在变化，因此可以取某一变化参量作为控制信号，在制动结束时及时取消制动转矩。

以电流为变化参量进行制动控制，由于受负载变化和电网电压波动影响较大，所以一般不被采用。

如果取时间作为控制制动过程的变化参量，其控制线路简单、价格便宜。但是，按时间原则控制的制动时间是整定值，实际制动过程与负载有关。负载变动时，对制动时间有影响，当负载增大时，制动时间变短，制动过程加快；反之，负载减小时，则制动时间加长，制动过程变慢。

这样，以时间为变化参量控制反接制动时，时间继电器按原来整定的时间动作，当负载减小时，在转速还未到零就取消了制动，延缓了制动时间；反之，当负载增大时，在转速已经为零时，仍未取消制动，可能造成电动机反向起动。由此可见，以时间为变化参量控制反接制动，只适用于负载变化不大，制动时间基本一定的场合。

以时间为变化参量进行能耗制动时，在转速未到零时取消能耗制动，转矩很小，影响不大。当转速为零时，仍未取消制动，也不会反转。所以，以时间为变化参量进行控制，对能耗制动是合适的。

如果取转速为变化参量，用速度继电器检测转速，能够正确地反映转速变化，不受外界因素的影响。所以，反接制动常采用以转速为变化参量进行控制。当然，能耗制动也可以采用以转速为变化参量进行控制。

### 2.5.1　笼型异步电动机能耗制动控制线路

三相笼型异步电动机能耗制动就是把在运动过程中储存在转子中的机械能转变为电能，又消耗在转子电阻上的一种制动方法。将正在运转的三相笼型异步电动机从交流电源上切除，向定子绕组通入直流电流，便在空间产生静止的磁场，此时电动机转子因惯性而继续运转，切割磁感应线，产生感应电动势和转子电流，转子电流与静止磁场相互作用，产生制动力矩，使电动机迅速减速停车。

**1. 按时间原则控制的能耗制动线路**

按时间原则控制的笼型异步电动机能耗制动控制线路如图 2-35 所示。

线路的工作原理如下：

起动时，合上电源开关 QS，按下起动按钮 SB2，则接触器 KM1 的线圈得电并自锁，其主触点闭合，接通电动机电源，电动机在全压下起动运行。

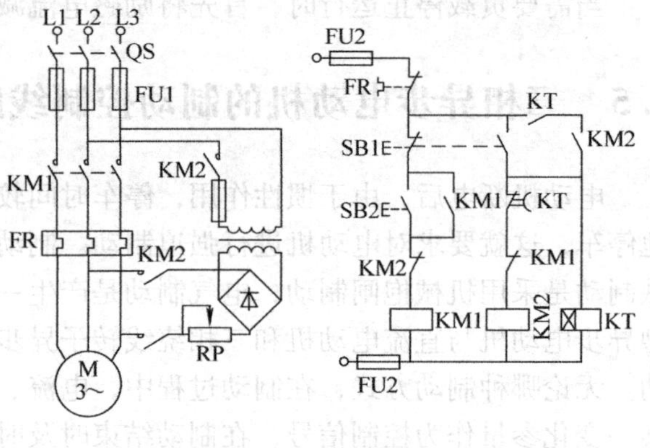

图 2-35　按时间原则控制的笼型异步电动机能耗制动控制线路

停车时，按下停车用复式按钮 SB1，其动断触点断开，使 KM1 的线圈失电，KM1 的主触点断开，切断电动机电源，SB1 的动合触点闭合，接触器 KM2 和时间继电器 KT 的线圈通电并经 KM2 的动合辅助触点和 KT 的瞬动触点自锁；同时，KM2 的主触点闭合，给电动机两相定子绕组送入直流电流，进行能耗制动。经过一段延时后，KT 延时时间到，其延时断开的动断触点断开，KM2 的线圈失电，KM2 的主触点断开，切断直流电源，并且 KT 的线圈失电，为下次制动做好准备。显而易见，时间继电器 KT 的延时整定值即为制动过程的时间。图中利用 KM1 和 KM2 的常闭触点进行互锁的目的是防止交流电和直流电同时加入电动机定子绕组。

下面介绍直流电源的估算方法：

1）参数的确定。先用电桥测量电动机定子绕组任意两相之间的冷态电阻 $R$，也可以从手册中查到；测出电动机的空载电流 $I_0$，也可根据 $I_0 = (30\% \sim 40\%) I_N$ 来确定，其中，$I_N$ 为电动机的额定电流。

一般取直流制动电流为 $I_Z = (1.5 \sim 4) I_N$，当传动装置转速高、惯性大时，系数可取大些，否则取小些；一般取直流电源的制动电压为 $RI_Z$。

2）变压器容量及二极管的选择

变压器二次侧电压取 $U_2 = 1.11RI_Z$。

变压器二次侧电流取 $I_2 = 1.11I_Z$。

变压器容量为 $S = U_2 I_2$。

考虑到变压器仅在制动过程短时间内工作，它的实际容量通常取计算容量的 1/3 左右。

当采用桥式整流电路时，每只二极管流过的电流平均值为 $\frac{1}{2}I_Z$，反向电压为 $\sqrt{2}U_2$，然后再考虑 1.5 ~ 2 倍的安全裕量，选择适当的二极管。

**2. 按速度原则控制的可逆运行能耗制动控制线路**

按速度原则控制的可逆运行能耗制动控制线路如图 2-36 所示。图中 KM1、KM2 分别为正、反转接触器，KM3 为制动接触器，KV 为速度继电器，KV1、KV2 分别为正、反转时对应的动合触点。

线路的工作原理如下：

起动时，合上电源开关 QS，根据需要按下正转按钮或反转按钮，相应的接触器 KM1 或 KM2 的线圈得电并自锁，KM1 或 KM2 的主触点闭合，电动机正转或反转，此时速度继电器的触点 KV1 或 KV2 闭合，为能耗制动做好准备。

停车时，按下停车用复式按钮 SB1，使 KM1 或 KM2 的线圈失电，SB1 的动合触点闭合，接触器 KM3 的线圈得电并自锁，KM3 的主触点闭合，电动机定子绕组接入直流电源进行能

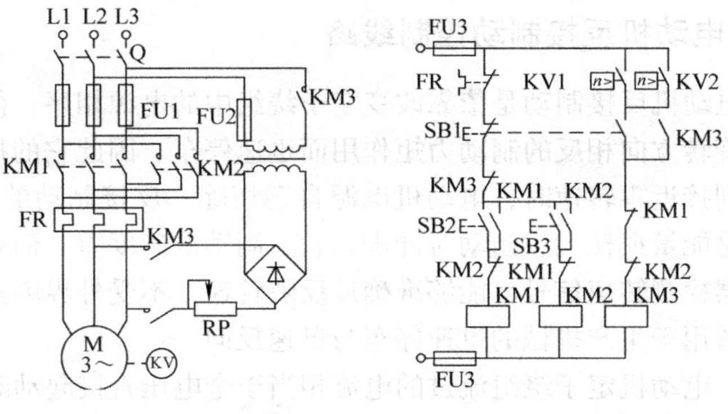


图 2-36　按速度原则控制的可逆运行能耗制动控制线路

耗制动，转速迅速下降。当转速下降到 100r/min 时，速度继电器的动合触点 KV1 或 KV2 断开，KM3 线圈失电，能耗制动结束，电动机自由停车。

能耗制动的特点是制动电流较小，能量损耗小，制动准确，但它需要直流电源，制动速度较慢，所以它适用于要求平稳制动的场合。

**3. 无变压器半波整流能耗制动**

10kW 以下小容量电动机，可采用无变压器半波整流能耗制动控制线路，如图 2-37 所示。这种线路结构简单、体积小、附加设备少、成本低。

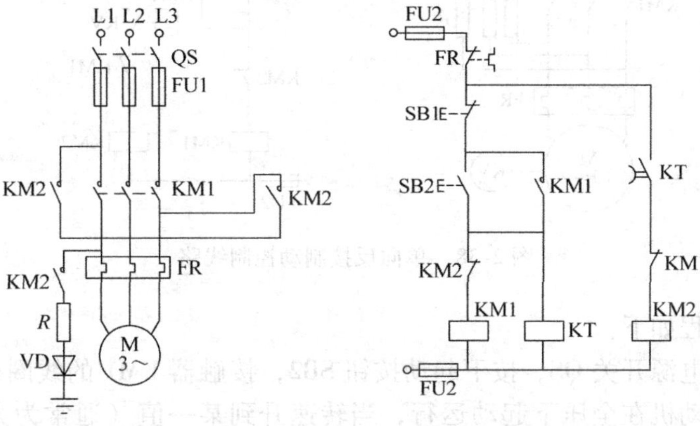


图 2-37　无变压器半波整流能耗制动控制线路

线路的工作原理如下：

起动时，合上电源开关 QS，按下起动按钮 SB2，接触器 KM1 和时间继电器 KT 的线圈得电并通过 KM1 的动合辅助触点自锁，KM1 的动断触点断开，KM2 线圈不能得电。同时，KM1 的主触点和 KT 的延时断开的动合触点闭合，电动机直接起动。

停车时，按下停车按钮 SB1，KM1 和 KT 的线圈失电，KM1 的主触点断开，电动机断开三相交流电源，KM1 的动断触点复位闭合，接触器 KM2 得电，电动机进行能耗制动。经过一段延时，KT 的延时断开的动合触点断开，KM2 的线圈失电，其主触点断开，能耗制动结束。

## 2.5.2 笼型异步电动机反接制动控制线路

三相笼型异步电动机反接制动是依靠改变定子绕组中的电源相序，使定子绕组旋转磁场反向，转子受到与旋转方向相反的制动力矩作用而迅速停车。因此它的控制要求是制动时使电源反相序，制动到接近零转速时，电动机电源自动切除。反接制动的优点是制动能力强、制动时间短；缺点是能量损耗大、制动时冲击力大、制动准确度差。但是采用以转速为变化参量，用速度继电器检测转速信号，能够准确地反映转速，不受外界因素干扰，有很好的制动效果，反接制动适用于生产机械的迅速停车与迅速反向。

在反接制动时，电动机定子绕组流过的电流相当于全电压直接起动时电流的两倍，为了限制制动电流对电动机转轴的机械冲击力，往往在制动过程中在定子电路中串入电阻。

**1. 单向反接制动控制线路**

三相笼型异步电动机单向运转、反接制动的控制线路如图 2-38 所示。图中，KM1 为单向旋转接触器，KM2 为反接制动接触器，KV 为速度继电器，*R* 为反接制动电阻。

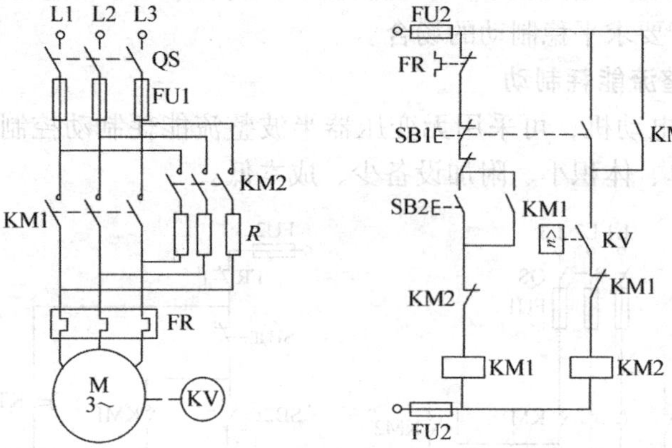


图 2-38 单向反接制动控制线路

线路的工作过程如下：

起动时，合上电源开关 QS，按下起动按钮 SB2，接触器 KM1 的线圈得电并自锁，KM1 的主触点闭合，电动机在全压下起动运行，当转速升到某一值（通常为大于 120r/min）以后，速度继电器 KV 的动合触点闭合，为制动接触器 KM2 的线圈得电做好准备。

停车时，按下停车用复式按钮 SB1，KM1 的线圈失电，其主触点断开，动断辅助触点复位闭合，SB1 的动合触点闭合，使得 KM2 的线圈得电并自锁，KM2 的主触点闭合，改变了电动机定子绕组中电源的相序，电动机在定子电路中串入电阻 *R* 的情况下反接制动，电动机转速迅速下降，当转速低于 100r/min 时，速度继电器 KV 复位，KM2 的线圈失电，其主触点断开，制动过程结束。

**2. 电动机可逆运行反接制动控制线路**

笼型异步电动机减压起动可逆运行反接制动控制线路如图 2-39 所示。图中 KM1、KM2 为正、反转接触器，KM3 为短接电阻用接触器，KA1、KA2、KA3、KA4 为中间继电器，电阻 *R* 既能限制反接制动电流，也能限制起动电流。

线路的工作原理如下：

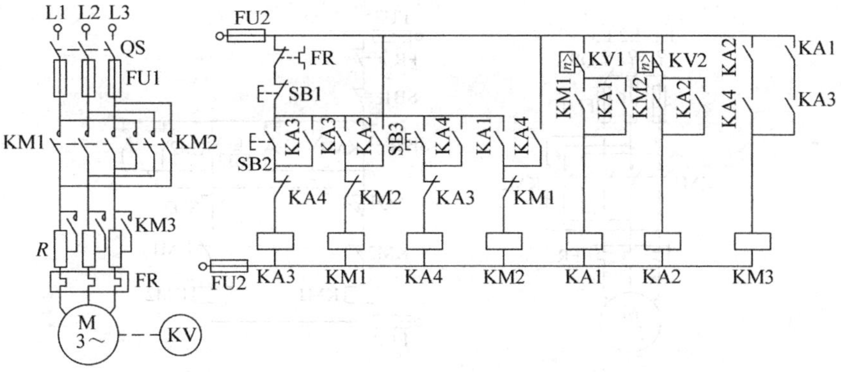


图 2-39　电动机可逆运行反接制动控制线路

1）正向起动控制过程：按下正向起动按钮 SB2，中间继电器 KA3 的线圈得电并自锁，KA3 的动合触点闭合，使接触器 KM1 的线圈得电，KM1 的主触点闭合，电动机在定子绕组串电阻 *R* 情况下减压起动。当转速上升到一定值时，速度继电器 KV 动作，其动合触点 KV1 闭合，中间继电器 KA1 线圈得电并自锁，KA1 的动合触点闭合，接触器 KM3 的线圈得电，KM3 的主触点闭合，电阻 *R* 被短接，电动机在全压下正转运行。

2）停车制动控制过程：按下停车按钮 SB1，KA3 和 KM1 的线圈相继失电，它们的所有触点复位，电动机正向电源被断开，由于电动机转速仍然较高，速度继电器的动合触点 KV1 仍闭合，中间继电器 KA1 的线圈保持着得电状态。KM1 的线圈失电后，其动断触点的复位闭合使反转接触器 KM2 的线圈得电，KM2 的主触点闭合，接通电动机反向电源，进行反接制动。同时，由于中间继电器 KA3 的线圈失电，接触器 KM3 的线圈失电，电阻 *R* 被串入主电路，限制了反接制动电流。电动机转速迅速下降，当转速下降到小于 100r/min 时，KV 的动合触点 KV1 复位断开，KA1 的线圈和 KM2 线圈相继失电，反接制动结束。

3）反向起动、制动控制过程：按下反向起动按钮 SB3，其起动和制动停车过程与正转时相似，请读者自行分析。

## 2.6　行程控制线路

在许多生产机械中，常需要控制某些机械运动的行程，即某些生产机械的运动位置，如生产车间的行车运行到终端位置时需要及时地停车；磨床要求工作台在一定距离内能自动往返，以便对工件连续加工。像这种控制生产机械运动行程和位置的方法称为行程控制，也称位置控制。

### 2.6.1　可逆行程控制线路

可逆行程控制线路如图 2-40 所示。图中接触器 KM1、KM2 为电动机正、反转接触器，行程开关 SQ1 和 SQ2 为控制行程的限位开关。将 SQ1 装在左端需要进行反向的位置上，SQ2 装在右端需要进行反向的位置上，机械挡铁装在运动部件上。

线路的工作原理：首先合上电源开关 QS，起动时按下正转起动按钮 SB2，接触器 KM1 的线圈得电并自锁，KM1 的主触点闭合，电动机正转，带动部件向前移动。当运动部件移

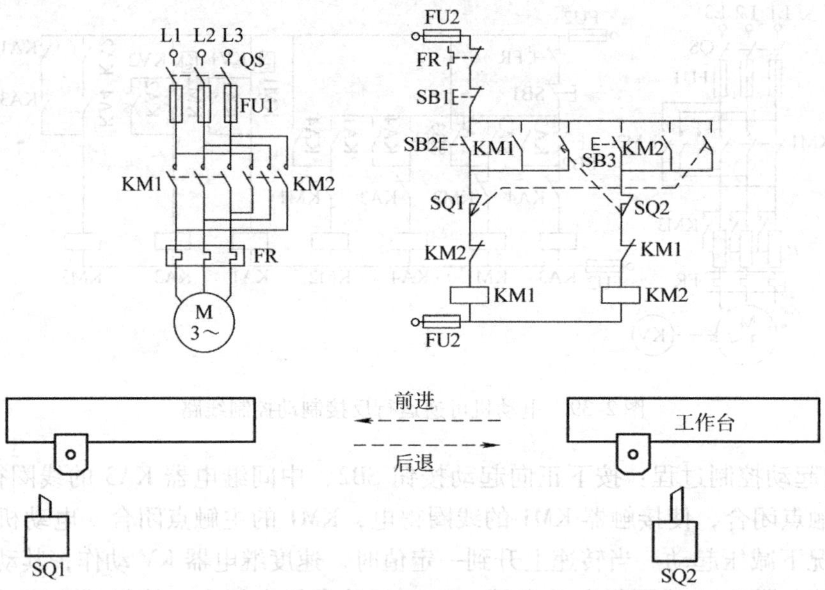


图 2-40　可逆行程控制线路

至左端，机械挡铁碰到 SQ1 时，SQ1 的动断触点断开，切断了 KM1 的线圈电路，KM1 的线圈失电，其所有触点复位。KM1 的动断辅助触点和 SQ1 的动合触点闭合，接通了 KM2 的线圈电路，KM2 的线圈得电，KM2 的主触点闭合，电动机开始反转，带动运动部件反向移动，进行后退。同理，运动部件反向运动到右端时，碰到了 SQ2，SQ2 动作，其动断触点断开 KM2 的线圈电路，同时，动合触点闭合，接通了 KM1 的线圈电路，电动机正转，带动部件向前移动。就这样，运动部件自动进行往复的运动，直到按下停车按钮 SB1，运动部件停止运动。

由上述工作原理可见，运动部件每往复一次，电动机就要经受两次反接制动过程，将出现较大的反接制动电流的机械冲击力，因此，这种线路只适用于循环周期较长的生产机械。在选择接触器容量的时候，应比一般情况下选择的容量大一些。

## 2.6.2　行程控制线路应用举例

### 1. 加热炉自动上料的控制线路

图 2-41 所示为加热炉自动上料的控制线路。图中 KM1、KM2 分别为控制炉门开、关电动机的正、反转接触器，KM3、KM4 分别为控制推料机电动机的正、反转接触器，SQ1、SQ2、SQ3、SQ4 为限位开关，SQ1 为炉门开到位时的限位开关，SQ2 为推料机进入到炉内预定位置的限位开关，SQ3 为推料机退出加热炉预定位置的限位开关，SQ4 为炉门关闭时的限位开关。推料机在原位及炉门关闭时，压下限位开关 SQ4，其动合触点闭合，动断触点断开。

线路的工作原理如下：

按下起动按钮 SB2，接触器 KM1 的线圈得电并自锁，炉门电动机带动炉门打开。当炉门开到位时压下限位开关 SQ1，SQ1 的动断触点断开，KM1 的线圈失电，炉门电动机停止转

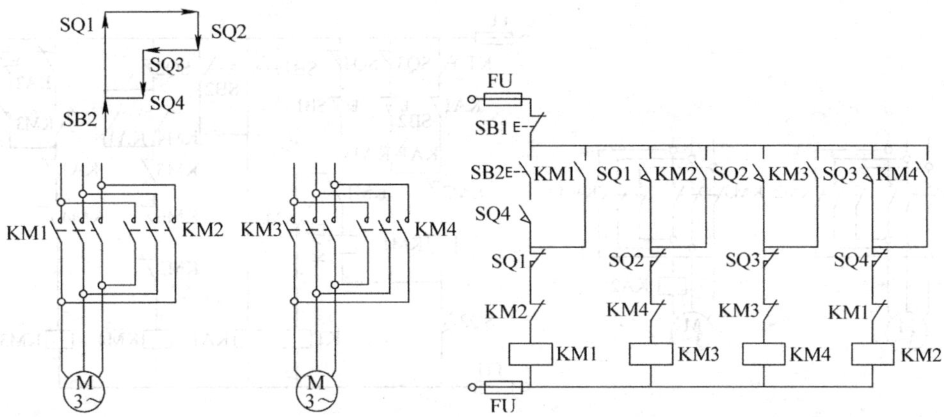


图 2-41　加热炉自动上料的控制线路

动，SQ1 的动合触点闭合，KM3 的线圈得电并自锁，推料电动机正转带动推料机前进。当推料机到达预定位置时压下限位开关 SQ2，SQ2 动断触点断开，KM3 的线圈失电，推料电动机停转，推料机停止。SQ2 的动合触点闭合，KM4 的线圈得电并自锁，推料电动机反转带动推料机返回。当推料机退出到预定位置时压下 SQ3，SQ3 的动断触点断开，KM4 的线圈失电，推料电动机停转，推料机停止，SQ3 的动合触点闭合，KM2 线圈得电并自锁，炉门电动机反转关门，到达预定位置后压下 SQ4，SQ4 的动断触点断开，KM2 的线圈失电，炉门电动机停转，完成一个周期的工作，然后依次循环，进入下一周期。

**2. 横梁自动升降控制线路**

龙门刨床和立式车床等的横梁在正常情况下是夹紧在立柱上的，只有要移动横梁时才将横梁从立柱上松开，当移动到需要的位置后，再将横梁夹紧在立柱上。横梁的放松和夹紧有的采用电动机驱动，也有的采用液压及压缩空气等方式驱动。如果用电动机驱动，需要两台电动机，一台用于配合夹紧装置实现横梁的夹紧与放松，再由另一台电动机来完成横梁的上下移动。横梁移动对控制的要求如下：

- 横梁移动只有在工作台停止工作时才允许运行。可以通过在控制放松的接触器线圈电路中串联控制工作台的接触器常闭触点来实现。
- 横梁上升或下降的操作应为点动控制，以保证调整的准确性。
- 横梁上升或下降信号发出后，应自动完成横梁放松—移动—自动夹紧的过程。
- 横梁升降应有上、下极限位置保护。

图 2-42 所示为横梁自动升降控制线路。KM1、KM2 分别为上升、下降接触器，KM3、KM4 分别为夹紧与放松接触器，KA1 为中间继电器，KA2 为过电流继电器，SQ1、SQ2 分别为夹紧与放松限位开关，SQ3、SQ4 为横梁升降极限开关，KM5、KM6 的动断触点为工作台与横梁机构的联锁触点，当工作台运动时，KM5 或 KM6 动断触点断开，KM4 线圈不能得电，确保只有在工作台停止时才允许横梁移动。

线路的工作原理如下：

横梁上升时，按下起动按钮 SB1，中间继电器 KA1 的线圈得电，其动合触点闭合，使 KM4 的线圈得电并自锁，KM4 的主触点闭合，使横梁夹紧电动机反转，横梁逐渐放松，当横梁放松到位时压下限位开关 SQ2，SQ2 的动断触点断开，使 KM4 的线圈失电，横梁夹紧

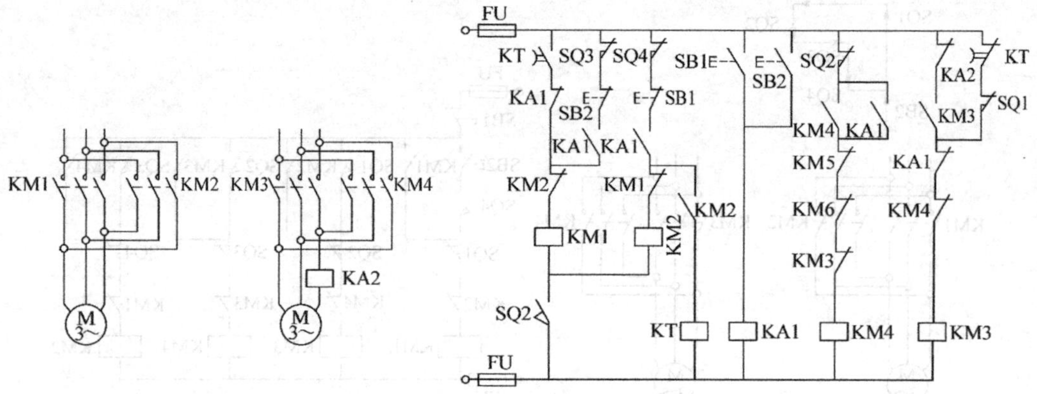


图 2-42　横梁自动升降控制线路

电动机断电，放松动作完成。同时，SQ2 的动合触点闭合，使 KM1 的线圈得电，其主触点闭合，横梁升降电动机起动正转，拖动横梁上升。

当横梁上升到位时，松开按钮 SB1，中间继电器 KA1 的线圈失电，KM1 的线圈失电，横梁升降电动机脱离电源停止运转。此时横梁虽然已不再运动了，但横梁仍处于放松状态，即限位开关 SQ2 仍处于被压下状态，其动合触点仍然闭合。由于 KA1 的线圈失电使其动断触点闭合，KM3 的线圈得电并自锁，对 KM3 的线圈进行两路供电，横梁夹紧电动机正转，拖动夹紧机构将横梁夹紧，SQ2 复位，为下次横梁上升做好准备。当夹紧到一定程度时，压下限位开关 SQ1，其动断触点断开，但 KM3 通过另一路供电（即通过 KA2 的动断触点与 KM3 动合触点供电），电动机继续旋转，横梁继续夹紧。随着夹紧力的增大，夹紧电动机定子电流增大，当达到 KA2 的吸合值时，KA2 动作，动断触点断开，KM3 的线圈失电，横梁夹紧电动机断开电源停止运转，横梁夹紧自动完成，横梁上升过程结束。

夹紧过程分两个阶段进行，第一阶段是行程控制，由行程开关 SQ1 进行位置检测；第二阶段是以电流为变化参量进行控制，调整过流继电器 KA2 的动作值，就间接地调整了夹紧力的大小。

横梁下降时，其动作次序与上升基本相同，只是在横梁下降到位时，为了消除丝杠与螺母的间隙，要求横梁稍微回升一下，在图 2-39 中采用断电延时型时间继电器 KT 作回升控制。按下按钮 SB2 时，首先是横梁放松，然后是横梁下降，同时时间继电器 KT 的线圈得电，其延时断开的动合触点瞬时闭合。当下降到预定位置时，松开 SB2，KA1 的线圈失电，其动合触点断开使 KM2 的线圈失电，一方面由于 KM2 的动断触点闭合使 KM1 的线圈得电，电动机正转带动横梁回升；另一方面 KM2 的动合触点断开，KT 线圈失电开始延时，当到达预先整定的时间后，其延时断开的动合触点断开，使 KM1 线圈失电，电动机停转，横梁停止上升，同时时间继电器延时闭合的动断触点闭合使 KM3 线圈通电带动夹紧机构进行夹紧，到达位置时，限位开关 SQ1 被压下，SQ1 的动断触点断开，达到电流继电器 KA2 的动作电流时，KA2 的动断触点断开，KM3 的线圈失电，夹紧电动机断电，停止转动，下降过程结束。

由以上的分析可以看出，找出反映过程的变化参量，并检测出来作为控制信号，就可以实现对生产过程的自动控制。

## 2.7 电动机的综合保护

电气控制系统除了能满足生产机械加工要求外，还应保证设备长期安全、可靠无故障地运行。因此保护环节是所有电气控制系统不可缺少的组成部分。利用它来保护电动机、电网、电气控制设备以及人员等。

电气控制系统中常对电动机实施一定的保护，以保证设备的正常运行，其形式主要有短路保护、过载保护、零压欠压保护及弱磁保护等。

**1. 短路保护**

当电动机、电器以及导线的绝缘损坏或线路发生故障时，都可能造成短路事故。很大的短路电流可能使电器设备损坏。因此，在发生断路故障时，保护电器必须立即动作，迅速将电源切断。

常用的短路保护电器是熔断器和自动空气开关。

**2. 过载保护**

当电动机负载过大，起动操作频繁或缺相运行时，会使电动机的工作电流长时间超过其额定电流，电动机绕组过热，温升超过其允许值，导致电动机的绝缘材料变脆，寿命缩短，严重时会使电动机损坏。因此，当电动机过载时，保护电器应动作切断电源，使电动机停车，避免电动机在过载状态下运行。

常用的过载保护电器是热继电器。由于热惯性的原因，热继电器不会受到电动机短时过载冲击电流的影响而瞬时动作，所以在使用热继电器作过载保护的同时，还必须有短路保护，并且选做短路保护的熔断器熔体的额定电流不应超过4倍热继电器发热元件的额定电流。

**3. 过电流保护**

如果在直流电动机和绕线转子异步电动机起动或制动时，限流电阻被短接，将会造成很大的起动或制动电流。另外，负载的加大也会导致电流增加。过大的电流将会使电动机或机械设备损坏。因此，对直流电动机或绕线转子异步电动机常采用过电流保护。

过电流保护常用电磁式过电流继电器实现。当电动机过电流达到电流继电器的动作值时，继电器动作，使串接在控制电路中的动断触点断开，切断控制电路，电动机随之脱离电源停转，达到过电流保护的目的。一般过电流的动作值为起动电流的1.2倍。

短路、过电流、过载保护虽然都是电流保护，但由于故障电流、动作值以及保护特性、保护要求以及使用元件的不同，它们之间是不能相互取代的。

**4. 欠压保护**

当电网电压降低时，电动机便在欠压状态下运行。由于电动机的负载没有变化，所以欠压状态下电动机转速下降，定子绕组中的电流增大。因为电流增加的幅度尚不足以使熔断器和热继电器动作，所以两种电器起不到保护作用。如不采取保护措施，时间一长将会使电动机过热而损坏。另外，欠电压还会引起一些电器释放，使电路不能正常工作。因此，应避免电动机在欠压下运行。

实现欠电压保护的电器是接触器和电磁式电压继电器。在机床电气控制线路中，只有少数线路专门设了电磁式电压继电器。而大多数控制线路，由于接触器已兼有欠压保护功能，所以不再加设欠压保护电器。一般当电网电压降到额定电压85%以下时，接触器或电压继电器触点会释放。

**5. 零压保护（失压保护）**

生产机械在工作时，如果由于某种原因而发生电网突然停电，那么在电源电压恢复时，电动机便会自行起动运转，导致人身和设备事故，并引起电网过电流和瞬时电网电压下降。为了防止在此种情况下出现电动机自行起动而实施的保护称为零压保护。

常用的零压保护电器是接触器和中间继电器。当电网停电时，接触器和中间继电器触点复位，切断主电路和控制电路电源。当电网恢复供电时，若不重新按下起动按钮，电动机就不会自行起动，实现了零压保护。

**6. 弱磁保护**

直流电动机在磁场有一定强度下才能起动，否则应采取“弱磁保护”。因为如果磁场太弱，电动机的起动电流就会很大；另外当直流电动机正运行时，磁场突然减弱或消失，会使电动机转速迅速升高，甚至发生“飞车”现象。

弱磁保护就是通过在电动机励磁回路中串入欠电流继电器来实现的。在电动机运行中，如果励磁电流消失或降低太多，欠电流继电器就会释放，其触点切断主回路接触器线圈的电源，使电动机断电停车。

## 2.8 练习题

1. 根据需要，电气线路图分哪几种形式？

2. 标出图2-43中各电器元件的文字符号，指出各图控制线路是否正确，并说明会出现哪些现象？

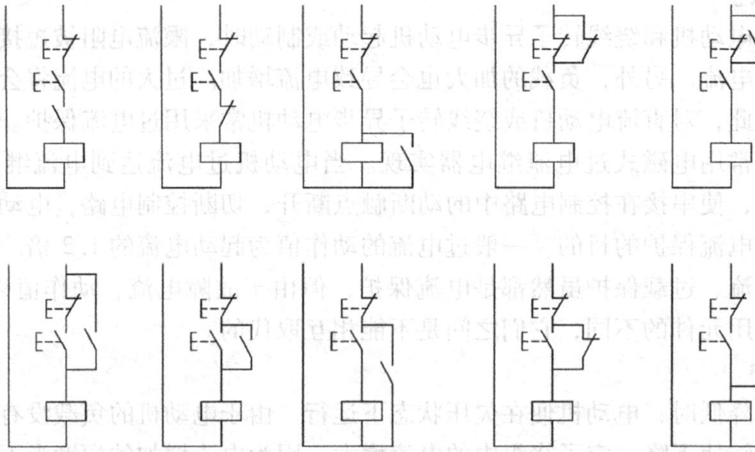

图2-43 练习题2图

3. 试设计可以从两地控制一台电动机，能实现点动工作和长动工作的控制线路。

4. 为两台异步电动机设计主电路和控制电路。要求：两台电动机互不影响地独立操作起动与停车；能同时控制两台电动机的停车；当其中任何一台电动机发生过载时，两台电动机均停车。

5. 试设计两台电动机的控制线路，要求：电动机 M1 和 M2 可以分别起动和停车，也可以同时起动和停车。

6. 某机床的液压泵电动机 M1 和主电动机 M2 的运行情况，有如下的要求：

（1）必须先起动 M1，然后才能起动 M2。

（2）M2 可以单独停转。

（3）M1 停转时，M2 也应自动停转。

7. 某机床有两台三相异步电动机，要求第一台电动机起动运行 5s 后，第二台电动机自行起动，第二台电动机运行 10s 后，两台电动机停止。

8. 试设计一控制线路，要求：按下起动按钮后，接触器 KM1 动作，经 10s 后，接触器 KM2 动作，经 5s 后，KM2 复位，同时，接触器 KM3 动作，再经过 15s 后，KM1 和 KM3 同时复位，在任何时刻，按停止按钮，线路停止工作。

9. 某机床主轴工作和润滑泵各由一台电动机控制，要求主轴电动机必须在润滑泵电动机运行后才能运行，主轴电动机能正反转，并能单独停机，有短路、过载保护，设计主电路和控制电路。

10. 试分析图 2-44 是否合理？如不合理，请改正。

设计本意：按下 SB2，KM1 得电，延时一段时间后，KM2 得电运行，KM1 失电。按下 SB1，整个电路失电。

11. 图 2-45 所示为电厂常用的闪光电源控制线路，当发生故障时，事故继电器 KA 的常开触点闭合，试分析图中信号灯 HL 发出闪光信号的工作原理。

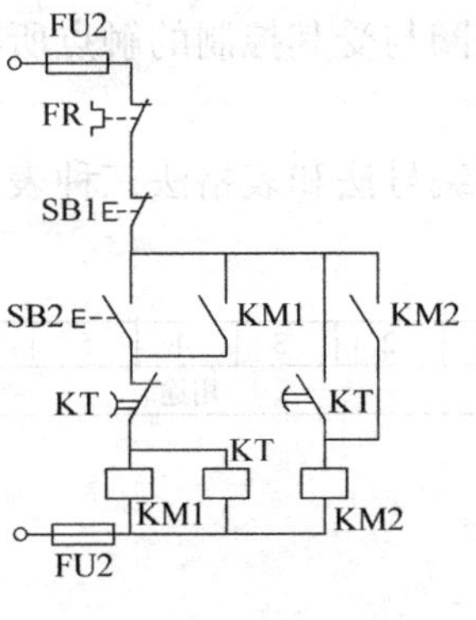


图 2-44　练习题 10 图

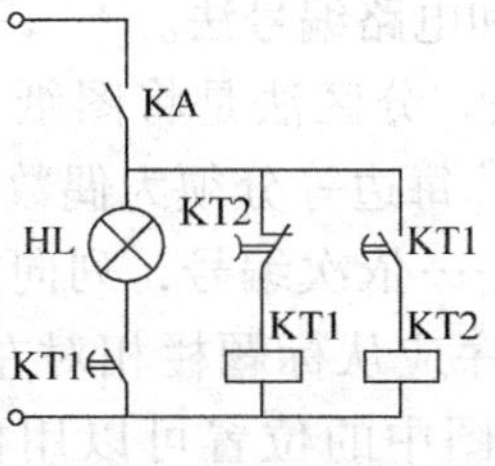


图 2-45　练习题 11 图

12. 试设计一小车运行的控制线路，小车由异步电动机拖动，其动作过程如下：

（1）小车由原位开始前进，到终点自动停止。

（2）小车在终点停留 2min 后自动返回原位停止。

（3）小车在前进或后退途中任意位置可以起动和停止。

# 第 3 章　典型机械设备电气控制线路

本章在前两章的基础上，简要介绍绘制和阅读机床电气原理图的基本知识，并通过对典型机械设备电气控制线路的分析，使读者加深对常用低压控制电器和典型控制环节的认识和理解，掌握阅读、分析电气控制线路的方法，培养读图能力，并了解机械设备上机械与电气二者的配合关系，为电气控制系统的设计、安装、调试和维护打下基础。

机械设备的电气控制，不仅要求能够实现起动、制动、反向和调速等基本要求，而且还要保证机械设备各运动的准确和协调，来满足生产工艺提出的各种要求。同时，还要具有各种保护功能，使其工作可靠。因此，我们在分析机械设备电气控制系统时，应首先对机械设备的基本结构、运动情况、工艺要求有一定的了解，还应了解机械、液压与电气的配合关系，在此基础上，才能对整个电气控制系统按功能不同分成若干局部控制电路，逐一进行分析。在分析过程中，还应抓住各机械设备电气控制系统的特点，才能深刻理解各电器元件的作用和工作原理。

## 3.1　绘制和阅读机械设备电气原理图的基本知识

机械设备电气原理图所包含的电器元件和电气设备等符号较多，要正确绘制和阅读机械设备电气原理图，除了第 2 章所述绘制电气原理图应遵循的一般原则外，还要对整张图样进行划分，注明各分支电路的用途及接触器、继电器等的线圈与受其控制的触点所在位置。

（1）图上位置的表示方法

对符号或元件在图上的位置可采用图幅分区法、电路编号法和表格法三种表示方法。下面介绍图幅分区法和电路编号法。

1）图幅分区法。分区法是将图纸互相垂直的两边各自加以等分，每边等分须为偶数。行向用大写拉丁字母 A、B……依次编号，列向用阿拉伯数字编号，编号的顺序应从标题栏相对左上角开始。每个字符或元件在图中的位置可以用代表行的字母、代表列的数字或代表区域的字母数字组合来标记，如 B 行、3 列或 B3 区等。电气原理图中各分支电路的功能一般放在图面上部的方框内。图幅分区示意如图 3-1 所示。

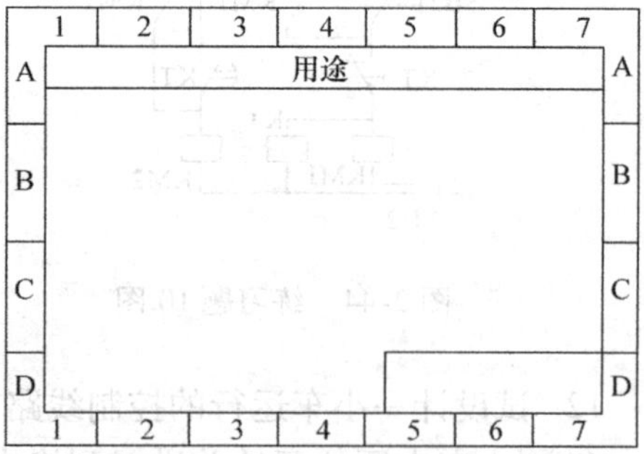


图 3-1　图幅分区法示意图

2）电路编号法。机械设备电气原理图使用电路编号法较为广泛。对电路或分支电路采用数字编号来表示其位置的方法称为电路编号法。编号的原则是从左到右的顺序排列，每一编号代表一条支路或电路。各编号所对应的电路功能用文字表示，一般放在图面上部的方框内。图 3-3 中就使用了电路编号法，即分成了 11 列支路。

（2）表格

在电气原理图中，同一电器元件的各个部分图形符号分散在图的不同位置，如接触器、继电器等，只是标上相同的文字符号。为了较迅速查找同一电器元件的所有部分，可以采用表格法。

1）接触器的表格表示方法。在每个接触器线圈的文字符号 KM 的下面画两条竖直线，分成左、中、右三栏，把受其控制而动作的触点所处的图列，用数字标注在左、中、右三栏内。对备用而未用的触点，在相应的栏中用记号“×”或“—”标出，见表 3-1。

**表 3-1　接触器的表格表示法**

<table>
<tr><th>栏目</th><th>左栏</th><th>中栏</th><th>右栏</th></tr>
<tr><td>触点类型</td><td>主触点所在图列</td><td>辅助动合触点所在图列</td><td>辅助动断触点所在图列</td></tr>
<tr><td>举例<br>KM<br>2 │ 6 │ 8<br>2 │ × │ ×<br>2 │ × │ ×</td><td>表示：<br>三对主触点均在第二个图列</td><td>表示：<br>一对辅助动合触点在第六个图列；另两对辅助动合触点未使用</td><td>表示：<br>一对辅助动断触点在第八个图列；另两对辅助动断触点未使用</td></tr>
</table>

2）继电器的表格表示方法。在每个继电器线圈的文字符号 KA 的下面划一条竖直线，分成左、右两栏，把受其控制而动作的触点所处的图列，用数字标注在左、右两栏内。对备用而未用的触点，在相应的栏中用记号“×”或“—”标出，有时对备用而未用的触点也可以不标出。见表 3-2。

**表 3-2　继电器的表格表示法**

<table>
<tr><th>栏目</th><th>左栏</th><th>右栏</th></tr>
<tr><td>触点类型</td><td>动合触点所在图列</td><td>动断触点所在图列</td></tr>
<tr><td>举例<br>KA<br>5 │ 6<br>8 │ 9</td><td>表示：<br>一对动合触点在第五个图列；一对动合触点在第八个图列</td><td>表示：<br>一对动断触点在第六个图列；一对动断触点在第九个图列</td></tr>
</table>

（3）图上的位置标记

在图样上每个触点的文字符号下面的数字表示该电器元件的线圈（或热继电器的热元件）所在的图列。如图 3-3 所示，图中 7 列$_{6}^{\mathrm{KM1}}$ 表示接触器 KM1 的线圈在第 6 个图列中，又如 6 列$_{2}^{\mathrm{FR1}}$ 表示热继电器 FR1 的热元件在第 2 个图列中。

图样中可分为主电路、控制电路和照明、指示灯电路。

## 3.2　卧式车床的电气控制线路

在各种金属切削机床中，车床占的比重最大，应用也最广泛。它能够车削外圆、内圆、端面、螺纹、螺杆及成型表面，并可用钻头、铰刀等进行加工。CA6140 型卧式车床是应用较广泛的一种车床。

### 3.2.1　CA6140 型卧式车床的主要结构及运动形式

CA6140 型卧式车床由主轴箱、挂轮箱、溜板箱、尾架、溜板与刀架、光杠与丝杠、床身等部件组成。图 3-2 所示是 CA6140 型卧式车床的结构示意图。

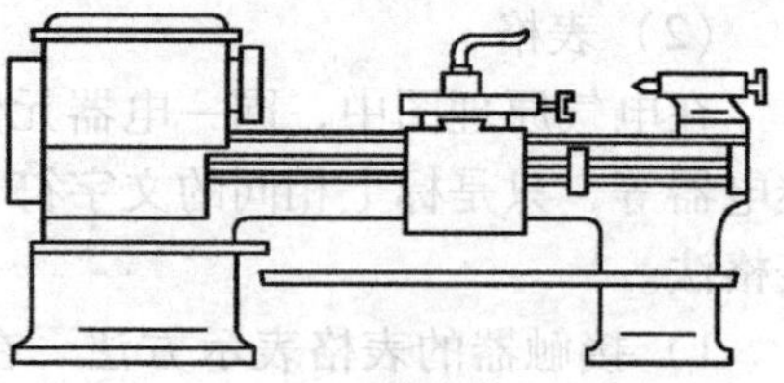

图 3-2　CA6140 型卧式车床的结构示意图

CA6140 型卧式车床的主运动是主轴的旋转运动，由主轴电动机通过传动带传到主轴箱带动主轴旋转。进给运动是由溜板箱带着刀架作纵向与横向直线移动，进给运动也是由主轴电动机经过主轴箱传给进给箱，再通过光杠或丝杠将运动传入溜板箱，溜板箱就带动刀架作纵、横两个方向的进给运动。刀架由快速移动电动机带动还可作快速移动。

## 3.2.2　CA6140 型卧式车床的电气控制线路分析

CA6140 型卧式车床的电气控制线路如图 3-3 所示。

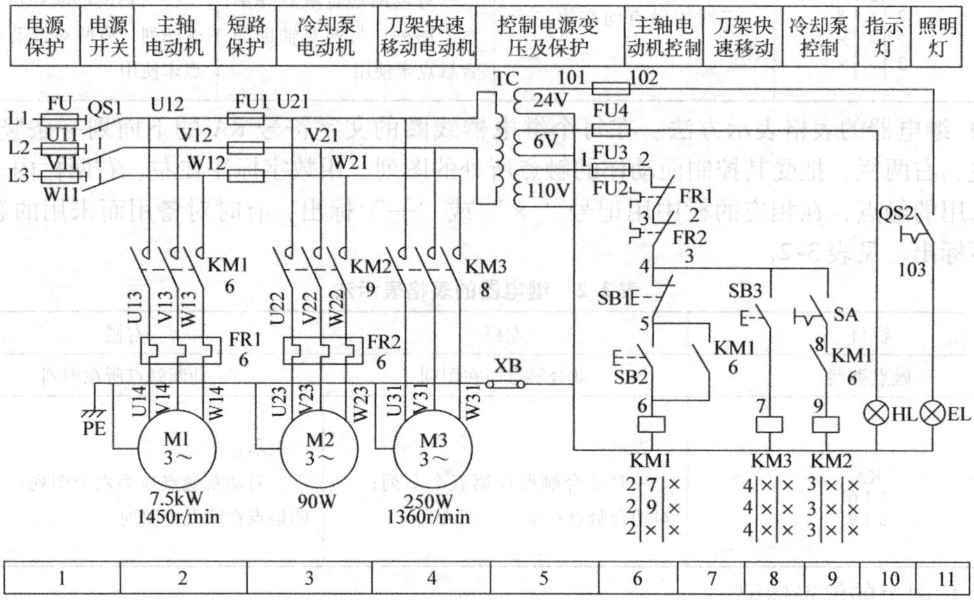


图 3-3　CA6140 型卧式车床的电气控制线路

### 1. 主电路分析

主电路共有三台电动机。其中 M1 是主轴电动机，由接触器 KM1 控制，实现主轴的旋转和刀架的进给运动，M1 由热继电器 FR1 作过载保护。M2 是冷却泵电动机，由接触器 KM2 控制，用以输送冷却液，M2 由热继电器 FR2 作过载保护。M3 是刀架快速移动电动机，由接触器 KM3 控制，实现刀架的快速移动。

三相交流电源通过转换开关 QS1 引入，电动机 M2 和 M3 共用一组熔断器 FU1 作短路保护。

### 2. 控制电路分析

控制电路的电源由控制变压器 TC 二次侧输出 110V 电压提供。

（1）主轴电动机的控制

按下起动按钮 SB2，接触器 KM1 的线圈得电且自锁，KM1 的主触点闭合，主轴电动机

M1 起动运转。同时，KM1 的另一对常开触点（9 列）闭合。按下停车按钮 SB1，M1 停转。

（2）冷却泵电动机的控制

只有当接触器 KM1 的线圈得电吸合，使其动合辅助触点（9 列）闭合后，合上手动开关 SA，接触器 KM2 的线圈得电，KM2 的主触点闭合，冷却泵电动机才能起动运转。

（3）刀架快速移动电动机的控制

刀架快速移动电动机 M3 的起动是由安装在进给操纵手柄顶端的按钮 SB3 来控制的，它与接触器 KM3 组成点动控制环节。将操纵手柄扳到所需的方向，按下按钮 SB3，KM3 的线圈得电，其主触点闭合，电动机 M3 起动运转，刀架就向指定的方向快速移动。因刀架快速移动电动机是短时工作，故未设置过载保护。

**3. 照明及指示灯电路分析**

控制变压器 TC 的二次侧分别输出 24V 和 6V 电压，作为机床低压照明和指示灯的电源。EL 为机床的低压照明灯，由开关 QS2 控制；HL 为电源的指示灯。它们分别用 FU4 和 FU3 作短路保护。

## 3.3 平面磨床的电气控制线路

磨床是用砂轮的周边或端面进行机械加工的一种精密机床。磨床的种类很多，有平面磨床、外圆磨床、内圆磨床、无心磨床及各种专用磨床，如螺纹磨床、齿轮磨床、导轮磨床等。其中以平面磨床应用最广，平面磨床是用砂轮磨削加工各种零件平面的磨床。下面以 M7120A 型磨床的电气控制线路为例加以分析。

### 3.3.1 M7120A 型平面磨床的主要结构及运动形式

M7120A 型平面磨床主要由床身、工作台、电磁吸盘（又称电磁工作台）、砂轮架、滑座、立柱等部分组成。其结构外观如图 3-4 所示。

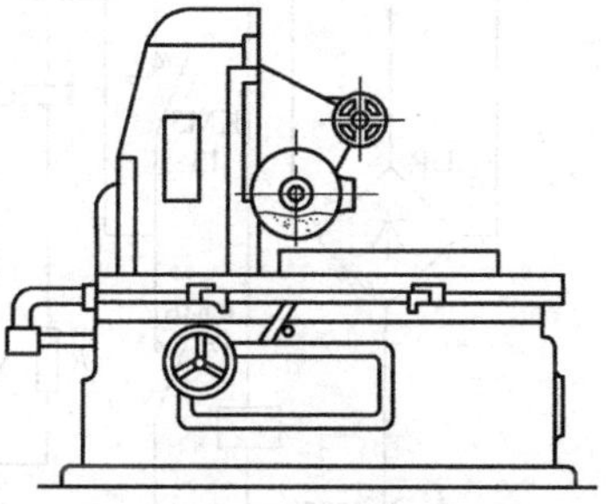

图 3-4 M7120 型平面磨床的机构示意图

M7120A 型磨床共有四台电动机，砂轮电动机直接带动砂轮旋转，对工件进行磨削加工，是平面磨床的主运动；砂轮升降电动机使滑座（砂轮架安装在滑座上）沿立柱导轨上下移动，用以调整砂轮位置；工作台和砂轮的往复运动是靠液压泵电动机进行液压传动的，能实现无级调速与平稳传动，可以保证加工精度；冷却泵电动机带动冷却泵供给砂轮和工件冷却液，同时利用冷却液带走磨削下来的铁屑。

### 3.3.2 M7120A 型平面磨床的电气控制线路分析

M7120A 型平面磨床的电气控制线路如图 3-5 所示。图中分为主电路、控制电路、电磁吸盘控制电路和照明及指示灯电路四部分。

**1. 主电路分析**

主电路共有四台电动机，其中 M1 是液压泵电动机，由接触器 KM1 控制，实现工作台的往复运动，M1 由热继电器 FR1 作过载保护；对于砂轮电动机 M2 和冷却泵电动机 M3，由于 M3 通过接插器 X1 和 M2 联动控制，所以 M2 和 M3 由接触器 KM2 控制，M2 用来实现砂

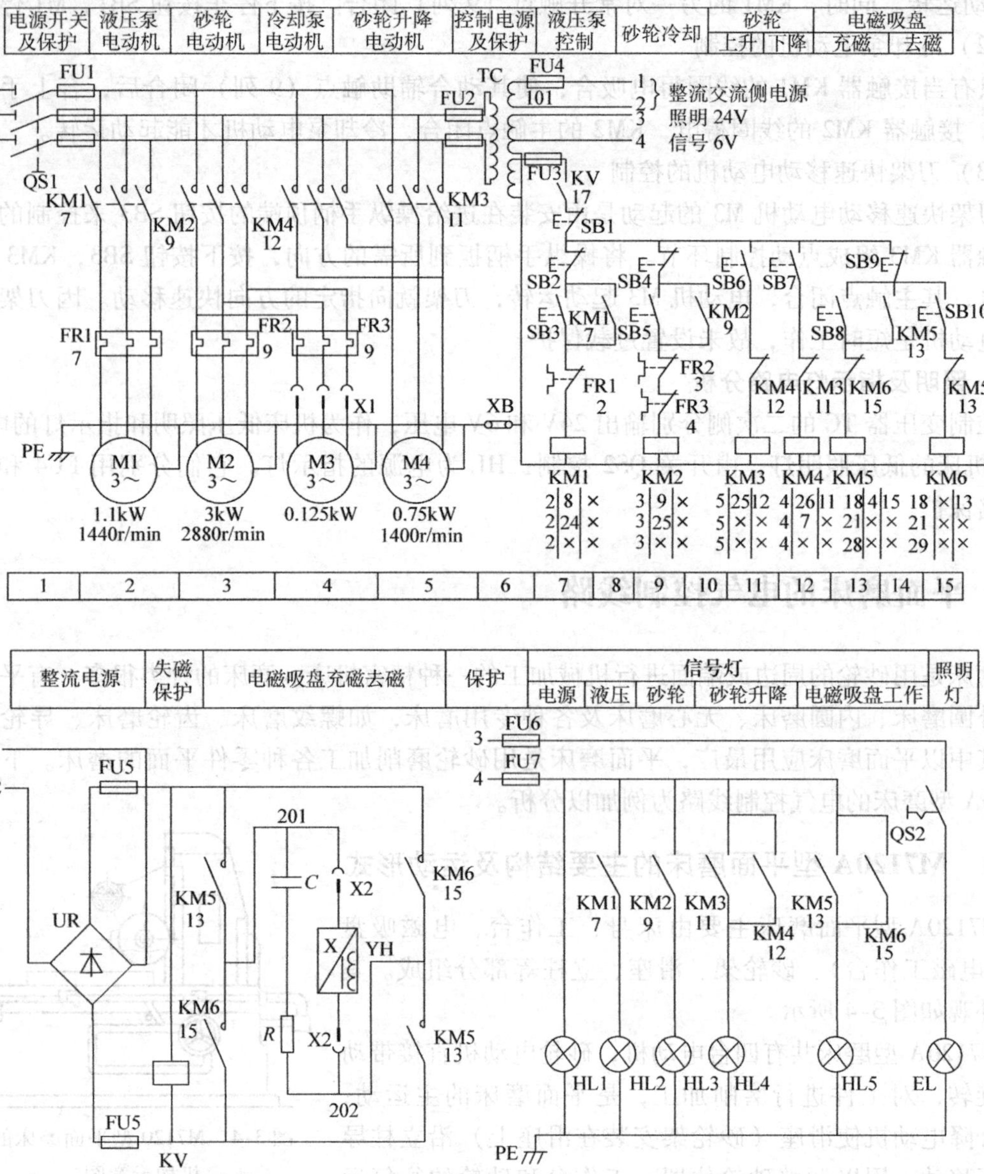


图 3-5　M7120A 型平面磨床的电气控制线路

轮旋转对工件进行磨削加工，M3 用来实现为砂轮磨削工件时输送冷却液，M2 与 M3 分别由热继电器 FR2 和 FR3 作过载保护；M4 是砂轮升降电动机，由接触器 KM3、KM4 控制正反转，用以调整砂轮与工件之间的位置。

三相交流电源通过转换开关 QS1 引入，四台电动机共用一组熔断器 FU1 作短路保护。

**2. 控制电路分析**

控制电路的电源由 TC 的二次侧输出 110V 电压提供。

（1）液压泵电动机 M1 的控制

合上电源开关 QS1，若电源电压正常，则欠电压继电器 KV 动作，其动合触点（7 列）闭合；按下起动按钮 SB3，接触器 KM1 的线圈得电且自锁，其主触点（2 列）闭合，液压泵电动机 M1 起动运转。若按下停车按钮 SB2，接触器 KM1 的线圈失电，其主触点断开，M1 停转。

（2）砂轮电动机 M2 及冷却泵电动机 M3 的控制

按下起动按钮 SB5，接触器 KM2 的线圈得电，其主触点（3 列）闭合，砂轮电动机 M2 和冷却泵电动机 M3（当插头 X1 插入插座 X2 时）同时起动运转。若按下停车按钮 SB4，接触器 KM2 的线圈失电，其主触点断开，M2 和 M3 同时停转。

（3）砂轮升降电动机 M4 的控制

砂轮升降电动机只有在调整工件和砂轮之间的位置时才短时工作，所以采用点动控制。当按下按钮 SB6，接触器 KM3 的线圈得电，其主触点（5 列）闭合，M4 正转起动运转，砂轮上升，上升到所需位置时，松开 SB6，KM3 的线圈失电，其主触点断开，M4 停转，砂轮停止上升。

若按下按钮 SB7，接触器 KM4 的线圈得电，其主触点（4 列）闭合，M4 反转起动运转，砂轮下降，下降到所需位置时，松开 SB7，KM4 的线圈失电，其主触点断开，M4 停转，砂轮停止下降。

为防止相间短路，在控制电路中采用了接触器联锁保护，即 KM3 的动断触点（12 列）和 KM4 的动断触点（11 列）。由于 M4 为短时工作，故未加过载保护。

**3. 电磁吸盘控制电路分析**

电磁吸盘是固定加工工件的一种夹具。它是利用通电导体在铁心中产生的磁场来吸牢铁磁材料工件，以便于加工。它与机械夹具相比较，具有夹紧迅速、不损伤工件、一次能吸牢若干个工件以及工件发热时可以自由伸缩等优点。因而电磁吸盘在平面磨床上应用十分广泛。

电磁吸盘的结构如图 3-6 所示。其外壳是钢制的箱体，中部有凸起的心体，心体上绕有线圈。吸盘的盖板用钢板制成，钢板盖板用非磁性材料如铅锡合金等隔成若干个小块。但线圈通上直流电后，吸盘的心体被磁化而产生磁场，工件就被牢牢地吸住。

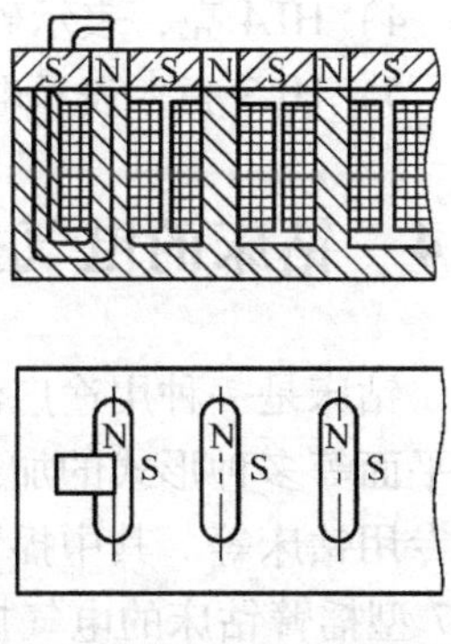

图 3-6　电磁吸盘的结构

电磁吸盘的控制电路包括整流装置、控制装置和保护装置三个部分。

整流装置由变压器 TC 和单相桥式全波整流器 UR 组成，提供约 110V 直流电源。

控制装置由按钮 SB8、SB9、SB10 和接触器 KM5、KM6 等组成。

充磁过程如下所述：按下充磁按钮 SB8，接触器 KM5 的线圈得电并自锁，其联锁触点（15 列）断开，同时它的主触点（18、21 列）闭合，电磁吸盘 YH 得电充磁而吸住工件。加工完毕，需取下加工好的工件时，先按下按钮 SB9，KM5 的线圈失电，其主触点断开，YH 失电，由于吸盘和工件都有剩磁，所以需要对吸盘和工件进行去磁。

去磁过程如下：按下去磁按钮 SB10，接触器 KM6 的线圈得电，其联锁触点（13 列）

分断，同时主触点（18、21 列）闭合，电磁吸盘 YH 通入反向直流电，使吸盘和工件去磁。去磁时，为了防止去磁时间过长使吸盘反向磁化，接触器 KM6 采用点动控制。

保护装置由放电电阻 *R* 和放电电容 *C* 以及欠电压继电器 KV 组成。

电阻 *R* 和电容 *C* 的作用如下所述：由于电磁吸盘是一个大电感，在电磁吸盘工作时，线圈中储存着大量的磁场能量；当电磁吸盘在脱离电源的瞬间，吸盘线圈的两端会产生很大的自感电动势，若没有放电电路，将使吸盘线圈绝缘及其他电器损坏，故用此电阻和电容组成放电回路，使电磁吸盘断电瞬间线圈中所储存的能量通过 *R* 和 *C* 进行放电。如果 *R*、*C* 的参数选配得当，此时 R－L－C 电路可以组成一个衰减振荡电路，这对去磁将十分有利。

欠电压继电器 KV 的作用如下所述：在加工过程中，若电源电压过低，则电磁吸盘的吸力将减小，导致工件因吸力不足而被高速旋转的砂轮碰击抛出，造成严重事故，因此，在线路中设置了欠电压继电器 KV，将其线圈并联在电磁吸盘的工作电路中，而将其动合触点（7 列）串联在液压泵电动机 M1 的控制电路中，当电源电压过低或断电时，欠电压继电器 KV 便释放复位，其动合触点分断，切断控制电路，使液压泵电动机 M1 和砂轮电动机 M2 停转，以保证安全。

**4. 照明与指示灯电路分析**

图中 EL 为照明灯，其工作电压为 24V，由变压器 TC 供电，QS2 为照明灯开关。

HL1、HL2、HL3、HL4 与 HL5 为指示灯，其工作电压为 6V，也由变压器 TC 供电。五个指示灯的作用是：

1）HL1 亮，表示控制电路的电源正常；不亮，表示电源有故障。

2）HL2 亮，表示液压泵电动机 M1 处于运转状态，工作台正在进行往复运动；不亮，表示 M1 停转。

3）HL3 亮，表示砂轮电动机 M2 与冷却泵电动机 M3 处于运转状态；不亮，表示 M2 与 M3 停转。

4）HL4 亮，表示砂轮升降电动机 M4 处于运转状态；不亮，表示 M4 停转。

5）HL5 亮，表示电磁吸盘 YH 处于工作状态（充磁或去磁）；不亮，表示 YH 未工作。

## 3.4 钻床的电气控制线路

钻床是一种用途广泛的机床。在钻床上可以进行钻孔、铰孔、扩孔、镗孔、攻螺纹及修刮平面等多种形式的加工。钻床的种类很多，有台式钻床、立式钻床、摇臂钻床、卧式钻床及专用钻床等。其中摇臂钻床适用于单件或批量生产中带有多孔大型工件的孔加工。下面以 Z37 型摇臂钻床的电气控制线路为例加以分析。

### 3.4.1 Z37 型摇臂钻床的主要结构及运动形式

Z37 型摇臂钻床由底座、外立柱、内立柱、摇臂、主轴箱、工作台等部分组成。其结构外观如图 3-7 所示。

Z37 型摇臂钻床摇臂一端的套筒部分与外立柱为滑动配合，通过丝杠，摇臂可沿外立柱上下移动，但不能做相对运动，而摇臂与外立柱一起可绕固定不动的内立柱做 360°的回转

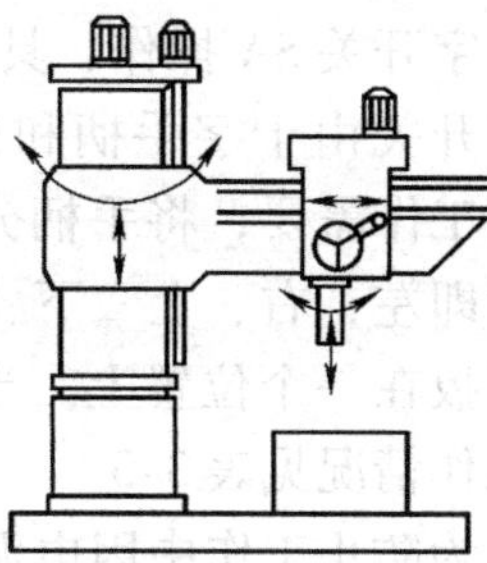

图 3-7　Z37 型摇臂钻床的结构示意图

运动。摇臂的升降和立柱的夹紧与放松都要求电动机能够正反转运行。主轴箱是一个复合部件，由主轴电动机、主轴和主轴传动机构、进给和变速机构以及操作机构等部分组成。主轴箱安装于摇臂的水平导轨上，可以通过手轮操作使主轴箱沿摇臂水平导轨移动。在钻削时，主轴箱、摇臂、外立柱均要紧固在相应位置上，用机电结合的方法实现。摇臂钻床的主运动是主轴的旋转运动，而主轴的上下运动是进给运动。辅助运动是主轴箱沿摇臂水平导轨移动、摇臂沿外立柱上下移动与摇臂连同外立柱一起绕内立柱的回转运动。

## 3.4.2　Z37 型摇臂钻床的电气控制线路分析

Z37 型摇臂钻床的电气控制线路如图 3-8 所示。图中分为主电路、控制电路及照明电路三部分。

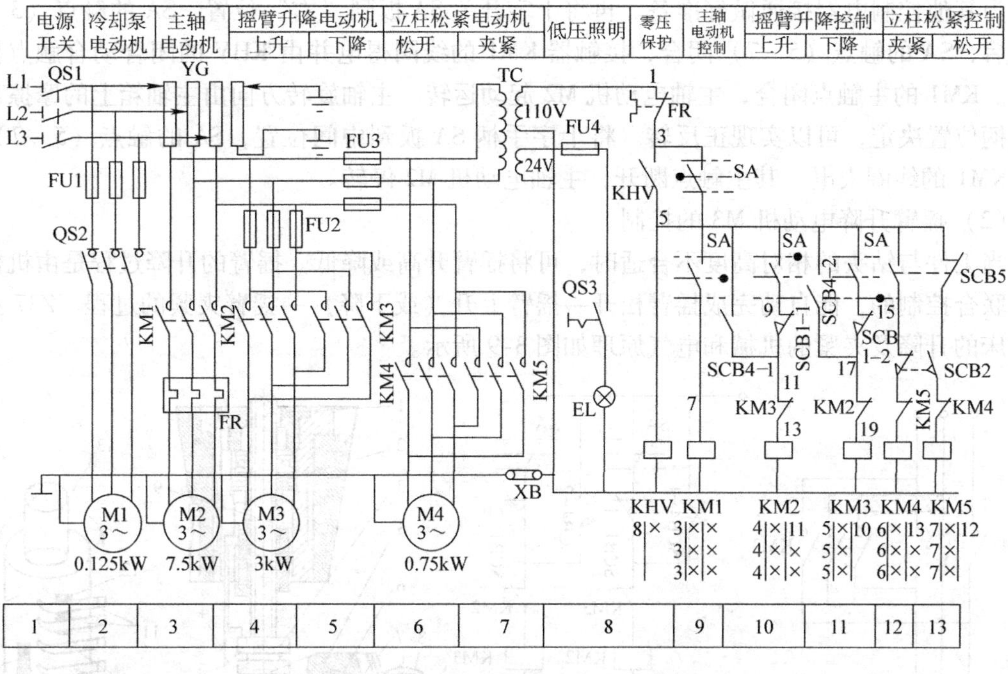


图 3-8　Z37 型摇臂钻床的电气控制线路

### 1. 主电路分析

主电路共有四台电动机，其中 M1 是冷却泵电动机，由组合开关 QS2 控制，用以输送冷却液；摇臂升降电动机 M3 和立柱松紧电动机 M4 都需要能够做正反转运动，各由两个接触器 KM2、KM3 和 KM4、KM5 控制，各用一组熔断器 FU2 和 FU3 作短路保护。主轴电动机 M2 由接触器 KM1 控制，由热继电器 FR 作过载保护。

三相交流电源通过转换开关 QS1 与汇流环 YG 引入。

### 2. 控制电路分析

控制电路的电源由控制变压器 TC 的二次电压 110V 提供。Z37 型摇臂钻床控制电路中采用十字开关 SA 操作，具有控制集中的优点。十字开关由十字手柄和四个微动开关组成。根据工作需要，将手柄分别扳在五个不同位置，即左、右、上、下、中间位置，且每次只可扳在一个位置上。当手柄处在各个位置时工作情况见表 3-3。

**表 3-3　十字开关操作说明**

| 手柄位置 | 接通微动开关的触点 | 工作情况 |
|---|---|---|
| 中 | 都不通 | 停止 |
| 左 | SA（3-5） | KA 吸合，零压保护 |
| 右 | SA（5-7） | KM1 吸合，主轴运转 |
| 上 | SA（5-9） | KM2 吸合，摇臂上升 |
| 下 | SA（5-15） | KM3 吸合，摇臂下降 |

为防止工作中因电源中断后又恢复供电而造成的危险，设有零电压保护环节。KHV 是零压继电器，当供电线路断电时，KHV 的线圈失电，其动合触点断开，使整个控制电路断电；当电源恢复供电时，KHV 的动合触点不会闭合，必须再次将十字开关 SA 扳到“左”位置，KHV 的线圈重新得电并自锁，才能使控制电路电源接通。

（1）主轴电动机 M2 的控制

首先将十字开关 SA 扳到“左”位置，SA 的触点（3-5）闭合，KHV 的线圈得电并自锁，为其他控制电器接通做好准备。再将十字开关 SA 扳到“右”位置，SA 的触点（3-5）断开后，SA 的触点（5-7）闭合，接触器 KM1 的线圈得电并由 KHV 的闭合动合触点持续供电。KM1 的主触点闭合，主轴电动机 M2 起动运转。主轴旋转方向由主轴箱上的摩擦离合器手柄位置决定，可以实现正反转。将十字手柄 SA 扳到中间位置，SA 的触点（5-7）断开，KM1 的线圈失电，其主触点断开，主轴电动机 M2 停转。

（2）摇臂升降电动机 M3 的控制

当工件与钻头的相对高度不合适时，可将摇臂升高或降低。摇臂的升降过程是由机械和电气联合控制的，能自动完成摇臂松开→摇臂上升（或下降）→摇臂夹紧的过程。Z37 型摇臂钻床的升降及夹紧的机械和电气原理如图 3-9 所示。

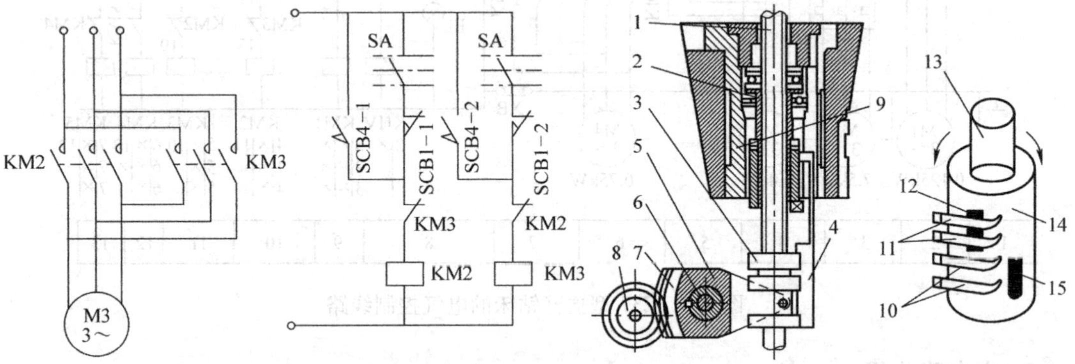


图 3-9　Z37 型摇臂钻床的升降及夹紧的机械和电气原理
1—丝杆　2—螺母　3—辅助螺母　4—键　5—拨叉　6—轴　7—齿条　8—齿轮　9—摇臂　10—SCB4-2 的动合静触点　11—SCB4-1 的动合静触点　12—动触点　13—转轴　14—转鼓　15—动触点

如果要使摇臂上升，就将十字开关 SA 扳到“上”位置，SA 的触点（5-9）闭合，接触器 KM2 的线圈得电并由 KHV 的闭合动合触点持续供电。KM2 的主触点闭合，电动机 M3 起动正转。由于摇臂升降前还被夹紧在外立柱上，所以 M3 刚起动时，摇臂不会立即上升，而是通过两对减速齿轮带动升降丝杆 1 转动；开始时，由于螺母 2 未被键 4 锁住，因此丝杠

1只带动螺母2一起空转，摇臂还不能上升，只是辅助螺母3带着键4沿丝杠向上移动，从而推动拨叉5，使轴6沿逆时针方向旋转，轴6就带动摇臂的夹紧装置放松。在拨叉5被推动的同时，齿条7带动齿轮8转动，使连接在齿轮8上的鼓形组合开关SCB4的动合触点SCB4－2（5－17）闭合，为摇臂上升后的夹紧做好准备。当辅助螺母3带动键4上升到螺母2与摇臂9锁紧位置时，螺母2不再空转，这时丝杆1通过螺母2带动摇臂9上升。当摇臂上升到所需要的位置时，将十字手柄SA扳到中间位置，SA上面的触点（5－9）复位断开，接触器KM2的线圈失电，其主触点断开，电动机M3断电停转，摇臂停止上升。由于摇臂松开时，鼓形组合开关的动合触点SCB4－2（5－17）已闭合，当接触器KM2的线圈失电，其联锁触点（17－19）闭合后，接触器KM3的线圈就会得电，其主触点闭合，电动机M3起动反转，升降丝杆1也反转，辅助螺母3便带动键4沿丝杆向下移动，辅助螺母3又推动拨叉5使轴6顺时针方向转动，轴6带动摇臂夹紧装置夹紧；与此同时，齿条7带动齿轮8恢复到原来的位置，鼓形组合开关SCB4的动合触点SCB4－2（5－17）断开，使接触器KM3的线圈失电，电动机断电停转。摇臂的整个上升过程结束。

要使摇臂下降，可将十字开关SA扳到“下”位置，SA的触点（5－15）闭合，接触器KM3的线圈得电，其主触点闭合，电动机M3起动反转，丝杆1也反向旋转，辅助螺母3带着键4沿丝杆向下移动，同时推动拨叉5使轴6顺时针方向旋转，轴6带动摇臂的夹紧装置放松，同时扇形齿条7带动齿轮8使鼓形组合开关SCB4的另一对动合触点SCB4－1（5－11）闭合，为摇臂下降后的夹紧做好准备。当键4下降至螺母2与摇臂9锁紧位置时，螺母2带动摇臂9下降，当摇臂下降到所需要的位置时，将十字手柄扳到中间位置，其余动作与上升时相似。

为使摇臂上升或下降时不致超出允许的极限位置，在摇臂上升和下降的控制电路中分别串入行程开关SCB1－1和SCB1－2作为终端保护。

（3）用于立柱夹紧与松开的电动机M4的控制

机床在工作时，外立柱与内立柱处于夹紧状态。要使摇臂横向转动，外立柱与内立柱首先要放松。这一过程是由微动开关SCB2和组合开关SCB5控制的。微动开关SCB2是由主轴箱与摇臂夹紧的机械操作手柄操作的。扳动手柄，SCB2动合触点闭合，接触器KM5的线圈得电，其主触点闭合，电动机M4起动运转，拖动液压泵工作，使立柱夹紧装置放松，同时组合开关SCB5被机械机构带动旋转。当夹紧装置完全放松时，组合开关SCB5的动断触点断开，使接触器KM5的线圈失电，其主触点断开，电动机M4断电停转。同时，组合开关SCB5的动合触点闭合，为夹紧做好准备。当摇臂转到所需要的位置时，只需扳动手柄使微动开关SCB2复位，其动合触点复位断开，而动断触点复位闭合，使接触器KM4的线圈得电，其主触点闭合，电动机M4带动液压泵反向起动运转，就可以完成立柱的夹紧动作。当完全夹紧时，被机械机构带动旋转的组合开关SCB5复位，其动合触点断开，动断触点闭合，使接触器KM4的线圈失电，其主触点断开，电动机M4断电停转。

（4）冷却泵电动机M1的控制

冷却泵电动机M1由组合开关QS2直接控制。FU1作为短路保护。

**3. 照明电路分析**

图3-8中EL为照明灯，其工作电压为24V，由变压器TC供电，QS3为照明开关。熔断器FU4作为电路保护。

### 3.4.3 Z37 型摇臂钻床的电气故障分析

**1. 摇臂能够放松、上升、夹紧，但不能放松、下降**

能做放松、上升、夹紧的动作，说明正反转接触器、电动机及有关电器是正常的。如图3-10所示，电路2、3、5、6是正常的。下降动作应由电路4、6来完成的，由于电路6已被肯定是正常的，所以故障出现在电路4上，又因为KM3线圈及KM2动断触点已被肯定是正常的，所以故障一定出现在SA扳到下方、SCB1－2及连线组成的线路中。

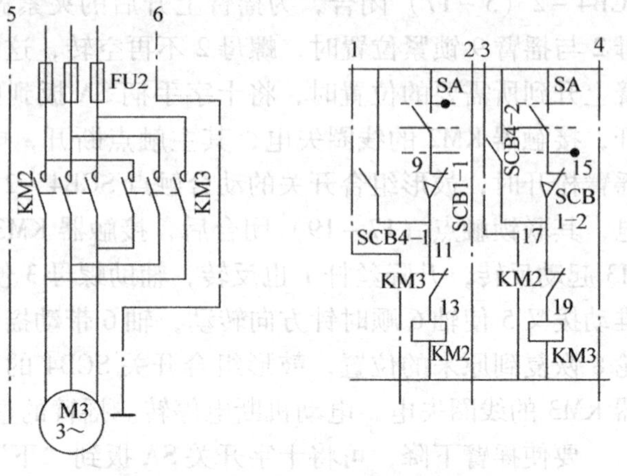


图3-10　Z37 型摇臂钻床电气故障分析

**2. 摇臂能够放松、上升但不能够夹紧，也没有放松、下降动作**

摇臂能够放松，说明正转接触器KM2、电动机及有关电器是正常的。如图3-10所示，电路2、5是正常的，上升以后不能够夹紧，从控制电路来说，可能是电路3出现故障；从主电路来说，可能是电路6出现故障；又因为不能够放松、下降动作，说明电路4或6有故障。从以上分析可以看出，电路3、4、6都有可能出现故障，其疑点应集中在公共部分，即可能是KM2的动断辅助触点、KM3的线圈及其连线有故障；主电路可能是KM3主触点或是连线有故障。

**3. 摇臂能够放松、上升、夹紧，也能放松、下降，但下降后不能夹紧**

如图3-10所示，摇臂能够放松、上升、夹紧，说明电路2、3、5、6是正常的。能放松、下降，说明电路4是正常的。下降后不能够夹紧说明电路1有故障，但是由于电路2是正常的，说明KM3的动断触点和KM2的线圈是正常的，所以，其故障可能是SCB4－1及其连线。

**4. 主轴不转，摇臂正常工作**

摇臂正常工作，说明电源正常。主轴不转，从电气方面来说，在控制电路中，可能是接触器KM1的线圈没有通电，即可能是SA扳到左方时没有接通电路、KM1的线圈断路或KM1线路断线；在主电路中，可能是KM1的主触点没有接通、电动机有故障或线路断线等；在机械方面，可能是电动机到主轴间的传动机械被卡住。

## 3.5 万能铣床的电气控制线路

铣床可以用来加工平面、斜面和沟槽等，如果装上分度头就可以铣削直齿齿轮和螺旋面。铣床的种类很多，有卧式铣床、立式铣床、龙门铣床、仿形铣床及各种专用铣床。下面以X6132型卧式万能铣床的电气控制线路为例加以分析。

### 3.5.1 X6132 型卧式万能铣床的主要结构及运动形式

X6132型卧式万能铣床主要由底座、床身、悬梁、刀杆挂脚、升降工作台、滑座及工作台等组成。其结构外观如图 3-11 所示。

X6132 型卧式万能铣床共有三台电动机，主轴电动机通过机械传动带动铣刀旋转，对工件进行铣削，是铣床的主运动。工件安装在工作台上，工件可随工作台作纵向进给运动，也可沿滑座导轨作横向进给运动，还可随升降台作垂直方向的运动。因此工件在工作台上能够实现三个方向的进给运动，由进给电动机通过机械传动来实现，是铣床的进给运动。冷却泵电动机带动冷却泵供给铣刀和工件冷却液。

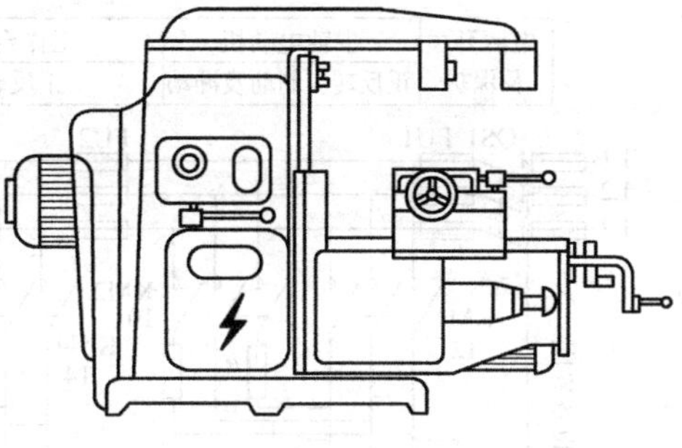

图 3-11　X6132 型卧式万能铣床的结构示意图

## 3.5.2　X6132 型卧式万能铣床的电气控制线路分析

X6132 型卧式万能铣床的电气控制线路如图 3-12 所示。图中分为主电路、控制电路及照明电路三部分。

**1. 主电路分析**

主电路共有三台电动机。其中 M1 是主轴电动机，由接触器 KM1 控制起动与停车。M1 的正转与反转在起动前由转换开关 SA4 选择。转换开关 SA4 触点动作见表 3-4。接触器 KM2 及电阻 $R$ 和速度继电器 KV 组成停车反接制动，热继电器 FR1 作为 M1 的过载保护。进给电动机 M2 由接触器 KM3 与 KM4 控制，用热继电器 FR2 作为 M2 的过载保护。冷却泵电动机 M3 由接触器 KM6 控制，用热继电器 FR3 作为 M3 的过载保护。

**表 3-4　转换开关 SA4 动作表**

| 触点 | 操作手柄位置 | | |
|---|---|---|---|
| | 正转（顺铣） | 停止 | 反转（逆铣） |
| SA4 - 1 | − | − | + |
| SA4 - 2 | + | − | − |
| SA4 - 3 | + | − | − |
| SA4 - 4 | − | − | + |

三相交流电源通过转换开关 QS1 引入，熔断器 FU1 为总电源的短路保护，M2 与 M3 共用熔断器 FU2 作为短路保护。

**2. 控制电路分析**

（1）主轴电动机的控制

图 3-12 所示为 X62W 型卧式万能铣床主轴电动机 M1 的控制原理图。

1）主轴电动机的起动。为了操作方便，主轴电动机采用两地控制，一处设在工作台的前面，另一处设在床身的侧面，主轴电动机的起停可在两处中的任一处进行操作。起动前先合上电源开关 QS1，选择主轴电动机转向，将转换开关 SA4 扳到所需要的位置，然后按下起动按钮 SB3 或 SB4，接触器 KM1 的线圈得电且自锁，其主触点闭合，主轴电动机 M1 起动运转。

电动机的转速达到一定值时，速度继电器 KV1 或 KV2（由电动机的转向决定的）的动合触点闭合，为电动机停车制动做好准备。

2）主轴电动机的停车及制动。按下停车按钮 SB1 或 SB2，接触器 KM1 的线圈失电，同时接触器 KM2 的线圈得电，电动机串电阻实现反接制动。当主轴电动机的转速趋近于零时，速度继电器 KV 的动合触点断开，KM2 的线圈失电，电动机反接制动结束。停车操作时应注

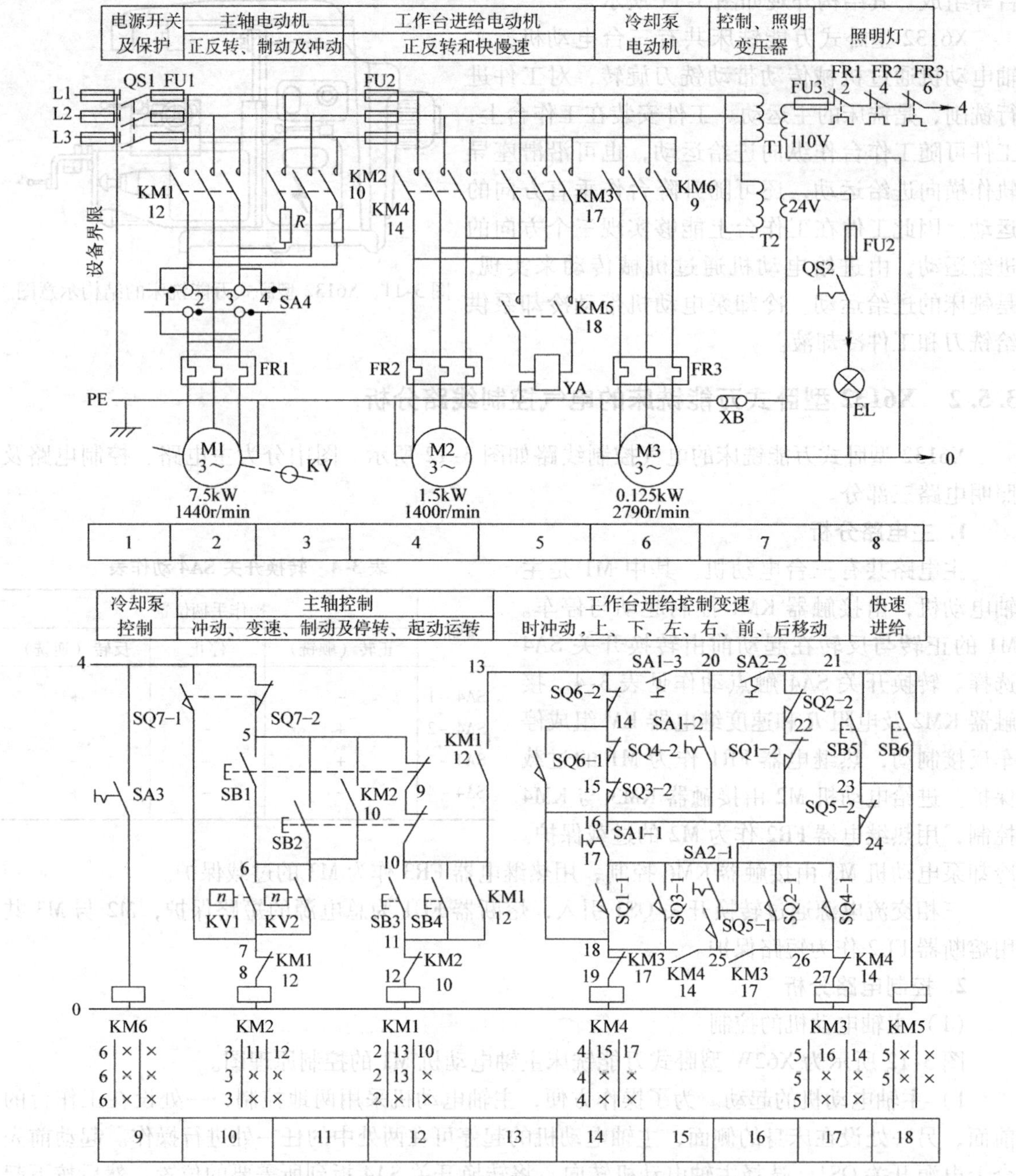

图 3-12　X6132 型卧式万能铣床的电气控制线路

意在按下 SB3 或 SB4 时，要保持住 SB3 或 SB4 被压下的状态，否则反接制动电路未接入，电动机只能实现自然停车。

3）主轴变速时的冲动控制。主轴变速时的冲动控制是利用变速手柄与冲动行程开关 SQ7 通过机械上的联动机构进行控制的，如图 3-13 所示。

变速时，先把变速手柄向下压，然后拉到前面，转动变速盘，选择所需要的转速，再把

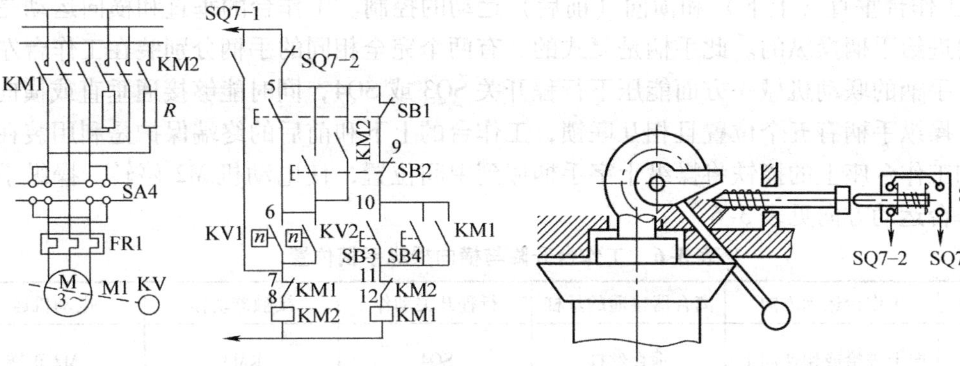


图 3-13　主轴变速时的冲动控制

手柄以连续较快的速度推回原来的位置。

就在手柄推回去的过程中，有一个与手柄相连接的凸轮短时压一下行程开关 SQ7，其动断触点 SQ7－2 断开，动合触点 SQ7－1 闭合，接触器 KM2 的线圈短时得电，主轴电动机 M1 就短时地反转一下，以利于变速后的齿轮啮合。

当变速手柄推回原位后，行程开关 SQ7 复位，KM2 的线圈失电，M1 停转，变速冲动操作结束。当 M1 转动主轴需要变速时不必先按停车按钮再变速，这是因为当变速手柄拉到前面时凸轮也会压一下行程开关 SQ7，其动断触点 SQ7－2 断开，使接触器 KM1 的线圈失电，M1 停转；同时，其动合触点 SQ7－1 闭合，使接触器 KM2 的线圈得电，M1 进行反接制动。当变速手柄拉到前面后，行程开关 SQ7 复位，电动机 M1 停止转动。

（2）工作台进给电动机的控制

工作台的进给运动需在主轴起动之后进行，接触器 KM1 的动合触点（10－13）闭合，接通进给控制电源。转换开关 SA1 是控制圆工作台运动的，在需要圆工作台运动时将转换开关扳到“接通”位置，不需要圆工作台运动时将转换开关扳到“断开”位置。圆工作台开关 SA1 的触点通断情况见表 3-5。

**表 3-5　圆工作台开关 SA1 动作表**

| 触点 | 线端标号 | 操作手柄位置 | |
|---|---|---|---|
| | | 接通（圆工作台工作） | 断开（圆工作台不工作） |
| SA1－1 | 16－17 | － | + |
| SA1－2 | 18－20 | + | － |
| SA1－3 | 13－20 | － | + |

转换开关 SA2 是控制工作台自动循环运动的。在需要工作台自动循环运动时，将转换开关 SA2 扳到“自动”位置，此时 SA2－1 闭合，SA2－2 断开；在不需要自动循环运动时，将 SA2 扳到“手动”位置，则 SA2－2 闭合，SA2－1 断开。

工作台的纵向、横向和垂直运动是由与纵向运动控制操作手柄联动的行程开关 SQ1、SQ2 和横向及垂直运动机械操作手柄联动的行程开关 SQ3、SQ4 相互复合联锁控制电动机 M2 的正反转来实现的，即在选择三种运动形式的六个方向移动时，只能进行其中一个方向的移动，以确保操作安全。SQ5 行程开关主要是用于自动快速进给和工进的控制。

1）工作台垂直（上下）和横向（前后）运动的控制。工作台的垂直和横向运动是由垂直和横向进给手柄操纵的。此手柄是复式的，有两个完全相同的手柄分别装在工作台左侧的前后方。手柄的联动机械一方面能压下行程开关 SQ3 或 SQ4，同时能够接通垂直或横向进给离合器。操纵手柄有五个位置且相互联锁，工作台的上下和前后的终端保护是利用装在床身导轨旁和工作台座上的撞铁将操纵十字手柄撞到中间位置，使电动机 M2 停转。操纵手柄位置与工作台运动方向见表 3-6。

**表 3-6 工作台升降与横向操纵手柄位置**

| 手柄位置 | 工作台运动方向 | 离合器接通的丝杠 | 行程开关动作 | 接触器动作 | 电动机运转 |
|---|---|---|---|---|---|
| 向上 | 向上进给或快速向上 | 垂直丝杠 | SQ4 | KM3 | M2 正转 |
| 向下 | 向下进给或快速向下 | 垂直丝杠 | SQ3 | KM4 | M2 反转 |
| 向前 | 向前进给或快速向前 | 横向丝杠 | SQ3 | KM4 | M2 反转 |
| 向后 | 向后进给或快速向后 | 横向丝杠 | SQ4 | KM3 | M2 正转 |
| 中间 | 升降或横向停止 | 横向丝杠 | — | — | 停止 |

合上 QS1，SA1 扳到"断开"位置，SA2 扳到"手动"位置，在 M1 起动后，可进行下面操作。

• 工作台向上（后）运动的控制。将操作手柄扳到向上（后）的位置，其联动机构一方面接通垂直（横向）丝杠的离合器，为垂直（横向）运动丝杠的转动做好准备；另一方面，它使行程开关 SQ4 动作，其动断触点 SQ4－2（14－15）断开，动合触点 SQ4－1（17－26）闭合，控制电源经（13－20－21－22－16－17－26－27）接通接触器 KM3 的线圈，如图 3-14 所示。接触器 KM3 的线圈得电，其主触点闭合，M2 正转，工作台向上（后）运动。

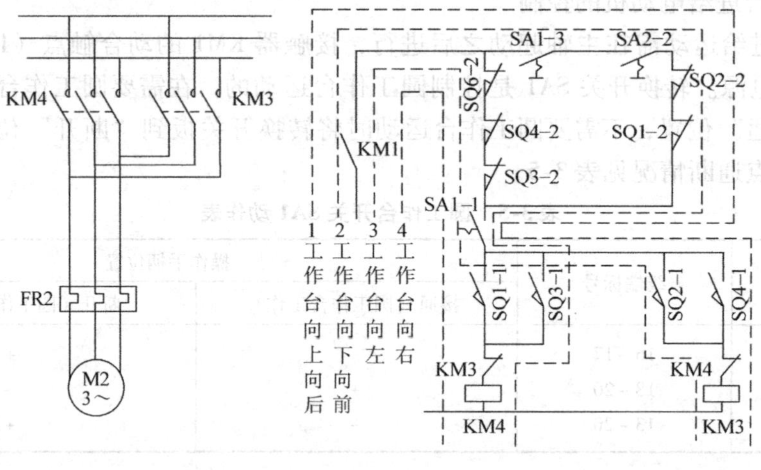


图 3-14 工作台上、下、左、右、前、后运动控制线路

• 工作台向下（前）运动的控制。将操作手柄扳到向下（前）的位置，其联动机构一方面接通垂直（横向）丝杠的离合器，为垂直（横向）运动丝杠的转动做好准备；另一方面，它使行程开关 SQ3 动作，其动断触点 SQ3－2（15－16）断开，动合触点 SQ3－1（17－18）闭合，控制电源经（13－20－21－22－16－17－18－19）接通接触器 KM4 的线圈，如图 3-14 所示。接触器 KM4 的线圈得电，其主触点闭合，M2 反转，工作台向下（前）运动。

2）工作台纵向（左右）运动的控制。工作台纵向（左右）运动是由纵向操作手柄控制的。此手柄也是复式的，一个安装在工作台底座的顶面中央部位，另一个安装在工作台底座的左下方。手柄有三个位置：向左、向右和中间位置。当手柄扳到向右或向左压下行程开关SQ1或SQ2，使接触器KM3或KM4的线圈得电，来控制电动机M2的正反转。若将手柄扳到中间位置，纵向传动的离合器脱开，行程开关SQ1或SQ2复位，电动机M2停转，工作台停止运动。纵向运动的终端保护也是利用装在工作台上的挡铁撞动手柄来实现的。

合上QS1，SA1扳到“断开”位置，SA2扳到“手动”位置，在M1起动后，可进行下面的操作。

- 工作台向右运动。将操作手柄扳到向右位置，其联动机构一方面接通纵向离合器，另一方面它使行程开关SQ1动作，其动断触点SQ1－2（16－22）断开，动合触点SQ1－1（17－18）闭合，控制电源经（13－14－15－16－17－18－19）接通接触器KM4的线圈，如图3-14所示。接触器KM4的线圈得电，其主触点闭合，M2反转，工作台向右运动。
- 工作台向左运动。将操作手柄扳到向左位置，其联动机构一方面接通纵向离合器，另一方面它使行程开关SQ2动作，其动断触点SQ2－2（21－22）断开，动合触点SQ2－1（17－26）闭合，控制电源经（13－14－15－16－17－26－27）接通接触器KM3的线圈，如图3-14所示。接触器KM3的线圈得电，其主触点闭合，M2正转，工作台向左运动。

3）工作台的快速移动。为提高生产率，要求铣床在不作铣削加工时，工作台能够快速地移动。工作台快速移动分手动和自动两种控制方式，目前多数采用手动的快速移动方式。

工作台的快速移动也是由进给电动机M2拖动的。在纵向、横向和垂直三种运动形式六个方向上都可以实现快速移动控制。

合上QS1后，SA1扳到“断开”位置，SA2扳到“手动”位置，主轴电动机M1起动后，将进给操作手柄扳到所需位置，工作台按照选定的速度和方向作进给移动时，再按下快速移动按钮SB5（或SB6）使接触器KM5的线圈得电，从而接通牵引电磁铁YA，电磁铁衔铁动作，通过杠杆使摩擦离合器合上，减少机械部分中间传动装置，使工作台按原运动方向作快速移动。当松开按钮SB5（或SB6）时，电磁铁YA失电，摩擦离合器分离，快速移动停止，工作台仍按原进给速度继续运动。其控制线路如图3-15所示。

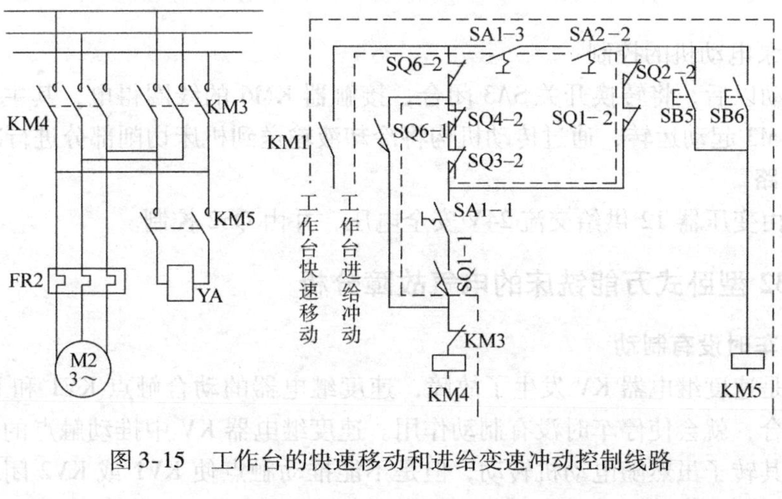


图3-15　工作台的快速移动和进给变速冲动控制线路

4）进给变速时的冲动控制。在改变工作台进给速度时，为了使齿轮易于啮合，也需要进给电动机 M2 瞬时冲动。变速时，先将蘑菇形手柄用力向外拉到极限位置并随即推回到原位；就在蘑菇形手柄用力向外拉到极限位置的瞬间，其连杆机构瞬时压合行程开关 SQ6，使 SQ6－2 先断开，SQ6－1 后闭合，接触器 KM4 的线圈得电，进给电动机 M2 反转。因为这是一个瞬时接通，故进给电动机 M2 也只是瞬时冲动一下，从而保证变速齿轮易于啮合。当手柄推回原位时，行程开关 SQ6 复位，接触器 KM4 的线圈失电，进给电动机 M2 瞬时冲动结束。其控制线路如图 3-15 所示。

（3）圆工作台运动的控制

为了扩大机床的加工范围，如铣切圆弧、凸轮等曲线，在工作台上安装了圆形工作台附件。圆形工作台的回转运动是由进给电动机 M2 经传动机构驱动的。

圆工作台工作时，先将转换开关 SA1 扳到“接通”位置，这时 SA1－2 闭合，SA1－1 和 SA1－3 断开；然后将工作台的进给操作手柄扳到中间（零位）位置，此时行程开关 SQ1、SQ2、SQ3、SQ4 全处于正常位置，按下主轴起动按钮 SB3 或 SB4，主轴电动机 M1 起动，进给电动机 M2 也因接触器 KM4 的线圈得电而起动，并通过机械传动使圆工作台按照需要的方向转动。其控制线路如图 3-16 所示。

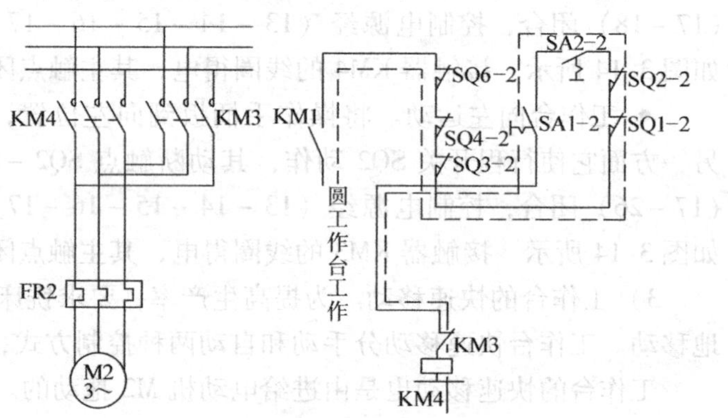


图 3-16　圆工作台运动控制线路

由图 3-16 可知，圆工作台不能反转，只能沿一个方向作回转运动，并且圆工作台运动的通路经 SQ1、SQ2、SQ3、SQ4 四个行程开关的动断触点，所以，若扳动工作台任一进给手柄，都将使圆工作台停止工作，这就保证了工作台的进给运动与圆工作台工作不可能同时进行。若按下主轴停车按钮，主轴停转，圆工作台也同时停止运动，圆工作台的转动是用手动实现的。

（4）冷却泵电动机的控制

在主轴起动以后，将转换开关 SA3 闭合，接触器 KM6 的线圈得电，其主触点闭合，使冷却泵电动机 M3 起动运转，通过传动机构将冷却液输送到机床切削部分进行冷却。

**3. 照明电路**

机床照明由变压器 T2 供给交流 24V 安全电压，并由 QS2 控制。

## 3.5.3　X6132 型卧式万能铣床的电气故障分析

**1. 主轴停车时没有制动**

主要原因是速度继电器 KV 发生了故障，速度继电器的动合触点 KV1 和 KV2 不能按旋转方向正常闭合，就会使停车时没有制动作用。速度继电器 KV 中推动触点的胶木摆杆有时会断裂，这时其转子虽然随电动机转动，但是不能推动触点使 KV1 或 KV2 闭合，也不会有制动作用。

此外，速度继电器转子的旋转方向是借连接装置来传动的，当继电器轴端圆销扭弯或磨损、弹性连接件损坏、螺纹锁钉松动或打滑等都会使速度继电器的转子不能正常工作。

此外，速度继电器的永磁铁转子的磁性消失，也会造成制动时作用不明显。

**2. 主轴停车后产生短时反向旋转**

这是由于速度继电器 KV 的触点弹簧调整得过松，使触点分断过迟，以致在反接制动的惯性作用下，电动机停车后仍会短时反转。这种故障只要将触点弹簧调节适当就可以消除。

**3. 工作台各个方向都不能进给**

首先检查接触器 KM3 和 KM4 是否吸合。若 KM3 和 KM4 吸合，则断定控制电路正常，说明故障可能出现在主电路。若 KM3 和 KM4 不吸合，说明故障可能出现在控制电路中。

**4. 工作台不能左右进给**

当工作台发生某一方向不能进给时，应当首先检查其余方向进给情况才可手动开始检修。首先检查工作台前后进给情况，若前后进给正常，则证明进给电动机 M2 主电路和接触器 KM3、KM4 及行程开关 SQ1 - 2、SQ2 - 2 的工作正常。而 SQ1 - 2 和 SQ2 - 2 同时发生故障的可能性较小，这样，故障范围就缩小到三个行程开关的三对触点 SQ3 - 2、SQ4 - 2 和 SQ6 - 2 上。这三对触点中只要有一对接触不良或损坏，就会使工作台向左或向右不能进给。

## 3.6 电动葫芦的电气控制线路

电动葫芦是一种重量较小、结构简单的起重机械，广泛应用于工业企业中，来进行小型设备的吊运、安装和修理工作。由于其体积小，占用厂房面积小，故使用起来灵活方便。

电动葫芦由提升机构和移动装置构成，结构上相互有联系，它们都由各自的电动机拖动。电动葫芦的外观结构如图 3-17 所示。

### 3.6.1 电动葫芦的结构

电动葫芦的提升鼓轮 4 由电动机 5 经过减速箱 1 进行拖动。主传动轴和电磁制动器 2 的圆盘相连接。电动葫芦借导轮的作用在工字钢梁上来回移动，导轮则由电动机 3 经过圆柱形减速箱来带动。移动机构没有电磁制动器。电动葫芦用撞块和行程开关进行向前、向后、向上的终端保护。

常用的电动葫芦的规格有 0.5t、2t、3t、5t，一般都是用小功率笼型异步电动机拖动。有一种新型钢丝绳电动葫芦系列产品，其型号为 CD 和 MD。该产品采用 ZZ 型锥形转子电动机，电动机定子和转子都是锥形的，通电后随着磁场的建立和转子的旋转产生一个向着锥形小端方向的轴向拉力，通过转子轴带动风扇轮，克服弹簧力产生轴向移动，使风扇轮上锥形制动圈脱离后盖，失去制动作用，电动机转子便能运转。其结构如图 3-18 所示。

锥形电动机制造工艺较为复杂，一些工厂用傍磁式电动机来代替锥形电动机。傍磁式电动机转子和定子都为普通圆柱形，在转子端面装有磁板环（即衔铁盘）。当接通电流后，磁板环与磁盘圈（即制动器）相互吸引而产生轴向磁拉力，克服弹簧阻力，使锥形制动圈和后盖分开，电动机的转子即可自由转动，不受制动；断电后，锥形制动圈在弹簧力的作用下与后盖紧合，对电动机进行制动。

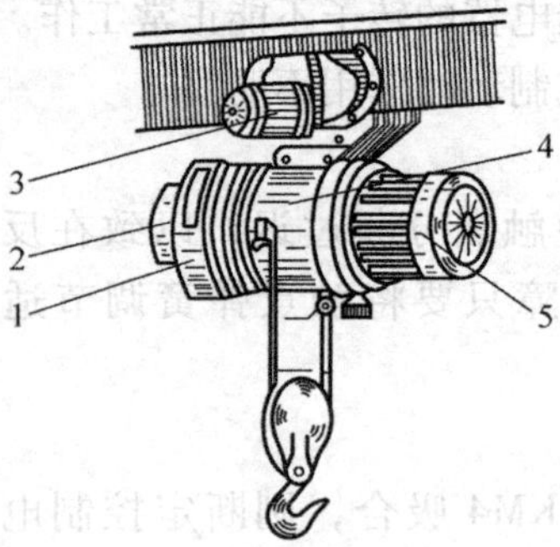


图 3-17 电动葫芦外观及结构示意图
1—减速箱 2—电磁制动器 3—电动机
4—提升鼓轮 5—电动机

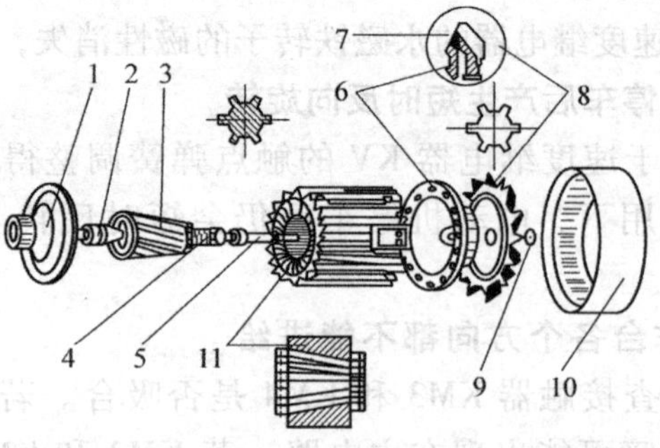


图 3-18 CD 和 CM 型电动葫芦电动机结构图
1—前端盖 2—平面轴承 3—锥形转子 4—压力弹簧
5—花轴 6—后端盖 7—锥形制动圈 8—风扇
9—调节螺母 10—风罩 11—锥形定子

## 3.6.2 电动葫芦的控制线路分析

电动葫芦的控制线路如图 3-19 所示。

电源由电网经转换开关 QS、熔断器和滑触线串接，同样也从滑触线分别经过提升接触器 KM1、下降接触器 KM2、正向移动接触器 KM3 及反向移动接触器 KM4 的主触点引入电动机 M1 和 M2。提升机构的向上运动由行程开关 SQ 限制，前后移动机构分别由行程开关 SQ1 和 SQ2 限位。

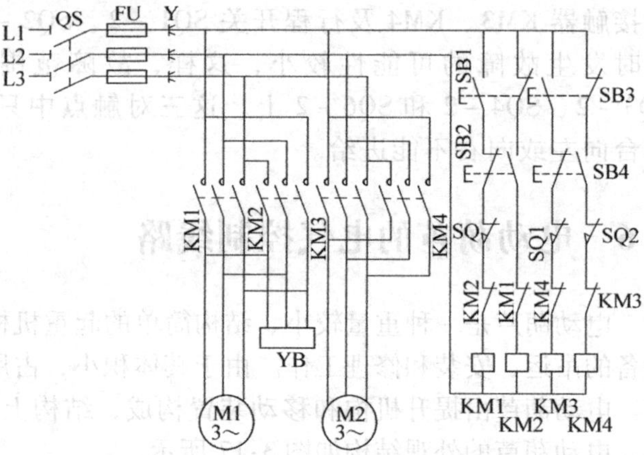


图 3-19 电动葫芦的控制线路

当电动机在工作时是点动控制的，可以保证在操作人员离开按钮盒时，电动葫芦的电动机就能自动断电停转。

# 3.7 练习题

1. 试设计一台机床控制线路，该机床共有三台电动机：主电动机 M1、润滑泵电动机 M2、冷却泵电动机 M3。设计要求如下：

- M1 只能单向运转，有换向机械装置，采用能耗制动。
- M2、M3 共用一只接触器控制，如不需 M3 工作，可通过转换开关 SA 切断。
- 主轴可点动试车。
- 主轴电动机必须在润滑泵电动机工作 3min 后才能起动。
- 有必要的保护。
- 装有机床照明灯一盏。
- 电网电压及控制线路电压均为 380V，照明灯电压 36V。

# 第 4 章　可编程控制器的结构及特点

## 4.1　可编程控制器概述

### 4.1.1　PLC 的由来

在 PLC 出现以前，继电器控制在工业控制领域占主导地位，由此构成的控制系统都是按预先设定好的时间或条件顺序地工作，若要改变控制的顺序就必须改变控制系统的硬件接线，因此通用性和灵活性较差。

20 世纪 60 年代，计算机技术开始应用于工业控制领域，由于价格高、输入输出电路不匹配、编程难度大以及难以适应恶劣的工业环境等原因，未能在工业控制领域获得推广。

1968 年，美国最大的汽车制造商——通用汽车公司（GM）为了适应生产工艺不断更新的需要，要求寻找一种比继电器更可靠、功能更齐全、响应速度更快的新型工业控制器，并从用户角度提出了新一代控制器应具备的十大条件，立即引起了开发热潮。这十大条件主要是：

1）编程方便，可现场修改程序；

2）维修方便，采用插件式；

3）可靠性高于继电器控制柜；

4）体积小于继电器控制柜；

5）数据可直接送入管理计算机；

6）成本与继电器控制柜相当；

7）输入可为交流 115V；

8）输出可为交流 115V、2A 以上，可直接驱动接触器、电磁阀等；

9）扩展时原系统改变最小；

10）用户存储器大于 4KB。

这些条件实际上提出将继电器控制的简单易懂、使用方便、价格低的优点与计算机的功能完善、灵活性、通用性好的优点结合起来，将继电接触器控制的硬件接线逻辑转变为计算机的软件逻辑编程的设想。1969 年，美国数字设备公司（DEC）公司研制出了第一台 PLC（PDP-14），在美国通用汽车公司生产线上试用成功，并取得了满意的效果，自此 PLC 诞生。

PLC 自问世以来，发展极为迅速。1971 年，日本开始生产 PLC。1973 年，欧洲开始生产 PLC，我国从 1974 也开始研制 PLC，1977 年开始工业应用，到现在，世界各国的一些著名的电气工厂几乎都在生产 PLC 装置。PLC 已作为一个独立的工业设备被列入生产中，成为当代电控装置的主导。

### 4.1.2 PLC 的定义、分类及特点

**1. PLC 的定义**

美国电气制造商协会 NEMA（National Electrical Manufacturers Association）在 1980 年给 PLC 作了如下的定义：“可编程控制器是一个数字式的电子装置，它使用了可编程序的记忆以存储指令，用来执行诸如逻辑、顺序、计数和演算等功能，并通过数字或模拟的输入和输出，以控制各种机械或生产过程。一部数字电子计算机若是用来执行 PLC 的功能，亦被视同为 PLC，但不包括鼓式或机械式顺序控制器。”

国际电工委员会（IEC）曾于 1982 年 11 月颁发了 PLC 标准草案第一稿，1985 年 1 月又颁发了第二稿，1987 年 2 月颁发了第三稿。草案中对 PLC 的定义是：“可编程控制器是一种数字运算操作的电子系统，专为在工业环境下应用而设计，它采用了可编程序的存储器，用来在其内部存储执行逻辑运算、顺序控制、定时、计数和算术操作等面向用户的指令，并通过数字式或模拟式的输入/输出，控制各种类型的机械或生产过程。可编程控制器及其有关外围设备，都按易于工业系统联成一个整体，易于扩充其功能的原则设计。”从上述定义可以看出，PLC 是一种用程序来改变控制功能的工业控制计算机，除了能完成各种各样的控制功能外，还有与其他计算机通信联网等功能。

**2. PLC 的分类**

（1）按输入/输出点数分类

1）小型机：I/O 总点数在 256 点以下，用户程序存储容量在 4KB 左右。

2）中型机：I/O 总点数在 256 ~ 2048 点之间，用户程序存储容量在 8KB 左右。

3）大型机：I/O 总点数在 2048 点以上，用户程序存储容量在 16KB 以上。

（2）按结构形式分类

1）整体式。

2）模块式。

（3）按生产厂家分类

目前世界上 PLC 产品按地域分成三大流派：美国、欧洲和日本。日本和美国的 PLC 产品较相似。占 PLC 市场 80% 以上的生产公司是德国的西门子（SIEMENS）公司、法国的施耐德（SCHNEIDER）自动化公司、日本的欧姆龙（OMRON）和三菱公司。目前国内常用的主要是三菱 FX 系列小型机和西门子 S7 - 300、S7 - 400 中大型机以及三菱早期的 F 系列、F1 系列、FX 系列、A 系列，欧姆龙机型，西门子的 S5 和 S7 系列等机型。

**3. PLC 的特点**

（1）编程方法简单易学

梯形图是使用最多的 PLC 编程语言，其电路符号和表达方式与继电器电路原理图相似。梯形图语言形象直观，易学易懂。梯形图语言实际上是一种面向用户的高级语言，PLC 在执行梯形图程序时，用解释程序将它“翻译”成汇编语言后再去执行。

（2）功能强，性能价格比高

一台小型 PLC 内有成百上千可供用户使用的编程元件，有很强的功能，可以实现非常复杂的控制功能。与相同功能的继电器系统相比，具有很高的性能价格比。PLC 可以通过通信联网，实现分散控制，集中管理。

(3) 硬件配套齐全，用户使用方便，实用性强

PLC 产品已经标准化、系统化、模块化，配备有品种齐全的各种硬件装置供用户选用，用户能灵活方便地进行系统配置，组成不同功能、不同规模的系统。PLC 的安装接线也很方便，一般用接线端子连接外部接线。PLC 有较强的带负载能力，可以直接驱动一般的电磁阀和小型交流接触器。

(4) 可靠性高，抗干扰能力强

传统的继电器控制系统使用了大量的中间继电器、时间继电器。由于触点接触不良，容易出现故障。PLC 用软件代替大量的中间继电器和时间继电器，仅剩下与输入和输出有关的少量硬件元件，接线可减少到继电器控制系统的 1/10 ~ 1/100，因触点接触不良造成的故障大为减少。

PLC 采取了一系列硬件和软件抗干扰措施，具有很强的抗干扰能力，平均无故障时间达到数万小时以上，可以直接用于有强烈干扰的工业生产现场，PLC 已被广大用户认为是最可靠的工业控制设备之一。

(5) 系统的设计、安装、调试工作量少

PLC 用软件功能取代了继电器控制系统中大量的中间继电器、时间继电器、计数器等器件，使控制柜的设计、安装、接线工作量大大减少。

PLC 的梯形图程序一般采用顺序控制设计法来设计。这种编程方法很有规律，很容易掌握。对于复杂的控制系统，设计梯形图的时间比设计相同功能的继电器系统电路图的时间要少很多。

PLC 的用户程序可以在实验室模拟调试，输入信号用小开关来模拟，通过 PLC 上的发光二极管可观察输出信号的状态。完成系统的安装和接线后，在现场的统调过程中发现的问题一般通过修改程序就可以解决，系统的调试时间比继电器系统少得多。

(6) 维修工作量小，维修方便

PLC 的故障率很低，且有完善的自诊断和显示功能。PLC 或外部的输入装置和执行机构发生故障时，可以根据 PLC 上的发光二极管或编程器提供的信息迅速地查明故障的原因，用更换模块的方法可以迅速地排除故障。

(7) 体积小，能耗低

对于复杂的控制系统，使用 PLC 后，可以减少大量的中间继电器和时间继电器，小型 PLC 的体积仅相当于几个继电器的大小，因此可将开关柜的体积缩小到原来的 1/10 ~ 1/2。

PLC 的配线比继电器控制系统的配线少很多，故可以省下大量的配线和附件，减少大量的安装接线工时，加上开关柜体积的缩小，可以节省大量的费用。

### 4.1.3 PLC 的功能和应用

随着微电子技术的快速发展，PLC 的制造成本不断下降，而功能却不断增强。目前在先进工业国家 PLC 已成为工业控制中的标准设备，应用的领域已覆盖整个工业企业。概括起来主要应用在以下几个方面：

1) 开关量逻辑控制；这是 PLC 最基本、最广泛的应用领域。

2) 运动控制；PLC 可用于直线运动或圆周运动的控制。

3) 闭环过程控制；PLC 通过模拟量模块实现模拟量与数字量的 A - D、D - A 转换，能

够实现对模拟量的控制。

4）数据处理：现代的PLC具有数学运算（包括矩阵运算、函数运算、逻辑运算），数据传递、排序和查表、位操作等功能；可以完成数据的采集、分析和处理，可以与存储器中存储的参考数据相比较，也可以传送给其他智能装置或传送给打印机打印制表。

5）联网通信：PLC的通信包括PLC与PLC之间、PLC与上位计算机之间和其他的智能设备之间的通信。

### 4.1.4 PLC的发展趋势

**1. 增强网络通信能力**

PLC具有计算机集散控制系统的功能。网络化和增强通信能力是PLC的一个重要发展趋势。

**2. 发展智能模块**

智能模块是以微处理器为基础的功能部件，其CPU和PLC并行工作，占用PLC的时间很少，有利于提高PLC扫描速度和特殊控制要求。这些不断出现的新智能I/O模块使PLC在实时精度、分辨率、人机对话等方面得到进一步的改善和提高。

**3. 外部诊断功能**

在PLC控制系统中，80%的故障发生在外围，能快速准确地诊断故障将极大地减少维护时间。因此，研制了智能可编程I/O系统，开发了故障诊断程序并发展了公共回路远距离诊断和网络诊断技术，供用户了解I/O组件状态和监测系统的故障。

**4. 编程语言、编程工具标准化、高级化**

随着PLC功能的增强，梯形图语言的局面将被打破，高级语言将会更多地得到应用。高级语言更有利于通信、运算、打印、报表等。

**5. 软件、硬件的标准化**

PLC的各生产厂商在硬件和软件系统设计中互不兼容，差异很大，这给PLC的进一步发展带来了诸多不便。国际电工委员会对PLC未来的发展制定出了一个方向或框架，并先后颁布了IEC1131－1～IEC1131－5，包括一般信息、设备特性与测试、编程语言、用户规则、制造信息规范伴随标准等PLC标准。

**6. 组态软件的迅速发展**

个人计算机具有很强的数学运算、数据处理、通信和人机交互的功能，使得很多PLC生产厂商推出了在计算机上运行的可实现PLC功能的软件包。这些组态软件使编程更加简单、极大地方便了PLC控制系统的开发和使用。

### 4.1.5 PLC的组成与基本结构

根据物理结构形式的不同，PLC可分为整体式和组合式两种，整体式PLC中有CPU板、I/O板、显示面板、内存块、电源等，所有的电路都装入一个模块内，构成一个整体。整体机结构紧凑、体积小。组合式PLC中有CPU模块、I/O模块、内存、电源模块、底板或机架，组合拼装起来后就成为一个整齐的长方体结构。无论哪种结构类型的PLC，都属于总线式开放型结构，其I/O能力可按用户需要进行扩展与组合。PLC控制系统的基本结构框图如图4-1所示。

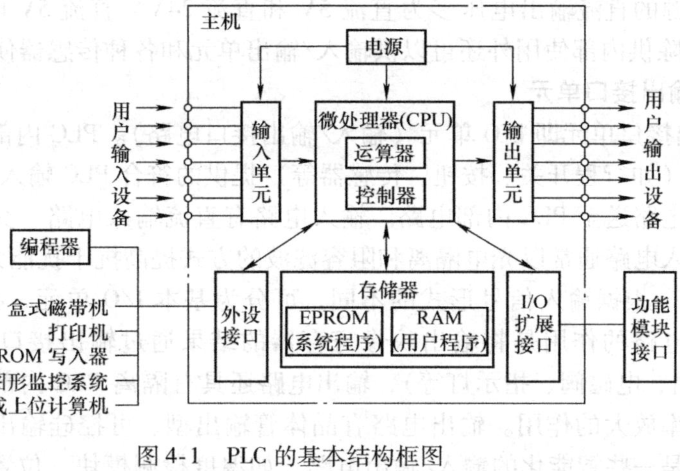


图 4-1　PLC 的基本结构框图

**1. 中央处理器（CPU）**

CPU 是 PLC 的核心，起神经中枢的作用，它按 PLC 中系统程序赋予的功能指挥 PLC 有条不紊地进行工作，其主要任务如下：

1）控制用户程序和数据的接收与存储，用扫描的方式通过 I/O 部件接收现场的状态或数据，并存入输入映像存储器或数据存储器中。

2）诊断 PLC 内部电路的工作故障和编程中的语法错误等。

3）PLC 进入运行状态后，从存储器逐条读取用户指令，解释并按指令规定的任务进行数据传递、逻辑或算数运算等，并根据运算结果，更新有关标准位的状态和输出映像寄存器的内容，再经输出部件实现输出控制、制表打印或数据通信等功能。

CPU 芯片的性能关系到 PLC 处理控制信号的能力与速度。CPU 的位数越高，系统处理的信息量越大，运算速度也越快。

**2. 存储器**

PLC 的存储器包括系统存储器和用户存储器两部分。系统存储器用来存放由 PLC 生产厂家编写的系统程序，并固化在 ROM 内，用户不能直接更改。它使 PLC 具有基本的智能，能够完成 PLC 设计者规定的各项工作。用户存储器包括用户程序存储器（程序区）和功能存储器（数据区）两部分。用户程序存储器用来存放用户针对具体控制任务用规定的 PLC 编程语言编写的各种用户程序。用户程序存储器根据所选用的存储器单元类型的不同，可以是 RAM（有掉电保护）、EPROM（Erasable Programmable ROM，可擦除可编程 ROM）或 EEPROM（Electrically Erasable Programmable Read - Only Memory，电可擦可编程只读存储器），其内容可以由用户任意修改或增删。用户功能存储器是用来存放（记忆）用户程序中使用的 ON/OFF 状态、数值数据等，它构成 PLC 的各种内部器件，也称“软元件”。用户存储器容量的大小，关系到用户程序容量的大小和内部器件的多少，是反映 PLC 性能的重要指标之一。

**3. 电源**

PLC 的电源是指为 CPU、存储器和 I/O 接口等内部电子电路工作所配备的直流开关电源。电源的交流输入端一般都有脉冲吸收电路，交流输入电压范围一般都比较宽，抗干扰能力比较强。电源的直流输出电压多为直流 5V 和直流 24V。直流 5V 电源供 PLC 内部使用，直流 24V 电源除供内部使用外还可以供输入/输出单元和各种传感器使用。

**4. 输入/输出接口单元**

输入/输出接口单元即 I/O 单元（输入/输出接口电路）。PLC 内部输入电路的作用是将 PLC 外部电路（如行程开关、按钮、传感器等）提供的符合 PLC 输入电路要求的电压信号，通过光电耦合电路送至 PLC 内部电路。输入电路有直流输入电路、交流输入电路和交直流输入电路。输入电路通常以光电隔离和阻容滤波的方式提高抗干扰能力，输入响应时间一般在 0.1～1.5ms。根据输入信号形式的不同，可分为基本 I/O 单元、扩展 I/O 单元两大类。PLC 内部输出电路的作用是将输出映像寄存器的结果通过输出接口电路驱动外部的负载（如接触器线圈、电磁阀、指示灯等），输出电路还具有隔离 PLC 内部电路和外部执行元件的作用以及功率放大的作用。输出电路有晶体管输出型、可控硅输出型和继电器输出型三种。功能模块是一些智能化的输入/输出电路，如温度检测模块、位置检测模块和 PID 控制模块等。

（1）输入接口电路

由于生产过程中使用的各种开关、按钮、传感器等输入器件直接接到 PLC 输入接口电路上，为防止由于触点抖动或干扰脉冲引起错误的输入信号，输入接口电路必须有很强的抗干扰能力。以直流输入电路为例，如图 4-2 所示，输入接口电路提高抗干扰能力的方法主要有利用光耦合器提高抗干扰能力和利用滤波电路提高抗干扰能力。

（2）输出接口电路

根据驱动负载元件不同，可将输出接口电路分为以下三种：

1）小型继电器输出形式，如图 4-3 所示。这种输出形式既可驱动交流负载，又可驱动直流负载。驱动负载的能力在 2A 左右。它的优点是使用电压范围比较宽，导通压降小，承受瞬时过电压和过电流的能力强；缺点是动作速度较慢，动作次数有限。建议在输出量变化不频繁时优先选用，不能用于高速脉冲的输出。图 4-3 所示电路工作原理是：当内部电路的状态为 1 时，使继电器 KM 的线圈通电，产生电磁吸力，触点闭合，则负载得电，同时点亮 LED，表示该路输出点有输出。当内部电路的状态为 0 时，使继电器 KM 的线圈无电流，触点断开，则负载断电，同时 LED 熄灭，表示该路输出点无输出。

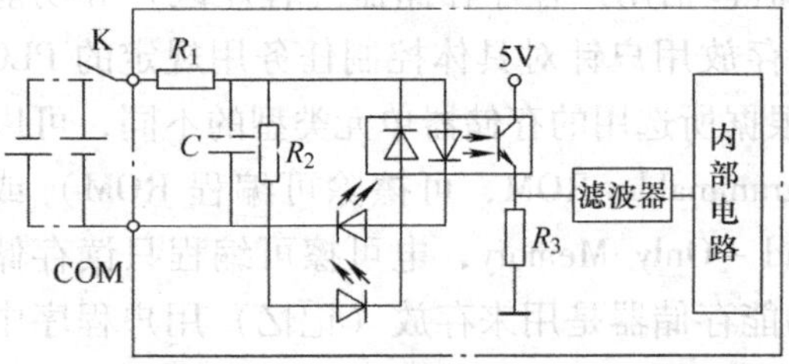


图 4-2　直流输入电路

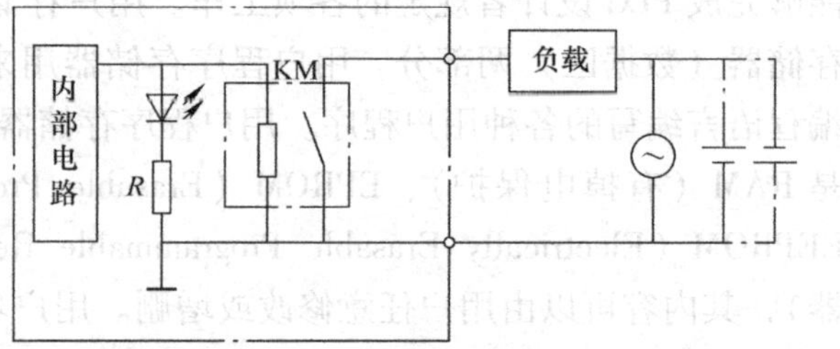


图 4-3　小型继电器输出形式电路

2）大功率晶体管输出形式，如图 4-4 所示。这种输出形式只可驱动直流负载。驱动负载的能力：每一个输出点为零点几安培。它的优点是可靠性强，执行速度快，寿命长；缺点是过载能力差。适合在直流供电、输出量变化快的场合选用。图 4-4 所示电路工作原理是：当内部电路的状态为 1 时，光耦合器 T1 导通，使大功率晶体管 VT 饱和导通，则负载得电，同时点亮 LED，表示该路输出点有输出。当内部电路的状态为 0 时，光耦合器 T1 断开，大功率晶体管 VT 截止，则负载失电，LED 灯灭，表示该路输出点无输出。VD 为保护二极管，可防止负载电压极性接反或高电压、交流电压损坏晶体管。FU 的作用是防止负载短路时损坏 PLC。当负载为电感性负载，VT 关断时会产生较高的反电动势，所以必须给负载并联续流二极管，为其提供放电回路，避免 VT 承受过电压。

3）双向晶闸管输出形式，如图 4-5 所示。这种输出形式适合驱动交流负载。由于双向可控硅和大功率晶体管同属于半导体材料元件，所以优缺点与大功率晶体管或场效应管输出形式相似，适合在交流供电、输出量变化快的场合选用。图 4-5 所示电路工作原理是：当内部电路的状态为 1 时，发光二极管导通发光，相当于双向晶闸管施加了触发信号，无论外接电源极性如何，双向晶闸管 T 均导通，负载得电，同时输出指示灯 LED 点亮，表示该输出点接通；当对应 T 的内部继电器的状态为 0 时，双向晶闸管关断，此时 LED 灯灭，负载失电。这种输出接口电路驱动负载的能力为 1A 左右。

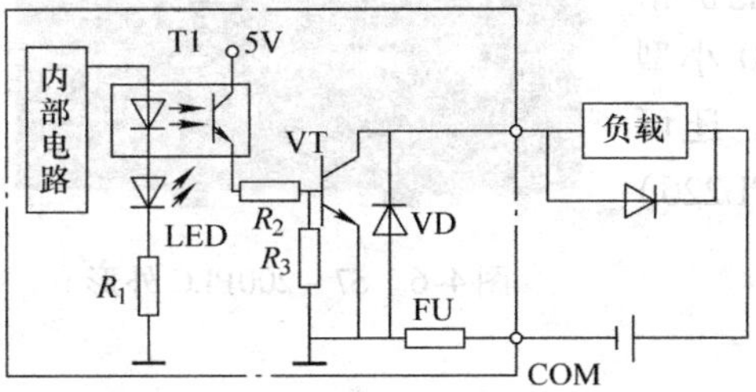


图 4-4　大功率晶体管输出形式电路

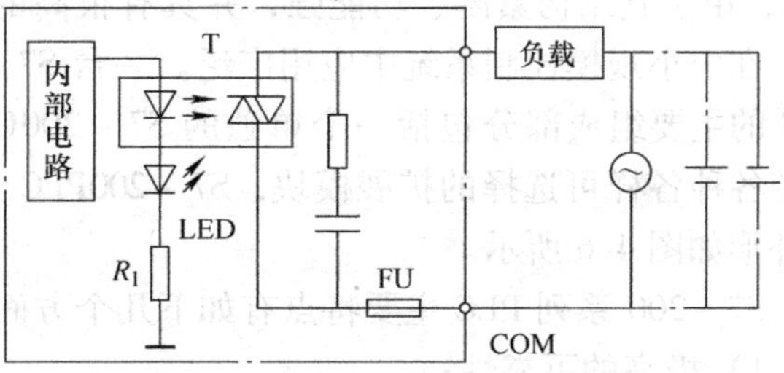


图 4-5　双向可控硅输出形式电路

（3）I/O 电路的常见问题

1）用晶体管等有源元件作为无触点开关的输出设备，与 PLC 输入单元连接时，由于晶体管自身有漏电流存在，或者电路不能保证晶体管可靠截止而处于放大状态，使得即使在截止时，仍有一个小的漏电流流过，当该电流值大于 1.3mA 时，就可能引起 PLC 输入电路发生误动作。可在 PLC 输入端并联一个旁路电阻来分流，使流入 PLC 的电流小于 1.3mA。

2）应在输出回路串联熔断器，避免负载电路过大，会损坏输出元件或电路板。

3）由于晶体管、双向晶闸管型输出端子漏电流和残余电压的存在，当驱动不同类型的负载时，需要考虑电平匹配和误动作等问题。

4）感性负载断电时产生很高的反电动势，对输出单元电路产生冲击，对于大电感或频繁关断的感性负载应使用外部抑制电路，一般采用阻容吸收电路或二极管吸收电路。

**5. 外部设备接口**

外部设备接口电路用于连接编程器或其他图形编程器、文本显示器、触摸屏、变频器等通过外设接口组成 PLC 的控制网络。PLC 通过 PC/PPI 电缆或使用 MPI 卡通过 RS－485 接口与计算机连接，也可以通过以太网进行通信，实现编程、监控、联网等功能。

**6. I/O 扩展接口**

扩展接口用于扩展输入/输出单元，它使 PLC 的控制规模配置更加灵活，这种扩展接口实际上为总线形式，可以配置开关量的 I/O 单元，也可配置模拟量和高速计数等特殊 I/O 单元及通信适配器等。

**7. 编程器**

编程器是 PLC 的重要外围设备。利用编程器将用户程序送入 PLC 的存储器，还可以用编程器检查程序、修改程序、监视 PLC 的工作状态。现在手持编程器已逐渐被编程软件所取代。

## 4.2 S7－200 系列 PLC 介绍

### 4.2.1 S7－200 系列 PLC 系统

S7－200 系列 PLC 是西门子公司推出的整体式小型可编程控制器，开始的产品称为 CPU21X，其后的改进型称为 CPU22X，21X 及 22X 各有 4、5 个型号，2012 年西门子公司又推出了 S7－200Smart PLC，由于其结构紧凑、功能强，并具有很高的性能价格比，在中小规模控制系统中应用广泛。一台 S7－200 小型 PLC 的主要组成部分包括一个单独的 S7－200CPU，还可以带各种各样可选择的扩展模块，S7－200PLC（CPU226）的外形如图 4-6 所示。

图 4-6　S7－200PLC 外形

S7－200 系列 PLC 主要特点有如下几个方面：

1）极高的可靠性；

2）极丰富的指令集；

3）易于掌握；

4）便捷的操作；

5）丰富的内置集成功能；

6）实时特性；

7）强大的通信能力；

8）丰富的扩展模块。

S7－200CPU 模块包括一个中央处理单元（CPU）、数字量 I/O 点及电源，它们都被集成在一个紧凑独立的模块中。

S7－200CPU 模块提供了一定数量的本机 I/O，扩展模块提供了附加的输入输出点。

S7－200 系列包括多种 CPU，每种 S7－200CPU 的主要技术指标见表 4-1。和一般微机一样，中央处理器 CPU 是 PLC 的运算和控制核心，控制其他所有部件的运行，CPU 由运算器、控制器和寄存器等组成，通过地址总线、数据总线及控制总线与存储器、I/O 接口电路连接。CPU 主要完成从存储器中读取指令、执行指令、处理中断及自诊断等功能。输入输出 I/O 是系统的控制点，输入部分从现场设备（输入传感器和开关）中采集信号，输出部分则控制泵、电动机及工业过程中的其他设备；通信端口允许将 S7－200CPU 同编程器或其他一些设备连接起来；扩展模块可增加 CPU 的 I/O 点数（CPU221 不可扩展）；电源向 CPU 及其所连接的任何模块提供电能。

S7－200 系列的 CPU 技术指标还包括 CPU 电源规范、输入规范及输出规范等。其中 CPU 的电源规范包括交直流输入电源的电压规范及电流额定值，还包括输入 24V 传感电源部分的规格。CPU 输入及输出规范包括输入输出口的电压及电流标准以及脉冲能力、机械寿命等。

**表 4-1 S7-200CPU 的主要技术指标**

| S7-200PLC | CPU221 | CPU222 | CPU224 | CPU226 |
|---|---|---|---|---|
| 集成数字量输入输出 | 6 入/4 出 | 8 入/6 出 | 14 入/10 出 | 24 入/16 出 |
| 可连接的扩展模块数量 | 不可扩展 | 2 个 | 7 个 | 7 个 |
| 最大可扩展的数字量 I/O 范围 | 不可扩展 | 78 点 | 168 点 | 248 点 |
| 最大可扩展的模拟量 I/O 范围 | 不可扩展 | 10 点 | 35 点 | 35 点 |
| 用户程序区 | 4KB | 4KB | 8KB | 8KB |
| 数据存储区 | 2KB | 2KB | 5KB | 5KB |
| 数据后备时间 | 50h | 50h | 50h | 50h |
| 编程软件 | STEP7 - Micro/WIN | STEP7 - Micro/WIN | STEP7 - Micro/WIN | STEP7 - Micro/WIN |
| 语句执行时间 | 0.37μs | 0.37μs | 0.37μs | 0.37μs |
| 标志寄存器/计数器/定时器 | 256/256/256 | 256/256/256 | 256/256/256 | 256/256/256 |
| 高速计数器 | 4 个 30kHz | 4 个 30kHz | 6 个 30kHz | 6 个 30kHz |
| 高速脉冲输出 | 20kHz | 20kHz | 20kHz | 20kHz |
| 通信接口 | 1 个 RS-485 接口 | 1 个 RS-485 接口 | 1 个 RS-485 接口 | 2 个 RS-485 接口 |
| 外部硬件中断 | 4 | 4 | 4 | 4 |
| 支持的通信协议 | PPI，MPI，自由口 | PPI，MPI，<br>自由口 PROFIBUS-DP | PPI，MPI，<br>自由口 PROFIBUS-DP | PPI，MPI，<br>自由口 PROFIBUS-DP |
| 模拟电位器 | 1 个 8 位分辨率 | 1 个 8 位分辨率 | 2 个 8 位分辨率 | 2 个 8 位分辨率 |
| 实时时钟 | 外置时钟卡 | 外置时钟卡 | 内置时钟卡 | 内置时钟卡 |
| 外形尺寸（W×H×D）/mm | 90×80×62 | 90×80×62 | 120×80×62 | 196×80×62 |

扩展单元的主要技术特性如下：

S7-200 系列 PLC 是模块式结构，可以通过配接各种扩展模块来达到扩展功能、扩大控制能力的目的。目前 S7-200 主要有三大类扩展模块。

（1）输入/输出扩展模块

S7-200 CPU 上已经集成了一定数量的数字量 I/O 点，但如用户需要多于 CPU 单元 I/O 点时，必须对系统做必要的扩展。CPU221 无 I/O 扩展能力，CPU 222 最多可连接 2 个扩展模块（数字量或模拟量），而 CPU224 和 CPU226 最多可连接 7 个扩展模块。

S7-200 PLC 系列目前总共提供共 5 大类扩展模块：数字量输入扩展板 EM221（8 路扩展输入）；数字量输出扩展板 EM222（8 路扩展输出）；数字量输入和输出混合扩展板 EM223（8I/O，16I/O，32I/O）；模拟量输入扩展板 EM231，每个 EM231 可扩展 3 路模拟量输入通道，A-D 转换时间为 25μs，12 位；模拟量输入和输出混合扩展模板 EM235，每个 EM235 可同时扩展 3 路模拟输入和 1 路模拟量输出通道，其中 A-D 转换时间为 25μs，D-A转换时间为 100μs，位数均为 12 位。

（2）热电偶/热电阻扩展模块

热电偶/热电阻模块（EM231）是为 CPU222、CPU224、CPU226 设计的，S7-200 与多

种热电偶/热电阻的连接备有隔离接口。用户通过模块上的 DIP 开关来选择热电偶或热电阻的类型、接线方式、测量单位。

（3）通信扩展模块

除了 CPU 集成通信口外，S7－200 还可以通过通信扩展模块连接成更大的网络。S7－200 系列目前有两种通信扩展模块：PROFIBUS－DP 扩展从站模块（EM277）和 AS－i 接口扩展模块（CP243－2）。

S7－200 系列 PLC 输入/输出扩展模块的主要技术性能见表 4-2。

**表 4-2　S7－200 系列 PLC 输入/输出扩展模块的主要技术性能**

| 类型 | 数字量扩展模块 | | | 模拟量扩展模块 | | |
|---|---|---|---|---|---|---|
| 型号 | EM221 | EM222 | EM223 | EM231 | EM232 | EM235 |
| 输入点 | 8 | 无 | 4/8/16 | 3 | 无 | 3 |
| 输出点 | 无 | 8 | 4/8/16 | 无 | 2 | 1 |
| 隔离组点数 | 8 | 2 | 4 | 无 | 无 | 无 |
| 输入电压 | DC24V | | DC24V | | | |
| 输出电压 | | DC24V 或<br>AC24～230V | DC24V 或<br>AC24～230V | | | |
| A－D 转换时间 | | | | <250μs | | <250μs |
| 分辨率 | | | | 12bit<br>A－D 转换 | 电压：12bit<br>电流：11bit | 12bit<br>A－D 转换 |

## 4.2.2　S7－200 系列 PLC 的工作原理

PLC 虽然具有许多微型计算机的特点，但它的工作方式却与微型计算机有很多不同，这主要是各自的操作系统和系统软件的不同所造成的。

PLC 的工作方式有两个显著特点：一个是周期性顺序扫描，一个是信号集中批处理。

PLC 通电后，需要对软硬件都做一些初始化的工作。为了使 PLC 的输出及时地响应各种输入信号，初始化后反复不停地分步处理各种不同的任务，这种周而复始的循环工作方式称为周期性顺序扫描工作方式。

PLC 在运行过程中，总是处于不断循环的顺序扫描过程中，每次扫描所用的时间称为扫描时间，又称为周期或工作周期。

由于 PLC 的 I/O 点数较多，采用集中批处理的方法，可简化操作过程便于控制，提高系统可靠性。因此，PLC 的另一个主要特点就是对输入采样、执行用户程序、输出刷新实施集中批处理。

上面提到过 PLC 通电后，首先要进行的就是初始化工作，这一过程包括对工作内存的初始化、复位所有的定时器、将输入/输出继电器清零、检查 I/O 单元是否完好，如有异常则发出报警信号。初始化后，就进入周期性扫描过程。PLC 的运行过程如图 4-7 所示。

PLC 的工作流程即扫描过程主要有输入采样、执行用户程序和输出刷新 3 个阶段。这 3 个阶段是 PLC 工作过程的中心内容，理解透 PLC 工作过程的这 3 个阶段是学好 PLC 的基础。这三个阶段的工作过程如下：

（1）输入采样

PLC 在输入采样阶段，首先扫描所有输入端子，并将每个输入端子的状态存入内存中各对应的输入映像寄存器中。此时，输入映像寄存器被刷新。接着进入程序执行阶段，在程序执行阶段和输出刷新阶段，输入映像寄存器与外界隔离，无论输入信号如何变化，其内容保持不变，直到下一个扫描周期的输入采样阶段，才会重新写入输入端的新内容。

（2）执行用户程序

根据 PLC 梯形图程序扫描原则，PLC 按先左后右、先上后下的步骤逐句扫描。但遇到程序跳转指令，则根据跳转条件是否满足来决定程序的跳转地址。当指令中涉及输入、输出状态时，PLC 就从输入映像寄存器中“读入”上一阶段采入的对应输入端子的状态，从元件映像寄存器“读入”对应元件（软继电器）的当前状态。然后进行相应的运算，运算结果再存入元件映像寄存器中。对元件映像寄存器而言，每一个元件（软继电器）的状态会随着程序执行过程而变化。

（3）输出刷新

在所有指令执行完毕后，元件映像寄存器中所有输出继电器的状态（接通/断开）在输出刷新阶段转存在输出锁存器中，并通过一定方式输出，驱动外部负载。

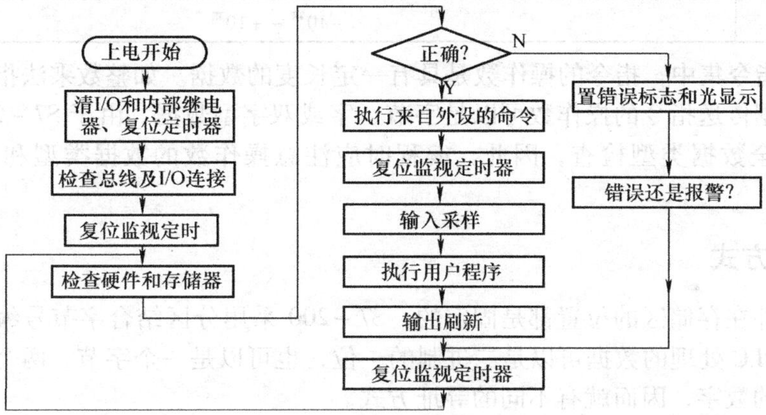


图 4-7　PLC 的运行过程

# 4.3　S7－200 PLC 的内部元件

## 4.3.1　数据类型

**1. 基本数据类型及数据类型检查**

（1）基本数据类型

S7－200PLC 的指令参数所用的基本数据类型有 1 位布尔型（BOOL）、8 位字节型（BYTE）、16 位无符号整数（WORD）、16 位有符号整数（INT）、32 位无符号双字整数（DWORD）、32 位有符号双字整数（DINT）、32 位实数型（REAL）。

（2）数据类型检查

PLC 对数据类型检查有助于避免常见的编程错误。数据类型检查分为三级：完全数据类型检查、简单数据类型检查和无数据类型检查。

S7－200PLC 的 SIMATIC 指令集不支持完全数据类型检查。使用局部变量时，执行简单数据类型检查；使用全局变量时，指令操作数为地址而不是可选的数据类型时，执行无数据类型检查。

**2. 数据长度与数值范围**

CPU 存储器中存放的数据类型可分为 BOOL、BYTE、INT、DWORD、DINT、REAL。不同的数据类型具有不同的数据长度和数值范围。在上述数据类型中，用字节（B）型、字（W）型、双字（D）型分别表示 8 位、16 位、32 位数据的数据长度。不同的数据长度对应的数值范围见表 4-3。

**表 4-3　数据长度与数据类型**

| 数据长度 | 无符号数 | | 有符号数 | |
|---|---|---|---|---|
| | 十进制 | 十六进制 | 十进制 | 十六进制 |
| B（字节型） | 0～255 | 0～FF | | |
| W（字型） | 0～65535 | 0～FFFF | －32768～32767 | 8000～7FFF |
| D（双字型） | 0～4294967295 | 0～FFFF FFFF | －2147483648～2147483647 | 80000000～7FFF FFFF |
| R（实数型） | $-10^{38}$ ～ $+10^{38}$ | | | |

SIMATIC 指令集中，指令的操作数是具有一定长度的数据。如整数乘法指令的操作数是字型数据；数据传送指令的操作数可以是字节、字或双字型数据。由于 S7－200SIMATIC 指令集不支持完全数据类型检查，因此，编程时应注意操作数的数据类型和指令标识符相匹配。

## 4.3.2　寻址方式

编程软元件在存储区的位置都是固定的，S7－200 采用分区结合字节号编址。作为工业控制计算机，PLC 处理的数据可以是二进制的一位，也可以是一个字节、两个字节或多个字节等各种数制的数字，因而就有不同的寻址方式。

**1. 位寻址**（bit）

位寻址也称为字节．位寻址，一个字节占有 8 个位。位寻址的表示方法如图 4-8 所示，位寻址时，一般将该位看作一个独立的软元件，像一个继电器一样，有线圈及动合、动断触点，且当该位置 1 时，即线圈“得电”时，动合触点接通，动断触点断开。由于取用这类元件的触点只是访问该位的“状态”，因此可以认为这些元件的触点有无数多对。字节如 I3.2，其中的区域标识符“I”表示输入（Input），字节地址为 3，位地址为 2。

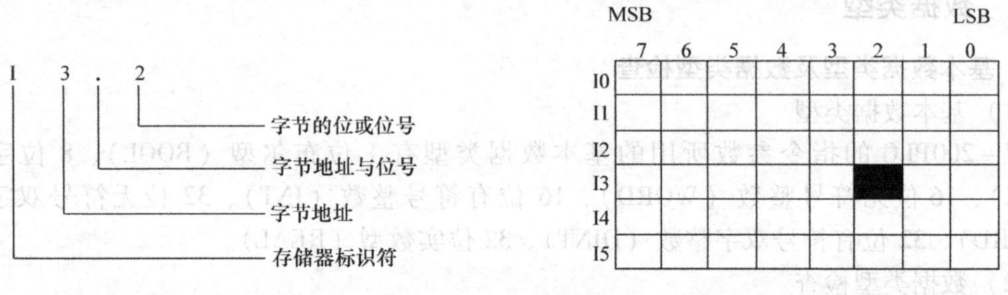


图 4-8　字节．位寻址

**2. 字节寻址**（8bit）

输入字节 IB3（Byte）由 I3.0～I3.7 这 8 位组成。

**3. 字寻址**（16bit）

相邻的两个字节组成一个字，一个字中的两个字节的地址必须连续，且低位字节在一个字中应该是高 8 位，高位字节在一个字中应该是低 8 位。IW14 表示由 IB14 和 IB15 组成的 1 个字，IW14 中的 I 为区域标识符，W 表示字（Word），14 为起始字节的地址。IW14 中的 IB14 应该是高 8 位，IB15 应该是低 8 位。

**4. 双字寻址**（32bit）

相邻的四个字节表示一个双字，四个字节的地址必须连续。最低位字节在一个双字中应该是最高 8 位。ID12 表示由 IB12～IB15 组成的双字，I 为区域标识符，D 表示存取双字（Double Word），12 为起始字节的地址。ID12 中的 IB12 应该是最高 8 位，IB15 应该是最低 8 位。如图 4-9 所示。

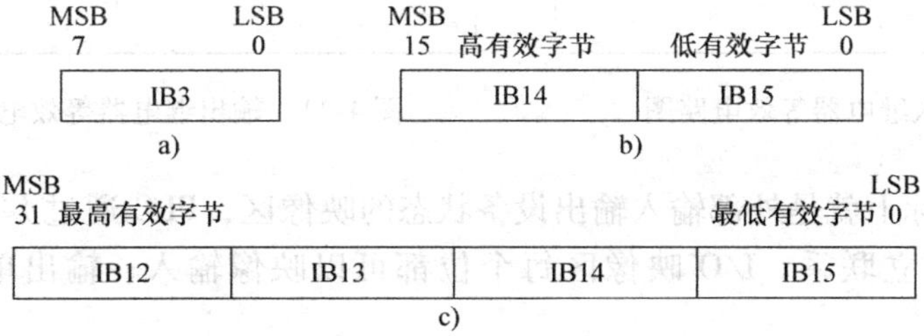


图 4-9　字节寻址、字寻址、双字寻址

如：设电气 0531、0532 班各 16 人，每班分 2 个小组，每小组 8 人，找这两个班同学参加扫除，可以有如下几种寻找方式：

1）"位"方式：电气 0531 班 1 号、2 号、…、16 号，电气 0532 班 1 号、2 号、…、16 号同学，共 32 人。

2）"字节"方式：电气 0531 班第一组、第二组，电气 0532 班第一组、第二组。

3）"字"方式：电气 0531 班、电气 0532 班。

4）"双字"方式：电气 053 的所有班级。

### 4.3.3　元件功能及地址分配

PLC 是采用通道的概念存储数据的，所存储数据的单元称为通道，每个存储单元都有一个地址，每个通道由 8 个存储单元组成。例如 I1.7 中，1 是输入映像寄存器的通道，7 是该通道的点，每个通道里面有 8 个点，这种地址分配还适用于 Q 区、M 区和 V 区。不同 PLC 的地址分配也不同，请参阅相关技术手册。

**1. 输入/输出映像寄存器**（I/O）

（1）输入映像寄存器（I）

输入继电器和 PLC 的输入端子相连，是专设的输入过程映像寄存器，用来接收外部传感器或开关元件发出的信号。输入继电器一般采用八进制编号，一个端子占一个点。S7－200 PLC 编址范围（I0.0～I15.7）。如图 4-10 所示为输入继电器的等效电路图，当外部按钮起动时，其线圈接通，动合、动断触点的状态发生相应变化。输入继电器不能由程序驱动，其触点不能直接输出带负载。

（2）输出映像寄存器（Q）

输出继电器是PLC向外部负载发出控制命令的窗口，是专设的输出过程映像寄存器。输出继电器的外部输出触点接到输出端子上，以控制外部负载。输出继电器的外部输出执行器件有三种：继电器、晶体管和晶闸管。S7－200 PLC 编址范围（Q0.0～Q15.7）。图4-11表示输出继电器的等效电路图，当程序驱动输出继电器接通时，它所连接的外部电器被接通，同时输出继电器的动合、动断触点动作，可在程序中使用。

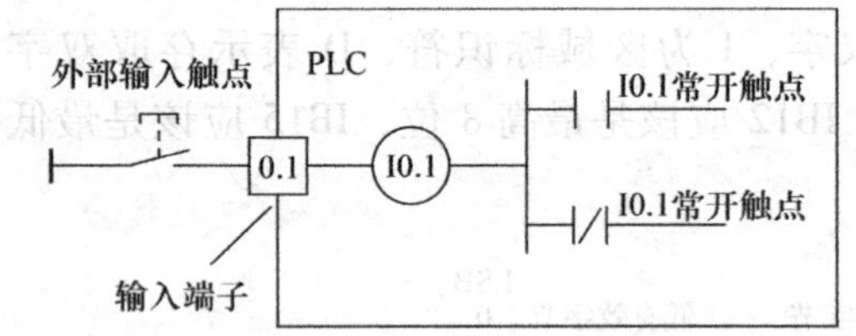


图4-10 输入继电器等效电路图

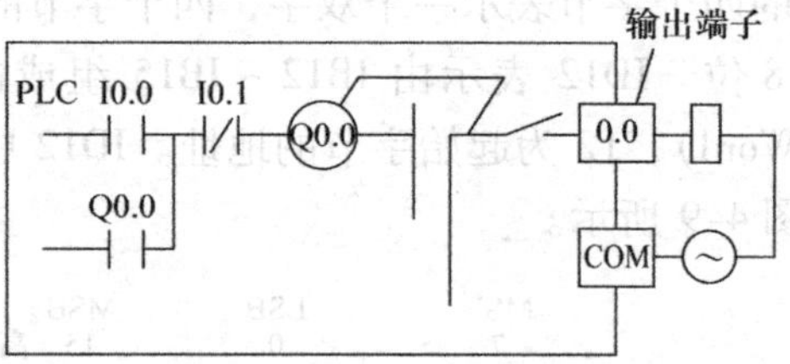


图4-11 输出继电器等效电路图

I/O映像区实际上就是外部输入输出设备状态的映像区，PLC通过I/O映像区的各个位与外部物理设备建立联系。I/O映像区每个位都可以映像输入、输出单元上的每个端子状态。

在程序执行过程中，对于输入或输出的存取通常是通过映像寄存器，而不是实际的输入、输出端子。S7－200CPU执行有关输入、输出程序时的操作过程如图4-12所示。

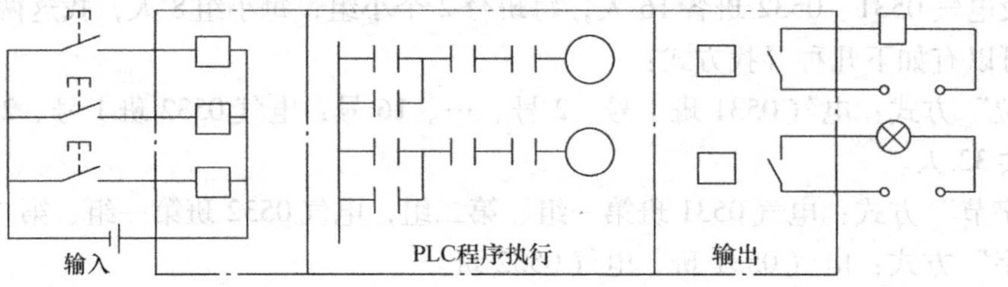


图4-12 S7－200CPU输入、输出的操作

梯形图中的输入继电器、输出继电器的状态是对应于输入/输出映像寄存器相应位的状态，使得系统在程序执行期间完全与外界隔开，从而提高了系统的抗干扰能力。建立了I/O映像区，使用户程序存取映像寄存器中的数据要比存取输入、输出物理点要快得多，加速了运算速度。此外，外部输入点的存取只能按位进行，而I/O映像寄存器的存取可按位、字节、字、双字进行，因而操作更快更灵活。

**2. 内部标志位存储器（M）**

内部标志位又称为存储区，在逻辑运算中常常需要一些存储中间操作信息的元件，它们并不直接驱动外部负载，只起中间状态的暂存作用，类似于继电接触系统中的中间继电器，在S7－200系列PLC中称为内部标志位，一般以“位”为单位使用。S7－200 PLC编制范围M0.0～M31.7，共计256个，可以按位、字节、字或双字来存取存储器的数据。

**3. 特殊标志位存储器（SM）**

特殊标志位存储器（SM）即特殊内部线圈。它是用户程序与系统程序之间的关联元件，为用户提供一些特殊的控制功能及系统信息，用户对操作的一些特殊要求也通过特殊标志位（SM）通知系统。特殊标志位区域分为只读区域（SM0 ~ SM29）和可读写区域，在只读区特殊标志位，用户只能利用其触点，如 S7 - 200 系列 CPU224 编制范围 SM0.0 ~ SM179.7，共 180 个字节。其中 SM0.0 ~ SM29.7 的 30 个字节为只读型区域。例如：

SM0.0　RUN 监控，PLC 在 RUN 方式时，SM0.0 总为 1；

SM0.1　初始脉冲，PLC 由 STOP 转为 RUN 时，SM0.1 接通一个扫描周期；

SM0.2　如果保留性数据丢失，该位为一次扫描周期打开。该位可用作错误内存位或激活特殊起动顺序的机制；

SM0.3　PLC 上电进入 RUN 方式时，SM0.3 接通一个扫描周期；

SM0.4　分脉冲，占空比为 50%，周期为 1min 的脉冲串；

SM0.5　秒脉冲，占空比为 50%，周期 1s 的脉冲串；

SM0.6　扫描时钟，一个扫描周期为 ON，下一个扫描周期为 OFF，交替循环；

SM0.7　指示 CPU 上 MODE 开关的位置，0 = TERM，1 = RUN，通常用来在 RUN 状态下起动自由口通信方式。

可读写特殊标志位用于特殊控制功能，例如，用于自由通信口设置的 SMB30，用于定时中断间隔时间设置的 SMB34/SMB35，用于高速计数器设置的 SMB36 ~ SMB65，用于脉冲串输出控制的 SMB66 ~ SMB85 等，其他的特殊标志位和各种型号 PLC 的特殊标志位请参考各自的技术手册。

**4. 变量存储器（V）**

变量存储器（V）存放全局变量、存放程序执行过程中控制逻辑操作的中间结果或其他相关的数据。例如 CPU224 有 VB0.0 ~ VB5119.7 的 5KB 存储字节，可按位、字节、字或双字使用。

**5. 局部存储器（L）**

局部存储器与变量存储器很相似，主要区别是变量存储器是全局有效的，而局部存储器是局部有效的。全局是指同一个存储器可以被任何程序存取（包括主程序、子程序及中断子程序）；而局部是指存储区和特定的程序相关联，局部存储器可分配给主程序、子程序或中断子程序，但不同的程序段不能访问其他程序段中的局部存储器。局部存储器常用来做临时数据的存储器或者为子程序传递函数。

S7 - 200PLC 有 64 个字节的局部存储器，编址范围为 LB0.0 ~ LB63.7，其中 60 个字节可以用作暂时存储器或者给子程序传递参数，最后 4 个字节为系统保留字节。

**6. 顺序控制继电器存储器（S）**

顺序控制继电器存储器（S）用于顺序控制（或步进控制）。顺序控制继电器（SCR）指令基于顺序功能图（SFC）的编程方式。SCR 指令将控制程序的逻辑分段，从而实现顺序控制，编址范围为 S0.0 ~ S31.7。

**7. 定时器存储器（T）**

PLC 中的定时器作用相当于时间继电器，定时器的设定值由程序赋值。每个定时器有一个 16 位的当前值寄存器及一个状态位，称为 T - bit。定时器的计时过程采用时间脉冲计数的方式，其分辨率分别为1ms、10ms、100ms三种。S7 - 200 CPU 中的定时器是对内部时钟累计时间增量的设备，用于时间控制。系统提供三种类型的定时指令，分别是TON（通电延时）、TONR（有记忆通电延时）和TOF（断电延时），其编址范围为T0～T255，共计256个。

**8. 计数器存储器**（C）

计数器的结构与定时器基本一样，其设定值在程序中赋值。它有一个16位的当前值寄存器及一个状态位，称为C - bit。计数器用来计算从输入端子或内部元件送来的脉冲数，有加计数器、减计数器及加减计数器三种，S7 - 200 CPU 提供这三种类型的计数器，编制范围为C0～C255，共256个。由于计数器的计数频率受扫描周期的限制，当需要对高频信号计数时可以用高速计数器（HSC）。

**9. 模拟量输入/输出映像寄存器**（AI/AQ）

模拟量经A - D、D - A转换，在PLC外为模拟量，在PLC内为数字量。模拟量输入/输出元件为模拟量输入/输出的专用存储单元。

S7 - 200的模拟量输入电路将外部的模拟量（如温度、压力等）转换成1个字节长（16位）的数字量，存入模拟量输入映象寄存器区域。AI编制范围为AIW0、AIW2～AIW62，起始地址定义为偶数字节地址，共有32个模拟量输入点。

S7 - 200模拟量输出电路用来将模拟量输出映象寄存器区域的1个字节（16位）数字值转换为模拟电流或电压值输出。AQ编址范围为AQW0、AQW2～AQW62，起始地址也采用偶数字节地址，共有32个模拟量输出点。

**10. 累加器**（AC）

S7 - 200系列PLC中提供4个32位累加器（ACC0～ACC3），累加器常用作数据处理的执行器件，它可以用来存放运算数据、中间数据和结果。

**11. 高速计数器**（HSC）

高速计数器用于对频率高于扫描周期的外接信号进行计数，高速计数器使用主机上的专用端子接收这些高速信号，其数据为32位有符号的高速计数器的当前值。

## 4.4 STEP7 - Micro/WIN V4.0 编程软件的使用

### 4.4.1 STEP7 - Micro/WIN V4.0 编程软件介绍

**1. 编程软件简介**

STEP7 - Micro/WIN V4.0是西门子公司专门为SIMATIC S7 - 200系列可编程序控制器研制开发的编程软件，它是基于Windows的应用软件，功能强大，界面友好，既可用于开发用户程序，又可实时监控用户程序的执行状态。下面将介绍该软件的安装、基本功能以及如何应用编程软件进行编程、调试和运行监控等内容。

**2. 软件安装**

为了实现PLC与计算机的通信，必须使用具有Windows95以上操作系统的计算机，同时必须配备下列三种设备的一种：一根PC/PPI电缆，一个通信处理器（CP）卡和多点接口（MPI）电缆，或一块MPI卡和配套的电缆。其中PC/PPI电缆价格便宜，使用得最多。

（1）系统要求

运行 STEP7 - Micro/WIN V4.0 编程软件的计算机系统要求见表 4-4。

**表 4-4　系统要求**

| | |
|---|---|
| CPU | 80486 以上的微处理器 |
| 内存 | 8MB 以上 |
| 硬盘 | 50MB 以上 |
| 操作系统 | Windows 95，Windows 98，Windows ME，Windows 2000 |
| 计算机 | IBM PC 及兼容机 |

（2）硬件连接

利用一根 PC/PPI（个人计算机/点对点接口）电缆可建立个人计算机与 PLC 之间的通信。这是一种单主站通信方式，不需要其他硬件，如调制解调器和编程设备等。

典型的单主站连接如图 4-13 所示。把 PC/PPI 电缆的 PC 端与计算机的 RS - 232 通信口（COM1 或 COM2）或 USB 连接，把 PC/PPI 电缆的 PPI 端与 PLC 的 RS - 485 通信口连接即可。

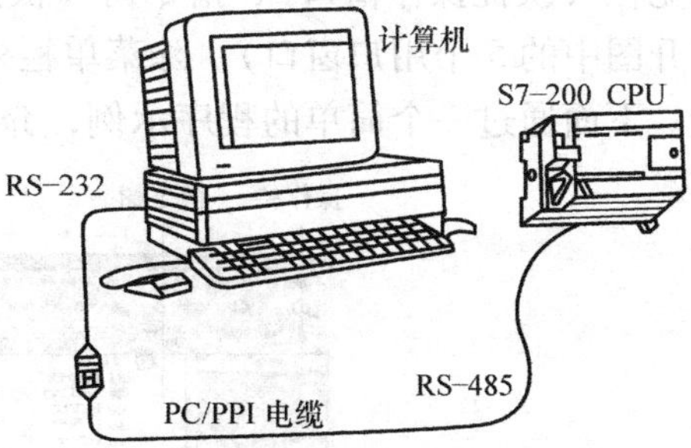


图 4-13　PLC 与计算机间的连接

（3）软件安装

STEP7 - Micro/WIN V4.0 编程软件可以从西门子公司的网站上下载，也可以用光盘安装，安装步骤如下：

1）双击 STEP7 - Micro/WIN V4.0 的安装程序 setup.exe，则系统自动进入安装向导。

2）在安装向导的帮助下完成软件的安装。软件安装路径可以使用默认的子目录，也可以单击“浏览”按钮，在弹出的对话框中任意选择或新建一个子目录。

3）在安装过程中，如果出现 PG/PC 接口对话框，可单击“取消”按钮进行下一步。

4）在安装结束时，会出现下面的选项：

是，我现在要重新起动计算机（默认选项）；

否，我以后再起动计算机。

建议用户选择默认项，单击“完成”按钮，结束安装。

5）软件安装结束后，会出现两个选项：

是，我现在浏览 Readme 文件（默认选项）；

是，我现在进入 STEP7 - Micro/WIN V4.0。

如果选择默认选项，可以使用德语、英语、法语、西班牙语和意大利语阅读 Readme 文件，浏览有关 STEP7 - Micro/WIN V4.0 编程软件的信息。

## 4.4.2　STEP7 - Micro/WIN V4.0 主要编程功能

STEP7 - Micro/WIN V4.0 编程软件的基本功能是协助用户完成应用软件的开发，其主要可实现以下功能。

1）在脱机（离线）方式下创建用户程序，修改和编辑原有的用户程序。在脱机方式时，计算机与 PLC 断开连接，此时能完成大部分的基本功能，如编程、编译、调试和系统组态等，但所有的程序和参数都只能存放在计算机的磁盘上。

2）在联机（在线）方式下可以对与计算机建立通信关系的 PLC 直接进行各种操作，如上载、下载用户程序和组态数据等。

3）在编辑程序的过程中进行语法检查，可以避免一些语法错误和数据类型方面的错误。经语法检查后，梯形图中错误处的下方自动加红色波浪线，语句表的错误行前自动画上红色叉，且在错误处加上红色波浪线。

4）对用户程序进行文档管理，加密处理等。

5）设置 PLC 的工作方式、参数和运行监控等。

STEP7 - Micro/WIN V4.0 编程软件的主界面外观如图 4-14 所示。

主界面一般分为以下 6 个区域：菜单栏（包含 8 个主菜单项）、工具栏（快捷按钮）、浏览栏（快捷操作窗口）、指令树（快捷操作窗口）、输出窗口和用户窗口（可同时或分别打开图中的 5 个用户窗口）。除菜单栏外，用户可根据需要决定其他窗口的取舍和样式的设置。下面通过一个简单的程序示例，介绍编程软件的基本使用。

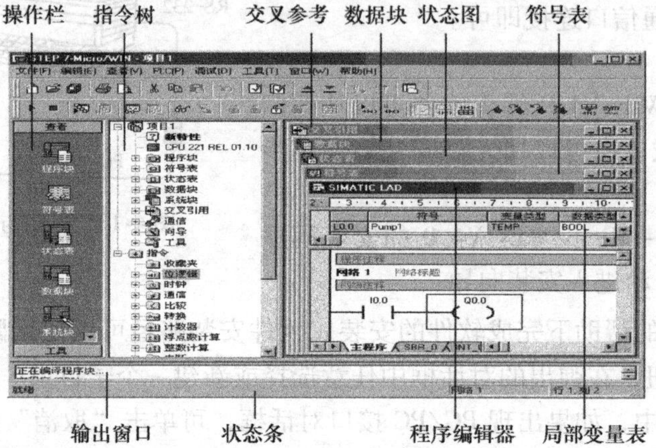


图 4-14　STEP7 - Micro/WIN V4.0 编程软件的主界面

**1. 打开编程软件**

双击个人计算机中桌面 STEP7 - Micro/WIN V4.0 编程软件图标，如图 4-15 所示。

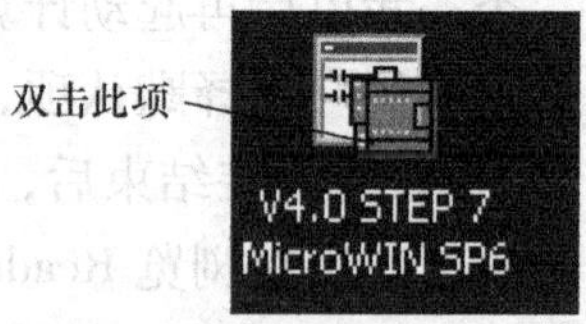


图 4-15　打开 STEP7 - Micro/WIN V4.0 软件

**2. 修改软件菜单显示的语言**

双击打开的编程软件菜单显示的语言是英文，我们可以在软件的菜单栏中把英语语言进行汉化，汉化步骤：选择 Tools→Options→General→language→Chinese 命令。操作过程如图 4-16、图 4-17 所示。

**3. 新建一个工程文件并保存**

1）重新打开编程软件，汉化完毕，首先在进行控制程序编程之前，应创建一个新项目。单击菜单“文件”→“新建”选项或单击工具栏的“新建”按钮，可以生成一个新的项目。创建新项目如图 4-18 所示。

图 4-16　打开工具菜单的选项图

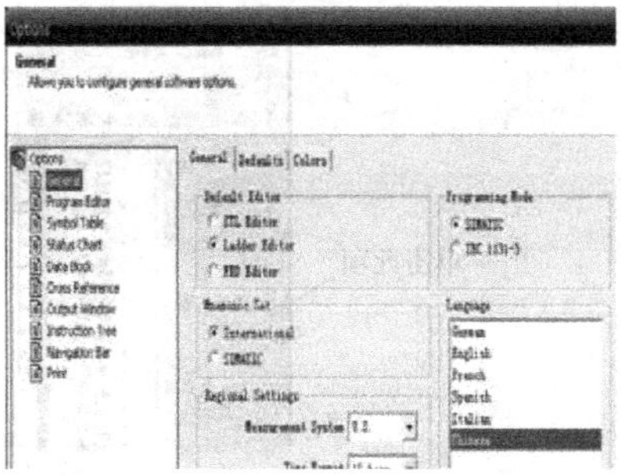

图 4-17　把软件的菜单显示语言修改为中文

2）单击菜单“文件”→“保存”选项，项目以扩展名为 . mwp 的文件格式保存。保存过程如图 4-19 所示。

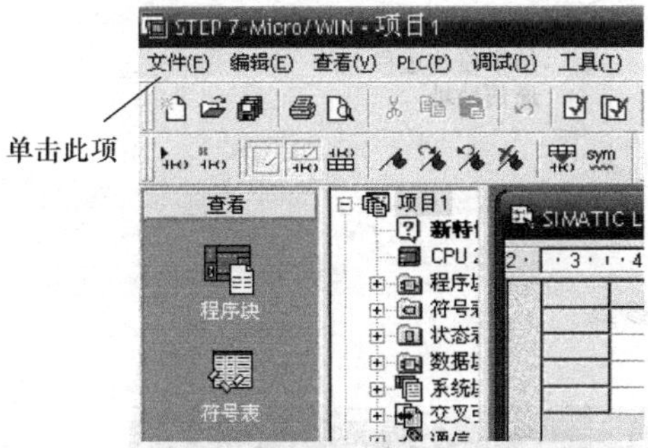


图 4-18　新建一个工程文件

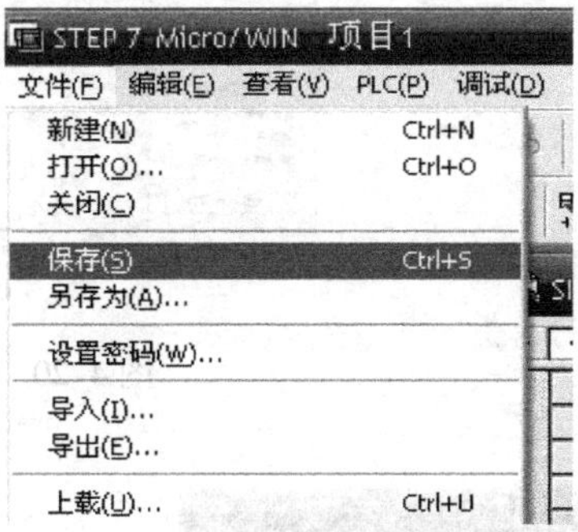


图 4-19　保存新建的工程文件

**4. 设置通信参数**

在对 PLC 编程之前，应确定其 CPU 型号，以防止发生编辑错误，设置和读取 PLC 的型号的方法如下：单击浏览栏的“通信”按钮，在弹出的对话框中双击“双击刷新”进行设置即可。设置通信参数步骤如图 4-20a、4-20b、4-20c 所示。

**5. 设置和读取 PLC 的型号**

在对 PLC 编程之前，应正确设置其型号，以防止发生编辑错误，设置和读取 PLC 型号有两种方法。方法一：双击指令树中的“项目 1”，然后双击 PLC 型号和 CPU 版本选项，在弹出的对话框中进行设置。如图 4-21a 所示。

方法二：通过实际工程情况选择 PLC 型号，单击菜单“PLC”→“类型”选项，在弹出的对话框中，可以选择 PLC 型号和 CPU 版本。如图 4-21b 所示。

**6. 梯形图的编辑**

在梯形图的编辑窗口中，梯形图程序被划分为若干个网络，且一个网络中只能有一个独立的电路块。如果一个网络中有两个独立的电路块，那么在编译时输出窗口将显示“1 个错误”，待错误修正后才能继续操作。当然，也可对网络中的程序或者某个编程元件进行编辑，执行删除、复制和粘贴操作。下面以一个简单的小程序（电动机单向起/停控制）为例介绍编程软件 STEP7 - Micro/WIN V4. 0 的使用。

1）单击浏览栏的“程序块”按钮，进入梯形图编辑窗口，如图 4-22 所示。

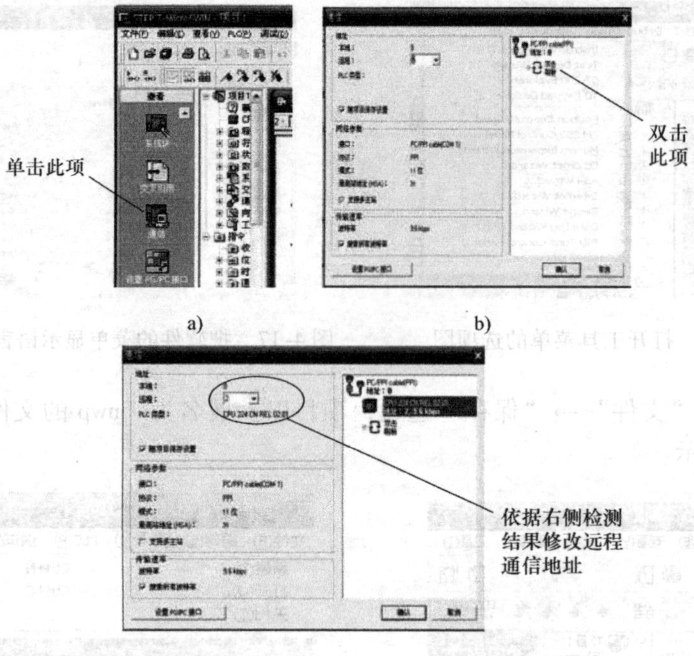


图 4-20　设置通信参数

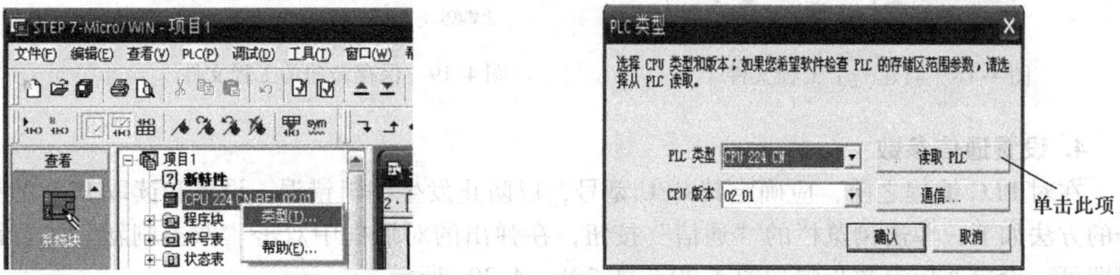


图 4-21　选择 PLC 类型

2）在编辑窗口中，把光标定位到将要输入编程元件的地方。

3）可直接在指令工具栏中单击动合触点按钮，选取触点，如图 4-23 所示。输入的触点符号会自动写入到光标所在位置。也可以在指令树中双击“位逻辑”选项，选中动合触点或动断触点然后双击触点输入。

4）在“?? . ?”中输入操作数 I0. 0，然后光标会自动移到下一列，如图 4-24 所示。

5）用同样的方法在光标位置输入动断触点┤/├和输出线圈-(　)，并填写对应的地址 I0. 1 和 Q0. 0，编辑结果如图 4-25 所示。

6）将光标定位在 I0. 0 下方，输入 Q0. 0，将光标移动到要合并的触点处，单击指令工具栏的向上连线按钮 —↑，将 Q0. 0 和 I0. 0 并联连接，如图 4-26 所示。

7）如果需要加定时器，可将光标定位到定时器输入位置，双击指令树的“定时器”选项，然后在展开的选项中双击接通延时定时器图标，这时在光标位置即可输入接通延时定时器。在定时器指令上面的“????”处输入定时器编号 T37，在左侧“????”处输入定时器预置时间如 50（5s），编辑结果如图 4-26 所示。

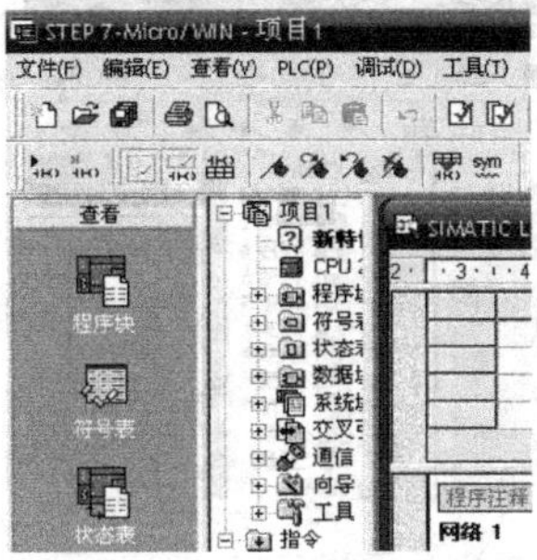

图 4-22　进入程序编辑窗口

图 4-23　选取触点

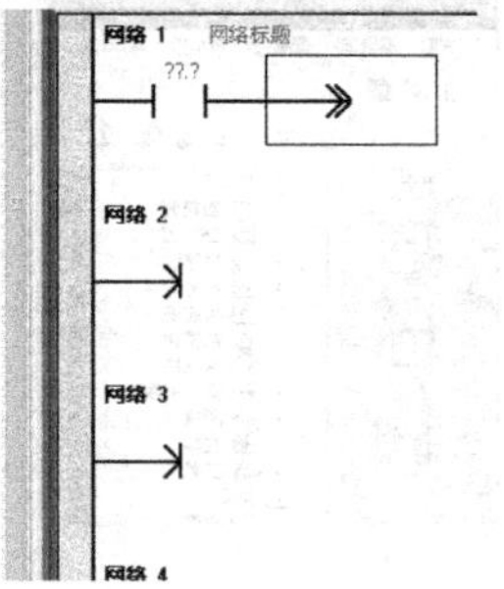

图 4-24　输入常开触点

8）编程语言还可以进行互相转换。如果需要进行语句表和功能图编辑，可按下面的方法来实现。

语句表的编辑：选择菜单“查看”→“STL”选项，就可直接进行语句表的编辑。如图 4-27 所示。

**7. 依据所编制的 PLC 的 I/O 地址表建立符号表**

单击浏览栏的“符号表”按钮，在符号表窗口中按图 4-28 所示的步骤输入符号和地址等信息。

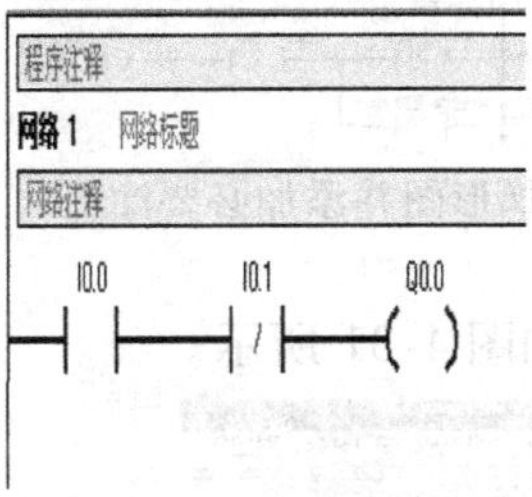


图 4-25　编辑结果

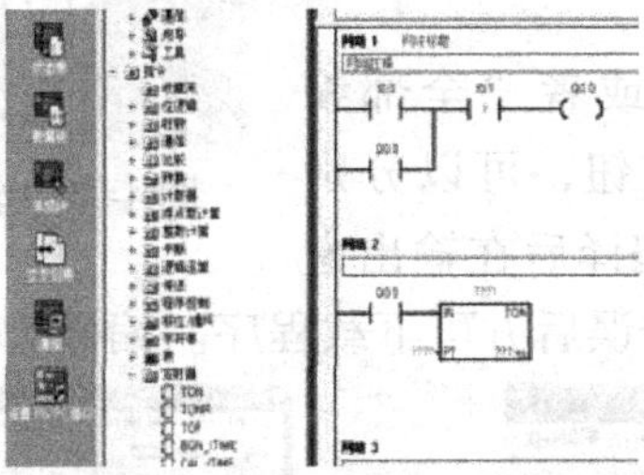

图 4-26　输入定时器

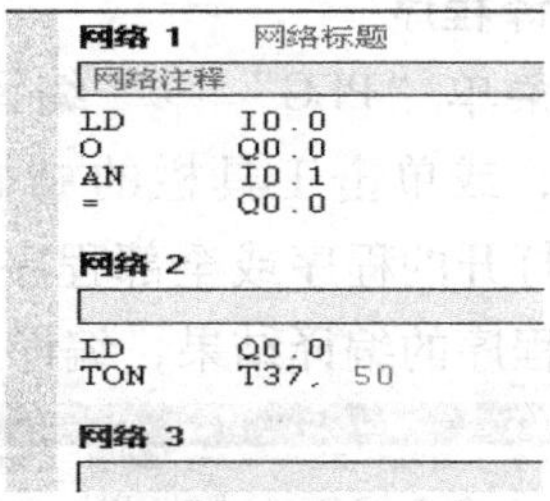


图 4-27　语句表的编辑

a)

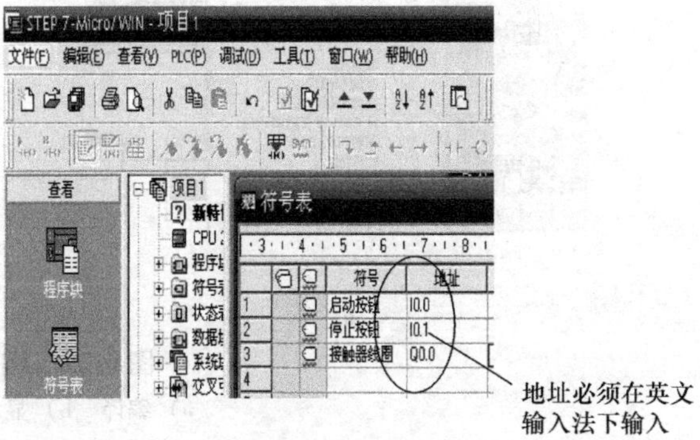


b)

图 4-28　输入信息

a）进入符号表编写模式　b）依据实际情况添加符号表的符号、地址等信息

**8. 建立状态表**

单击浏览栏的“状态表”按钮，在“状态表”窗口中在英文输入法下直接输入变量的输入格式。如图4-29a、4-29b、4-29c所示。

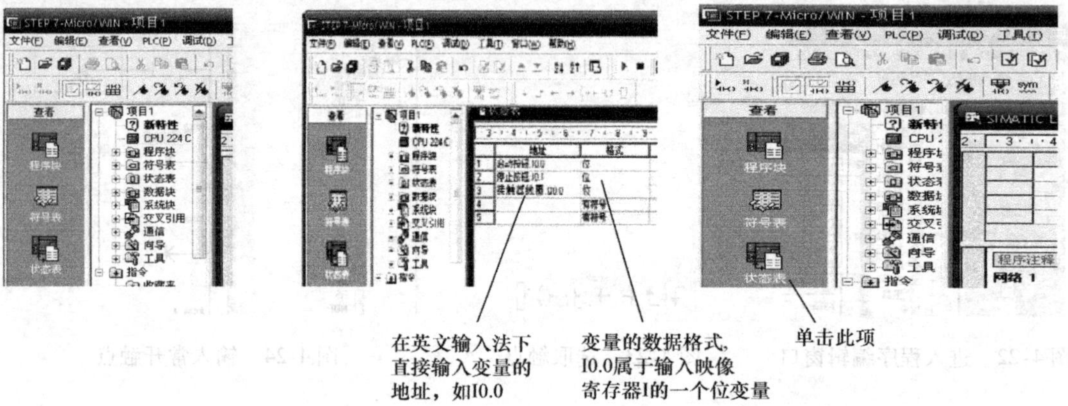


a)　　b)　　c)

图4-29　建立状态表及输入变量

a）建立状态表（1）　b）建立状态表（2）　c）进行程序编写模式

完成上述操作步骤，单击浏览栏的“程序块”按钮，在程序编辑界面“程序注释”和“网络注释”中输入相应程序注释，如图4-30所示。

图4-30　输入梯形图并添加必要注释

**9. 编译程序**

选择菜单“PLC”→“编译”或者“全部编译”选项，或单击工具栏的按钮，可以分别编译当前打开的程序或全部程序。编译后在输出窗口中显示程序的编译结果，编译无错误后方可下载程序。编译过程如图4-31所示。

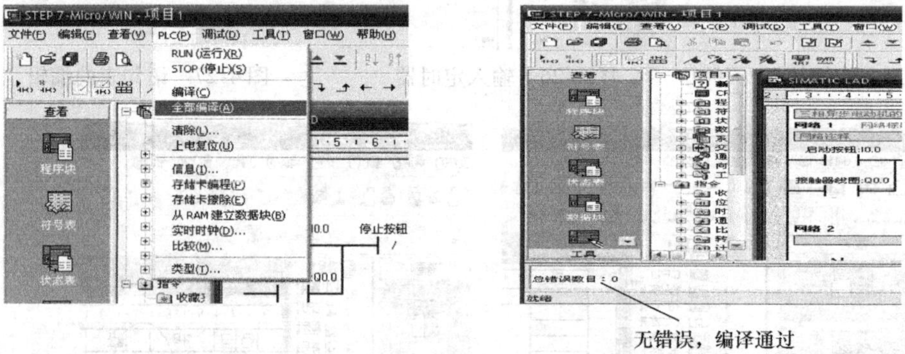


a)　　b)

图4-31　编译过程

a）编译　b）显示编译结果

编译完成后，如果程序中无语法错误，即在程序编辑区下方显示“总错误数目：“0”，如果程序编辑过程中存在一些语法类错误，就会在程序编辑区下方显示总错误数目的条数，并可在该区查询到错误出处的网络数以及行和列。

**10. 下载与上载程序**

下载是将当前编辑器中的程序写入到 PLC 的存储器中。下载操作可选择菜单“文件”→“下载”选项，或单击工具栏的 按钮。上载是将 PLC 中未加密的程序向上传送到编程器中。上载操作可选择菜单“文件”→“上载”选项，或单击工具栏的 按钮。两种方式的操作过程如图 4-32 所示。

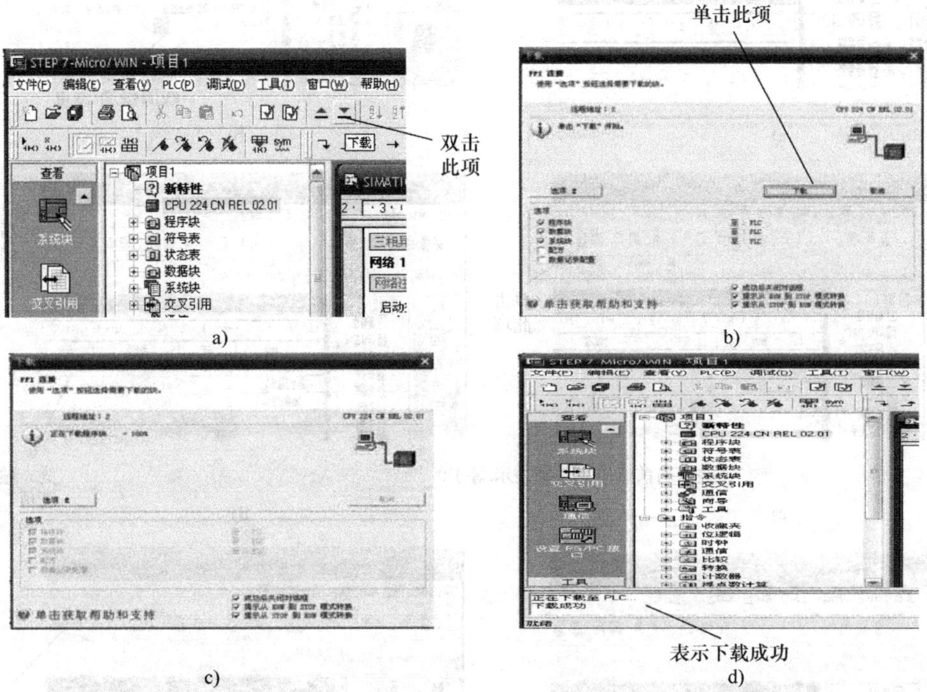


图 4-32　下载程序

a）进入程序下载界面　b）下载程序　c）正在下载程序　d）下载成功

**11. PLC 的工作方式**

程序下载成功后，即可进入到 PLC 的工作方式，PLC 有两种工作方式，即运行和停止。在不同的工作方式下，PLC 进行调试操作的方法不同。可以通过选择菜单“PLC”→“运行”或者“停止”选项来选择，也可以通过 PLC 面板上的工作方式开关操作来选择。PLC 只有在运行方式下才能起动程序的状态监控。

**12. 程序监控**

程序的调试与运行监控是程序开发的重要环节，很少有程序经过编译成功就能适用于现场控制，所以只有经过不断地根据现场运行调试后才能发现程序中不合理的地方。对程序的监控首先单击工具栏的 按钮，或选择菜单“PLC”→“运行”选项，在对话框中确定进入运行模式，这时黄色 STOP（停止）状态指示灯灭，绿色 RUN（运行）灯点亮。之后单击工具栏的 按钮，或选择菜单“调试”→“开始程序状态监控”选项，进入程序状态监控。在监控状态下，“能流”通过的单元的元件显示为蓝色，未通过的单元的元件显示为灰白色，通过改变元件状态可以模拟程序的实际运行，从而判断程序是否正确。程序监控过程如图 4-33 所示。

监控状态还可使用状态表监控和趋势图监控，其中使用状态表监控用户程序，还可以采用强制操作修改用户程序和变量。可单击工具栏的快捷按钮。状态监控操作如图 4-33c 所示。

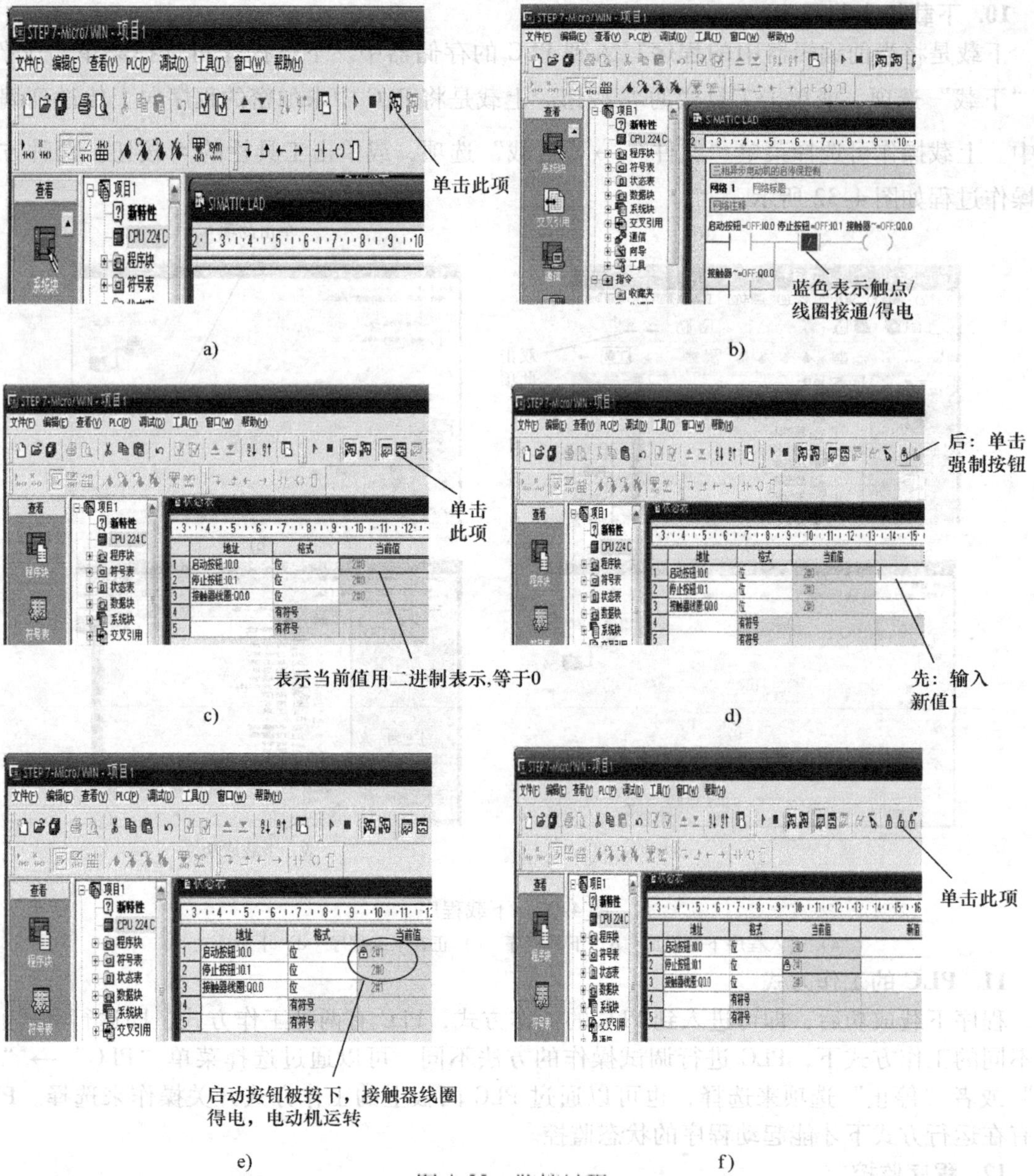


图 4-33　监控过程

a）进入程序状态监控模式　b）程序状态监控模式

c）进入状态表监控模式　d）强制一个值　e）强制值后效果　f）解除一个强制操作

## 4.5　练习题

1. 简述 PLC 的定义。
2. PLC 有哪些主要特点？
3. 与一般计算机控制系统相比，PLC 有哪些优点？
4. PLC 可以用在哪些领域？
5. 简述 PLC 的扫描工作过程。

# 第 5 章　PLC 基本指令的应用

## 5.1　PLC 的编程语言与程序结构

在 PLC 中有多种程序设计语言，包括梯形图、语句表、顺序功能流程图、功能块图等。

梯形图和语句表是基本程序设计语言，通常由一系列指令组成，用这些指令可以完成大多数简单的控制功能，如代替继电器、计数器、定时器完成顺序控制和逻辑控制等，通过扩展或增强指令集，它们也能执行其他的基本操作。

S7－200 系列 PLC 使用的 STEP7－Micro/WIN V4.0 编程软件支持 SIMATIC 和 IEC1131－3 两种基本类型的指令集。SIMATIC 是 PLC 专用的指令集，执行速度快，可使用梯形图、语句表、功能块图编程语言。IEC1131－3 是 PLC 编程语言标准，IEC1131－3 指令集中指令较少，只能使用梯形图和功能块图两种编程语言。

**1. 梯形图程序设计语言**

梯形图是一种从继电接触器控制电路图演变而来的图形语言。它是借助类似于继电器的动合、动断触点、线圈以及串、并联等术语和符号，根据控制要求连接而成的表示 PLC 输入和输出之间逻辑关系的图形，直观易懂。梯形图中常用┤ ├和┤/├图形符号分别表示 PLC 编程元件的动合和动断触点；用（　）表示它们的线圈。梯形图中编程元件的种类用图形符号及标注的字母或数加以区别。触点和线圈等组成的独立电路称为网络，用编程软件生成的梯形图和语句表程序中有网络编号，允许以网络为单位给梯形图加注释。

梯形图的设计应注意到以下三点：

1）梯形图按从左到右、自上而下地顺序排列。每一逻辑行（或称梯级）起始于左母线，然后是触点的串、并联接，最后是线圈。

2）梯形图中每个梯级流过的不是物理电流，而是“概念电流”，从左流向右，其两端没有电源。这个“概念电流”只是用来形象地描述用户程序执行中应满足线圈接通的条件。而这种“概念电流”常称之为“能流”。

3）输入寄存器用于接收外部输入信号，而不能由 PLC 内部其他继电器的触点来驱动。因此，梯形图中只出现输入寄存器的触点，而不出现其线圈。输出寄存器则将输出程序执行结果传给外部输出设备，当梯形图中的输出寄存器线圈得电时，就有信号输出，但不是直接驱动输出设备，而要通过输出接口的继电器、晶体管或晶闸管才能实现。输出寄存器的触点也可供内部编程使用。

**2. 语句表程序设计语言**

语句表程序设计语言是用布尔助记符来描述程序的一种程序设计语言。语句表程序设计语言与计算机中的汇编语言非常相似。语句表设计语言是由助记符和操作数构成的，采用助记符来表示操作功能，操作数是指定的存储器的地址。用编程软件可以将语句表与梯形图相互转换。如图 5-1 所示。

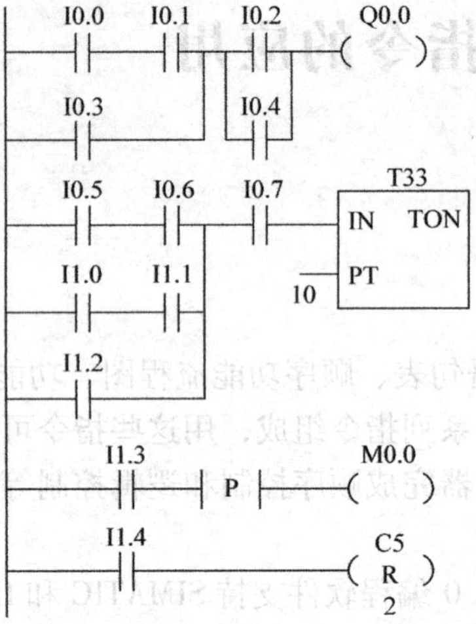


```
LD    I0.0
A     I0.1
O     I0.3
LD    I0.2
O     I0.4
ALD
=     Q0.0
LD    I0.5
A     I0.6
LD    I1.0
A     I1.1
OLD
O     I1.2
A     I0.7
TON   T33,10
LD    I1.3
EU
=     M0.0
LD    I1.4
R     C5,2
```

图 5-1　语句表与梯形图互换

**3. 顺序功能流程图**

顺序功能流程图程序设计是近年来发展起来的一种程序设计。采用顺序功能流程图的描述，控制系统被分为若干个子系统，从功能入手，使系统的操作具有明确的含义，便于设计人员和操作人员设计思想的沟通，便于程序的分工设计和检查调试。顺序功能流程图的主要元素是步、转移、转移条件和动作，设计特点如下：

1）以功能为主线，条理清晰，便于对程序操作的理解和沟通。

2）对大型程序，可分工设计，采用较为灵活的程序结构，可节省程序设计时间和调试时间。

3）常用于系统规模较大、程序关系较复杂的场合。

4）只有在活动步的命令和操作被执行后，才对活动步后的转换进行扫描，因此，整个程序的扫描时间大大缩短。

顺序功能流程图如图 5-2 所示。

**4. 功能块图**

功能块图程序设计语言是采用逻辑门电路的编程语言，有数字电路基础的读者很容易掌握。功能块图指令由输入、输出段及逻辑关系函数组成。用编程软件将图 5-1 所示的梯形图转换为 FBD 程序。方框的左侧为逻辑运算的输入变量，右侧为输出变量，输入、输出端的小圆圈表示“非”运算，信号自左向右流动。功能块图如图 5-3 所示。

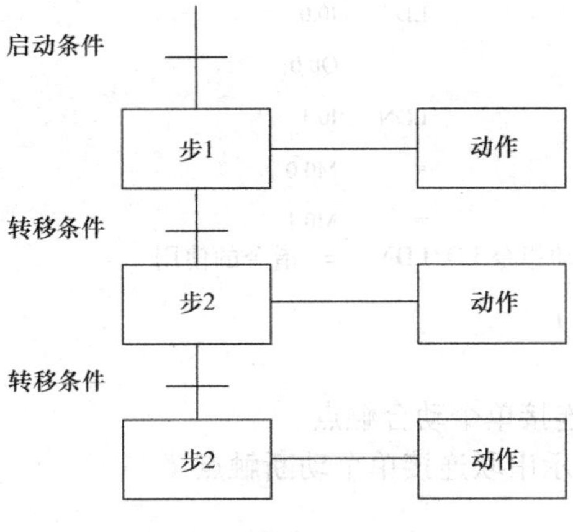


图 5-2　顺序功能流程图

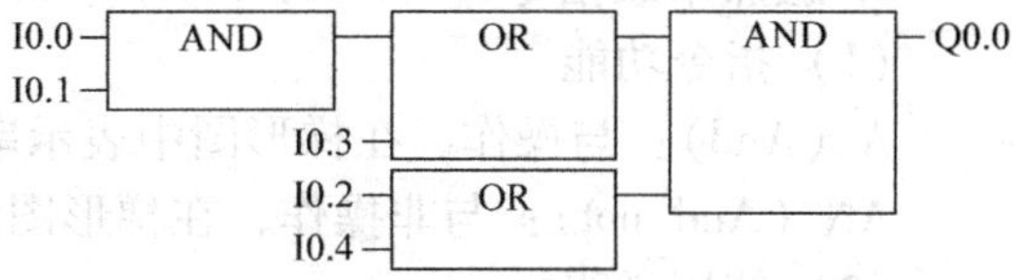


图 5-3　功能块图

## 5.2　基本位逻辑指令及应用

### 5.2.1　基本位逻辑指令

位操作指令是以“位”为操作数地址的 PLC 常用的基本指令。梯形图指令有触点和线圈两大类，触点又分动合触点和动断触点两种形式；语句表指令有与、或、输出等逻辑关系。位操作指令能够实现基本的位逻辑运算和控制。

**1. 逻辑取（装载）及线圈驱动指令 LD/LDN/ =**

（1）指令功能

LD（Load）：动合触点逻辑运算的开始。对应梯形图则为在左侧母线或线路分支点处初始装载一个动合触点。

LDN（Load）：动断触点逻辑运算的开始。对应梯形图则为在左侧母线或线路分支点处初始装载一个动断触点。

=（OUT）：输出指令，表示对存储器赋值的指令，对应梯形图则为线圈驱动。对同一元件只能使用一次。

（2）使用说明

1）LD、LDN 指令不止是用于网络块逻辑计算开始时与母线相连的动合和动断触点，在分支电路块的开始也要使用 LD、LDN 指令。

2）并联的“=”指令可以连续使用任意次。

3）在同一程序中不能使用双线圈输出，即同一元件在同一程序中只能使用一次“=”指令。

4）LD、LDN、=指令的操作数为：I、Q、M、SM、T、C、V、S 和 L。T 和 C 也作为输出线圈，但在 S7 -200PLC 中输出时不是以“=”指令形式出现（详见定时器和计数器指令）。

指令格式如图 5-4 所示。

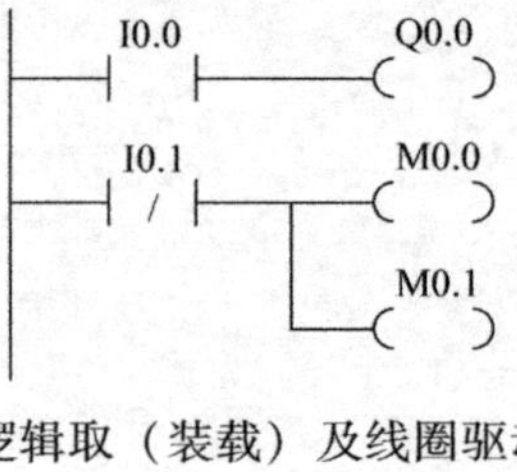


```
LD    I0.0
=     Q0.0
LDN   I0.1
=     M0.0
=     M0.1
```

图 5-4　逻辑取（装载）及线圈驱动指令 LD/LDN，= 指令的使用

**2. 触点串联指令 A（And）/AN（And not）**

（1）指令功能

A（And）：与操作，在梯形图中表示串联连接单个动合触点。

AN（And not）：与非操作，在梯形图中表示串联连接单个动断触点

（2）使用说明：

1）A、AN 是单个触点串联连接指令，可连续使用。S7－200 PLC 的编程软件中规定的串联触点使用上限为 11 个，如图 5-5a 所示。

2）若按正确次序编程，可以反复使用 = 指令，如图 5-5b 所示。但是若按图 5-5c 所示的变成次序，就不能连续使用 = 指令。

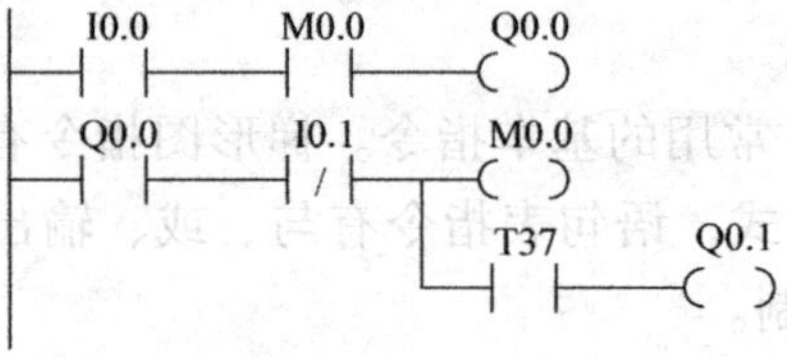


```
网络1
LD    I0.0        AN    I0.1
A     M0.0        =     M0.0
=     Q0.0        A     T37
网络2             =     Q0.1
LD    Q0.0
```

a)

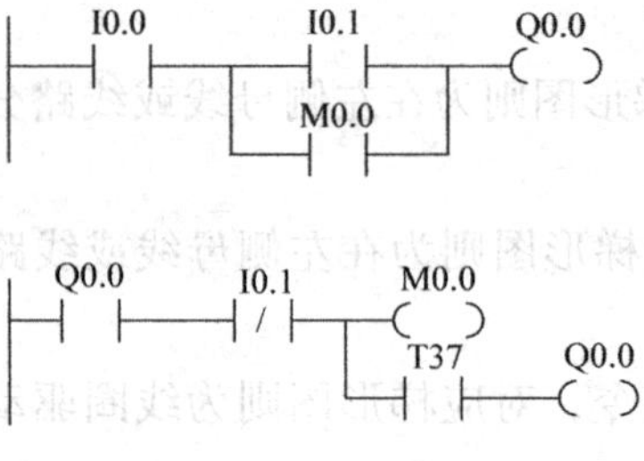


```
网络1             网络2
LD    I0.0        LD    Q0.0
LD    I0.1        AN    I0.1
O     M0.0        =     M0.0
ALD               A     T37
=     Q0.0        =     Q0.0
```

b)

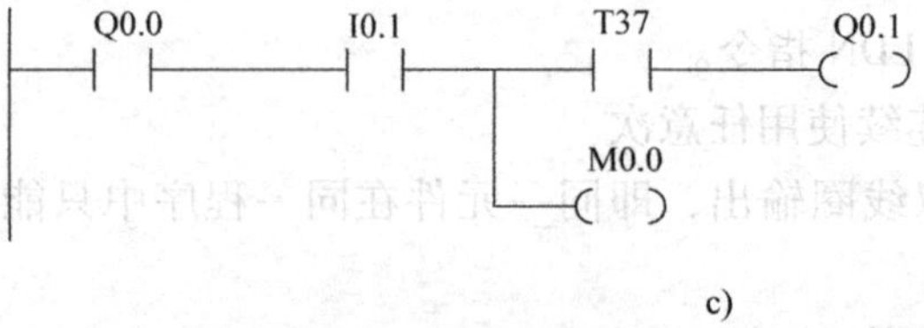


```
LD    Q0.0
A     I0.1
LPS
A     T37
=     Q0.1
LPP
=     M0.0
```

c)

图 5-5　指令格式

a）触点串联指令 A（And）/AN（And not）的使用（正常使用）

b）触点串联指令 A（And）/AN（And not）的使用（反复使用 = 指令）

c）触点串联指令 A（And）/AN（And not）的使用（不能连续使用 = 指令）

4）A/AN 的操作数：I、Q、M、SM、T、C、V、S。

指令格式如图 5-5 所示。

**3. 触点并联指令 O**（Or）**/ON**（Or not）

（1）指令功能

O：或操作，在梯形图中表示并联连接一个动合触点。

ON：或非操作，在梯形图中表示并联连接一个动断触点。

（2）O/ON 指令使用说明

1）O/ON 指令可作为并联一个触点指令，紧接在 LD/LDN 指令之后用，即对其前面的 LD/LDN 指令所规定的触点并联一个触点，可以连续使用。

2）如要并联连接两个以上触点的串联回路时，必须采用 OLD 指令。

3）O/ON 操作数：I、Q、M、SM、V、S、T、C。

指令格式如图 5-6 所示。

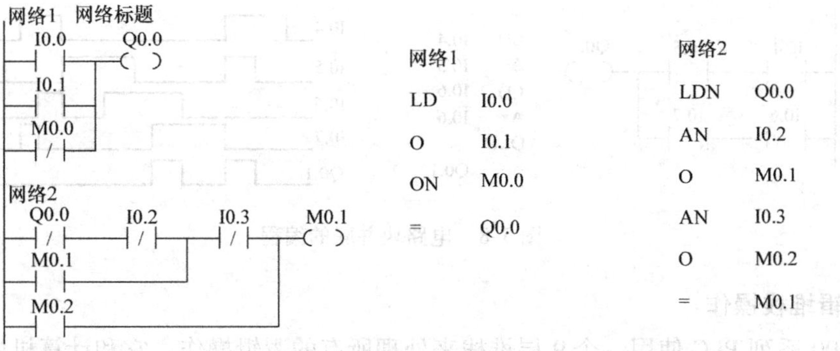


图 5-6 触点并联指令 O（Or）/ON（Or not）的使用

**4. 电路块串联的编程**

（1）指令功能

两条以上支路并联形成的电路叫并联电路块。并联电路块的串联连接指令为 ALD。

ALD：与块指令，用于并联电路块的串联连接。

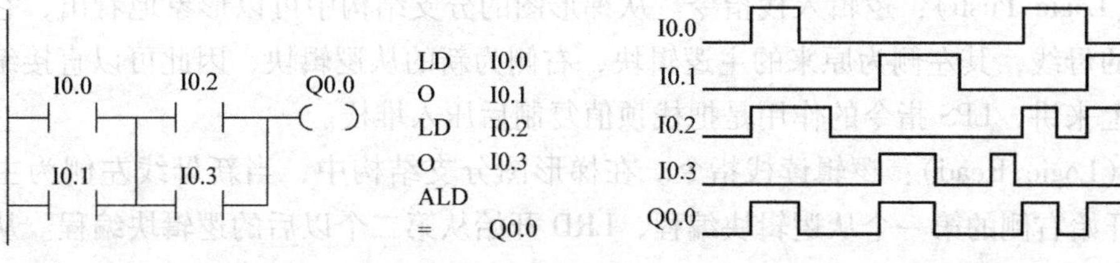


图 5-7 电路块串联的编程

（2）使用说明：

1）在块电路开始时要使用 LD 和 LDN 指令。

2）在每完成一次块电路的串联连接后要写上 ALD 指令。

3）ALD 指令无操作数。

指令格式如图 5-7 所示。

**5. 电路块并联的编程**

（1）指令功能

两个以上触点串联形成的支路叫串联电路块。串联电路块的并联连接指令为 OLD。OLD：或块指令，用于串联电路块的并联连接。

（2）使用说明：

1）每完成一次块电路的并联时要写上 OLD 指令。

2）可以顺次使用 OLD 指令并联多个串联电路块，支路数量没有限制。

3）OLD 指令无操作数。

指令格式如图 5-8 所示。

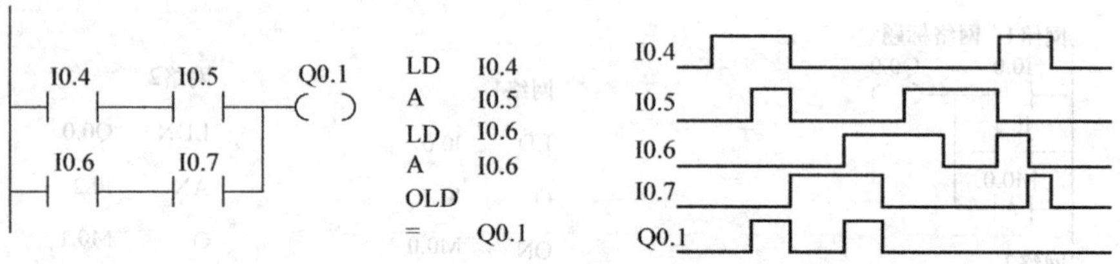


图 5-8 电路块并联的编程

**6. 逻辑堆栈操作**

S7－200 系列 PLC 使用一个 9 层堆栈来处理所有的逻辑操作，它和计算机中的堆栈结构相同，堆栈是一组能够存储和取出数据的暂存单元，其特点是“先进后出”。每一次进行入栈操作，新值放入栈顶，栈底值丢失；每一次进行出栈操作，栈顶值补进随机数。逻辑堆栈指令主要用来完成对触点的复杂连接。

（1）指令功能

逻辑入栈 LPS、逻辑读栈 LRD 和逻辑出栈 LPP 指令这三条指令也称为多重输出指令，主要用于一些复杂逻辑的输出处理。

LPS（Logic Push）：逻辑入栈指令。从梯形图的分支结构中可以形象地看出，它用于生成一条新的母线，其左侧为原来的主逻辑块，右侧为新的从逻辑块，因此可以直接编程。从堆栈使用上来讲，LPS 指令的作用是把栈顶值复制后压入堆栈。

LRD（Logic Read）：逻辑读栈指令。在梯形图分支结构中，当新母线左侧为主逻辑块时，LPS 开始右侧的第一个从逻辑块编程，LRD 开始从第二个以后的逻辑块编程。从堆栈使用上来讲，LRD 读取最近的 LPS 压入堆栈的内容，而堆栈本身不进行 Push 和 Pop 工作。

LPP（Logic Pop）：逻辑出栈指令（支电路结束指令）。在梯形图分支结构中，LPP 用于 LPS 产生的新母线右侧的组后一个从逻辑块编程，它在读取完离它最近的 LPS 压入堆栈内容的同时复位该条新母线。从堆栈使用上来讲，LPP 把堆栈弹出一级，堆栈内容依次上移。堆栈操作原理示意图如图 5-9 所示。

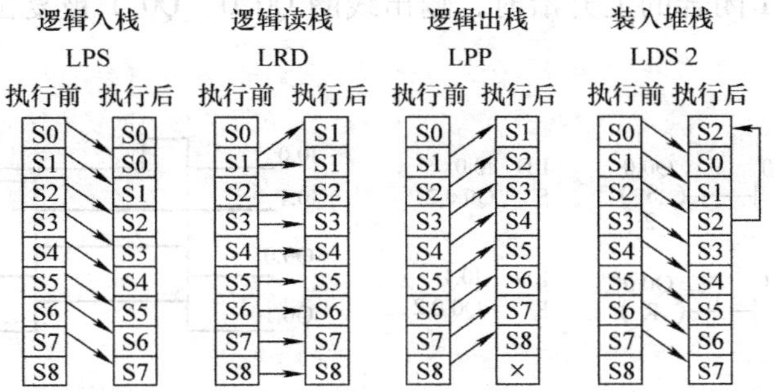


图 5-9　堆栈操作原理示意图

（2）使用说明：

1）由于受堆栈空间的限制，LPS、LPP 指令连续使用时应少于 9 次。

2）LPS 和 LPP 指令必须成对使用，它们之间可以使用 LRD 指令。

3）LPS、LRD、LPP 指令无操作数。

指令格式如图 5-10 所示，多层堆栈的使用如图 5-11 所示。

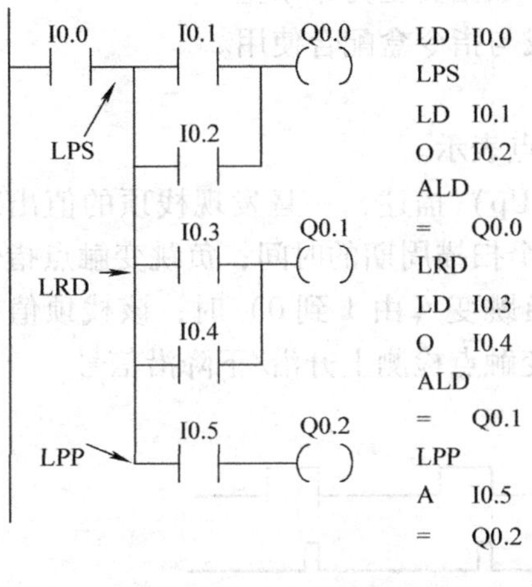


图 5-10　逻辑入栈 LPS、逻辑读栈 LRD 和逻辑出栈 LPP 指令的格式

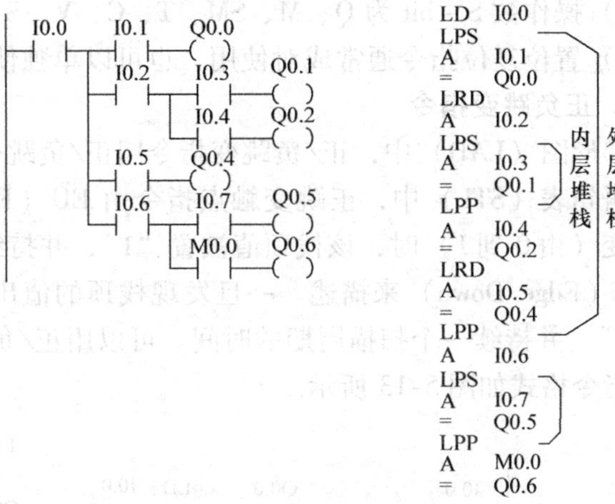


图 5-11　多层堆栈的使用

**7. 置位与复位指令**

（1）指令功能

执行置位和复位（*n* 位）指令时，把从指令操作数（bit）指定的地址开始的 *n* 个点都被置位或复位。

置位和复位（1 位）指令可用于电动机的起、停控制程序。

置位/复位指令 S/R 的编程如图 5-12 所示。

1）S、R 指令中的 2 表示从指定的 Q0.0 开始的两个触点，即 Q0.0 与 Q0.1。

2）在检测到 I0.0 闭合的上升沿时，输出线圈 Q0.0、Q0.1 被置为 1，并保持，而不论 I0.0 为何种状态。

3）在检测到I0.1闭合的上升沿时，输出线圈Q0.0、Q0.1被复位为0，并保持，而不论I0.0为何种状态。

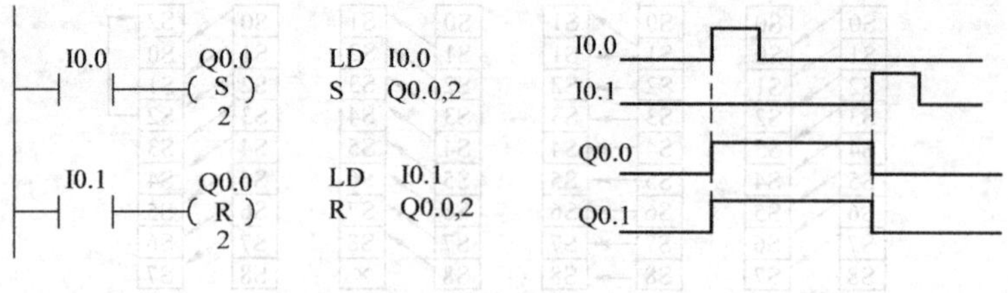


图5-12　置位/复位指令S/R

（2）指令使用说明

1）对同一元件（同一寄存器的位）可以多次使用S/R指令。

2）由于是扫描工作方式，当置位、复位指令同时有效时，写在后面的指令具有优先权。

3）操作数为VB、IB、QB、MB、SMB、SB、LB、AC、常量、＊VD、＊AC、＊LD。取值范围为0～255。数据类型为字节。

4）操作数S－bit为Q、M、SM、T、C、V、S、L。数据类型为布尔型。

5）置位复位指令通常成对使用，也可以单独使用或与指令盒配合使用。

**8. 正负跳变指令**

梯形图（LAD）中，正/负跳变指令用正/负跳变触点表示。

语句表（STL）中，正跳变触点指令由EU（Edge Up）描述，一旦发现栈顶的值出现正跳变（由0到1）时，该栈顶值被置“1”，并持续一个扫描周期的时间；负跳变触点指令由ED（Edge Down）来描述。一旦发现栈顶的值出现负跳变（由1到0）时，该栈顶值被置“1”，并持续一个扫描周期的时间。可以用正/负跳变触点检测上升沿/下降沿信号。

指令格式如图5-13所示。

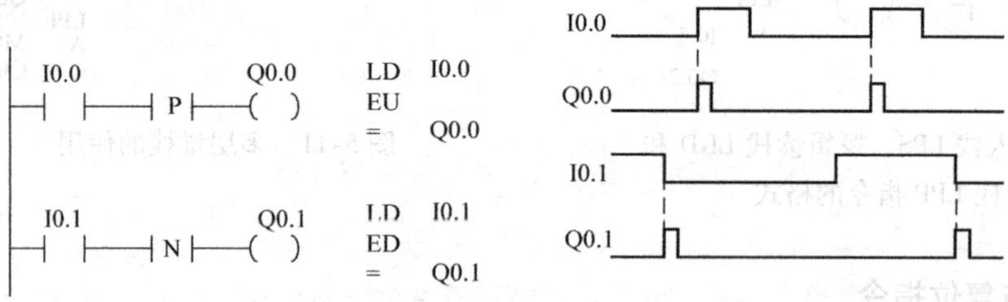


图5-13　正/负跳变指令编程

**9. NOT、NOP和END指令**

NOT、NOP及END指令的形式及功能见表5-1。

**表5-1　NOT、NOP及END指令的形式及功能**

| STL | 功能 | 操作数 |
|---|---|---|
| NOT | 逻辑结果取反 | — |
| NOP | 空操作 | — |
| END | 无条件结束 | — |

NOT 为逻辑结果取反指令，在复杂逻辑结果取反时为用户提供方便。取非触点指令可用来改变能流的状态。能流到达取非触点时，能留就停止；能流未到达取非触点时，能流就能通过。

NOP 为空操作，对程序没有实质影响。操作数 N 是一个 0～255 之间的常数。

END 为无条件结束指令，在编程结束时一定要写上该指令，否则会出现编译错误。调试程序时，在程序的适当位置插入 END 指令可以实现程序的分段调试。

**10. 立即 I/O 指令**

立即触点指令包括 LDI 指令、LDNI 指令、AI 指令、ANI 指令、OI 指令、ONI 指令。指令中的“I”（Immediate）即为“立即”的意思。执行立即触点指令时，直接读取物理输入点的值，输入映像寄存器内容不更新。指令操作数仅限于输入物理点的值。立即触点指令用动合和动断立即触点表示。

1）LDI 指令。LDI 指令称为立即取指令，直接读取物理输入点的值，输入映像寄存器内容不更新。

2）LDNI 指令。LDNI 指令称为立即取反指令，直接读取物理输入点的值，输入映像寄存器内容不更新。

3）AI 指令。AI 指令称为立即串联指令，表示把物理输入点的位的值立即与其他触点串联起来。该输入映像寄存器的内容不更新。

4）ANI 指令。ANI 指令称为立即串联非指令，表示把物理输入点的位的值取反立即与其他触点串联起来。该输入映像寄存器的内容不更新。

5）OI 指令。OI 指令称为立即并联指令，表示把物理输入点的位的值立即与其他触点并联起来。该输入映像寄存器的内容不更新。

6）ONI 指令。ONI 指令称为立即并联非指令，表示把物理输入点的位的值取反后立即与其他触点并联起来。该输入映像寄存器的内容不更新。

指令格式如图 5-14 所示。

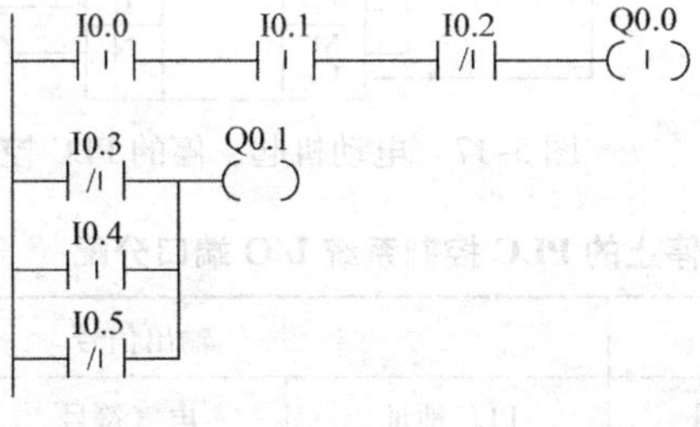


| | |
|---|---|
| LDI | I0.0 |
| AI | I0.1 |
| ANI | I0.2 |
| =I | Q0.0 |
| LDNI | I0.3 |
| OI | I0.4 |
| ONI | I0.5 |
| = | Q0.1 |

图 5-14　立即触点指令和立即输出指令的用法

**11. 立即置位和立即复位指令**

SI 称为立即置位指令；RI 称为立即复位指令。

执行 SI 指令或 RI 指令时，从指定位地址开始的 $N$ 个点的映像寄存器都将被立即置位或立即复位。新值被同时写到物理输出点和相应的输出映像寄存器。立即置位或立即复位 $N$ 的点数可以是 1~12。

立即置位和立即复位指令的用法如图 5-15 所示。

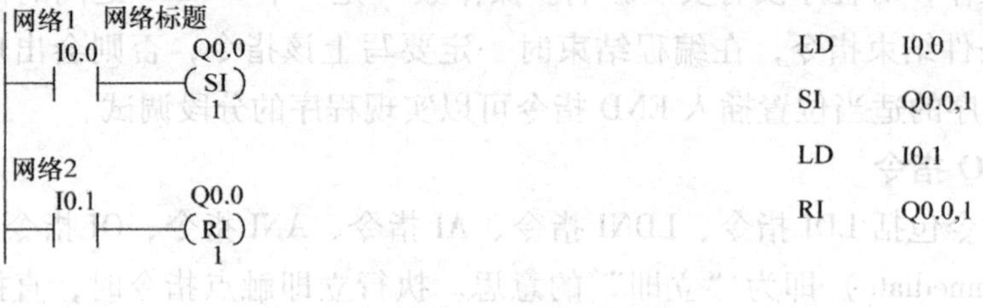


图 5-15 立即置位和立即复位指令的用法

## 5.2.2 基本位逻辑指令应用举例

任务 1 设计一台电动机起动/停止的 PLC 控制系统。

图 5-16 所示的是一个用继电器接触器控制的三相交流电动机的起、停控制电路，其特点是：当按下起动按钮时电动机起动并连续运转，当按下停止按钮时，电动机停止运行。该电路采用了热继电器 FR 为电动机 M 的过载保护。现在要求用 PLC 设计控制线路，可按下述步骤进行。

1）I/O 分配。根据控制要求，I/O 端口分配情况见表 5-2。

2）三相交流电动机单向起、停的 PLC 控制接线图如图 5-17 所示。

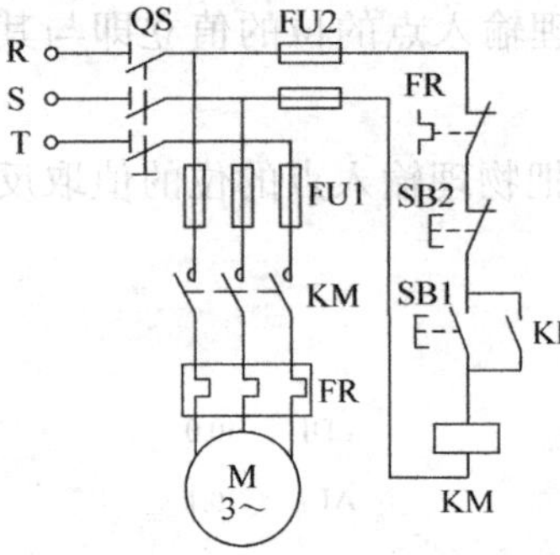


图 5-16 电动机起、停控制电气原理图

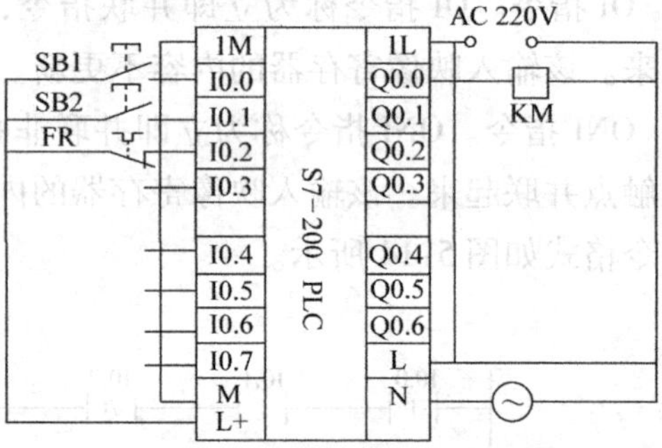


图 5-17 电动机起、停的 PLC 控制接线图

**表 5-2 一台电动机起动/停止的 PLC 控制系统 I/O 端口分配**

| 输入信号 | | | 输出信号 | | |
|---|---|---|---|---|---|
| PLC 地址 | 电气符号 | 功能说明 | PLC 地址 | 电气符号 | 功能说明 |
| I0.0 | SB1 | 起动按钮 | Q0.0 | KM | 接触器线圈 |
| I0.1 | SB2 | 停止按钮 | | | |
| I0.2 | FR | 热继电器 | | | |

3）程序设计。电动机起动、保持和停止电路，其对应的 PLC 外部接线图如图 5-17 所示，起动、停止动合按钮 SB1 和 SB2 分别接在输入端 I0.0 和 I0.1，负载接在输出端

Q0.0。因此输入映像寄存器 I0.0 的状态与起动按钮 SB1 的状态相对应，输入映像寄存器 I0.1 的状态与停止按钮 SB2 的状态相对应。而程序运行结果写入输出映像寄存器 Q0.0，并通过输出电路控制接触器线圈 KM。这种电路的主要特点是具有“记忆”功能，程序设计如图 5-18 所示，按下起动按钮，I0.0 的动合触点接通，如果这时未按停止按钮，I0.1 的动断触点是接通的，热继电器不动作时，I0.2 动断触点闭合，Q0.0 的线圈通电，它的动合触点同时接通。松开起动按钮，I0.0 已闭合触点断开，能流经 Q0.0 已闭合触点、I0.1 的动断触点和 I0.2 的动断触点流过 Q0.0 线圈，Q0.0 仍为 ON，这种现象称为“自锁”或“自保持”功能。按下停止按钮，I0.1 的动断触点断开，使 Q0.0 的线圈断电，电动机停止转动。如果电动机过载，I0.2 的动断触点断开，也会使 Q0.0 的线圈断电，电动机停转。

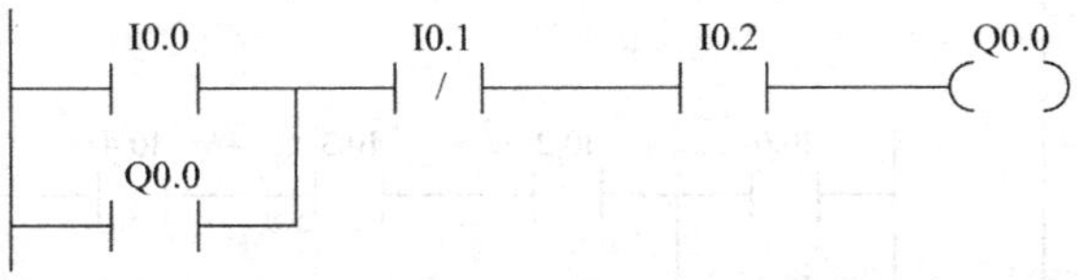


```
LD   I0.0
O    Q0.0
AN   I0.1
A    I0.2
=    Q0.0
```

图 5-18　三相交流电动机单向起、停的 PLC 梯形图

采用置位/复位指令也可实现电动机起动、停止控制，接线图一致，程序设计如图 5-19 所示。

任务 2　设计一台电动机两地控制的 PLC 控制系统。

如图 5-20 所示为电动机两地控制电路图。操作人员可以在不同的两地 A 或者 B 对电动机 M 进行起动、停止控制。

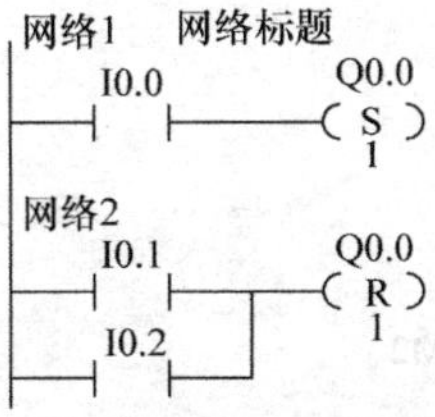


```
LD   I0.0
S    Q0.0,1
LD   I0.1
O    I0.2
R    Q0.0,1
```

图 5-19　三相交流电动机单向起、停的 PLC 梯形图

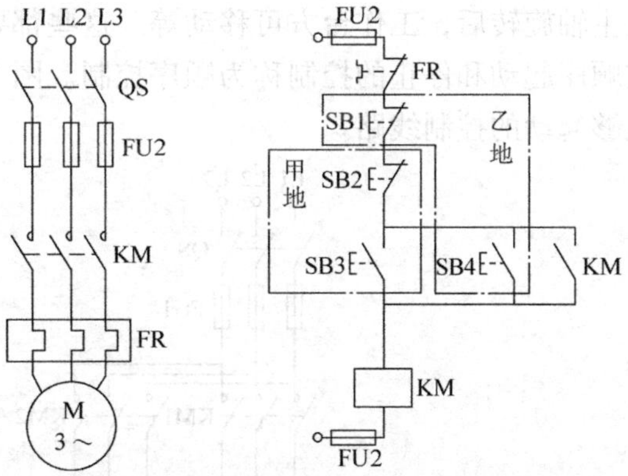


图 5-20　为电动机两地控制电路图

1）I/O 端口分配。根据控制要求，I/O 端口分配情况见表 5-3。

**表 5-3　一台电动机两地控制的 PLC 控制系统 I/O 端口分配情况**

| 输入信号 | | | 输出信号 | | |
|---|---|---|---|---|---|
| PLC 地址 | 电气符号 | 功能说明 | PLC 地址 | 电气符号 | 功能说明 |
| I0.0 | SB3 | 甲地起动按钮 | Q0.0 | KM | 接触器线圈 |
| I0.1 | SB4 | 乙地起动按钮 | | | |
| I0.2 | SB2 | 甲地停止按钮 | | | |
| I0.3 | SB1 | 乙地停止按钮 | | | |
| I0.4 | FR | 热继电器 | | | |

2）单台电动机两地控制的 PLC 外部接线图如图 5-21 所示。

3）程序设计，电动机两地控制的 PLC 控制梯形图如图 5-22 所示。

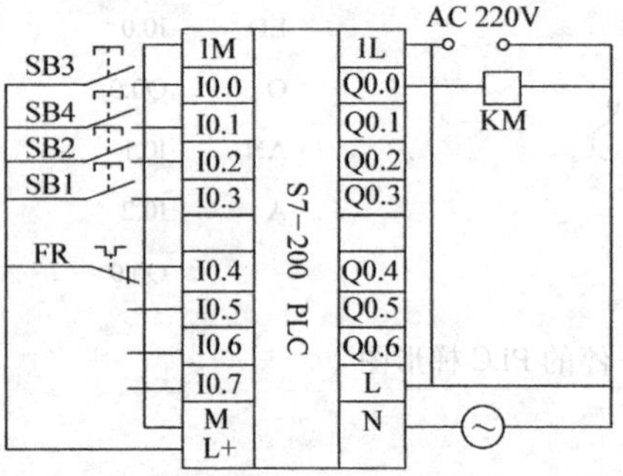


图 5-21　单台电动机两地控制的 PLC 外部接线图

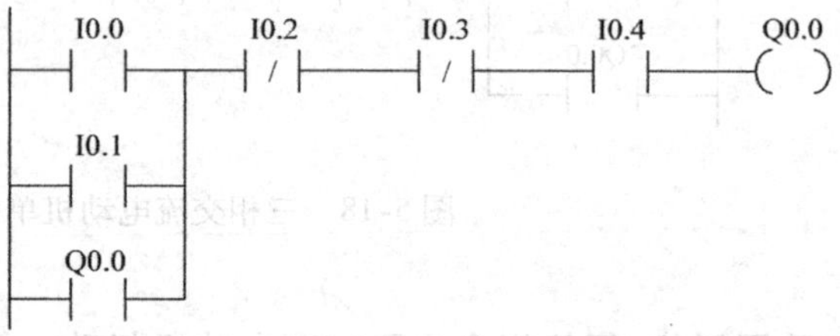


图 5-22　电动机两地控制的 PLC 控制梯形图

任务 3　控制两台电动机的依次顺序起动。

在机床的控制线路中，经常要求多台电动机有顺序地起动和停止。例如：磨床上要求润滑油泵起动后才能起动主轴电动机；龙门刨床工作台移动前，导轨润滑油泵要先起动；铣床在主轴旋转后，工作台方可移动等。这些都要求电动机有顺序地起动。这种要求多台电动机按顺序起动和停止的控制称为顺序控制。图 5-23 所示为当 M1 电动机起动后，M2 电动机方能够起动的控制线路。

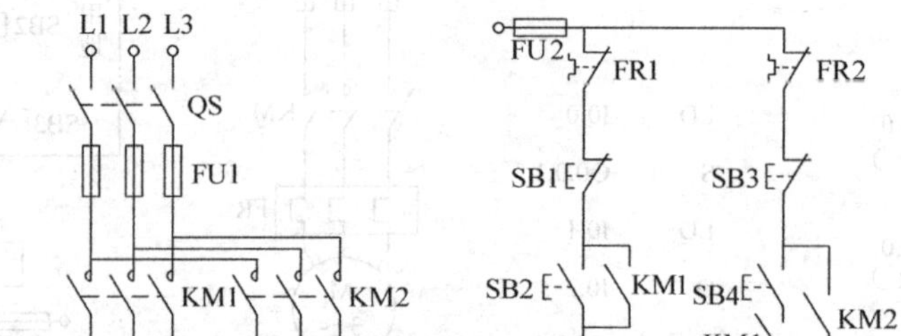


图 5-23　控制两台电动机的依此顺序起动电路图

1）I/O 端口分配。根据控制要求，I/O 端口分配情况见表 5-4。

**表 5-4　控制两台电动机的依此顺序起动 I/O 端口分配**

| 输入信号 | | | 输出信号 | | |
|---|---|---|---|---|---|
| PLC 地址 | 电气符号 | 功能说明 | PLC 地址 | 电气符号 | 功能说明 |
| I0. 0 | SB2 | M1 起动按钮 | Q0. 0 | KM1 | M1 接触器 |
| I0. 1 | SB4 | M2 起动按钮 | Q0. 1 | KM2 | M2 接触器 |
| I0. 2 | SB1 | M1 停止按钮 | | | |
| I0. 3 | SB3 | M2 停止按钮 | | | |
| I0. 4 | FR1 | M1 热继电器 | | | |
| I0. 5 | FR2 | M2 热继电器 | | | |

2）两台电动机顺序起动的 PLC 外部接线图如图 5-24 所示。

3）程序设计。两台电动机顺序起动的 PLC 控制梯形图如图 5-25 所示。

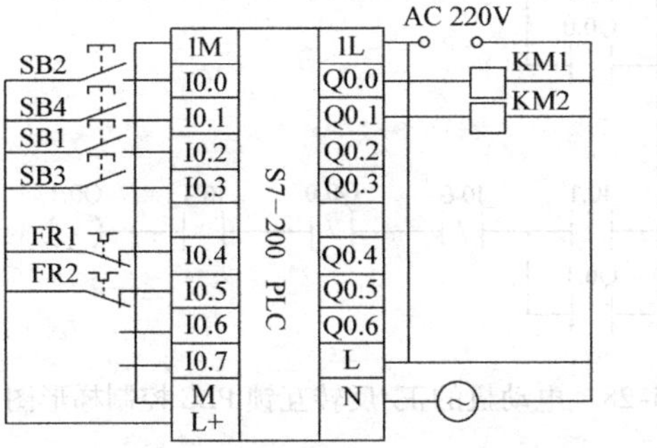


图 5-24　两台电动机顺序起动的 PLC 外部接线图

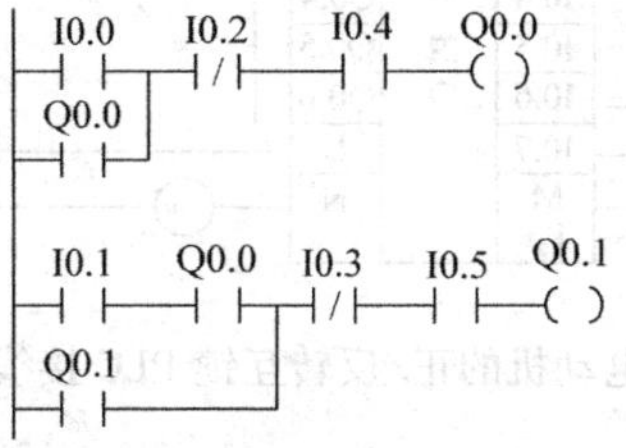


图 5-25　两台电动机顺序起动的 PLC 控制梯形图

任务 4　设计一个单台电动机的正/反转互锁 PLC 控制系统。

其控制要求如下：当按下正转起动按钮 SB2 时，电动机 M 正向起动且连续运转；当按下反转起动按钮 SB3 时，电动机 M 反向起动且连续运转。其中按钮 SB2、SB3 和接触器 KM1、KM2 的动断触点分别串接在对方接触器线圈回路中，当接触器 KM1 通电闭合时，接触器 KM2 不能通电闭合；反之当接触器 KM2 通电闭合时，接触器 KM1 不能通电闭合，这种现象称之为“互锁功能”。其电气原理图如图 5-26 所示。

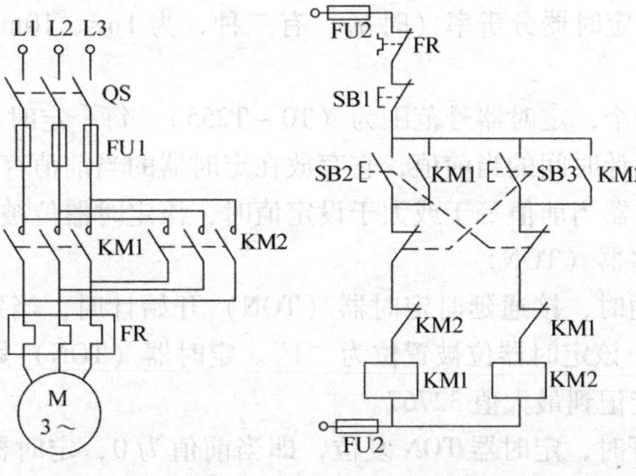


图 5-26　单台电动机的正/反转互锁 PLC 控制系统电气原理图

1）I/O 端口分配。根据控制要求，I/O 端口分配情况见表 5-5。

**表 5-5　单台电动机的正/反转互锁 PLC 控制系统 I/O 分配表**

| 输入信号 | | | 输出信号 | | |
|---|---|---|---|---|---|
| PLC 地址 | 电气符号 | 功能说明 | PLC 地址 | 电气符号 | 功能说明 |
| I0.0 | SB2 | 正转起动按钮，动合触点 | Q0.0 | KM1 | 电动机正转接触器线圈 |
| I0.1 | SB3 | 反转起动按钮，动合触点 | Q0.1 | KM2 | 电动机反转接触器线圈 |
| I0.2 | SB1 | 停止按钮，动合触点 | | | |
| I0.3 | FR | 热继电器动断触点 | | | |

2）单台电动机的正/反转互锁 PLC 控制系统接线图如图 5-27 所示。

3）程序设计。两台电动机顺序起动的 PLC 控制梯形图如图 5-28 所示。

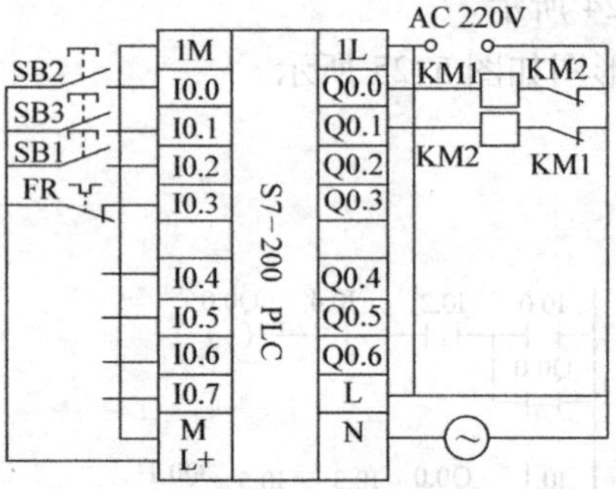


图 5-27　电动机的正/反转互锁 PLC 接线图

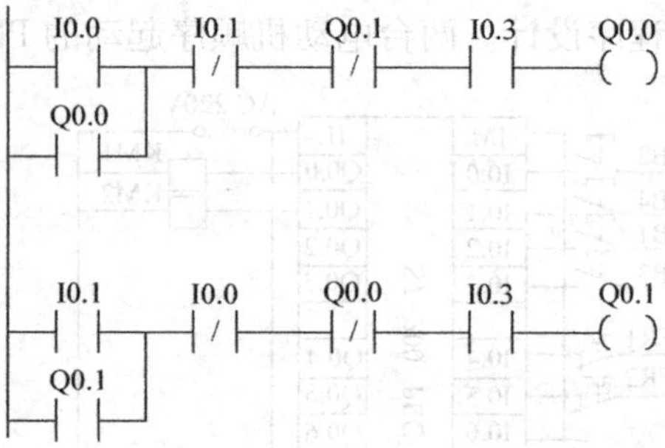


图 5-28　电动机的正/反转互锁 PLC 控制梯形图

## 5.3　定时器指令的应用

### 5.3.1　定时器指令

S7－200PLC 的定时器类型有三种：接通延时通定时器（TON）和有记忆接通延时定时器（TONR）、断开延时定时器（TOF）。

S7－200 系列 PLC 定时器分辨率（时基）有三种，为 1ms、10ms、100ms。定时器的分辨率由定时器号决定。

定时器总数有 256 个，定时器号范围为（T0～T255）。每个定时器有两个相关的变量：

当前值：定时器累计时间的当前值，它存放在定时器的当前值存储器（16bit）中。

定时器位：当定时器当前值等于或大于设定值时，该定时器位被置为“1”。

（1）接通延时定时器（TON）

输入端（IN）接通时，接通延时定时器（TON）开始计时，当定时器的当前值等于或大于设定值（PT）时，该定时器位被置位为“1”。定时器（TON）累计值达到设定时间后，TON 继续计时，一直能记到最大值 32767。

输入端（IN）断开时，定时器 TON 复位，即当前值为 0，定时器位为“0”。定时器的实际设定时间 $T$ = 设定值（PT）×分辨率，设定值（PT）的数据类型是有符号整数

(INT)。接通延时定时器 TON 是模拟通电延时型物理时间继电器的功能。接通延时定时器（TON）指令编程如图 5-29 所示。

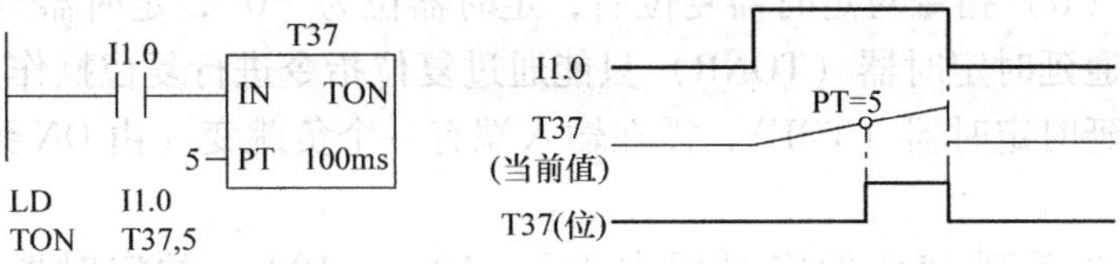


图 5-29　接通延时定时器（TON）指令编程

（2）有记忆接通延时定时器（TONR）

输入端（IN）接通时，接通有记忆接通延时定时器（TONR），并开始计时，当定时器（TONR）的当前值等于或大于设定值时，该定时器位被置位为“1”。定时器（TONR）累计值达到设定值后，定时器（TONR）继续计时，一直记到最大值 32767。

输入端（IN）断开时，定时器（TONR）的当前值保持不变，定时器位不变。

输入端（IN）再次接通，定时器当前值从原保持值开始往上累计时间，继续计时。可以用定时器（TONR）累计多次输入信号的接通时间。

上电周期或首次扫描时，定时器（TONR）的定时器位为“0”，当前值保持，可利用复位指令（R）清除定时器（TONR）的当前值。有记忆接通定时器（TONR）指令编程如图 5-30 所示。

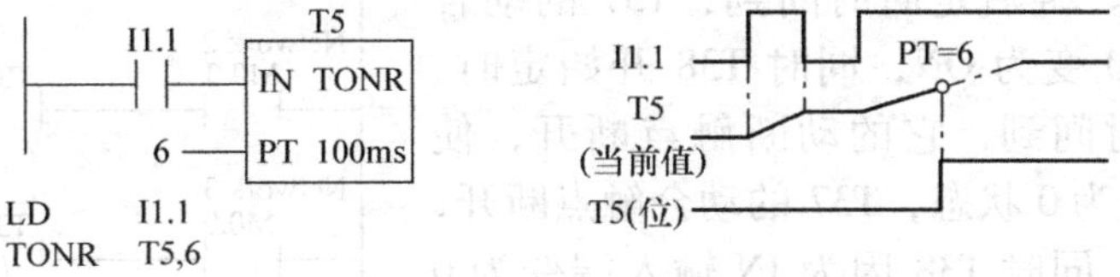


图 5-30　有记忆接通定时器（TONR）指令编程

（3）断开延时定时器（TOF）

输入端（IN）接通时，定时器位立即为“1”，并把当前值设为 0。

输入端（IN）断开时，定时器开始计时，当断开延时定时器（TOF）的计时当前值等于设定时间时，定时器位断开为“0”，且停止计时。TOF 指令必须用负跳变（由 ON 到 OFF），的输入信号起动计时。以上过程是模拟断电延时型物理时间继电器功能。断开延时定时器（TOF）指令编程如图 5-31 所示。

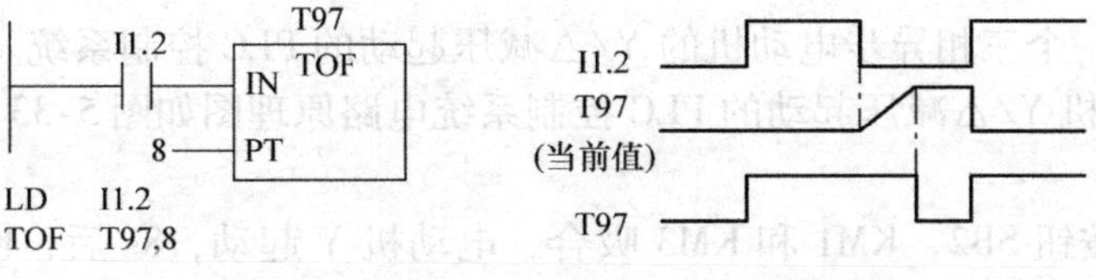


图 5-31　断开延时定时器（TOF）指令编程

应用定时器指令应注意的几个问题：

1）不能把一个定时器号同时用于断开延时定时器（TOF）和接通延时定时器。

2）使用复位（R）指令对定时器复位后，定时器位为“0”，定时器当前值为0。

3）有记忆接通延时定时器（TONR）只能通过复位指令进行复位操作。

4）对于断开延时定时器（TOF），需在输入端有一个负跳变（由ON到OFF）的输入信号起动计时。

注意：S7－200系列PLC的定时器中1ms、10ms、100ms的定时器的刷新方式是不同的。

1）1ms定时器　由系统每隔1ms刷新一次，与扫描周期及程序处理无关。所以当扫描周期较长时，在一个周期内可能被多次刷新，其当前值在一个扫描周期内不一定保持一致。

2）10ms定时器　由系统在每个扫描周期开始时自动刷新。由于是每个扫描周期只刷新一次，就在每次程序处理期间，其当前值为常数。

3）100ms定时器　在该定时器指令执行时被刷新。因而要留意，如果该定时器线圈被激励而该定时器指令并不是每个扫描周期都执行，那么该定时器不能及时刷新，丢失时基脉冲，造成计时失准。若同一个100ms定时器指令在一个扫描周期中多次被执行，则该定时器就会数多了时基脉冲，相当于时钟走快了。

例：设计控制程序，使指示灯以4s为周期闪烁。（I0.0为起动按钮，I0.3为停止按钮）图5-32中I0.0的常开触点接通后，T37的IN输入端为1状态，T37开始定时。2s后定时时间到，T37的动合触点接通，使Q0.0变为ON，同时T38开始定时。2s后T38的定时时间到，它的动断触点断开，使T37的IN输入端变为0状态，T37的动合触点断开，使Q0.0变为OFF，同时T38因为IN输入端变为0状态，它被复位，复位后其动断触点接通，T37又开始定时，以后Q0.0的线圈这样周期性地“通电”和“断电”，直到I0.0变为OFF，Q0.0线圈“通电”和“断电”的时间分别等于T38和T37的设定值。

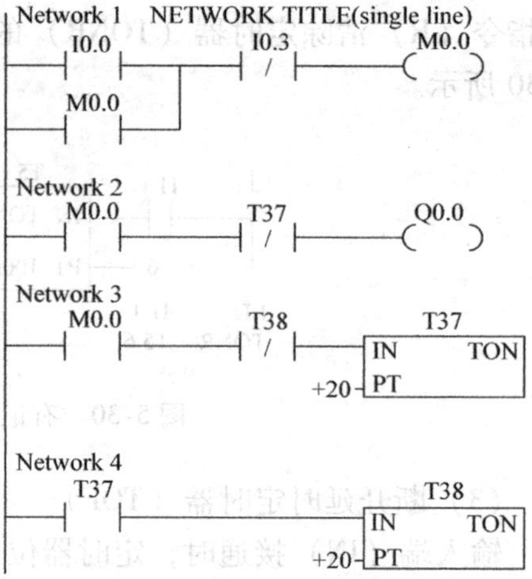


图5-32　闪烁电路

闪烁电路实际上是一个具有正反馈的振荡电路，T37和T38的输出信号通过它们的触点分别控制对方的线圈，形成了正反馈。

## 5.3.2　定时器指令应用举例

任务1　设计一个三相异步电动机的Y/△减压起动的PLC控制系统。

三相异步电动机Y/△减压起动的PLC控制系统电路原理图如图5-33所示，其控制要求如下：

1）按下起动按钮SB2，KM1和KM3吸合，电动机Y起动，8s后，KM3断开，KM2吸合，电动机角运行，起动完成。

2）按下停止按钮SB1，接触器全部断开，电动机停止运行。

3）如果电动机超负荷运行，热继电器FR断开，电动机停止运行。

设计步骤如下：

1）I/O 端口分配。根据控制要求，三相异步电动机 Y/△减压起动的 PLC I/O 端口分配见表 5-6。

2）三相异步电动机的 Y/△减压起动的 PLC 控制系统外部接线图如图 5-34 所示。

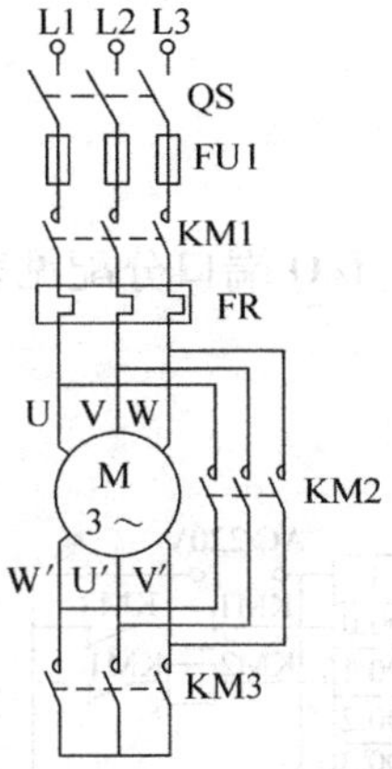


图 5-33　Y/△减压起动的电气原理图

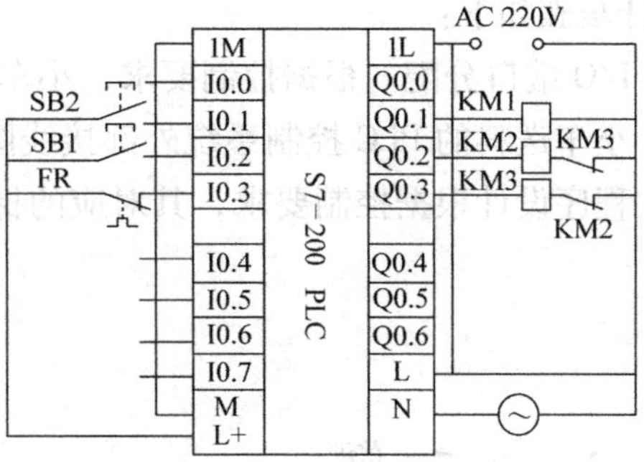


图 5-34　Y/△减压起动的 PLC 控制系统外部接线图

**表 5-6　三相异步电动机 Y/△减压起动的 I/O 端口分配**

| 输入信号 | | | 输出信号 | | |
|---|---|---|---|---|---|
| PLC 地址 | 电气符号 | 功能说明 | PLC 地址 | 电气符号 | 功能说明 |
| I0. 1 | SB2 | 起动按钮 | Q0. 1 | KM1 | 接触器线圈 |
| I0. 2 | SB1 | 停止按钮 | Q0. 2 | KM2 | △接法接触器线圈 |
| I0. 3 | FR | 热继电器 | Q0. 3 | KM3 | Y 接法接触器线圈 |

3）程序设计根据控制要求，其对应的梯形图如图 5-35 所示。

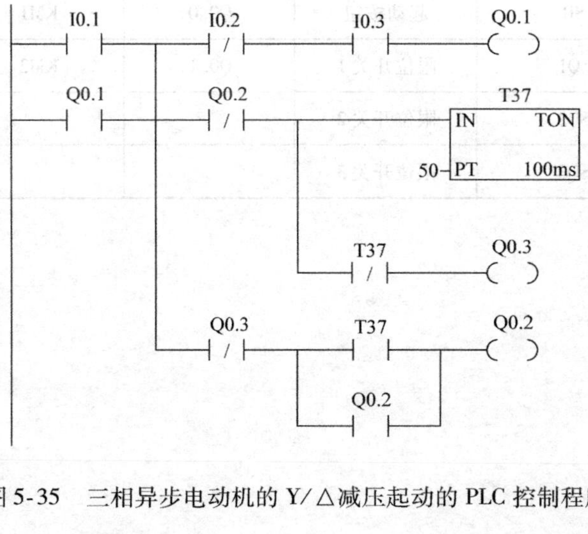


图 5-35　三相异步电动机的 Y/△减压起动的 PLC 控制程序

任务 2　设计小车送料的 PLC 控制系统。

控制要求（如图5-36所示）：

1）按下起动按钮SB，小车电动机正转，小车第一次前进，碰到限位开关SQ1后小车电动机反转，小车开始后退。

2）小车前进碰到限位开关SQ2后，小车电动机M停转，5s后，第二次前进，碰到限位开关SQ3，再次后退。

3）后退再次碰到限位开关SQ2时，小车停止。

设计步骤如下：

1）I/O端口分配。根据控制要求，小车送料控制系统的PLC I/O端口分配见表5-7。

2）小车送料的PLC控制系统外部接线图如图5-37所示。

3）程序设计根据控制要求，其对应的梯形图如图5-38所示。

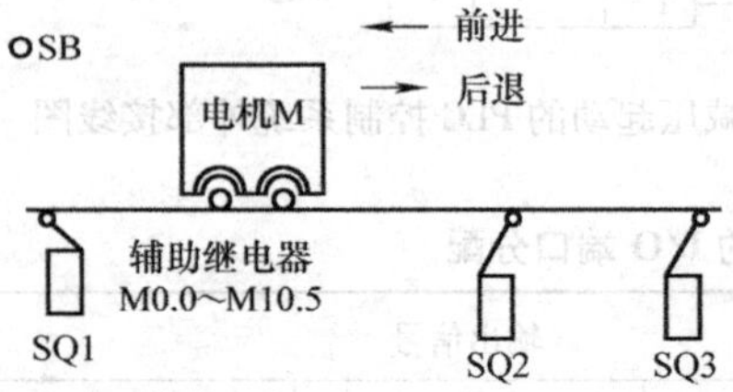


图5-36　小车送料示意图

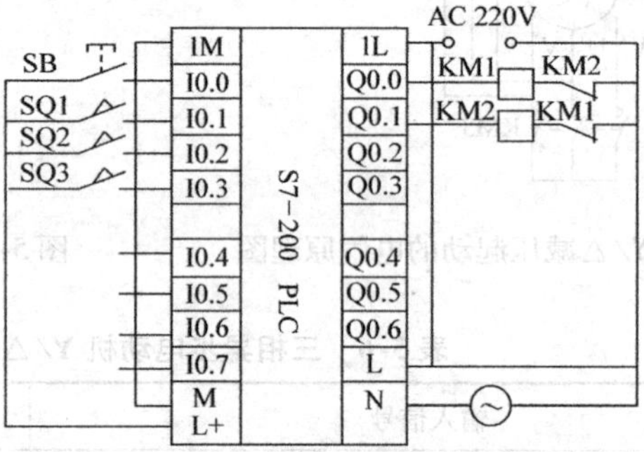


图5-37　小车送料的PLC控制系统外部接线图

**表5-7　小车送料控制系统的PLC I/O端口分配**

| 输入信号 | | | 输出信号 | | |
|---|---|---|---|---|---|
| PLC地址 | 电气符号 | 功能说明 | PLC地址 | 电气符号 | 功能说明 |
| I0.0 | SB | 起动按钮 | Q0.0 | KM1 | 接触器线圈（正转） |
| I0.1 | SQ1 | 限位开关1 | Q0.1 | KM2 | 接触器线圈（反转） |
| I0.2 | SQ2 | 限位开关2 | | | |
| I0.3 | SQ3 | 限位开关3 | | | |

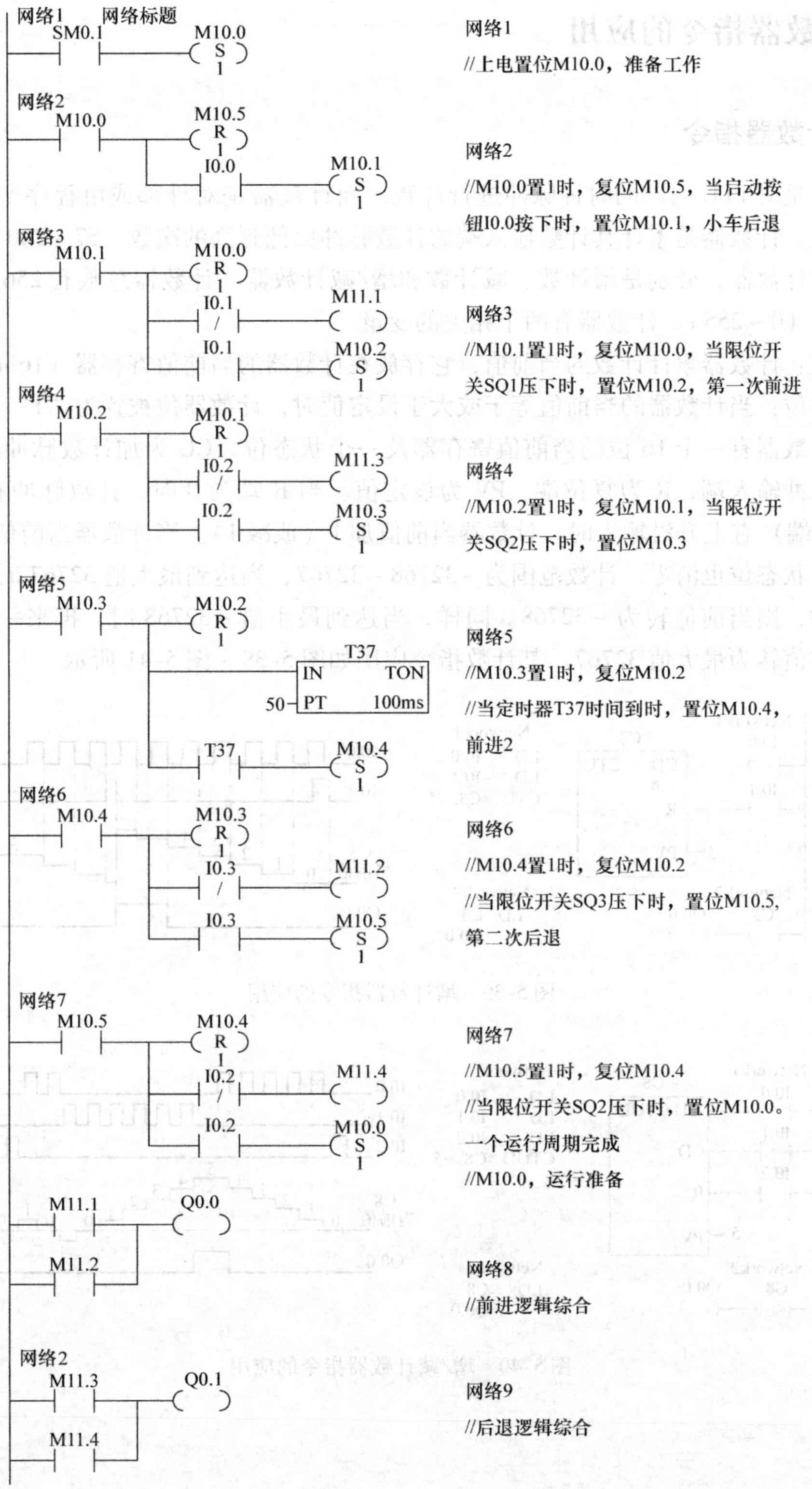


图 5-38　小车送料的 PLC 控制系统程序

# 5.4 计数器指令的应用

## 5.4.1 计数器指令

定时器是对 PLC 内部的时钟脉冲进行计数，而计数器是对外部或由程序产生的计数脉冲进行计数。计数器是累计其计数输入端的计数脉冲由低到高的次数。S7－200 系列 PLC 有三种类型的计数器，分别是增计数、减计数和增/减计数器。计数器总数有 256 个，计数器号范围为 C（0～255）。计数器有两个相关的变量。

当前值：计数器累计计数的当前值，它存放在计数器的当前值寄存器（16bit）中。

计数器位：当计数器的当前值等于或大于设定值时，计数器位被置为“1”。

每个计数器有一个 16 位的当前值寄存器及一个状态位。CU 为加计数脉冲输入端，CD 为减计数脉冲输入端，R 为复位端，PV 为设定值。当 R 端为 0 时，计数脉冲有效；当 CU 端（或 CD 端）有上升沿输入时，计数器当前值加 1（或减 1）。当计数器当前值大于或等于设定值时，状态位也清零。计数范围为－32768～32767，当达到最大值 32767 时，再来一个加计数脉冲，则当前值转为－32768。同样，当达到最小值－32768 时，再来一个减计数脉冲，则当前值转为最大值 32767。其计数指令应用如图 5-39～图 5-41 所示。

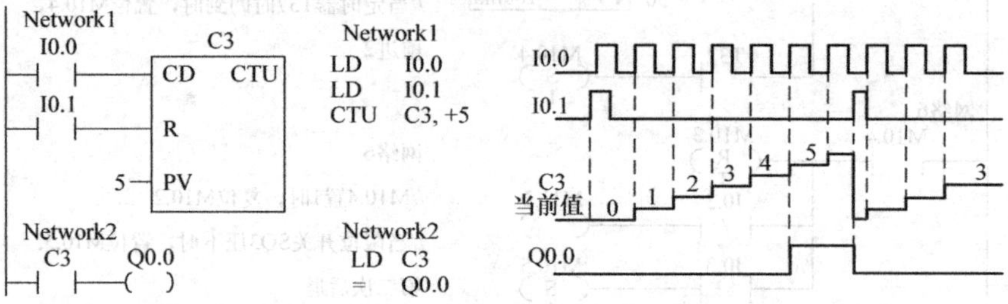


图 5-39 增计数器指令的应用

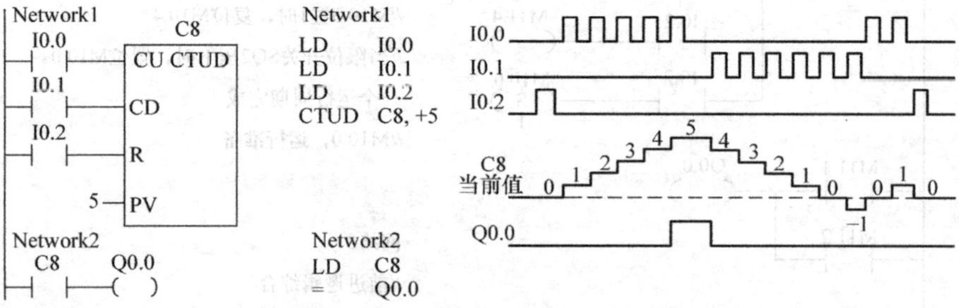


图 5-40 增/减计数器指令的应用

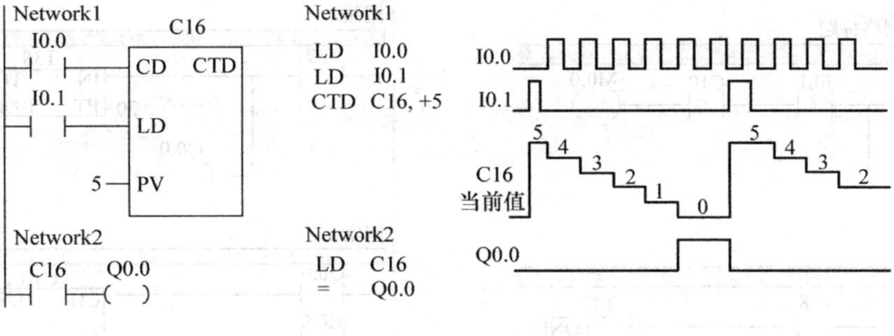


图 5-41 减计数器指令的应用

## 5.4.2 计数器指令应用举例

任务 1 一自动仓库存放某种货物，最多 6000 箱，需对所存的货物进出计数。货物多于 1000 箱，灯 L1 亮；货物多于 5000 箱，灯 L2 亮。

其中，L1 和 L2 分别受 Q0.0 和 Q0.1 控制，数值 1000 和 5000 分别存储在 VW20 和 VW30 字存储单元中，其梯形图程序如图 5-42 所示。

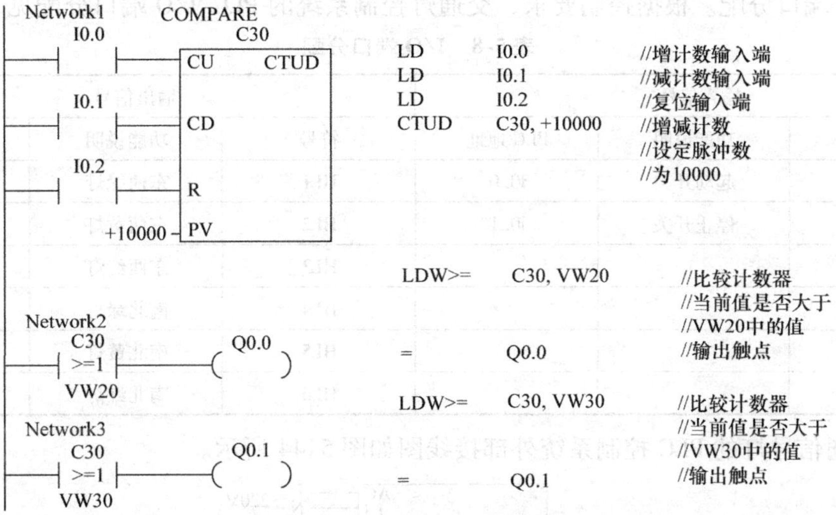


图 5-42 计数器指令的应用

任务 2 闪烁计数 PLC 控制系统。

有照明灯一盏，要求按起动按钮（I0.0）后，照明灯以灭 2s、亮 2s 的工作周期得电 20 次后自动停止，按停止按钮（I0.1）后立即停止。根据控制要求，其梯形图程序如图5-43 所示。

任务 3 交通信号灯的 PLC 控制系统。

控制过程如下：

1）开起电源并计数 0 ~ 90s；东西红灯 Q0.2、南北绿灯 Q0.3 亮。

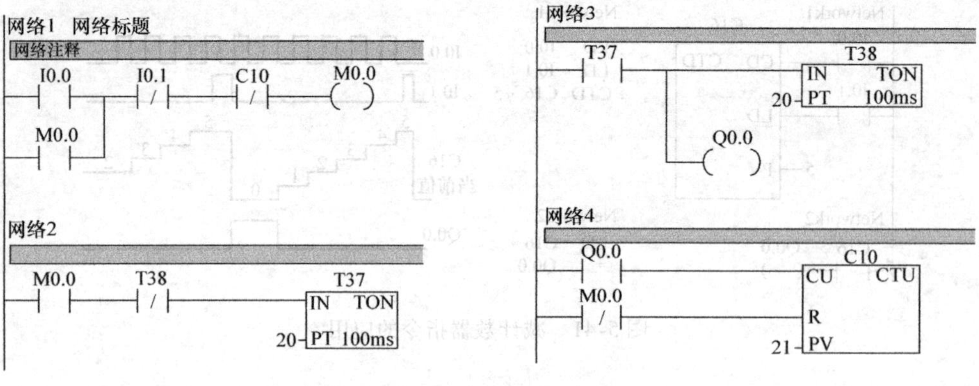


图 5-43 计数器指令的应用

2）90～95s；东西红灯 Q0.2、南北黄灯 Q0.4。

3）95～125s；东西绿灯 Q0.0、南北红灯 Q0.5。

4）125～130s；东西黄灯 Q0.1、南北红灯 Q0.5。

设计步骤如下：

1）I/O 端口分配。根据控制要求，交通灯控制系统的 PLC I/O 端口分配见表 5-8。

**表 5-8 I/O 端口分配**

| 输入信号 | | | 输出信号 | | |
|---|---|---|---|---|---|
| 符号 | 功能说明 | PLC 地址 | 符号 | 功能说明 | PLC 地址 |
| SB1 | 起动开关 | I0.0 | HL1 | 东西绿灯 | Q0.0 |
| SB2 | 停止开关 | I0.1 | HL2 | 东西黄灯 | Q0.1 |
| | | | HL3 | 东西红灯 | Q0.2 |
| | | | HL4 | 南北绿灯 | Q0.3 |
| | | | HL5 | 南北黄灯 | Q0.4 |
| | | | HL6 | 南北红灯 | Q0.5 |

2）交通信号灯的 PLC 控制系统外部接线图如图 5-44 所示。

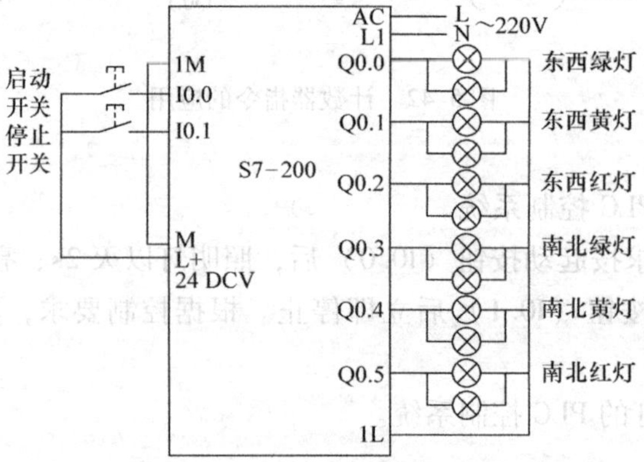


图 5-44 交通信号灯的 PLC 控制系统外部接线图

3）程序设计根据控制要求，其对应的梯形图如图 5-45 所示。

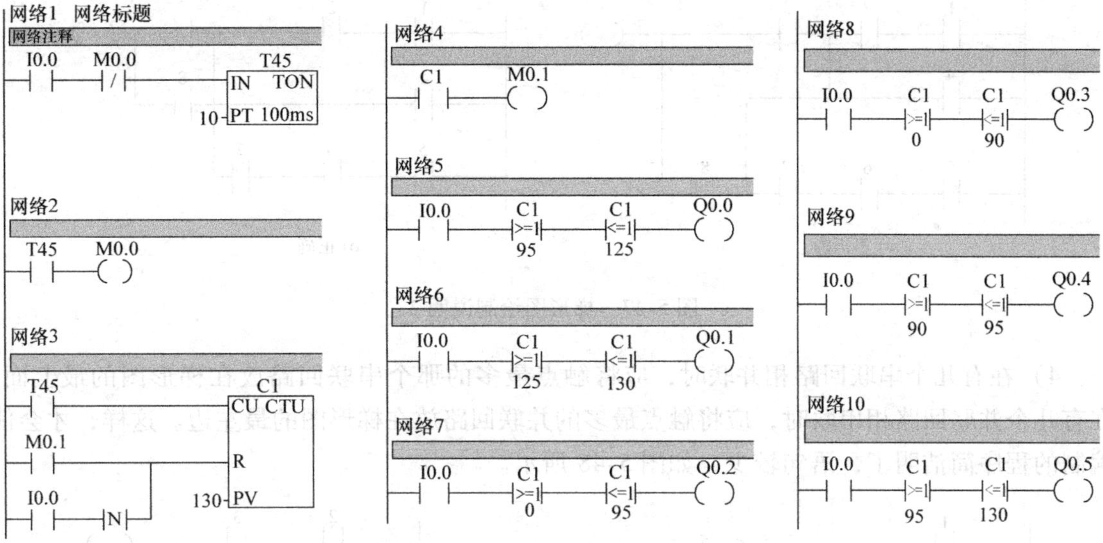


图 5-45 交通信号灯的 PLC 控制程序

## 5.5 梯形图的编辑方法

**1. 梯形图的结构规则**

梯形图作为一种编程语言，绘制时应当有一定的规则。另外，PLC 指令具有有限的数量，为此在编辑梯形图时，要注意以下几点：

1）梯形图的各支路，要以左母线为起点，从左向右绘出。每一行的前部是触点群组成的“工作条件”，最右边是线圈或功能框表示的“工作结果”。一行绘完，依次自上而下再绘下一行。

2）触点应画在水平线上，不能画在垂直分支线上。如图 5-46a 中触点 3 被画在垂直线上，便很难正确识别它与其他触点的关系。因此，应根据自左至右、自上而下的原则画成如图 5-46b 所示的形式。

3）不包含触点的分支应放在垂直方向，不可放在水平位置，以便于识别触点的组合和对输出线圈的控制路径，如图 5-47 所示。

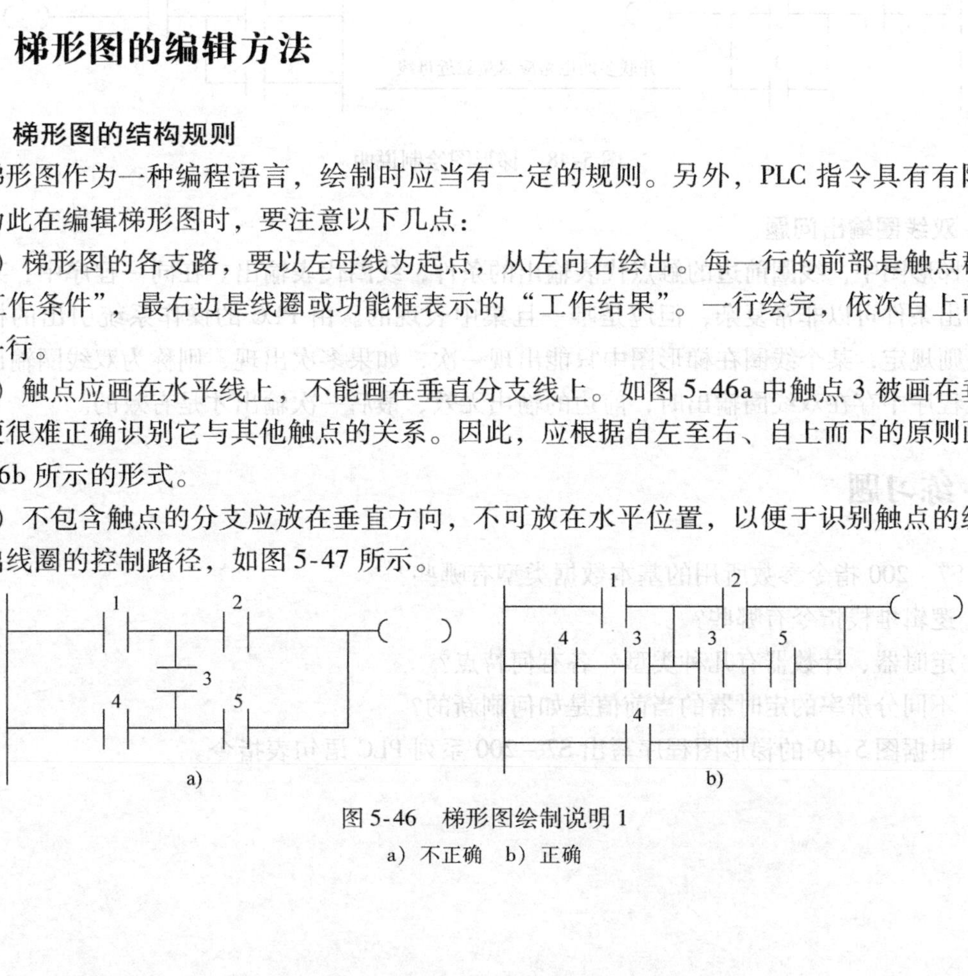


图 5-46 梯形图绘制说明 1

a）不正确 b）正确

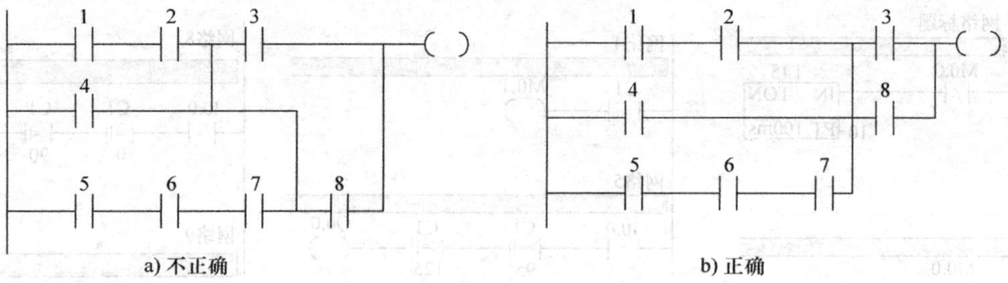


图 5-47　梯形图绘制说明 2

4）在有几个串联回路相并联时，应将触点最多的那个串联回路放在梯形图的最上面。在有几个并联回路相串联时，应将触点最多的并联回路放在梯形图的最左边。这样，才会使编制的程序简洁明了，语句较少，如图 5-48 所示。

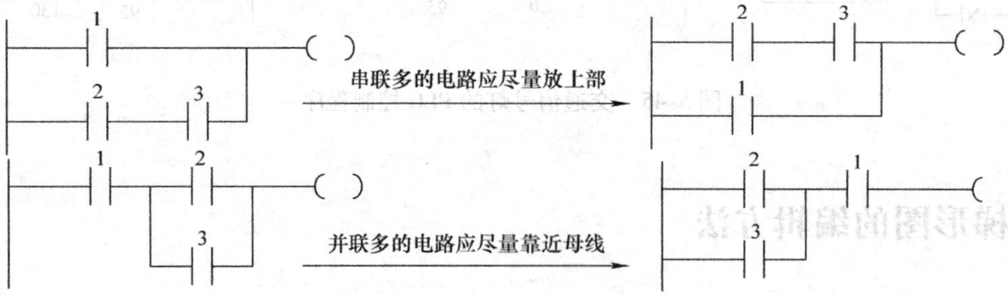


图 5-48　梯形图绘制说明

**2. 双线圈输出问题**

在梯形图中，线圈前边的触点代表输出的条件，线圈代表输出。在同一程序中，某个线圈的输出条件可以非常复杂，但应是唯一且集中表现的。由 PLC 的操作系统引出的梯形图编绘法则规定，某个线圈在梯形图中只能出现一次，如果多次出现，则称为双线圈输出。且认定，程序中存在双线圈输出时，前边的输出无效，最后一次输出才是有效的。

## 5.6　练习题

1. S7－200 指令参数所用的基本数据类型有哪些？
2. 逻辑堆栈指令有哪些？
3. 定时器、计数器有几种类型？各有何特点？
4. 不同分辨率的定时器的当前值是如何刷新的？
5. 根据图 5-49 的梯形图程序写出 S7－200 系列 PLC 语句表指令。

(1)

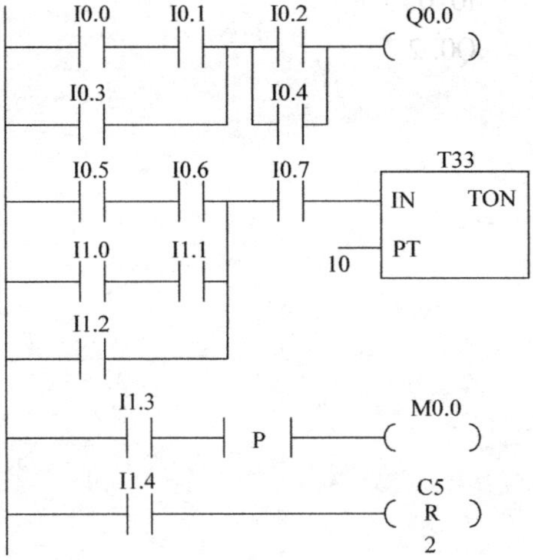


(2)

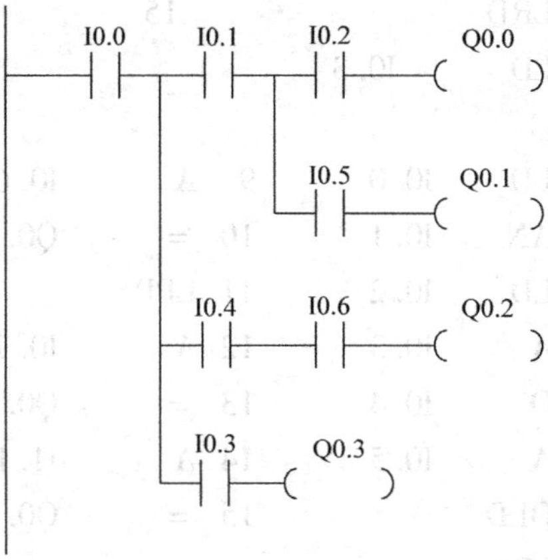


图 5-49

6. 根据给出的 S7－200 系列 PLC 的语句表，绘出梯形图程序。

(1)

| | | | | | |
|---|---|---|---|---|---|
| 0 | LD | I0. 0 | 8 | O | I0. 7 |
| 1 | A | I0. 1 | 9 | ALD | |
| 2 | AN | I0. 2 | 10 | = | Q0. 1 |
| 3 | O | I0. 3 | 11 | LD | I1. 0 |
| 4 | = | Q0. 0 | 12 | O | I1. 1 |
| 5 | LD | I0. 4 | 13 | A | I1. 2 |
| 6 | O | I0. 5 | 14 | = | Q0. 2 |
| 7 | LD | I0. 6 | | | |

(2)

| | | | | | |
|---|---|---|---|---|---|
| 0 | LD | I0. 0 | 8 | LD | I0. 6 |
| 1 | A | I0. 1 | 9 | O | I0. 7 |
| 2 | AN | I0. 2 | 10 | ALD | |
| 3 | O | I0. 3 | 11 | = | Q0. 2 |
| 4 | = | Q0. 0 | 12 | LD | I1. 0 |
| 5 | = | Q0. 1 | 13 | O | I1. 1 |
| 6 | LD | I0. 4 | 14 | A | I1. 2 |
| 7 | O | I0. 5 | 15 | = | Q0. 3 |

(3)

| | | | | |
|---|---|---|---|---|
| 1 LD | I0. 0 | 9 | ON | I0. 4 |
| 2 LPS | | 10 | ALD | |
| 3 LD | I0. 1 | 11 | = | Q0. 1 |
| 4 O | I0. 2 | 12 | LPP | |

| | | | | |
|---|---|---|---|---|
| 5 ALD | | 13 | A | I0. 5 |
| 6 = | Q0. 0 | 14 | AN | I0. 6 |
| 7 LRD | | 15 | = | Q0. 2 |
| 8 LD | I0. 3 | | | |

(4)

| | | | |
|---|---|---|---|
| 1 LD | I0. 0 | 9 A | I0. 6 |
| 2 AN | I0. 1 | 10 = | Q0. 1 |
| 3 LD | I0. 2 | 11 LPP | |
| 4 A | I0. 3 | 12 A | I0. 7 |
| 5 O | I0. 4 | 13 = | Q0. 2 |
| 6 A | I0. 5 | 14 A | I1. 1 |
| 7 OLD | | 15 = | Q0. 3 |
| 8 LPS | | | |

# 第 6 章　PLC 的功能指令及其应用

## 6.1　程序控制类指令

程序控制类指令用于程序运行状态的控制，主要包括有条件结束、暂停、跳转、标号、循环、子程序、顺序控制等指令。

### 6.1.1　有条件结束（END）指令

所谓有条件结束（END）指令，就是执行条件成立时结束主程序，返回主程序起点。条件结束指令用在无条件结束（MEND）指令之前。用户程序必须以无条件结束指令结束主程序。西门子可编程系统编程软件自动在主程序结束前加上一个无条件结束（MEND）指令。条件结束指令不能在子程序或中断程序中使用。

### 6.1.2　暂停（STOP）指令

所谓暂停（STOP）指令，是指当条件符合时，能够引起 CPU 的工作方式发生变化，从运行方式（RUN）进入停止方式（STOP），立即终止正在执行的指令。如果 STOP 指令在中断程序中执行，那么该中断程序立即终止，并且忽略所有挂起的中断，继续扫描主程序的剩余部分。在本次扫描的最后，完成 CPU 从 RUN 到 STOP 方式的转换。其指令格式如图 6-1 所示。

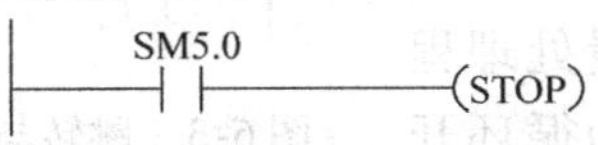


```
LD      SM5.0     //SM5.0 未检测到I/O，错误时置1
STOP              //强制转换至STOP模式
```

图 6-1　STOP 指令格式

需要注意的是：END 和 STOP 是有区别的，如图 6-2 所示，在这个程序中，当 I0.0 接通时，Q0.0 有输出，若 I0.1 接通，终止用户程序，Q0.0 仍保持接通，下面的程序不会执行，并返回主程序起始点。若 I0.0 断开，接通 I0.2，则 Q0.1 有输出，若将 I0.3 接通则 Q0.0 和 Q0.1 均复位，CPU 转为 STOP 方式。

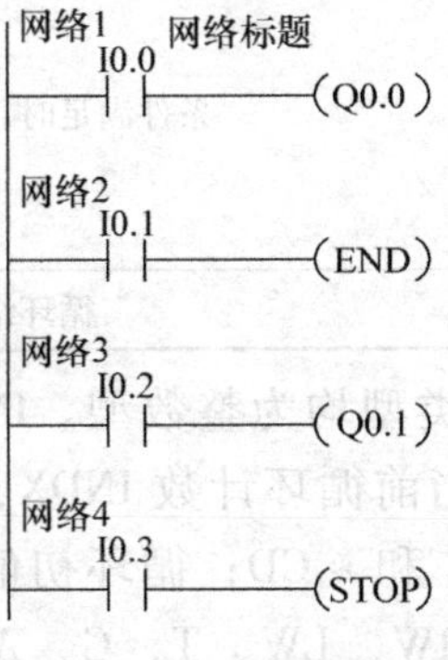


```
LD      I0.0
=       Q0.0
LD      I0.1
END
LD      I0.2
=       Q0.1
LD      I0.3
STOP
```

图 6-2　END 和 STOP 指令的区别

## 6.1.3 跳转（JMP）与标号（LBL）指令

跳转（JMP）指令，是指当指令执行后，可使程序流程转到同一程序中的具体标号（*n*）的程序段。标号（LBL）指令，是指标记跳转目的地的位置（*n*）指令。指令操作时 *n* 为常数，通常为 0～255。

跳转指令和相应标号指令必须在同一程序段中使用。跳转与标号指令的格式及功能见表 6-1，跳转（JMP）指令与标号（LBL）指令的用法如图 6-3 所示。

**表 6-1 跳转与标号指令的格式及功能**

| 梯形图 LAD | 语句表 STL | 功能 |
|---|---|---|
| *n* —( JMP ) | JMP *n* | 条件满足时，跳转指令（JMP）可使程序流程转到同一程序的具体标号（*n*）处 |
| *n* LBL | LBL *n* | 跳转标号指令（LBL）标记跳转目的地的位置（*n*） |

如图 6-3 所示的梯形图中，当 JMP 条件满足（即 I0.0 为 ON 时），程序跳转指令 LBL 标号以后的指令，即执行网络 4 的程序段，而在 JMP 和 LBL 之间的指令一概不执行，即不执行网络 2 的程序段。在这个过程中，即使 I0.1 接通也不会有 Q0.1 输出。当 JMP 条件不满足（即 I0.0 为 OFF）时，则当 I0.1 接通时 Q0.1 有输出。

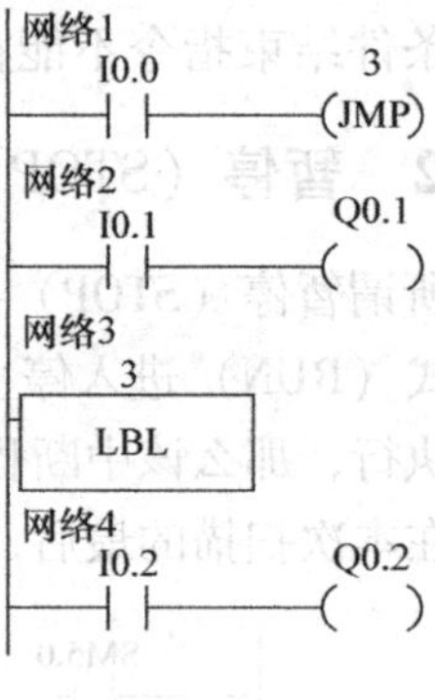

图 6-3 跳转与标号指令用法举例

## 6.1.4 循环指令（FOR、NEXT）

循环指令的功能是重复执行相同功能的计算和逻辑处理程序段，极大地优化了程序结构。该指令有两个，分别为循环开始指令（FOR）和循环结束指令（NEXT）。指令格式及功能见表 6-2，循环开始指令的功能是作为循环体的开始。

**表 6-2 循环开始与循环结束指令的格式及功能**

| 梯形图 LAD | 语句表 STL | 功能 |
|---|---|---|
| FOR: EN ENO; ????-INDX; ????-INIT; ????-FINAL | INDX，INIT，FINAL | 条件满足时，循环开始 |
| —(NEXT) | NEXT | 循环结束 |

循环开始指令有三个数据输入端，输入端数据类型均为整数型。INDX 为当前循环计数，INIT 为循环初值，FINAL 为循环终值。其中，当前循环计数 INDX，其操作数为 VW、IW、QW、MW、SW、SMW、LW、T、C、AC、＊AC 和＊CD；循环初值 INIT 和循环终值 FINAL 的操作数为 VW、IW、QW、MW、SW、SMW、LW、T、C、AC、常数、＊VD、＊AC和＊CD。循环结束指令的功能是结束循环体。

执行循环指令时，FOR 和 NEXT 指令必须配合使用。循环指令可以嵌套使用，但最多不能超过 8 层，且循环体之间不可有交叉。使能端有效时，循环指令各参数将自动复位。

循环与标号指令的用法举例如图 6-4 所示，该梯形图表示当 I0.0 的状态为 ON 时，①所示的外循环执行 3 次，由 VW200 累计循环次数；当 I0.1 的状态为 ON 时，外循环每执行一次，②所示的内循环执行 3 次，且由 VW210 累计循环次数。

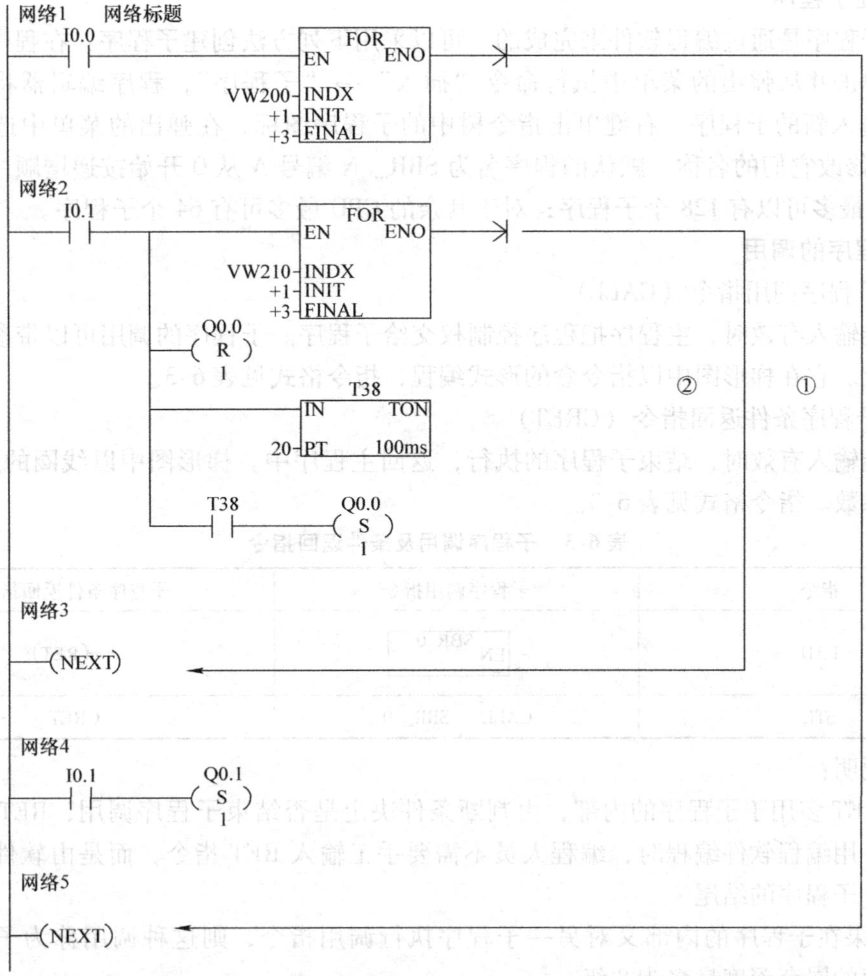


图 6-4　循环与标号指令用法举例

## 6.1.5　子程序指令

S7 - 200CPU 的控制程序由主程序、子程序和中断程序组成。STEP7 - Micro/WIN4.0 在程序编辑器窗口里为每一个程序组织单元（Program Organizational Unit，POU）提供一个独立的页，主程序总是第一页，后面的就是子程序或者中断程序。

子程序常用于需要多次反复执行相同任务的地方，只需要写一次子程序，其他的程序在需要的时候调用它，而无需重写该程序。子程序的调用是有条件的，未调用时不会执行子程序中的指令，因此，使用子程序可以减少扫描时间。

使用子程序可以将程序分为容易管理的小块，使程序结构简单清晰，易于查错和维护。如果子程序中只使用局部变量，因为与其他组织单元没有地址冲突，可以将子程序移植到其他项目。为了移植子程序，应避免使用全局符号和变量，如V存储器中的绝对地址。

由此可见，子程序在结构化程序设计中是一种比较方便有效的工具。

**1. 建立子程序**

建立子程序是通过编程软件来完成的。可以采用下列方法创建子程序：在程序编辑器视窗中右键单击并从弹出的菜单中执行命令“插入”→“子程序”，程序编辑器将从原来的POU显示进入新的子程序。右键单击指令树中的子程序图标，在弹出的菜单中选择“重命名”，可以修改它们的名称。默认的程序名为SBR_ N编号*N*从0开始按递增顺序生成，对于CPU226最多可以有128个子程序；对于其余的CPU最多可有64个子程序。

**2. 子程序的调用**

（1）子程序调用指令（CALL）

在使能输入有效时，主程序把程序控制权交给子程序。子程序的调用可以带参数，也可以不带参数。它在梯形图中以指令盒的形式编程，指令格式见表6-3。

（2）子程序条件返回指令（CRET）

在使能输入有效时，结束子程序的执行，返回主程序中。梯形图中以线圈的形式编程，指令不带参数。指令格式见表6-3。

**表6-3　子程序调用及条件返回指令**

| 指令 | 子程序调用指令 | 子程序条件返回指令 |
|---|---|---|
| LAD | —EN SBR_0 | —(RET) |
| STL | CALL　SBR_ 0 | CRET |

使用说明：

1）CRET多用于子程序的内部，由判断条件决定是否结束子程序调用，RET用于子程序的结束。用编程软件编程时，编程人员不需要手工输入RET指令，而是由软件自动在内部加到每个子程序的结尾。

2）如果在子程序的内部又对另一子程序执行调用指令，则这种调用称为子程序的嵌套。子程序的嵌套深度最多为8级。

3）当一个子程序被调用时，系统自动保存当前的堆栈数据，并把栈顶置1，堆栈中的其他值为0，子程序占有控制权。子程序执行结束，通过返回指令自动恢复原来的逻辑堆栈值，调用程序又重新取得控制权。

4）累加器可在调用程序和被调用子程序之间自由传递，所以累加器的值在子程序调用时既不保存也不恢复。

**3. 带参数的子程序调用**

子程序中可以有参变量，带参数的子程序调用极大地扩大了子程序的使用范围，增加了调用的灵活性。它主要用于功能类似的子程序块的编程。子程序的调用过程如果存在数据的传递，则在调用指令中应包含相应的参数。

(1) 子程序参数

子程序最多可以传递 16 个参数，参数在子程序的局部变量表中加以定义。参数包含下列信息：变量名、变量类型和数据类型。

1) 变量名。变量名最多用 8 个字符表示，第一个字符不能是数字。

2) 变量类型。变量类型是按变量对应数据的传递方向来划分的。可以是传入子程序(IN)、传入和传出子程序 (IN/OUT)、传出子程序 (OUT) 和暂时变量 (TEMP) 4 种类型。4 种变量类型的参数在变量表中的位置必须按以下先后顺序排列：

IN 类型：传入子程序参数。参数可以是直接寻址数据（如 VB100)、间接寻址数据（如 * AC1)、立即数（如 16#1234）或数据的地址值（如 &VB106)。

IN/OUT 类型：传入和传出子程序参数。调用时将指定参数位置的值传到子程序，返回时从子程序得到的结果值被返回到同一地址。参数可以采用直接和间接寻址，但立即数和地址值不能作为参数。

OUT 类型：传出子程序参数。它将从子程序返回的结果值送到指定的参数位置。输出参数可以采用直接和间接寻址，但不能是立即数或地址编号。

TEMP 类型：暂时变量参数。子程序内部暂时存储数据，但不能用来与调用程序传递参数数据。

3) 数据类型。局部变量表中还要对数据类型进行声明。数据类型可以是：能流型、布尔型、字节型、字型、双字型、整数型、双整数型和实型。

能流型：仅允许对位输入操作，是位逻辑运算的结果。在局部变量表中布尔能流输入或输出参数。

整数、双整数型：这两种类型分别表示一个 2 字节或 4 字节的符号输入或输出参数。

实型：该类型表示一个 IEEE 标准的 32 位浮点参数。

(2) 参数子程序调用的规则

参数子程序调用的规则具体如下：

1) 常数参数必须声明数据类型。

2) 输入或输出参数没有自动数据类型的转换功能。

3) 参数在调用时必须按照一定的顺序排列，显示输入参数，然后是输入输出参数，最后是输出参数和暂时变量。

(3) 变量表的使用

按照子程序指令的调用顺序，参数值分配给局部变量存储器，起始地址是 L0.0。使用编程软件时，地址分配是自动的。在局部变量表中要加入一个参数，单击要加入的变量类型区可以得到一个选择菜单，选择“插入”，然后选择“下一行”即可，局部变量表使用局部变量存储器。

子程序调用举例：应用子程序调用指令的程序如图 6-5 所示。程序功能是：I0.1、I0.2、I0.3 分别接通时，将相应的数据传送到 VW0、VW10，然后调用加法子程序；在加法子程序中，将 VW0、VW10 存储的数据相加，运算结果存储在 VW20，用存储数据低字节 VB21 控制输出 QB0。子程序调用的工作过程如图 6-5 所示。

1) I0.1 接通时的动作：在 I0.1 上升沿的那个扫描周期，将十进制数据 1 和 2 分别传送到变量存储器 VW0 和 VW10 中，然后中断主程序，去调用并执行加法子程序 SBR_0。

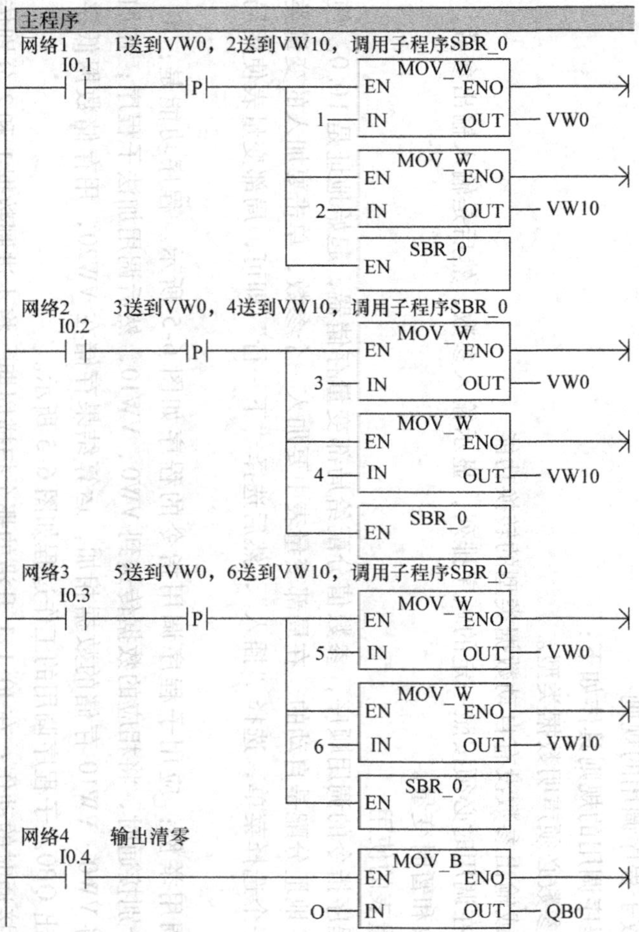


```
网络1      1送到VW0，2送到VW10，
           调用子程序SBR_0
LD         I0.1
EU
MOVW       1，VW0
MOVW       2，VW10
CALL       SBR_0
网络2      3送到VW0，4送入VW10，
           调用子程序SBR_0
LD         I0.2
EU
MOVW       3，VW0
MOVW       4，VW10
CALL       SBR_0
网络3      5送到VW0，6送到VW10，
           调用子程序SBR_0
LD         I0.3
EU
MOVW       5，VW0
MOVW       6，VW10
CALL       SBR_0
网络4      输出清零
LD         I0.4
MOVB       0，QB0
```

a) 主程序

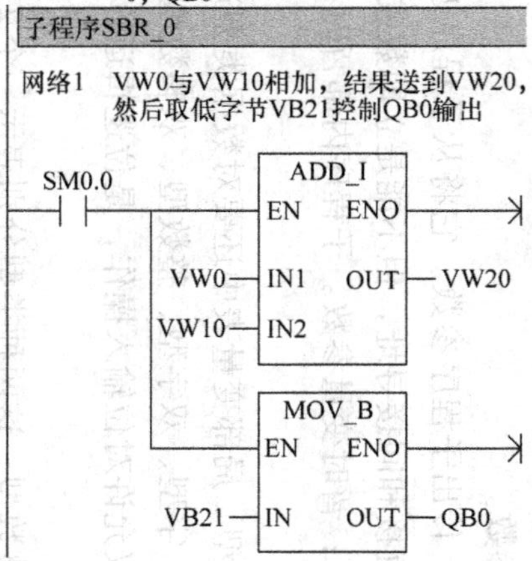


```
网络1  VW0与VW10相加，
       然后取低字节VB21控制QB0输出
LD     SM0.0
MOVW   VW0，VW20
+I     VW10，VW20
MOVB   VB21，QB0
```

b) 子程序

图 6-5　子程序调用的工作过程

在加法子程序中将 VW0 与 VW10 的数据相加，运算结果 3 送到 VW20 中，然后用 VW20 的低 8 位（VB21）控制输出 QB0。同理可分析 I0.2、I0.3 接通时的工作过程。

2）在主程序网络 4 中，I0.4 闭合时，对输出 QB0 清 0。

## 6.2 步进顺序控制指令

### 6.2.1 功能流程图简介

在运用 PLC 进行顺序控制时常采用顺序控制指令，这是一种由顺序功能图设计梯形图的步进型指令。首先用顺序功能图描述程序的设计思想，然后用指令编写符合程序设计思想的程序。顺序控制指令可以将顺序功能图转换成梯形图程序，顺序功能图是设计梯形图程序的基础。

功能流程图是按照顺序控制的思想，根据工艺要求，按照输出量的状态变化，将一个工作周期划分为若干个顺序相连的步，在任何一步内，各输出量的 ON/OFF 状态不变，但是相连两步输出量的状态是不同的，所以，可将程序的执行分成各个程序步，通常用顺序控制继电器的位 S0.0 ~ S31.7 代表程序的状态步。使系统由当前步进入下一步的信号称为转换条件，又称步进条件。转换条件可以是外部输入信号，如按钮、指令开关、限位开关的接通/断开等；也可以是程序运行中产生的信号，如定时器、计数器的动合触点的接通等；转换条件还可能是若干个信号的逻辑运算的组合。一个三步循环步进的功能流程图如图 6-6 所示，功能流程图中的每个方框代表一个状态步，图 6-6 中 1、2、3 分别代表程序 3 步状态。与控制过程的初始状态相对应的步称为初始步，用双线框表示，初始步可以没有步动作或者在初始步进行手动复位操作。可以分别用 S0.0、S0.1、S0.2 表示上述三个状态步，程序执行到某步时，该步状态位置 1，其余置 0。例如，执行第一步，SM0.0 = 1，而 S0.1、S0.2 全为 0。每步所驱动的负载，称为步动作，用方框中的文字或符号表示，并用线将该方框和相应的步相连。状态步之间用有向连线连接，表示状态步转移的方向，有向连线上没有箭头标注时，方向为自上而下、自左而右。垂直于有向连线上的短线表示状态步的转换条件。

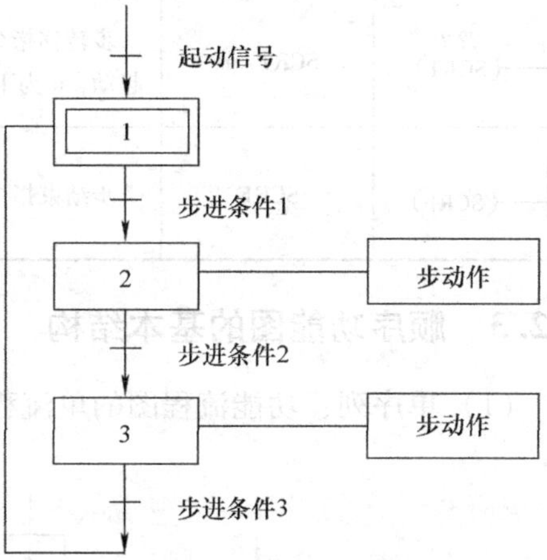

图 6-6　功能流程图

### 6.2.2 顺序控制指令

顺序控制用 3 条指令描述程序的顺序控制步进状态，指令格式见表 6-4。

1）顺序步开始指令（Load Sequence Control Relay，LSCR）。顺序控制继电器位SX. Y = 1 时，该程序步执行。

2）顺序步结束指令（Sequence Control Relay End，SCRE）。顺序步结束指令可以使程序退出顺序控制程序段工作。

3）顺序步转移指令（Sequence Control Relay Transition，SCRT）。使能端输入有效时，将本顺序步的顺序控制继电器位清零，下一步顺序控制继电器位置 1。

在使用顺序控制指令时应注意：

1）步进控制指令 SCR 只对状态元件 S 有效。为了保证程序的可靠运行，驱动状态元件 S 的信号应采用短脉冲。

2）当输出需要保持时，可使用 S/R 指令。

3）不能把同一编号的状态元件用在不同的程序中。例如，如果在主程序中使用 S0.1，则不能在子程序中再次使用。

4）在 SCR 段中不能使用 JMP 和 LBL 指令，即不允许跳入或跳出 SCR 段，也不允许在 SCR 段内跳转。可以使用跳转和标号指令在 SCR 段周围跳转。

5）不能在 SCR 段中使用 FOR、NEXT 和 END 指令。

**表 6-4　顺序控制指令格式**

| LAD | STL | 功能说明 |
|---|---|---|
| ??.? SCR | LSCR　n | 步开始指令，为步开始的标志，该步的状态元件的位置 1 时，执行该步 |
| ??.? (SCRT) | SCRT　n | 步转移指令，使能有效时，关断本步，进入下一步。该指令由转换条件的接点起动，n 为下一步的顺序控制状态元件 |
| (SCRE) | SCRE | 步结束指令，为步结束的标志 |

## 6.2.3　顺序功能图的基本结构

（1）单序列：功能流程图的单流程结构形式简单，如图 6-7a 所示，其特点是：每一步

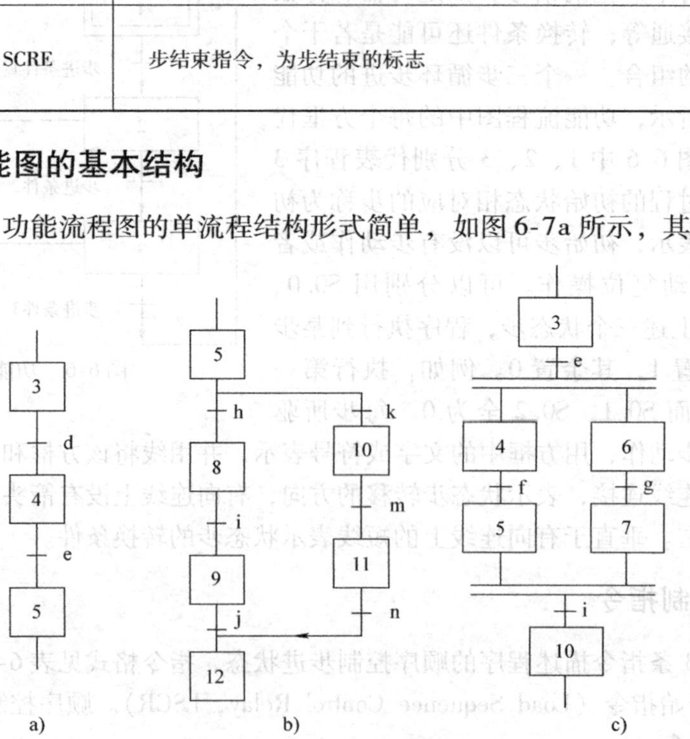


a)　　b)　　c)

图 6-7　顺序功能图的基本结构

a）单序列　b）选择序列　c）并行序列

后面只有一个转换，每个转换后面只有一步。各个工步按顺序执行，上一步执行结束，转换条件成立，立即开通下一步，同时关断上一步。

（2）选择序列：如图6-7b所示，步5为活动步，转换条件$h=1$，则发生步5到步8的转换；若步5为活动步，转换条件$k=1$，则发生步5到步10的转换，一般只允许同时选择一个序列。

（3）并列序列：如图6-7c所示，步3为活动步，转换条件$e=1$，则发生步4和步6同时转换为活动步；步3变为非活动步，步4和步6被同时激活后，每个序列中活动步的进展是独立的。当步5和步7都为活动步，转换条件$i=1$时，才会发生由步5和步7到步10的进展。

### 6.2.4 顺序控制系统的编程应用举例

图6-8为小车运动的示意图、顺序功能图和梯形图。设小车的初始位置时停在左边，限位开关I0.2为1状态。当按下起动按钮I0.0后，小车向右运行，运动到位压下限位开关I0.1后，停在该处，3s后开始左行，左行到位压下限位开关I0.2后返回初始步，停止运行。

根据Q0.0和Q0.1状态的变化可知，一个工作周期可以分为左行、暂停和左行3步，另外，还应设置等待起动的初始步，并分别用S0.0～S0.3来代表这四步。起动按钮I0.0和限位开关的动合触点、T37延时接通的动合触点是各步之间的转换条件。

在设计梯形图时，用LSCR和SCRE指令作为SCR段的开始和结束指令。在SCR段中用SM0.0的动合触点来驱动在该步中应为1状态的输出点的线圈，并用转移条件所对应的触点或电路来驱动后续步，用SCRT指令作为SCR段的转移指令。

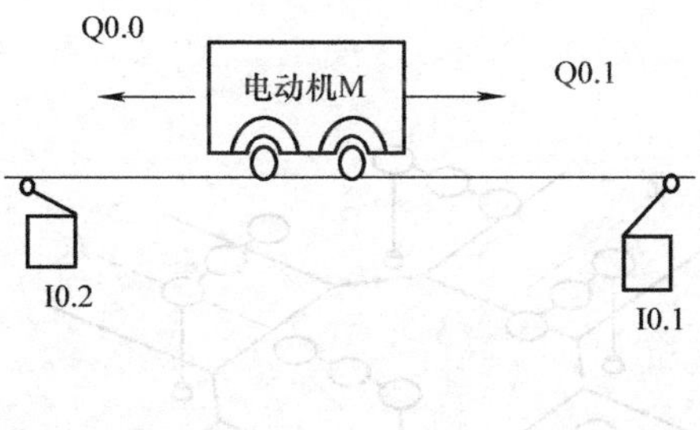


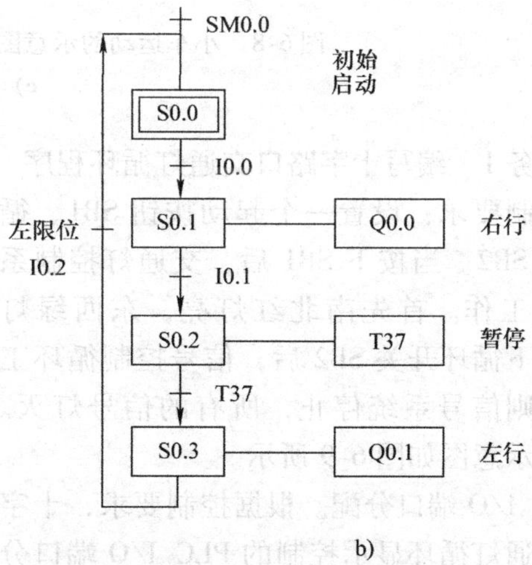


图6-8 小车运动的示意图、顺序功能图和梯形图

a）示意图 b）顺序功能图

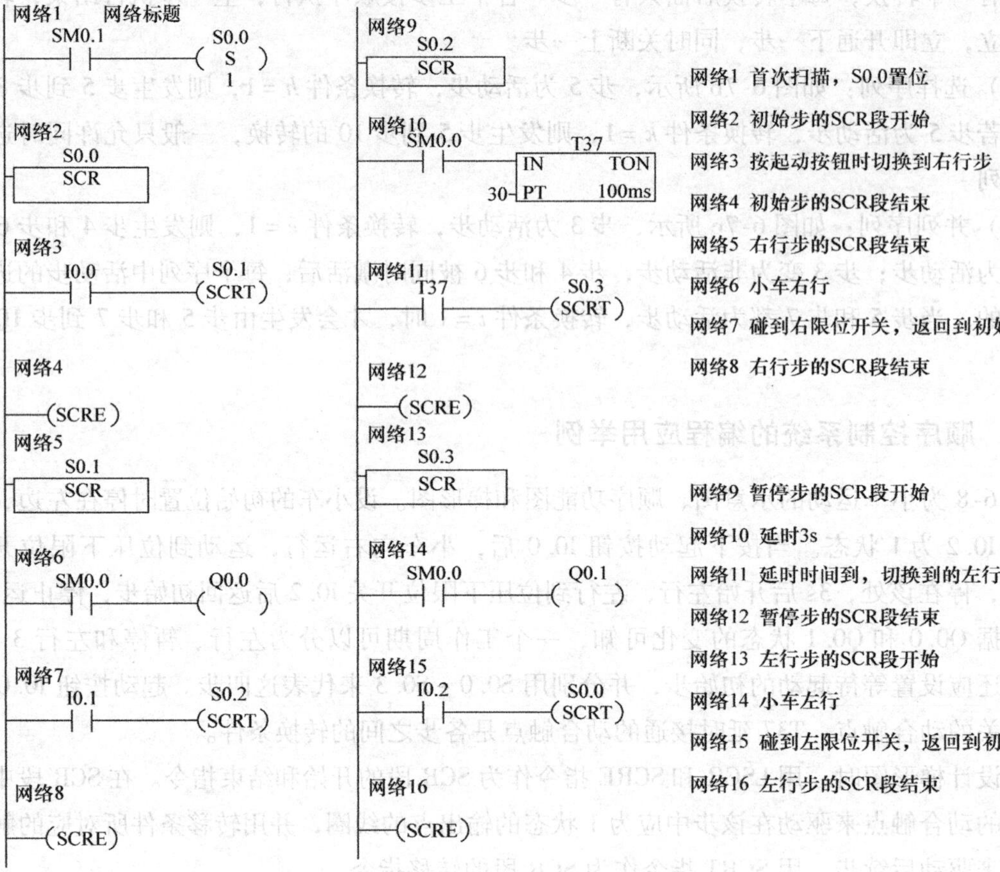


c)

图 6-8　小车运动的示意图、顺序功能图和梯形图（续）

c）梯形图

任务 1　编写十字路口交通灯循环程序

控制要求：设置一个起动按钮 SB1、循环开关 SB2。当按下 SB1 后，交通灯控制系统开始工作。首先南北红灯亮，东西绿灯亮。按下循环开关 SB2 后，信号控制循环工作；否则信号系统停止，所有的信号灯灭。交通灯示意图如图 6-9 所示。

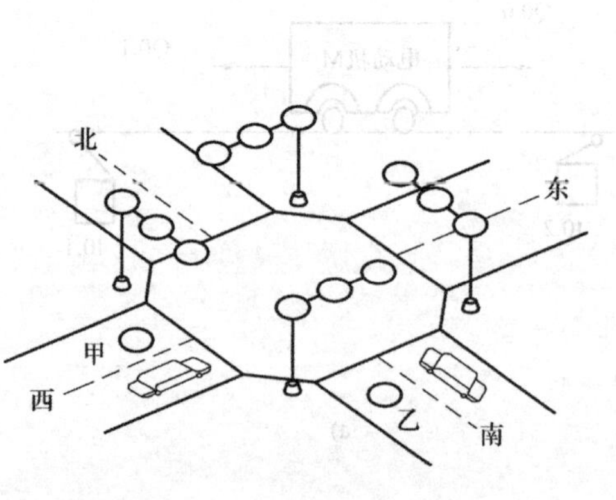


图 6-9　交通灯示意图

1）I/O 端口分配。根据控制要求，十字路口交通灯循环显示控制的 PLC I/O 端口分配见表 6-5。

2）十字路口交通灯循环显示控制系统的 PLC 外部接线图如图 6-10 所示。

表 6-5　I/O 端口分配表

| 输入信号 | | | 输出信号 | | |
|---|---|---|---|---|---|
| PLC 地址 | 电气符号 | 功能说明 | PLC 地址 | 电气符号 | 功能说明 |
| I0. 0 | SB1 | 起动按钮 | Q0. 0 | HL1 | 南北绿灯 |
| I0. 1 | SB2 | 循环开关 | Q0. 1 | HL2 | 南北黄灯 |
| | | | Q0. 2 | HL3 | 南北红灯 |
| | | | Q0. 3 | HL4 | 东西绿灯 |
| | | | Q0. 4 | HL5 | 东西黄灯 |
| | | | Q0. 5 | HL6 | 东西红灯 |

3）程序设计。根据控制要求，画出交通灯控制的程序流程图，如图 6-11 所示，根据程序流程图设计梯形图程序如图 6-12 所示。

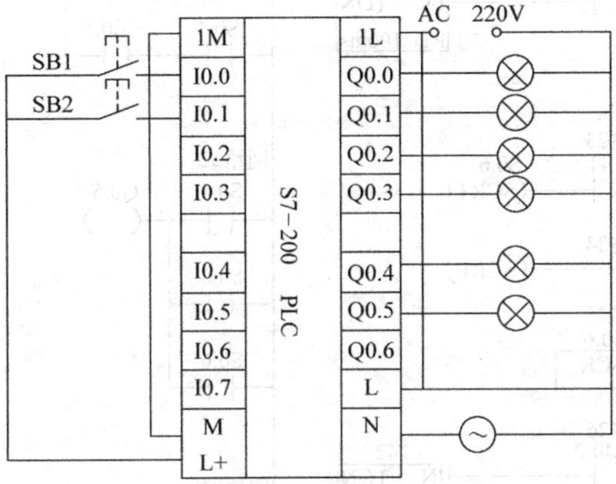


图 6-10　交通灯循环显示控制系统的 PLC 外部接线图

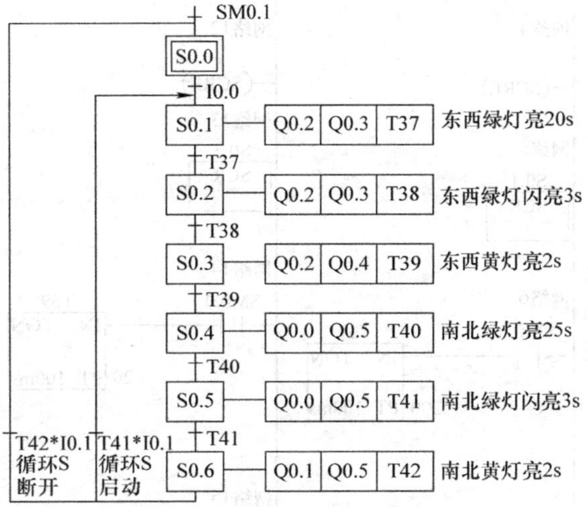


图 6-11　交通灯控制的程序流程图

任务 2　专用钻床的 PLC 控制系统

某专用钻床用来加工圆盘状零件上均匀分布的 6 个孔，如图 6-13 所示。

开始自动运行时两个钻头在最上面的位置，限位开关 I0. 3 和 I0. 5 为 ON。操作人员放好工件后，按下起动按钮 I0. 0，Q0. 0 变为 ON，工件被夹紧，夹紧后压力继电器 I0. 1 为 ON，Q0. 1 和 Q0. 3 使两只钻头同时开始工作，分别钻到由限位开关 I0. 2 和 I0. 4 设定的深度时，Q0. 2 和 Q0. 4 使两只钻头分别上行，升到由限位开关 I0. 3 和 I0. 5 设定的起始位置时，分别停止上行，设定值为 3 的计数器 C0 的当前值加 1。两只钻头都上升到位后，若没有钻完 3 个孔，C0 的动断触点闭合，Q0. 5 使工件旋转 120°，旋转到位时限位开关 I0. 6 为 ON，旋转结束后又开始钻第二对孔。3 对孔都钻完后，计数器的当前值等于设定值 3，C0 的动合触点闭合，Q0. 6 使工件松开，松开到位时，限位开关 I0. 7 为 ON，系统返回到初始状态。

1）I/O 端口分配。根据控制要求，钻用钻床控制系统的 PLC I/O 端口分配见表 6-6。

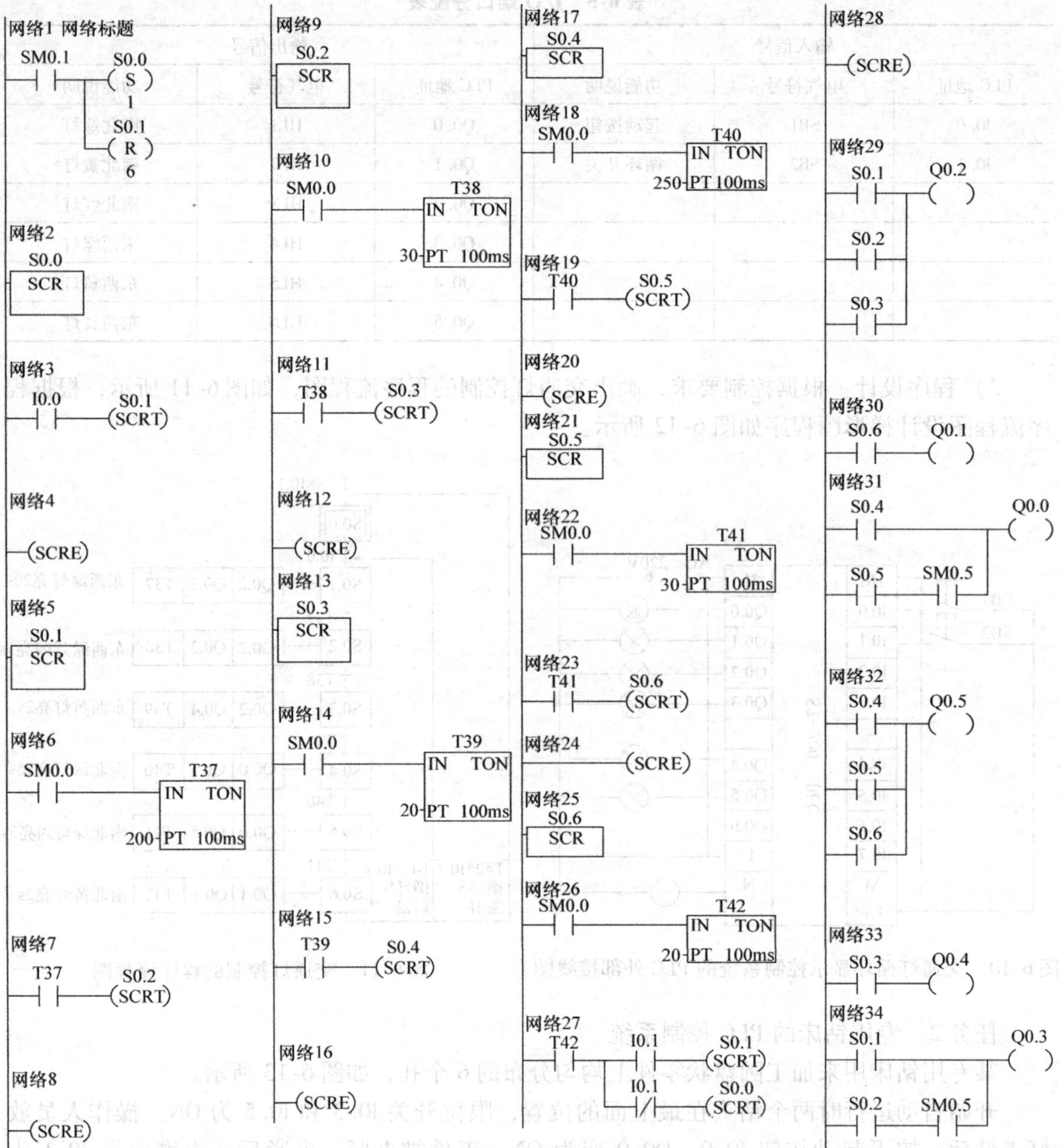


图 6-12　交通灯控制系统的 PLC 梯形图

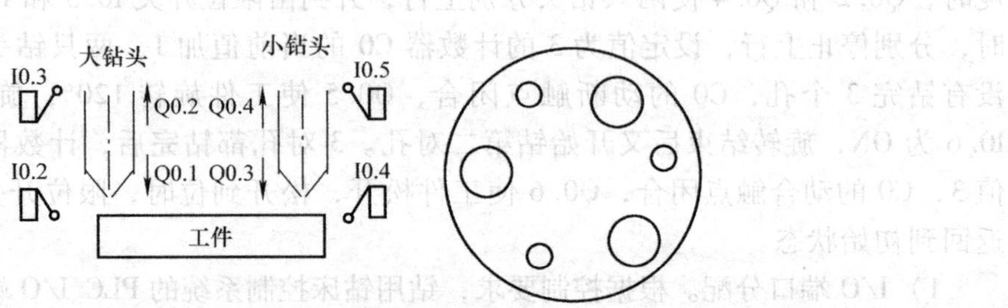


图 6-13　专用钻床工作示意图

**表 6-6　专用钻床控制系统的 I/O 端口分配表**

| 输入信号 | | | 输出信号 | | |
|---|---|---|---|---|---|
| PLC 地址 | 电气符号 | 功能说明 | PLC 地址 | 电气符号 | 功能说明 |
| I0. 0 | SB1 | 起动按钮 | Q0. 0 | YV1 | 工件夹紧电磁阀 |
| I0. 1 | SP | 压力继电器 | Q0. 1 | KM1 | 大钻头下降接触器线圈 |
| I0. 2 | SQ1 | 大钻头下限位 | Q0. 2 | KM2 | 大钻头上升接触器线圈 |
| I0. 3 | SQ2 | 大钻头上限位 | Q0. 3 | KM3 | 小钻头下降接触器线圈 |
| I0. 4 | SQ3 | 小钻头下限位 | Q0. 4 | KM4 | 小钻头上升接触器线圈 |
| I0. 5 | SQ4 | 小钻头上限位 | Q0. 5 | KM5 | 工件旋转接触器线圈 |
| I0. 6 | SQ5 | 旋转到位时候限位开关 | Q0. 6 | YV2 | 工件松开电磁阀 |
| I0. 7 | SQ6 | 工件到位时限位开关 | | | |

2）专用钻床的 PLC 控制系统的外部接线图如图 6-14 所示。

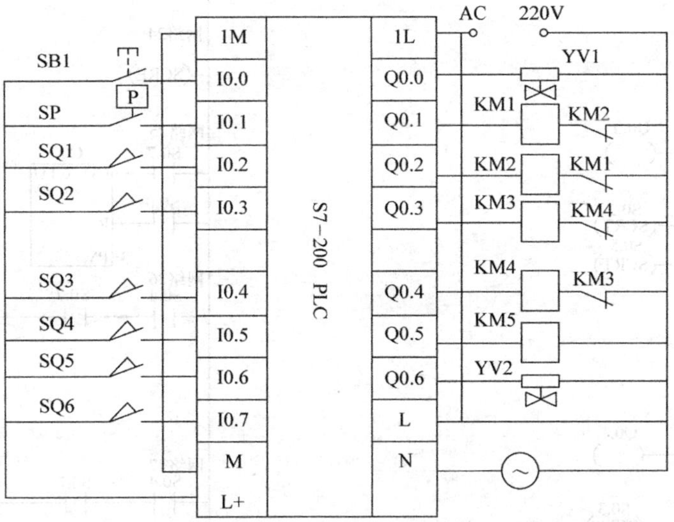


图 6-14　专用钻床的 PLC 控制系统的 PLC 外部接线图

3）程序设计。根据以上控制要求设计出的顺序功能图如图 6-15 所示，其对应的梯形图

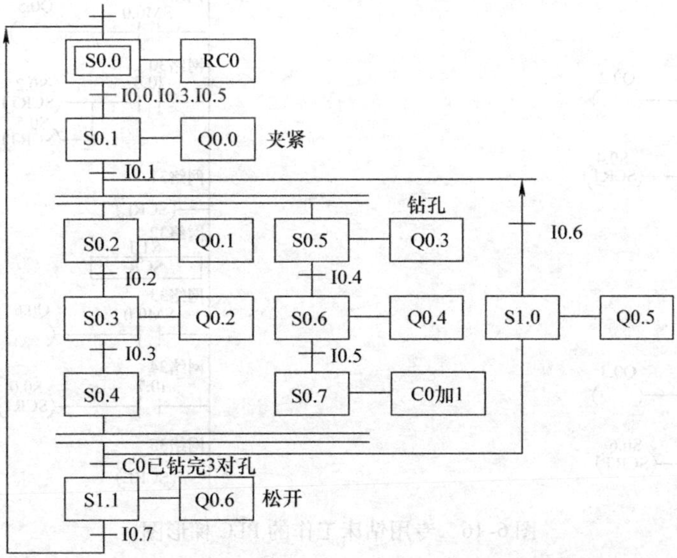


图 6-15　专用钻床的顺序功能图

程序如图 6-16 所示。

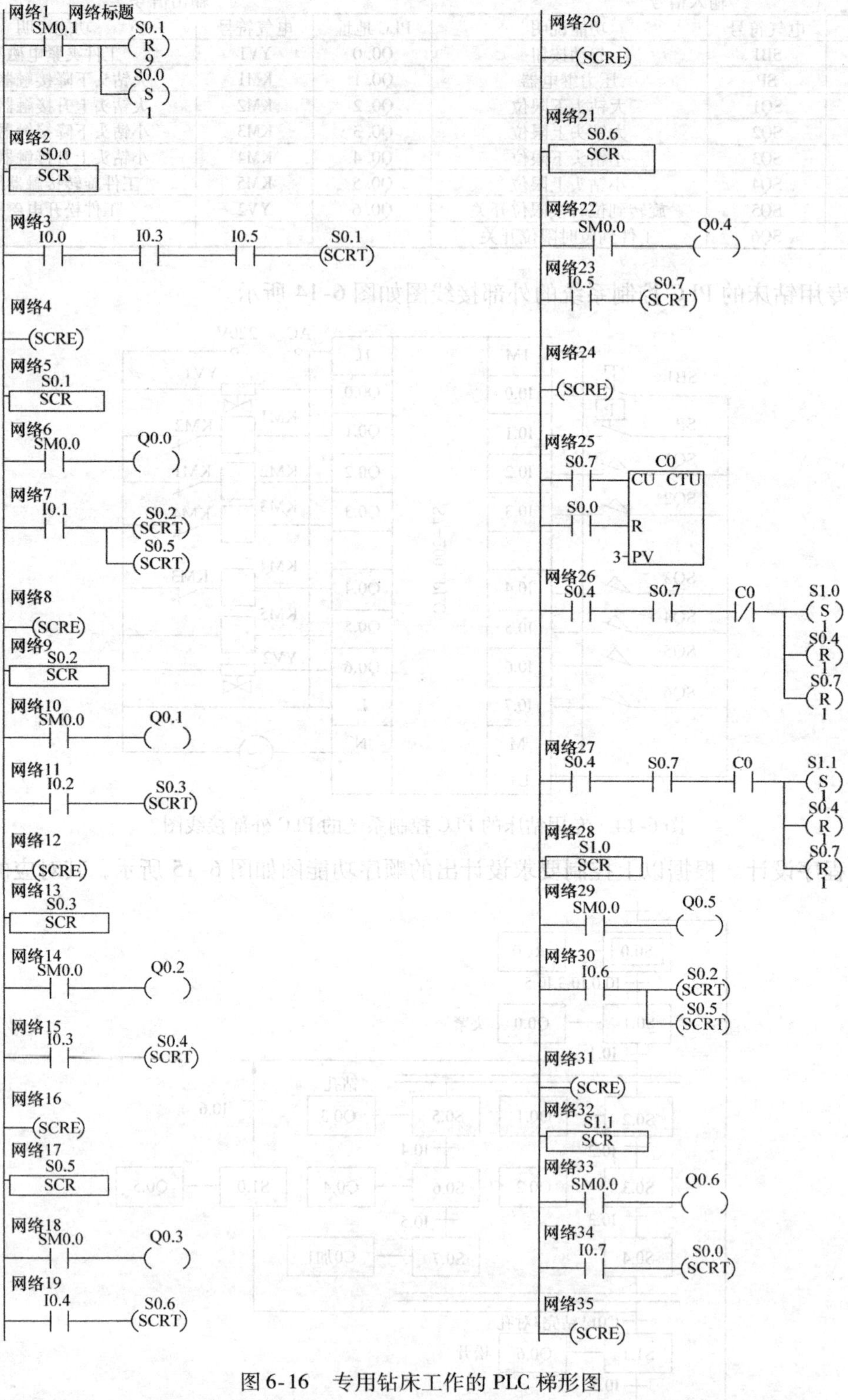


图 6-16　专用钻床工作的 PLC 梯形图

任务3　组合机床的 PLC 控制系统

两工位钻孔、攻丝组合机床，能自动完成工件的钻孔和攻丝加工，自动化程度高，生产效率高。两工位钻孔、攻丝组合机床如图 6-17 所示。

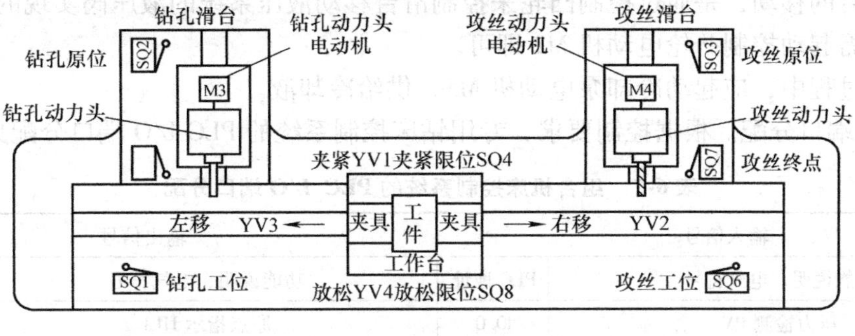


图 6-17　两工位钻孔、攻丝组合机床示意图

机床主要由床身、移动工作台、夹具、钻孔滑台、钻孔动力头、攻丝滑台、攻丝动力头、滑台移动控制凸轮和液压系统等组成。

移动工作台和夹具用以完成工件的移动和夹紧，实现自动加工。钻孔滑台和钻孔动力头，用以实现钻孔加工量的调整和钻孔加工。攻丝滑台和攻丝动力头，用以实现攻丝加工量的调整和攻丝加工。工作台的移动（左移、右移），夹具的夹紧、放松，钻孔滑台和攻丝滑台的移动（前移、后移），均由液压系统控制。其中两个滑台移动的液压系统由滑台移动控制凸轮来控制，工作台的移动和夹具的夹紧与放松由电磁阀控制。

根据设计要求，工作台的移动和滑台的移动应严格按规定的时序同步进行，两种运动密切配合，以提高生产效率。

具体控制要求如下：

系统通电，自动起动液压泵电动机 M1。若机床各部分在原位（工作台在钻孔工位 SQ1 动作，钻孔滑台在原位 SQ2 动作，攻丝滑台在原位 SQ3 动作），并且液压系统压力正常，压力继电器 PV 动作，原位指示灯 HL1 亮。

将工件放在工作台上，按下起动按钮 SB，夹紧电磁阀 YV1 得电，液压系统控制夹具将工件夹紧，与此同时控制凸轮电动机 M2 得电运转。当夹紧限位 SQ4 动作后，表明工件已被夹紧。

起动钻孔动力头电动机 M3，且由于凸轮电动机 M2 运转，控制相应的液压阀使钻孔滑台前移，进行钻孔加工。当钻孔滑台到达终点时，钻孔滑台自动后退，到原位时停，M3 同时停止。

等到钻孔滑台回到原位后，工作台右移电磁阀 YV2 得电，液压系统使工作台右移，当工作台到攻丝工位时，限位开关 SQ6 动作，工作台停止。起动攻丝动力头电动机 M4 正转，攻丝滑台开始前移，进行攻丝加工，当攻丝滑台到终点时（终点限位 SQ7 动作），制动电磁铁 DL 得电，攻丝动力头制动，0.3s 后攻丝动力头电动机 M4 反转，同时攻丝滑台由控制凸轮控制使其自动后退。

当攻丝滑台后退到原位时，攻丝动力头电动机 M4 停，凸轮正好运转一个周期，凸轮电动机 M2 停，延时 3s 后左移电磁阀 YV3 得电，工作台左移，到钻孔工位时停。放松电磁阀 YV4 得电，放松工件，放松限位 SQ8 动作后，停止放松。原位指示灯亮，取下工件，加工过程完成。

两个滑台的移动，是通过控制凸轮来控制滑台移动液压系统的液压阀实现的，电气系统不参与，只需起动控制凸轮电动机 M2 即可。

在加工过程中，应起动冷却泵电动机 M5，供给冷却液。

1）I/O 端口分配。根据控制要求，专用钻床控制系统的 PLC I/O 端口分配见表 6-7。

**表 6-7　组合机床控制系统的 PLC I/O 端口分配**

| 输入信号 | | 输出信号 | |
|---|---|---|---|
| 功能说明、电气符号 | PLC 地址 | 功能说明、电气符号 | PLC 地址 |
| 压力检测 PV | I0.0 | 原点指示 HL1 | Q1.4 |
| 钻孔工位限位 SQ1 | I0.1 | 液压泵电动机 M1（KM1） | Q0.1 |
| 钻孔滑台原位 SQ2 | I0.2 | 凸轮电动机 M2（KM2） | Q0.2 |
| 攻丝滑台原位 SQ3 | I0.3 | 夹紧电磁阀 YV1 | Q1.0 |
| 夹紧限位 SQ4 | I0.4 | 钻孔动力头电动机 M3（KM3） | Q0.3 |
| 攻丝工位 SQ6 | I0.6 | 冷却泵电动机 M5（KM6） | Q0.4 |
| 攻丝滑台终点 SQ7 | I0.7 | 工作台右移电磁阀 YV2 | Q1.1 |
| 放松限位 SQ8 | I1.0 | 攻丝动力头电动机 M4 正转（KM4） | Q0.5 |
| 起动按钮 SB | I1.1 | 制动 DL | Q0.0 |
| 自动、手动选择 SA | I1.2 | 攻丝动力头电动机 M4 反转（KM5） | Q0.6 |
| 液压泵手动 SB1 | | 工作台左移电磁阀 YV3 | Q1.2 |
| 凸轮电机手动 SB2 | | 放松电磁阀 YV4 | Q1.3 |
| 手动攻丝正转 SB4 | | 自动指示 HL2 | Q1.5 |
| 手动攻丝反转 SB5 | | 手动指示 HL3 | Q1.6 |
| 冷却泵手动 SB6 | | 手动电源 | Q1.7 |
| 手动夹紧 SB7 | | | |
| 手动右移 SB8 | | | |
| 手动左移 SB9 | | | |
| 手动放松 SB10 | | | |

2）程序设计。由加工工艺要求可知，其为顺序控制过程。考虑具体情况，在设置自动顺序循环控制的同时，也设置了手动控制，在驱动回路中接入转换开关。自动顺序循环控制和手动控制的转换程序如图 6-18 所示，其功能流程图如图 6-19 所示，梯形图如图 6-20 所示。

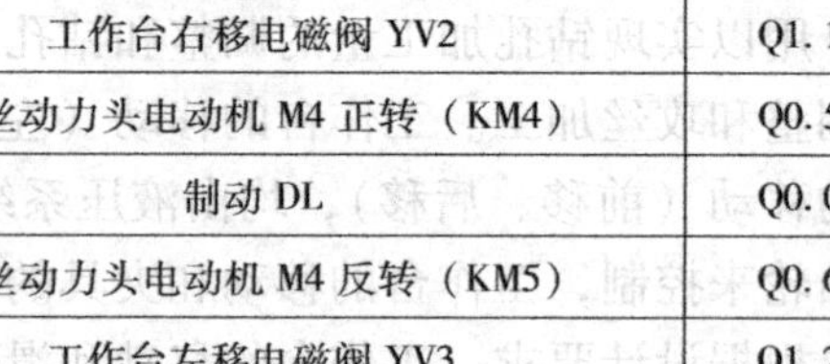


图 6-18　自动顺序循环控制和手动控制的转换程序

在程序设计时须注意：攻丝动力头 M4 正转和反转之间的互锁。

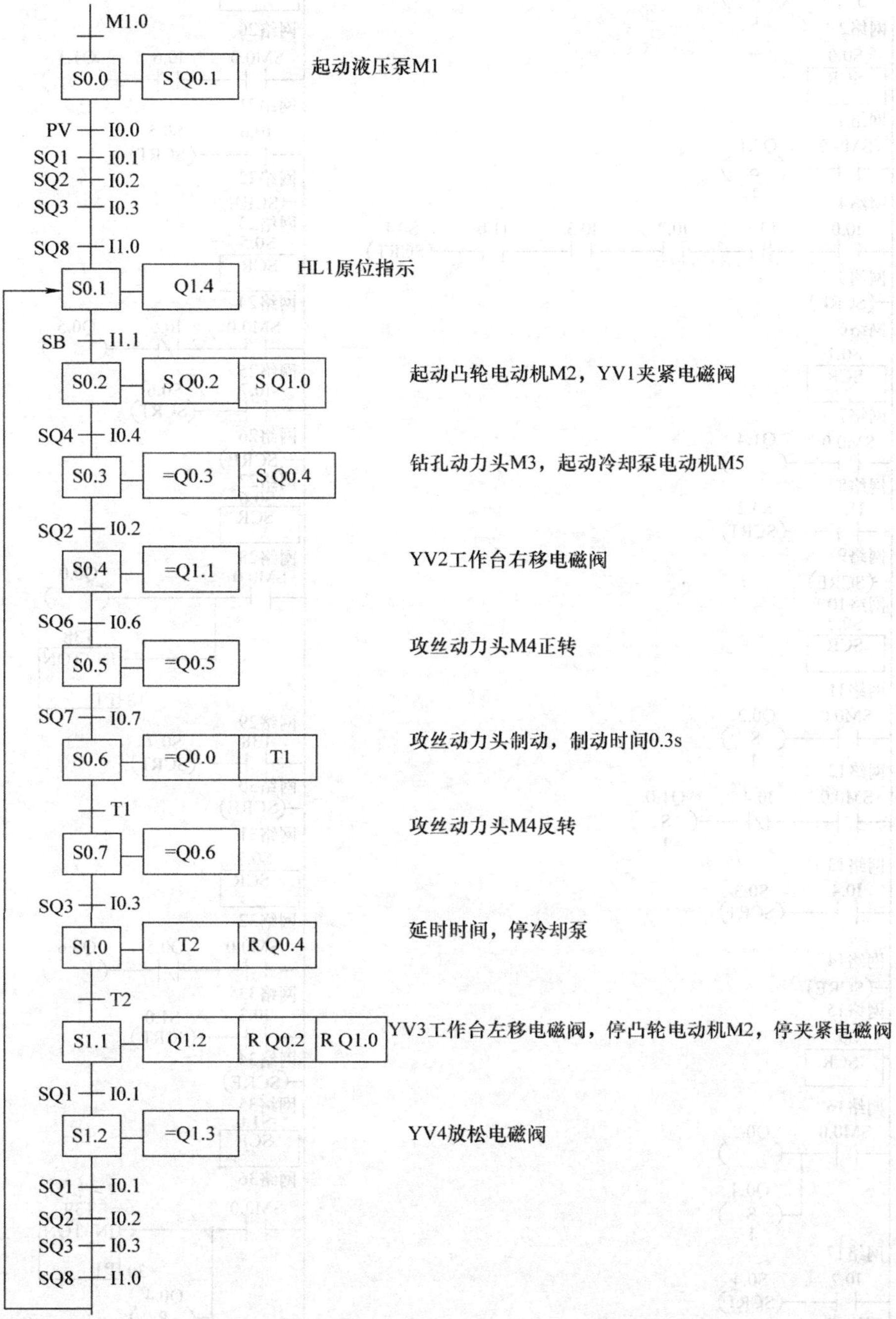


图 6-19　组合机床功能流程图

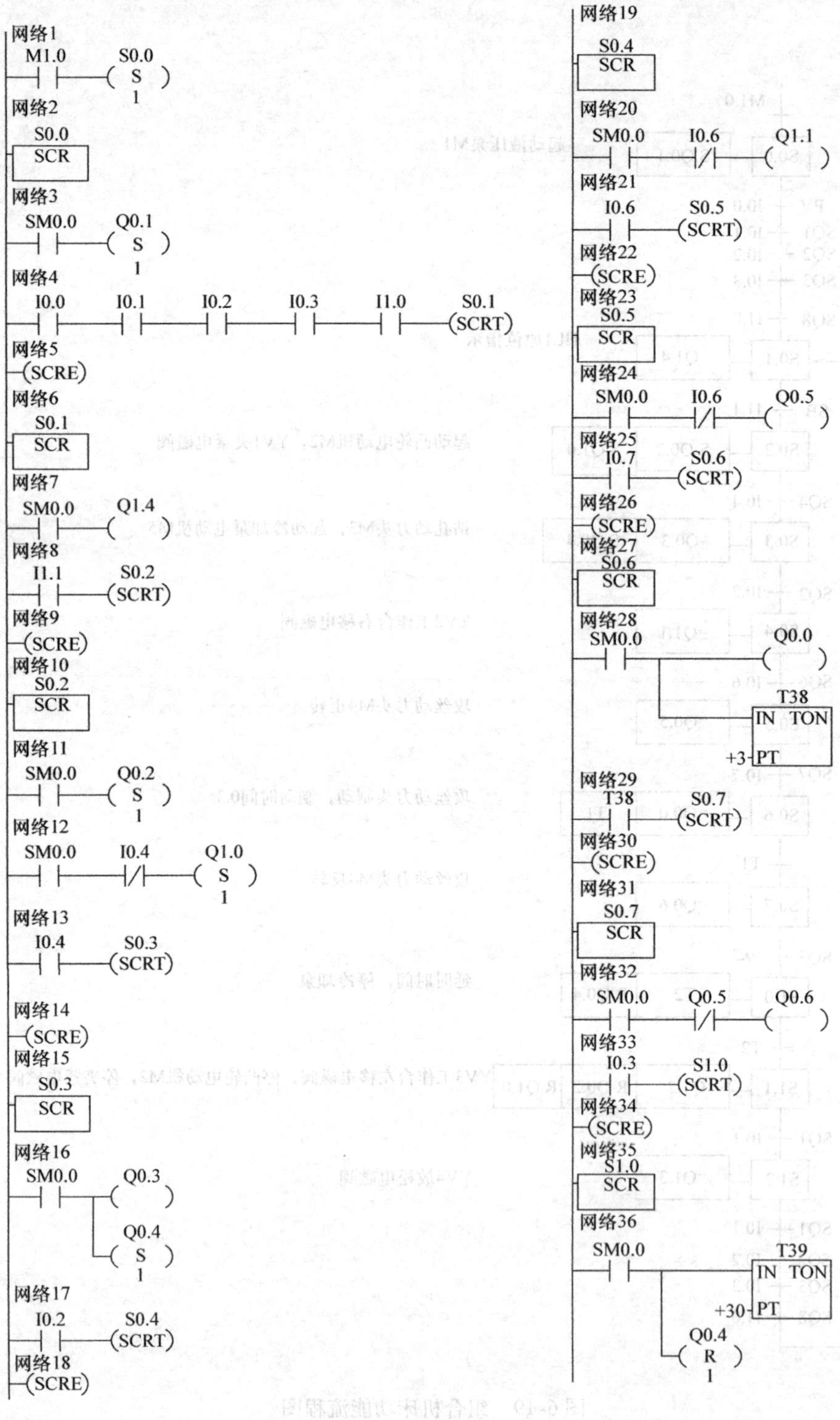


图 6-20　自动循环控制梯形图

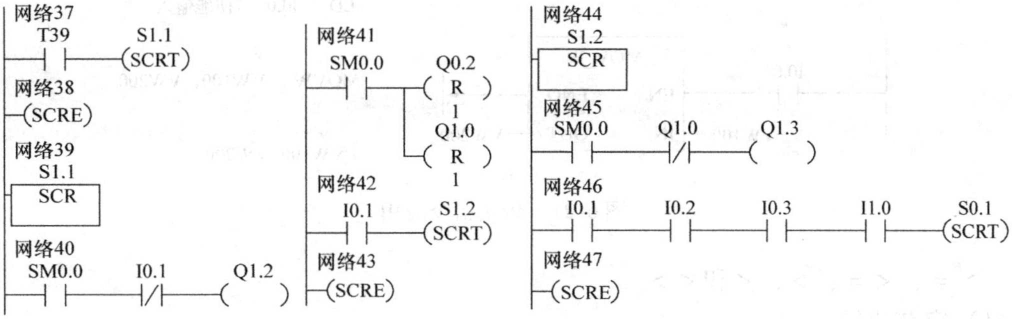


图 6-20　自动循环控制梯形图（续）

## 6.3　功能指令

一般的逻辑控制系统用软继电器、定时器和计数器及基本指令就可以实现。利用功能指令以致构成网络控制系统。这些功能指令实际上是厂商为满足各种客户的特殊需要而开发的通用子程序。功能指令的丰富程度及其使用的方便程度是衡量 PLC 性能的一个重要指标。

S7－200 的功能指令很丰富，大致包括这几方面：

1）算术与逻辑运算；

2）传送、移位与循环移位；

3）程序流控制；

4）数据表处理；

5）PID 指令；

6）数据格式变换；

7）高速处理；

8）通信；

9）实时时钟等。

和基本指令类似，功能指令具有梯形图及指令表等表达形式。由于功能指令的内涵主要是指令要完成什么功能，而不含表达梯形图符号间相互关系的成分，功能指令的梯形图符号多为功能框。又由于数据处理远比逻辑处理复杂，功能指令涉及的机内器件种类及数据量都比较多，一般读者不必准确记忆其详尽用法，需要时可查阅产品手册或附录。本节仅对 S7－200系列 PLC 的功能指令作简要说明。

**1. 传送类指令**

传送含单个数据传送及一次性传送多个连续字块的传送，每种可以传送数据的类型分为字节、字、双字或者实数等几种情况。传送指令用于数据的转移与生成，可用于存储单元的清零、程序初始化等场合。

例：将变量存储器 VW100 中内容送到 VW200 中，如图 6-21 所示。

**2. 比较指令**

比较指令是将两个操作数按规定的条件作比较，条件成立时，触点就闭合。比较运算符

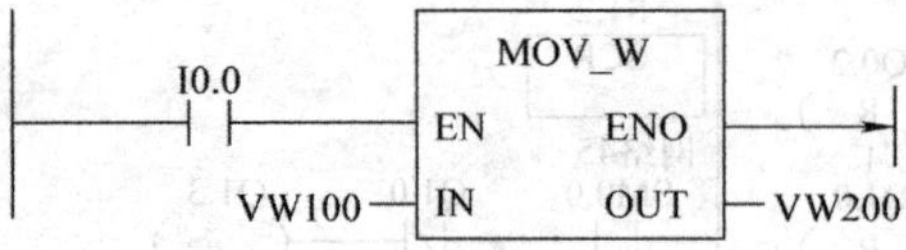


```
LD     I0.0  //使能输入
MOVW   VW100，VW200
//VW100=VW200
```

图 6-21　传送指令应用

有 =、> =、< =、>、< 和 < >。

（1）字节比较

字节比较用于比较两个字节型整数值 IN1 和 IN2 的大小，字节比较是无符号的。比较式可以是 LDB、AB 或 OB 后直接加比较运算符构成。如 LDB =、AB < >、OB > = 等。

整数 IN1 和 IN2 的寻址范围：VB、IB、QB、MB、SB、SMB、LB、* VD、* AC、* LD 和常数。

指令格式如 LDB = VB10，VB12。

（2）整数比较

整数比较用于比较两个一字长整数值 IN1 和 IN2 的大小，整数比较是有符号的（整数范围为 16#8000 和 16#7FFF 之间）。比较式可以是 LDW、AW 或 OW 后直接加比较运算符构成。如 LDW =、AW < >、OW > = 等。

整数 IN1 和 IN2 的寻址范围：VW、IW、QW、MW、SW、SMW、LW、AIW、T、C、AC、* VD、* AC、* LD 和常数。

指令格式如 LDW = VW10，VW12。

（3）双字整数比较

双字整数比较用于比较两个双字长整数值 IN1 和 IN2 的大小，双字整数比较是有符号的（双字整数范围为 16#80000000 和 16#7FFFFFFF 之间）。比较式可以是 LDD、AD 或 OD 后直接加比较运算符构成。如 LDD =、AD < >、OD > = 等。

双字整数 IN1 和 IN2 的寻址范围：VD、ID、QD、MD、SD、SMD、LD、HC、AC、* VD、* AC、* LD 和常数。

指令格式如 LDD = VD10，VD12。

（4）实数比较

实数比较用于比较两个双字长实数值 IN1 和 IN2 的大小，实数比较是有符号的（负实数范围为 - 1.175495E - 38 和 - 3.402823E + 38，正实数范围为 + 1.175495E - 38 和 +3.402823E +38）。比较式可以是 LDR、AR 或 OR 后直接加比较运算符构成。如 LDR =、AR < >、OR > = 等。

实数 IN1 和 IN2 的寻址范围：VD、ID、QD、MD、SD、SMD、LD、AC、* VD、* AC、* LD 和常数。

指令格式如 LDR = VD10，VD12。

比较指令的用法如图 6-22 所示。

从图 6-22 中可以看出：计数器 C30 中的当前值大于等于 30 时，Q0.0 为 ON；VD1 中的实数小于 98.5 且 I0.0 为 ON，Q0.1 为 ON；VB1 中的值大于 VB2 的值或 I0.1 为 ON 时，

Q0. 2 为 ON。

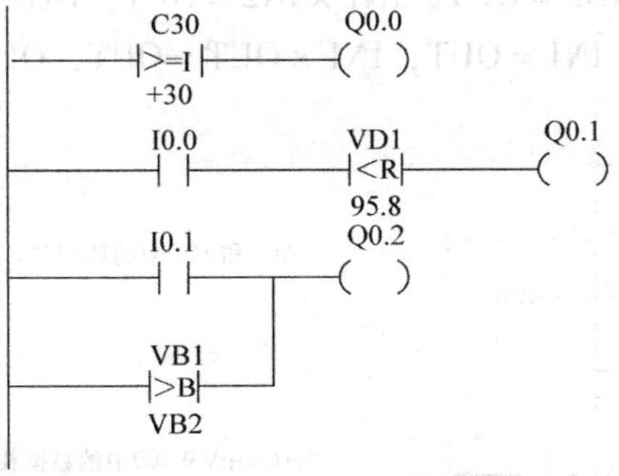


```
LDW >= C30, +30
=      Q0.0
LD     I0.0
AR<    VDI, 95.8
=      Q0.1
LD     I0.1
OB>    VB1, VB2
=      Q0.2
```

图 6-22　比较指令应用

例：自动仓库存放某种货物，最多6000 箱，需对所存的货物进出计数。货物多于 1000 箱时，灯 L1 亮；货物多于 5000 箱时，灯 L2 亮。

其中，L1 和 L2 分别受 Q0. 0 和 Q0. 1 控制，数值 1000 和 5000 分别存储在 VW20 和 VW30 字存储单元中。本控制系统的程序如图 6-23 所示。程序执行时序如图 6-24 所示。

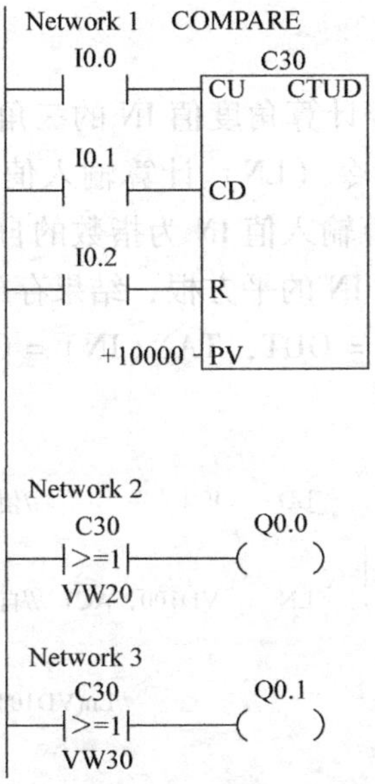


```
LD     I0.0          //增计数输入端
LD     I0.1          //减计数输入端
LD     I0.2          //复位输入端
CTUD   C30, +10000   //增减计数
                     //设定脉冲数
                     //为10000。

LDW>=  C30, VW20     //比较计数器
                     //当前值是否大于
                     //VW20中的值
=      Q0.0          //输出触点

LDW>=  C30, VW30     //比较计数器
                     //当前值是否大于
                     //VW30中的值
=      Q0.1          //输出触点
```

图 6-23　控制系统的程序

### 3. 数字运算类指令

数字运算指令是运算功能的指令，含四则运算指令、数学功能指令及递增、递减指令。四则运算含整数、双整数、实数四则运算。

（1）整数四则运算指令

整数的四则运算指令使两个 16 位整数运算后产

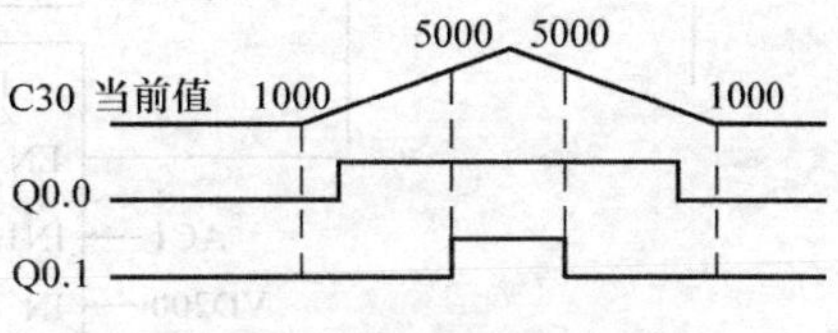


图 6-24　程序执行时序图

生一个 16 位结果（OUT）。整数除法保留余数。

在 LAD 中：IN1 + IN2 = OUT，IN1 − IN2 = OUT，IN1 × IN2 = OUT，IN1/IN2 = OUT

在 STL 中：IN1 + OUT = OUT，OUT − IN1 = OUT，IN1 × OUT = OUT，OUT/IN1 = OUT

整数运算指令的应用如图 6-25 所示。

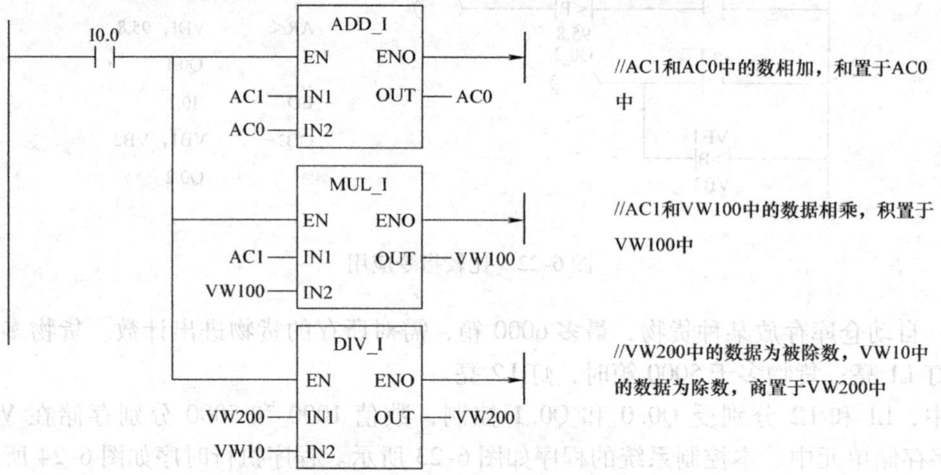


图 6-25　整数运算指令的应用

（2）数学功能指令

正弦（SIN）、余弦（COS）和正切（TAN）指令计算角度值 IN 的三角函数值，并将结果存放在 OUT 中，输入角度为弧度值。自然对数指令（LN）计算输入值 IN 的自然对数，并将结果存放在 OUT 中。自然指数指令（EXP）计算输入值 IN 为指数的自然指数值，并将结果存放在 OUT 中。平方根指令（SQRT）计算实数 IN 的平方根，结果存放在 OUT 中。

在 LAD 及 STL 中，SIN(IN) = OUT，COS(IN) = OUT，TAN(IN) = OUT，LN(IN) = OUT，EXP(IN) = OUT，SQRT(IN) = OUT。

数学功能指令的应用如图 6-26 所示。

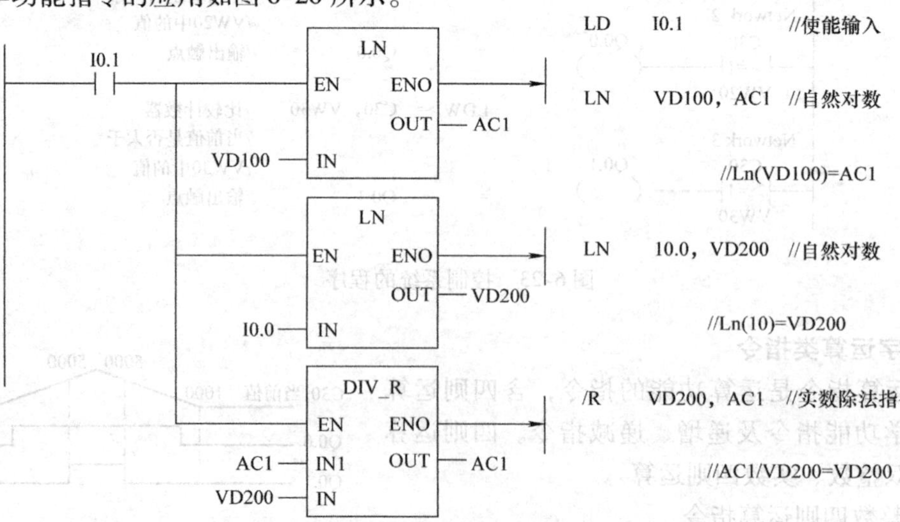


图 6-26　数学功能指令的应用

例：求以 10 为底，150 的常用对数，150 存于 VD100，结果放到 AC1（应用对数的换底公式求解）。当求解以 10 为底的常用对数时，用实数除法指令将自然对数除以 2. 302585 即可。(LN10≈2. 302585)

例：求 60°的正切值，如图 6-27 所示。

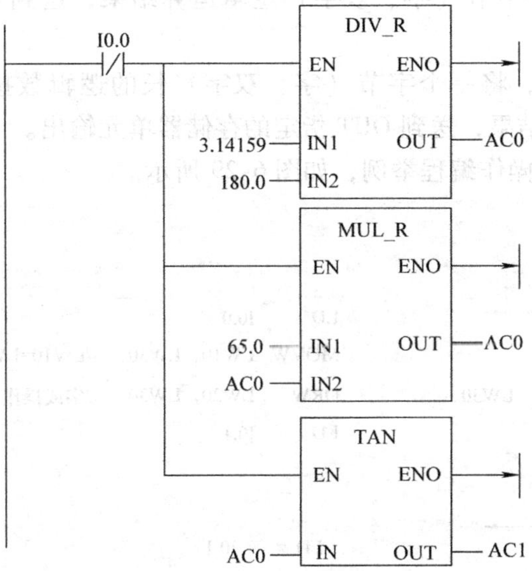


```
LDN    I0.0                //使能输入
MOVR   3.14159，AC0
                           //π装入AC0
/R     180.0，AC0
                           //得π/1800弧度
*R     65.0，AC0
                           //将角度转化为弧度
TAN    AC0，AC1
                           //求正切指令结果存放到AC1
```

图 6-27　数学功能指令的应用

（3）递增和递减指令

字节、字、双字递增或递减把输入字节（IN）加 1 或减 1，并把结果存放到输出单元（OUT）。字节增减指令是无符号的，字增减指令是有符号的，双字增减指令也是有符号的。

在 LAD 中：IN + 1 = OUT，IN - 1 = OUT；在 STL 中：OUT + 1 = OUT；OUT - 1 = OUT。

控制要求：食品加工厂对饮料生产线上的盒装饮料进行计数，每 24 盒为一箱，要求能记录生产的箱数。程序及说明如图 6-28 所示。

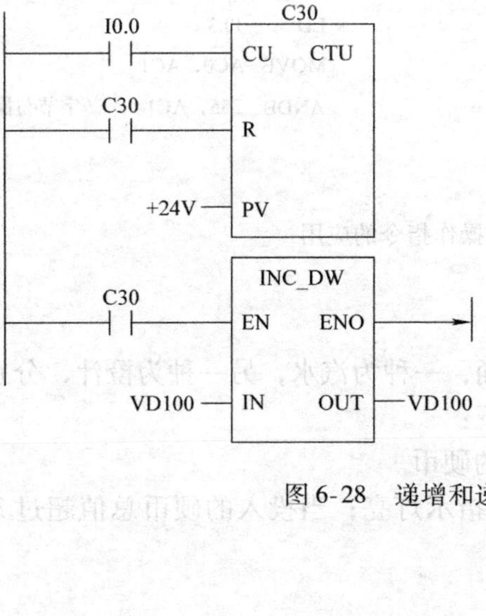


```
LD     I0.0    //增脉冲输入端
LD     C30     //复位输入端
               //循环计数
CTU C30，+24   //增计数指令
               //设定脉冲数为24
LD     C30     //装入计数器触点
               //作为双字增的脉冲输入
INCD   VD100//双字增指令
```

图 6-28　递增和递减指令的应用

**4. 逻辑操作指令**

逻辑运算是对无符号数进行的逻辑处理，主要包括逻辑与、逻辑或、逻辑异或和取反等运算指令。

与（或、异或）指令功能：使能端输入有效时，把两个字节（字、双字）长的输入逻辑数按位相与（或、异或），得到的一个字节（字、双字）逻辑运算结果，送到 OUT 指定的存储器单元输出。

取反指令功能：使能端输入有效时，将一个字节（字、双字）长的逻辑数按位取反，得到的一个字节（字、双字）逻辑运算结果，送到 OUT 指定的存储器单元输出。

例：字或/双字异或/字求反/字节与操作编程举例，如图 6-29 所示。

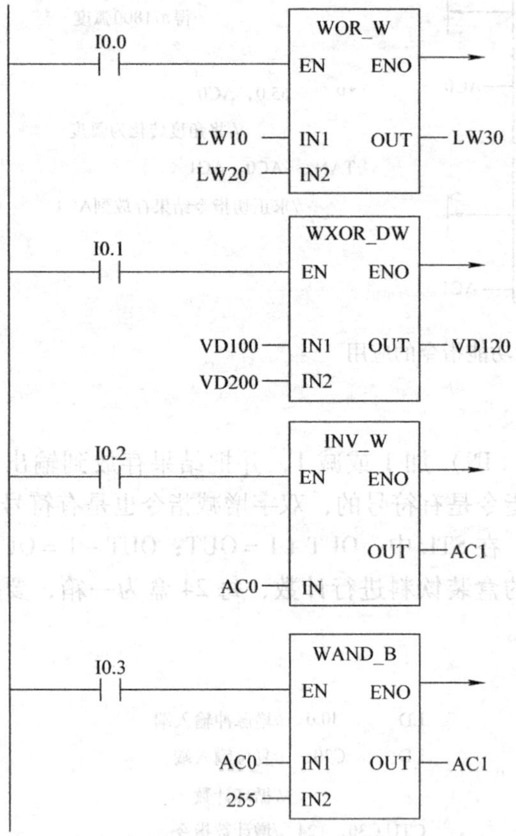


```
LD    I0.0
MOVW  LW10, LW30      //LW10=LW30
ORW   LW20, LW30      //字或操作
LD    I0.1

LD    I0.1
MOVD  VD100, VD120
XORD  VD200, VD120    //双字异或操作

LD    I0.2
MOVW  AC0, AC1
INVW  AC1             //字取反操作

LD    I0.3
MOVB  AC0, AC1
ANDB  255, AC1        //字节与操作
```

图 6-29　逻辑操作指令的应用

任务 4　饮料自动售货机控制系统。

在该机中有两种已经配置好的饮料储液桶，一种为汽水，另一种为橙汁，分别由两个电磁阀控制放入杯中的饮料品种。控制要求如下：

1）自动售货机可投入 1 角、5 角、1 元的硬币。

2）当投入的硬币总值超过 2 元时，汽水指示灯亮；当投入的硬币总值超过 3 元时，汽水及橙汁指示灯亮。

3）当汽水指示灯亮时，按汽水按钮，则排出汽水，8s 后，自动停止。在这段时间内汽水指示灯闪烁。

4）当橙汁按钮指示灯亮时，按橙汁按钮，则排出橙汁，8s 后，自动停止。在这段时间内橙汁指示灯闪烁。

1）I/O 端口分配。根据控制要求，饮料自动售货机的 PLC I/O 端口分配见表 6-8。

**表 6-8　饮料自动售货机的 PLC I/O 端口分配表**

| 输入信号 | | | | | |
|---|---|---|---|---|---|
| PLC 地址 | 电气符号 | 功能说明 | PLC 地址 | 电气符号 | 功能说明 |
| I0.1 | ST1 | 1 角投币光电开关 | I0.4 | SB1 | 汽水按钮 |
| I0.2 | ST2 | 5 角投币光电开关 | I0.5 | SB2 | 橙汁按钮 |
| I0.3 | ST3 | 1 元投币光电开关 | I0.6 | ST4 | 投钱光电开关 |
| 输出信号 | | | | | |
| PLC 地址 | 电气符号 | 功能说明 | PLC 地址 | 电气符号 | 功能说明 |
| Q0.0 | HL1 | 汽水指示灯 | Q0.2 | YV1 | 放汽水电磁阀 |
| Q0.1 | HL2 | 橙汁指示灯 | Q0.3 | YV2 | 放橙汁电磁阀 |
| Q0.4 | YA | 投钱执行机构 | | | |

2）饮料自动售货机控制系统的 PLC 外部接线图如图 6-30 所示。

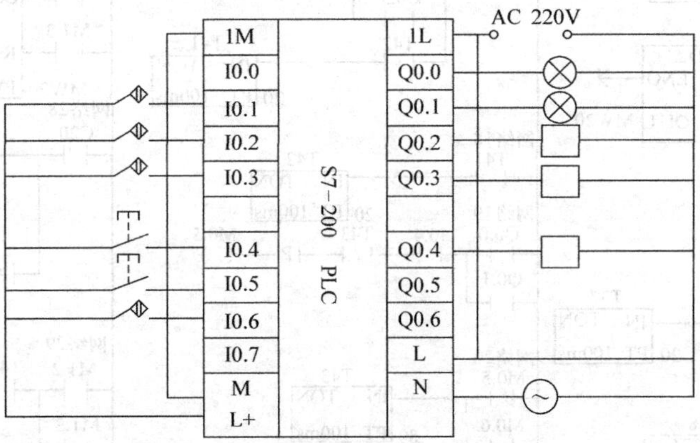


图 6-30　饮料自动售货机控制系统的 PLC 外部接线图

3）程序设计。饮料自动售货机控制系统的 PLC 程序如图 6-31 所示。

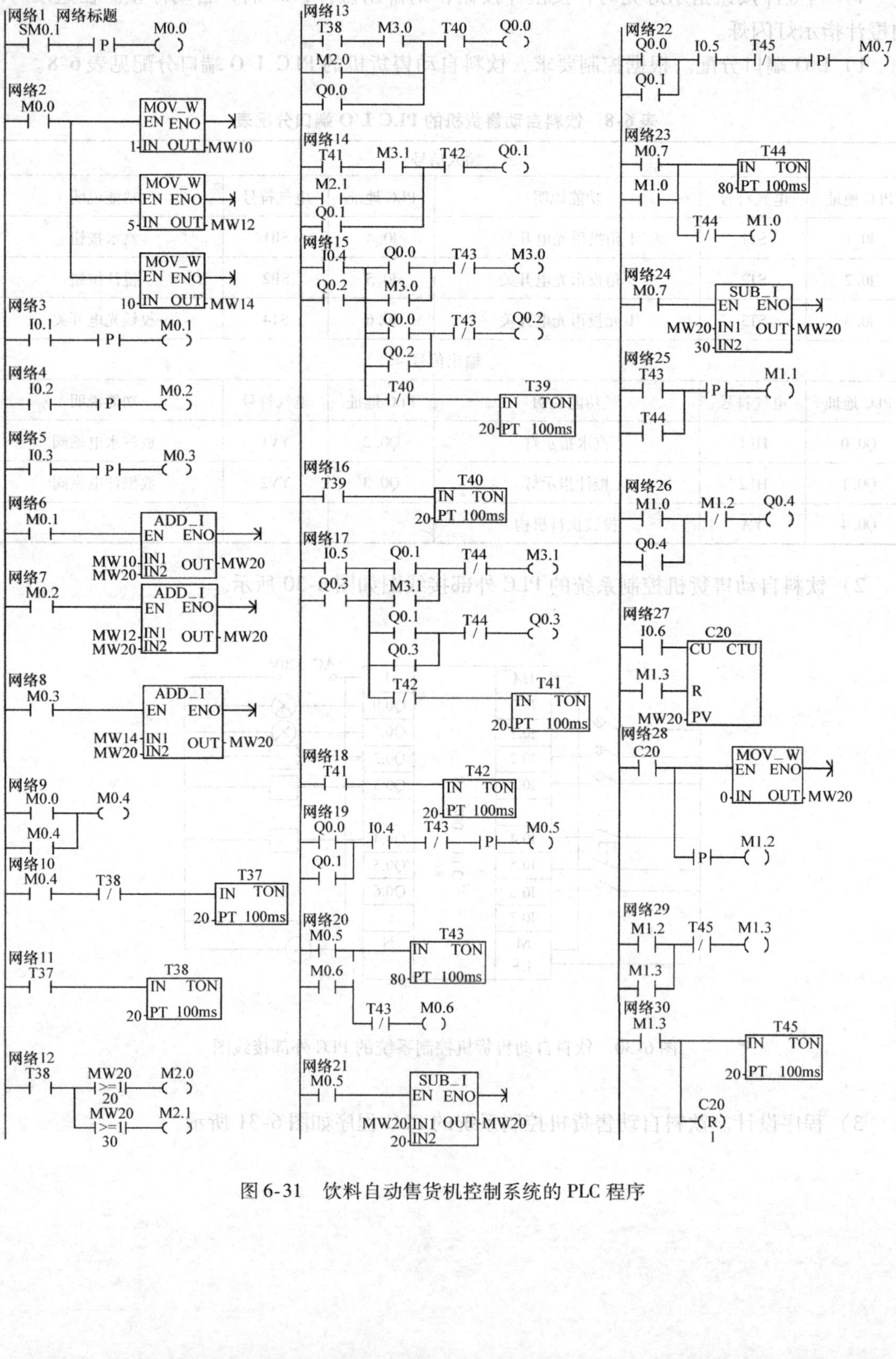


图 6-31　饮料自动售货机控制系统的 PLC 程序

# 6.4 PLC 应用的若干问题

## 6.4.1 控制系统的设计与调试步骤

**1. 确定设计任务书**

被控对象就是受控的机械、电气设备、生产线或生产过程。

控制要求主要指控制的基本方式、应完成的动作、自动工作循环的组成、必要保护和联锁等。

**2. 确定 I/O 设备**

根据被控对象对 PLC 控制系统的功能要求，确定系统所需的用户输入、输出设备。常用的输入设备有按钮、选择开关、行程开关、传感器等，常用的输出设备有继电器、接触器、指示灯、电磁阀等。

**3. 选择合适的 PLC 类型**

根据已确定的用户 I/O 设备，统计所需的输入输出信号的点数，选择合适的 PLC 类型，包括机型的选择、容量的选择、I/O 模块的选择、电源模块的选择等。

**4. 编制 PLC 的输入、输出分配表**

分配 PLC 的输入输出点，编制出输入输出分配表或者画出输入输出端子的接线图。接着就可以进行 PLC 程序的设计，同时可进行控制柜或操作台的设计和现场施工。

**5. 对系统任务分块**

分块的目的就是把一个复杂的工程，分解成多个比较简单的小任务。这样就把一个复杂的大问题化为多个简单的小问题，便于编制程序。

**6. 绘制各种电路图**

**7. 编制控制系统的逻辑关系图**

从逻辑关系图上，可以反映出某一逻辑关系的结果是什么，一个结果又应该导出哪些动作。

这个逻辑关系可以是各个控制过程中控制作用与被控对象的活动，也反映了输入与输出的关系。

**8. 编制梯形图程序**

编程即根据逻辑关系图或状态图等设计出梯形图。这一步是整个应用系统设计最核心的工作，也是较困难的一步，要设计好梯形图，首先要十分熟悉控制要求，同时还要有一定的电气设计的实践经验。

**9. 将程序输入至 PLC**

当使用简易编程器将程序输入 PLC 时，需要先将梯形图转换为指令助记符，以便输入。当使用 PLC 的辅助编程软件在计算机上编程时，可通过上下位机的连接电缆将程序下载到 PLC 中。

**10. 进行软件测试**

程序输入 PLC 后，应先进行测试工作。因为在程序设计过程中，难免会有疏漏的地方，所以在将 PLC 连接到现场设备之前，必须进行软件测试，以排除程序中的错误，同时也为整体调试打好基础，缩短整体调试的周期。

**11. 应用系统整体测试**

在 PLC 软硬件设计和控制柜及现场施工完成后，就可以进行整个系统的联机调试，如果控制系统是由几个部分组成，则应先进行局部调试，然后进行整体调试；如果控制程序的步骤较多，则可先进行分段调试，然后再连接起来总调。调试中若发现问题，要逐一排除，直至调试成功。

**12. 编制技术文件**

系统技术文件包括说明书、电气原理图、电气布置图、电器元件明细表、PLC 梯形图。

## 6.4.2 节省 PLC 输入输出点的方法

可编程序控制器的每一个 I/O 点的造价成本较高，减少所需 I/O 点数是降低系统硬件费用的主要措施。

**1. 减少所需输入点数的方法**

(1) 分时分组输入

自动程序和手动程序不会同时执行，自动和手动这两种工作方式使用的输入量可以分成两组输入，如图 6-32 所示。

I1.0 用来输入自动/手动命令信号，供自动程序和手动程序切换之用。图 6-32 中的二极管用来切断寄生电路。假设图中没有二极管，系统处于自动状态，S1，S2，S3 闭合，S4 断开，这时电流从 L+端子流出，经 S3、S1 形成的寄生回路流入 I0.1 端子，使输入位 I0.1 误变为 ON。

当各开关串联了二极管后，则可切断了寄生回路，从而避免了错误输入的产生。

(2) 输入触点合并

如果某些外部输入信号总是以某种“与或非”组合的整体形式出现在梯形图中，可以将它们对应的触点在 PLC 外部串、并联后作为一个整体输入 PLC，只占 PLC 的一个输入点。例如，某负载可在多处起动和停止，可以将 3 个起动信号并联，将 3 个停止信号串联，分别送给 PLC 的两个输入点，如图 6-33 所示。

(3) 将信号设置在 PLC 之外

系统的某些输入信号，如电动机热继电器 FR 的动断触点，可以设置在 PLC 外部的硬件电路中，如图 6-34 所示。

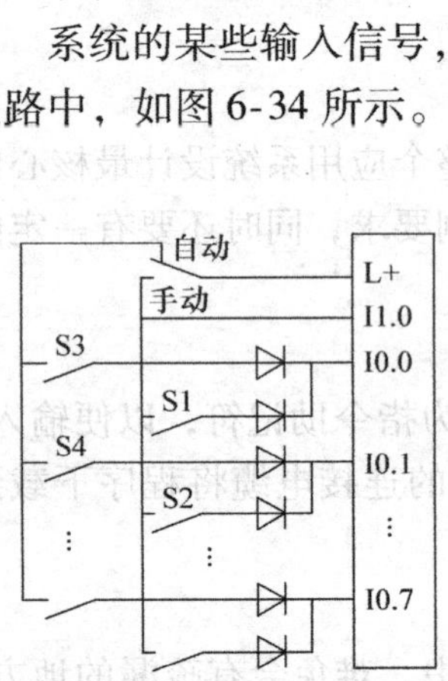


图 6-32 分时分组输入

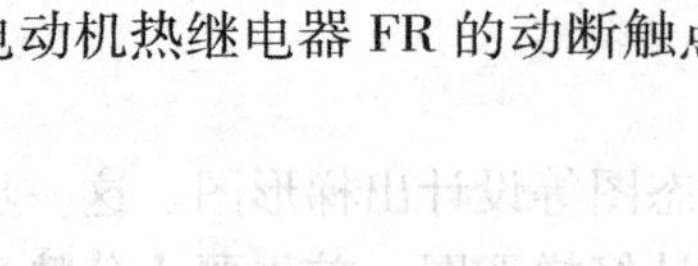


图 6-33 输入触点合并

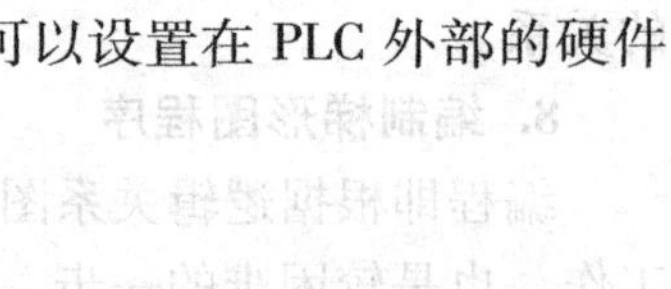


图 6-34 信号设置在 PLC 之外

某些手动按钮需要串接一些安全连锁触点，如果外部硬件连锁电路过于复杂，则应考虑仍将有关信号送入 PLC，用梯形图实现连锁。

**2. 减少所需输出点数的方法**

在 PLC 的输出功率允许的条件下，通/断状态完全相同的多个负载并联后，可以共用一个输出点，通过外部的或 PLC 控制的转换开关切换，一个输出点可以控制两个或多个不同时工作的负载。与外部元件的触点配合，可以用一个输出点控制两个或多个有不同要求的负载。如用一个输出点控制指示灯常亮或闪烁，可以显示两种不同的信息。系统中某些相对独立或比较简单的部分则可以不用 PLC，直接用继电器电路来控制。

## 6.4.3 控制系统抗干扰措施

为了保证系统在工业电磁环境中免受或减少内外电磁干扰，应从抑制干扰源、切断或衰减电磁干扰的传播途径、提高装置和系统的抗干扰能力等方面采取抑制措施。

**1. 选择抗干扰性能好的设备**

1）选择有较高抗干扰能力的产品，其包括了电磁兼容性，尤其是抗外部干扰能力，如采用浮地技术、隔离性能好的 PLC 系统。

2）了解生产厂家给出的抗干扰指标，如共模抑制比、差模抑制比、耐压能力、允许在多大电场强度和多高频率的磁场强度环境中工作等。

3）考查其在类似工作中的应用实例。

4）在选择国外进口产品要注意电网制式。由于我国电网内阻大，零点电位漂移大，地电位变化大，工业企业现场的电磁干扰至少要比欧美地区高 4 倍以上，对系统抗干扰性能要求更高。在国外能正常工作的 PLC 产品在国内工业就不一定能可靠运行，这就需要注意在采用国外产品时，按我国的标准（GB/T 13926）合理选择。

**2. 综合抗干扰设计**

主要采取来自系统外部的几种抑制措施，内容包括：对 PLC 系统及外引线进行屏蔽以防空间辐射电磁干扰；对外引线进行隔离、滤波，特别是动力电缆应分层布置，以防通过外引线引入传导电磁干扰；正确设计接地点和接地装置，完善接地系统。另外还必须利用软件手段，进一步提高系统的安全可靠性。

**3. 电源的选择**

在 PLC 控制系统中，电源占有极重要的地位。电网干扰串入 PLC 控制系统主要通过 PLC 系统的供电电源（如 CPU 电源、I/O 电源等）、变送器供电电源和与 PLC 系统具有直接电气连接的仪表供电电源等耦合进入的。现在对于 PLC 系统供电的电源，一般都采用隔离性能较好的电源，而对于变送器供电电源以及和 PLC 系统有直接电气连接的仪表供电电源，并没受到足够的重视。虽然采取了一定的隔离措施，但普遍还不够，主要是使用的隔离变压器分布参数大，抑制干扰能力差，经电源耦合而串入共模干扰、差模干扰。所以对于变送器和共用信号仪表供电应选择分布电容小、抑制带宽（如采用多次隔离和屏蔽及漏感技术）的配电器，以减少 PLC 系统的干扰。此外，为保证电网馈电不中断，可采用在线式不间断供电电源（UPS）供电，以提高供电的安全可靠性。而且 UPS 还具有较强的干扰隔离性能，是 PLC 控制系统的理想电源。

**4. 电缆的选择和布置**

为了减少动力电缆尤其是变频装置馈电电缆的辐射电磁干扰，不同类型的信号分别由不同电缆传输，信号电缆应按传输信号种类分层敷设，严禁用同一电缆的不同导线同时传送动力电源和信号，避免信号线与动力电缆靠近平行敷设，以减少电磁干扰。

**5. 硬件滤波及软件抗干扰措施**

信号在接入（PLC）前，在信号线与地间并接电容，以减少共模干扰；在信号两极间加装滤波器可减少差模干扰。在 PLC 控制系统的软件设计和组态时，还应在软件方面进行抗干扰处理，进一步提高系统的可靠性。常用的一些提高软件结构可靠性的措施包括：数字滤波和工频整形采样，可有效消除周期性干扰；定时校正参考点电位，并采用动态零点，可防止电位漂移；采用信息冗余技术，设计相应的软件标志位；采用间接跳转，设置软件保护等，以提高软件结构可靠性。

## 6.4.4 PLC 的安全保护

**1. 短路保护**

当 PLC 输出控制的负载短路时，为了避免 PLC 内部的输出元件损坏，应该在 PLC 输出的负载回路中加装熔断器，进行短路保护。

**2. 感性输入/输出的处理**

PLC 的输入端和输出端常常接有感性元件，如果是直流感性元件，应在其两端并联续流二极管；如果是交流元件，应在其两端并联阻容电路，从而抑制电路断开时产生的电弧对 PLC 内部输入、输出元件的影响。

**3. PLC 系统的接地要求**

良好的接地是 PLC 安全可靠运行的重要条件。低压电器设备的单点接地方式可分为串联式单点接地、并联式单点接地、多分支单点接地。

PLC 的接地属于低压电器设备的单点接地方式。

（1）串联式单点接地

接地方法：将多个低压电气设备的接地端子在设备的就近处与同一根接地线连接上，然后通过这根接地线与接地装置连接。这种接地方式的好处在于：节省人力、物力；而坏处在于：当公用的接地线出现断路时，如果接地系统中有一台设备漏电，就会引起其他设备的外壳上均出现电压，对人员安全造成威胁。

（2）并联式单点接地

接地端子都引出一根接地线，然后将若干条线同时接到接地装置上。这种接地方式的好处在于：当接地系统中的其中一台设备接地线出现断路时，不会造成其他设备外壳出现电压，对保障人身安全有好处。而这种接地方式的不完美之处在于：如果是电子设备或其他对高频干扰高度敏感的电气设备，来自于其他设备的高频干扰（例如变频器、中频炉等晶闸管变流器件）将会从共地点串入，造成设备工作不正常。

（3）多分支单点接地

接地方法：将每个设备的接地端子单独接到接地装置上。接地方法和第 2 种接地的区别在于：设备具有单独的接地体（或者直接接到离接地体最近的接地装置上或者接地源处），每个设备在电气接地回路上的距离是比较远的，例如超过 50m，这有效地避免了设备之间的相互电磁干扰。但这种接地方式费时、费力而且单独接地源不好选择。

在日常施工中，实际上 PLC 的接地方式一般采用第 2 种接地方式，至于电磁干扰方面，如果柜内有多个大功率的变频器，可以在 PLC 电源的前端加装一个单相电源滤波器。一般设计时在变频器附近的 PLC 前端都加装了电源滤波器。

对于受干扰影响不大的直流和交流设备，可以接在一起——即使直流和交流电路因为某种原因连通了，因为它们不是同一个回路，也不会造成设备损坏。曾有人将 AC 220V 的电源与 DC 24V 回路连上了，但设备工作仍然正常。

数字地和模拟地建议分开（除非低压电气设备电源电压只有几十伏），因为数字电路属于 ±5V、±12V、±24V 级别的，很容易受干扰，而且一旦外部异常电压串入很可能造成设备损坏。

## 6.5 PLC 的通信与自动化通信网络

PLC 通信包括 PLC 之间、PLC 与上位计算机之间、PLC 和其他智能设备之间的通信。PLC 相互之间的连接，使众多相对独立的控制任务构成一个控制工程整体，形成模块控制体系；PLC 与计算机的连接，将 PLC 应用于现场设备直接控制，计算机用于编程、显示、打印和系统管理，构成“集中管理，分散控制”的分布式控制系统（DCS），以满足工厂自动化系统发展的需要。

计算机通信概述

**1. 联网目的**

PLC 的联网就是为了提高系统的控制功能和范围，将分布在不同位置的 PLC 之间、PLC 与计算机、PLC 与智能设备通过传送介质连接起来，实现通信，以构成功能更强的控制系统。

两个 PLC 之间或一台 PLC 与一台计算机建立连接，一般叫做链接（Link），而不能称为联网。

**2. 网络结构和通信协议**

网络结构又称为网络的拓扑结构，它主要指如何从物理上把各个节点连接起来形成网络。常用的网络结构包括链接结构、联网结构。

（1）链接结构

链接结构较简单，它主要指通过通信接口和通信介质（如电缆线等）把两个节点链接起来。链接结构按信息在设备间的传送方向可分为单工通信方式、半双工通信方式、全双工通信方式。

单工通信方式是指数据传送只能由 A 流向 B，或只能由 B 流向 A。而半双工通信方式是指在两个方向上都能传送数据，即某节点 A 或 B 既能接收数据，也能发送数据，但在同一时刻只能朝一个方向进行传送。

全双工通信方式是指同时在两个方向上都能传送数据的通信方式。

由于半双工和全双工通信方式可实现双向数据传输，故在 PLC 链接及联网中较为常用。

（2）联网结构

指多个节点的连接形式，常用连接方式有 3 种，如图 6-35 所示。

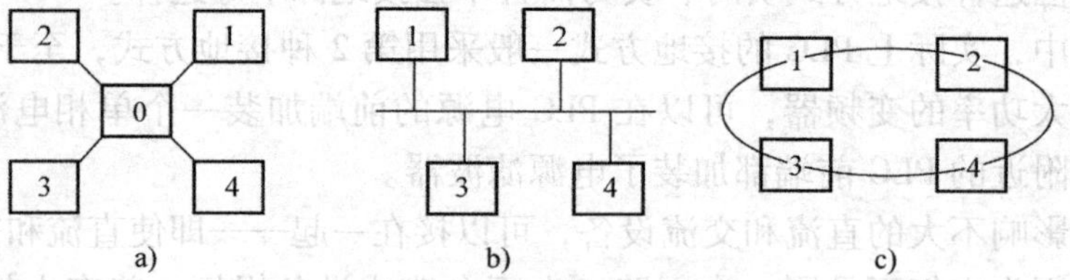


图 6-35 联网结构示意图

a）星形结构 b）总线结构 c）环形结构

1）星形结构。这种结构只有一个中心节点，网络上其他各节点都分别与中心节点相连，通信功能由中心节点进行管理，并通过中心节点实现数据交换。

2）总线结构。这种结构的所有节点都通过相应硬件连接到一条无源公共总线上，任何一个节点发出的信息都可沿着总线传输，并被总线上其他任意节点接收，它的传输方向是从发送节点向两端扩散传送。

3）环形结构。环形结构中的各节点通过有源接口连接在一条闭合的环形通信线路中，是点对点式结构，即一个节点只能把数据传送到下一个节点。若下一个节点不是数据发送的目的节点，则再向下传送直到目的节点接收为止。

**3. 网络通信协议**

在通信网络中，各网络节点，各用户主机为了进行通信，就必须共同遵守一套事先制定的规则，称为网络通信协议。

**4. 通信方式**

（1）并行数据传送与串行数据传送

1）并行数据传送。并行数据传送时所有数据位是同时进行的，以字或字节为单位传送。

并行传输速度快，但通信线路多、成本高，适合近距离数据高速传送。在 PLC 通信系统中，并行通信方式一般发生在内部各元件之间、基本单元与扩展模块或近距离智能模板的处理器之间。

2）串行数据传送。串行数据传送时所有数据是按位进行的。串行通信仅需要一对数据线就可以，在长距离数据传送中较为合适。

PLC 网络传送数据的方式绝大多数为串行方式，而计算机或 PLC 内部数据处理、存储都是并行的。若要串行发送、接收数据，则要进行相应的串行数据转换成并行数据后再处理。

（2）异步方式与同步方式

串行通信数据的传送是一位一位分时进行的。根据串行通信数据传输方式的不同可以分为异步方式和同步方式。

1）异步方式：异步方式又称为起止方式。它在发送字符时，要先发送起始位，然后才是字符本身，最后是停止位，字符之后还可以加入奇偶校验位。

异步传送较为简单，但要增加传送位，将影响传输速率。异步传送是靠起始位和波特率来保持同步的。

2）同步方式：同步方式要在传送数据的同时，也传递时钟同步信号，并始终按照给定的时刻采集数据。同步方式传递数据虽提高了数据的传输速率，但对通信系统要求较高。

PLC 网络多采用异步方式传送数据。

**5. 网络配置**

网络配置与建立网络的目的、网络结构以及通信方式有关，但任何网络其结构配置都包括硬件、软件两个方面。

（1）硬件配置

硬件配置主要考虑两个问题，一是通信接口，二是通信介质。

1）通信接口。PLC 网络的通信接口多为串行接口，主要功能是进行数据的并行与串行转换、控制传送的波特率及字符格式、进行电平转换等。常用的通信接口有 RS－232、RS－422、RS－485。

RS－232 接口是计算机普遍配置的接口，其接口的应用既简单又方便。它采用串行的通信方式，数据传输速率低，抗干扰能力差，适用于传输速率和环境要求不高的场合。

RS－422 接口的传输线采用平衡驱动和差分接收的方法，电平变化范围为（12 ±6）V，因而它能够允许更高的数据传输速率，而且抗干扰性更高。它克服了 RS－232 接口容易产生共模干扰的缺点。RS－422 接口属于全双工通信方式，在工业计算机上配备得较多。

RS－485 接口是 RS－422 接口的简化，它属于半双工通信方式，依靠使能控制实现双方的数据通信。

计算机一般不配 RS－485 接口，但工业计算机配备 RS－485 接口较多。PLC 的不少通信模块也配用 RS－485 接口，如西门子公司的 S7 系列 CPU 均配置了 RS－485 接口。

2）通信介质。通信口主要靠介质实现相连。常用的通信介质有多股屏蔽电缆、双绞线、同轴电缆及光缆。此外，还可以通过电磁波实现无线通信。

RS－485 接口多用双绞线实现连接。

（2）软件配置

要实现 PLC 的联网控制，就必须遵循一些网络协议。不同公司的机型，通信软件各不相同。

软件一般分为两类，一类是系统编程软件，用以实现计算机编程，并把程序下载到 PLC，且监控 PLC 工作状态，如西门子公司的 STEP7－Micro/WIN 软件；另一类为应用软件，各用户根据不同的开发环境和具体要求，用不同的语言编写的通信程序。

## 6.6　S7－200 PLC 的通信功能

S7－200 系列 CPU 的通信功能来自它们标准的网络通信能力。

**1. 西门子公司的网络层次结构**

西门子公司 PLC 的网络 SIMATIC NET 是一个对外开放的通信系统，具有广泛的应用领域。西门子公司的控制网络结构由 4 层组成，从下到上依次为执行器与传感器级、现场级、车间级、管理级，其网络结构图如图 6-36 所示。

西门子的网络层次结构由 4 个层次、3 级总线复合而成。最低一级为 AS－1 总线，它是用于连接执行器、传感器、驱动器等现成器件实现通信的总线标准。其扫描时间为 5ms，传

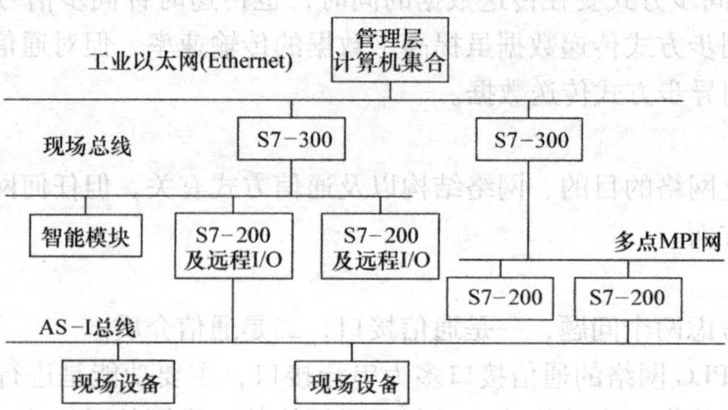


图 6-36　西门子公司 S7 系列 PLC 网络结构图

输媒体为未屏蔽的双绞线，线路长度为 300m，最多为 31 个从站。

中间一级是 PROFIBUS 总线。它是一种工业现场总线，采用数字通信协议，是一种用于仪表和控制器的开放、全数字化、双向、多站的通信系统，其传输媒体为屏蔽的双绞线（最长 9.6km）或光缆（最长 90km），最多可接 127 个从站。

最高一级为工业以太网，使用通用协议，负责传送生产管理信息，网络规模可达 1024 站，长度可达 1.5km（电气网络）或 200km（光学网络）。

在这一网络体系中，PRORIBUS 总线是目前最成功的现场总线之一，已得到了广泛的应用。它是不依赖生产厂家的、开放的现场总线，各种各样的自动化设备均可通过同样的接口交换信息。为众多的生产厂家提供了优质的 PROFIBUS 产品，用户可以自由地选择最合适的产品。

**2. S7 系列的通信协议**

西门子公司工业通信网络的通信协议包括通用协议和公司专用协议。S7－200 CPU 支持多种通信协议，所使用的通信协议有以下 4 个协议。

（1）PPI 协议

PPI（Point－to－Point Interface，点对点接口）协议，是一个主/从协议。协议规定主站向从站发出申请，从站进行响应。从站不能初始化信息，但当主站发出申请或查询时，从站才对其响应。

PPI 通信接口是西门子专为 S7－200 系列 PLC 开发的一种通信协议，可通过普通的 2 芯屏蔽双绞电缆进行联网。波特率为 9.6kbit/s、19.2kbit/s 和 187.5kbit/s。

S7－200 系列 CPU 上集成的编程口同时就是 PPI 通信接口。

主站可以是其他 CPU 主机（如 S7－200 等）、SIMATIC 程序器或 TD200 文本显示器等。网络中的所有 S7－200 CPU 都默认为从站。

对于任何一个从站有多少个主站与它通信，PPI 协议没有限制，但在 PPI 网络中最多只能有 32 个主站。

（2）MPI 协议

MPI（Multi－Point Interface，多点接口）协议，可以是主/主协议或主/从协议，协议如何操作有赖于设备的类型。

如果网络中有 S7－300 CPU，则可建立主/从连接。因为 S7－300 CPU 都默认为网络主站，如果设备中有 S7－200 CPU，则可建立主/从连接。因为 S7－200 CPU 都默认为网络从站。

（3）PROFIBUS 协议

PROFIBUS 协议用于分布式 I/O 设备（远程 I/O）的高速通信。该协议的网络使用 RS－485 标准双绞线，适合多段、远距离通信。

PROFIBUS 网络常有 1 个主站和几个 I/O 从站。主站初始化网络并核对网络上的从站设备和配置中的匹配情况。如果网络中有第 3 个主站，则它只能访问第 1 个主站的从站。

S7－200 系列的 CPU 中，CPU 222、CPU 224、CPU 226 都可以通过增加 EM227 扩展模块来支持 PROFIBUS－DP 网络协议，最高传输速率可达 12Mbit/s。

（4）自由口协议

自由口通信方式是 S7－200 CPU 很重要的功能。在自由口模式下，S7－200 CPU 可以与任何通信协议公开的与其他设备进行通信，即 S7－200 CPU 可以由用户自己定义通信协议（如 ASCII 协议）来提高通信范围，使控制系统配置更加灵活、方便。

在自由口模式下，主机只有在 RUN 模式时，用户才可以用相关的通信指令编写用户控制通信口的程序。当主机处于 STOP 模式时，自由口通信被禁止，通信口自动切换到正常的 PPI 协议操作。

**3. 通信设备**

能够与 S7－200 CPU 组网通信的相关网络设备主要有以下几种。

（1）通信口

S7－200 CPU 主机上的通信口是符合欧洲标准 EN 50170 中的 PROFIBUS 标准的 RS－485 兼容 9 针 D 型连接器。

（2）网络连接器

网络连接器可以用来把多个设备连接到网络中。网络连接器有两种类型：一种仅提供连接到主机的接口；另一种则增加了 1 个编程接口。两种连接器都有两组螺丝端子，可以连接网络的输入和输出。

（3）通信电缆

通信电缆主要有网络电缆和 PC/PPI 电缆。

网络电缆：现场 PROFIBUS 总线使用屏蔽双绞线电缆。网络连接时，网络段的电缆长度与电缆类型和波特率要求有很大关系。网络段的电缆越长，传输速率越低。

PC/PPI 电缆的一端是 RS－485 端口，用来连接 PLC 主机；另一端是 RS－232 端口，用于连接计算机等设备。电缆中部有 1 个开关盒，上面有 4 个或 5 个 DIP 开关，用来设置波特率、传送字符数据格式和设备模式。5 个 DIP 开关与 PC/PPI 通信方式如图 6-37 所示。

（4）网络中继器

网络中继器在 PROFIBUS 网络中，可以用来延长网络的距离，允许给网络加入设备，并且提供 1 种隔离不同网络段的方法。每个网络中最多有 9 个中继器，每个中继器最多可再增加 32 个设备。

（5）其他设备

除了以上设备之外，常用的还有通信处理器、多机接口卡和 EM277 通信模块等。

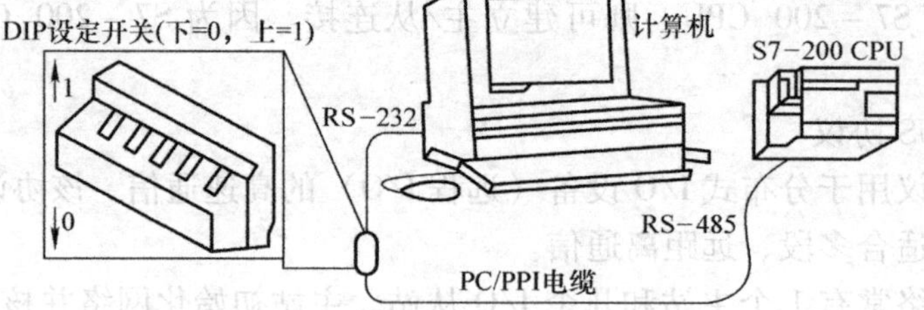


图 6-37　PC/PPI 方式的 CPU 通信

## 6.7　S7 -200 PLC 的串行通信网络

**1. 链接**

S7 -200 CPU 与计算机直接相连，结构简单，易于实现，如图 6-37 所示，它包括 1 个 CPU 模块、1 台个人计算机、PC/PPI 电缆或 MPI 卡和西门子公司 STEP7 - Micro/WIN 编程软件。

在 PPI 通信时，PC/PPI 电缆提供了 RS -232 到 RS -485 的接口转换，从而把个人计算机 PC 和 S7 -200 CPU 连接起来，传输速率为 9.6kbit/s。此时个人计算机为主站，站地址默认为 0，S7 -200 CPU 为从站，站地址范围为 2 ~126，默认值为 2。

**2. PC/PPI 网络**

PC/PPI 网络是由 1 个主机和多个 PLC 从机组成的通信网络，如图 6-38 所示。

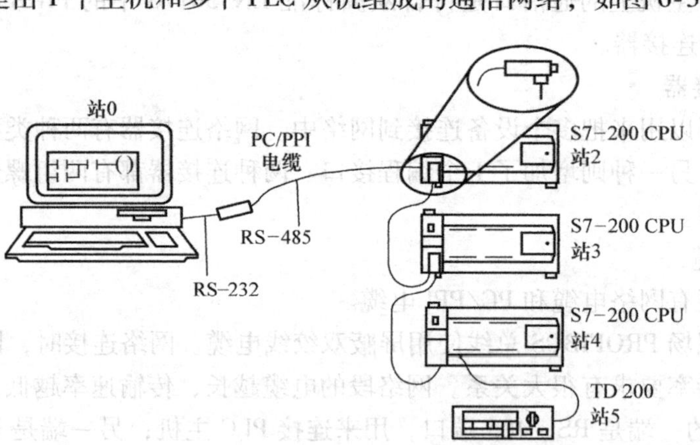


图 6-38　用 PC/PPI 电缆和多个 S7 -200 CPU 通信

在该网络结构中，S7 -200 CPU 的个数不超过 30 个，站地址范围为 2 ~31。网络线长 1200m 以内，无需中继器。若使用中继器，则最多可以连接 125 台 CPU。

安装有 STEP7 - Micro/WIN 软件的计算机每次只能同其中 1 台 CPU 通信。这里个人计算机是唯一的主机，所有 S7 -200 CPU 站都必须是从机。各从机的 CPU 不能使用网络指令 NETR 和 NETW 来发送信息。

在网络结构中所有的 CPU 都通过自身携带的 RS -485 口和网络连接器连接到 1 条总

线上。

**3. 多主机网络**

当网络中主机数大于 1 时，MPI 卡必须装到个人计算机上，MPI 卡提供的 RS－485 端口可使用直通电缆来连接组成 MPI 网络，如图 6-39 所示。

在该网络图中，2 号站和 4 号站的网络连接器有终端和偏置电阻，因为它们处于网络末端，并且站 2、3 和 4 的网络连接器必须带有编辑口。该网络系统可以实现以下通信功能：

1）STEP7－Micro/WIN32（在 0 号站）可以监视 2 号站的状态，同时 TD 200（5 号和 1 号站）和 CPU 224 模块（3 号站和 4 号站）可以实现通信。

2）2 个 CPU 224 模块可以通过网络指令 NETR 和 NETW 相互发送信息。

3）3 号站可以从 2 号站（CPU 222）和 4 号站（CPU 224）读写数据。

4）4 号站可以从 2 号站（CPU 222）和 3 号站（CPU 224）读写数据。

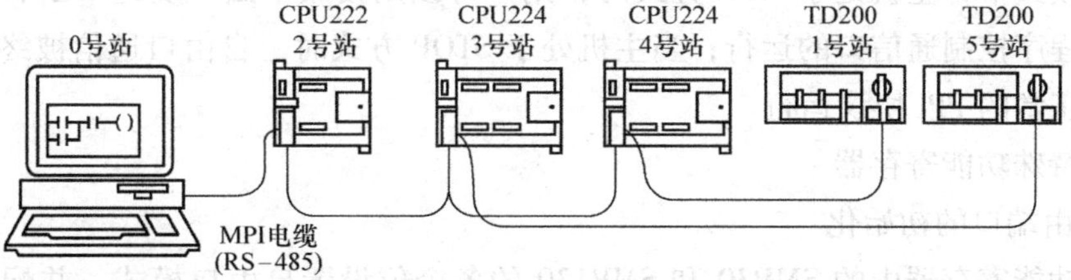


图 6-39　利用 MPI 卡或 CP 和 S7－200 CPU 通信

## 6.8　S7－200 PLC 的通信指令

S7－200 的通信指令见表 6-9。

**表 6-9　通信指令**

| 梯形图 | 语句表 | 表述 |
|---|---|---|
| NETR | NETR TBL, PORT | 网络读 |
| NETW | NETW TBL, PORT | 网络写 |
| XMT | XMT TBL, PORT | 发送 |
| RCV | RCV TBL, PORT | 接收 |
| GET_ADDR | GPA ADDR, PORT | 读取口地址 |
| SET_ADDR | SPA ADDR, PORT | 设置口地址 |

**1. 网络读写指令**

网络读写指令用于 S7－200PLC 之间的通信。网络读指令初始化通信操作，通过通信端口接收远程设备的数据并保存在表中。网络写指令初始化通信操作，通过指定的端口向远程设备写入表中的数据。

**2. 发送指令与接收指令**

发送指令激活发送数据缓冲区（TBL）中的数据。数据缓冲区的第一个数据指明了要发送的字节数。PORT 指定了用于发送的端口。XMT 指令用于自由端口模式，由通信端口发送数据。

接收指令（RCV）激活初始化或结束接收信息的服务。通过指定端口（PORT）接收的信息存储于数据缓冲区（TBL）。数据缓冲区的第一个数据指明了接收的字节数。

## 6.9 使用自由端口模式的计算机与 PLC 的通信

**1. S7-200 系列 PLC 自由口通信**

自由口模式通信是指用户程序在自定义的协议下，通过端口 0 控制 PLC 主机与其他的带编程口的智能设备（如打印机、条形码阅读器、显示器等）进行通信。

自由口模式下，主机处于 RUN 方式时，用户可以用接收中断、发送中断和相关的通信指令来编写程序控制通信口的运行；当主机处于 STOP 方式时，自由口通信被终止，通信口自动切换到正常的 PPI 协议运行。

相关的特殊功能寄存器

（1）自由端口的初始化

用特殊功能寄存器中的 SMB30 和 SMB130 的各个位设置自由口模式，并配置自由口的通信参数，如通信协议、波特率、奇偶校验和有效数据位等。

SMB30 控制和设置通信端口 0，如果 PLC 主机上有通信端口 1，则用 SMB130 来进行控制和设置。SMB30 和 SMB130 的对应数据位功能相同，每位的含义如下。

1）PP 位：奇偶选择。00 和 10 表示无奇偶校验；01 表示奇校验；11 表示偶校验。

2）D 位：有效位数。0 表示每个字符有效数据位为 8 位；1 表示每个字符有效数据位为 7 位。

3）BBB 位：自由口波特率。000 表示 38.4kbit/s；001 表示 19.2kbit/s；010 表示 9.6kbit/s；011 表示 4.8kbit/s；100 表示 2.4kbit/s；101 表示 1.2kbit/s；110 表示 600bit/s；111 表示 300bit/s。

4）MM 位：协议选择。00 表示 PPI 协议从站模式；01 表示自由口协议；10 表示 PPI 协议主站模式；11 表示保留（默认设置为 PPI 从站模式）。

（2）特殊标志位及中断事件

1）特殊标志位。SM4.5 和 SM4.6 分别表示口 0 和口 1 处于发送空闲状态。

2）中断事件。字符接收中断：中断事件 8（端口 0）和 25（端口 1）；

发送完成中断：中断事件 9（端口 0）和 26（端口 1）；

接收完成中断：中断事件 23（端口 0）和 24（端口 1）。

（3）特殊存储器字节

接收信息时用到一系列特殊功能存储器。端口 0 用 SMB86 ~ SMB94；端口 1 用 SMB186 ~ SMB194，各字节的功能描述见表 6-10。

**表 6-10　特殊寄存器功能**

| 端口 | 端口 | 说　明 |
|---|---|---|
| SMB86 | SMB186 | 接收信息状态字节 |
| SMB87 | SMB187 | 接收信息控制字节 |
| SMB88 | SMB188 | 信息字符的开始 |
| SMB89 | SMB189 | 信息的终止符 |
| SMB90 | SMB190 | 信息间的空闲时间设定，空闲后收到的第 1 个字符是新信息的首字符 |
| SMB92 | SMB192 | 信息内定时器设定，超过这一时间终止接收信息 |
| SMB94 | SMB194 | 1 条信息要接收的最大字符数（0～255） |

1）接收信息状态字节。状态字节 SMB86 和 SMB186 的位数据含义如下：

- N＝1 表示用户通过禁止命令结束接收信息操作。

R＝1 表示因输入参数错误或缺少起始结束条件引起的接收信息结束。

E＝1 表示接收到字符。

T＝1 表示超时，接收信息结束。

C＝1 表示字符数超长，接收信息结束。

P＝1 表示奇偶校验错误，接收信息结束。

2）接收信息控制字节。接收信息控制字节 SMB97 和 SMB187 主要用于定义和识别信息的判据，各数据位的含义如下：

- EN 表示接收允许。为 0 时，禁止接收信息；为 1 时，允许接收信息。

SC 表示是否使用 SMB88 或 SMB188 的值检测起始信息。为 0 时忽略；为 1 时，使用。

EC 表示是否使用 SMB89 或 SMB189 的值检测结束信息。为 0 时忽略；为 1 时，使用。

IL 表示是否使用 SMB90 或 SMB190 的值检测空闲信息。为 0 时忽略；为 1 时，使用。

C/M 表示定时器定时性质。为 0 时，内部字符定时器；为 1 时，信息定时器。

TMR 表示是否使用 SMB92 或 SMB192 的值终止接收。为 0 时忽略；为 1 时，使用。

BK 表示是否使用中断条件来检测起始信息。为 0 时忽略；为 1 时，使用。

通过对接收控制字节各个位的设置，可以实现多种形式的自由口接收通信。

**2. 自由口发送与接收指令**

自由口发送接收指令的指令格式见表 6-11。

**表 6-11　自由口发送接收指令的指令格式**

| LAB | STL | 功 能 描 述 |
|---|---|---|
| 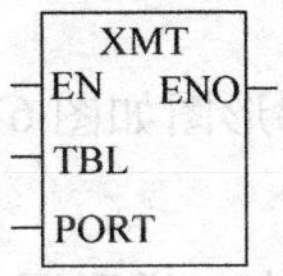 | XMT TABLE，PORT | 发送指令 XMT，输入使能端有效时，激活发送的数据缓冲区（TABLE）中的数据。通过通信端口 PORT 将缓冲区（TABLE）的数据发送出去 |

（续）

| LAB | STL | 功能描述 |
|---|---|---|
| RVC<br>EN ENO<br>TBL<br>PORT | RCV TABLE，PORT | 接收指令 RCV，输入使能端有效时，激活初始化或结束接收信息服务。通过指定端口（PORT）接收从远程设备上传送来的数据，并放到缓冲区（TABLE） |

自由口发送接收指令说明如下：

1）XMT、RCV 指令只有在 CPU 处于 RUN 模式时，才允许进行自由端口通信。

2）操作数类型。TABLE：VB、IB、QB、MB、SMB、＊VD、＊AC、SB。PODRT：0、1。

3）数据缓冲区 TABLE 的第 1 个数据指明了要发送/接收的字节数，从第 2 个数据开始是要发送/接收的内容。

4）XMT 指令可以发送 1 个或多个字符，最多有 255 个字符缓冲区。通过向 SMB30（端口 0）或 SMB130（端口 1）的协议选择区置 1，可以允许自由端口模式。当处于自由端口模式时，不能与可编程设备通信。当 CPU 处于 STOP 模式时，自由端口模式被禁止。通信端口恢复正常 PPI 模式，此时可以与可编程设备通信。

5）RCV 指令可以接收 1 个或多个字符，最多有 255 个字符。在接收任务完成后产生中断事件 23（对端口 0）或事件 24（对端口 1）。如果有 1 个中断服务程序连接到接收完成事件上，则可实现相应的操作。

**3. 应用举例**

（1）控制要求

在自由端口通信模式下，实现 1 台本地 PLC（CPU 226）与 1 台远程 PLC（CPU 226）之间的数据通信。本地 PLC 接收远程 PLC 20 个字节数据，接收完成后，信息再次发回对方。

（2）硬件要求

2 台 CPU 226；网络连接器 2 个，其中 1 个带编程口；网络线 2 根，其中 1 根 PPI 电缆。

（3）参数设置

CPU 226 通信口设置为自由端口通信模式。通信协议为比特率为 9.6kbit/s，无奇偶校验，每字符 8 位。接收和发送用 1 个数据缓冲区，首地址为 VB200。

（4）程序

程序包括主程序、中断程序，主程序如图 6-40a 所示。实现的功能是初始化通信口为自由口端模式，建立数据缓冲区，建立中断联系，并允许全局中断。

中断程序 INT－0，当接收完成后，起动发送命令，将信息发回对方，梯形图如图 6-40b 所示。

中断程序 INT－1，当发回对方的信息结束时，显示任务完成，通信结束，梯形图如图 6-40c 所示。

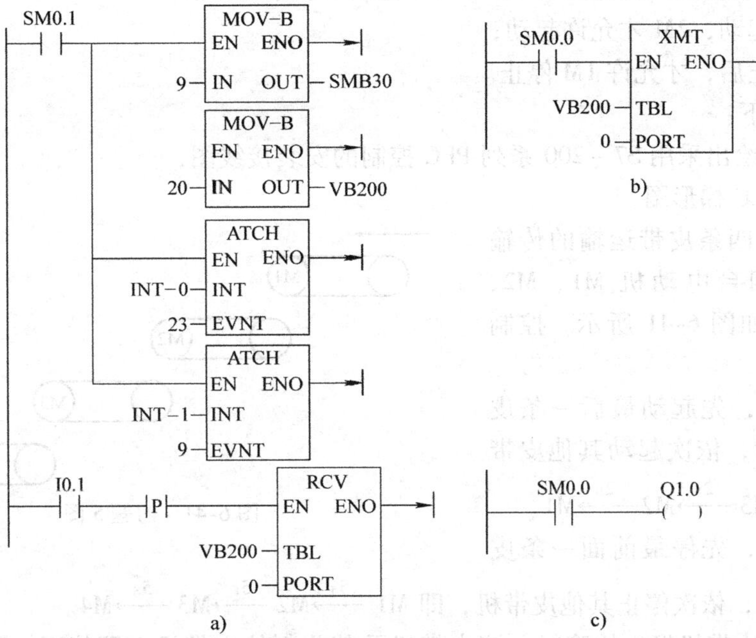


图 6-40　自由口通信的主程序、中断程序

a）自由口通信主程序　b）自由口通信中断程序 0　c）自由口中断程序 1

## 6.10　练习题

1. 某自动运输线由两台电动机 1M 和 2M 拖动。要求如下：

（1）1M 先起动，延时 10s 后 2M 才允许起动；

（2）2M 停止后，才允许 1M 停止。

设计要求如下：

（1）设计并绘出采用 S7 - 200 系列 PLC 控制的安装接线图；

（2）绘出 PLC 梯形图。

2. 设计三相异步电动机正、反转控制线路。要求如下：

（1）电路具有正、反转互锁功能；

（2）从正转→反转或从反转→正转时，可直接转换。

设计要求如下：

（1）设计并绘出采用 S7 - 200 系列 PLC 控制的安装接线图；

（2）绘出 PLC 梯形图。

3. 设计三相异步电动机两地点起动、停止控制线路。

设计要求如下：

（1）设计并绘出采用 S7 - 200 系列 PLC 控制的安装接线图；

（2）绘出 PLC 梯形图。

4. 某自动运输线由两台电动机 1M 和 2M 拖动。要求如下：

（1）1M 先起动，2M 才允许起动；

（2）2M 停止后，才允许 1M 停止。

设计要求如下：

（1）设计并绘出采用 S7－200 系列 PLC 控制的安装接线图；

（2）绘出 PLC 梯形图。

5. 有一个用四条皮带运输的传输系统，分别用四台电动机 M1、M2、M3、M4 驱动，如图 6-41 所示。控制要求如下：

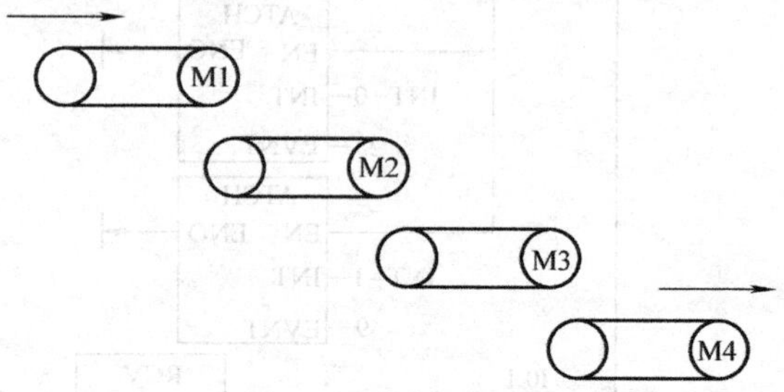

图 6-41　习题 5 图

（1）起动时，先起动最后一条皮带，每延时 2s 后，依次起动其他皮带机，即 M4 $\xrightarrow{2s}$ M3 $\xrightarrow{2s}$ M2 $\xrightarrow{2s}$ M1。

（2）停止时，先停最前面一条皮带，每延时 5s 后，依次停止其他皮带机，即 M1 $\xrightarrow{5s}$ M2 $\xrightarrow{5s}$ M3 $\xrightarrow{5s}$ M4。

（3）当某条皮带机发生故障时，该皮带机及其前面的皮带机立即停下，而后面的皮带机按停止顺序依次停车。

6. 用 PLC 控制三个接触器 KM1、KM2、KM3 动作，要求：按下起动按钮后，KM1、KM2 起动，10s 后，KM2 断电，再过 5s 后，KM3 接通，按停车按钮后，KM1、KM3 断电。

7. 试设计彩灯控制电路，要求：9 组彩灯，起动后，分两种动作交替循环运行。

（1）分三大组，1、4、7 为一组，2、5、8 为一组，3、6、9 为一组，每大组依次亮 1s。

（2）按 1 到 9 顺序，每组依次亮 1s。

8. 设计一小车控制程序，如图 6-42 所示，要求：起动后，小车从左向右行驶，到每个位置后，均停车 2s，然后自行起动；到达 E 位置后，小车直接返回 A 处，再重复上述动作，当每个停车位置均停车 3 次后，小车自动停于原位。

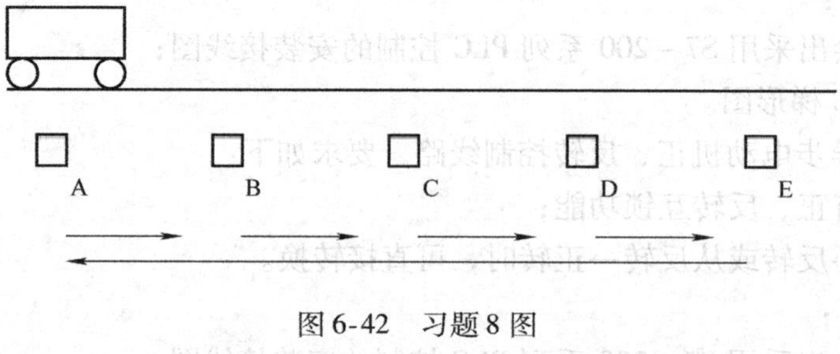

图 6-42　习题 8 图

9. 试设计用 PLC 实现的密码锁控制。有 8 个按钮 SB1～SB8，其控制要求为：

（1）SB7 为起动按钮，按下 SB7 才可以进行开锁作业；

（2）SB1、SB2、SB5 为可按压键。开锁条件为：SB1 设定按压次数为 3 次，SB2 设定按压次数为 2 次，SB5 设定按压次数为 4 次，如按此条件依次按键，则密码锁打开；

（3）SB3、SB4 为不可按压键，一按压报警器就响，发出报警；

（4）SB6 为复位按键，按下 SB6，重新开始开锁作业；

（5）SB8 为停止按键，按下 SB8，停止开锁作业。

10. 在某些控制场合，需要对控制信号进行分频处理。试设计一个四分频的 PLC 控制程序。

11. 试设计一个能计算下面算式的 PLC 程序，设 X1、X2 为 4 位十进制数。

$$Y=\begin{cases}X1+X2 & (X1\leqslant X2)\\ X1-X2 & (X1>X2)\end{cases}$$

# 第7章 伺服电动机及变频器原理与应用

在工业生产过程中，电动机是把电能转换成机械能的最直接执行元件，根据生产的要求需要控制机械系统的速度、加速度、转矩或位置，为了实现上述功能，就要用到步进电动机、伺服电动机以及变频器。

本章主要介绍步进电动机、交流伺服电动机以及变频器的原理与应用，由于直流伺服电动机现在应用较少，这里不作介绍。

## 7.1 步进电动机

### 7.1.1 步进电动机概述

步进电动机外观如图7-1所示，这是一种用电脉冲信号进行控制，并将电脉冲信号转换成相应的角位移或线位移的控制电动机。它可以看作是一种特殊运行方式的同步电动机。它由专用电源供给电脉冲，每输入一个脉冲，步进电动机就移进一步。这种电动机的运动形式与普通匀速旋转的电动机有一定的差别，它是步进式运动的，所以称为步进电动机。又因其绕组上所加的电源是脉冲电压，有时也称它为脉冲电动机。

图7-1 步进电动机

步进电动机是受脉冲信号控制的，因此适合作为数字控制系统的伺服元件。它的直线位移量或角位移量与电脉冲数成正比，所以电动机的线速度或转速也与脉冲频率成正比，通过改变脉冲频率的高低就可以在很大的范围内调节电动机的转速，并能实现快速起动、制动和反转。若用同一频率的脉冲电源控制几台步进电动机时，它们可以同步运行。步进电动机中有些型号在停止供电状态下还有定位转矩，有些在停机后某些相绕组仍保持通电状态，也具有自锁能力，不需要机械的制动装置。步进电动机的步距角变动范围较大，在小步距角的情况下，往往可以不经减速器而获得低速运行。电动机的步距角和转速大小不受电压波动和负载变化的影响，也不受环境条件如温度、气压、冲击和振动等影响，而仅与脉冲频率有关。它每转一周都有固定的步数，在不丢步的情况下运行，其步距误差不会长期积累。这些特点使它完全适用于在数字控制的开环系统中作为伺服元件，并使整个系统大为简化而又运行可靠。当采用了速度和位置检测装置后，它也可以用于闭环系统中。

近二十多年来，步进电动机已广泛地应用于数字控制系统中，例如数控机床、绘图机、计算机外围设备、自动记录仪表、钟表和数－模转换装置等。相应的研制工作进展迅速，电动机的性能也有较大的提高。

步进电动机的精度由静态步距角误差来衡量。步距角是指步进电动机在一个电脉冲作用下（即改变一次通电方式，通常又称为一拍）转子所转过的角位移，也称为步距。步距角的大小与定子控制绕组的相数、转子的齿数和通电的方式有关。目前我国生产的步进电动机的步距角为0.375°~90°。从理论上讲，每一个脉冲信号应使电动机的转子转过同样的步距角。但实际上，由于定、转子的齿距分度不均匀，定、转子之间的气隙不均匀或铁心分段时的错位误差等，都会使实际步距角和理论步距角之间存在偏差，由此产生静态步距角误差。在实际测定静态步距角误差时，既要测量相邻步距角的误差，还要计算步距角的累计误差。步进电动机的最大累计误差是取电动机转轴的实际停留位置超过及滞后理论停留位置、两者各自的最大误差值的绝对值之和的一半来计算。静态步距角误差直接影响到角度控制时的角度误差，也影响到速度控制时的位置误差，并影响到转子的瞬时转速稳定度的大小。因此，应尽量设法减小这一误差，以提高精度。

步进电动机的主要缺点是效率较低，并且需要配上适当的驱动电源。一般来说，它带负载惯量的能力不强，在使用时既要注意负载转矩的大小，又要注意负载转动惯量的大小，只有当两者选取在合适的范围时，电动机才能获得满意的运行性能。此外，共振和振荡也常常是运行中出现的问题，特别是内阻尼较小的反应式步进电动机，有时还要加机械阻尼机构。

### 7.1.2 步进电动机结构和工作原理

**1. 步进电动机的结构和分类**

步进电动机种类繁多，按其运动形式分，有旋转式步进电动机和直线步进电动机两大类。按其工作原理又可分为反应式、永磁式和永磁感应式三类。

（1）反应式步进电动机

反应式步进电动机有单段式和多段式两种形式。

1）单段式

单段式又称为径向分相式。它是目前步进电动机中使用得最多的一种结构形式。其定子的磁极数通常为相数的两倍，即 $P=2m$。每个磁极上都装有控制绕组，并接成 $m$ 相。在定子磁极的极面上开有小齿。转子沿圆周也有均布的小齿，它们的齿形和齿距完全相同。为了获得较大的静转矩，通常选取齿宽和齿距之比为0.32~0.38。这种结构形式使电动机制造简便，精度易于保证；步距角又可以做得较小，容易得到较高的起动和运行频率。其缺点是在电动机的直径较小而相数又较多时，沿径向分相较为困难。此外，这种电动机消耗的功率较大，断电时无定位转矩。

2）多段式

多段式又称为轴向分相式。按其磁路的特点不同，又可分为轴向磁路多段式和径向磁路多段式两种。

轴向磁路多段式步进电动机定、转子铁心均沿电动机轴向按相数分段，每一组定子铁心中间放置一相环形的控制绕组。定、转子圆周上冲有齿形相近和齿数相同的均布小齿槽。定子铁心（或转子铁心）每两相邻段错开 $1/m$ 齿距。这种结构使电动机的定子空间利用率较好，环形控制组绕制较方便，转子的惯量较低，步距角也可以做得较小，因此起动和运行频率较高。但在制造时，铁心分段和错位工艺较复杂，精度不易保证。

径向磁路多段式步进电动机定、转子铁心沿电机轴向按相数分段，每段定子铁心的磁极上均放置同一相控制绕组。定子的磁极数是由结构决定的，最多可与转子齿数相等，少则可为二极、四极、六极等。定、转子圆周上有齿形相近并有相同齿距的齿槽。每一段铁心上的定子齿都和转子齿处于相同的位置。转子齿沿圆周均布并为定子极数的倍数。定子铁心（或转子铁心）每相邻两段错开 $1/m$ 齿距。也可以在一段铁心上放置两相或三相控制绕组，相当于单段式电动机的组合。定子铁心（或转子铁心）每相邻两段又错开相应的齿距。这种结构对于相数多而直径和长度又有限制的反应式步进电动机来说，在磁极的布置上要比以上两种灵活。它的步距角同样可以做得较小，并使电动机的起动和运行频率较高，但铁心段的错位工艺比较复杂。

（2）永磁式步进电动机

永磁式步进电动机也有多种结构，它的定子是凸极式，装设两相或多相绕组。转子是一对极或多对极的星形永久磁钢。转子的极数应与定子每相的极数相同。这种电动机的步距角较大，起动和运行频率较低，并且还需要采用正、负电脉冲供电。但它消耗的功率比反应式步进电动机小，又具有定位转矩。

（3）永磁感应式步进电动机

永磁感应式步进电动机的定子结构与单段反应式步进电动机相同，转子由环形磁钢和两端铁心组成、两端转子铁心的外圆周上有均布齿槽，它们彼此相错 1/2 齿距。定转子齿数的配合与单段反应式步进电动机相同。这种电动机可以做成较小的步距角，因而也有较高的起动和运行频率，消耗的功率较小，并有定位转矩。它兼有反应式和永磁式步进电动机两者的优点，但需要有正、负脉冲供电，在制造电动机时工艺也较为复杂。

**2. 反应式步进电动机的工作原理**

反应式步进电动机是利用磁阻转矩使转子转动的，是我国目前使用最广泛的步进电动机形式。

（1）工作原理

如图 7-2 所示为一台三相反应式步进电动机的工作原理图。它的定子上有六个极，每个极上都装有控制绕组，相对的两极组成一相。转子是四个均匀分布的齿，上面没有绕组。当 A 相控制绕组通电时，因磁通要沿着磁阻最小的路径闭合，将使转子齿 1、3 和定子极 A、A′对齐，如图 7-2a 所示。A 相断电、B 相控制绕组通电时，转子将在空间转过 30°，即步距角 $\theta_s=30°$。转子齿 2、4 与定子极 B、B′对齐，如图 7-2b 所示。如再使 B 相断电，C 相控制绕组通电，转子又在空间转过 30°，使转子齿 1、3 和定子极 C、C′对齐，如图 7-2c 所示。如此循环往复，并按 A－B－C－A 顺序通电，电动机便按一定的方向转动。电动机的转速取决于控制绕组与电源接通或开断的变化频率。若按 A－C－B－A 的顺序通电，则电动机反向转动。控制绕组与电源的接通或开断，通常是由电子逻辑线路来控制的。

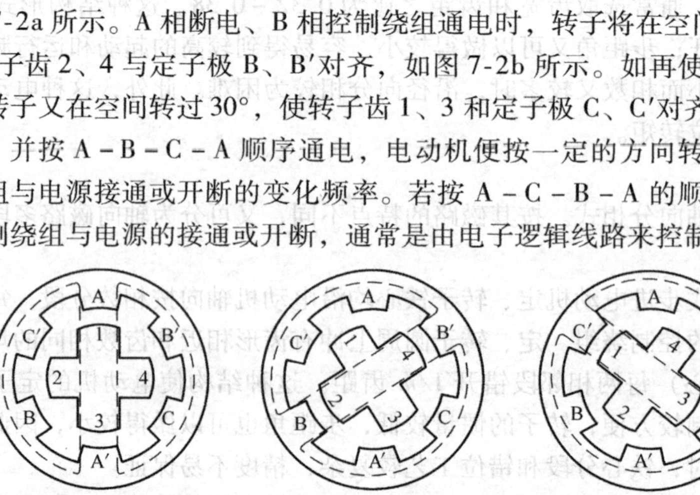


图 7-2　三相反应式步进电动机的工作原理图

定子控制绕组每改变一次通电方式，称为一拍。上述的通电方式称为三相单三拍。“单”是指每次只有一相控制绕组通电；“三拍”是指经过三次切换控制绕组的通电状态为一个循环。三相步进电动机除了单三拍通电方式外，还经常工作在三相单、双六拍通电方式。这时通电顺序为 A－AB－B－BC－C－CA－A，或是 A－AC－C－CB－B－BA－A。也就是说，先是 A 相控制绕组通电；接着 A、B 相控制绕组同时通电；然后断开 A 相控制绕组，由 B 相控制绕组单独通电；再使 B、C 相控制绕组同时通电，依次进行。在这种通电方式时，定子三相控制绕组需经过六次切换通电状态才能完成一个循环，故称为“六拍”，并在通电时，有时是单个控制绕组通电，有时又为两个控制绕组同时通电，因此称为“单、双六拍”。

在这种通电方式时，步距角也有所不同。如图 7-3 所示，当 A 相控制绕组通电时和单三拍运行的情况相同，转子齿 1、3 和定子极 A、A′对齐，如图 7-3a 所示。当 A、B 相控制绕组同时通电时，转子齿 2、4 在定子极 B、B′的吸引下使转子沿逆时针方向转动，直至转子齿 1、3 和定子极 A、A′之间的作用力与转子齿 2、4 和定子极 B、B′之间的作用力相平衡为止，如图 7-3b 所示。当断开 A 相控制绕组而由 B 相控制绕组通电时，转子将继续沿逆时针方向转过一个角度使转子齿 2、4 和定子极 B、B′对齐，如图 7-3c 所示。若继续按 BC－C－CA－A 的顺序通电，步进电动机就按逆时针方向连续转动。如通电顺序变为 A－AC－C－CB－B－BA－A 时，电动机将按顺时针方向转动。

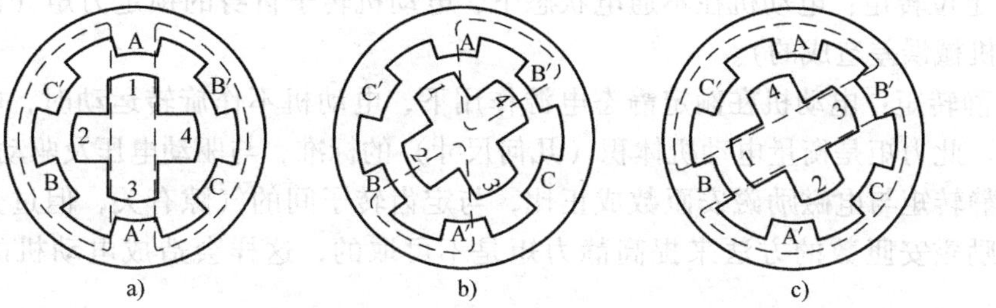


图 7-3　单、双六拍运行时的三相反应式步进电动机

在单三拍通电方式中，步进电动机每一拍转子转过的步距角 $\theta$ 为 30°。采用单、双六拍通电方式后，步进电动机由 A 相控制绕组单独通电到 B 相控制绕组单独通电，中间还要经过 A、B 两相同时通电这个状态，也就是说要经过两拍转子才转过 30°，所以在这种通电方式下，三相步进电动机的步距角 $\theta = 30°/2 = 15°$。步进电机的步距角计算公式为 $\theta = 360°/(ZmK)$。$Z$ 为转子齿数，$m$ 为步进电动机的相数，$K$ 为控制系数，即拍数与相数的比例系数。

同一台步进电动机，因通电方式不同，运行时的步距角 $\theta$ 也是不同的。采用单、双拍通电方式时，步距角要比单拍通电方式时减小一半。

在实际使用中，单三拍通电方式由于在切换时一相控制绕组断电而另一相控制绕组开始通电容易造成失步。此外，由单一控制绕组通电吸引转子，也容易使转子在平衡位置附近产生振荡，故运行的稳定性较差，所以很少采用。通常将它改为“双三拍”通电方式，即按 AB－BC－CA－AB 的通电顺序，或按 AC－CB－BA－AC 的通电顺序运行。这时每个通电状态均为两个控制绕组同时通电。在双三拍通电方式下步进电动机的转子位置与单二双六拍通电方式时两个控制绕组同时通电的情况相同。所以，按双三拍通电方式运行时，它的步距角应和单三拍通电方式相同，也是30°。

上述这种简单结构形式的反应式步进电动机具有较大的步距角，如使用在数控机床中就会影响到加工工件的精度。为此，需要研制出小步距角、特性较好的步进电动机。

步进电动机除了做成三相外，也可以做成二相、四相、五相、六相或更多的相数。电动机的相数和转子齿数越多，则步距角 $\theta$ 就越小。这种电动机在脉冲频率一定时转速也越低。但电动机相数越多，相应电源就越复杂，造价也越高。所以，步进电动机一般最多做到六相，只有个别电机才做成更多相数的。

**3. 步进电动机的静态指标**

（1）相数：产生不同对极 N、S 磁场的励磁线圈对数。常用 $m$ 表示。

（2）拍数：完成一个磁场周期性变化所需脉冲数或导电状态用 $n$ 表示，或指电动机转过一个齿距角所需脉冲数，以四相电动机为例，有四相四拍运行方式即 AB－BC－CD－DA－AB，四相八拍运行方式即 A－AB－B－BC－C－CD－D－DA－A。

（3）步距角：对应一个脉冲信号，电动机转子转过的角位移用 $\theta$ 表示。$\theta = 360°/$（转子齿数×运行拍数），以常规二、四相，转子齿为50齿电动机为例。四拍运行时步距角为 $\theta = 360°/(50 \times 4) = 1.8°$（俗称整步），八拍运行时步距角为 $\theta = 360°/(50 \times 8) = 0.9°$（俗称半步）。

（4）定位转矩：电动机在不通电状态下，电动机转子自身的锁定力矩（由磁场齿形的谐波以及机械误差造成的）。

（5）静转矩：电动机在额定静态电源作用下，电动机不作旋转运动时，电动机转轴的锁定力矩。此力矩是衡量电动机体积（几何尺寸）的标准，与驱动电压及驱动电源等无关。

虽然静转矩与电磁励磁安匝数成正比，与定齿转子间的气隙有关，但过分采用减小气隙，增加励磁安匝数的方法来提高静力矩是不可取的，这样会造成电动机的发热及机械噪声。

**4. 步进电动机的动态指标**

（1）步距角精度：步进电动机每转过一个步距角的实际值与理论值的误差。用百分比表示：误差/步距角×100%。不同运行拍数其值不同，四拍运行时应在5%之内，八拍运行时应在15%以内。

（2）失步：电动机运转时运转的步数，不等于理论上的步数，称之为失步。

（3）失调角：转子齿轴线偏移定子齿轴线的角度，电动机运转必存在失调角，由失调角产生的误差，采用细分驱动是不能解决的。

（4）最大空载起动频率：电动机在某种驱动形式、电压及额定电流下，在不加负载的情况下，能够直接起动的最大频率。

（5）最大空载的运行频率：电动机在某种驱动形式、电压及额定电流下，电动机不带负载的最高转速频率。

（6）运行矩频特性：电动机在某种测试条件下测得运行中输出力矩与频率关系的曲线称为运行矩频特性，这是电动机诸多动态曲线中最重要的，也是电动机选择的根本依据。其他特性还有惯频特性、起动频率特性等。

电动机一旦选定，电动机的静力矩可以确定，而动态力矩却不然，电动机的动态力矩取决于电动机运行时的平均电流（而非静态电流），平均电流越大，电动机输出力矩越大，即电动机的频率特性越硬。要使平均电流大，应尽可能提高驱动电压，采用小电感大电流的电动机。

（7）电动机的共振点：步进电动机均有固定的共振区域，二、四相感应子式步进电动机的共振区一般在180～250pps（步距角1.8°）或在400pps左右（步距角为0.9°），电动机驱动电压越高，电动机电流越大，负载越轻，电动机体积越小，则共振区向上偏移，反之亦然，为使电动机输出转矩大，不失步和整个系统的噪声降低，一般工作点均应偏移共振区。

（8）电动机正反转控制：当电动机绕组通电时序为AB－BC－CD－DA时为正转，通电时序为DA－CA－BC－AB时为反转。

### 7.1.3 步进电动机驱动

**1. 步进电动机驱动器**

步进电动机与交直流电动机不同之处是：仅接上供电电源它是不会运行的，需要由驱动电路控制完成。步进电动机及其驱动电路是一个相互联系的整体。步进电动机的运行性能是由电动机和驱动电路两者配合所反映出来的综合效果。

（1）对驱动电源的基本要求

1）驱动电源的相数、通电方式和电压、电流都要满足步进电动机的要求。

- 电压的确定

混合式步进电动机驱动器的供电电源电压一般是一个较宽的范围（比如IM483的供电电压为DC 12～48V），电源电压通常根据电动机的工作转速和响应要求来选择。如果电动机工作转速较高或响应要求较快，那么电压取值也高，但注意电源电压的波动不能超过驱动器的最大输入电压，否则可能损坏驱动器。

- 电流的确定

供电电源电流一般根据驱动器的输出相电流$I$来确定。如果采用线性电源，电源电流一般可取$I$的1.1～1.3倍；如果采用开关电源，电源电流一般可取$I$的1.5～2.0倍。

2）要满足步进电动机起动频率$f_{st}$和连续运行频率$f$的要求。

3）能最大限度地抑制步进电动机的振荡。

4）工作可靠、抗干扰能力强。

5）成本低、效率高、安装和维护方便。

（2）驱动电源的组成

步进电动机的驱动电路，由脉冲发生器、脉冲分配器、脉冲放大器以及直流功率电源等部分组成，如图7-4所示，较复杂的驱动控制系统带有位置反馈的环节，组成闭环系统。

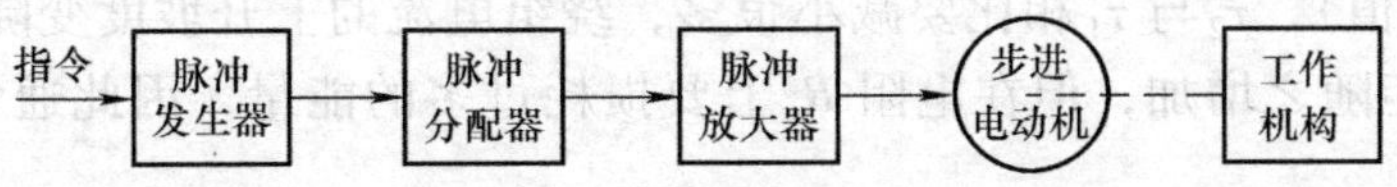


图7-4　步进电动机控制与驱动

脉冲发生器是两个脉冲频率，由几赫兹到几十千赫兹可连续变化的信号发生器。脉冲发生器可以采用多种线路，最常见的有多谐振荡器和单结晶体管构成的弛张振荡器两种。它们

都是通过调节电阻 $R$ 和电容 $C$ 的大小来改变电容充放电的时间常数，以达到选取脉冲信号频率的目的。

脉冲分配器是由门电路和双稳态触发器组成的逻辑电路，它根据指令把脉冲信号按一定的逻辑关系加到脉冲放大器上，并使步进电动机按确定的运行方式工作。

脉冲分配器是时序逻辑电路的一种，它接受脉冲发生器的控制脉冲信号，输出按一定时序排列的多路电平信号。通常电动机的脉冲分配器为环形分配器，即时序按环形移位封闭排列。脉冲分配器的工作方式是与步进电动机的相数、拍数、运行状态、正反转等要求有关。脉冲分配器可以由分立元件组成数字电路，但较复杂、可靠性差。目前，脉冲分配器大多采用专用集成电路来组成，以完成各种脉冲分配方式。

（3）功率驱动放大

驱动电路即是功率放大器，它将脉冲分配器送来的触发信号放大，以足够的功率来驱动步进电动机。通常由脉冲分配器与功率放大器组成步进电动机驱动器。功率放大是驱动系统最为重要的部分。步进电动机在一定转速下的转矩取决于它的动态平均电流而非静态电流（而样本上的电流均为静态电流）。平均电流越大电动机力矩越大，要达到平均电流大这就需要驱动系统尽量克服电动机的反电动势。因而不同的场合采取不同的驱动方式，到目前为止，驱动方式一般有以下几种：恒压、恒压串电阻、高低压驱动、恒流、细分技术等。

**2. 不同驱动方式的原理及特点**

（1）恒压驱动方式

恒电压驱动方式是指步进电动机绕组上加上恒定的电压，如图 7-5a 所示。$L_a$ 为绕组的等效电感，$R_a$ 为绕组的等效电阻，$R_c$ 为外接电阻，电阻 $R_c$ 并联一电容 $C$，可以提高负载瞬间电流的上升率，从而提高电动机快速响应能力和起动性能。

环形分配器输出为高电平时，VT 饱和导通，绕组电流按指数曲线上升，它表示功放电路在导通时允许步进电动机绕组电流上升的速率。串联电阻 $R_c$ 可以使电流上升时间减小，改善带负载能力。但电阻消耗了一部分功率，降低了效率。当环形分配器输出为低电平时，VT 截止，绕组断电，因步进电动机的绕组是电感性负载，当 VT 管从饱和到突然截止的瞬间，将产生一较大反电动势，此反电动势与电源电压叠加在一起加在 VT 管的集电极上，可能会使 VT 管击穿。

这种驱动方式的电路相当简单，流经绕组中的电流以时间常数 $\tau_1 = L_a/(R_a + R_c)$ 上升，直至稳定状态。当电动机高速运转时，流经绕组的电流还未上升到稳定状态就被关断，相应的平均电流减少而导致输出转矩下降。

为改善高速状态的电动机转矩特性，通常在连接电动机绕组的线路中串联一个无感电阻，并外加更高的电压，如图 7-5b 所示，此时线路的电气时间常数 $\tau_2 = L_a/(R_a + R_c + R_s)$（$R_s$ 为外加电阻阻值），$\tau_2$ 与 $\tau_1$ 相比要减小很多，绕组电流的上升坡度变陡，平均电流因此而提高，输出转矩随之增加，但在电阻 $R_s$ 上要损耗过多的能量，因此通常选择 $R_s = (2 \sim 3)R_a$。

（2）高低压切换驱动方式

高低压驱动方式是恒电压驱动方式的改进型，它使用两种电压电源，即步进电动机额定电压和比它高几倍的电压电源。此方式可改善电动机起动时的电流前沿特性，如图 7-6 所示。

当某相绕组开始导通时，高压功率管 $VT_1$ 与低压功率管 $VT_2$ 同时导通，此时加到绕组上的电压为高端电压 $E_H$，上升电流具有较陡的前沿特性。当电流上升到额定值时，高压功率管 $VT_1$ 关闭，只剩下低压功率管 $VT_2$ 以维持相电流。这种电路常用于大功率驱动电源，其特点是功耗较低，高频输出功率较大。

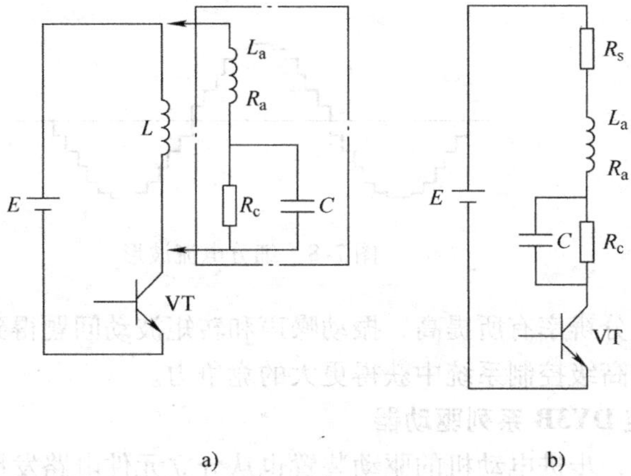


图 7-5　恒压驱动与加速电阻

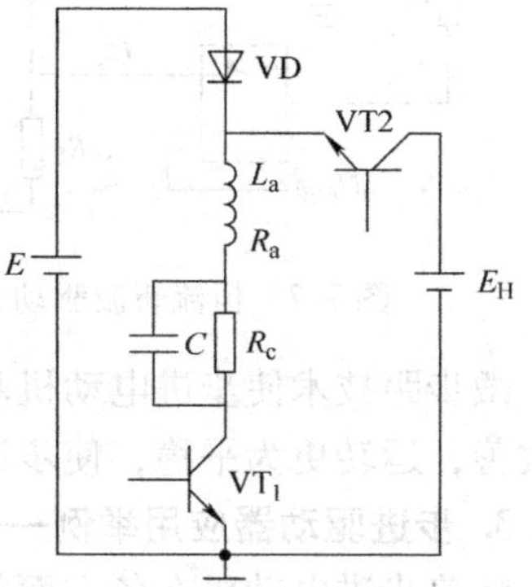


图 7-6　高低压驱动方式

（3）恒流斩波驱动方式

恒电流驱动是一种采用斩波技术，使电动机在从低速到高速运行范围内保持绕组电流恒定的一种驱动方式。它弥补了高低电压电路相电流波形有凹点的缺陷，提高了输出转矩，是目前控制场合使用最为广泛的一种线路。

图 7-7 所示的恒流斩波电路中有一个电压比较器。当开关功率晶体管 VT1 导通时，绕组电流在取样电阻 $R_s$ 上产生一个电压 $U_s$，当 $U_s$ 上升到设定电压 $U_{REF}$ 时，由比较器比较后产生信号使大功率晶体管 VT1 关断，绕组电流下降并导致 $U_s$ 下降，当 $U_s$ 小于 $U_{REF}$ 一定值时，比较器电平翻转又使大功率晶体管 VT1 开通，从而使绕组电流保持在额定电流上下的一定范围内。由于线路中没有外接附加电阻，而取样电阻 $R_s$ 很小，因此整个线路的损耗相当小，而电动机绕组电流却能在运行范围内保持恒定，电动机恒转矩输出范围增大。为了保证电流响应的快速性，这种方式下应使用比电动机额定值高得多的供电电压。该电路在低频时会使电动机产生严重的振荡，系统设计时应尽量避开这个振荡区域。

（4）微步距驱动控制技术（细分技术）

在双三拍和单双六拍的讨论中，我们已经知道以相同的电流激励两相绕组，将获得半步的动作，使转子到达介于两个单相驱动的位置中间的位置。这样，如果两相绕组的电流不相等将导致转子位置偏向于磁场较强的定子磁极，这种效应在微步距驱动技术中得到应用。通过按比例地调节两相绕组中的电流，将电动机的基本步距角细分，步距角大为减小，在低速下，运行的流畅性得到极大的改善。高分辨率的细分驱动可将一个整步细分到多至 500 微步，导致每转可达十万步。在这种条件下，绕组中的电流模式类似相位差为 90°的两个正弦波，如图 7-8 所示，电动机运行起来就像一台交流同步电动机。

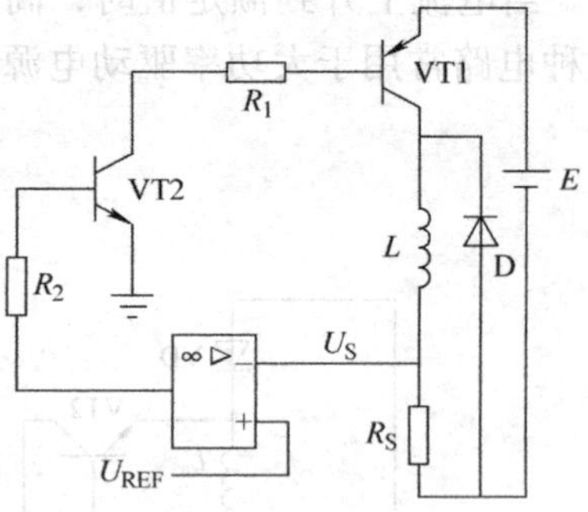


图 7-7　恒流斩波驱动方式

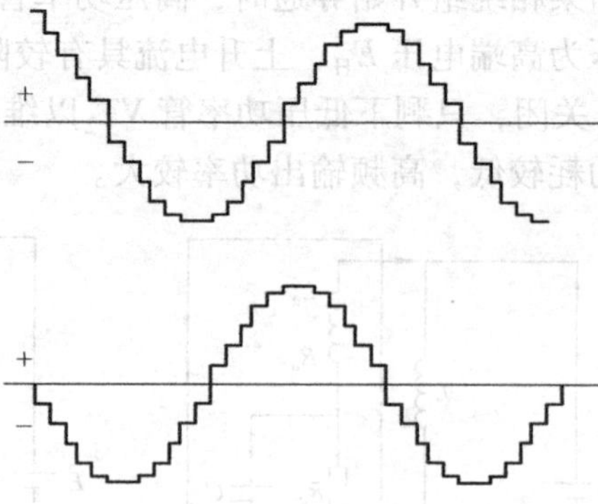

图 7-8　细分电流波形

微步距技术使步进电动机步距细化，分辨率有所提高，振动噪声和转矩波动问题得到很大改善，运转更为平稳，使步进电动机在高级控制系统中获得更大的竞争力。

**3. 步进驱动器应用举例——广州数控 DY3B 系列驱动器**

随着步进电动机在各方面的广泛应用，步进电动机的驱动装置也从分立元件电路发展到集成元件电路，目前已发展到系列化、模块化的步进电动机驱动器。这些对于步进电动机控制系统的设计，不仅提供了模块化的选择，而且简化了设计过程，提高了效率与系统运行的可靠性。

不同生产厂家的步进电动机驱动器虽然标准不统一，但其接口定义基本相同，只要了解接口中接线端子、标准接口及拨动开关的定义和使用，即可利用驱动器构成步进电动机控制系统。下面具体介绍广州数控 DY3B 系列三相混合式步进驱动单元（如图 7-9 所示）及其应用。

图 7-9　DY3B 系列步进驱动单元

广州数控（GSK）——中国南方数控产业基地，为用户提供 GSK 全系列机床控制系统、进给伺服驱动装置和伺服电动机、大功率主轴伺服驱动装置和主轴伺服电动机等数控系统的集成解决方案，形成中档数控系统产业化，成为中国市场主流，确立广州数控、发那科、西门子三足鼎立局面。DY3B 系列三相混合式步进驱动单元是广州数控的驱动产品之一。

混合式步进电动机采用稀土永磁材料制造，与反应式步进电动机相比具有电磁损耗小、转换效率高、动态特性好等优点。混合步进电动机的电磁静力矩为电机阻尼，取消了反应式电动机的机械阻尼盘，无须人工调整、运行平稳、噪声小、不易失步。混合式步进电动机取代反应式电动机是经济型数控系统的发展趋势。

（1）DY3B 系列步进驱动单元特点

1）技术新。应用微电子技术，将单片机嵌入驱动器内，使控制性能提高电路简化，功放采用新型智能模块（IPM），具备过载、短路、过压、欠压、过热等完善保护功能，可靠性极高；驱动器内低压直流电源应用开关电源技术，使电源电路体积小、稳定可靠。

2）微步距。运用矢量细分技术，可控制步进电动机转过的最小角度为电动机步距角的1/20（0.036°）。微步距控制可使步进电动机低速运行平稳，其运行效果接近交流伺服。微步距驱动器与μm（0.001mm）级CNC控制器配套，可实现μm级最小移动量，用于加工弧面、锥面、螺纹等工件，能明显提高工件表面的精细效果。

3）高转距。步进电动机输出转矩与注入电流成正比，高速运转时注入电流大小与驱动器功放级使用的电压成正比。目前大部分步进电动机驱动器功放级所使用的电压在DC 150V以下，而DY3B步进电动机驱动器功放级的电压达到DC 310V，因而驱动步进电动机高速运转时仍然有高转矩输出。

（2）技术参数

1）输入电源：AC220V－15%～＋10% 50/60Hz 3A（MAX）。

2）输出相电流：相电流有效值不大于4.5A。

3）适配电动机：三相混合式步进电动机步距角0.6°。

4）工作环境：

温度：0℃～45℃；

湿度：10%～85%RH（不结露）；

无腐蚀性、易燃、易爆、导电性气体、液体和粉尘。

5）存放环境：

温度：－20℃～＋80℃；

湿度：10%～85%RH（不结露）。

6）驱动方式：PWM（脉宽调制）恒流斩波，三相正弦波电流输出。

（3）接口介绍

图7-10为DY3B步进电动机驱动器典型接线图，其中也包括了它的接口。

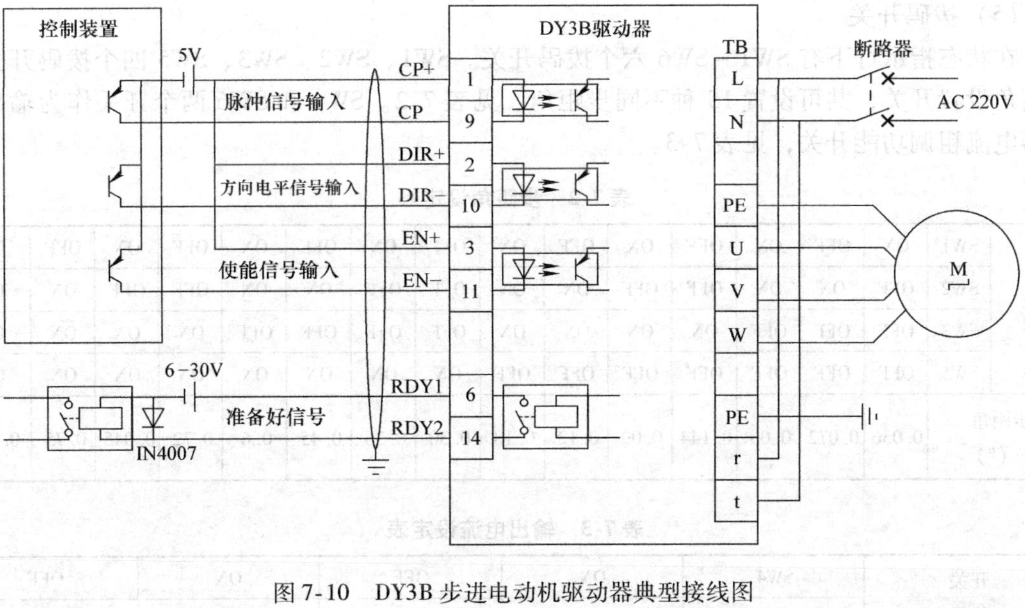


图7-10　DY3B步进电动机驱动器典型接线图

1）电源及电动机接口

电源输入单相交流 220V，接至 L、N 端子；r、t 是装置工作电源端子，需要与 L、N 并联。步进电动机内部线圈接成星型，电动机的三个引出线可任意接至 U、V、W。若发现电动机旋转方向错误应先关掉电源，再任意调换 2 个电动机线的接头位置。PE 是接地端子。

2）信号接口

信号接口为一个 15 芯连接器，各引脚号定义见表 7-1。

**表 7-1　连接器引脚号定义**

| 信号名 | 引脚 | 说明 |
|---|---|---|
| CP + | 1 | 脉冲信号（+）输入 |
| CP − | 9 | 脉冲信号（−）输入 |
| DIR + | 2 | 方向电平信号（+）输入 |
| DIR − | 10 | 方向电平信号（−）输入 |
| EN + | 3 | 使能信号（+）输入 |
| EN − | 11 | 使能信号（−）输入 |
| RDY1 | 6 | 准备好信号（工作正常时 6 和 14 脚内部接通，报警时 6 和 14 脚断开） |
| RDY2 | 14 | 准备好信号（工作正常时 6 和 14 脚内部接通，报警时 6 和 14 脚断开） |

（4）状态指示灯

红色报警灯 ALM，ALM 亮时驱动器报警。

四个绿灯：RDY 为驱动器准备好指示灯，此灯亮时表示工作正常；A、B、C 三个灯表示脉冲输入状态，开机初始状态 A、C 亮。A、B、C 共有 8 种状态指示，使用时可根据未加工前在程序零点时与加工后回程序零点后 A、B、C 的状态是否相同，来判断加工过程是否失步。

（5）拨码开关

在状态指示灯下有 SW1～SW6 六个拨码开关。SW1、SW2、SW3、SW5 四个拨码开关为步距角设置开关，共可设置 15 种不同步距角，见表 7-2。SW4 和 SW6 两个开关作为输出驱动器电流粗调功能开关，见表 7-3。

**表 7-2　步距角设定表**

| | | | | | | | | | | | | | | | | |
|---|---|---|---|---|---|---|---|---|---|---|---|---|---|---|---|---|
| 开关位置 | SW1 | ON | OFF | ON | OFF | ON | OFF | ON | OFF | ON | OFF | ON | OFF | ON | OFF | ON |
| | SW2 | OFF | ON | ON | OFF | OFF | ON | ON | OFF | OFF | ON | ON | OFF | OFF | ON | ON |
| | SW3 | OFF | OFF | OFF | ON | ON | ON | ON | OFF | OFF | OFF | OFF | ON | ON | ON | ON |
| | SW5 | OFF | OFF | OFF | OFF | OFF | OFF | OFF | ON | ON | ON | ON | ON | ON | ON | ON |
| 步距角/（°） | | 0.036 | 0.072 | 0.06 | 0.144 | 0.09 | 0.12 | 0.18 | 0.30 | 0.36 | 0.45 | 0.6 | 0.72 | 0.045 | 0.75 | 0.075 |

**表 7-3　输出电流设定表**

| | | | | | |
|---|---|---|---|---|---|
| 开关位置 | SW4 | ON | OFF | ON | OFF |
| | SW6 | ON | ON | OFF | OFF |
| 电流值 | | 满电流 | 满电流 ×0.8 | 满电流 ×0.6 | 满电流 ×0.4 |

此外，DY3B 步进电机驱动器还具有掉电相位记忆功能，当输入脉冲停止 3s 后锁定电流自动减半功能。

### 7.1.4 三相步进电动机的使用注意事项

1）应遵循先选电动机后选驱动的原则来选型。

2）步进电动机应用于低速场合——每分钟转速不超过 1000 转（步距角为 0.9°时为 6666pps），最好在 1000～3000pps（步距角为 0.9°）间使用，可通过减速装置使其在此间工作，此时电动机工作效率高，噪声低。

3）电动机在 600pps（步距角为 0.9°）以下工作时，应采用小电流、大电感、低电压来驱动。

4）为使步进电动机正常运行（不失步、不越步）、正常起动并满足对转速的要求，必须保证步进电动机的输出转矩大于负载所需的转矩，所以应计算机械系统的负载转矩，并使所选电动机的输出转矩有一定的余量，以保证可靠运行。

5）必须使步进电动机的步距角与机械负载相匹配，以得到步进电动机驱动部件所需要的脉冲当量。

6）所选电动机必须与机械系统的负载惯量及所要求的起动频率相匹配，并留有一定余量，其最高工作频率应能满足机械系统移动部件加速移动的要求。

7）转动惯量大的负载应选择大机座号的电动机。

8）若所带负载转动惯量较大，则应在低频下起动，然后再上升到工作频率；停车时也应从工作频率下降到适当频率再停车；在工作过程中，应避免由于负载突变而引起的误差。

9）电动机在较高速时，不应在工作速度起动，而是采用逐渐升频提速，这样做电动机不会失步，也可以减少噪声，又能提高停止的定位精度。

10）步进电动机在运行中存在着振荡，它有一个固有频率 $f_1$，当输入脉冲频率 $f=f_1$ 时就会产生共振，使步进电动机振荡。对于同一电动机，不同负载及不同机床情况下的共振区是不同的，必要时可调节阻尼器，以保证工作正常进行。

11）电动机不应在振动区内工作，如若必须可通过改变电压、电流或加一些阻尼的方法来解决。

12）步进电动机整步状态时振动大，所以最好不使用整步状态。

13）高精度时，应通过机械减速、提高电机速度，或采用高细分数的驱动器来解决，也可以采用 5 相电动机，但整个系统的价格较贵，生产厂家也少。

14）驱动电源的优劣对步进电动机控制系统的运行影响极大，使用时要特别注意，需根据运行要求，尽量采用先进的驱动电源，以满足步进电动机的运行性能。

15）若在工作中发生失步现象，首先应检查负载是否过大，电源电压是否正常，再检查驱动电源输出波形是否正常，在处理问题时不应随意变换元件。

## 7.2 交流伺服电动机

### 7.2.1 交流伺服电动机概述

伺服产品在我国发展还属于技术含量高、发展较快、需求量大的产品，目前主要应用在机床、工业机器人、包装机械、塑料机械和纺织机械等行业，在所有的行业中，机床行业依然是伺服产品用量最多的行业。

伺服系统是使物体的位置、方位、状态等输出被控量能够跟随输入目标（或给定值）的任意变化的自动控制系统。伺服电动机（Servo Motor）又称执行电动机，在自动控制系统中，用作执行元件，把所收到的电信号转换成电动机轴上的角位移或角速度输出。伺服电动机并非单指某一类型的电动机，只要是在伺服控制系统中能够满足任务所要求的精度、快速响应性以及抗干扰性，就可以称之为伺服电动机。

通常，控制电动机为能够达到伺服控制的性能要求，都需要具有位置/速度检测部件。伺服电动机可以是直流电动机、永磁同步电动机，也可以是步进电动机，还可以是直线电动机，但是通常所说的伺服电动机多半指的是永磁同步电动机。

伺服电动机有交流伺服电动机，还有直流伺服电动机。与直流伺服电动机相比，交流伺服电动机具有转速高、功率大、结构简单、运行可靠、体积小、价格低等一系列优点，但从控制的角度，由于交流电动机是一个多变量、非线性对象，其控制技术远比直流电动机复杂。

20世纪80年代，随着集成电路、电力电子技术和交流可变速驱动技术的发展，永磁交流伺服驱动技术有了突出的发展，各国著名电气厂商相继推出各自的交流伺服电动机和伺服驱动器系列产品并不断完善和更新。交流伺服系统具有与直流伺服系统相媲美的优异性能，而且其可靠性更高、高速性能更好、维修成本更低，交流伺服系统已成为当代高性能伺服系统的主要发展方向，使原来的直流伺服面临被淘汰的危机。90年代以后，世界各国已经商品化了的交流伺服系统是采用全数字控制的正弦波电动机伺服驱动。交流伺服驱动装置在传动领域的发展日新月异。

交流伺服电动机是无刷电动机，分为同步和异步电动机，目前运动控制中一般都用同步电动机，它的功率范围大，可以做到很大的功率、大惯量、最高转动速度低，且随着功率增大而速度降低。因而适合于低速平稳运行的应用。

1）异步型交流伺服电动机（IM）：异步型交流伺服电动机指的是交流感应电动机，它有多相和单相之分，也有笼型和绕线转子之分。通常多用笼型三相感应电动机，其结构简单，与同容量的直流电动机相比，质量约轻1/2，价格只为直流电动机的1/3，缺点是不能经济地实现范围较广的平滑高速调速，必须从电网吸收滞后的励磁电流，因而使电网功率因数变坏。

2）同步型交流伺服电动机（SM）：同步型交流伺服电动机虽较感应电动机复杂，但比直流电动机简单，它的定子与感应电动机一样，都在定子上装有对称三相绕组，而转子却不相同，按不同的转子结构又分为电磁式和非电磁式，也可分磁滞式、永磁式和反应式多种。在数控机床中多用永磁式同步电动机，与电磁式相比，永磁式的优点是结构简单、运行可靠、效率较高；缺点是体积大、起动特性欠佳，但永磁式同步电动机采用高剩磁感应、高磁化力的稀土类磁铁，可比直流电动机外形尺寸小约1/2，质量减轻60%，转子惯量减到直流电动机的1/5，它与异步电动机相比，由于采用了永磁铁励磁，消除了励磁损耗，所以效率高。

### 7.2.2 交流伺服电动机结构和工作原理

交流伺服电动机的结构主要可分为两部分，即定子部分和转子部分。其中定子的结构与旋转变压器的定子基本相同，在定子铁心中也安放着空间互成90°电角度的两相绕组。其中一组为励磁绕组，另一组为控制绕组，如图7-11所示。交流伺服电动机在没有控制电压时，定子内只有励磁绕组产生的脉动磁场，转子静止不动。当有控制电压时，定子内便产生一个旋转磁场，转子沿旋转磁场的方向旋转，在负载恒定的情况下，电动机的转速随控制电压的大小而变化，当控制电压的相位相反时，伺服电动机将反转。

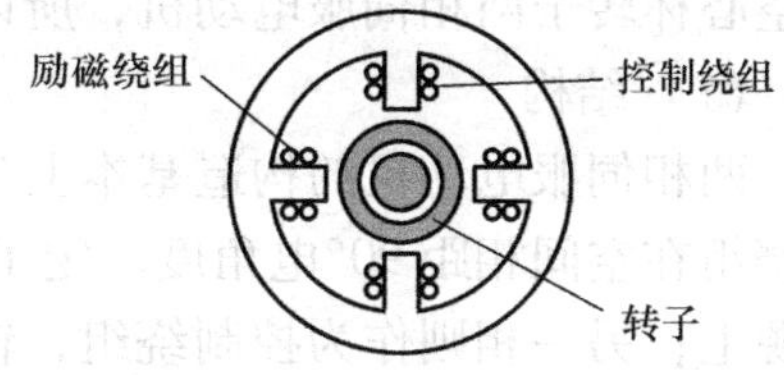


图7-11　两相伺服电动机构造图

伺服电动机接收到一个脉冲，就会旋转相应的角度；伺服电动机本身具备发出脉冲的功能，每旋转一定的角度，都会发出对应数量的脉冲。通过对比发出和接受的脉冲可以实时控制监控调整伺服电动机的转动。这样，形成了闭环，就能够很精确地控制电动机的转动，从而实现精确的定位。

伺服电动机结构较为复杂，它包括了定子部分、转子部分和铁心，根据需要内部可选制动装置；外壳部分制造时需要一定的机械强度，表面的粉末涂层必须坚固，需要必要的防护等级以及安装固定孔、动力线和反馈线的金属连接器；内置了热敏电阻过热保护和决定伺服电动机精度的编码器，其具体结构如图7-12所示。

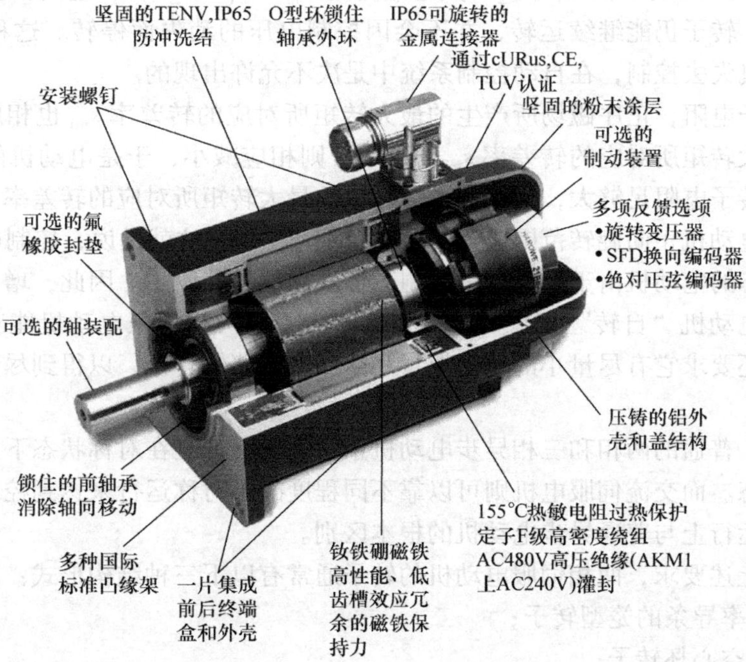


图7-12　交流伺服电动机结构图

**1. 两相伺服电动机**

典型的传统交流伺服电动机是两相交流伺服电动机，通常采用笼型转子两相伺服电动机和空心杯转子两相伺服电动机，所以常把交流伺服电动机称为两相伺服电动机。

（1）结构

两相伺服电动机的构造基本上与电容分相式单相异步电动机的工作原理相似，其定子两相绕组在空间相距90°电角度。定子绕组中的一相作为励磁绕组运行时接至电压为 $U_f$ 的交流电源上；另一相则作为控制绕组，输入控制电压 $U_c$，电压 $U_c$ 与 $U_f$ 为同频率。

交流伺服电动机的转子通常做成笼型，但为了使伺服电动机具有较宽的调速范围、线性的机械特性，无“自转”现象和快速响应的性能，它与普通电动机相比，应具有转子电阻大和转动惯量小这两个特点。目前应用较多的转子结构有两种形式：一种是采用高电阻率的导电材料做成的高电阻率导条的笼型转子，为了减小转子的转动惯量，转子做得细长；另一种是采用铝合金制成的空心杯形转子，杯壁很薄，仅 0.2 ~ 0.3mm，为了减小磁路的磁阻，要在空心杯形转子内放置固定的内定子，空心杯形转子的转动惯量很小，反应迅速，而且运转平稳，因此被广泛采用。

增大转子电阻后，还能防止“自转”现象。对两相伺服电动机，取消控制电压后，即 $U_c=0$，便成为单相感应电动机运行。由单相电动机理论可知，单相绕组产生的脉振磁场可以分为正序和负序两个旋转磁场。正序磁场对电动机转子起电动机作用，产生正转矩 $T_1$；负序磁场对转子起制动作用，产生负转矩 $T_2$。电动机的电磁转矩 $T_{em}$ 应为转矩 $T_1$ 和 $T_2$ 的代数和，若转子电阻较小，两相伺服电动机的机械特性就和普通单相感应电动机一样，当电动机正向旋转，即 $s<1$ 时，因 $T_1>T_2$，其电磁转矩 $T_m=T_1-\mathrm{T}_2>0$，这时只要负载转矩小于最大电磁转矩，转子仍能继续运转，并不会因控制电压的消失而停转。这种“自转”现象会使伺服电动机失去控制，在自动控制系统中是决不允许出现的。

若增大转子电阻，正序磁场所产生的最大转矩所对应的转差率 $s_{m1}$ 也相应增大，而负序磁场产生的最大转矩所对应的转差率 $s_{m2}=2-s_{m1}$ 则相应减小，于是电动机的电磁转矩也随之减小。如果转子电阻足够大，使正序磁场产生的最大转矩所对应的转差率 $s_{m1}>1$，电动机的电磁转矩在电动机正向旋转范围内均为负值，即 $T_m<0$，这就是说，控制电压消失后，处于单相运行状态的电动机由于电磁转矩为制动性质而能迅速停转。因此，增大转子电阻也是克服两相伺服电动机“自转”现象的有效措施。为了使两相伺服电动机能对控制电压的变化快速响应，还要求它有尽量小的转动惯量和尽量大的堵转转矩，以得到尽量小的机械时间常数。

必须指出，普通的两相和三相异步电动机正常情况下都是在对称状态下工作，不对称运行属于故障状态。而交流伺服电机则可以靠不同程度的不对称运行来达到控制目的。这是交流伺服电机在运行上与普通异步电动机的根本区别。

为了满足上述要求，两相伺服电动机的转子通常有以下三种结构形式：

1）高电阻率导条的笼型转子；

2）非磁性空心杯转子；

3）铁磁性空心转子。

（2）控制方式

对于两相伺服电动机，若在两相对称绕组中外施两相对称电压，便可得到圆形旋转磁场。反之，两相电压因幅值不同，或相位差不是90°电角度，所得的便是椭圆形旋转磁场。

两相伺服电动机运行时，因控制绕组所加的控制电压 $U_c$ 是变化的，一般说来得到的是椭圆形旋转磁场，并由此产生电磁转矩而使电动机旋转。若改变控制电压的大小或改变它与励磁电压之间的相位角，都能使电动机气隙中旋转磁场的椭圆度发生变化，从而影响到电磁转矩。当负载转矩一定时，可以通过调节控制电压的大小或相位来达到改变电机转速的目的。因此，两相伺服电动机的控制方式有以下三种：

1）幅值控制；

2）相位控制；

3）幅值-相位控制（或称电容控制）。

由于微电子技术的发展，本无调速性能的交流电动机与微电子技术的结合后，成为新一代交流伺服电动机，并在调速性能等方面已可与直流电动机媲美。

**2. 永磁同步电动机（PMSM）**

从20世纪70年代后期到80年代初期，随着微处理技术、大功率高性能半导体功率器件技术和电机永磁材料制造工艺的发展，其性能价格比的日益提高，交流伺服技术——交流伺服电动机和交流伺服控制系统逐渐成为主导产品。目前，高性能的伺服系统大多采用永磁同步型交流伺服电动机，永磁同步电动机交流伺服系统在技术上已趋于完全成熟，具备了十分优良的低速性能并可实现弱磁高速控制，能快速、准确定位的控制驱动器组成的全数字位置伺服系统。并且随着永磁材料性能的大幅度提高和价格的降低，特别是钕铁硼永磁的热稳定性和耐腐蚀性的改善和价格的逐步降低以及电力电子器件的进一步发展，加上永磁电动机研究开发经验的逐步成熟，经大力推广和应用已有研究成果，其在工业生产领域中的应用也越来越广泛，正向大功率化（高转速、高转矩）、高功能化和微型化方面发展。

（1）永磁式交流同步伺服电动机结构特点

永磁式交流同步伺服电动机结构与普通异步电动机的基本相同，不同的是在其转子上嵌有永磁体。根据永磁体在转子上位置的不同，永磁同步电动机主要可分为表面式和内置式。在表面式永磁同步电动机中，永磁体通常呈瓦片形，并位于转子铁心的外表面上，这种电动机的重要特点是直、交轴的主电感相等；而内置式永磁同步电动机的永磁体位于转子内部，永磁体外表面与定子铁心内圆之间有铁磁物质制成的极靴，可以保护永磁体。这种永磁电动机的重要特点是直、交轴的主电感不相等。

永磁式同步电动机具有结构简单、体积小、重量轻、损耗小、效率高的特点。和直流电动机相比，它没有直流电动机的换向器和电刷等需要更多维护，从而给应用带来便利。相对异步电动机而言则比较简单，定子电流和定子电阻损耗减小，且转子参数可测、控制性能好，但存在最大转矩受永磁体去磁约束、抗震能力差、高转速受限制、功率较小、成本高和起动困难等缺点。与普通同步电动机相比，它省去了励磁装置，简化了结构，提高了效率。永磁同步电机矢量控制系统能够实现高精度、高动态性能、大范围的调速或定位控制。

(2) 永磁式交流同步伺服电动机控制

PMSM通常采用矢量控制和直接转矩两种控制方式。矢量控制借助于坐标变换，将实际的三相电流变换成等效的力矩电流分量和励磁电流分量，以实现电动机的解耦控制，控制概念明确；而直接转矩控制技术采用定子磁场定向，借助于离散的两点式调节，直接对逆变器的开关状态进行最佳控制，以获得转矩的高动态性能，其控制简单，转矩响应迅速。PMSM

的矢量控制系统能够实现高精度、高动态性能、大范围的速度和位置控制，但是它的传感器则给调速系统带来了诸如成本较高、抗干扰性和可靠性不强、电动机的轴向尺寸较长等缺陷。另外，PMSM 转子磁路结构不同，则电动机的运行特性、控制系统等也不同。随着近年来微型计算机技术的发展，永磁同步电动机矢量控制系统的全数字控制也取得了很大的发展。在高精度伺服驱动中，PMSM 有较大竞争力。

**3. 伺服电动机制动方式**

伺服电机制动方式可分为电磁制动、再生制动和动态制动。

电磁制动是通过机械装置锁住电动机的轴。

再生制动是指伺服电动机在减速或停车时将制动产生的能量通过逆变回路反馈到直流母线，经阻容回路吸收。

动态制动器由动态制动电阻组成，在故障、急停、电源断电时通过能耗制动缩短伺服电动机的机械进给距离。

三者的区别如下：

1）再生制动必须在伺服器正常工作时才起作用，在故障、急停、电源断电时等情况下无法制动电动机。动态制动器和电磁制动工作时不需电源。

2）再生制动的工作是系统自动进行，而动态制动器和电磁制动的工作需外部继电器控制。

3）电磁制动一般在 SV、OFF 后起动，否则可能造成放大器过载，动态制动器一般在 SV、OFF 或主回路断电后起动，否则可能造成动态制动电阻过热。

**4. 伺服电动机与单相异步电动机的比较**

交流伺服电动机的工作原理与分相式单相异步电动机虽然相似，但前者的转子电阻比后者大得多，所以伺服电动机与单机异步电动机相比，有三个显著特点：

（1）起动转矩大

由于转子电阻大，与普通异步电动机的转矩特性曲线相比，有明显的区别。它可使临界转差率 $s_0>1$，这样不仅使转矩特性（机械特性）更接近于线性，而且具有较大的起动转矩。因此，当定子一有控制电压，转子立即转动，即具有起动快、灵敏度高的特点。

（2）运行范围较广

（3）无自转现象

正常运转的伺服电动机，只要失去控制电压，电机立即停止运转。当伺服电动机失去控制电压后，它处于单相运行状态，由于转子电阻大，定子中两个相反方向旋转的旋转磁场与转子作用产生两个转矩特性（$T_1-s_1$、$T_2-s_2$ 曲线）以及合成转矩特性（$T-s$ 曲线）。

交流伺服电动机运行平稳、噪声小。但控制特性是非线性，并且由于转子电阻大，损耗大，效率低。

**5. 伺服电动机与步进电动机的性能比较**

步进电动机作为一种开环控制的系统，和现代数字控制技术有着本质的联系。在目前国内的数字控制系统中，步进电动机的应用十分广泛。随着全数字式交流伺服系统的出现，交流伺服电动机也越来越多地应用于数字控制系统中。为了适应数字控制的发展趋势，运动控制系统中大多采用步进电动机或全数字式交流伺服电动机作为执行电动机。虽然两者在控制方式上相似（脉冲串和方向信号）。但在使用性能和应用场合上存在着较大的差异。与步进电动机相比伺服电动机具有以下优点：

（1）控制精度好

伺服电动机实现了位置、速度和力矩的闭环控制；克服了步进电动机失步的问题。

（2）低频特性不同

步进电动机在低速时易出现低频振动现象。振动频率与负载情况和驱动器性能有关，一般认为振动频率为电动机空载起跳频率的一半。这种由步进电动机的工作原理所决定的低频振动现象对于机器的正常运转非常不利。当步进电动机工作在低速时，一般应采用阻尼技术来克服低频振动现象，比如在电动机上加阻尼器，或驱动器上采用细分技术等。

交流伺服电动机运转非常平稳，即使在低速时也不会出现振动现象。交流伺服系统具有共振抑制功能，可涵盖机械的刚性不足，并且系统内部具有频率解析机能（FFT），可检测出机械的共振点，便于系统调整。

（3）矩频特性好

步进电动机的输出力矩随转速升高而下降，且在较高转速时会急剧下降，所以其最高工作转速一般在300～600r/min。交流伺服电动机为恒力矩输出，即在其额定转速（一般为2000r/min或3000r/min）以内，都能输出额定转矩，在额定转速以上为恒功率输出。

（4）过载能力强

步进电动机一般不具有过载能力。交流伺服电动机具有较强的过载能力。以三洋交流伺服系统为例，它具有速度过载和转矩过载能力。其最大转矩为额定转矩的2～3倍，可用于克服惯性负载在起动瞬间的惯性力矩。步进电动机因为没有这种过载能力，在选型时为了克服这种惯性力矩，往往需要选取较大转矩的电动机，而机器在正常工作期间又不需要那么大的转矩，便出现了力矩浪费的现象。

（5）运行性能好

步进电动机的控制为开环控制，起动频率过高或负载过大易出现丢步或堵转的现象，停止时转速过高易出现过冲的现象，所以为保证其控制精度，应处理好升、降速问题。交流伺服驱动系统为闭环控制，驱动器可直接对电动机编码器反馈信号进行采样，内部构成位置环和速度环，一般不会出现步进电动机的丢步或过冲的现象，控制性能更为可靠。

（6）速度响应快

步进电动机从静止加速到工作转速（一般为每分钟几百转）需要200～400ms。交流伺服系统的加速性能较好，以三洋400W交流伺服电机为例，从静止加速到其额定转速3000r/min仅需几毫秒，可用于要求快速起停的控制场合。

（7）舒适性好

伺服电动机发热和噪声明显降低。

交流伺服系统在许多性能方面都优于步进电动机。但在一些要求不高的场合也经常用步进电动机来做执行电动机。所以，在控制系统的设计过程中要综合考虑控制要求、成本等多方面的因素，选用适当的控制电动机。

**6. 选型计算**

1）确认转速和编码器分辨率。根据实际要求，对于同等功率的电动机可以选配不同转数的电动机，一般来说，转数越低，价格越便宜。

伺服电动机的精度取决于编码器的精度（线数），编码器工作原理：由一个中心有轴的光电码盘，其上有环形通或暗的刻线，由光电发射和接收器件读取，获得四组正弦波信号组成A、B、C、D每个正弦波相差90°相差位，将C、D信号反向，叠加在A、B两相上，可增强稳定信号，另每转输出一个Z相脉冲以代表零位参考位。由于A、B两相差90°，可通过比较A相在前还是在B相在前，以判别编码器的正转与反转，通过零位脉冲，可获得编码器的零位参考位。

按检测原理可分为光学式、磁式、感应式和电容式。按信号原理分为增量型和绝对型，增量型编码器存在零点累计误差，抗干扰较差，接收设备的停机需断电记忆，开机应找零或参考位等问题；绝对编码器光码盘上有许多道光通道刻线，每道刻线依次为2线、4线、8线、16线等编排，这样在编码器的每一个位置，通过读取每道刻线的通或暗线，获得一组从2的零次方到2的$n$次方的唯一的二进制编码，这就称为$n$位绝对编码器。

编码器码盘的材料如下：

- 玻璃（刻线）；
- 金属（通或不通刻线）；
- 塑料（较薄刻线）。

编码器以每旋转360°提供多少通或暗线称为分辨率，也称解析分度或直接称多少线，一般在每转分度5～10000线。

2）计算电动机轴上负载力矩的折算和加减速力矩。计算必须满足实际需要，但是不需要像步进电动机那样留有过多的余量。

3）计算负载惯量，惯量的匹配。在伺服系统选型和调配过程中，要计算机械系统换算到伺服电动机轴的转动惯量，选择合适的型号，调试时设置合适的惯量比参数。以安川伺服电动机为例，部分产品惯量匹配可达50倍，但实际越小越好，因为这样对精度和响应速度好。

4）再生电阻的计算和选择，对于伺服电动机，一般2kW以上，要额外配置。

5）电缆选择，编码器电缆应选择双绞屏蔽的，对于安川伺服等日系产品绝对值编码器是6芯，增量式是4芯。

**7. 伺服品牌**

在使用伺服电动机的同时都需要使用伺服驱动器，这样才能构成伺服系统。在我国伺服系统发展迅速，市场潜力巨大，应用广泛。市场的占有量以日系品牌为主，其次是欧美产品，再者就是中国自主的伺服产品。这些厂家的产品各有特色：日系伺服产品进入中国市场较早，产品性能、质量较好，价格较高；欧美的伺服产品性能和功能最好，价格最高；国产伺服产品在性能和功能方面暂时逊色很多，只能跟在欧美和日本的后面走，但价格优势明显。

国内广泛采用的通用伺服品牌如下：

日系：三菱、安川、松下、三洋、富士、日立等。

欧系：Lenze、AMK、Rexroth、KEB等。

美系：Danaher、Baldor、Parker、Rockwell等。

数控和高端运控伺服品牌：FANUC、Siemens、三菱、Rexroth等。

国产通用伺服主要有台达、东元、和利时、埃斯顿、时光、珠海运控、星辰伺服、步进科技等；国产数控伺服主要有华中数控、广州数控、大森数控、凯奇数控等；国产伺服电动机主要有华大、登奇、强磁、中源等。

### 7.2.3 交流伺服电动机的驱动

**1. 交流伺服驱动器概述**

随着全数字式交流伺服系统的出现，交流伺服电动机也越来越多地应用于数字控制系统中。为了适应数字控制的发展趋势，运动控制系统中大多采用全数字式交流伺服电动机作为执行电动机。

一般伺服控制器有三种控制方式：速度控制方式、转矩控制方式、位置控制方式。速度控制和转矩控制都是用模拟量来控制的。位置控制是通过发射脉冲来控制的。具体采用什么控制方式要根据客户的要求、满足何种运动功能来选择。

就伺服驱动器的响应速度来看，转矩模式运算量最小，驱动器对控制信号的响应最快；位置模式运算量最大，驱动器对控制信号的响应最慢。

（1）转矩控制

转矩控制方式是通过外部模拟量的输入或直接地址的赋值来设定电动机轴对外的输出转矩的大小。

（2）位置控制

位置控制模式一般是通过外部输入的脉冲的频率来确定转动速度的大小，通过脉冲的个数来确定转动的角度，也有些伺服驱动器可以通过通信方式直接对速度和位移进行赋值。由于位置模式可以对速度和位置都有很严格的控制，所以一般应用于定位装置。应用领域如数控机床、印刷机械等。

（3）速度模式

通过模拟量的输入或脉冲的频率都可以进行转动速度的控制，在有上位控制装置的外环PID 控制时，速度模式也可以进行定位，但必须把电动机的位置信号或直接负载的位置信号给上位反馈以做运算用。位置模式也支持直接负载外环检测位置信号，此时的电动机轴端的编码器只检测电动机转速，位置信号就由直接的最终负载端的检测装置来提供，这样的优点在于可以减少中间传动过程中的误差，增加了整个系统的定位精度。

同时，现代交流伺服系统向数字化方向发展，以适应高速、高精度机械加工的需要，系统中有三个结构：电流环、速度环和位置环，都实现全部数字化。全部伺服的控制模型和动态补偿均由高速微处理器及其控制软件进行实时处理，采样周期只有零点几毫秒。

从结构上看，伺服控制器和变频器差不多，但对元器件的要求精度和可靠性更高。目前主流的伺服控制器均采用数字信号处理器（DSP）作为控制核心，可以实现比较复杂的控制算法，实现数字化、网络化和智能化。功率器件普遍采用以智能功率模块（IPM）为核心设计的驱动电路，IPM 内部集成了驱动电路，同时具有过电压、过电流、过热、欠压等故障检测保护电路，在主回路中还加入软起动电路，以减小起动过程对驱动器的冲击。永磁式交流同步伺服电动机构成的伺服系统，具有高精度及更好的性能，通常构成速度控制系统、位置控制系统，或者速度—位置系统，如图 7-13 所示为永磁交流同步伺服电动机速度控制系统的框图。

系统中的永磁式同步电动机由提供大电流、高电压的功率驱动主电路构成。主电路包括功率电源、功率放大电路，有时也把功率放大电路的前置驱动及正弦脉宽调制电路包括在

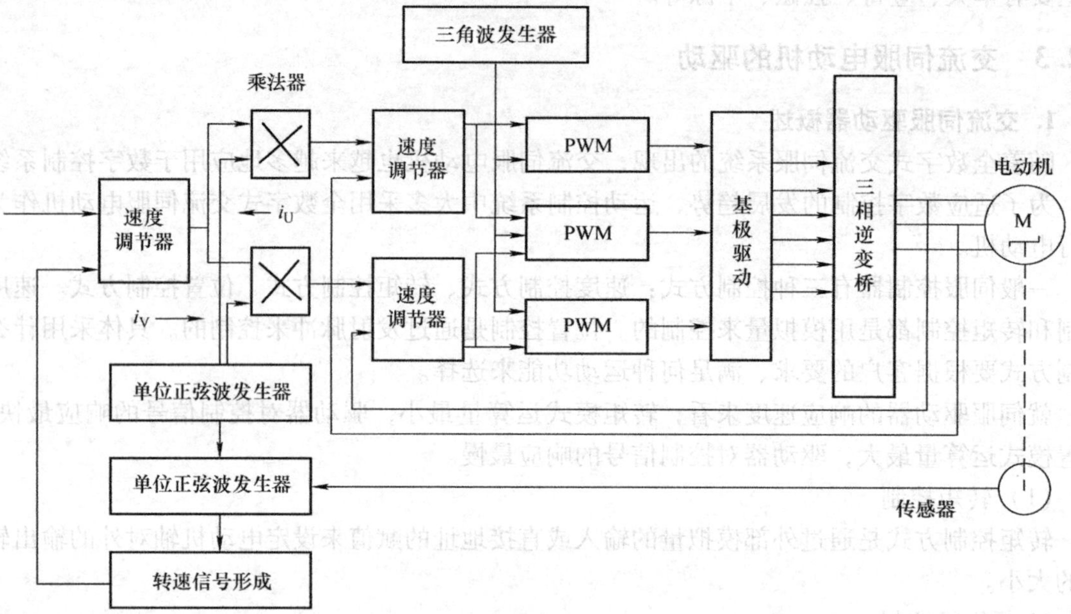


图 7-13　永磁交流同步伺服电动机速度控制系统框图

内。在主电路中，将控制电路输入的控制信号转换成功率电能去驱动控制电动机，由电动机将电能转换为机械能。

功率驱动单元的直流电源通常都是由工频交流三相或单相电源经整流、滤波得到，功率放大电路一般都采用三相桥式电路，如图 7-14 所示。首先通过三相全桥整流电路对输入的三相电或者市电进行整流，得到相应的直流电。整流好的三相电或市电，再通过三相正弦 PWM 电压型逆变器变频来驱动三相永磁式同步交流伺服电动机。功率驱动单元的整个过程简单地说就是 AC – DC – AC 的过程。整流单元（AC – DC）主要的拓扑电路是三相全桥不可控整流电路。

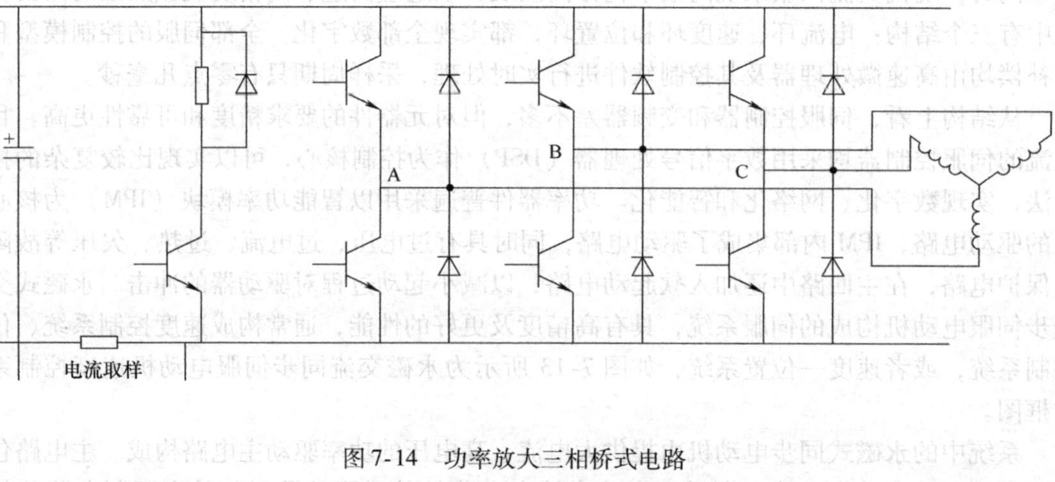


图 7-14　功率放大三相桥式电路

电动机绕组中流过正弦变化的电流，大功率晶体管的前级驱动采用双极模式 SPWM 信号，同一桥臂上的上、下两个晶体管导通的时间互相错开作用到电枢绕组上，从而得到极性正负交替正弦电源。大功率晶体管的控制极由其专用的驱动电路来实现控制，大功率晶体管可以是电力晶体管，也可是功率场效应晶体管、绝缘栅型晶体管。这些控制极的控制驱动电路有时与大功率晶体管集成在一起组成具有各种保护功能的集成电路，以至现在的智能化的集功率放大及控制驱动一体的集成模块可供驱动电路使用。

伺服驱动器典型生产厂家如德国西门子、美国科尔摩根、日本松下及安川和国内的广州数控等公司。

**2. 伺服驱动器应用举例——安川伺服驱动器**

安川（YASKAWA）公司是日本研发、生产交流伺服驱动器最早的企业之一，在中国沈阳、上海嘉定也设有工厂。安川公司于 20 世纪 60 年代后期首次提出了“机电一体化”的概念，将电子技术应用于机械控制，以谋求高性能化的机电一体化技术，今天在各类工业自动化、效率化方面发挥着巨大的作用。其产品的特点是规格齐全、技术先进、稳定快速，而且在众多常用伺服驱动器中，其功能描述最详细，参数最齐全，性价比高，因而在全球占有较大的市场份额。

安川驱动器分为通用接口型与总线接口型两类。通用接口驱动器的位置给定输入为脉冲信号、速度与转矩输入为模拟电压信号，驱动器本身带有用于参数设置与状态显示的操作/显示单元，可以用于绝大多数通用控制的场合。总线接口驱动器需要通过 RS－422 接口连接上级控制装置，并以通信方式传送运行控制命令与位置、速度、转矩等给定信号，驱动器的网络通信采用 Mechatro LINK－Ⅱ协议。总线接口型驱动器无操作单元，参数设定与驱动器调整都需要通过总线进行，一般用于大型复杂控制系统。

安川伺服包括Σ－Ⅰ、Σ－Ⅱ、Σ－Ⅲ、Σ－Ⅴ四大系列，Σ－Ⅱ系列为通用接口型驱动器，Σ－Ⅲ为总线接口型驱动器，Σ－Ⅴ可根据需要选择通用接口或总线接口。目前Σ－Ⅰ和Σ－Ⅱ（除大容量以外）已停产，Σ－Ⅴ系列在国内受众最为广泛，本书将对Σ－Ⅴ进行详细介绍。

（1）型号与规格

Σ－Ⅴ系列驱动器的型号组成以及代表的意义如下：

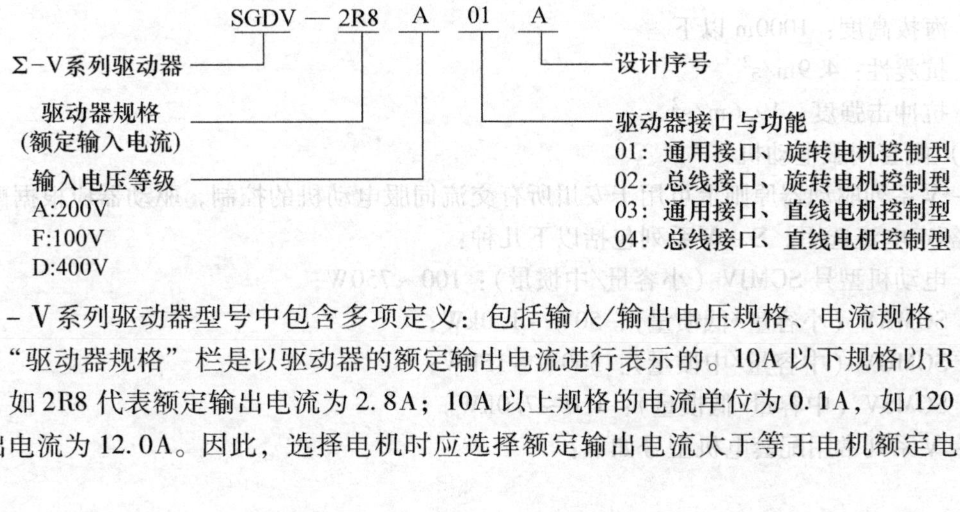


Σ－Ⅴ系列驱动器型号中包含多项定义：包括输入/输出电压规格、电流规格、接口规格等。“驱动器规格”栏是以驱动器的额定输出电流进行表示的。10A 以下规格以 R 代表小数点，如 2R8 代表额定输出电流为 2. 8A；10A 以上规格的电流单位为 0. 1A，如 120 代表额定输出电流为 12. 0A。因此，选择电机时应选择额定输出电流大于等于电机额定电流的驱

动器。

(2) 技术性能

1) 安装及设定简单

通过 SigmaWin + 接线确认功能，可一次性完成接线检查。根据快速调试向导，可简单进行参数设定。

2) 响应快、增强了振动抑制功能

主要用于需要“高速、高频度、高定位精度”的场合，该伺服单元可以在最短的时间内最大限度地发挥机器性能，有助于提高生产效率，通过增加和改进振动抑制功能，可提高跟随性能并缩短整定时间。另外还能减少驱动时的振动以及停止时机械前端的振动。

3) 编码器：13、17、20 位（增量型/绝对值型）

4) 速度控制范围：1∶5000（速度控制范围的下限是额定转矩负载时不停止的条件下的数值）

5) 转矩控制精度：±1%

6) 软起动时间设定：0 ~ 10s（可分别设定加速与减速）

7) 数字量输入输出信号：7 点输入信号和 3 点输出信号

8) 观测用模拟量监视输出（CN5）：2 点，输出电压范围为 DC ±10V，最大输出电流为 ±10mA。

9) 通信功能：RS - 422A 通信（CN3）可连接数字操作器（JUSP - OP05A - 1 - E）或计算机（支持 SigmaWin +）；RS - 422A 端口 1：N 通信，最大可为 $N = 15$ 站。USB 通信（CN7）可与计算机连接（支持 SigmaWin +）；规格依据 USB1.1、通信速率为 12Mbit/s。

10) 保护功能：具有过电流、过电压、欠电压、过载、再生故障等保护。

11) 辅助功能：具有增益调整、报警记录、JOG 运行、原点搜索等功能。

(3) 伺服单元的安装环境要求

安装环境要求室内无腐蚀性气体、可燃性气体；无水、油、药品飞溅；尘土、灰尘、盐分及金属粉末较少；无静电干扰、强电场、强磁场、放射线等；通风良好，垃圾以及湿气少。

1) 环境温度：0 ~ 55℃

2) 环境湿度：90% RH 以下（不得冻结、结露）

3) 海拔高度：1000m 以下

4) 抗震性：4.9m/s$^2$

5) 抗冲击强度：19.6m/s$^2$

(4) 配套伺服电动机

Σ - Ⅴ系列驱动器原则上可用于安川所有交流伺服电动机的控制，驱动器应根据配套电动机的额定电流选用。Σ - Ⅴ系列包括以下几种：

1) 电动机型号 SGMJV（小容量/中惯量）：100 ~ 750W；

2) SGMAV（小容量/低惯量）：50W ~ 1.0kW；

3) SGMGV（中容量/中惯量）：300W ~ 15kW；

4) SGMSV（中容量/低惯量）：1.0 ~ 7.0kW。

Σ - Ⅴ系列常用配套电机型号如下：

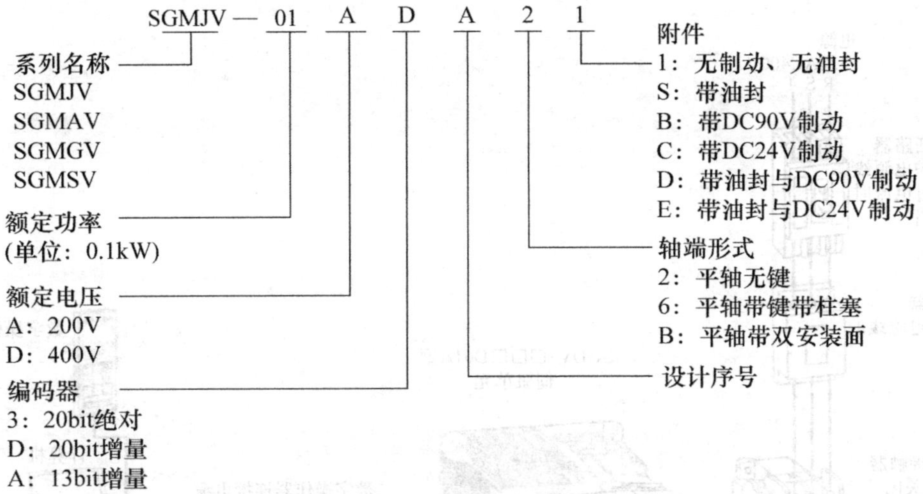


它的电动机型号还有多项定义，包括电动机容量、电源电压、编码器类别、轴端以及选配件等。

（5）硬件组成

图 7-15 是三相 AC400V 输入驱动器的硬件组成示意图，图中的部分硬件（如滤波器、制动电阻等）可以根据实际需要选用，不同驱动器控制电源的要求有所区别，如三相 AC400V 驱动器的控制电源应为 DC 24V。驱动器常用的硬件如下。

1）调试设备

安川 Σ－V 系列驱动器本身带有简易操作/显示面板，可以直接用于调试。对于总线接口型驱动需要在驱动器外部进行参数设定或在需要进行振动抑制、滤波器等参数自适应调整的场合，应选用驱动器操作单元选件（型号为 JUSP－OP05A－1）。

2）断路器

断路器用于驱动器主回路的短路保护，以防止整流、逆变主回路功率器件故障引起的输入电源相间短路。电源输入侧短路保护断路器（或熔断器）是必须安装的设备，断路器的额定电流选择应与驱动器容量相匹配。

3）主接触器

伺服驱动器不允许通过主接触器的通断来频繁控制电动机的起停，电动机的运行与停止应通过相应的控制信号进行控制，因此，主接触器并非用于伺服电动机的起停控制。

装设主接触器的目的是使驱动器主电源与控制电源独立，以便电源投入时通过先加入控制电源进行驱动器自诊断，然后将驱动器准备好（故障）触点作为主电源接通的条件，来防止在驱动器故障时的主电源加入，提高系统的安全性与可靠性。

此外，当驱动器配有外接制动电阻时，频繁的起动/制动将引起电阻的发热，为此，必须在制动电阻单元上安装温度检测器件，当超温时应立即通过主接触器切断输入电源。

4）滤波器

进线滤波器与零相电抗器用于消除线路的电磁干扰。电磁干扰通常包括空中传播的噪声（无线干扰）、电源进线与电动机线上高频成分产生的电磁噪声、分布电容产生的静电噪声、电路传播噪声（接地干扰）等。

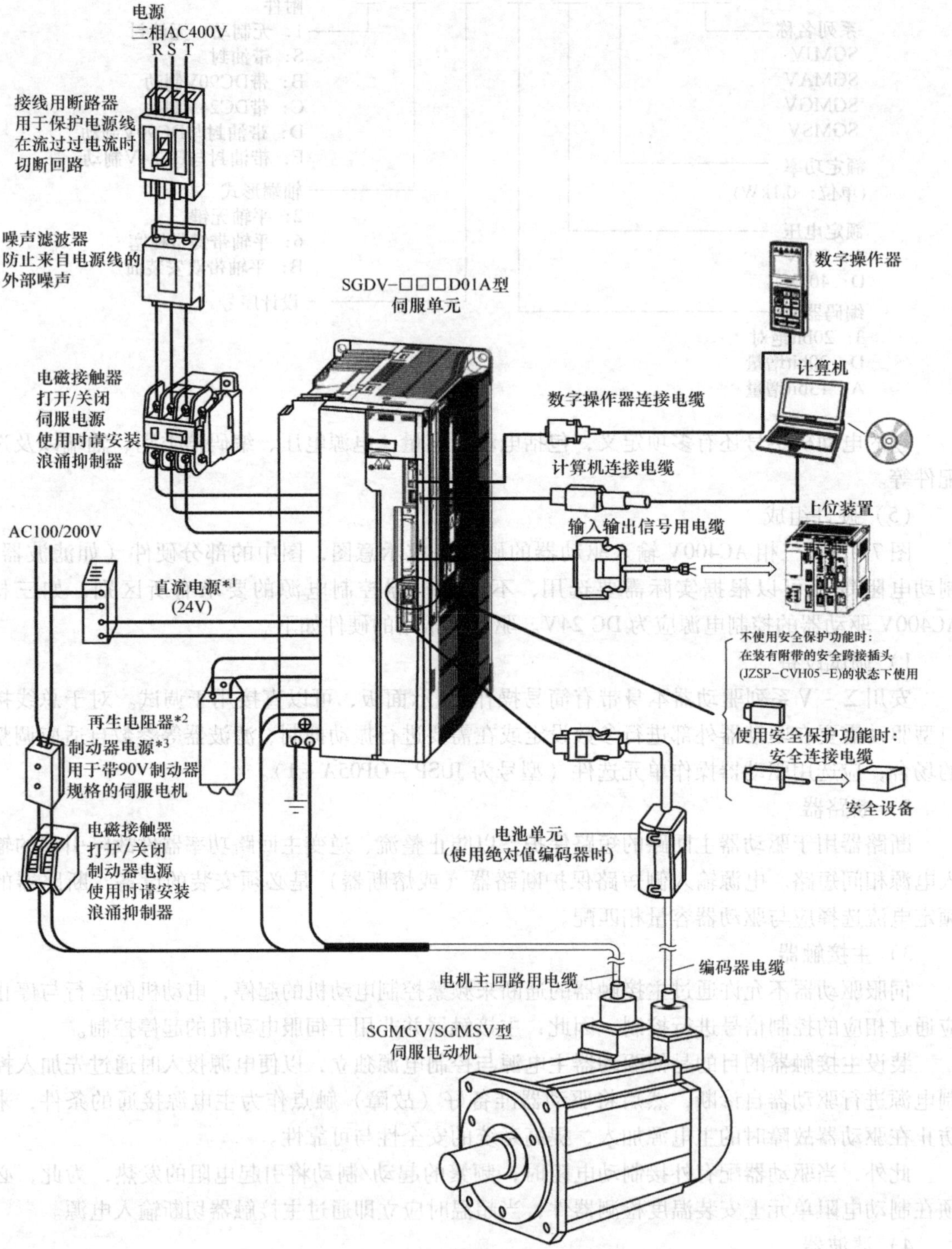


图 7-15 Σ-V驱动器的硬件组成

为了降低驱动器的电磁干扰，可以在电源进线上安装电磁滤波器模块与零相电抗器。此外，保持动力线与控制线之间的距离、采用屏蔽电缆、进行符合要求的接地系统设计等也是消除干扰的有效措施。

5）直流电抗器

直流电抗器用来抑制直流母线上的高次谐波与浪涌电流，以减小整流、逆变功率管的冲击电流，从而提高驱动器功率因数。

以下情况可以考虑选配直流电抗器：

① 驱动器在对用电设备的谐波要求很高的用电环境下使用时。

② 对直流浪涌电流有要求的大功率驱动器。

对于6kW以上的安川驱动器，已在内部安装了直流电抗器，无须再选用。

③ 需要降低驱动器输入电源容量的场合。

驱动器在按规定安装直流电抗器后，对输入电源容量的要求可以相应较少20%～30%。

6）外接制动电阻

当电动机需要频繁起动/制动或是在负载产生的制动能量很大（如受重力作用的升降负载控制）的场合，为了提高制动能力，应选配制动电阻。

驱动器选配外置式制动电阻时，制动电阻单元上必须安装温度检测器件，并在主回路上安装主接触器，当超温时必须立即断开主接触器，切断输入电源。

7）伺服单元

伺服单元介绍如图7-16和图7-17所示。

① 面板操作器

面板操作器由面板显示器和面板操作器按键构成，如图7-22所示。通过面板操作器可以显示状态、执行辅助功能、设定参数并监视伺服单元的动作，见表7-7。

② CHARGE（充电）指示灯

主回路电源ON时亮灯。即使关闭主回路电源，伺服电源内的电容仍残留有电荷时也亮灯。亮灯期间不要触碰电源端子，否则会导致触电。

③ 主回路电源端子

主回路电源端子标识为三相（L1、L2、L3）或两相（L1、L2）。

④ 控制电源端子

伺服驱动器工作时需要单独外引工作电源，工作电源由控制电源端子（L1C、L2C）或（24V、0V）接入，控制电源的形式由驱动器型号决定，驱动器为SGDV－□□□A（F）时，控制电源为与主回路电源线电压相等交流电，由L1C、L2C接入；驱动器为SGDV－□□□D时，控制电源为DC 24V，由24V、0V接入。

⑤ 再生电阻连接端子

B1/⊕、B2或B1、B2是外置再生电阻连接端子，当再生处理能力不足时，在B1/⊕、B2之间连接外置再生电阻器。外置再生电阻器需要单独购置。

⑥ 电源高次谐波抑制用DC电抗器连接端子

需要对电源高次谐波进行抑制时，在⊖1、⊖2之间连接DC电抗器。

⑦ 伺服电动机连接端子

U、V、W用于与伺服电动机的连接，连接时相序不可弄混，否则调试时伺服电动机将

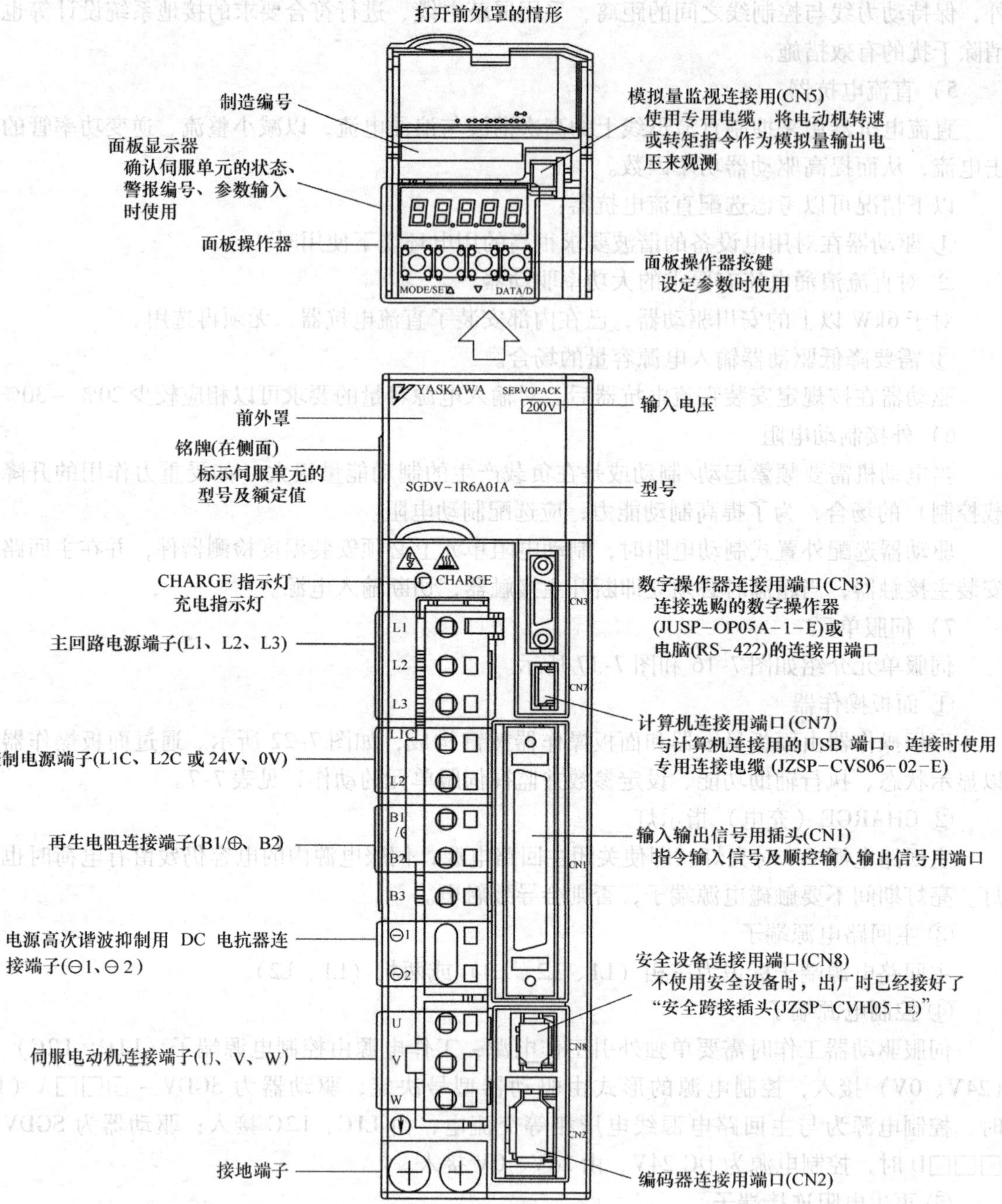


图 7-16　伺服单元各部分名称

不转。

⑧ 接地端子

有 2 处接地端子，可以与电源接地端子以及电动机接地端子连接，进行接地处理。

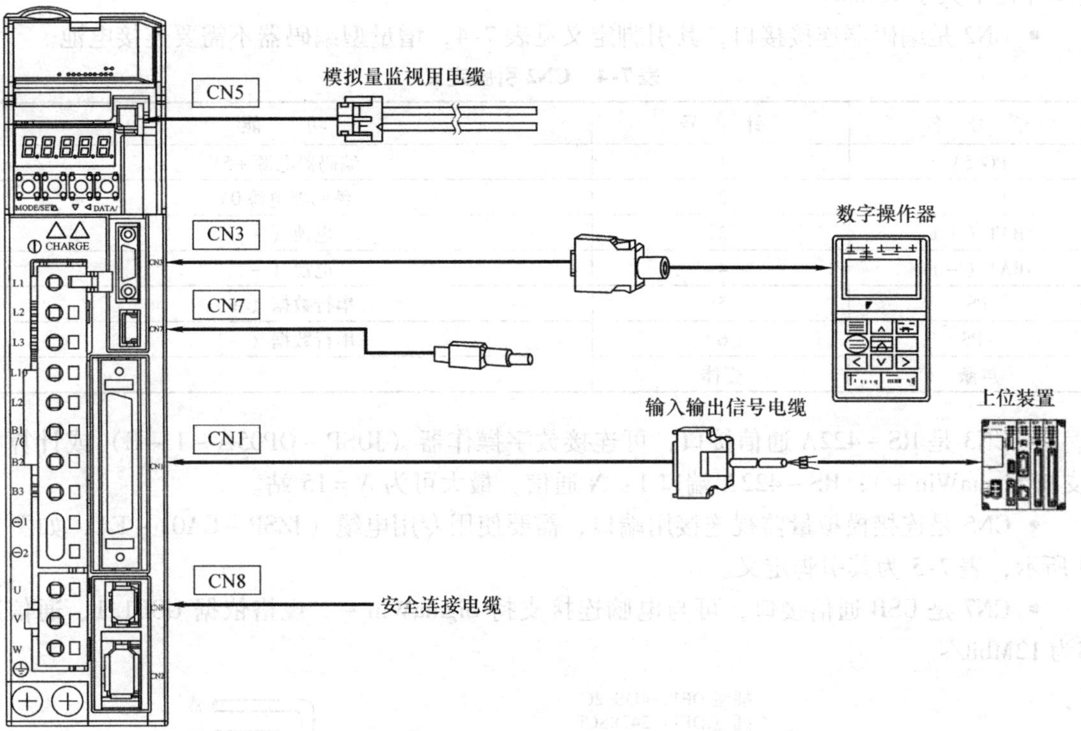


图 7-17　伺服单元控制信号连接图

⑨ 信号接口

• CN1 是伺服系统的输入输出信号接口，包括编码器分频脉冲输出、SEN 信号固定输入、固定输出信号、7 点可分配的输入信号和 3 点可分配的输出信号。其中编码器分频脉冲输出为 A 相、B 相、C 相线性驱动输出分频脉冲数，可任意设定；可分配的输入信号功能有伺服 ON（/S－ON）、P 动作（/P－CON）、禁止正转驱动（P－OT）、禁止反转驱动（N－OT）、报警复位（/ALM－RST）、正转侧外部转矩限制（/P－CL）、反转侧外部转矩限制（/N－CL）、内部设定速度切换（/SPD－D、/SPD－A、/SPD－B）、控制方式切换（/C－SEL）、零位固定（/ZCLAMP）、指令脉冲禁止（/INHIBIT）、增益切换（/G－SEL）和指令脉冲输入倍率切换（/PSEL），可进行信号的分配以及正/负逻辑的变更；固定输出信号包括伺服报警（ALM）、报警代码（ALO1、ALO2、ALO3）输出；可分配的输出信号包括定位完成（/COIN）、速度一致检出（/V－CMP）、旋转检出（/TGON）、伺服准备就绪（/S－RDY）、转矩限制检测（/CLT）、速度限制检出（/VLT）、制动器（/BK）、警告（/WARN）、定位接近（/NEAR）和指令脉冲输入倍率切换输出（/PSELA），可进行信号的分配以及正/负逻辑的变更。

图 7-18　CN1 连接器图

CN1 连接器型号为 JZSP－CSI9－1－E，由壳体与连接器组成，如图 7-18 所示。连接器为焊接型，导线采用双股绞合线或双股绞合整体屏蔽线，电缆整体外径不大于 16mm。

• CN2 是编码器连接接口，其引脚定义见表 7-4，增量型编码器不需要连接电池。

**表 7-4　CN2 引脚定义**

| 信　号　名 | 针　　号 | 功　　能 |
|---|---|---|
| PG 5V | 1 | 编码器电源 +5V |
| PG 0V | 2 | 编码器电源 0V |
| BAT（+） | 3 | 电池（+） |
| BAT（-） | 4 | 电池（-） |
| PS | 5 | 串行数据（+） |
| /PS | 6 | 串行数据（-） |
| 屏蔽 | 壳体 | |

• CN3 是 RS-422A 通信接口，可连接数字操作器（JUSP-OP05A-1-E）或计算机（支持 SigmaWin+）；RS-422A 端口 1：N 通信，最大可为 $N=15$ 站。

• CN5 是连接模拟量监视连接用端口，需要使用专用电缆（JZSP-CA01-E），如图 7-19 所示，表 7-5 为其引脚定义。

• CN7 是 USB 通信接口，可与电脑连接支持 SigmaWin+。规格依据 USB1.1、通信速率为 12Mbit/s。

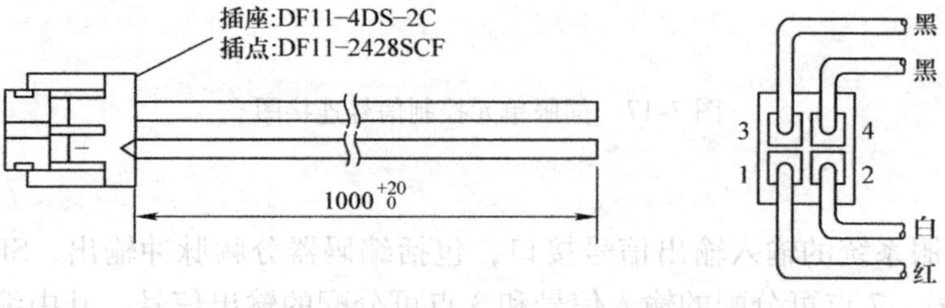


图 7-19　JZSP-CA01-E 专用电缆

• CN8 是安全设备连接用端口。安全回路的输入控制信号 HWBB1、HWBB2 可通过硬件控制电路直接关闭驱动器的逆变功率管，切断电机励磁电流，安全回路的工作状态还可以通过输出端 EDM1 进行监视。

安全控制回路用于驱动系统的急停与互锁控制，当不适用安全控制电路时，应利用安川提供的终端连接器（JZSP-CVH05-E）取消安全回路。

**表 7-5　CN5 引脚定义**

| 针　号 | 电缆颜色 | 信 号 名 称 | 出 厂 设 定 |
|---|---|---|---|
| 1 | 红 | 模拟量监视 2 | 电动机转速：1V/1000r/min |
| 2 | 白 | 模拟量监视 1 | 转矩指令：1V/100% 额定转矩 |
| 3、4 | 黑（2 根） | GND（0V） | |

（6）驱动器连接

1）连接总图

安川 Σ-Ⅴ系列驱动器的连接总图如图 7-20 所示，连接电路可分为主回路、速度/转矩给定输入、反馈连接、开关量输入/输出、位置给定输入、位置反馈输出等部分。当驱动器用于速度和转矩控制时不需要连接位置给定输入信号。

主回路

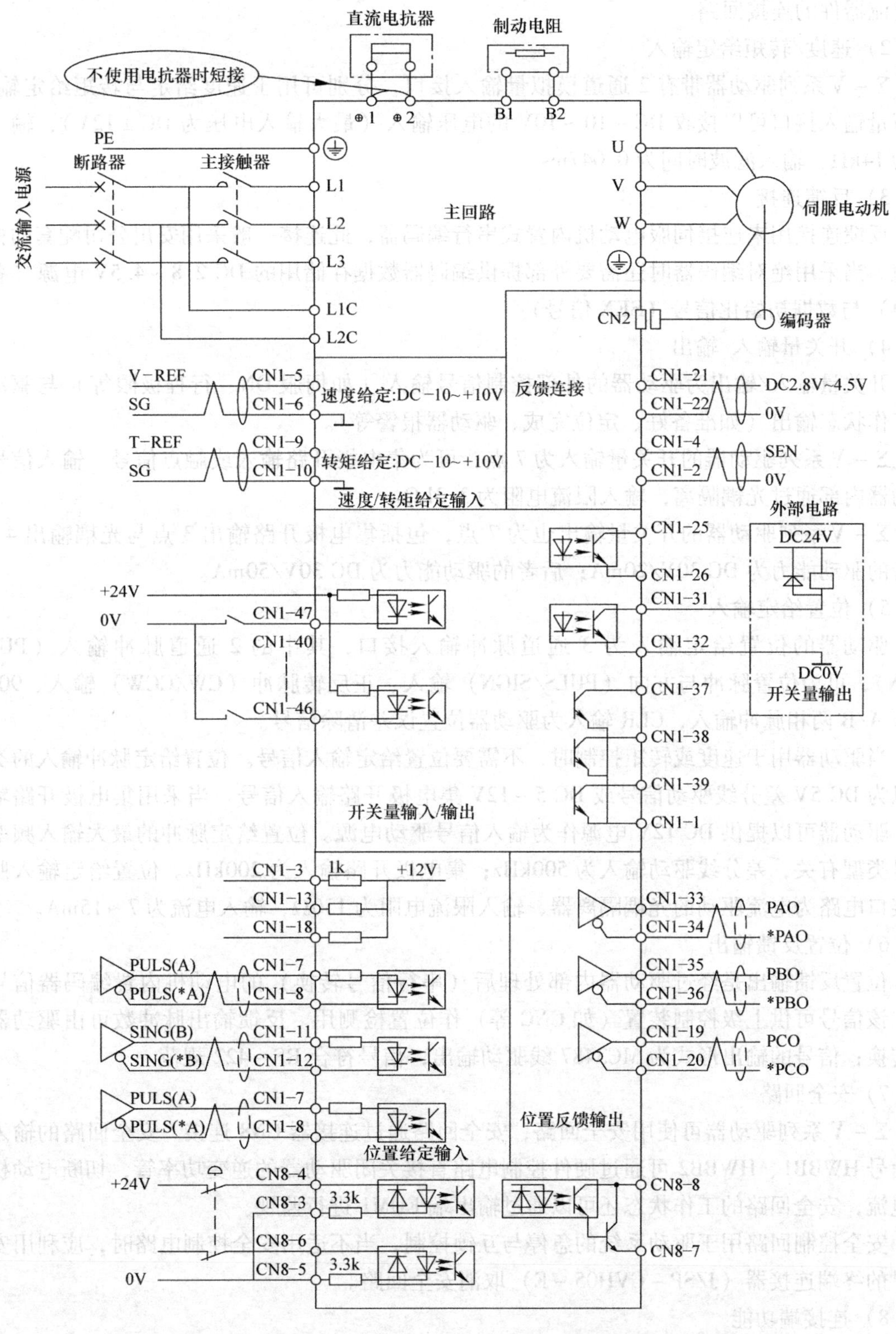


图 7-20 Σ－Ⅴ系列驱动器连接总图

主回路包括主电源输入、电动机输出以及直流母线的制动电阻、直流电抗器等高电压、大电流器件的连接回路。

2）速度/转矩给定输入

Σ－V系列驱动器带有2通道模拟量输入接口，分别可用于速度给定与转矩给定输入。模拟量输入接口可以接收DC－10～10V的电压输入（最大输入电压为DC±12V），输入电阻为14kΩ，输入滤波时间为0.047ms。

3）反馈连接

反馈连接用来连接伺服电动机内置式串行编码器，此连接一般采用安川公司配套的标准电缆。当采用绝对编码器时还需要外部提供编码器数据存储用的DC 2.8～4.5V电源（备用电池）与数据初始化信号（SEN信号）。

4）开关量输入/输出

开关量输入/输出为驱动器的外部控制信号输入（如伺服ON、行程极限等）与驱动器的工作状态输出（如准备好、定位完成、驱动器报警等）。

Σ－V系列驱动器的开关量输入为7点，可为集电极开路输入或触点信号。输入信号在驱动器内部通过光耦隔离，输入限流电阻为3.3kΩ。

Σ－V系列驱动器的开关量输出也为7点，包括集电极开路输出3点与光耦输出4点，前者的驱动能力为DC 30V/20mA；后者的驱动能力为DC 30V/50mA。

5）位置给定输入

驱动器的位置给定输入为3通道脉冲输入接口，其中的2通道脉冲输入（PULS、SIGN），可为位置脉冲与方向（PULS/SIGN）输入、正反转脉冲（CW/CCW）输入、90°相位差A/B两相脉冲输入，CLR输入为驱动器位置误差清除信号。

当驱动器用于速度或转矩控制时，不需要位置给定输入信号。位置给定脉冲输入的类型可以为DC 5V差分线驱动信号或DC 5～12V集电极开路输入信号。当采用集电极开路输入时，驱动器可以提供DC 12V电源作为输入信号驱动电源。位置给定脉冲的最大输入频率与信号类型有关，差分线驱动输入为500kHz；集电极开路输入为200kHz。位置给定输入脉冲的接口电路为电流驱动的光耦隔离器，输入限流电阻为150Ω，输入电流为7～15mA。

6）位置反馈输出

位置反馈输出是经过驱动器内部处理后（串行信号转换）的电动机内置编码器信号输出，该信号可供上级控制装置（如CNC等）作位置检测用。反馈输出脉冲数可由驱动器进行转换；信号的输出形式为MC3487线驱动输出，信号符合RS－422规范。

7）安全回路

Σ－V系列驱动器可使用安全回路，安全回路通过连接器CN8连接。安全回路的输入控制信号HWBB1、HWBB2可通过硬件控制电路直接关闭驱动器的逆变功率管，切断电动机励磁电流，安全回路的工作状态还可以通过输出端EDM1进行监视。

安全控制回路用于驱动系统的急停与互锁控制，当不适用安全控制电路时，应利用安川提供的终端连接器（JZSP－CVH05－E）取消安全回路。

8）连接端功能

Σ－V系列驱动器各连接端功能与作用见表7-6。

**表 7-6　Σ－V 系列驱动器各连接端功能**

| 端子号 | 信号代码 | 作　用 | 规　格 | 功 能 说 明 |
|---|---|---|---|---|
| L1/L2/L3 或 L1/L2 | — | 主电源（三相） | AC 200/400V，50/60Hz | 驱动器主电源，允许范围：AC 170～253V/323～528V |
| | | 主电源（单相） | AC 100/200V，50/60Hz | 驱动器主电源，允许范围：AC 85～127V/170～253V |
| U/V/W | — | 电动机电枢 | — | 伺服电动机电枢 |
| L1C/L2C | — | 控制电源 | AC 200V（100V）/DC 24V | 驱动器控制电源输入，单相 100V 驱动器为 100V，三相 400V 驱动器为 DC 24V |
| PE | — | 接地端 | — | 驱动器接地端 |
| B1/B2 | — | 制动电阻连接 | 连接外置式制动电阻 | 6/7.5kW 驱动器必须连接，其他规格 B1/B2 短接 |
| +1/+2 | — | 直流电抗器连接 | 连接直流电抗器 | |
| +/- | — | 直流母线输出 | — | 直流母线电压测量端 |
| CN1－1/2 | SG | 信号地 | DC 0V | 连接输入/输出信号的 0V 端 |
| CN1－3 | PL1 | DC 12V 输出 | DC12V | 集电极开路输入驱动电源 1 |
| CN1－13 | PL2 | DC 12V 输出 | DC12V | 集电极开路输入驱动电源 2 |
| CN1－18 | PL3 | DC 12V 输出 | DC 12V | 集电极开路输入驱动电源 3 |
| CN1－4 | SEN | 数据发送请求 | DC 5V | 绝对编码器数据发送请求信号 |
| CN1－5/6 | V－REF | 速度给定输入 | DC－10～10V | 速度给定模拟量输入 |
| CN1－9/10 | T－REF | 转矩给定输入 | DC－10～10V | 转矩给定模拟量输入 |
| CN1－7/8 | PULS | 位置给定输入 | DC 5～12V | 位置给定脉冲输入（PULS 或 CW、A 相信号） |
| CN1－11/12 | SIGN | 位置给定输入 | DC 5～12V | 位置给定脉冲输入（SIGN 或 CCW、B 相信号） |
| CN1－15/14 | CLR | 误差清除输入 | DC 5～12V | 位置误差清除输入 |
| CN1－16/17 | — | — | — | — |
| CN1－19/20 | PCO | 位置反馈输出 | DC 5V | 位置反馈 C 相脉冲输出 |
| CN1－21/22 | BAT +/- | 电池输入 | DC 2.8～4.5V | 绝对编码器电源输入 |
| CN1－23/24 | — | — | — | — |
| CN1－25/26 | COIN | 定位完成输出 | DC 30V/50mA | 多功能输出 1，默认设定为指令位置到达或指定速度到达（COIN），端子功能可通过参数 Pn50E～Pn510 的设定改变 |
| CN1－27/28 | TGON | 速度到达输出 | DC 30V/50mA | 多功能输出 2，默认设定为速度到达或超过了参数设定值（TGON），端子功能可通过参数 Pn50E～Pn510 的设定改变 |
| CN1－29/30 | S－RDY | 准备好输出 | DC 30V/50mA | 多功能输出 3，默认设定为驱动器无故障（S－RDY），端子功能可通过参数 Pn50E～Pn510 的设定改变 |
| CN－31/32 | ALM | 故障输出 | DC 30V/50mA | 驱动器故障 |

（续）

| 端子号 | 信号代码 | 作　用 | 规　格 | 功 能 说 明 |
|---|---|---|---|---|
| CN1－33/34 | PAO | 位置反馈输出 | DC 5V | 位置反馈A相脉冲输出 |
| CN1－35/36 | PBO | 位置反馈输出 | DC 5V | 位置反馈B相脉冲输出 |
| CN1－37/38/39 | ALO1/2/3 | 报警代码输出 | DC 30V/20mA | 驱动器报警代码输出 |
| CN1－40 | S－ON | 伺服使能 | DC 24V | 多功能输入1，默认设定为驱动器使能输入（S－ON），输入ON驱动器使能、电动机励磁。端子功能可通过参数Pn50A～Pn50D的设定改变 |
| CN1－41 | P－CON | 比例调节 | DC 24V | 多功能输入2，默认设定为比例调节输入（P－CON），输入ON速度调节器由PI调节切换到P调节。端子功能可通过参数Pn50A～Pn50D的设定改变 |
| CN1－42 | ＊P－OT | 正转禁止 | DC 24V | 多功能输入3，默认设定为正转禁止输入（＊P－OT），输入OFF时不允许正转。端子功能可通过参数Pn50A～Pn50D的设定改变 |
| CN1－43 | ＊N－OT | 反转禁止 | DC 24V | 多功能输入4，默认设定为正转禁止输入（＊N－OT），输入OFF时不允许反转。端子功能可通过参数Pn50A～Pn50D的设定改变 |
| CN1－44 | ALM－RST | 报警消除 | DC 24V | 多功能输入5，默认设定为报警消除输入（ALM－RST），输入ON时清除驱动器报警。端子功能可通过参数Pn50A～Pn50D的设定改变 |
| CN1－45 | P－CL | 正向电流限制 | DC 24V | 多功能输入6，默认设定为正向电流限制输入（P－CL），输入ON时驱动器的正向电流限制功能生效。端子功能可通过参数Pn50A～Pn50D的设定改变 |
| CN1－46 | N－CL | 反向电流限制 | DC 24V | 多功能输入7，默认设定为反向电流限制输入（N－CL），输入ON时驱动器的反向电流限制功能生效。端子功能可通过参数Pn50A～Pn50D的设定改变 |
| CN1－47 | 24V IN | 输入电源 | DC 24V | 多功能输入端子驱动电源 |
| CN1－48/49 | PSO | 位置反馈输出 | DC 5V | 绝对编码器的转速输出信号（串行输出） |
| CN1－50 | — | — | — | — |

9）编码器连接

安川Σ－V系列伺服电动机的内置编码器有增量与绝对两种类型，位置反馈信号为串行传输信号，连接要求如图7-21所示，应注意电动机侧的插脚号在不同电动机上的区别，使用时应根据随机说明书进行连接。

10）接线注意事项

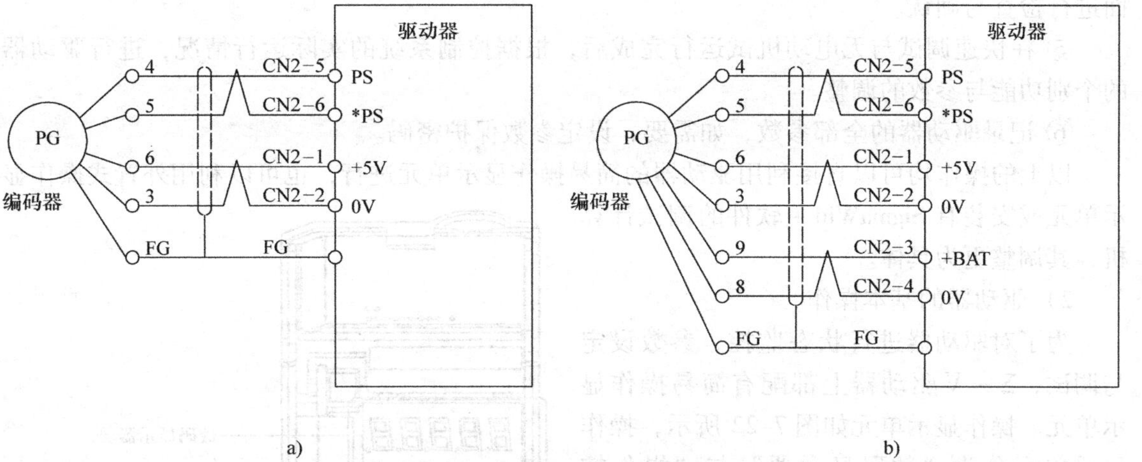


图 7-21　三相 AC 400V 驱动器线路图
a）增量编码器　b）绝对编码器

① 必须正确、可靠地进行接地。

② 不要使主回路电缆和输入输出信号电缆、编码器电缆使用同一套管，也不要将其绑扎在一起。接线时，主回路电缆和输入输出信号电缆、编码器电缆应隔离 30cm 以上。

③ 输入输出信号电缆以及编码器电缆必须使用双股绞合线或多芯双股绞合屏蔽线。

④ 输入输出信号电缆的最大接线长度为 3m，编码器电缆的最大接线长度为 50m，400V 输入伺服单元的控制电源电缆（+24V、0V）的最大接线长度为 10m。

⑤ 即使关闭电源，伺服单元内部仍然可能残留高电压。因此，在 CHARGE 充电指示灯亮灯期间，不要触摸电源端子。

11）线路检查和注意事项

主电源回路、伺服电动机及编码器的接线必须正确、可靠，主电源、控制回路的电源不能有短路现象，三相交流回路必须是正相序，直流回路极性不能相反。

（6）驱动器调试

1）驱动器的调试方法

驱动器运行前需要进行调试，驱动器的现场调试应在完成全部电气连接和机械安装后进行，现场调试步骤如下：

① 完成驱动器的全部电气连接与检查，确认急停与安全回路的工作是否正常可靠。

② 按照设计要求接通驱动器控制电源与主电源，并加入驱动器的基本控制信号（如 S-ON、*P-OT、*N-OT 等）。

③ 进行驱动器的快速调试与自动调整。

驱动器的快速调试是利用驱动器的自适应调整功能进行动态调整的过程，它可以自动检测系统的负载特性，并设定相关的调节器参数，从而大大简化驱动器的动态调整过程。如果系统对驱动器的功能无特殊要求，用户可在出厂默认参数的基础上，通过快速调试保证驱动器的基本工作要求。

④ 对于 Σ-Ⅴ系列驱动器，如果需要可进一步通过驱动器的“无电动机试运行”功能，对开关量输入/输出信号的连接、驱动器的外部控制器的动作协调、驱动器的参数设定等方

面进行检查与确认。

⑤ 在快速调试与无电动机试运行完成后，根据控制系统的实际运行情况，进行驱动器的个别功能与参数的调整。

⑥ 记录驱动器的全部参数，如需要，设定参数保护密码。

以上的操作均可以直接利用驱动器的简易操作显示单元进行，也可以利用外置式操作显示单元或安装有 SigmaWin + 软件的调试计算机，其调整更为具体。

2）驱动器的基本操作

为了对驱动器进行状态监控、参数设定与调试，Σ－Ⅴ驱动器上都配有简易操作显示单元。操作显示单元如图 7-22 所示，操作显示单元分为“数码显示器”与“操作按键”两个区域。

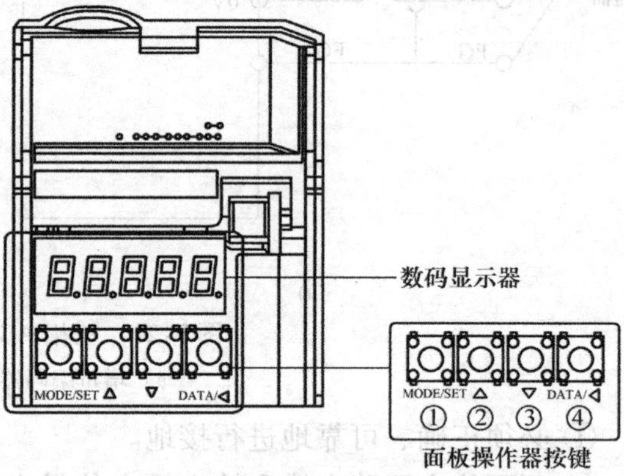


图 7-22　面板操作器

如图 7-23 所示，数码显示器为 5 只 8 段数码显示，在显示器上可显示驱动器的运行状态、参数、报警号等基本信息。操作显示单元有 4 个不同的操作按键，以选择驱动器的显示与内容、改变参数值，见表 7-7。

**表 7-7　面板操作器按键的名称和功能**

| 按键编号 | 按 键 名 称 | 功　　能 |
|---|---|---|
| ① | MODE/SET 键 | · 用于切换显示<br>· 确定设定值 |
| ② | UP 键 | 增大（增加）设定值 |
| ③ | DOWN 键 | 减小（减少）设定值 |
| ④ | DATA/SHIFT 键 | · 显示设定值，此时，按 DATA/SHIFT 键约 1 秒钟。<br>· 将数位向左移一位（数位闪烁时） |

驱动器共有“状态显示”、“辅助功能”、“参数设定”和“监视显示”4 种基本操作与显示模式，模式之间的转换可通过“MODE/SET”进行，转换操作如图 7-24 所示。

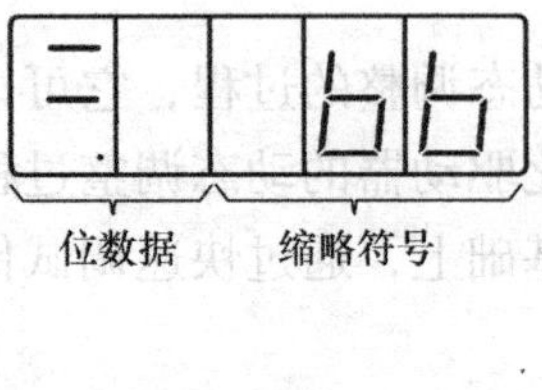


图 7-23　数码管显示

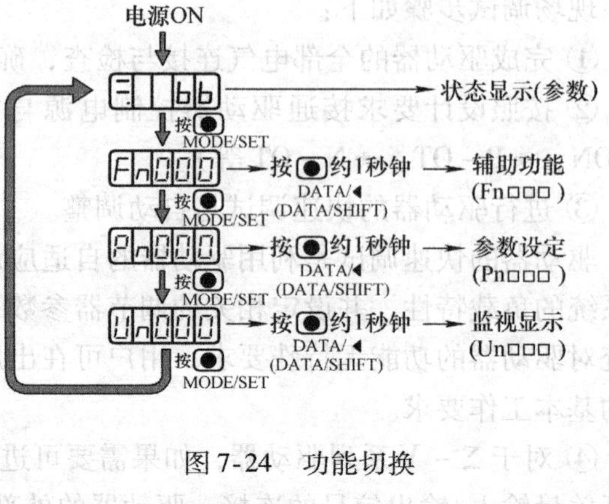


图 7-24　功能切换

① 工作状态显示

在驱动器电源接通后由驱动器自动选择显示内容为驱动器当前的工作状态信息，如运行准备（bb）、驱动器运行（run）、正转禁止（POT）、反转禁止（NOT）等。

② 辅助功能

辅助功能（见表7-8）显示形式为“Fn□□□”，是用于执行与伺服单元的设置、调整相关的功能。

**表7-8　辅助功能一览表**

| Fn 编号 | 功　能 |
|---|---|
| Fn000 | 显示报警记录 |
| Fn002 | JOG 运行 |
| Fn003 | 原点搜索 |
| Fn004 | 程序 JOG 运行 |
| Fn005 | 对参数设定值进行初始化 |
| Fn006 | 清除报警记录 |
| Fn008 | 绝对值编码器的设定（初始化）以及编码器报警复位 |
| Fn009 | 模拟量（速度、转矩）指令偏置量的自动调整 |
| Fn00A | 速度指令偏置的手动调整 |
| Fn00B | 转矩指令偏置的手动调整 |
| Fn00C | 调整模拟量监视输出的偏置 |
| Fn00D | 调整模拟量监视输出的增益 |
| Fn00E | 自动调整电动机电流检出信号的偏置 |
| Fn00F | 手动调整电动机电流检出信号的偏置 |
| Fn010 | 设定参数写入禁止 |
| Fn011 | 显示电动机机型 |
| Fn012 | 显示软件版本 |
| Fn013 | 发生“旋转圈数上限值不一致（A. CC0）报警”时设定旋转圈数上限值 |
| Fn014 | 清除选购模块检出报警 |
| Fn01B | 对振动检出的检出值进行初始化 |
| Fn01E | 确认伺服单元、电动机 ID |
| Fn01F | 确认反馈选购卡模块的电动机 ID |
| Fn020 | 设定原点位置 |
| Fn030 | 软件复位 |
| Fn200 | 设定免调整值 |
| Fn201 | 高级自动调谐 |
| Fn202 | 指令输入型高级调谐 |
| Fn203 | 单参数调谐 |
| Fn204 | A 型抑振控制功能 |
| Fn205 | 振动抑制功能 |
| Fn206 | EasyFFT |
| Fn207 | 在线振动监视 |

③ 参数

Σ-V 系列伺服单元的参数格式为“Pn□□□”，参数分为运行所需基本设定的设定参数和调整伺服性能用的调谐用参数两大类，参数的书写方法分为设定数值的“数值设定型”和选择功能的“功能选择型”两类，参数的书写方法如图7-25及图7-26所示，具体设定方法请参考用户手册。

驱动器的参数保护可以在辅助设定与调整模式下，通过调整参数 Fn010 禁止或使能，Fn010 = 0000 时允许写入，Fn010 = 0001 时禁止写入。

在 Σ-V 系列驱动器上还可以通过驱动器参数 Pn00B.0 的设定，选择是否进行自动调整参数的显示。Pn00B.0 = 0，只能显示可以由用户进行设定的参数；Pn00B.0 = 1，可以显示驱动器的全部参数（包括通过自动调整进行设定的参数）。

④ 监视显示

监视显示是对输入输出信号的状态以及伺服单元的内部状态进行显示的功能，驱动器的状态显示内容可通过状态监视参数组 Un 进行选择，通过参数 Pn52F 的设定予以改变，参数

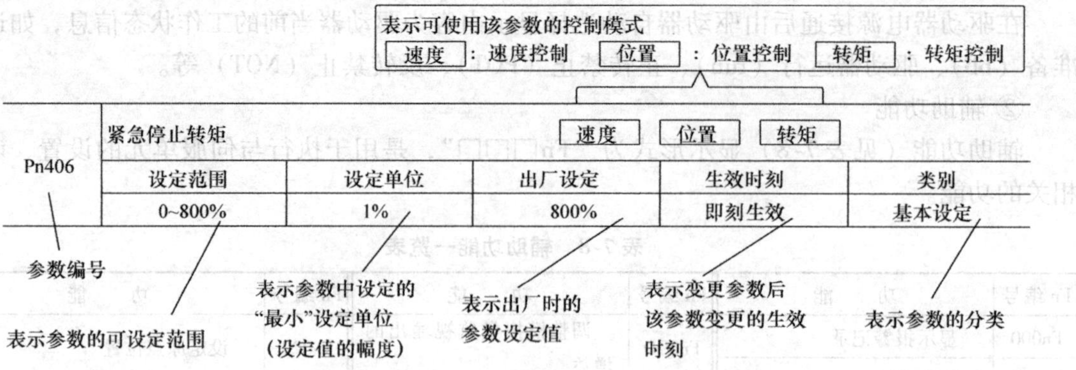


图 7-25 “数值设定型”的参数书写方法

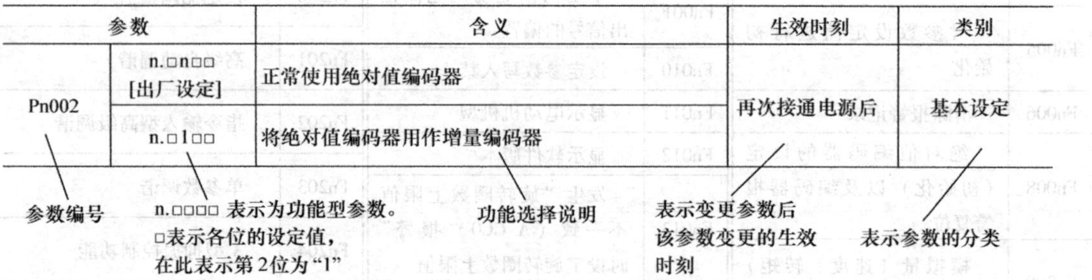


图 7-26 “功能选择型”的参数书写方法

意义见表 7-9。

**表 7-9 监视显示一览表**

| Un 编号 | 功能 | Fn 编号 | 功能 | Fn 编号 | 功能 |
|---|---|---|---|---|---|
| Un000 | 电动机转速 | Un008 | 位置偏差量 | Un013 | 反馈脉冲计数器 |
| Un001 | 速度指令 | Un009 | 累积负载率 | Un014 | 有效增益监视 |
| Un002 | 内部转矩指令 | Un00A | 再生负载率 | Un015 | 安全输入输出信号监视 |
| Un003 | 旋转角 1 | Un00B | DB 电阻功耗 | Un020 | 电动机额定速度 |
| Un004 | 旋转角 2 | Un00C | 输入指令脉冲计数器 | Un021 | 电动机最高速度 |
| Un005 | 输入信号监视 | Un00D | 反馈脉冲计数器 | Un022 | 外围设备监视器 |
| Un006 | 输出信号监视 | Un00E | 全闭环反馈脉冲计数器 | | |
| Un007 | 输入指令脉冲速度 | Un012 | 总运行时间 | | |

3）驱动器报警及处理

伺服系统在运行过程中有时会出现故障，故障出现后会有接点信号输出，并且伴随产生报警或停机。报警产生后通常在面板显示器上显示其编号，具体报警名称需要查报警一览表，见表 7-10。

**表 7-10　报警一览表**

| 报警编号 | 报警名称 | 报警编号 | 报警名称 | 报警编号 | 报警名称 |
|---|---|---|---|---|---|
| A. 020 | 参数和校验异常 | A. 521 | 自动调谐报警 | A. C90 | 编码器通信故障 |
| A. 021 | 参数格式化异常 | A. 710/A. 720 | 过载 | A. C91 | 编码器通信位置数据加速度异常 |
| A. 022 | 系统和校验异常 | A. 730/A. 731 | DB 过载 | A. C92 | 编码器通信定时器异常 |
| A. 030 | 主回路检出部异常 | A. 740 | 冲击电流限制电阻过载 | A. CA0 | 编码器参数异常 |
| A. 040 | 参数设定异常 | A. 7A0 | 散热片过热 | A. Cb0 | 编码器回送校验异常 |
| A. 041 | 分频脉冲输出设定异常 | A. 7AB | 伺服单元内置风扇停止 | A. CC0 | 旋转圈数上限值不一致 |
| A. 042 | 参数组合异常 | A. 810 | 编码器备份报警 | A. CF1/A. CF2 | 反馈选购模块通信故障 |
| A. 044 | 半闭环/全闭环参数设定异常 | A. 820 | 编码器和数校验报警 | A. d00 | 位置偏差过大 |
| A. 050 | 组合错误 | A. 830 | 编码器电池报警 | A. d01 | 伺服 ON 时位置偏差过大报警 |
| A. 051 | 产品未支持报警 | A. 840 | 编码器数据报警 | A. d02 | 伺服 ON 时速度限制所引起的位置偏差过大报警 |
| A. 0b0 | 伺服 ON 指令无效报警 | A. 850 | 编码器过速 | A. d10 | 电动机—负载位置间偏差过大 |
| A. 100 | 过电流检出 | A. 860 | 编码器过热 | A. E71 ~ A. E75 | 选购模块报警 |
| A. 300 | 再生故障 | A. 8A0 ~ A. 8A6 | 外部编码器故障 | A. Eb1 *1 | 安全功能用信号输入时间异常 |
| A. 320 | 再生过载 | A. b10/A. b11 | 速度指令 A－D 异常 | A. F10 | 电源线缺相 |
| A. 330 | 主回路电源接线错误 | A. b20 | 转矩指令 A－D 异常 | FL－1 *2 | 系统报警 |
| A. 400 | 过电压 | A. b31 ~ A. b33 | 电流检出故障 | FL－2 *2 | 系统报警 |
| A. 410 | 欠电压 | A. bF0 ~ A. bF4 | 系统报警 | CPF00 | 数字操作器通信错误 1 |
| A. 450 | 主回路电容过电压 | A. C10 | 防止失控检出 | CPF01 | 数字操作器通信错误 2 |
| A. 510 | 过速 | A. C80 | 编码器清除故障 | A. －－ | 非错误显示 |
| A. 511 | 分频脉冲输出过速 | | | | |
| A. 520 | 振动报警 | | | | |

① 报警的分类

Σ－V 系列驱动器的报警分为故障、警示、操作错误三类。

故障是驱动器中最为严重的报警，一旦发生，驱动器将立即进入伺服 OFF（S－ON 信号自动 OFF）状态，故障输出 ALM 触点将动作（输出 OFF），驱动器必须进行重新起动，才可能恢复运行。

警示是指驱动器出现了可能导致故障的错误。一般而言，驱动器出现警示时仍可以短时间继续运行，驱动器报警输出 ALM 触点原则上不动作（保持 ON 状态），但在操作单元上将显示警示信息，故障消除后可以自动恢复正常运行状态。

警示错误是指驱动器在参数设定、自动调整等过程中出现了错误，发生操作错误的驱动器不能进行伺服起动，但故障触点 ALM 输出不动作（保持 ON 状态）。

② 报警输出与清除

当驱动器发生报警时，可以输出以下信号通知外部控制器或操作者进行必要的处理。

• 报警触点输出 ALM（CN1－31/32）：在驱动器发生报警时输出 OFF，正常工作时 ON；

• 报警代码集电极开路输出 AL01/AL02/AL03 （CN1－37/38/39）：输出报警代码，3位二进制编码信号可以大致确定报警范围，但无法确认报警的具体号码。

当驱动器的故障排除后，可通过以下方法中的任意一种进行清除报警信息。

• 电源 ON/OFF 清除：重新起动驱动器的电源可以清除报警；

• ALM－RST 信号：ALM－RST 为外部开关量输入信号，其上升沿可以清除驱动器报警，使用 ALM－RST 信号清除报警时，输入选择参数 Pn50B.1 不能设定为“7” （ALM－RST 固定有效）；

• 操作单元清除：同时按操作单元上的 <D－UP>、<D－DOWN> 键，清除驱动器报警；

• 外部操作/显示单元清除：按外部操作/显示单元（选件）上的 <ALM－RESET> 键，清除驱动器报警。

③ 驱动器警示输出与设定

驱动器警示功能是否有效，取决于驱动器参数 Pn008.2 的设定。当 Pn008.2＝0 时：驱动器警示功能有效；当 Pn008.2＝1 时：驱动器警示功能无效。

驱动器的警示状态可通过开关量输出信号 WARN 监视，WARN 输出端由参数 Pn50F.3 的设定选择，驱动器警示时，WARN 信号输出 OFF，正常工作时 ON。

驱动器出现警示时，是否需要在报警输出端 AL01/AL02/AL03 上输出相应的报警信号，可由参数 Pn001.3 的设定进行选择。

Pn001.3＝0：驱动器警示时仅在操作单元上显示警示信息，不输出 AL01/AL02/AL03 信号；

Pn001.3＝1：驱动器警示时同时输出 AL01/AL02/AL03 信号。

4）常规控制起动的参数调整

下面以常规控制起动为例介绍驱动器的参数调整。

① 控制方式的选择

控制方式包括速度控制、位置控制和转矩控制，还可以将以上三种方式中的两种进行组合控制，控制方式通过参数 Pn000 来选择。

② 伺服 ON

S－ON 用于控制伺服通电或断电，必须在接通伺服 ON（S－ON）信号后输入速度指令/位置指令/转矩指令，使伺服电动机起动或停止。若先输入指令，然后再通过接通或切断伺服 ON（S－ON）信号以及 AC 电源而使伺服电动机起动或停止，则可能会使内部元件老化，导致电动机故障。而且必须在伺服电动机停止的状态下输入伺服 ON（S－ON）信号。伺服电动机旋转时，不能输入伺服 ON 信号。

S－ON 信号出厂默认端子为 CN1－40，也可通过参数 Pn50A.1 分配给其他端子。

Pn50A.1＝0 时表示从 CN1－40 输入伺服 ON（/S－ON）信号；Pn50A.1＝7 时表示将伺服 ON（S－ON）信号始终固定为“有效”；再次接通电源后参数生效。

③ 电动机旋转方向

电动机的转向调整可以通过改变驱动器参数 Pn000.0 的值（由“0”改为“1”或反之）实现，不用改变速度指令/位置指令的极性（指令方向）。此时，虽然电动机的旋转方向发生改变，但编码器分频脉冲输出等来自伺服单元的输出信号的极性不会改变。

④ 超程

伺服单元的超程防止功能是指当机械的运动部超出安全移动范围时，通过输入限位开关的信号，使伺服电动机强制停止的安全功能。超程分为正超程（＊P－OT）和负超程（＊N－OT），其中＊P－OT正转禁止信号，动断触点输入，输入ON时允许电动机正转，对应连接器针号为CN1－42；＊N－OT反转禁止信号，动断触点输入，输入ON时允许电动机反转，对应连接器针号为CN1－43。如果驱动器＊P－OT/＊N－OT信号的输入连接错误，驱动器将显示“Pot”/“Not”报警。

如控制系统在快速调试阶段不希望使用＊P－OT/＊N－OT信号，可以通过设定取消正/反转禁止信号。设定Pn00A.3＝8，取消＊P－OT信号，电动机始终允许正转；设定Pn00B.3＝8，取消＊N－OT信号，电动机始终允许反转。也可以通过参数Pn50A、Pn50B选择超程防止功能的有效/无效。

同时参数Pn001.1决定超程防止功能动作时电动机停止方法的选择，参数Pn00D决定是否检出超程警告，超程警告信号为A.9A0。

⑤ 绝对值编码器

使用绝对值编码器时，可以通过上位装置构建绝对值检出系统，不需要在每次接通电源时进行原点复归操作。为了保存绝对值编码器的位置数据，需要安装电池。

从伺服单元输出绝对值数据时，需要输入绝对值数据要求信号（SEN），SEN信号对应连接器针号为CN1－4，高电平时向伺服单元请求绝对值数据。使用绝对值编码器时，设定Pn002.2＝0，将绝对值编码器作为增量型编码器使用时，无须SEN信号和电池。

当电池电压约在2.7V以下时，将显示“编码器电池报警（A.830）”或“绝对值编码器电池异常警告（A.930）”，提示需要更换电池。电池必须在伺服单元控制电源接通的情况下更换，否则编码器数据会丢失，换完电池后切断伺服单元电源再接通从而消除报警。

### 7.2.4 交流伺服电动机的使用注意事项

1）电动机的电源电压应符合电动机规定。

2）在电动机运行时，绝对不要触摸其旋转部位。

3）切断电源后或进行耐压试验后，在CHARGE充电指示灯亮灯期间，请勿触摸端子。

4）不能损伤或用力拉扯电缆，也不要使电缆承受过大力、放在重物下面或者被夹具啮入。

5）不要在伺服单元的伺服电动机连接端子U、V、W上连接工频电源。

6）伺服电动机相序必须正确，如果发现电动机反转，只能通过参数改变，不能对调端子U、V、W上的接线。

7）接线要牢固、可靠。

8）不要将主回路电缆和输入输出信号用电缆/编码器电缆使用同一套管，也不要将其绑扎在一起。接线时，主回路与输入输出信号线应隔离30cm以上。

## 7.3 变频器原理及应用

### 7.3.1 变频器概述

随着电力电子技术、计算机技术，自动控制技术的迅速发展，交流调速取代直流调速已成为现代电气传动的主要发展方向之一，而异步电动机交流变频调速技术是当今节电、改善工艺流程以提高产品质量和改善环境、推动技术进步的一种主要手段，它以其优越的调速和起制动性能、高效率、高功率因数和显著的节电效果而广泛应用于风机、水泵等大、中型笼型感应电动机，而且在当今数控机床中大多采用变频器对交流伺服电动机进行变频调速，被公认为最有发展前途的调速方式。

异步电动机调速传动时，变频器根据电动机的特性对供电电压、电流、频率进行适当的控制，不同的控制方式所得到的调速性能、特性以及用途是不同的，按系统调速规律来分，变频调速主要有恒压频比（*U/f*）控制、转差频率控制、矢量控制和直接转矩控制四种结构形式。

**1. *U/f* 恒定控制**

保持 *U/f* 恒定控制是异步电动机变频调速最基本控制方式，它在控制电动机的电源频率变化的同时，控制变频器的输出电压，并使两者之比为恒定，从而使电动机的磁通基本保持恒定。它主要应用于要求不高的场合，如风机、水泵的节能调速，其突出优点是可以进行电动机的开环速度控制。

*U/f* 恒定控制的 PWM 变频器的电路通常为交－直－交电压型变频器，输入接三相电源，输出接三相异步电动机。中小容量变频器常采用可关断电力电子器件，如 GTR、IGBT，作为开关器件，构成相桥式逆变电路；大容量变频器采用可关断晶闸管 GTO 或晶闸管 SCR 作为开关元件。在变频器主电路中，还包括整流环节，这一环节通常使用普通二极管构成三相不可控整流桥，将三相交流电整流成直流电，经滤波电容滤波后，变成平稳的直流。滤波电容器和整流桥之间接有充电限流电阻，一旦充电结束，电容器的电压达到正常工作值，充电限流电阻被继电器短接。滤波后的直流电源作为逆变器的输入，经逆变桥变成三相交流电，提供给三相异步电动机。

**2. 转差频率控制**

当气隙磁通不变时，异步电动机的转矩近似和转差频率成正比，因此，在恒磁通的条件下，通过控制转差频率，就可以实现转矩控制的目的，这就是转差频率控制的基本思想。

转差频率是施加于电动机的交流电压频率与电动机速度（电气角频率）的差，在电动机转子上安装测速发电机等速度检测器，可以检测出电动机的速度，这个速度加上转差频率（与要求的转矩相对应）就是逆变器的输出频率。与 *U/f* 控制方式相比，这种方式调速精度大大提高。但是，使用速度传感器求取转差角频率，要针对具体电动机的机械特性调整控制参数，因而这种控制方式的通用性较差。

**3. 矢量控制**

根据异步电动机的动态数学方程式，它具有和直流电动机的动态方程式相同的形式，因而如果选择合适的控制策略，异步电动机应能得到和直流电动机相类似的控制性能，这就是矢量控制。

矢量控制方式的目的主要是为了提高变频调速的动态性能。该方式根据交流电动机的动态数学模型，利用坐标变换的手段，将交流电动机的定子电流分解成磁场分量电流和转矩分量电流，并分别加以控制，以获得类似于直流调速系统的动态特性。对于轧钢、造纸设备等对动态性能要求高的应用场合，可以采用矢量控制变频器。

**4. 直接转矩控制**

直接转矩控制技术是1985年由鲁尔大学Depenbrock教授提出的，它用空间矢量的分析方法，直接在定子坐标系下计算与控制交流电动机的转矩，采用定子状态进行最佳控制，以获得转矩的高动态性能。它采用滞环比较控制电压矢量使得磁通、转矩跟踪给定值，响应迅速限制在一拍之内，且无超调，是一种高静、动态性能的交流调速方法。

## 7.3.2 变频器的基本结构组成和原理

**1. 变频器的基本构成**

异步电动机调速运转时，通常由变频器主电路给电动机提供调压调频电源。此电源输出的电压或电流及频率由控制回路的控制指令进行控制，而控制指令则是根据外部的运转指令进行运算获得。对于需要更精确转速或快速响应的场合，运算还应包含由变频器主电路和传动系统检测出来的信号。变频器保护电路的构成，除应防止因变频器主电路的过电压、过电流引起的损坏外，还应保护异步电动机及传动系统等。

变频器分为交-交和交-直-交两种形式。交-交变频器可将工频交流电直接变换成频率、电压均可控制的交流电，又称直接式变频器。交-交变频器没有明显的中间滤波环节，电网交流电被直接变成可调频调压的交流电。由于变频器输出波形是由电源波形整流后得到的，所以输出频率不可能高于电网频率，故一般用于低频大容量调速。而交-直-交变频器则是先把工频交流电通过整流器变成直流电，然后再把直流电变换成频率、电压均可控制的交流电，又称带直流环节的间接式变频器。对于通用变频器，主要是交-直-交变频器，其基本构成如图7-27所示。

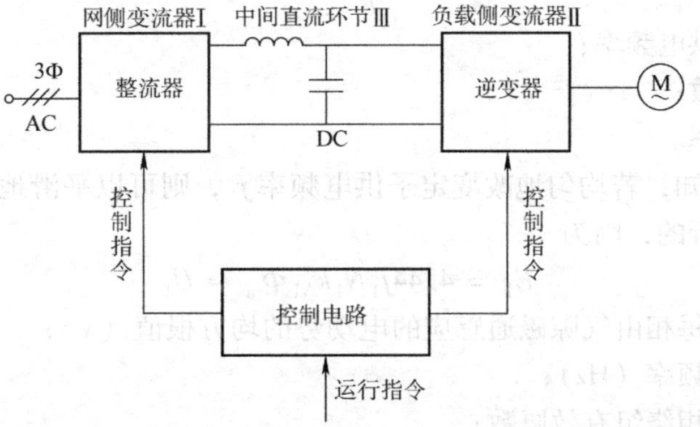


图7-27 变频器的基本构成

给异步电动机提供调压调频电源的电力变换部分，称为主电路。主电路包括整流器、中间直流环节（又称平波回路）、逆变器。通用变频器由主电路和控制回路组成。

（1）整流器

电网侧的变流器为整流器，它的作用是把工频电源变换成直流电源。

（2）逆变器

负载侧的变流器E为逆变器。与整流器的作用相反，逆变器是将直流功率变换为所要求频率的交流功率。逆变器最常见的结构形式是利用6个半导体主开关器件组成的三相桥式逆变电路。通过有规律地控制逆变器中主开关的导通和关断，可以得到任意频率的三相交流输出波形。

（3）平波回路（中间直流环节）

由于逆变器的负载为异步电动机，属于感性负载。无论电动机处于电动状态还是发电状态，其功率因数总不会等于1。因此，在中间直流环节和电动机之间总会有无功功率的交换，这种无功能量要靠中间直流环节的储能元件——电容器或电感器来缓冲，所以中间直流环节实际上是中间直流储能环节。

（4）控制电路

控制电路常由运算电路、检测电路、控制信号的输入、输出电路、驱动电路和制动电路等构成。其主要任务是完成对逆变器的开关控制、对整流器的电压控制，以及完成各种保护功能等。控制方法有模拟控制或数字控制。高性能的变频器目前已经采用微型计算机进行全数字控制，主要靠软件完成各种功能。

异步电动机在再生制动区域（转差率为负）使用制动回路，再生能量储存于平波回路电容器中，使直流电压升高。一般情况下，由机械系统（含电动机）惯量积蓄的能量比电容储存的能量大，需要快速制动时，可用可逆变流器向电源反馈或设置制动回路（开关和电阻）把再生功率消耗掉，以免直流电路电压上升。

**2. 变频器调速原理**

基本控制方式

根据电机学可知，交流电动机的转速公式为

$$n = \frac{60f_1}{p}(1-s) \tag{7-1}$$

式中 $f_1$——定子供电频率；

$p$——极对数；

$s$——转差率。

由式（7-1）可知，若均匀地改变定子供电频率 $f_1$，则可以平滑地改变电动机转速。然而，只调节 $f_1$ 是不行的，因为

$$E_1 = 4.44 f_1 N_1 k_{N1} \Phi_m \approx U_1 \tag{7-2}$$

式中 $E_1$——定子每相由气隙磁通感应的电动势的均方根值（V）；

$f_1$——定子频率（Hz）；

$N_1$——定子相绕组有效匝数；

$k_{N1}$——与电动机绕组结构有关的常数；

$\Phi_m$——每极磁通量（Wb）；

$U_1$——定子相电压（V）。

当定子电压 $U_1$ 不变时，$\Phi_m$ 与 $f_1$ 成反比，$f_1$ 的升高或降低，会导致磁通 $\Phi_m$ 的减小或增大，从而使电动机最大转矩减小，严重时将导致电动机堵转，或者使磁路饱和，铁耗急剧增加。为此，在调节电源频率的同时，要调节电压的大小，以维持磁通的恒定，使最大转矩不变。根据 $U_1$ 和 $f_1$ 不同的比例关系，变频器有以下几种调速方式。

（1）恒比例控制方式

这种控制方式是在调频的同时调节电压，维持 $U_1/f_1 = \text{const}$（恒值）。当频率较高时，

定子电阻压降可忽略不计，这时有 $U_1 \approx E_1$，$\Phi_m = \frac{1}{4.44N_1k_{N1}} \cdot \frac{E_1}{f_1} \approx const$（恒值），磁通近似不变。根据异步电动机的转矩表达式

$$T = C_m \Phi_m I'_2 \cos\varphi_2 \tag{7-3}$$

式中 $C_m$——电磁转矩系数；

$I'_2$——转子电流；

$\cos\varphi_2$——转子功率因数。

当转子电流 $I'_2$ 额定，$\Phi_m = const$（恒值）时，电动机的转矩不变，因此，这种恒比例控制方式属于恒转矩调速性质。但当频率较低时，定子电阻压降不可忽略，$E_1$ 与 $U_1$ 相差较大，即使 $U_1/f_1 = const$，$U_1/f_1$ 也不再近似为常数，最大转矩将随频率 $f_1$ 的降低而减小，起动转矩也减小，甚至不能带动负载。所以，恒比例控制方式只适用于调速范围不大（即 $f_1$ 不会进入低频段），或者转矩随转速下降而减小的负载（如风机、水泵等）。对于宽调速范围的恒转矩负载，不能采用恒比例控制方式。

（2）恒磁通控制方式

由式（7-3）可知，要在整个调速范围内实现恒磁通控制，必须按

$$U_1/f_1 = const \tag{7-4}$$

来进行控制。式（7-4）是维持恒磁通，即维持最大转矩变频调速的协助控制条件。但是，由于电动机的感应电动势 $E_1$ 难以测定和控制，所以实际应用中采用一种近似的恒磁通控制方法，具体做法是：当频率较高时，采用恒比例控制方式，当频率较低时，引入低频补偿，也就是通过控制环节，适当提高变频电源输出电压，以补偿低频时定子电阻上的压降，维持磁通不变，实现恒转矩控制。图 7-28 所示为各种补偿曲线。

图 7-28 中，曲线①为无补偿时的 $U_1$ 与 $f_1$ 的关系曲线，曲线②、③、④为有补偿时的 $U_1$ 与 $f_1$ 的关系曲线。

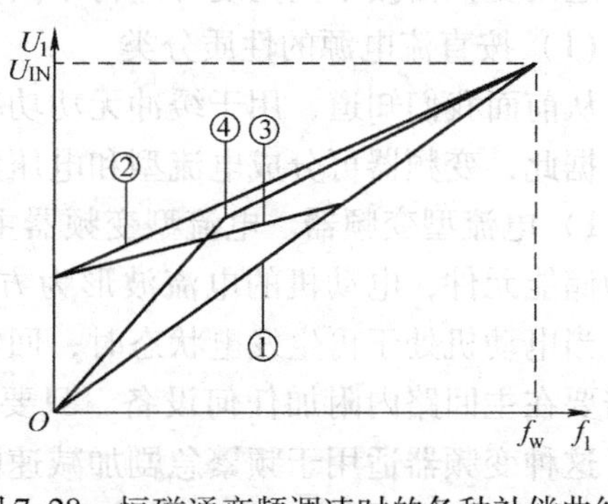

图 7-28 恒磁通变频调速时的各种补偿曲线

（3）恒功率控制方式

当调速转速超过额定转速时，要求 $f_1 > f_{1N}$（额定频率），若仍按恒磁通控制方式控制，则会使 $U_1$ 超过 $U_{1N}$（额定电压），这是不允许出现的。这时必须改用恒功率控制方式，即当 $f_1 > f_{1N}$ 时，保持 $U_1 = U_{1N}$，不进行电压的协调控制。随着频率的升高，气隙磁通会小于额定磁通，导致转矩减小，但频率升高，速度增加。由 $P = Tn/975$ 可知，当 $T$ 减小的倍数和 $n$ 增加的倍数相等时，$P$ 维持不变，故称这种方式为恒功率控制方式。不过 $T$ 和 $n$ 不是严格地等比例增减，这只能说是一种近似的恒功率控制方式。

如果要准确地维持恒功率调速，必须按

$$\frac{U_1}{\sqrt{f_1}} = const \tag{7-5}$$

的原则，进行电压、频率的协调控制。与恒比例控制比较，在采用恒功率控制时，随着 $f_1$ 的升高，要求 $U_1$ 升高得相对小一些。恒功率控制方式的特点是输出功率不变，它适用于负

载随转速的升高而减小的场合。

（4）恒电流控制方式

在变频调速时，保持三相异步电动机定子电流 $I_1$ 为恒值，这种控制方式叫恒流控制。$I_1$ 的恒定可通过电流调节器的闭环控制来实现。这种系统不仅安全可靠，而且具有良好的工作特性。恒流控制和恒磁通控制的机械特性形状基本相同，均具有恒转矩调速性质。变频时，对最大转矩大小影响不大。但由于恒流控制限制了 $I_1$，所以恒流控制时的最大转矩 $T_m$ 要比恒磁通控制时小得多，且过载能力小，因此，这种方式只适用于负载变化不大的场合。

**3. 变频器与伺服驱动器的区别**

变频器与伺服驱动器在结构上相近，而且都是用于电动机调速的装置。通常变频器的功率较大，而伺服驱动功率较小。变频器一般用功率 kW 表示，伺服驱动器一般强调转速和力矩。目前，变频器有进一步发展和扩充：部分品牌变频器可以有强大的伺服功能，如 AB 的 PF755 和 PF700S、西门子的 S120，都可以驱动伺服电动机。传统上讲：变频器是以速度控制为目的，伺服驱动器是以位置控制为目的，因此有变频器和伺服驱动器的区分。

通用变频器和伺服控制器的主要区别有以下几点：

1）伺服控制器通过自动化接口可很方便地进行操作模块和现场总线模块的转换，同时使用不同的现场总线模块实现不同的控制模式（RS－232、RS－485、光纤、InterBus、Profi-Bus），而通用变频器的控制方式比较单一。

2）伺服控制器直接连接旋转变压器或编码器，构成速度、位移控制闭环。

3）伺服控制器的各项控制指标（如稳态精度和动态性能等）优于通用变频器。

**4. 变频器的类别**

通用变频器按不同角度可进行不同分类。

（1）按直流电源的性质分类

从前面我们知道，用于缓冲无功功率的中间直流环节的储能元件可以是电感器或是电容器，据此，变频器可分成电流型和电压型两大类。

1）电流型变频器。电流型变频器主电路的构造如图 7-29 所示。这种变频器采用大电感作为储能元件，电动机的电流波形为方波或阶梯波，电压波形接近于正弦波。其突出优点是，当电动机处于再生发电状态时，回馈到直流侧的再生电能可以方便地回馈到交流电网，不需要在主回路内附加任何设备，只要利用电网侧的不可逆变流器改变其输出电压极性即可。这种变频器适用于频繁急剧加减速的大容量电动机的传动。

2）电压型变频器。电压型变频器的一种典型结构的主电路如图 7-30 所示。

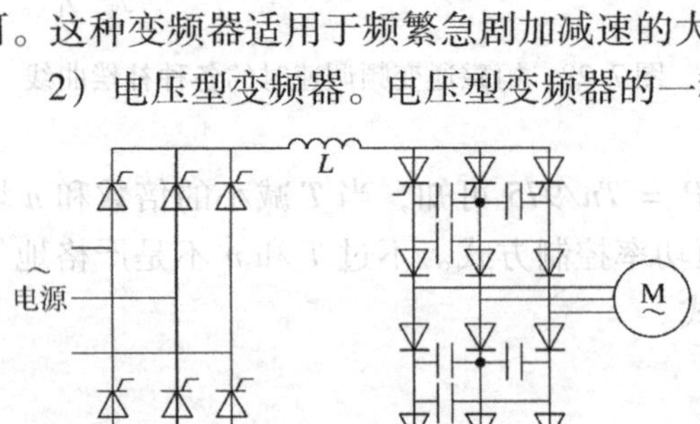


图 7-29　电流型变频器的主电路

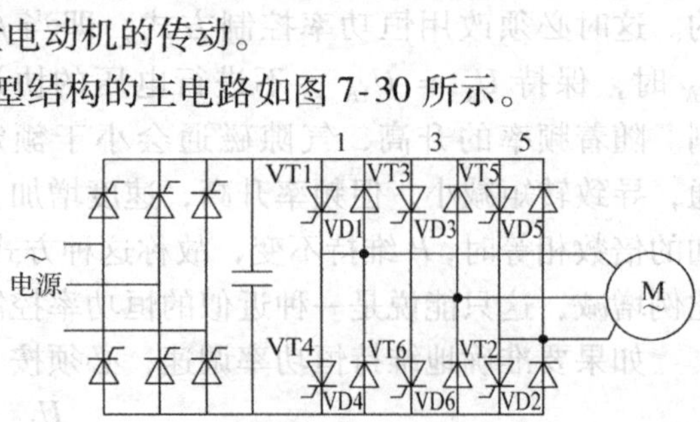


图 7-30　电压型变频器主电路

图中逆变器的每个导电臂均由一个可控制开关器件和一个二极管反并联组成。这种变频器大多数情况下采用6脉冲运行方式，晶闸管在一个周期内导通180°，中间直流环节的储能元件采用大电容，电动机端的电压为方波或阶梯波。对负载电动机而言，变频器是一个交流电压源，在不超过容量限度的情况下，可以驱动多台电动机并联运行，具有较好的通用性。

（2）按输出电压调节方式分类

变频调速时，需要同时调节逆变器的输出电压和频率，以确保电动机主磁通的恒定。输出电压的调节主要有PAM和PWM两种方式。

1）PAM（Pulse Amplitude Modulation）是一种通过改变电压源的电压或电流源的幅值来进行输出控制的方式。因此，在逆变器只控制频率，在整流器侧控制输出的电压或电流。在中小容量变频器中，这种方式很少应用。

2）PWM（Pulse Width Modulation）又称脉冲宽度调制方式，这种方式的基本原理是通过成比例地改变各脉冲波的宽度，控制逆变器输出的交流基波电压的幅值；通过改变脉冲波宽度变化的周期，控制其输出频率，从而在同一逆变器上实现输出电压大小及频率的控制。控制过程的参考信号为正弦波，输出电压平均值近似为正弦波的PWM方式，称为正弦PWM调制，简称SPWM方式调压，是一种最常用的方式。

### 7.3.3 变频器的应用

交流电动机调速控制时，除了应选择合适的变频器类型，使其调速范围、调速精度等主要技术性能指标必须满足要求外，变频器的容量选择及与使用有关的一些事项的合理运用，也是电动机调速控制装置安全可靠运行的重要前提。本部分以通用变频器为例说明变频器选择与使用中的主要问题。

随着电力电子器件的自关断化、复合化、模块化，变流电路开关模式的高频化，控制手段的全数字化，变频装置的灵活性和适应性不断提高。目前，中小容量（600kVA以下）的一般用途的变频器已实现了通用化。现代通用变频器大都是采用二极管整流器和全控型开关器件IGBT或功率模块IPM组成的PWM逆变器，构成交—直—交电压源型变压变频器。它们已经占据了全世界0.5~500kVA中、小容量变频调速装置的绝大部分市场。所谓“通用”，包括两方面的含义：一是可以和通用型交流电动机配套使用，而不一定使用专用变频电动机；二是通用变频器具有各种可供选择的功能，能适应许多不同性质的负载机械。此外，通用变频器是相对于专用变频器而言的；专用变频器是专为某些有特殊要求的负载而设计的，如电梯专用变频器。

**1. 通用变频器的功能**

通用变频器产品大致分为三类：普通功能型 $U/f$ 控制通用变频器、高功能型 $U/f$ 控制通用变频器和高动态性能矢量控制通用变频器。目前，还出现了“多控制方式”的通用变频器产品，如安川公司的VS-616G5系列通用变频器，它有四种控制方式可供选择：

1）无PG（速度传感器）的 $U/f$ 控制方式；

2）有PG的 $U/f$ 控制方式；

3）无PG的矢量控制方式；

4）有PG的矢量控制方式。

**2. 通用变频器的结构**

通用变频器的硬件主要由以下几部分组成：

1）整流单元，即三相桥式不可控整流电路。

2）逆变单元，即由六个大功率开关管组成的三相桥式电路。大功率开关管多为 IGBT 模块。

3）滤波环节，即电阻与电解电容器。

4）计算机控制单元，用于控制整个系统的运行，是变频器的核心。

5）主电路接线端子，即电源、电动机、直流电抗器、制动单元和制动电阻等外接单元的接线端子。

6）控制电路接线端子，用于控制变频器的起动、停止、外接频率信号给定故障报警输出等。

7）操作面板，用于变频器的功能与频率设定，以及控制操作等。如设定频率（基波频率，载波频率，上限频率，下限频率，高、中、低速频率等），运行正、反转方式设定，起动、停车的加速度设定，过载电流设定等，以及起动、停止、点动、升速、降速等的操作。

8）冷却风扇，用于变频器机体内的通风。

**3. 变频器的选择**

（1）控制方式的选择

1）选择的依据

为了使异步电动机变频调速时取得最好的技术和经济效果，不同类型的负载应根据具体要求选择不同的控制方式。控制方式应满足的条件是：

① 电动机的过载能力不低于额定值，以防堵转。

② 每极磁通不应超过额定值，以免磁路饱和。

③ 电流不应超过额定值，以免引起电动机过热。

④ 电动机的损耗最小。

⑤ 充分利用电动机的容量，尽可能使磁通保持额定值，以充分利用铁心；尽可能使电流保持额定值，以充分利用绕组导线；尽可能使功率因数保持额定值，以免降低电动机效率。

以上条件中，①、②、③是技术条件，④、⑤是经济条件。

2）额定频率以下控制方式的选择

工程实际中常用的负载有转速平方型负载、恒功率型负载和恒转矩型负载。负载类型不同，调速范围不同，所要求的控制方式也不一样，下面按负载的选择类型分别讲述。

① 转速平方型负载。这类负载的性质是转矩和转速的平方成正比，如风机、水泵类负载。恒磁通控制时，磁通不变，由于负载转矩和转速平方成正比，因此电动机电流也和转速的平方成正比。随着转速的下降，电流急剧减小，使电动机的铜耗大大减小，故转速平方型负载在负载重、电流大、铜耗大的场合，采用恒磁通控制方式较合适。但对于轻载的场合，不宜采用这种控制方式，这是因为恒磁通控制时，磁通不变，铁耗较大，对降低轻载时的损耗不利。在负载较轻时，可采用恒电流控制方式。恒流控制时，对风机、水泵类负载，磁通和转速的平方成正比，随着转速的下降，铁耗大大减小，有利于减小电动机损耗。

② 恒功率型负载。恒功率型负载的转矩与转速成反比。在决定这类负载的电动机容量时，电动机转矩应由最低速时的负载转矩决定，转速则由最高速时的负载转速决定。对于恒功率型负载，可采用恒磁通控制方式和恒功率控制方式。

恒磁通控制方式的特点是磁通不变和最大转矩不变。采用恒磁通控制方式，可使电动机铁心获得充分利用，另外，恒功率型负载随着转速的增加，负载转矩减小，电流也随之减小，电流和转速成反比。若调速范围为 $D$，则在额定转速时的电流为额定电流的 $1/D$，因而有利于减少铜耗。这种控制方式比较适用于重载的场合，因为负载重、铜耗大，在调速中如果能减少铜耗，则对提高效率有利。

恒功率控制方式的特点是输出功率不变。在低速段，磁通和电流均为额定值，随着转速增加，磁通和电流均减小，和磁通不变的控制方式相比，这种方式铁耗减小，而铜耗增大。因此，比较适合于负载较轻的场合。

③ 恒转矩型负载。在电动机满载的条件下，恒转矩负载只有一种控制方式，即恒磁通控制方式。这种控制方式能同时保证磁通不变、电流不变以及过载倍数不变。其他控制方式则不能使这些技术条件得到满足。

3）额定频率以上控制方式的选择

在额定频率以上，负载皆为恒功率负载，一般采用恒压控制方式，即近似恒功率控制方式。恒压控制方式在保持电压不变的条件下，输出转矩近似和转速成反比，电动机功率因数也随转速的升高而减小，所以它并不能使电动机得到充分利用。其次，这种调速方式的过载倍数和转速成反比，高速时有堵转的危险，故只有在负载较轻、调速范围较小的场合才能应用。

（2）变频器类型的选择

根据控制功能，又可将通用变频器分为三种类型：普通功能型 $U/f$ 控制变频器、具有转矩控制功能的 $U/f$ 控制变频器和矢量控制变频器。通常根据负载的要求来选择变频器的类型。

1）恒转矩类负载。如挤压机、搅拌机、传送带、起重机、机床进给、压缩机等，均属于恒转矩类负载。目前，国内外大多数变频器厂家都提供应用于恒转矩负载的通用变频器。如日本富士的 G11 系列，安川电机公司的 G5、G7 系列，ABB 的 ACS600 系列等。这些变频器的主要特点是：过电流能力强，控制方式多样化；开环、闭环既有 $U/f$ 控制也有矢量控制和转矩控制，低速性能好，控制参数多。选择了恒转矩负载的变频器后，还要根据调速系统的性能指标要求，选择适当的控制方式。一般有两种情况：一是调速范围要求不大，速度精度不高的多电动机传动（如轧机辊道变频调速等），宜采用带有低频补偿的普通功能型变频器，但为了实现恒转矩调速，常用增加电动机和变频器的容量的办法来提高起动与低速时转矩；二是对要求调速范围宽、速度精度高的设备，采用具有转矩控制功能的高功能型变频器或矢量控制变频器，这对实现恒转矩负载的调速运行比较理想。因为这种变频器起动与低速转矩大，静态机械特性硬度大，能承受冲击性负载，而且具有较好的过载截止特性。

2）风机、泵类负载。它们的阻力转矩与转速的二次方成正比，起动及低速运转时阻力转矩较小，通常可以选择普通功能型 $U/f$ 控制变频器（如安川公司的 P5、西门子公司的 MM430），它们与标准电动机的组合使用是十分经济的。但不要用 $U/f$ 为常数的控制方式，而是用二次方递减转矩 $U/f$ 控制模式。值得注意的是，传动这类负载，速度不能提高到工频所对应的速度以上，因风机、泵的轴功率与速度的二次方（或三次方）成正比例，速度提高会使功率急剧增加，可能超过电动机、变频器的容量，导致生产机械过热，甚至不能工作。

3）恒功率负载和对一些动态性能要求较高的生产机械，如轧机、塑料薄膜加工线、机床主轴等，可采用矢量控制型变频器。

（3）常见品牌介绍

近年来，随着计算机技术、电力电子技术和控制技术的飞速发展，通用变频器在种类、性能和应用等方面都取得了长足发展，这些变频器已基本上能满足现代工业控制的需要，且用户的选择范围也非常大。目前，国内市场上流行的通用变频器多达几十种，如欧美国家的品牌有西门子、ABB、Vacon、Lenze（伦茨）、罗克韦尔、KEB（科比）、Schneider（施耐德）、DANFOSS（丹佛斯）、Moeller、SIEI（西威）、C. T.（统一）、欧陆等；日本产的品牌有富士、三菱、三肯、安川、日立、松下、东芝、春日、明电、东洋等；韩国生产的有LG、三星、现代等；中国港澳台地区的品牌有普传、台达、台安、正频、东元、宁茂、九德松益、爱德利等；国产的品牌有西普、普传、KV1000、安邦信、佳灵、康沃、惠丰、森兰、富凌、阿尔法、时代、格立特、海利、英威腾等。大体上，欧美国家的产品性能先进、适应环境性强；日本产品外形小巧、功能多；中国港澳台地区的产品符合国情、功能简单实用；国产变频器则功能简单、大众化、价格低。

不同类型、不同品牌的变频器有不同的标准规格，为便于读者了解变频器及进行变频器选型工作，根据常见品牌变频器的常见型号的主要规格参数（参考有关产品资料），读者基本可以进行有关变频器的选择。

下面介绍最新国外品牌和国内一些变频器品牌的技术特性。由于变频器生产厂家众多，这里无法将所有型号的变频器性能介绍给读者。

1）德国西门子（SIEMENS）新型变频器

西门子公司推出两种新型号变频调速器G110和G150，该型号变频器作为西门子SIEMENS家族的成员，其特点是单相输入，且能广泛应用于诸如水泵、风机等负载。西门子公司称这是目前最安静和最轻巧的机型。G110单相变频器的功率覆盖了0.12～3kW的范围，设计简单、低成本，目前，作为西门子Micromaster4系列变频器的补充部分，而不是完全替代它。该系列变频器有2个版本，一个是带有模拟量输入，另一个是采用RS－485通信接口形式，并专门和西门子的S7－200系列PLC配合使用。该变频器带插拔的键盘具有从一个变频器到另外一个变频器的参数拷贝功能。G150比现有的Master Drive工程型变频器使用更简单，容量范围75～800kW，这种变频器提供了西门子传动固有的PROFIBUS接口。G150变频器也有两种版本，一种是简单、低成本的模式，目标是满足类似HVAC的应用，另外一种是类似于隔离开关和接触器一样的整体式变频器。据测试，在全功率运行下G150变频器产生72dB水平的噪声，从而不需安装隔音设施；西门子公司称，如果电力的主回路连接部分是安装在集中式低压系统，空间就能节省到原来的70%左右。

2）德国伦茨9300矢量变频器

9300 Vector高性能矢量变频器采用现代变频驱动技术，拥有众多的控制功能以及丰富的用户接口。该产品性能指标：功率范围0.37～400kW；过载能力高达180%；转速为零时，仍可保证满力矩输出；速度设定范围1:100；转矩设定范围1:10；响应时间短、速度偏差小；完善的系统配置，友好的用户接口及强大的通信功能。

3）美国罗克韦尔 PowerFlex700 交流变频器

AB 品牌的 PowerFlex700 交流变频器使用新一代的中压功率元器件 SGCT，在提高可靠性的同时降低了导通和开关损耗，并由此推出最先进的无变压器变频方案。该产品提供一种对电源、控制和操作界面的灵活封装，用于满足空间、灵活性和可靠性要求，并提供丰富的功能，允许用户在大多数应用中很容易地对变频器进行组态。其特点是：人机界面及调试灵活，零间隙安装，多种通信方式，控制方式多样。

4）德国科比 KEB COMBIVERT F5 - B 变频器

该产品为开环应用的基本型变频器，有紧凑、多功能、安全和经济的特征，适于从简单到复杂各种应用。功率范围为 0.34 ~ 30kW。具有以下功能特点：方便、简洁的 CP 菜单；可实现低转速高转矩（1Hz 时输出转矩大于 200% 电动机额定转矩）的无传感器电机控制功能（SMM）；8 套独立的参数设置，适应电动机或控制任务的改变；线性曲线和 S 形曲线的加速和减速设置；斜坡停止和持续电流限制确保峰值负载下的可靠运行；自动电压补偿可获得高起动转矩；3 个固定频率的数字设置；断电功能、制动控制及 PID 调节；内置时间与脉冲计数器；开环定位功能。

5）芬兰瓦萨 Vacon NX 系列变频器

该产品采用软硬件模块化和鲁棒性的设计，主要特性包括：为了增加可靠性和安全性，在运行时有实时的自监控和报警功能；整机的性能测试需要时，可以通过外部辅助电源对控制回路、控制面板、内部驱动功能和现场总线供电：为了完善的保护和谐波最小，集成了交流进线电抗器；72A 以下所有的变频器都可选装内置制动电阻，以使负载快速停车；集成的 RFI 滤波器能够满足工业等级谐波防护要求；多种现场总线，有很强的通信能力；高精度的、可扩展的 I/O 结构；支持中文的可热插拔控制面板；支持 IEC61131 - 3 标准的编程软件。

6）西普小精灵系列变频器（国产）

该系列产品是依据中国国情设计的新产品，采用 16 位单片机及 IGBT，最新空间向量控制理论，简单电位器操作，功能精简，简易实用，通过参数设定可得到与泛用型 G 系列相同的功能；其标准控制功能有：控制模式为空间向量控制；输出频率 0 ~ 400Hz；载波频率 2 ~ 16kHz；过载系数 150%，60s；加减速时间 0.1 ~ 3200s；控制功能有正反转、寸动、二段速度等。

7）普传 PI - 168G 通用型系列变频器（国产）

普传产品包括 PI - 97、PI - 168、HPI - 2000 系列，汇集通用型 G，风机水泵节能型 F，中频主轴型 H，纺织专用型 S 等；单机最大容量为 500kW。该公司的 IP54 - IP68 高防护等级及防爆变频器，填补市场空白，在煤炭、细粉加工、食品加工等潮湿、粉尘大的环境中得到良好的应用。PI - 168G 系列的输入电压包括交流 220V、380V、460V、575V、660V、1140V、1450V、1700V 以及直流电压；允许 30% 的电源电压变动范围；具有完善的保护功能及故障诊断系统：转矩自动提升功能保证低频大转矩输出；具有 RS - 485 接口，通信方便。

8）KV1000 系列通用型变频器（国产）

KV1000 系列通用变频器采用模块化的设计思想，使产品维护方便；独特的防尘通道设计，适用于多尘埃、潮湿恶劣的工业场合；独特的书本式面盖设计，使配线更加方便、合理，且外形美观。该系列产品的主要技术指标有：①宽电压工作范围，允许电压波动达±20%，适用于恶劣的电网环境。②强功率裕量设计，使产品过载和抗冲击能力强。③磁通矢量控制算法及死区补偿技术，可实现0.5Hz额定转矩输出，适合负载的直接起动，电流波形谐波成分少，效率高。④转速追踪再起动功能，尤其适合大惯性负载的瞬停冲击及平滑起动。

对于上述各品牌和没有具体介绍的品牌，读者可通过网上搜索、登陆有关公司网站，或查阅相关的产品资料、说明书来获取详细信息。

(4) 变频器容量的选择

1) 变频器主要参数

关于变频器的主要各参数，在实际工程应用中会涉及的有关参数的一些知识如下：

① 变频器容量的表示方法

通用变频器的容量用所适用的电动机功率（kW）、输出容量（kVA）、额定输出电流（A）表示。其中额定电流是指变频器允许最大连续输出的电流有效值，无论什么用途都不能连续输出超过此值的电流。

输出容量取决于额定输出电流与额定输出电压下的三相视在输出功率。根据实际情况，此值只能作变频器容量的参考值。这是因为：第一，随输入电压的降低此值无法保证；第二，不同厂家的变频器适用同样的电动机容量（kW），而其输出容量（kVA）则有较大差距，其根本问题是在于同一电压等级的变频器的输出容量（kVA）的计算电压不同。因此，不同厂家同一容量（kW）电动机的变频器的输出容量无可比性。

② 输出频率

变频器的最高输出频率，视型号不同差别很大，通常有50Hz/60Hz、120Hz、240Hz、400Hz或更高，通用变频器中大容量的大都属于50Hz/60Hz这一类，而最高输出频率超过工频的变频器多为小容量。例如应用于车床上的变频器，容量小，它根据工件的直径和材料改变速度（变频器的输出频率），在恒功率范围内使用，在轻载时采用高速可以提高生产率（不过必须注意不要超过电动机和负载的最高允许速度）。这样，可以根据使用目的确定最高输出频率，选择合适的变频器机种。

关于输出频率的调节范围，同样因通用变频器型号的不同而不同，较常用的比如有0.5～400Hz。400Hz以上属中频。如果是BJT逆变器，由于其开关频率一般为1～1.5ldfz（负载频率），故输出频率400Hz时，每半个周波中的PWM脉冲数最多已降为2个，因此，在接近400Hz时，输出电压波已近似为方波。如果是IGBT逆变器，由于其开关频率可达10～15ldfz，比BJT的开关频率几乎增大10倍，所以，400Hz也可以获得良好的正弦PWM波。

③ 输出电压

可以根据所配用电动机的额定电压选择变频器的输出电压。比如：日本生产的通用变频器通常可在200V/50Hz、220V/60Hz或400V/50Hz、440V/60Hz切换。

④ 瞬时过载能力

根据主回路半导体器件的过载能力，通用变频器的电流瞬时过载能力常常设计成150%额定电流、1min或120%额定电流、1min。与标准异步电动机（过载能力通常为200%左右）相比较，变频器的过载能力较小。

⑤ 保护结构

变频器内部产生的热量大，考虑到散热的经济性，除小容量变频器外，一般采用开放式构造，用风扇进行强制冷却。对于小容量变频器，在粉尘、烟雾多的环境，或者棉绒多的纺织厂，也可采用全封闭式结构。

⑥ 电源电压不平衡率

$$\text{电源电压不平衡率}=\frac{\text{最大相电压}-\text{三相平均电压}}{\text{三相平均电压}}\times 100\%$$

2）选择变频器容量的基本依据

变频器说明书中的“配用电动机容量”只适用于连续恒定负载，如鼓风机、泵类。对于变动负载、断续负载和短时负载，电动机允许短时间过载，因此变频器的容量应按运行过程中可能出现的最大工作电流来选择。

$$I_{CN}\geqslant I_{Mmax} \tag{7-6}$$

式中 $I_{CN}$——变频器额定电流；

$I_{Mmax}$——电动机最大工作电流。

变频器的过载能力的允许时间只有 1min，这只是对于设定电动机的起动和制动过程才有意义。而电动机的短时过载是相对于达到稳定温升所需的时间而言，通常是远远超过 1min。

对于连续恒负载运转时所需变频器容量计算可按下式进行：

$$P_{CN}\geqslant k\sqrt{3}U_N I_N\times 10^{-3} \tag{7-7}$$

$$I_{CN}\geqslant kI_M \tag{7-8}$$

式中 $k$——电流波形系数（PWM 方式取 1.0～1.05）；

$P_{CN}$——变频器额定容量（kV · A）；

$I_N$、$U_N$——电动机额定电流、电压；

$I_{CN}$——变频器额定电流。

在变频器驱动绕线转子异步电动机时，由于绕线转子异步电动机绕组阻抗较笼型异步电动机小，容易发生纹波电流而引起过电流跳闸现象，所以应选择比通常容量稍大的变频器。

3）多电动机并联运行时要考虑追加电动机的起动电流

用一台变频器使多台电动机并联运转且同时加速起动时，决定变频器容量的是

$$I_{CN}\geqslant\sum_n KI_N \tag{7-9}$$

式中 $I_{CN}$——变频器额定电流；

$I_N$——电动机额定电流；

$K$——系数，一般 $K=1.1$，由于变频器输出电压、电流中所含高次谐波的影响，电动机的效率、功率因数降低，电流增加 10% 左右；

$n$——并联电动机台数。

因此按式（7-9）选择变频器容量。如果要求部分电动机同时加速起动后再追加其他电动机起动的情况，就必须加大变频器的容量。因为后一部分电动机起动时变频器的电压、频率均已上升，此时部分电动机追加起动将引起大的冲击电流。追加起动时变频器的输出电压、频率越高，冲击电流就越大。这种情况下，可按式（7-10）确定变频器的容量。

$$I_{CN} \geqslant \sum_{n_1} KI_N + \sum_{n_2} I_S \tag{7-10}$$

式中 $n_1$——先起动的电动机的台数；

$n_2$——后追加起动的电动机的台数；

$I_S$——追加投入电动机的起动电流。

出现这种情况时，需特别注意。因为追加起动的起动电流可能达到电动机额定电流的 6～8 倍，变频器容量可能增加很多，这就需要分析，或许用两台变频器会更经济。

4）经常出现大过载或过载频率度高的负载时变频器容量的选择

因通用变频器的过电流能力通常为在一个周期内允许 120% 或150%、60s 的过载，超过过载值就必须增大变频器容量。另外，通用变频器规定 120%、60s 或 150%、60s 的过载能力的同时，还规定了工作周期。有的厂家规定 300s 为一个过载工作周期，而有的厂家规定 600s 为一个过载工作周期。严格按规定运行，变频器就不会过热。

虽过流能力不变，但如要加大工作周期，则必须加大变频器容量，频繁起动、制动的生产机械，如高炉料车、电梯、各类吊车等，其过载时间虽短，但工作频率却很高。一般选用变频器的容量应比电动机容量大一两个等级。

（5）变频器外围设备的应用

变频器的外围设备有电源、断路器、接触器、输入电抗器、输入滤波器、直流电抗器、输出电抗器及输出滤波器。

1）电源

① 注意电压等级是否正确，以避免损坏变频器；

② 交流电源与变频器之间必须安装断路器。

2）断路器

① 使用符合变频器额定电压及电流等级的断路器作为变频器的电源 ON/OFF 控制，并作为变频器的保护；

② 不要用断路器作变频器的运转/停止切换。

3）接触器

① 一般使用时可不加接触器，但作外部控制，或停电后自动再起动，或使用制动控制器时，须加装一次侧的接触器；

② 不要用接触器作变频器的运转/停止切换。

4）输入电抗器

若使用大容量（600kV·A 以上）的电源时，为改善电源的功率因数，或当电网波形畸变严重，或变频器在配置直流电抗器后，电源与变频器之间高次谐波的相互影响还不能满足要求时，为提高变频器输入侧的功率因数，可增设交流输入电抗器。

5）输入滤波器

变频器周围有电感负载时，需要加装输入侧滤波器。并且输入侧滤波器可抑制从变频器电源线发出的高频噪声干扰。

6）直流电抗器

为保护变频器和抑制高次谐波，防护电源对变频器的影响，在下列情况下，需要配置直流电抗器。

① 当给变频器供电的同一电源节点上有开关式无功补偿电容器屏或带有可控硅相控负载时，因电容器屏开关切换引起无功功率瞬变，导致电网电压突变和相控负载造成的谐波和电网缺口，可能对变频器输入整流桥电路造成损害。

② 当要求提高变频器输入端功率因数到0.93以上时，当供电三相电源的不平衡度超过3%时，当变频器接入大容量变压器时，变频器的输入电源回路流过的电流可能对整流电路造成损害。当变频器供电电源的容量大于550kV·A时，或供电电源容量大于变频器容量的10倍时，需加装直流电抗器。

7）输出电抗器

当变频器到电机的连线超过80m时，建议采用抑制高频振荡的交流输出电抗器，以避免电动机绝缘损坏、漏电流过大变频器频繁跳保护。

8）输出滤波器

可选配输出滤波器来抑制变频器输出侧产生的干扰噪声和导线漏电流，减小变频器产生的高次谐波，以避免影响其附近的通信器材。

**4. 变频器的基本原理接线实例**

各种系列的变频器都有其标准接线端子，主要分为两部分：一是主电路接线，二是控制电路接线。下面都是以博士力士乐公司FSCG05系列变频器为例加以说明。

图7-31为变频器的基本原理接线图。图中R、S、T为电源端，电动机接U、V、W，P和P+用于连接改善功率因数DC电抗器，连接DC电抗器时，需去掉P和P+端子之间的短接铜排。容量较小的变频器，内部装有制动电阻，如果需要较大容量的外部制动电阻，则可将它接在P+和PB之间；7.5kW以上的变频器没有内置制动电阻，为了增加制动能力，可将制动控制单元接于P+和P-端，外部制动电阻接于P+和PB端；E为接地端。

FSCG05变频器的控制端子分为五部分：频率输入、控制信号输入、控制信号输出、输出信号显示和无源触点端子，如图7-31所示。

**5. 变频器的调试和运行**

（1）做好调试前必要的准备工作

首先要搞清楚系统的工作原理；然后抓住每个环节的输入和输出，搞清各单元和各环节之间的联系，统观全局；接着要准备好必要的仪器，制定出调试顺序和调试步骤；最后再逐步地进行调试。

（2）通电前的检查

变频调速系统安装好以后，在控制系统通电之前，必须进行必要的检查。并检查电动机是否与机械装置完全脱离。

可参照变频器的使用说明书和系统设计图进行通电前的检查。

1）仔细阅读变频器的产品说明书，摘录要点，找出那些特别的注意事项，这是高效率调试好产品的关键。

2）认真检查控制对象有无故障（如机械传动、电气绝缘等是否正常）。

3）检查变频器的主电路和控制电路接线是否正确、牢固。

（3）系统参数设定

为了使变频器和电动机能运行在最佳状态，必须对变频器的运行频率和参数进行设定。

1）频率设定。变频器的频率设定有三种方式：

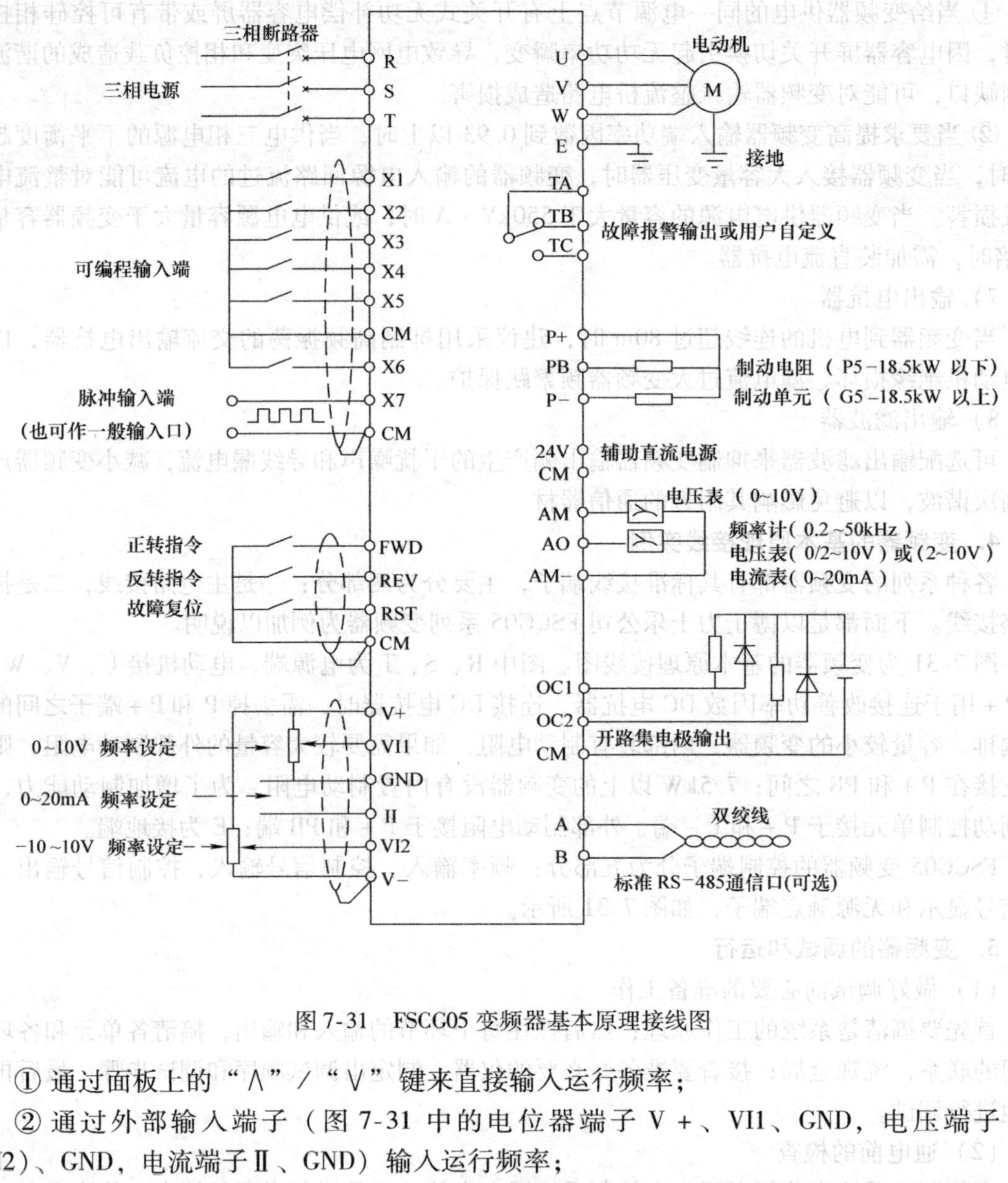


图 7-31　FSCG05 变频器基本原理接线图

① 通过面板上的“∧”/“∨”键来直接输入运行频率；

② 通过外部输入端子（图 7-31 中的电位器端子 V +、VI1、GND，电压端子 VI1（VI2）、GND，电流端子Ⅱ、GND）输入运行频率；

③ 通过 X1 ~ X7 输入（1 或 0）的排列组合的选择，使变频器输出某一事先设定好的固定频率。只能选择三种方式之一来进行设定，这是通过参数 b − 1 的设置来完成的。

2）参数设定。变频器在出厂的时候，所有的参数都有自己的默认值。在实际运行的时候，应根据功能要求对某些参数进行重新设定。包括基本运行参数、中级运行参数和高级运行参数，同时需要确定负载类型：G 为通用型，P 为风机、水泵，这是通过参数 b − 0 的设置来完成的。

（4）调试并运行

变频器系统功能参数设定完后，就可试运行。试运行前，应对所控制电动机进行盘车操作（人力转动电动机）。电动机在 5Hz 频率点空载运转几分钟后，如无异常情况，再依次选择 10Hz、20Hz、35Hz、50Hz 等几个频率点试运行，同时查看电动机的旋转方向、振动、噪声和温升是否正常，升速是否平滑。试运行正常以后，变频器调速系统即可投入正式运行。

如果变频器需要设定的参数较多，就需要通过参数 b－11 进行参数初始化；防止他人改写参数，则需要设置参数 L－73。

**6. 变频器的保护功能**

通常变频器本身一般都有较完善的保护功能，但如果参数设置不当、负载变化、外界运行条件改变以及变频器的元器件损坏或接触不良等，都有可能造成变频器的故障。当变频器出现故障和非正常运行时，变频器必须有快速可靠的保护措施。

(1) 过电流保护

当变频器的输出侧发生短路或电动机堵转时，变频器将流过很大的电流，从而造成电力半导体器件的损坏。为了防止过电流，变频器设置有过电流保护电路。当电流超过某一数值时，变频器通过自关断电力半导体器件切断输出电流，或者调整电动机的运行状态，减小变频器的输出电流。例如，电动机的起动时间设置过短或转动惯量太大时，起动时常会发生过电流，这时可以重新设置起动时间。对于新型变频器，在电流超过额定电流的一定范围内，允许变频器运行一段时间，变频器的输出频率保持不变，如图 7-32 所示。此时，电动机的起动时间将比设定的起动时间长。如果起动时间设置太短，则变频器的输出将被切断。

(2) 过载保护

过载保护功能主要是保护电动机的。通过参数 H－2 来设置变频器对负载电动机进行热继电保护的灵敏度，当负载电动机的额定电流值与变频器的额定电流不匹配时，通过设定该值可以实现对电动机的正确热保护，电子热继电器的反时限保护功能如图 7-33 所示。

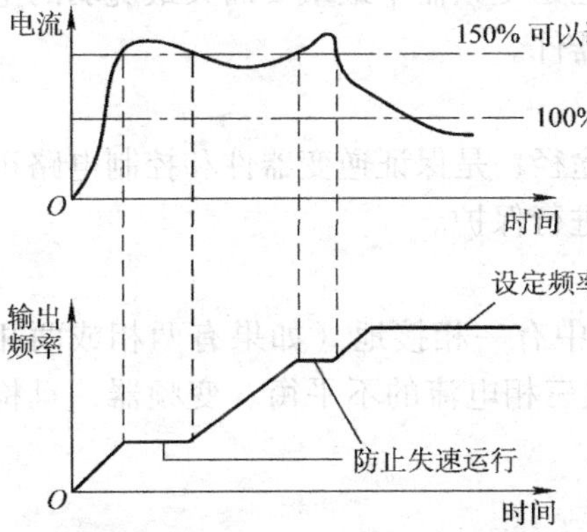


图 7-32　新型变频器过电流保护动作示意图

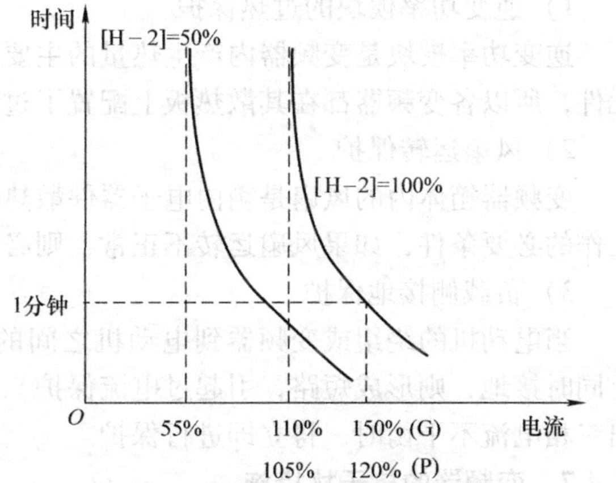


图 7-33　电子热继电器的反时限保护功能

图中横坐标反映电动机的电流，纵坐标为允许继续运行的时间。当设定的电动机允许持续电流为额定值（100%）时，如果电动机的实际电流小于或者等于额定电流，则电动机可以连续运行。当电动机的实际电流超过额定电流时，允许电动机继续运行的时间与电流的大小有关，超过得越多，容许继续运行的时间越短。

(3) 过电压保护

当电源电压突然升高，或者电动机降速时，反馈能量来不及释放，使电动机的再生电流增加，主电路直流电压超过电压检测值，形成再生过电压。另外，在 SPWM 调制方法中，电路是以系列脉冲的方式进行工作的，由于电路中存在着绕组电感和线路分布电感，在每个脉冲的上升和下降过程中，会产生峰值很大的脉冲电压，这个脉冲电压叠加到直流电压上，就形成具有破坏作用的脉冲高压。在以上几种情况下，变频器的过电压保护功能动作。

对于电源电压的上限，一般规定不超过电网额定电压的10%，例如电源线电压为380V时，其上限值为420V。有些进口变频器的最高工作电压可达460V。对于降速时的过电压，可以采取暂缓降速的方法来防止变频器跳闸。用户可以设定一个电压的限定值 $U_{set}$（也可由变频器自行设定）。在降速过程中，直流电压 $U_D > U_{set}$ 时，则暂停降速，当 $U_D$ 降至 $U_{set}$ 以下时，再继续降速。而对脉冲过电压的保护，通常采用吸收的方法来解决。常见的吸收装置有压敏电阻吸收电路和阻容吸收电路等。

（4）欠电压保护

变频器产生欠电压的原因主要有以下几个方面：

1）电源电压过低，主电路直流电压降到欠压检测值以下或者电源突然缺相。

2）对于没有瞬停再起动功能的变频器，出现瞬间停电的情况。

3）变频器中的电子元器件损坏，限流电阻长时间接入，负载电流得不到及时补充，导致直流电压下降而引起欠电压。

欠电压首先会引起电动机的转矩下降，然后使电动机的电流急剧增大。新型变频器都有较完善的欠压保护功能，一般欠电压不到15ms时，变频器仍可继续运行，若超过15ms，变频器将停止运行。

（5）其他保护

1）逆变功率模块的过热保护

逆变功率模块是变频器内产生热量的主要部件，也是变频器中最重要而又最脆弱的电子元件，所以各变频器都在其散热板上配置了过热保护器件。

2）风扇运转保护

变频器箱体内的风扇是箱内电子器件散热的主要途径，是保证逆变器件和控制电路正常工作的必要条件，如果风扇运转不正常，则必须立即进行保护。

3）负载侧接地保护

当电动机的绕组或变频器到电动机之间的传输线中有一相接地（如果有两相或两相以上同时接地，则形成短路，引起过电流保护），将导致三相电流的不平衡。变频器一旦检测出三相电流不平衡时，将立即进行保护。

**7. 变频器的抗干扰措施**

（1）高次谐波产生及其影响

通用变频器的输入部分为整流回路，整流回路具有非线性特性（进行开关动作），所以会产生高次谐波。这种高次谐波如不采取有效抑制措施，将使输入电源的电压波形和电流波形发生畸变，特别在使用大容量或多数量的通用变频器时，这种畸变尤为突出。

连接变频器的电源系统一般并联有电力电容器、发电机、变压器、电动机等负载，变频器产生的高次谐波电流按照各自的阻抗分流到电源系统和并联的负载，对各电气设备产生不同的影响：电力电容器由于高次谐波引起并联谐振，会有较大的电流流过电容器，电容器将被烧毁；变频器产生的高次谐波电流就会流向同步发电机，在同步发电机的制动绕组和励磁绕组中引起感应电流，产生发热损耗，输出功率降低，从而导致电动机过热、使用寿命缩短等；对有效值响应式仪表的精度有些影响；平均值响应式的仪表将由于所含奇次高次谐波的波形有效值与平均值的差，产生误差。

（2）减小和防止高次谐波的方法

为了将高次谐波产生的种种干扰防患于未然，通常是在高次谐波发生侧和受到高次谐波干扰的设备处同时采取措施，具体方法有：

1）设置交流电抗器

在交流输入侧接入交流电抗器，使换流阻抗增大，可以抑制高次谐波电流。

2）设置交流滤波器

在电力回路中使用的交流滤波器通常有调谐滤波器和二次型高次滤波器。调谐滤波器适用于单一高次谐波的吸收，高次滤波器适用于多个高次谐波的吸收。一般将两者组合起来作为一个设备使用。交流滤波器的作用是将来自变频器的高次谐波分量与电源系统的阻抗分离。实际使用时，采用在电源侧设置电抗器、提高电源阻抗的方法。另外，交流滤波器的基波电力电容必须限制在允许值范围内。

变频器输出侧设置滤波器，可以减少电磁噪声和损耗，一般可降低噪声5dB。必须注意滤波器的输入侧和输出侧决不能接错，否则会烧毁变频器。

（3）变频器抗干扰措施

变频调速的控制可以采用自动，也可以采用手动。如果采用闭环自动控制，必须将工艺参数（如生产过程中的流量、液面、压力、温度等）通过变送器、调节器转换为4～20mA信号，送到变频器的信号输入端，才能控制变频器。频率的设定可通过外接频率设定电位器的方法来实现。

手动给定频率信号的地点可以设在现场，也可以设在控制室。当现场距离控制室较近时，通过外接电位器输入0～10V的电压信号来设定频率。由于输入的是开关量信号，受到干扰的影响相对要小得多，当现场距离控制室较远时，通过外接按钮输入触点增/减设定频率。

变频器的输出回路是强电磁干扰源，因此，变频器和其他控制回路的配线不能与变频器主回路配线敷设在同一根铁管或同一配线槽内。为了进一步提高抗干扰效果，还应采用1.0$mm^2$的绝缘屏蔽导线，绝缘屏蔽导线的接地应在变频器侧进行单点接地，使用专用的接地端子，不与其他接地端子共用。要尽可能地使敷设导线的线路最短。

**8. 变频器的使用范例**

（1）面板控制起、停，面板电位器设置频率

1）基本接线

面板控制起、停及面板电位器设置频率基本接线图如图7-34所示。

2）参数设置

需要设置的参数如下：

[b－0]：运行参数选择（根据变频器拖动负载的类型）；

[b－1]＝0：参数b－1设置为0，选择面板电位器设置频率；

[b－3]＝0：参数b－3设置为0，选择面板起、停控制；

[b－6]：负载电动机额定频率（根据电动机的额定铭牌数据）；

[b－7]：负载电动机额定电压（根据电动机的额定铭牌数据）。

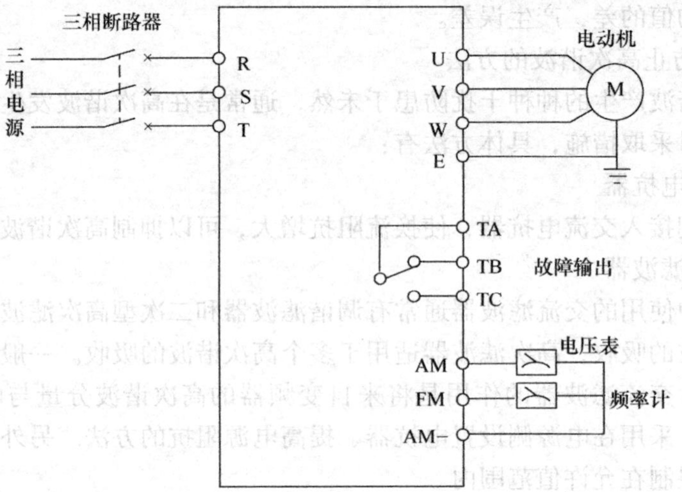


图 7-34　面板控制起、停及面板电位器设置频率基本接线图

3）操作说明

按 < FWD > 键起动变频器，顺时针旋动面板电位器旋钮，设定频率将逐步增大。逆时针旋动面板电位器旋钮，设定频率将逐步减小。

按 < STOP > 键，变频器将停机。

（2）外部控制方式、外部电压设定频率

1）基本接线

外部控制方式及外部电压设定频率基本接线图如图 7-35 所示。

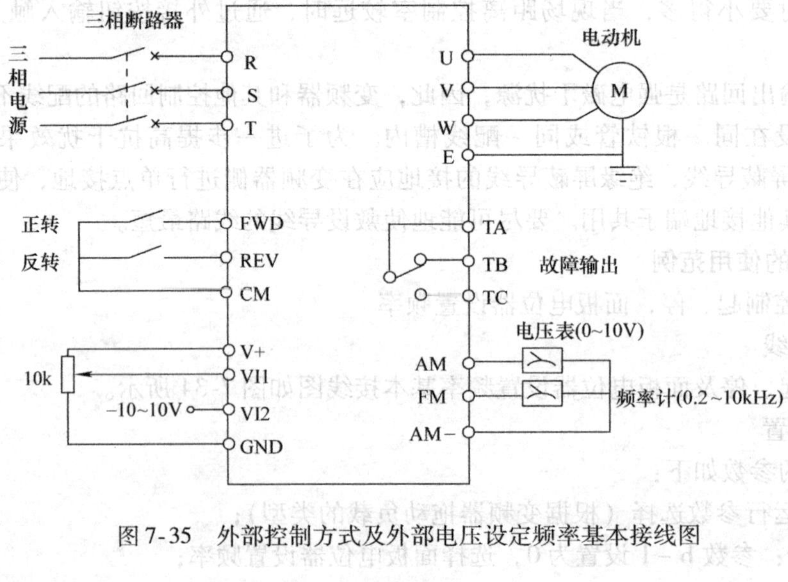


图 7-35　外部控制方式及外部电压设定频率基本接线图

2）参数设置

需要设置的参数如下：

[b-0]：运行参数选择（根据变频器拖动负载的类型）；

[b-1]=2：参数 b-1 设置为 2，选择外部电压 1（VI1）可接受 0~10V 以内的频率设定信号；

[b-3]=1：参数 b-3 设置为 1，选择外部控制；

[b-6]：负载电动机额定频率（根据电动机的额定铭牌数据）；

[b-7]：负载电动机额定电压（根据电动机的额定铭牌数据）。

3）操作说明

FWD-CM（正转指令）闭合，电动机正转。REV-CM（反转指令）闭合，电动机反转。FWD-CM、REV-CM 同时闭合或断开，变频器停机。

设定频率由外部电压信号 1（VI1）确定，参数 L-27~L-35 可以调整对模拟量输入的影响。

（3）利用 RS-485 构成多台变频器的联动控制

1）基本接线

利用 RS-485 构成联动运行基本接线图如图 7-36 所示。

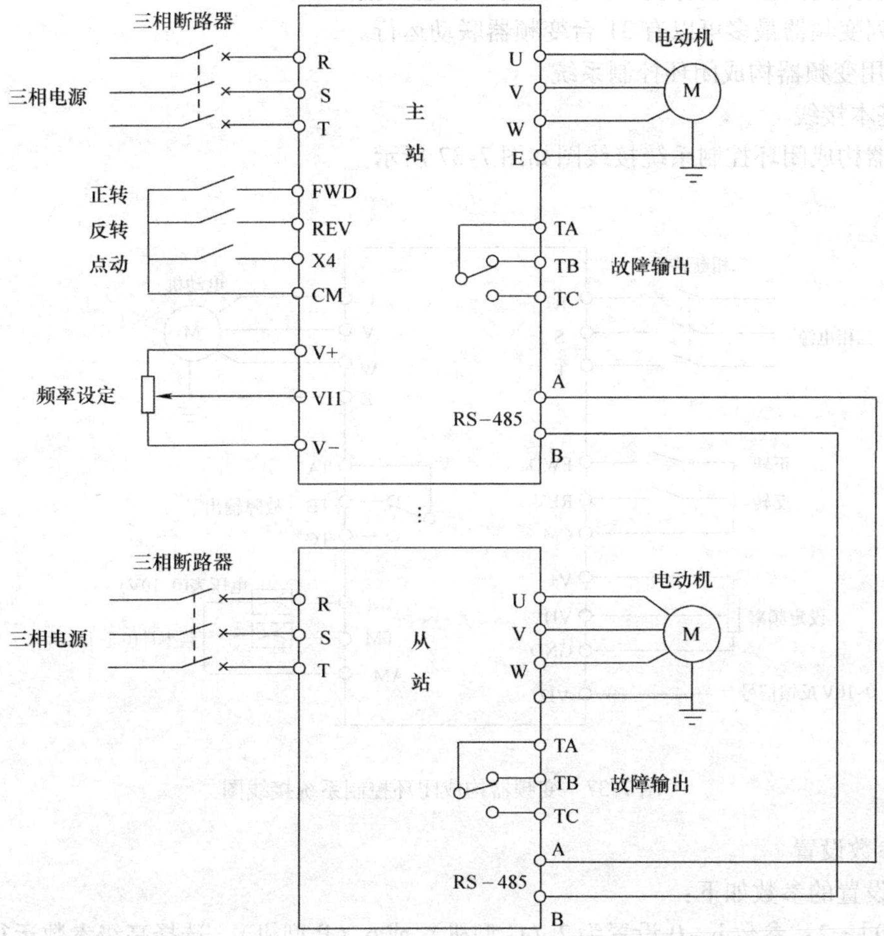


图 7-36 利用 RS-485 构成联动运行基本接线图

2）参数设置

需要设置的参数如下：

[b－0]＝2：参数 b－0 设置为 2（G 型机）或 6（P 型机），选择高级参数运行模式；

[b－1]＝7：将从机的频率设定通道设为 RS－485 模式；

[b－3]＝3：将从机的运行命令通道设为 RS－485 模式；

[b－6]：负载电动机额定频率（根据电动机的额定铭牌数据）；

[b－7]：负载电动机额定电压（根据电动机的额定铭牌数据）；

[H－67]：数据格式，所有变频器的数据格式应设置为一致；

[H－68]：波特率，所有变频器的波特率应设置为一致；

[H－65]：主站设置，主控变频器（主站）设置为 1，其他变频器设置为 0（从站）；

[H－69]：根据需要设置主、从机运行频率的比例，此参数仅对从机有效。

3）操作说明

只需对主控变频器（主站）进行开、关控制和频率设定，其他所有变频器（从站）的运行将与主控变频器严格保持一致，设定频率也完全一致。

本系列变频器最多可以有 31 台变频器联动运行。

（4）用变频器构成闭环控制系统

1）基本接线

变频器构成闭环控制系统接线图如图 7-37 所示。

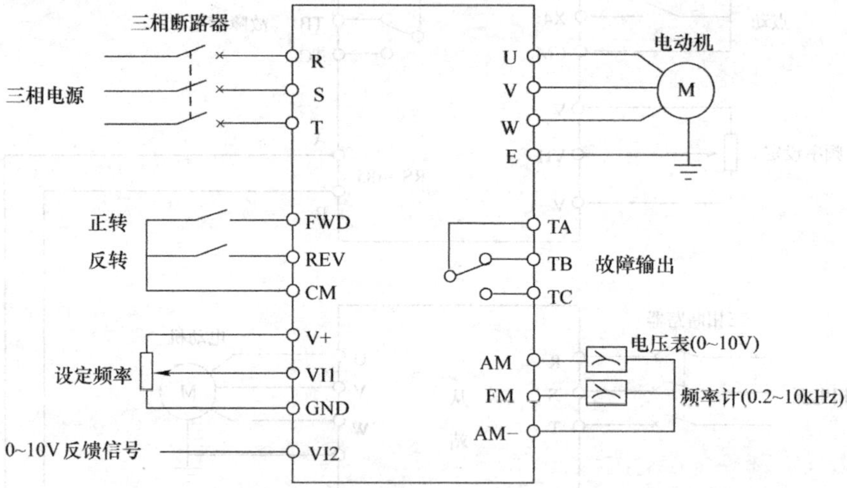


图 7-37　变频器构成闭环控制系统接线图

2）参数设置

需要设置的参数如下：

[b－0]＝2：参数 b－0 设置为 2（G 型机）或 6（P 型机），选择高级参数运行模式；

[b－6]：负载电动机额定频率（根据电动机的额定铭牌数据）；

[b－7]：负载电动机额定电压（根据电动机的额定铭牌数据）；

[E-0]=1：参数E-0设置为1，选择内藏PID控制；

[E-1]=0：设定通道选择，此处选择面板电位器作为PID的设定通道；

[E-2]=3：反馈通道选择，此处选择电压输入2（VI2）作为反馈通道，反馈信号0~10V；

[E-6]=2：控制器结构选择，此处选择PI控制器；

[E-7]=0.5：比例增益，根据需要设置；

[E-8]=10.0：积分时间常数，根据需要设置；

[E-10]=0.10：采样周期，一般无须改动。

（5）变频器在恒压供水中的应用

恒压供水是变频器在实际生产生活中非常普遍的典型应用，应用在生活供水或供热补水系统中，它需要为系统一直提供一个恒定压力，属于闭环系统，压力值就是反馈信号。压力采样一般选择远传压力表，远传压力表是通过压力指针连接一个电位器，压力变化时电位器的抽头位置随着变化。简单的恒压供水系统可以用变频器构成闭环系统，就是把远传压力表的电位器直接接到变频器上，这种做法控制环节少、成本较低，缺点是不能使变频器同时显示输出频率和给定值、给定值显示不直观、修改给定值比较麻烦、使用不太方便等。

通常恒压供水系统采用的方案是在反馈信号与变频器之间加一个压力控制器，随着电力电子技术的发展和生产的规模化，至今国内有多个厂家都在生产压力控制器，它技术成熟、功能强大、性能稳定可靠，压力控制器的市场售价不断降低，现在每台售价三、四百元人民币，使用成本上不成问题。

使用压力控制器可以在控制器上直观地显示压力检测值和设定值，而且修改设定值也比较方便，即使现场操作工专业知识较低也没什么问题。其具体接线如图7-38所示。现在电气接线的理念是尽量简单化、环节少。这样就可以降低成本，并且提高系统的可靠性。图7-37就是本着这个原则设计的。

由图7-38可知，补水泵5.5kW，选择断路器（QF）作保护，断路器选择3极D型（电动机保护型）16A微型断路器；负载为水泵，变频器选择5.5kW P型机。供水控制器选择YF6000N型控制器，压力采样选择远传压力表，当然也可以选择压力变送器，但这样成本会提高很多。远传压力表选择时一定注意其采样介质，如介质的温度、酸碱度、清浊度都要考虑；远传压力表量程一般以MPa为单位，根据介质的密度可以计算出它对应的高度，比如水的压力是1MPa，那么供水的高度大约是100m。根据实际需要选择合适量程的压力表。

图7-38中，供水控制器需要AC 220V供电，在对它供电时采用熔断器（FU）进行保护。旋钮SA1控制变频器的起/停。考虑到如果控制器或远传压力表故障时，势必影响系统运行；在图中加了一个转换开关（SA），SA手柄扳到“自动”时压力控制器作为变频器的给定，SA手柄扳到“手动”时变频器频率通过面板数字设定。同时远传压力表接至供水控制器的控制信号，以及供水控制器接至变频器的控制信号采用屏蔽电缆以防止干扰。

变频器的参数设定见表7-11。

频率输入通道选择为9，由外部端子来选择频率设定通道（选择端子由参数L-46~L-53确定），端子状态与频率设定通道的对应关系见表7-12。

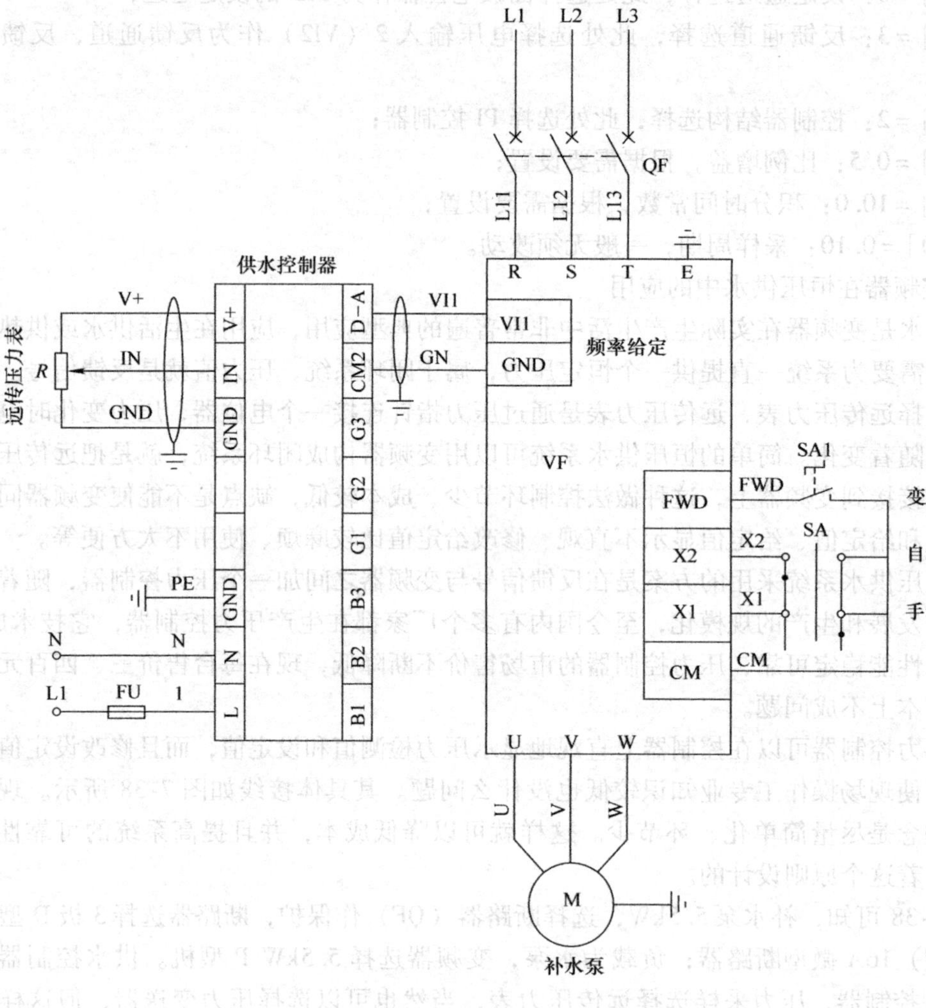


图 7-38　变频器恒压供水控制系统接线图

**表 7-11　恒压供水系统变频器参数设定表**

| 序号 | 参数代码 | 参数名称 | 设定值 | 备注 | 说　明 |
|---|---|---|---|---|---|
| 1 | b−0 | 运行参数选择 | 6 | | P 型机、高能运行及应用参数 |
| 2 | b−1 | 频率输入通道选择 | 9 | | 外部端子选择 |
| 3 | b−3 | 运行命令通道选择 | 2 | | 外部端子（键盘 STOP 有效） |
| 4 | b−6 | 负载电动机额定频率 | 50 | 默认值 | |
| 5 | b−7 | 负载电动机额定电压 | 380 | 默认值 | |
| 6 | L−47 | 输入端子 1 功能选择 | 13 | | 频率设定通道选择端子 1 |
| 7 | L−48 | 输入端子 2 功能选择 | 14 | | 频率设定通道选择端子 2 |

表 7-12　端子状态与频率设定通道对应表

| 序号 | 频率设定选择端子 3 | 频率设定选择端子 2 | 频率设定选择端子 1 | 频率设定通道 |
|---|---|---|---|---|
| 1 | 0 | 0 | 0 | 面板电位器 |
| 2 | 0 | 0 | 1 | 面板数字设定 |
| 3 | 0 | 1 | 0 | 外部电压信号 VI1 |
| 4 | 0 | 1 | 1 | 外部电压信号 VI2 |
| 5 | 1 | 0 | 0 | 外部电流信号 II |
| 6 | 1 | 0 | 1 | UP/DW 端子 |
| 7 | 1 | 1 | 0 | 外部脉冲 |
| 8 | 1 | 1 | 1 | RS－485 接口 |

### 9. 变频器的故障分析

通用变频器不仅具有良好的性能，而且有先进的自诊断、报警及保护功能。表 7-13 表示了 FSCG05 系列变频器的故障情况、保护功能、检查要点和处理方法。

表 7-13　FSCG05 系列变频器的故障情况、保护功能、检查要点和处理方法

| 故障代码 | 故障说明 | 可能原因 | 对　策 |
|---|---|---|---|
| Er. 01 | 加速中过流 | 1. 加速时间过短<br>2. 转矩提升过高或 $V/F$ 曲线不合适 | 1. 延长加速时间<br>2. 降低转矩提升电压、调整 $V/F$ 曲线 |
| Er. 02 | 减速中过流 | 减速时间太短 | 增加减速时间 |
| Er. 03 | 运行中过流 | 负载发生突变 | 减小负载波动 |
| Er. 04 | 加速中过压 | 1. 输入电压太高<br>2. 电源频繁开、关 | 1. 检查电源电压<br>2. 用变频器的控制端子控制变频器的起、停 |
| Er. 05 | 减速中过压 | 1. 减速时间太短<br>2. 输入电压异常 | 1. 延长减速时间<br>2. 检查电源电压<br>3. 安装或重新选择制动电阻 |
| Er. 06 | 运行中过压 | 1. 电源电压异常<br>2. 有能量回馈性负载 | 1. 检查电源电压<br>2. 安装或重新选择制动电阻 |
| Er. 07 | 停机时过压 | 电源电压异常 | 检查电源电压 |
| Er. 08 | 运行中欠压 | 1. 电源电压异常<br>2. 电网中有大的负载起动 | 1. 检查电源电压<br>2. 分开供电 |
| Er. 09 | 变频器过载 | 1. 负载过大<br>2. 加速时间过短<br>3. 转矩提升过高或 $V/F$ 曲线不合适<br>4. 电网电压过低 | 1. 减小负载或更换成较大容量的变频器<br>2. 延长加速时间<br>3. 降低转矩提升电压、调整 $V/F$ 曲线<br>4. 检查电网电压 |
| Er. 10 | 电机过载 | 1. 负载过大<br>2. 加速时间过短<br>3. 保护系数设定过小<br>4. 转矩提升过高或 $V/F$ 曲线不合适 | 1. 减小负载<br>2. 延长加速时间<br>3. 加大电机过载保护系数（H－2）<br>4. 降低转矩提升电压、调整 $V/F$ 曲线 |

（续）

| 故障代码 | 故障说明 | 可能原因 | 对　策 |
|---|---|---|---|
| Er. 11 | 变频器过热 | 1. 风道阻塞<br>2. 环境温度过高<br>3. 风扇损坏 | 1. 清理风道或改善通风条件<br>2. 改善通风条件、降低载波频率<br>3. 更换风扇 |
| Er. 12 | 二级保护故障 | 1. 信号干扰<br>2. 过压过流故障 | 1. 断电停机再起动<br>2. 向厂家寻求服务 |
| Er. 13 | 干扰 | 由于周围电磁干扰而引起的误动作 | 给变频器周围的干扰源加吸收电路 |
| Er. 14 | 输出缺相 | 变频器与电动机之间的接线不良或断开 | 检查接线 |
| Er. 15 | IPM 故障 | 1. 输出短路或接地<br>2. 负载过重 | 1. 检查接线<br>2. 向厂家寻求服务 |
| Er. 16 | 外部设备故障 | 变频器的外部设备故障输入端子有信号输入 | 检查信号源及相关设备 |
| Er. 17 | 电流检测错误 | 1. 电流检测器件或电路损坏<br>2. 辅助电源有问题 | 向厂家寻求服务 |
| Er. 18 | RS－485 通信故障 | 串行通信时数据的发送和接收发生错误 | 1. 检查接线<br>2. 向厂家寻求服务 |
| Er. 19 | PID 反馈故障 | 1. PID 反馈信号线断开<br>2. 用于检测反馈信号的传感器发生故障<br>3. 反馈信号与设定不符 | 1. 检查反馈通道<br>2. 检查传感器有无故障<br>3. 核实反馈信号是否符合设定要求 |
| Er. 20 | 与供水系统专用附件的连接故障 | 1. 没有选用专用附件，但选择了多泵恒压供水 PID 方式<br>2. 与附件的连接发生问题 | 1. 改用普通 PID 或单泵恒压供水方式<br>2. 选购专用附件<br>3. 检查主控板与附件的连线是否牢固 |

## 7.3.4　变频器的使用注意事项

1）变频器一般安装在电控柜内，变频器要求的安装环境温度为 －10～＋50℃，控制柜内发热元件还有变压器、接触器以及变频器的制动电阻等，为了降低这些大发热量元器件所引起的柜内温升，可采用加装换气风扇的方法。变频器在控制柜内安装时，应尽量靠近柜内顶部的换气风扇，这样散热效果好。

如果变频器安装在高湿度的场所，经常会发生绝缘劣化的金属部分腐蚀，此时，必须加装除湿装置，防止变频器停止工作时的结露。此外，在有振动的场所安装时，在振源侧需采取减小振动的措施，而在变频器侧加装隔振器或防振橡胶。

2）存储时间超过两年以上的变频器，通电时应先用调压器逐渐升高电压。

3）断开电源十分钟后才可进行维护操作，此时电源的指示灯彻底熄灭或确认正、负母线电压（P+、P-）在25V以下。

4）对于变频器更换控制板后，必须正确设置相关参数，然后才可运行。

5）严禁将变频器的输出端子U、V、W连接至AC电源。

6）应避免将变频器安装在可能产生水滴飞溅的场合，否则有损坏财物的危险。

7）不允许有异物掉进变频器中。

8）变频器的接地端子必须良好接地。

9）主回路、控制回路端子与导线必须牢固连接。

10）当变频器与电动机之间的连线超过30m时，在电动机的线圈内部将产生很高的电压变化率（$dU/dt$），这对电动机的层间绝缘将产生破坏，需要使用变频电动机或在输出侧加装交流输出电抗器。

11）严禁在变频器输入侧使用接触器等开关器件进行直接频繁起停操作，否则可能造成设备损坏。

12）电动机在首次使用或长期放置后再使用前，做电动机绝缘检查时，应把变频器与电动机断开再对电动机进行绝缘检查。

13）在变频器输出侧禁止安装装有改善功率因数的电容或防雷用压敏电阻。

14）若需要在变频器输出与电动机之间安装接触器等开关器件，确保变频器在无输出时才能进行通断操作。

15）在海拔超过1000m的地区，由于空气稀薄而使变频器散热效率降低，需降额使用。

## 7.4 练习题

1. 简述步进电动机的结构及特点。
2. 步进电动机的工作原理是什么？
3. 三相步进电动机的工作方式有几种？其工作的顺序？
4. 步进电动机的驱动电路可以分为哪几种？各自驱动的原理及特点是什么？
5. 交流伺服电动机与直流伺服电动机的区别是什么？
6. 交流伺服电动机与步进电动机的区别是什么？
7. 永磁同步交流伺服电动机的特点是什么？其控制方法如何？
8. 常用变频器的种类有哪些？
9. 变频器的基本结构及其工作原理是什么？
10. 变频器应用中应注意哪些问题？

# 第 8 章　数控机床电气控制系统

## 8.1　机床数控系统基本结构及概述

### 8.1.1　机床数控系统结构

**1. 机床数控系统的概念及结构**

数字控制技术是指用数字化信号构成的控制程序对某一具体对象（如速度、位移、温度、流量等）进行控制的一门技术，简称数控（Numerical Control，NC），它一般指早期专用控制计算机的普通数控系统。随着计算机技术的飞速发展，20 世纪 70 年代初期出现了用小型及微型计算机替代专用控制计算机的软接线数控，即计算机数控系统（Computerized NC，CNC）。采用数控技术的控制系统称为数控系统，装备了数控系统的机床叫数控机床。

广义上说，凡是使用了数控技术的机械设备统称为数控设备，包括数控机床、数控电焊机、电脑绣花机、自动绘图机等。

狭义上的数控设备是指应用了数控技术来控制其自动加工过程的切削机床，称为数控机床。它在工作时，是一个弱电控制强电、强电进行拖动的过程，该设备是集微电子计算机技术、自动控制技术、精密测量技术和机械传动技术于一体的典型机电产品。数控机床是应用数控技术最早、最广泛的设备，它的功能水平代表了现代数控技术的先进程度和发展方向。

数控机床的工作原理：根据加工工艺要求编写加工程序（以下简称程序）并输入 CNC，CNC 按加工程序向伺服（或步进）电动机驱动单元发出运动控制代码，伺服（或步进）电动机通过机械传动机构完成机床的进给运动；程序中的主轴起停、刀具选择、冷却、润滑等逻辑控制代码由 CNC 传送给机床电气控制系统，由机床电气控制系统完成按钮、开关、指示灯、继电器、接触器等输入输出器件的控制。目前，机床电气控制通常采用可编程逻辑控制器（Programable Logic Controller，PLC），PLC 具有体积小、应用方便、可靠性高等优点。由此可见，运动控制和逻辑控制是数控机床的主要控制任务。

数控机床一般由加工程序、输入装置、数控系统、伺服系统和辅助控制装置、检测反馈系统以及机床本体组成，如图 8-1 所示。

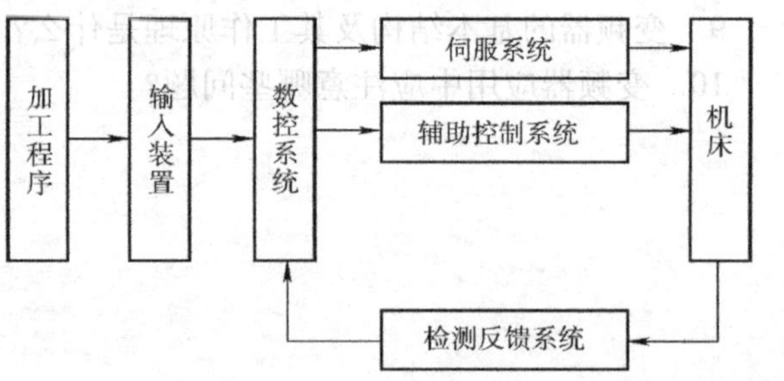


图 8-1　数控机床的组成

数控机床的强电部分一般都集中在一个床头电气柜中，如图 8-2 所示，由于机床要使用冷却液等，所以这个电气柜对防尘和防水有一定的要求，一般要求达到 IP54 级别。

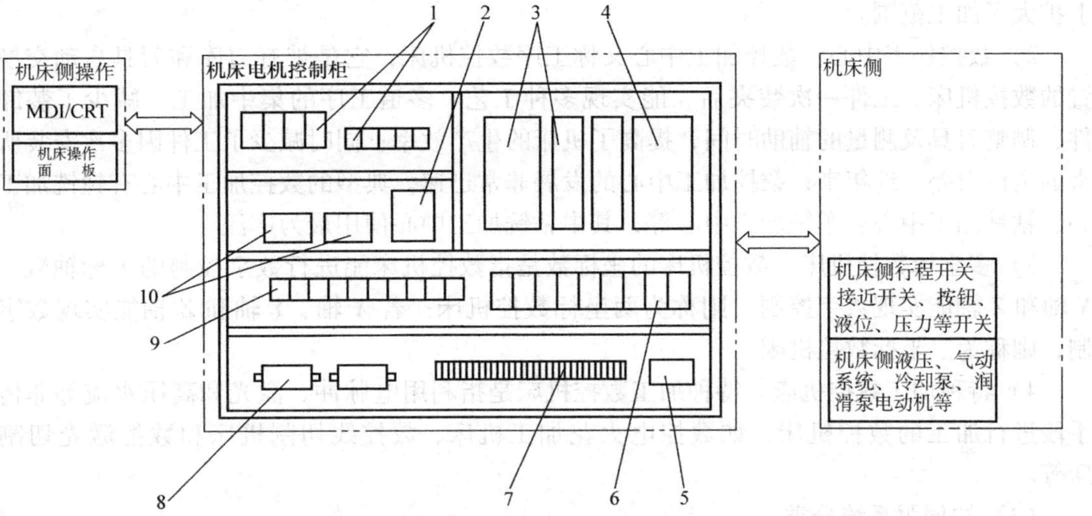


图 8-2　数控机床电气控制柜示意图

1—熔断器及断路器　2—开关电源　3—主轴及进给驱动器　4—CNC 装置　5—接地排　6—接触器　7—端子排　8—机床控制变压器　9—中间继电器　10—输入/输出（I/O）端子排

**2. 组成及其作用**

数控系统（CNC 系统）是在存储器内装有可以实现部分或全部数控功能软件的专用计算机，并配有接口电路和伺服驱动装置的系统。它由加工程序、输入输出设备、计算机数控装置、可编程控制器（PLC）、主轴控制单元及进给驱动装置等组成。

1）加工程序是用户根据被加工工件图样的要求而编制的数控系统能进行处理的工件加工程序。

2）输入输出设备是指能完成程序编辑、程序和数据输入、显示及打印等功能的设备，包括键盘、磁盘、CRT 显示器、编程机等。

3）计算机数控装置是指能根据输入的信息进行数值计算、逻辑判断、轨迹插补和输入输出控制的装置，它是数控系统的核心。

4）可编程控制器是实现换刀、主轴起（停）及变速、零件装卸等辅助功能（M、S、T）控制和处理的专用微机。

5）主轴控制单元是由主轴驱动器或变频器对主轴电动机实现主轴的无级变速及通过可编程控制器实现主轴定向停止的功能模块组成。

6）进给驱动装置是把数控装置处理的加工程序信息，经过数字信号向模拟信号转化后，使位置控制部分驱动进给轴，按要求的坐标位置和进给速度进行控制，它分为位置控制和速度控制两个单元，数控机床对它的要求很高，因为它直接关系到加工质量的高低。

**3. 数控机床的分类**

数控机床的分类方式很多，下面几种是比较常见的分类方法。

（1）按工艺用途分类

1）普通数控机床。普通数控机床是指工艺性能与传统的通用机床相类似的数控机床，包括数控车床、数控铣床、数控刨床、数控镗床、数控钻床以及数控磨床等。其中数控车床除可以完成普通车床所能加工的表面外，还能加工圆弧面。这些数控机床在普通机床的基础上扩大了加工范围。

2）数控加工中心。数控加工中心又称工序数控机床，它是带有刀库和刀具自动交换装置的数控机床。工件一次装夹后，能实现多种工艺、多道工序的集中加工，减少了装卸工件、调整刀具及测量的辅助时间，提高了机床的生产效率；同时减少了工件因多次安装所带来的定位误差。近年来，数控加工中心的发展非常迅速。典型的数控加工中心有镗铣加工中心、钻铣加工中心和车铣加工中心等，其中钻铣加工中心使用最为广泛。

3）多坐标数控机床。数控机床的坐标数是指数控机床能进行数字控制的坐标轴数。若 $X$ 轴和 $Z$ 轴能实现数字控制，则称为两坐标数控机床；若 $X$ 轴、$Y$ 轴和 $Z$ 轴能实现数字控制，则称为三坐标数控机床。

4）特种加工数控机床。特种加工数控机床是指利用电脉冲、激光和高压水流等非传统手段进行加工的数控机床，如数控电火花加工机床、数控线切割机床和数控激光切割机床等。

（2）按伺服系统分类

数控机床的控制核心就是伺服系统，伺服控制系统是一种能够跟踪输入的指令信号进行动作，从而获得精确的位置、速度及动力输出的自动控制系统。

伺服控制系统的结构、类型繁多，但从自动控制理论的角度来分析，伺服控制系统一般包括控制器、被控对象、执行环节、检测环节、比较环节等五部分。其分类如下：

1）开环控制系统。所谓开环，就是没有位置反馈的伺服系统。这种结构的电气系统都用步进电动机驱动，如图 8-3 所示。由于没有速度和位置的反馈，所以跟随精度差，响应性差，因而加工精度差，效率低。

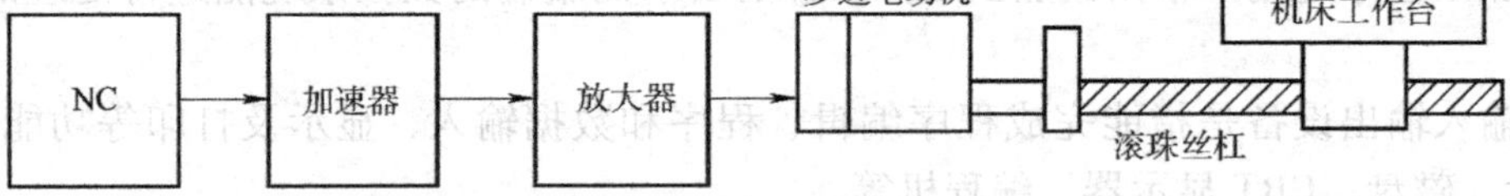


图 8-3　开环控制系统

另外由于步进电动机控制原理及本身的结构等原因，运行及定位速度不高，控制性不好，易丢失控制脉冲，响应性差、效率低等，不适于 CNC 机床工作台的驱动控制。

2）半闭环控制系统。半闭环如图 8-4 所示，这种结构使用回转运动的脉冲编码器（光码盘），并将其安装于电动机轴上或滚珠丝杠上（远离电动机轴的一端）。因此，编码器只能随着电动机的回转，测量电动机轴或滚珠丝杠转过的角度。但是，工作台是带动工件做直线运动的，位置检测器应该实测其直线移动量，并将其反馈至位置控制器。因为编码器不是直接测量工作台的直线移动，需经滚珠丝杠和螺母将丝杠的转角转换为直线位移，属于被控元件（这里是直线运动的工作台）的被控量（这里是位置量）的间接测量，就称之为半闭环。就是说进给传动链上有一部分元件没有闭在环内（如图中的滚珠螺母和工作台），因此会造成反馈量（实际位置）的测量误差，以至于影响整个伺服系统环路的控制误差。图 8-4 中，电动机轴与滚珠丝杠间的耦合，滚珠丝杠与螺母间的反向间隙，丝杠、工作台的变形等引起的运动误差，编码器均未测到。因此，这种结构从理论上讲，伺服的跟随精度不如全闭环高。

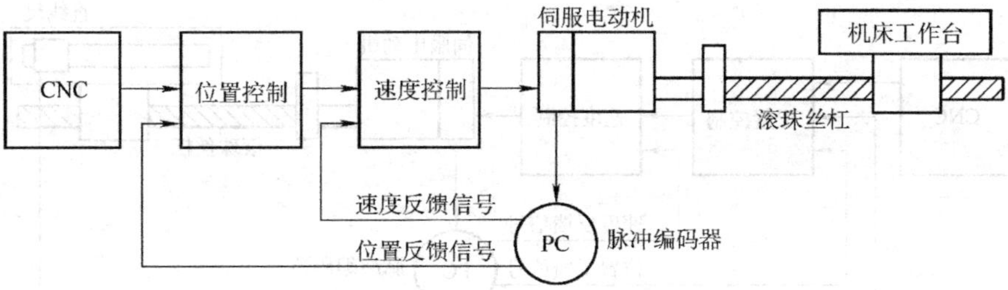


图 8-4　半闭环控制系统

由图 8-4 中可见，其中的编码器既作为电动机的速度反馈，以维持电动机转速的恒定，从而使工作台的进给速度恒定；又作为被控元件的位置反馈。作速度反馈时，是将电动机的转速以单位时间内的脉冲数表示，将其反馈至速度控制器，与指令速度进行比较。作位置反馈时，是将实测的脉冲个数反馈至位置控制器，与 CNC 输出的位置指令值比较，用求出的位置误差作为位置环路的控制量。

3）全闭环控制系统。闭环是有被控元件的位置反馈的伺服系统。系统的构成包括：执行元件—伺服电动机（一般与滚珠丝杠直接连接）；速度控制器和位置控制器，位置控制器接收 CNC 插补器的输出指令，闭环伺服系统的结构如图 8-5 所示。

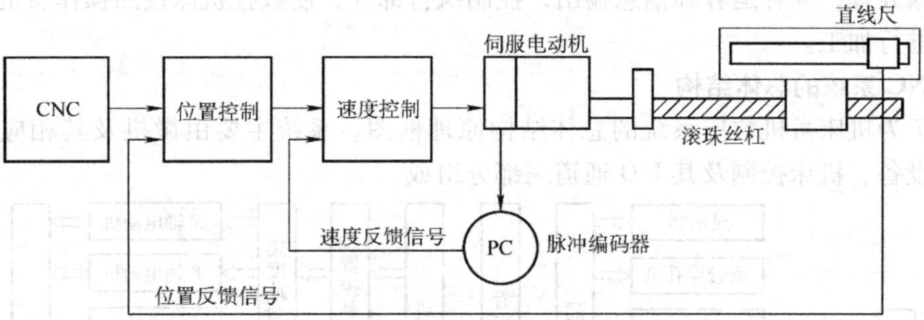


图 8-5　闭环伺服系统的结构

使用直线尺（通常使用直线光栅尺）作为位置测量元件，并将其安装于工作台的侧面，随工作台一起运动。因此，能够直接测量出工作台的实际移动量（称之为直接测量）。整个传动链上的所有元件全部被包括于闭环内，故测量精度高，因此伺服的控制精度也就高。此种结构中，装在电动机轴上的编码器只用于电动机的速度反馈，位置量的反馈使用直线光栅尺。

4）混合型控制系统（双闭环）。这种结构中，位置量的测量同时使用了两种元件：脉冲编码器和直线光栅尺。

另外，编码器还和半闭环一样，同时兼用于速度反馈，如图 8-6 所示。由于有两种位置反馈，故系统精度较高，跟随性好。

上述四种结构，尽管全闭环达到的精度较高，但是使用得还是比较少，其原因是调试比较困难，特别是当机床的机械刚性较差，如丝杠细而长、工作台和导轨间的摩擦大、工作台较重、使用蜗轮/蜗杆传动、装配时机件间的间隙较大时，极易引起传动链的振动，因而无法调试。使用全闭环系统，对机床的机械元部件的结构设计、机件的变形、机件的制造精度、传动部件的装配精度要求都较高。鉴于此种原因，一般机床都使用半闭环结构。这种结

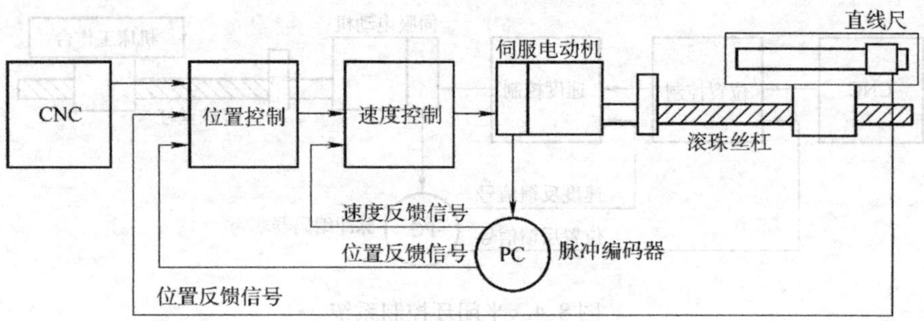


图 8-6　混合型控制系统

构对机械要求一般，调试比较容易。其伺服传动的精度可以用反向间隙补偿和滚珠丝杠的螺距误差补偿功能加以弥补。在大型机床或者要求高精度的机床上可以使用混合闭环控制技术。

## 8.1.2　计算机数控系统的总体结构及各部分功能

计算机数控（CNC）系统是在传统的硬件数控（NC）的基础上发展起来的。它主要由硬件和软件两个部分组成。通过系统控制软件与硬件的配合，合理地组合、管理数据系统的输入，数据处理、插补运算和信息输出，控制执行部件，使数控机床按照操作者的要求，有条不紊地进行加工。

**1. CNC 系统的总体结构**

图 8-7 为机床微机数控系统的总体结构原理框图。系统主要由微机及其相应的 I/O 设备、外部设备、机床控制及其 I/O 通道三部分组成。

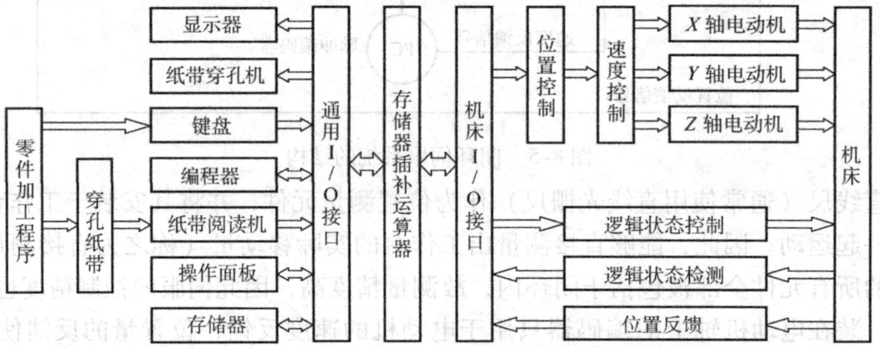


图 8-7　CNC 系统原理方框图

伺服系统通常由人机接口、数字控制以及机床逻辑控制这三个相互依存的功能部件构成。人机接口是数控机床操作人员与操作系统进行信息交换的窗口，如操作人员可通过人机接口向数控系统发出运动指令，如点动、返回参考点、冷却泵起动等，而数控系统又通过人机接口向操作员提供位置信息、程序状态信息和机床的运行状态信息。一台数控系统是否友好，都是通过人机接口体现出来的。现代的数控系统不仅能通过人机接口提供文字信息，而且还可以提供图像信息，如加工轨迹的平面、三维的线架仿真、三维实体模拟及图形编程等；数字控制包括轨迹运算和位置调节两大主要功能，以及各种相关的控制，如加速度控制、刀具参数补偿、零点漂移、坐标旋转与缩放等；逻辑控制，也叫可编程机床接口或 PLC，是用来完成机床的逻辑控制，如主轴换档控制、液压系统控制及车床的自动刀架、铣刀的刀库、换刀机械手控制的部件。

一台数控系统的硬件由数字控制装置和驱动控制装置两部分组成。数字控制部分通常采用一个或多个微处理器来完成上述三个基本功能。驱动部分由一个微处理器或多个微处理器对一个或多个坐标轴的速度环和电流环进行调节，以保证快速、准确地完成由数控装置发出的位置命令。总之，数控系统采用的微处理器越多，其运算和处理能力就越强，但价格也就越高。对机床的使用者来说，数控系统采用了多少个微处理器并不重要，关键是数控系统的处理速度、控制能力是否能够满足数控机床加工速度、精度和表面质量的要求。

（1）驱动器实现速度死循环控制

伺服驱动器在整个数控系统中的作用是实现速度死循环控制和电流死循环控制。驱动器从数控系统中得到速度指令。通常采用的数字给定接口有数字接口，如现场总线（PROFIBUS）、工业以太网接口、RS－232接口等；模拟接口（±10V模拟电压）；脉冲接口（速度脉冲和方向脉冲）。驱动器在得到数控系统发出的速度指令后，控制伺服电动机运动，伺服电动机上的速度测量系统将实际速度（速度回馈）送给伺服驱动器。伺服控制器根据电动机的实际速度进行调节，使伺服电动机在最短的时间内达到保持指令速度。在速度控制的同时驱动器还对电动机的电流进行实时调节。

数字控制装置根据其计算的轨迹，将速度给定信号送到驱动器给定接口，驱动器按照给定的速度指令控制伺服电动机运动，伺服电动机的位置检测系统又将位置信息（位置回馈）传送到数字装置，数字装置根据实际位置调整所发出的速度指令给伺服系统。这样形成了一个位置的死循环控制。

（2）数控系统的数据流

数控系统的特点是操作者可以将要加工零件以程序的方式进行描述，并输入到数控系统中。零件程序具有DIN标准和ISO标准，如直线用G01表示，顺时针圆弧用G02表示，逆时针圆弧用G03表示。利用数控编程标准代码所描述的工件加工过程称为零件程序。数控系统将零件程序存储于程序内存中，程序启动后，数控系统的数据处理软件首先对内存中的零件程序进行译码，译码后的程序进入预读缓冲存储器。数控系统的插补器从预读缓冲存储器中读出经过译码的零件程序，进行插补计算，计算出轨迹位置。数控系统的常用插补方法有直线插补、圆弧插补等，有些数控系统还可以提供样条插补、多项式插补、表格插补等插补方式。由插补器生成的位置指令被送到位置控制器进行位置调节控制。位置控制器根据插补器给出位置控制指令以及伺服电动机测量系统测得的实际位置，生成速度信号送到伺服驱动器。伺服驱动器最终控制伺服电动机向指令方向运动。

**2. 数控系统各部分的功能**

（1）微机部分的功能

微机通过软件可以实现很多功能。常见的功能如下：

1）固定循环功能：一些典型的加工工序，如钻孔、攻螺纹、铰孔、深孔钻削、车螺纹等，所需完成任务的动作循环十分典型，将这些典型动作循环预先编好程序并存储在存储器中，用G代码编写指令，就形成了固定循环指令。使用固定循环指令可以大大简化编程。

2）主轴速度功能：主轴速度功能用S字母和它后面的数值表示，一般S后跟2位数或4位数，S的单位是r/min。

3）控制功能：控制功能是指CNC系统能控制的轴数以及能同时控制的轴数。控制轴有移动轴和回转轴，还有基本轴和附加轴。控制的轴数越多，特别是同时控制的轴数越多，CNC 系统就越复杂、其功能也越强，编制程序就越困难。

4）辅助功能：辅助功能是数控加工不可缺少的辅助操作，有 M00 – M99 共 100 种。辅助功能操作用来控制规定主轴的起、停、转向以及冷却泵的接通和断开和刀库的起停等。

5）刀具功能：此功能包括能选取的刀具数量和种类、刀具的编码方式、自动换刀方式。

6）准备功能：准备功能亦称 G 功能，用来指定机床的动作方式，包括基本移动、程序暂停、平面选择、坐标设定、刀具补偿、基准点返回、米英制转换等指令。准备功能有 G00 – G99 共 100 种。

7）刀具补偿功能：加工过程中由于刀具磨损或更换刀具以及机械传动中的丝杠螺距误差和反向间隙误差，将使实际加工尺寸与程序规定的尺寸不一致，造成加工误差。数控系统采用补偿功能，可以把刀具长度或直径的相应补偿量、丝杠螺距误差和反向间隙误差的补偿量输入 CNC 系统的存储器，按补偿量重新计算刀具运动轨迹和坐标尺寸，从而加工出符合要求的零件。

8）通信功能：数控系统通常具有 RS – 232C 接口，有的设备有 DNC 接口，设有缓冲存储器。有的 CNC 系统用数控格式输入，也可以用二进制格式输入，进行高速输入。有的 CNC 系统还可以与 MAP（制造自动化协议）相连，接入工厂的通信网络，适应 FMS、CIMS 的要求。

9）人机对话功能：有的 CNC 系统可以根据被加工零件图样直接编制加工程序，操作员或编程员只需输入图上简单表示几何尺寸的角度、斜率、半径等命令，系统就能自动计算出全部交、切点和圆心坐标，生成加工程序。还有的 CNC 系统可根据引导图和说明的显示进行对话式编程，并具有自动工序选择、刀具选择以及刀具使用顺序选择等智能功能。

10）字符图形显示功能：CNC 系统可配置 9 英寸单色或 14 英寸彩色显示器，通过软件和接口实现字符和图形显示，可以显示程序、参数、各种补偿量、坐标、故障信息、人机对话编程菜单、零件图形、刀具轨迹仿真等。

11）进给功能：进给功能用 F 直接指定各轴的进给速度。

切削进给速度（每分钟进给量）：以每分钟进给距离的形式指定刀具切削速度，用字母 F 和它后续的数值指定。对直线轴如 F1500 表示每分钟进给 1500mm，对于回转轴如 F12 表示每分钟进给 12°。

同步进给速度：同步进给速度为主轴每转时进给轴的进给量，单位为 mm/r。只有主轴上装有位置编码器（一般为脉冲编码器）的机床才能指定同步进给速度。

快速进给速度：数控面板上设置了进给倍率开关，倍率可以在 0 ~ 120% 之间变化，每档间隔 10%，使用倍率开关可以不修改程序中的 F 代码，就可以改变机床的进给速度，对每分钟进给量和每转进给量都有效。

12）自诊断功能：CNC 系统中设置各种诊断程序，可以防止故障的发生或扩大，在故障出现后可迅速查明故障类型及部位，减少故障停机时间。

13）插补功能：CNC 系统中插补功能可分为粗插补和精插补，软件每次插补一个小线段，称为粗插补；根据粗插补的结果，将小线段分为单个脉冲输出，称为精插补。

（2）外部设备

CNC 系统的外部设备主要包括键盘、纸带/磁盘阅读机、操作面板、显示器（LED/LCD）或阴极射线管显示器（CRT）、外部存储设备。这些设备大部分是通用的外部 I/O 设备，对于具体的 CNC 系统，并不一定配置所有这些 I/O 设备，而是视系统的要求而定。

（3）机床控制部分的功能

机床控制部分包括位置控制、速度控制和机床状态控制。位置控制是通过对机床伺服执行元件的控制来实现的。执行元件可以是交流或直流电动机，也可以是步进电动机。伺服机构包括位置控制和速度控制，一般构成闭环控制。速度环通常包括在伺服电动机驱动器中，而位置反馈则要送入计算机，构成回路。在开环系统中不需要位置反馈环节。

机床逻辑状态的检测和控制主要涉及机床的强电部分，机床的逻辑状态检测部分的功能是控制机床上有关状态传感元器件的输出信息，例如，机床液压系统的压力状况、主轴转速及主轴负载是否过大、工作台是否超程、刀架位置是否正确等。机床逻辑状态控制部分的功能是控制机床主轴电动机的起停，冷却泵、油泵的开启与停止及换刀等。

## 8.1.3 伺服电动机的特性及选型

伺服电动机是数控机床驱动坐标运动的执行部件，伺服驱动系统是控制伺服电动机驱动数控机床的传动系统，因此驱动系统也是数控机床性能的保证。伺服电动机不仅具有恒定输出转矩的特性，而且还具有非常强的超载能力。伺服电动机制造厂商为机床制造厂提供了机械安装和电气数据，便于机床制造厂选择合适的伺服电动机、设计电动机在机床上的安装。在这些数据中对伺服电动机的额定速度、额定转矩以及超载能力都有详细的描述（详见伺服电动机出厂说明书）。在机床选配伺服电动机时，要根据机床的设计性能指标，如进给轴的最高速度、加速度、主轴的功率和调速范围以及机床实际应用条件，如切削的材料、加工工艺参数、使用的刀具等条件，来选择合适的伺服电动机。同时需要考虑该电动机的超载能力和超载的条件以及机床传动系统的丝杠与伺服电动机转子的惯量匹配。如果伺服电动机选型不合理、可能导致伺服电动机长期运行在超载状态下，最终导致伺服电动机的损坏或机床的加速特性不能达到设计指标的要求。

伺服电动机选型的另一个主要依据是伺服电动机的工作制和定额。伺服电动机的额定功率是以工作制为基准的，不同工作制的机械应选用相应定额的电动机。“定额”是“由制造商对符合制定条件的电动机所规定的，并在铭牌上标明电量和机械量的全部数值及其持续时间和顺序”。“工作制”是“电动机承受负载情况的说明，包括起动、电制动、空载、断电停转以及这些阶段的持续时间和顺序”。关于伺服电动机的 9 类工作制和 5 种定额具体查询《通用用电设备配电设计规范 GB50055—93》。

对于工作在连续工作制的电动机，电动机绕组的平均温升也是影响电动机特性的技术指标。

### 1. 关于进给轴的伺服电动机

在额定转速范围内伺服电动机可以输出基本恒定的转矩。另外，伺服电动机具有很强的超载能力，但是所有伺服电动机的超载都是短时的。具体的超载时间范围，由伺服电动机的制造厂商根据电动机的工作制提供。在实际选择伺服电动机时，有关超载的时间参数应以所选用的伺服电动机的技术指标为准。

（1）惯量匹配

在机床的机械设计完成后，根据各个坐标传动系统的机械数据以及该轴的设计指标，来选择合适的伺服电动机。首先应按照各个坐标传动系统所需要的转矩选择伺服电动机。每个坐标轴需要的转矩与工作台的质量、导轨的摩擦因子以及丝杠的惯量等参数相关，并且还要考虑切削时需要的动力。只考虑伺服电动机的转矩是不够的，还需要考虑伺服电动机转子与滚珠丝杠的惯量匹配问题以及电动机丝杠的连接方式。伺服电动机与丝杠的惯量是否匹配，将直接影响该坐标的加速度是否能满足要求。

一般情况下电动机惯量 $J_1$ 与丝杠惯量 $J_2$ 应满足以下关系：

$$J_1 \geqslant J_2/3$$

（2）伺服电动机的轴端受力

在机械设计上，要考虑伺服电动机轴端与丝杠的连接方式对电动机轴端施加的径向力。如果超出伺服电动机的允许范围，伺服电动机轴承的使用寿命缩短，而且可能导致伺服电动机的轴承损坏。

（3）伺服电动机超载能力

伺服电动机具有很强的超载能力，有些甚至可达到300%的超载，但伺服电动机的超载是有时间限制的。在数控机床的设计时，应根据机床的设计指标选择匹配的伺服电动机，以避免伺服系统长期处于超载状态运行。

总之，伺服电动机选型的依据，首先是机床设计时定义的性能指标，如坐标轴的最高速度和最大加速度，加工时作用在该坐标轴上的最大分力。其次是机械部件的数据，如伺服电动机与丝杠的连接方式（直接连接、减速连接等）、工作台的质量和丝杠的惯量等，另外还需要考虑伺服电动机的工作温升。

**2. 关于主轴电动机**

主轴电动机是产生动力的来源，主轴不仅要在高速旋转的情况下承载切削时传递的主轴电动机的动力，而且还要保持非常高的精度。主轴是数控机床中最关键的部件之一，主轴的技术指标也决定了机床的技术水准。主轴在结构上也分为机械主轴和电主轴。机械主轴由刀具的装卡机构、轴承、主轴冷却系统以及配套的主轴电动机、测量部件及驱动装置等构成。有的主轴还配备了液压或气动的换档机构。电主轴是主轴电动机被集成到主轴的机械部件中，构成了一个整体结构的主轴系统。

（1）主轴电动机的特性

在描述主轴特性的参数中，额定转速是一个重要的数据。当主轴的转速小于额定转速时，主轴工作在恒转矩区；当主轴的转速大于额定转速时，主轴工作在恒功率区。

（2）主轴的工作点

在机床设计时，需要根据机床切削的指标定义机床的技术指标。其中主轴的输出功率和主轴的调速范围为关键的技术指标。

根据主轴电动机特性曲线，主轴与主轴电动机之间采用1:1的直连方式，即可实现上述技术指标。虽然主轴电动机的速度可以在零速到标定的最大速度之间连续变化，但在额定输出功率下的调速范围，为额定转速到最大转速。当主轴在低于额定转速下工作时，主轴的输出功率不能达到主轴电动机的额定功率。即使在低于额定转速的工作区，主轴电动机可以在超载状态运行，输出更高的功率，甚至输出功率可高于额定功率，但在超载的状态下主轴是不能长时间工作的。

因此在数控机床的设计阶段，必须明确主轴的输出功率和调速范围等技术指标，否则，用户在切削时可能出现由于主轴输出功率不够，造成主轴“闷车”而不能完成用户加工程序中所要求的切削用量。

(3) 超载能力

主轴电动机同样具有很强的超载能力。伺服主轴所允许的超载只是短时的，特别是在主轴电流达到驱动器的最大设计电流时，所允许的驱动电流超载的时间就更短。

在设计主轴性能指标时，一定要正确选择主轴的工作点。数控机床出厂时，应为用户提供主轴的功率特性，以指导用户正确地使用主轴。作为机床的使用者，也需要了解数控机床主轴的特性，以便在加工程序中正确选择切削用量，保证主轴的输出功率得以充分利用。

(4) 轴端受力

由于主轴轴承承载能力的限制，主轴电动机对于不同速度下作用在其轴端的悬臂力应有明确的要求。在主轴机械设计中要考虑主轴电动机的轴端悬臂力，并且在主轴电动机安装时，保证施加在主轴轴端的悬臂力大于设计指标。如果机床主轴的设计指标要求主轴电动机长期在高速下运行，应考虑在采购主轴电动机时选用增强型主轴电动机。

(5) 主轴总成的动平衡

当主轴电动机的轴与带轮连接在一起后，必须进行整体动平衡的调整。这样才能保证主轴电动机的轴在安装了带轮后仍可以达到动平衡。

(6) 惯量匹配

主轴电动机与主轴的惯量匹配影响主轴的加速特性，主轴加速特性直接影响主轴的快速定向和高速攻螺纹加工等功能。如果主轴电动机通过减速器与主轴连接，在设计时也要考虑主轴电动机转子的惯量与负载（联轴器及减速器）之间的惯量匹配。

### 8.1.4 数控系统的部件连接

以西门子 802D sl 数控系统为例，数控单元（PCU）中集成了人机界面、数控运算和可编程控制系统（PLC）三个功能软件，采用实时操作系统控制。与之配套的有数控编程键盘、手轮、机床操作面板、数字量输入输出模块以及数字式伺服驱动系统。其中驱动系统又由三部分组成，即驱动电源模块、功率模块和速度环控制模块。数控系统与伺服驱动系统之间采用控制电缆 DRIVE CLIQ 连接，构成位置的闭环控制。

数控单元是整个系统的核心，操作人员可以通过键盘、机床控制面板、通信接口，向数控系统发出控制指令或加工零件程序。数控系统经过复杂的计算和处理，通过作为神经中枢的现场总线，向数字量输入输出模块发出逻辑控制指令，向伺服驱动器发出速度、位置以及轨迹控制指令。伺服驱动器控制伺服电动机完成操作人员发出的加工程序和控制指令。

结合 802D sl 系统这里也简单介绍一下 828D 新系统的特点。西门子推出的 SINUMERIK 828D 数控系统，是面向中高档数控机床配套并逐步替代 802D sl 的数控产品。SINUMERIK 828D 总体性能介于 SINUMERIK 802D sl 与 SINUMERIK 840D 之间，正好弥补了这两个产品之间的空白，另外还支持各种车、铣机床的应用，其功能性和便捷性很好地诠释了当今市场对数控系统的高标准要求。

**1. 系统组成**

(1) PCU——面板控制单元

面板控制单元（Panel Control Unit）的功能是零件加工程序的编程显示，在零件加工过程中，还可以显示机床工作台位置、刀具位置、进给速度、主轴转速、动态加工轨迹等各种反映机床和 CNC 系统状态的信息。PCU 前端盖内有 4 个发光二极管用于状态指示。面板控制单元如图 8-8 所示。而 828D 系统面板控制单元 PPU 如图 8-9 所示，硬件接线有了很大改善，PROFIBUS 总线接口取消，使用 PROFINET 方式与输入输出模块 PP72/48D PN 进行网络通信，前置的 USB、CF 卡和以太网接口使得执行大型加工程序简便而快捷，摒弃了电池、硬盘和风扇这些易损部件，真正做到免维护。可配置最大轴数：车床版 8 轴/铣床版 6 轴。

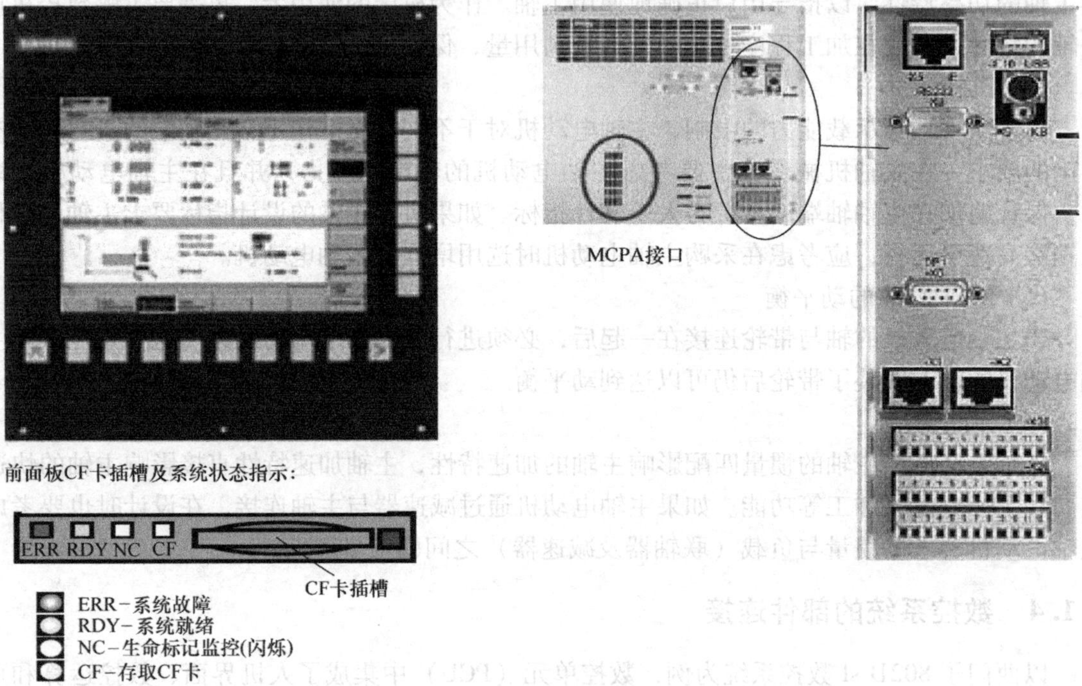


图 8-8　802D SL 面板控制单元

- X4——3 芯端子式电源插座（插头上已标明 24V、0V 和 PE）；
- X1 和 X2——高速驱动接口；
- X5——以太网插座；
- X6——PROFIBUS 总线接口（9 芯孔式 D 型插座）；
- X8——RS232 接口（9 芯针式 D 型插座）；
- X9——PS/2 键盘接口；
- X10——USB 外设接口；
- X20——数字 I/O 高速输入输出接口（12 芯端子插头）（见表 8-1）；

**表 8-1　数字 I/O 高速输入输出接口**

| 引脚 | 信号名 | 说明 | 引脚 | 信号名 | 说明 |
|---|---|---|---|---|---|
| 1 | ON/OFF1 | 驱动器使能 | … | | |
| 2 | ON/OFF2 | 控制使能 | 5 | M | 信号地 |

- X30——手轮接口（12 芯端子插头）（见表 8-2）；

**表 8-2　手轮接口**

| 引脚 | 信号名 | 说明 | 引脚 | 信号名 | 说明 |
|---|---|---|---|---|---|
| 1 | 3P5 | 5V 手轮电源 | 7 | 3P5 | 5V 手轮电源 |
| 2 | M | 信号地 | 8 | M | 信号地 |
| 3 | 1A | A1 相脉冲 | 9 | 2A | A2 相脉冲 |
| 4 | X1A | A1 相脉冲负 | 10 | X2A | A2 相脉冲负 |
| 5 | 1B | B1 相脉冲 | 11 | 2B | B2 相脉冲 |
| 6 | X1B | B1 相脉冲负 | 12 | X2B | B2 相脉冲负 |

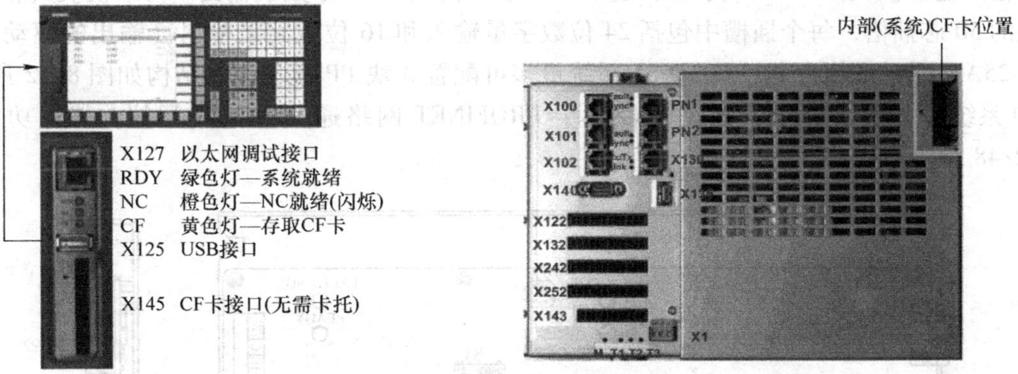


图 8-9　828D 系统面板控制单元

- X1——3 芯端子式电源插座（插头上已标明 24V、0V 和 PE）；
- X100、X101 和 X102——Drive CliQ 高速驱动接口；
- X130——工业以太网接口；
- X135——USB 外设接口；
- X140——RS－232 接口（9 芯针式 D 型插座）；
- X143——数字 I/O 高速输入输出接口（12 芯端子插头）（见表 8-1）；
- X122——手轮接口（12 芯端子插头）（见表 8-2）；
- X132——数字 I/O Sinamics 高速输入输出接口；
- X242——数字 I/O NC 高速输入输出接口；
- X252——数字 I/O NC 高速输入输出接口；
- PN1——Profinet 接口（连接 MCP、PP72/48D PN）；
- PN2——Profinet 接口（PPU240/241 没有此接口）；
- T1、T2 和 T3——模拟量输出测量接口；
- M——模拟量输出测量接口地。

（2）键盘

键盘通常安装在操作面板上，主要功能是输入各种操作命令及采用手动输入方式（MDI）输入零件加工程序，也可用来对零件加工程序进行修改和编程。键盘分为水平安装和垂直安装两种安装方式，可根据需要进行选择，如图 8-10 所示。828D 系统键盘则与 PPU 面板控制单元一体化。

（3）输入输出模块 PP72/48（如图 8-11 所示）

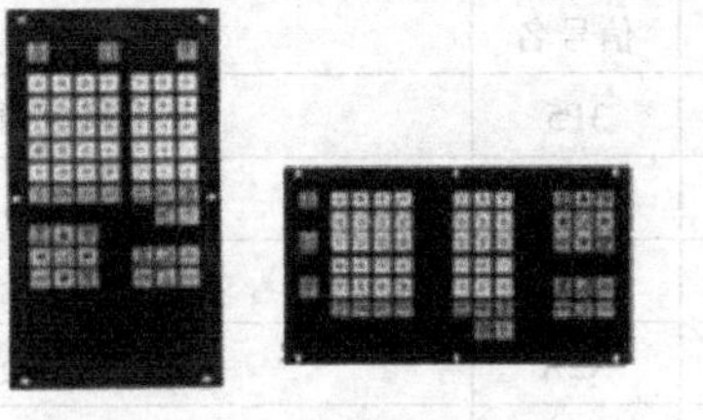

图 8-10　数控系统的键盘图

图 8-11　数控系统的输入输出模块

输入输出模块 PP72/48 模块可提供 72 个数字输入和 48 个数字输出。每个模块具有三个独立的 50 芯插槽，每个插槽中包括 24 位数字量输入和 16 位数字量输出（输出的驱动能力为 0.25A，同时系数为 1）。802D SL 系统最多可配置 3 块 PP 模块。其结构如图 8-12 所示。828D 系统的 PP72/48D PN 板是一种基于 PROFINET 网络通信的电气元件，其他功能与 PP72/48 相同。

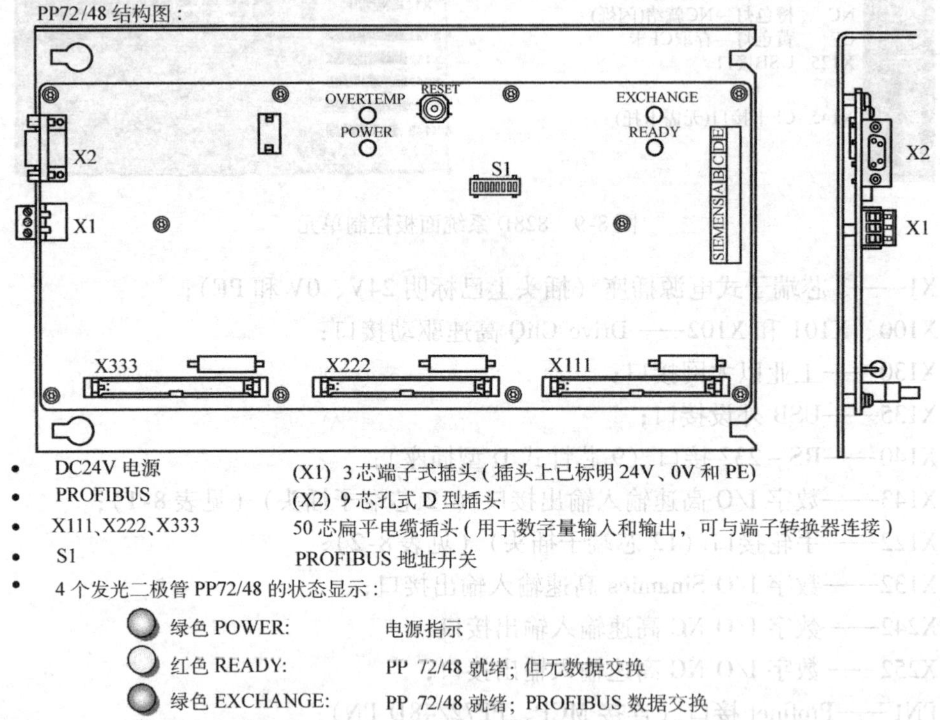


- DC24V 电源　(X1) 3 芯端子式插头（插头上已标明 24V、0V 和 PE）
- PROFIBUS　(X2) 9 芯孔式 D 型插头
- X111、X222、X333　50 芯扁平电缆插头（用于数字量输入和输出，可与端子转换器连接）
- S1　PROFIBUS 地址开关
- 4 个发光二极管 PP72/48 的状态显示：
  - 绿色 POWER:　电源指示
  - 红色 READY:　PP 72/48 就绪；但无数据交换
  - 绿色 EXCHANGE:　PP 72/48 就绪；PROFIBUS 数据交换
  - 红色 OVTEMP:　超温指示

图 8-12　PP72/48 的结构图

（4）机床控制面板（MCP）

机床操作面板主要用来安装操作机床的各种控制开关、按键以及机床工作状态指示、报警信号等设备。操作人员对机床的控制、对当前机床工作状态的了解均通过操作面板进行。可选标准面板，如图 8-13 及表 8-3 所示，也可由生产厂家根据实际情况进行自制。828D 机床控制面板如图 8-15 及图 8-16 所示。

有两种形式的机床控制面板

1．6FC5603－0AD00－0AA2 用于 PP72/48 配套。

2．6FC5303－0AF30－1AA0 用于 MCPA 配套，配套接口板如图 8-14 所示。

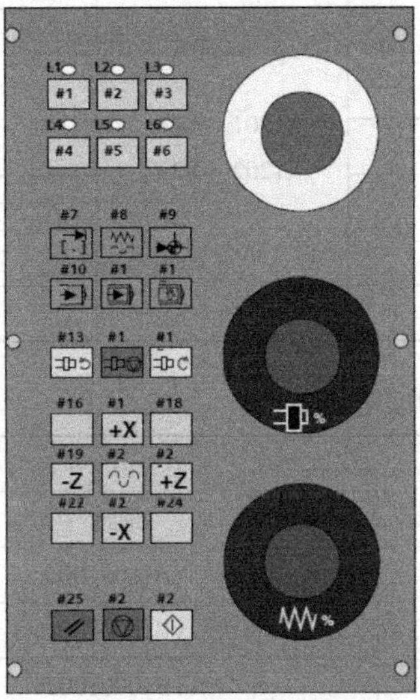


图 8-13　机床操作面板图

**表 8-3　MCP 按键**

| MCP | 对应的按键 |
|---|---|
| X1201 | 输入字节 0：对应按键#1～#8 |
| | 输入字节 1：对应按键#9～#16 |
| | 输入字节 2：对应按键#17～#24 |
| | 输出字节 0：6 个对应于用户定义键的发光二极管 |
| X1202 | 输入字节 3：对应按键#25～#27 |
| | 输入字节 4：对应进给倍率开关（5 位格林码） |
| | 输入字节 5：对应主轴倍率开关（5 位格林码） |
| | 输出字节 1：保留 |

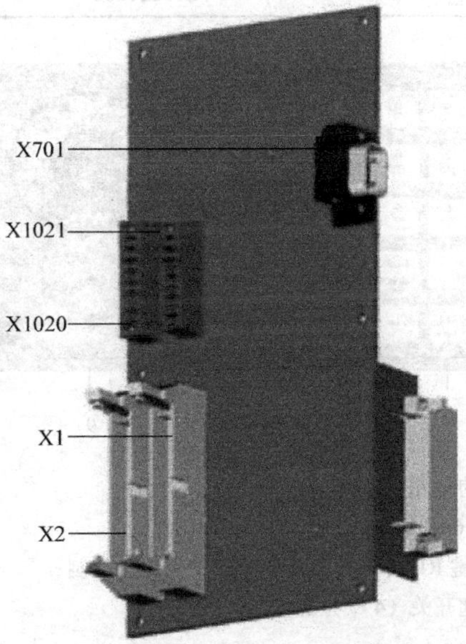


X1－　接 MCP 的 X1201

X2－　接 MCP 的 X1202

X1021 端子 1－接 +24V(必需)

X1021 端子 10－接 0V(必需)

X701 第 1 脚：主轴模拟量输出(56)

X701 第 6 脚：主轴模拟量输出参考地(14)

X701 第 5 脚：主轴使能 RF1(65)

X701 第 9 脚：主轴使能 RF2(9)

X701 第 4 脚：单极性主轴方向 1(参考地：X1021的端子10)

X701 第 3 脚：单极性主轴方向 2 (参考地：X1021的端子10)

主轴模拟量输出极性设定：轴参数 MD30134＝

0：模拟电压输出 ± 10V ；使能：X701.5 和 X701.9 导通

1：模拟电压输出 0～10V；使能：X701.4；　方向：X701.3

2：模拟电压输出 0～10V ；方向正：X701.3 方向负：X701.4

图 8-14　机床面板与模拟量接口

机床控制面板的按键的物理地址，见表 8-4 及表 8-5。

**表 8-4　机床控制面板的按键的物理地址 1**

| 与 PP72/48（总线地址：9）配套 | | | | | |
|---|---|---|---|---|---|
| 按键 | 接口 | 地址 | 按键 | 接口 | 地址 |
| #1～#8 | X1201→X111<br>X1202→X222 | IB0 | #1～#8 | X1201→X111<br>X1202→X222 | IB0 |
| #9～#16 | | IB1 | #9～#16 | | IB1 |
| #17～#24 | | IB2 | #17～#24 | | IB2 |
| #25～#27 | | IB3 | #25～#27 | | IB3 |
| 进给倍率 | | IB4 | 进给倍率 | | IB4 |
| 主轴倍率 | | IB5 | 主轴倍率 | | IB5 |
| 指示灯 | | QB0 | 指示灯 | | QB0 |

**表 8-5　机床控制面板的按键的物理地址 2**

| 与 MCPA 机床面板配套 | | |
|---|---|---|
| 按键 | 接口 | 地址 |
| #1～#8 | X1201→X111<br>X1202→X222 | VB10001000 |
| #9～#16 | | VB10001001 |
| #17～#24 | | VB10001002 |
| #25～#27 | | VB10001003 |
| 进给倍率 | | VB10001004 |
| 主轴倍率 | | VB10001005 |
| 指示灯 | | VB11001000 |

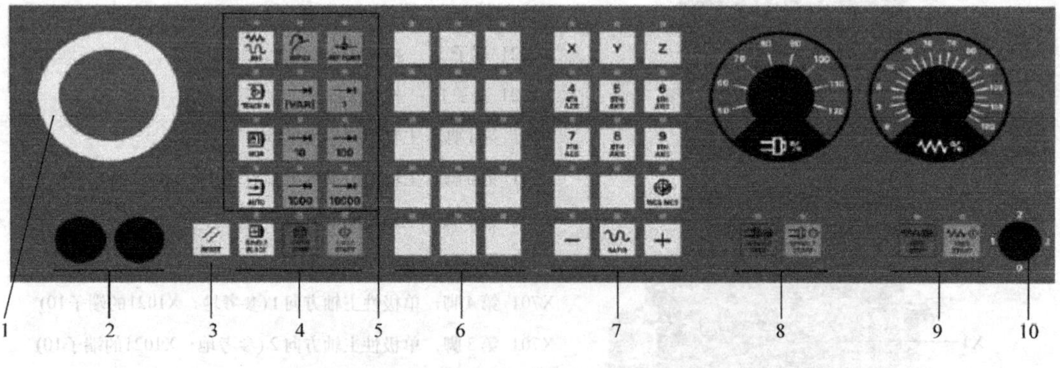

图 8-15　828D 机床控制面板的按键布局正面

①急停开关；②预留按钮开关的安装位置（$d=16$mm）；③复位；④程序控制；⑤操作方式选择；⑥用户自定义键 T1～T15；⑦手动操作键 R1～R15；⑧带倍率开关的主轴控制；⑨带倍率开关的进给轴控制；⑩钥匙开关（4 个位置）

（5）外置编码器接口模块用于连接直接测量系统，如图 8-17 及图 8-18 所示。建议采用西门子公司配套的编码器和信号电缆。

（6）连接 DRIVE－CLiQ 的集线器模块 DMC20，如图 8-19 所示。

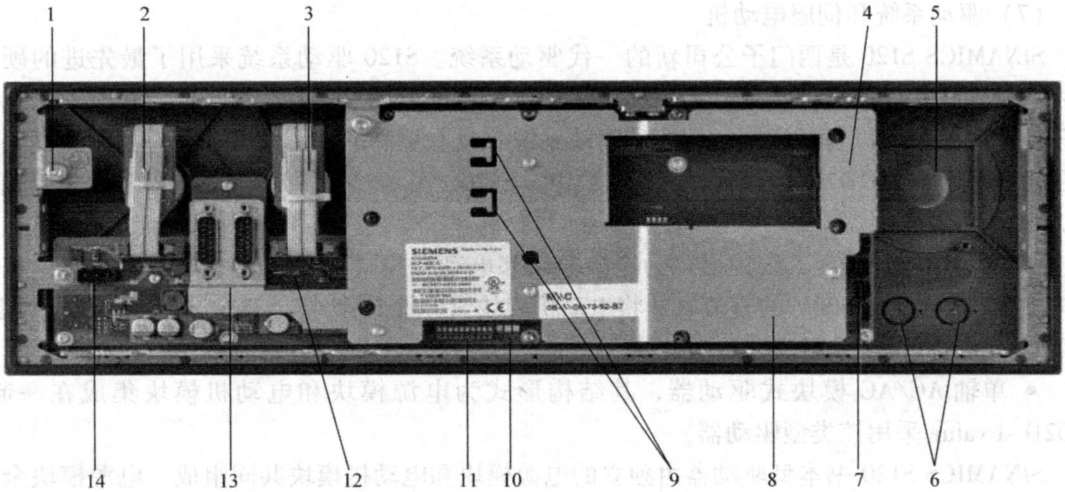


图 8-16　828D 机床控制面板背面

①接地端子；②进给倍率 X30；③主轴倍率 X31；④PROFINET 接口 X20/X21；⑤急停开关的安装位置；⑥预留按钮开关的安装位置（$d$ = 16mm）；⑦用户专用的输入接口（X51、X52、X55）和输出接口（X53、X54）；⑧盖板；⑨以太网电缆固定座；⑩指示灯；⑪拨码开关 S2；⑫保留；⑬保留；⑭电源接口 X10

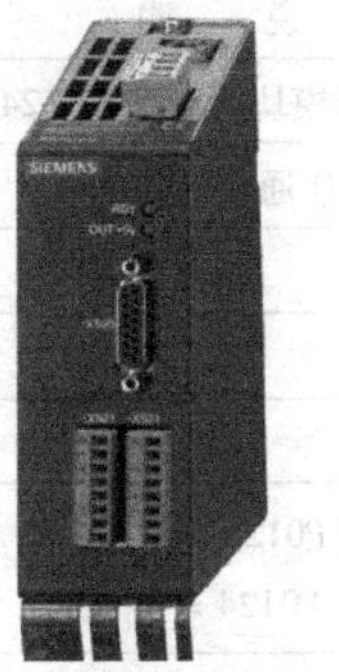

图 8-17　SMC20 与 1Vpp 正弦波编码器配套

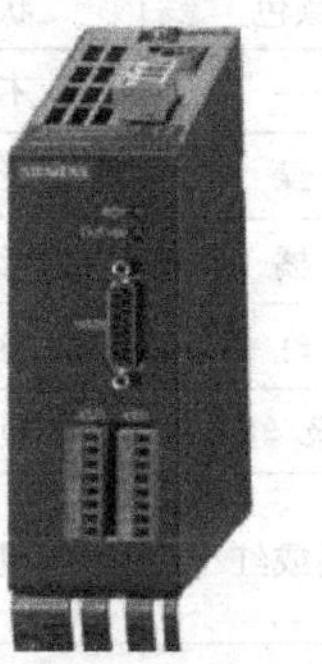

图 8-18　SMC30 与 TTL 方弦波编码器配套

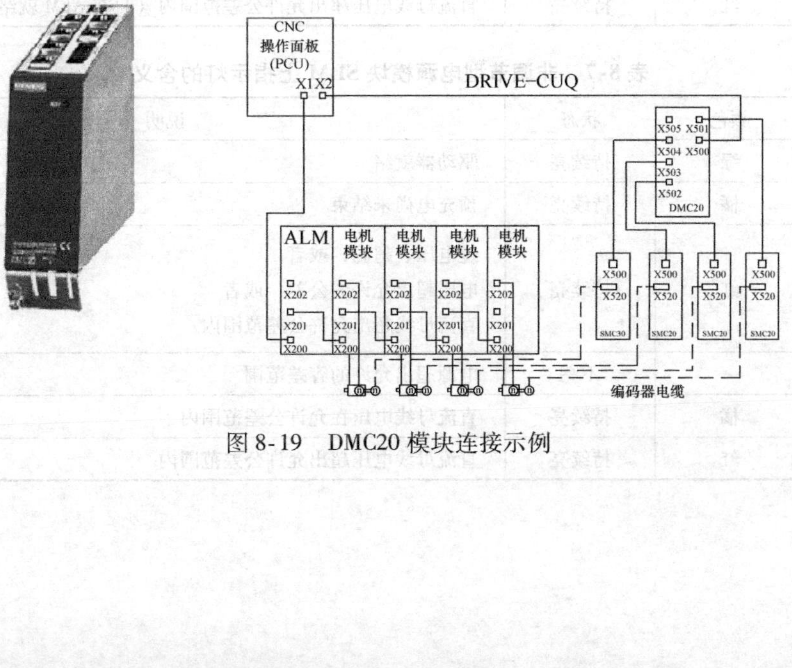


图 8-19　DMC20 模块连接示例

（7）驱动系统和伺服电动机

SINAMICS S120 是西门子公司新的一代驱动系统。S120 驱动系统采用了最先进的硬件技术、软件技术以及通信技术。采用高速驱动接口，配套的 1FK7 永磁同步伺服电动机具有电子铭牌，系统可以自动识别所配置的驱动系统。具有更高的控制精度和动态控制特性、更高的可靠性。和 802D SL 配套使用的 SINAMICS S120 产品包括：书本型驱动器和用于单轴的 AC/AC 模块式驱动器。

• 书本型驱动器，其结构形式为电源模块和电动机模块分开，一个电源模块将 3 相交流电整流成 540V 或 600V 的直流电，将电动机模块（一个或多个）都连接到该直流母线上。(802D sl pro 和 plus 采用该类型驱动器)

• 单轴 AC/AC 模块式驱动器，其结构形式为电源模块和电动机模块集成在一起。(802D sl value 采用该类型驱动器)

SINAMICS S120 书本型驱动器由独立的电源模块和电动机模块共同组成。电源模块全部采用馈能制动方式，其配置分为调节型电源模块（Active Line Module，ALM）和非调节型电源模块（Smart Line Module，SLM）。无论选用 ALM 或 SLM，均需要配置电抗器、电动机模块（Motor Module，MM），ALM 与 SLM 模块指示灯含义见表 8-6 及表 8-7。

**表 8-6　调节型电源模块 ALM，电动机模块 MM 上指示灯的含义**

| 指示灯 | 颜色 | 状态 | 说　明 |
|---|---|---|---|
| READY | — | 不亮 | 电源超出允许的公差范围或模块无直流 DC 24V 供电 |
| | 绿 | 持续亮 | 驱动器就绪，且 DRIVE CLiQ 通信有效 |
| | 橘 | 持续亮 | DRIVECLiQ 通信已建立 |
| | 红 | 持续亮 | 该模块具有至少一个故障 |
| | 绿/红 | 闪动 2Hz | 固件升级进行中 |
| | 绿/橘或红/橘 | 闪动 2Hz | 通过指示灯进行部件识别（P0124）<br>指示灯状态的两种可能性与 P0124 =1 相关 |
| DC LINK | — | 不亮 | 电源超出允许的容差范围 |
| | 橘 | 持续亮 | 直流母线电压在允许公差范围内（只在就绪时） |
| | 红 | 持续亮 | 直流母线电压超出允许公差范围内（只在 ALM 就绪时） |

**表 8-7　非调节型电源模块 SLM 上指示灯的含义**

| 指示灯 | 颜色 | 状态 | 说明 |
|---|---|---|---|
| READY | 绿 | 持续亮 | 驱动器就绪 |
| | 橘 | 持续亮 | 预充电尚未结束 |
| | 红 | 持续亮 | 过电压、超温，或者<br>电压超出允许的公差，或者<br>直流母线超出允许公差范围内 |
| DC LINK | — | 不亮 | 电源超出允许的容差范围 |
| | 橘 | 持续亮 | 直流母线电压在允许公差范围内 |
| | 红 | 持续亮 | 直流母线电压超出允许公差范围内 |

SINAMICS S120 书本型驱动器的电源模块、电动机模块均需要外部 24V 直流供电。24V 直流供电部件的功耗及电流见表 8-8 及表 8-9。

**表 8-8　控制部件功耗**

| 控制部件 | DC 24V 耗电 |
|---|---|
| 802D sl PCU210.3 和键盘的功耗 | 50W |
| MCP 的功耗 | <5W |
| PP72/48 的功耗 | 11W |
| PCU + PP72/48 起动电流 | 2.6A |
| SMC20 | 0.4A |
| SMC30 | 0.6A |
| DMC20 | 0.5A |

**表 8-9　驱动部件功耗**

| 驱动部件 | | DC 24V 耗电 |
|---|---|---|
| ALM 调节型电源模块 | 16kW | 1.1A |
| | 36kW | 1.5A |
| | 55kW | 1.9A |
| | 80kW | 2.0A |
| | 120kW | 2.5A |
| SLM 非调节型电源模块 | 5kW | 1.0A |
| | 10kW | 1.3A |
| 单轴电动机模块 | 3～18A（1x Drive CLIQ + 1x 抱闸） | 0.85A |
| | 30A（1x Drive CLIQ + 1x 抱闸） | 0.9A |
| | 45、60A（1x Drive CLIQ + 1x 抱闸） | 1.2A |
| | 85～200A（1x Drive CLIQ + 1x 抱闸） | 1.5A |
| 双轴电动机模块 | 2x3A（2x Drive CLIQ + 2x 抱闸） | 1.0A |
| | 2x5A（2x Drive CLIQ + 2x 抱闸） | 1.0A |
| | 2x9A（2x Drive CLIQ + 2x 抱闸） | 1.0A |
| | 2x18A（2x Drive CLIQ + 2x 抱闸） | 1.0A |

SINAMICS S120AC/AC 模块式驱动器由两部分组成：控制单元适配器 CUA31 和功率模块 PM340。

控制单元适配器 CUA31 上指示灯的含义见表 8-10。

**表 8-10　适配器 CUA31 上指示灯的含义**

| 指示灯 | 颜色 | 状态 | 说明 |
|---|---|---|---|
| READY | 绿 | 持续亮 | 组件准备运行，并且开始进行 DRIVE CLiQ 通信 |
| | 红 | 持续亮 | 该组件至少存在一个故障 |

SINAMICS S120AC/AC 模块式驱动器不需要独立的 24V 直流供电。

**2. 系统的连接**

熟悉了各个部件及其功能之后，下一步就是部件的连接。

（1）系统各部件的连接如图 8-22 所示。828D 系统各部件的连接如图 8-23 所示。

（2）PROFIBUS 总线的连接

SINUMERIK802DSL 是通过 PROFIBUS 总线和 DRIVE CLiQ 总线与外设进行通信。总线的正确连接是非常重要的。PROFIBUS 电缆应由机床制造商根据其电柜的布局连接。

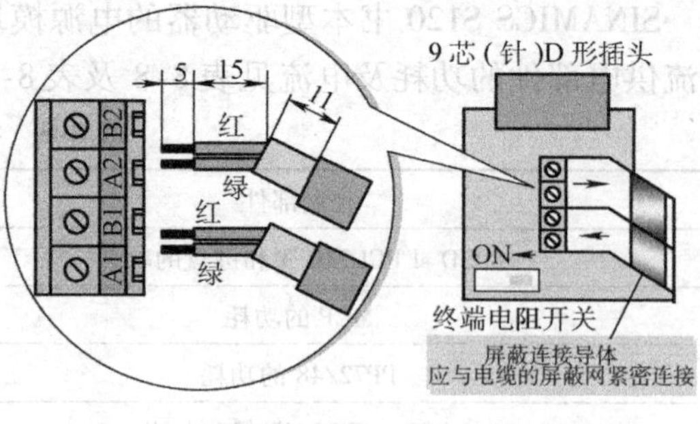


图 8-20　PROFIBUS 电缆插头制作图

PROFIBUS 电缆插头的制作方法如图 8-20 所示；不同部件之间的 PROFIBUS 电缆连接的方法如图 8-21 所示。

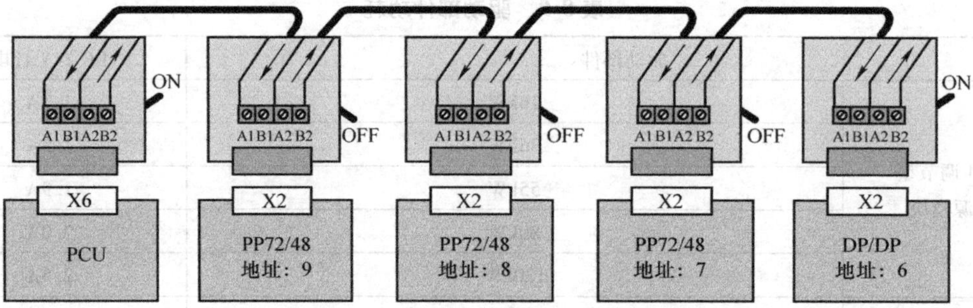


图 8-21　部件之间的 PROFIBUS 电缆连接图

PCU 为 PROFIBUS 的主设备，每个 PROFIBUS 从设备（如 PP72/48、DP/DP）都具有自己的总线地址，因而从设备在 PROFIBUS 总线上的排列次序是任意的。PROFIBUS 的连接请参照图 8-21。PROFIBUS 两个终端设备的终端电阻开关应拨至 ON 位置。

**注意：**

1）PROFIBUS 的屏蔽网应与插头内部的金属衬层保持良好的接触，并且注意插头的终端电阻开关的位置。

2）PP72/48 的总线地址由模块上的地址开关 S1 设定。第一块 PP72/48 的总线地址为“9”（出厂设定）；第二块 PP72/48 的地址应设定为“8”；第三块 PP72/48 的总线地址应设定为“7”；如果使用 DP/DP 耦合器，在 802DSL 端的总线地址固定为“6”。

3）总线设备（PP72/48）在总线上的排列顺序不限。但总线设备的总线地址不能冲突，即总线上不允许出现两个或两个以上相同的地址。

（3）SINAMIC S120 书本型驱动器的连接

书本型驱动器由进线电源模块和电动机模块组成。进线电源模块的作用是将 380V 三相交流电源变为 600V 直流电源，为电动机模块供电。进线电源模块分为调节型和非调节型两种。调节型的母线电压为直流 600V。非调节型的母线电压与进线的交流电压有关。不论是调节型的进线电源模块，还是非调节型的进线电源模块均采用馈电制动方式，即制动的能量馈回电网。

1）调节型进线电源模块（Active Line Module，ALM）。ALM 具有 Drive CLiQ 接口，由

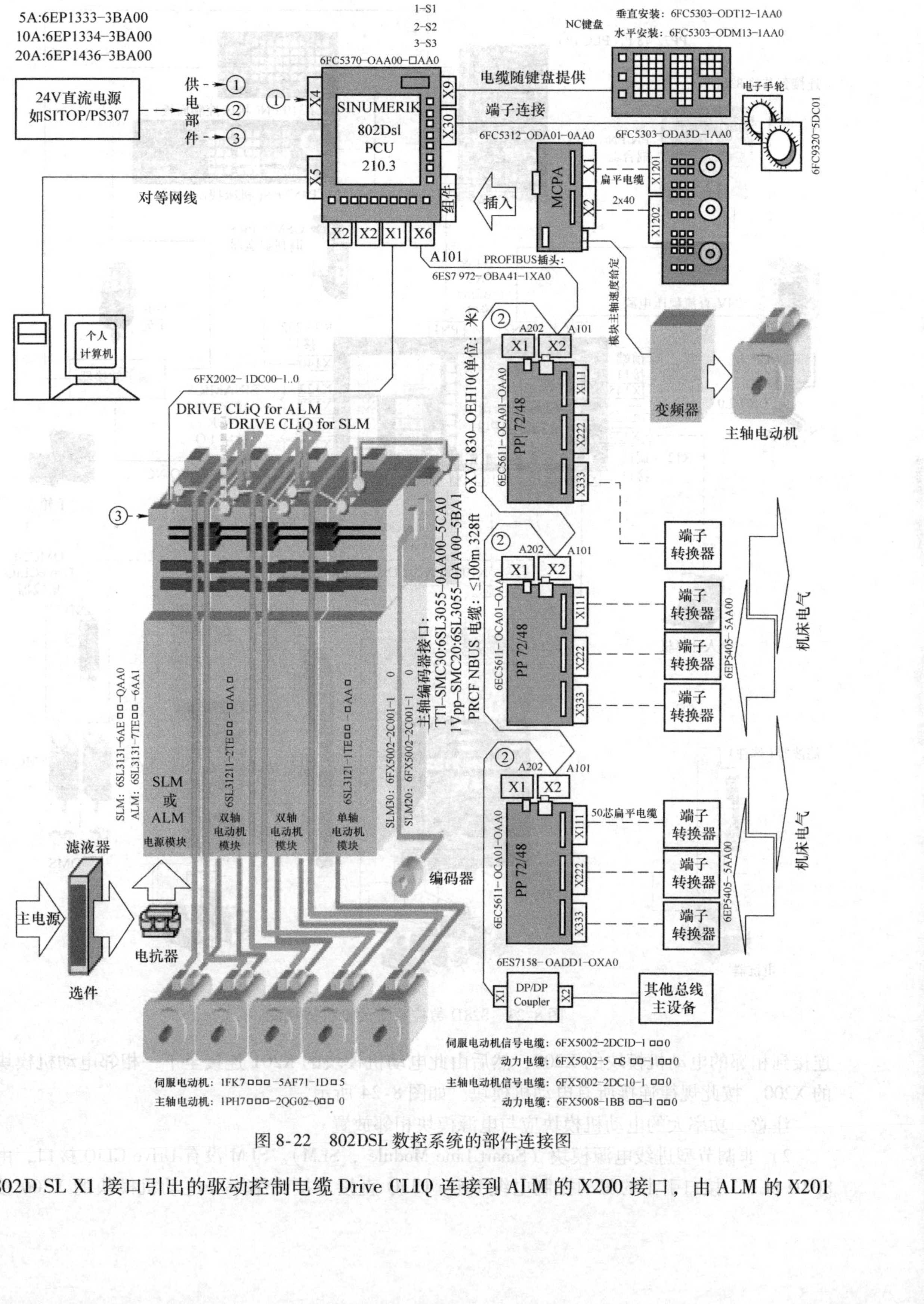


图 8-22　802DSL 数控系统的部件连接图

802D SL X1 接口引出的驱动控制电缆 Drive CLIQ 连接到 ALM 的 X200 接口，由 ALM 的 X201

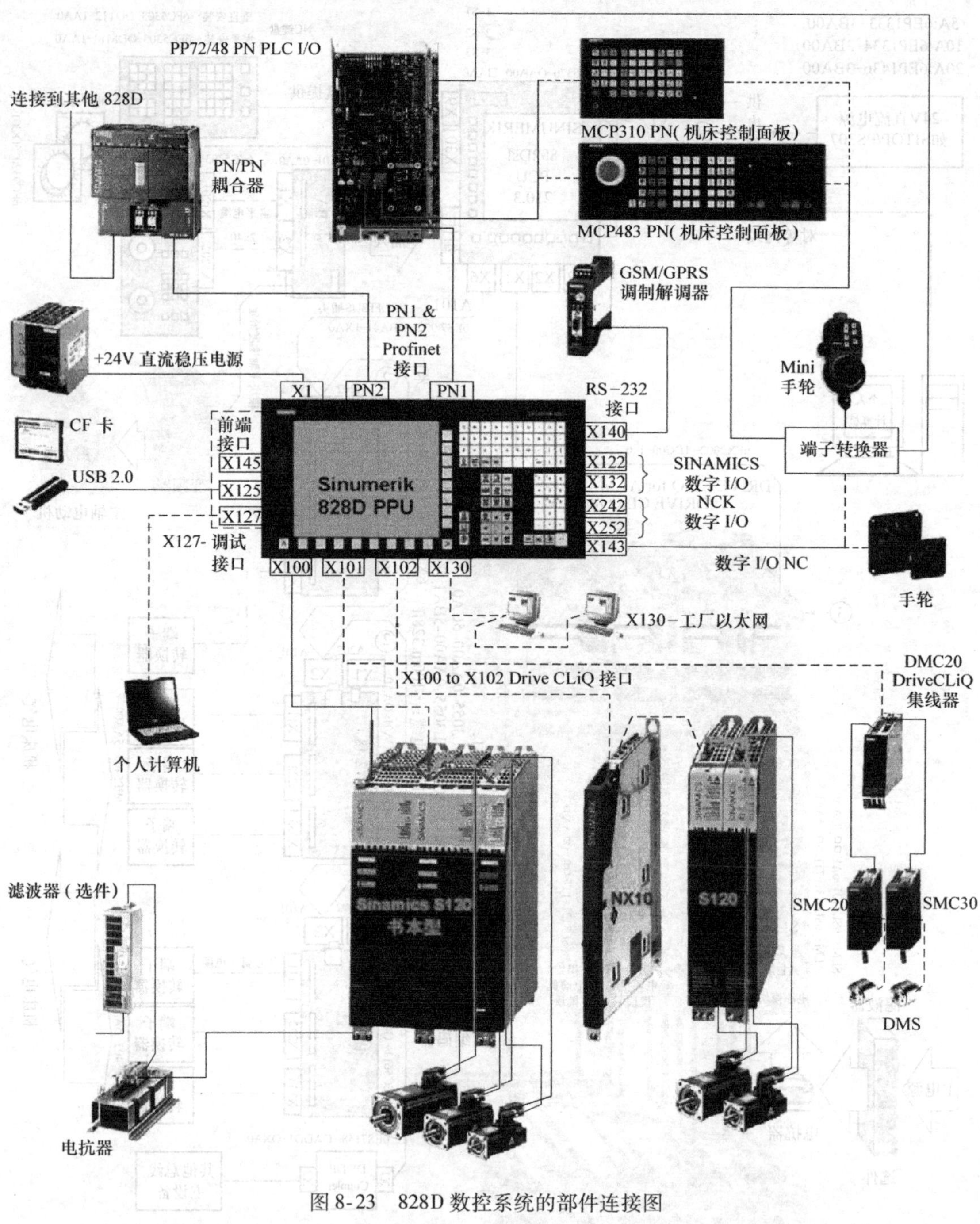


图 8-23　828D 数控系统的部件连接图

连接到相邻的电动机模块的 X200，然后由此电动机模块的 X201 连接至下一相邻电动机模块的 X200，按此规律连接所有电动机模块。如图 8-24 所示。

注意：功率大的电动机模块应与电源模块相邻放置。

2）非调节型进线电源模块（Smart Line Module , SLM)。SLM 没有 Drive CLiQ 接口，由 802D SL X1 接口引出的驱动控制电缆 Drive CLiQ 直接连接到第一个电动机模块的 X200 接

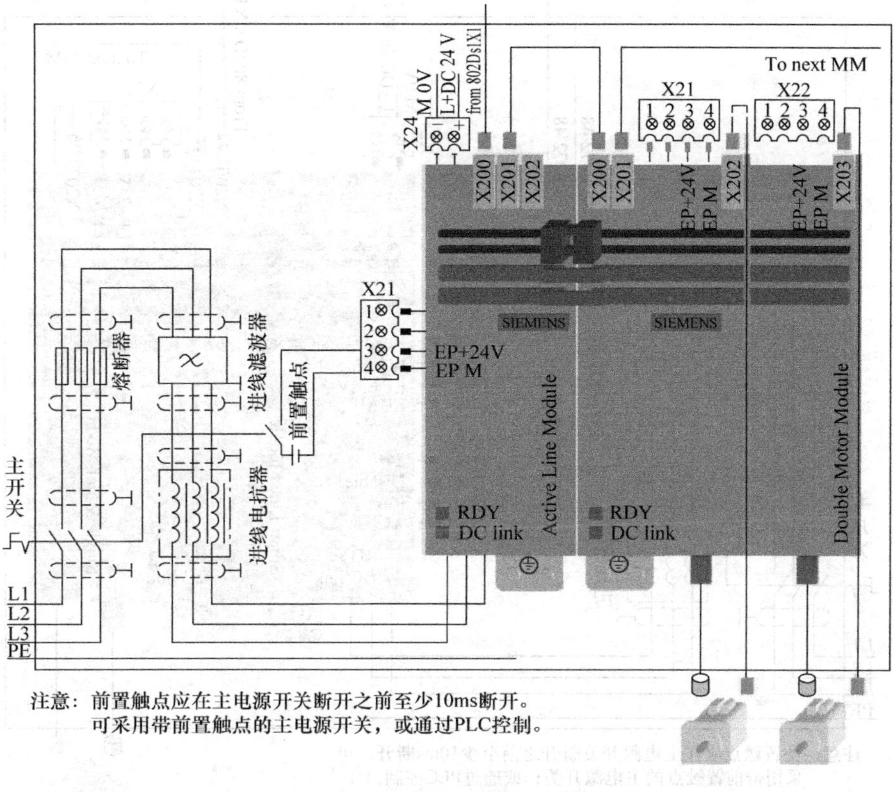


图 8-24　调节型进线电源模块连接图

口，由电动机模块的 X201 连接到下一个相邻的电动机模块的 X200，按此规律连接所有电动机模块。如图 8-25 所示。

注意：功率大的电动机模块应与电源模块相邻放置。

伺服驱动器的功率模块的电缆插头上标有 U、V、W 的接线端子必须与动力电缆的 U 线、V 线、W 线对应连接，否则在伺服电动机工作时会出现正回馈，而使得数控系统出现超速报警。

伺服驱动器在运行过程中会产生很强的电磁干扰，因此需要将电动机动力电缆的屏蔽层与驱动器的屏蔽架连接，或者将伺服电动机动力电缆的屏蔽网与接地体（如电气柜的柜体或机床的床身）保持良好的接触。

（4）数控系统的供电

数控系统采用 24V 直流供电。在数控机床的电气设计时，要选择 24V 直流稳压电源的容量。要选择合适的电源容量，必须了解数控系统内各个部件的功率损耗和所需供电电流的指标，以及在数控机床上所使用的数字量输出的同时系数。数控系统各部件的功耗可以从前面的直流供电部件的功耗及电流列表中查到。

在数控机床上有很多电感性负载，如继电器、接触器、电磁阀。这些电感性负载在接通或断开时会产生很强的反电动势干扰。为了避免数字输出的电感性负载对 DC 24V 电源产生的干扰，尽可能采用单独的 DC 24V 电源为数字输出外部供电，并加入续流二极管。数控系统（PCU、键盘机床面板等）与数字输出采用单独供电，既保证了数控系统 DC 24V 供电的

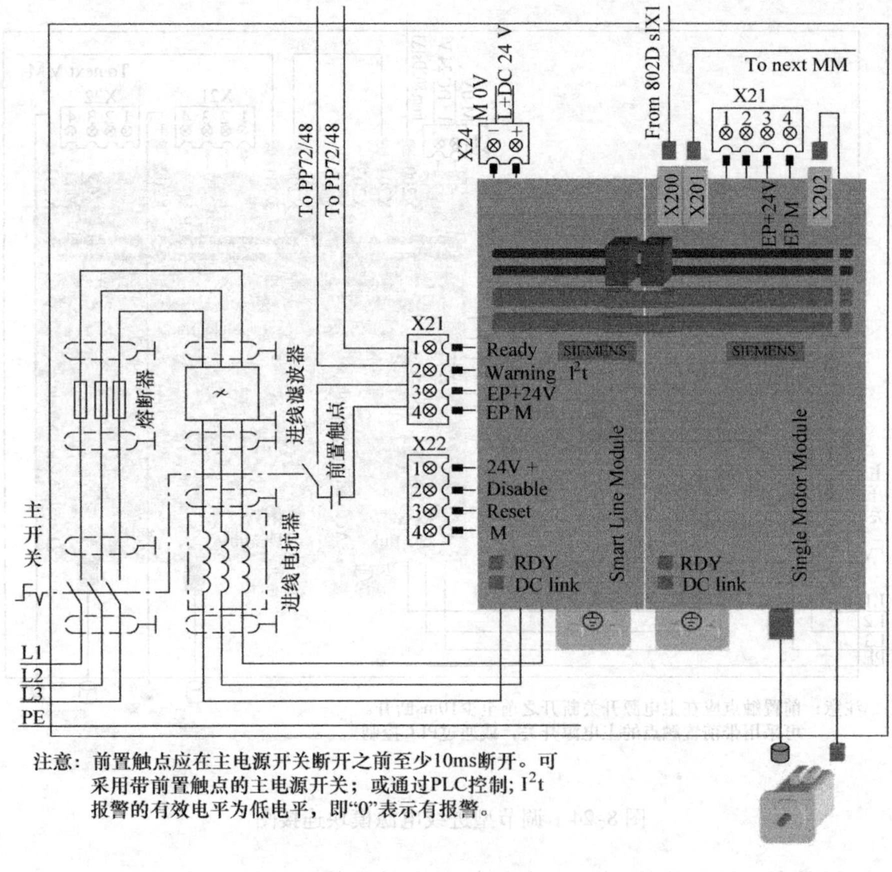


图 8-25　非调节型进线电源模块连接图

质量，降低了单个电源的容量，又防止了由于数字输出驱动电感性负载产生的电磁干扰。

数控系统的 DC 24V 稳压电源还应具有掉电保护功能。所谓掉电保护就是在直流稳压电源的交流输入端出现掉电时，DC 24V 直流输出保持一定时间的直流稳定电压，然后迅速降至 0V。无掉电保护的直流稳压电源在输入端出现掉电时，电源仍处于稳压调节状态，使输出的直流电压出现锯齿状的波形，这种电源输出可能导致数控系统中内存的数据问题，甚至导致硬件故障。

如果选购的直流稳压电源没有掉电保护的功能，可采用单独的上电控制电路对数控系统进行供电。

（5）数控系统电源的共地与浮地

所谓数控系统电源的共地连接是指 24V 直流电源的 0V 与保护地 PE 连接。共地连接也称为绝对电位连接。所谓浮地是指 0V 与 PE 断开。通常情况下数控系统应采用共地连接。共地连接的系统稳定可靠，特别是数控系统与其他共地设备连接使用时，如通过串行通信电缆与计算机连接要求数据通信稳定可靠，很可能由于两设备不共地而导致数控系统的硬件和与之连接的设备的硬件故障或损坏。对于采用共地连接的数控机床，在使用现场必须具有良好的保护接地，绝对不能用中性线代替保护接地。

接地标准及办法需遵守国标 GB/T 5226.1—1996（等效 IEC204—1：1992）《工业机械

电气设备第一部分通用技术条件》。

PE 接地只能集中在一点接地，接地线截面积必须≥6mm$^2$，接地线严格禁止出现环绕，具体做法如图 8-26 所示。

(6) 伺服驱动器的供电

伺服驱动系统采用三相交流供电，电压为 AC 380V。通常伺服驱动器进线电源的标定容差为 ±10%。如果进线电源的电压超出上限或下限，或缺相，驱动器产生进线电源故障报警，驱动器就绪状态信号也会随即无效。为保证在出现进线电源故障时，不会因为坐标轴失控导致工件或刀具损坏，应在就绪信号无效时关断伺服驱动器的控制使能，使其进入制动状态。

通常驱动器的各个使能信号或者由安全继电器控制，或者通过 PLC 控制，或者通过带前置触点的主电源开关控制，因而可以在主电源接通的同时接通驱动器的电源。伺服驱动器在全部使能条件满足后才能进入正常工作状态，一旦伺服驱动器进入工作状态，会对电气柜内三相进线回路上的电气部件以及供电电网产生很强的高次谐波干扰，特别是采用回馈制动方式的伺服驱动器。虽然回馈制动电源模块要求强制配备平波电抗器，但馈电时仍然可能产生干扰。所以，在三相回路上具有敏感电气部件，或在车间内有其他敏感设备与数控机床共享同一路三相供电系统时，建议在机床的电气柜内主电源开关与电抗器之间配备滤波器。电源进线滤波器的作用是减小数控驱动系统在运行时对数控机床的三相供电系统产生的高次谐波干扰。

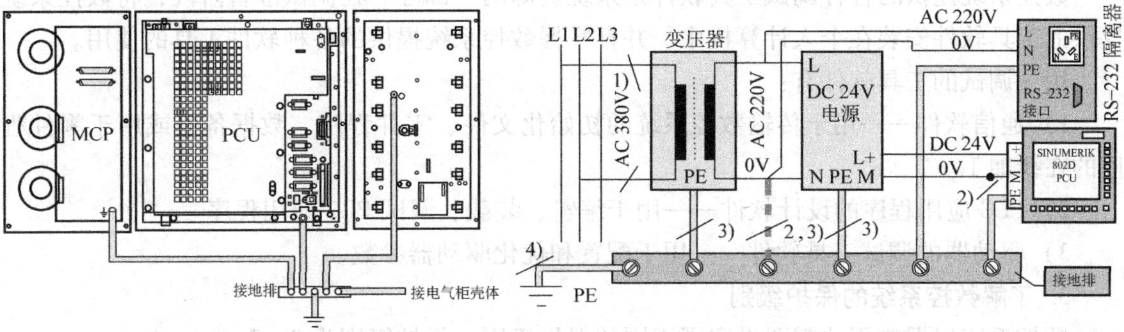


图 8-26 数控系统的接地做法

## 8.2 数控系统基本参数的调试

当数控系统的各个硬件部件按照设计要求在电气柜中安装完毕，且正确地连接好后，就可以进行数控系统的调试了。调试的过程是：首先调试 PLC 应用程序，在确认与安全相关的功能调试完成后，才能进行驱动器参数和数控系统基本参数的调试。本节以 802D SL 数控系统为例讲述数控系统参数的调试。

### 8.2.1 调试前的准备工作

在数控系统的硬件安装完成且联机正确之后，就可以进入数控系统的调试阶段。

**1. 个人计算机及连接线准备**

一台个人计算机是调试 SINUMERIK802D SL 必不可少的工具。个人计算机应具有下列基本配置：

- 操作系统：Windows 2000 SP3，SP4/Windows 2003 Server SP1/Windows XP Professional SP1，SP2；
- 硬盘容量：>40GB；
- 内存容量：>1GB；
- 光盘驱动器：用于安装工具软件；
- 以太网接口：用于 NC、PLC 和驱动器的调试；
- 一条用于调试 PLC 程序和数控系统及驱动器的直连网线。

**注意**：在调试 802D SL 时，必须保证机床电气柜的保护地与计算机的保护地共地，否则可能导致 802D SL 或计算机的硬件损坏。

**2. 熟悉系统资源**

要熟悉数控系统所提供的各种硬件和软件资源。充分利用数控系统提供的资源可以简化调试的工作，缩短调试周期。例如，利用系统提供的初始化文件，可以快速地对数控系统的应用工艺（如车削或铣削、相应的加工工艺循环）以及轴进行配置。利用 PLC 子程序库，可以简化 PLC 应用程序的设计和调试。

数控系统提供的各种调试工具软件是系统资源的一部分。在调试准备阶段，将数控系统提供的工具软件安装在个人计算机中，并且掌握数控系统提供的各种软件工具的使用。

用于调试的工具软件有：

1）通信软件——用于传输数控系统的初始化文件、零件程序、数据备份或用于零件程序的在线加工。

2）PLC 应用程序的设计软件——用于编辑、装载、调试 PLC 应用程序。

3）驱动器的调试工具软件——用于配置和优化驱动器参数。

**3. 了解数控系统的保护级别**

数控系统根据应用的需要设定了不同的保护级别，保护级别为 0～7。

1）0 级——为西门子保留。

2）1 级（数控系统级）——用于数控系统供货商调整或配置数控系统的功能，在该级别下可以对系统轴配置和功能配置参数进行设定，为专家模式，密码为 SUNRISE。

3）2 级（机床制造厂级）——用于机床制造厂的生产人员设定数控的基本参数，密码为 EVENING。

4）3 级（机床用户级）——用于最终用户更改应用数据，如刀具数据、补偿和偏移等，密码为 CUSTOMER。

5）4～7 级（授权操作人员、机床安装员），没有密码。

对于 1～3 保护级，数控系统分别设有不同的口令用于进入或退出对应的保护级。而 PLC 控制的保护级则是通过外部开关信号来启动或关闭对某一类用户数据的设定，如机床控制面板上设置了一个钥匙开关，通过钥匙开关来启动或禁止某类用户数据（零件程序、R 参数、刀具数据等）的读写权限。

**4. 了解数控系统参数的生效级别**

对于数控系统每个机床参数，根据用途都设定有固定的参数生效级别。参数生效级别是用来确定输入参数在什么条件下生效。参数的生效级别有：

1）上电生效（PO）——输入的参数只有在数控系统重新上电后才能生效。

2）复位生效（RE）——输入的参数在机床面板上的复位键按下后方能生效。

3）软键生效（CF）——输入的参数在操作面板上启动参数软菜单键按下后生效。

4）立即生效（IM）——输入的参数立即生效。

### 8.2.2 数控系统的初次通电

数控系统初次通电之前一定要详细阅读数控系统供货商提供的技术数据，必须严格检查各部件供电的正确性，以及信号接口连接的正确性。在初次通电前，应检查以下内容：

1）检查三相交流（AC 380V）供电回路中各相之间有无短路，各部件的断路器连接是否正确，各断路器的电流选择是否正确。

2）检查单相（AC 220V）供电回路相线与N线之间有无短路，单相回路断路器的电流选择是否正确。

3）检查直流（DC 24V）供电回路有无短路，断路器的电流选择是否正确。

4）检查各部件之间的信号连接，如机床控制面板与输入输出模块的信号连接、机床信号与输入输出模块之间的信号连接、工业现场总线的连接，特别是各伺服电动机信号电缆和动力电缆的连接。伺服电动机的信号电缆和动力电缆必须与其驱动器的接口一一对应，不能错位。

5）检查数字输入输出信号公共端的连接。

6）检查各部件保护接地的连接，检查接地导线的规格是否符合要求。

7）检查在机床的工作现场是否可以提供保护接地。

8）检查驱动器直流母线的导流条是否牢固连接、母线的保护盖是否已经关闭。

在保证各路电源、各种信号线路和电缆的连接正确无误后，才能对数控系统加电。在首次通电时，各电源回路应该一路一路地分别接通，以确保安全。

首次通电后，应检查数控系统各个模块以及部件的初始状态。初始状态应该以数控系统供货商提供的技术资料为准。这里以802DSL数控系统为例，介绍首次上电的初始状态。

首次上电后，由于PLC应用程序尚未加载到数控系统中，这时数控系统的机床控制面板还不起作用，不能转换工作方式、不能进行手动操作。但此时数控系统的操作面板（数控系统的软菜单键和数控键盘）应该是生效的。通过键盘进入数控系统的系统画面，通过输入输出状态表检查输入输出的实际状态，并且核对机床信号连接的正确性，如机床控制面板的操作键、倍率开关、急停按钮、各个坐标轴的硬限位、参考点，以及其他部件信号连接的正确性。如果通电后检测不到输入输出状态的变化，说明存在硬件连接问题。这时应及时关掉电源，检查总线连接或输入信号的公共端。

PP72/48上标有“POWER”和“EXCHANGE”的两个绿灯亮——表示PP72/48模块就绪，且有总线数据交换。注意：如果“EXCHANGE”绿灯没有亮，则说明总线连接有问题。

通电之前，应检查电源的电压、三相电源是否缺相。在首次上电后，应通过驱动器电源模块上面的指示灯检查驱动器的状态。如果“READY”绿色指示灯亮，表明驱动器正常，但是无使能，无进线电源故障，供电电压在允许的范围之内。驱动器的供电压标定为 AC 380V，允许的电压波动范围是 ±10%。

驱动器控制模块“READY”的橘色指示灯亮，表明驱动器 DRIVE CLiQ 通信建立，驱动器未准备就绪。驱动器控制模块“READY”的绿色指示灯亮，驱动器就绪，且 DRIVE CLiQ 通信有效。驱动器控制模块“READY”的红色指示灯亮，表明此驱动器控制模块有故障。“DC Link”指示灯：橘色表示正常；红色表示进线电源故障，若无指示灯亮，则表示无外部直流电源 DC 24V 供电。

## 8.2.3 系统初始化

802DSL 通电后，首先应该进行系统初始化，根据系统类型和工艺要求安装初始化文件。以上所述操作可通过 RCS 802 工具进行，也可通过 CF 卡进行。

**1. RCS 802 工具介绍**

RCS 802 工具可用于 802D SL 系统的 NC 调试等：

- 传输报警文本，参见 8.2.4 节相关描述；
- 所有数据的备份及恢复，参见 8.2.7 节相关描述；
- 以太网功能，参见 8.2.8 节相关描述。

在使用 RCS 802 工具之前，首先应对软件进行相应的设定。

（1）控制器选择、版本选择及项目设定

1）从 WINDOWS 的“开始”菜单中找到 RCS 802，并启动。如图 8-27 所示。

2）选择系统对应的版本并创建项目（用于项目管理）：选择“Settings”→“Toolbox”→“Select Version And Project”，如图 8-28 所示。

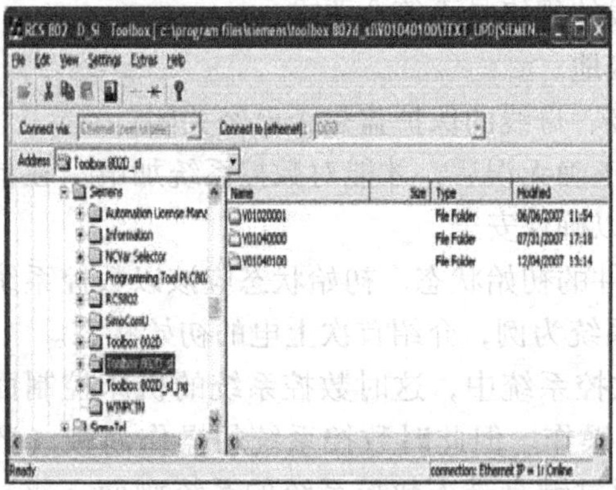

图 8-27 控制器选择 1

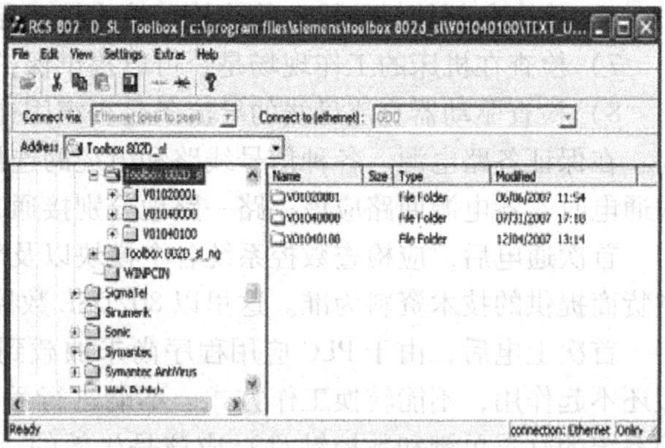

图 8-28 控制器选择 2

3）正确选择版本，然后选择“Project”，如图 8-29 所示。

4）通过“Remove”、“Modify”、“New”正确创建或修改项目，如图 8-30 所示。

（2）以太网设定

1）选择“Settings”→“Connection”，如图 8-31 所示。

2）选择“Via Ethernet（peer to peer）”，通过以太网进行连接。单击“OK”按钮进行确认，如图 8-32 所示。

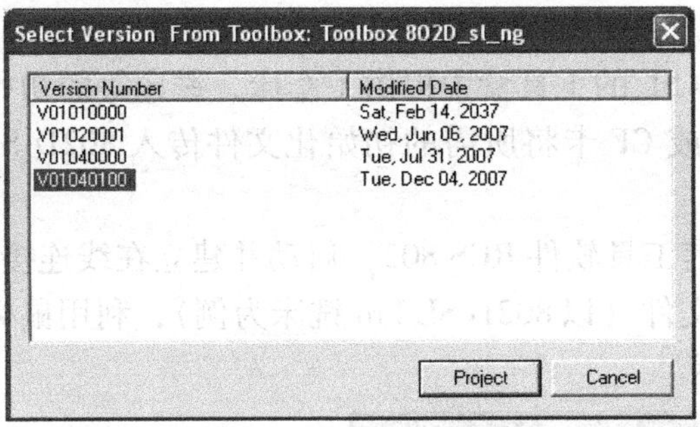


图 8-29　版本选择

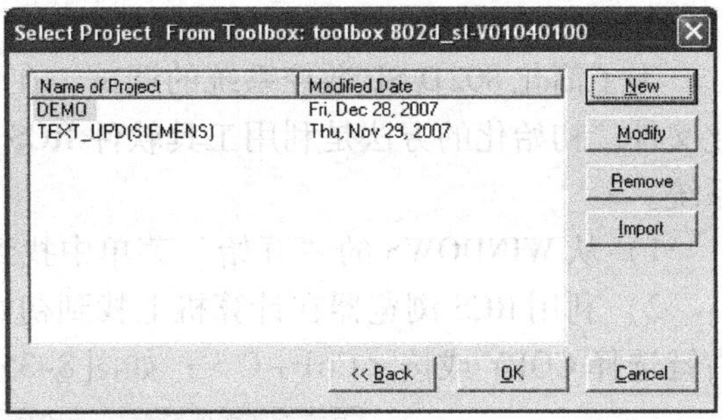


图 8-30　项目设定

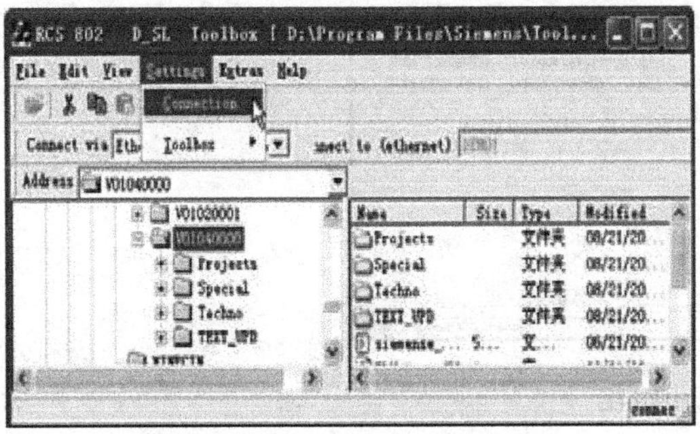


图 8-31　以太网设定 1

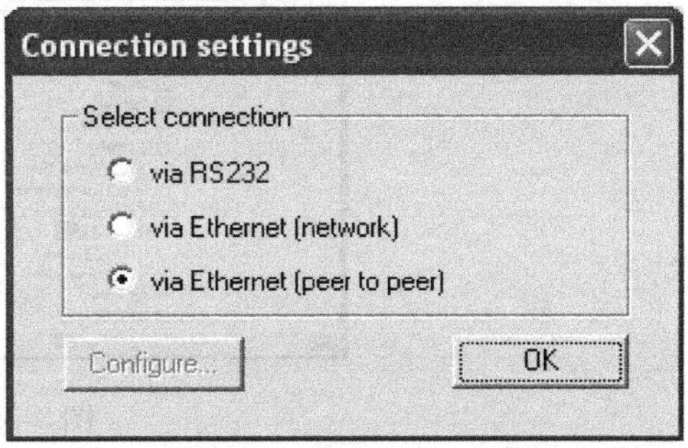


图 8-32　以太网设定 2

3）通信接口设定对应 802D SL 系统端也应作相应的设定：选择系统→“维修信息”→“系统通讯”，然后激活“直接连接”，如图 8-33 所示。

4）RCS 802 和 802D SL 在线连接选择“Extras”→“Connect”，然后单击“OK”按钮，建立连接，如图 8-34 所示。

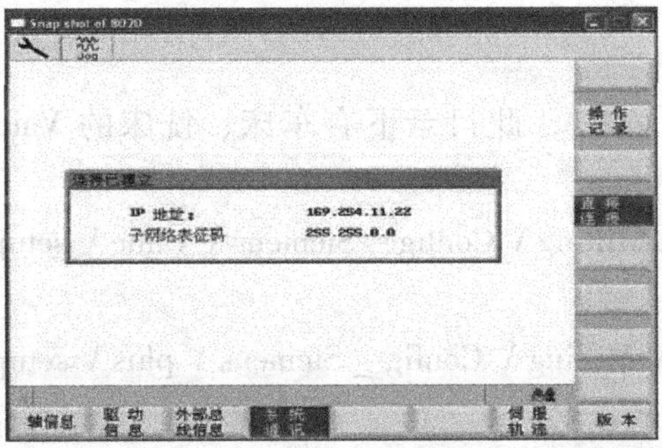


图 8-33　以太网设定 3

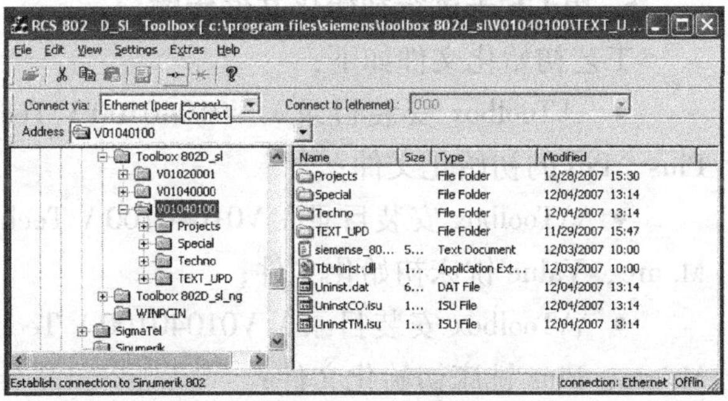


图 8-34　以太网设定 4

RCS 802 和 802D SL 在线连接后，便可进行报警文本安装等操作。

**2. 显示语言**

802D SL 出厂已经预装了 17 种显示语，可以在人机界面中在线进行切换。

**3. 在线帮助文本**

802D SL 可常驻三种语言的在线帮助，通过 NC 键盘的帮助键可打开帮助画面，其内置了多种帮助信息。

**4. 系统初始化**

为了简化802D SL数控系统的调试，在802D SL的工具盒中提供了车床、铣床等的初始化文件。初始化的方法是利用工具软件RCS 802或CF卡将所需的初始化文件传入802D SL系统。

1）从WINDOWS的“开始”菜单中找到通信工具软件RCS 802，启动并建立在线连接。

2）利用RCS浏览器在计算机上找到初始化文件（以802D SL Pro铣床为例），利用鼠标右键选择COPY或按 < Ctrl + C >；如图8-35所示。

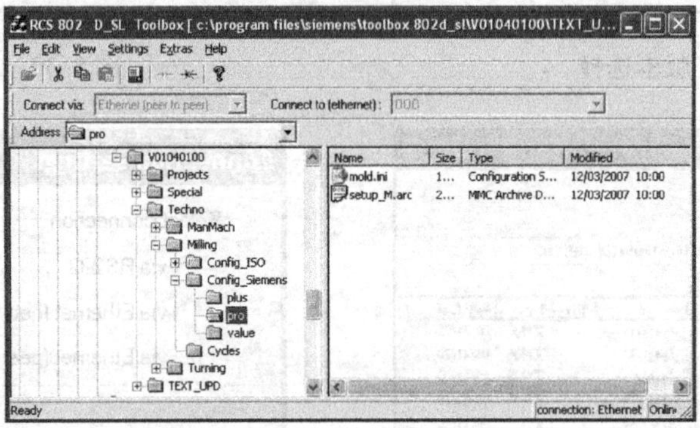


图8-35　系统初始化

3）在“Control 802D”中选择“Start - up archive（NC/PLC）”，用鼠标右键选择Paste或按 < Ctrl + V >复制该文件。

4）数控单元NC断电、上电后初始化文件生效。

**注意**：初始化不仅对系统的坐标进行配置，还对车床和铣床的工艺参数进行了配置；而且安装了车床或铣床的加工工艺循环。

**5. 用CF卡进行初始化文件传输**

工艺初始化文件如下：

- \\Toolbox安装目录\ V01040100 \ Techno \ ...，此目录下有车床、铣床的Value、Plus、Pro的初始化文件；
- \\Toolbox安装目录\ V01040100 \ Techno \ Milling \ Config _ Siemens \ value \ setup _ M. arc，Value铣床初始化文件；
- \\Toolbox安装目录\ V01040100 \ Techno \ Milling \ Config _ Siemens \ plus \ setup _ M. arc，Plus铣床初始化文件；
- \\Toolbox安装目录\ V01040100 \ Techno \ Milling \ Config _ Siemens \ pro \ setup _ M. arc，Pro铣床初始化文件；
- \\Toolbox安装目录\ V01040100 \ Techno \ Turning \ Config _ Siemens \ value \ setup _ T. arc，Value车床初始化文件；
- \\Toolbox安装目录\ V01040100 \ Techno \ Turning \ Config _ Siemens \ plus \ setup _ T. arc，Plus车床初始化文件；
- \\Toolbox安装目录\ V01040100 \ Techno \ Turning \ Config _ Siemens \ pro \ setup _ T. arc，Pro车床初始化文件。

例如：802D SL 铣床 Pro 初始化文件，如图 8-36 所示。

通过 CF 卡将初始化文件通过拷贝、粘贴的方式传入系统：

将准备好的 CF 卡插入 802D SL CF 卡插槽，选择系统→“调试文件”，在“用户 CF 卡”拷贝安装文件，粘贴到“802D 数据”相应的目录，根据系统提示完成安装。然后选择“工艺初始化文件”→“调试存档（NC/PLC）”，如图 8-37 所示。

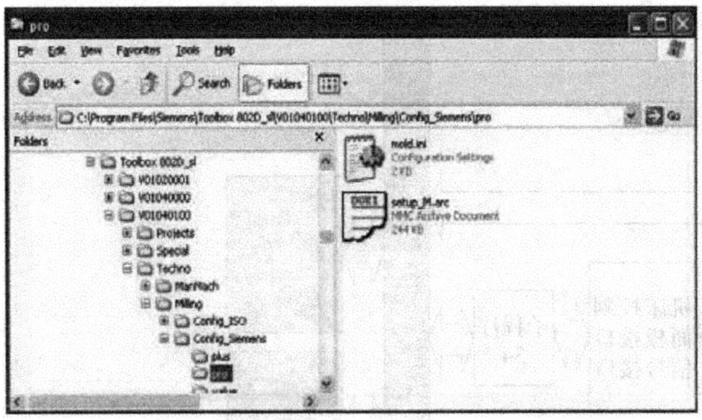

图 8-36　802D SL 铣床 Pro 初始化文件

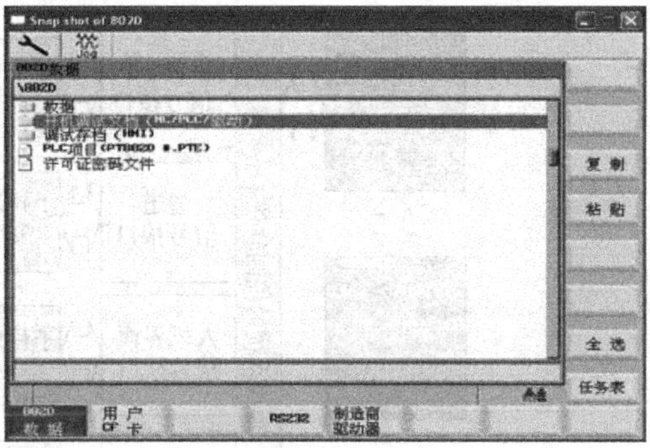

图 8-37　调试存档

## 8.2.4　PLC 应用程序的设计与调试

在 802D SL 的各个部件正确连接后，首先应设计并调试 PLC 的控制逻辑。至关重要的是必须在所有有关 PLC 的安全功能全部调试准确无误后，才能开始调试驱动器和 802D SL 参数的调试。在数控系统通电检查无误后，就可以进行 PLC 应用程序的调试。要检查所设计的功能（除刀库相关的 PLC 应用程序以外）是否可以正确无误地运行。通过调试应使下列 PLC 相关的功能正确运行：

1）基本操作功能，包括数控系统工作方式的选择，坐标轴的点动控制、手动选择，主轴手动控制，加工程序的循环启动、循环停止和复位。

2）驱动器的使能控制，包括驱动器主电源模块的使能控制端子和数控系统信号接口中相关的使能控制信号。

3）机床控制功能，如急停、坐标轴的正负方向硬限位、返回参考点等。

4）机床辅助功能，如冷却控制、润滑控制等。

调试手动操作功能时，检查手动方向是看人机界面坐标位置显示中的“+”号和“-”号与手动方式下的方向键是否一致。如果方向控制有错误，应修改相关的 PLC 应用程序。在数控系统基本参数调试之前，数控系统的默认设定是仿真方式。所谓仿真方式是数控系统不生成任何位置指令到伺服驱动器，也不从电动机编码器读取实际位置。这样可以在驱动器通电之前调试 PLC 应用程序的功能。在 PLC 应用程序的基本功能调试完毕后，数控系统就可以在模拟方式下进行模拟操作，包括在手动方式下的点动操作、手轮操作、返回参考点等，或者在自动方式和 MDI 方式下运行零件程序。

在 PLC 应用程序中，与驱动器相关的功能有急停、坐标轴的限位和驱动器使能。这些功能均与驱动器的调试安全有关。

**1. PLC 应用程序的设计**

利用 PLC 子程序库可非常迅速地建立一个 PLC 应用程序。在开始设计 PLC 应用程序之前，请详细阅读《802D SL PLC 子程序库说明》；PLC 编程软件的使用请参阅软件内的在线帮助，对应接口信号如图 8-38 所示。828D 数控系统 PLC 接口信号负责组织 PLC 和 NC、PLC 和 HMI 之间的信息交换，与 802D 系统的区别是所用 Vxxxx 指令被 DB 数据块所取代，802D 系统所用 PLC 程序如果用 828D 系统 PLC 编程软件打开，原来 V 指令自动转换为对应的 DB 数据。对应接口信号如图 8-39 所示。

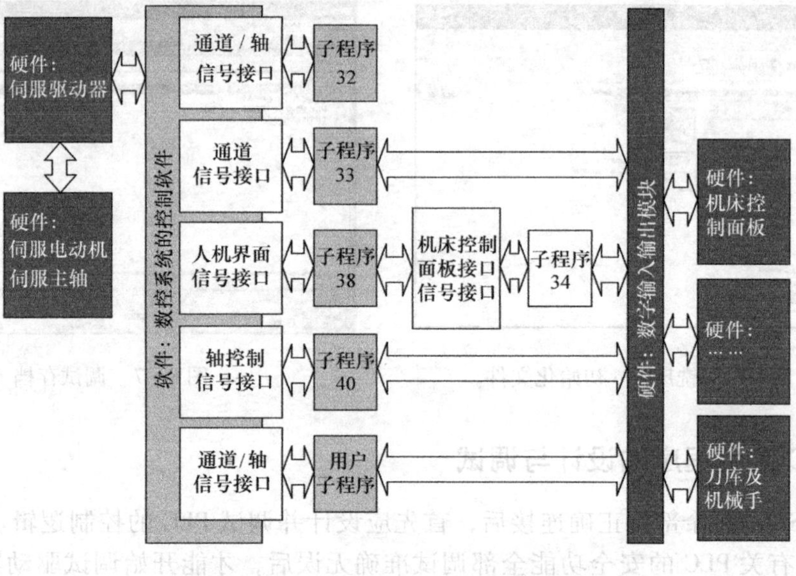


图 8-38 802D SL 建立 PLC 子程序结构图

802D SL 为用户提供了三种类型的 PLC 机床参数。它们是 32 个 16 位整型数——MD14510［0］~［31］、32 个 8 位十六进制数——MD14512［0］~［31］和 8 个 32 位浮点数——MD14514［0］~［7］。PLC 机床参数可以使 PLC 应用程序更加灵活。但必须注意的是，如果使用了 PLC 机床参数，一定要在 PLC 应用程序中考虑其取值范围。为简化系统设计，可利用 PLC 应用程序对驱动器电源模块的控制端子进行控制。控制功能由子程序 33——EMG _ STOP 实现。非调节型电源模块连接和调节型电源模块连接实例如图 8-40 及图 8-41 所示。

**注意**：驱动就绪信号应将 X21.1 和 V27000002.6 串联使用，在驱动优化时，将 V27000002.6 修改为 V27000002.5。

**注意**：驱动就绪信号为 V27000002.6，在驱动优化时，将 V27000002.6 修改为 V27000002.5。

出于安全原因，需对所使用的子程序库中的子程序进行全面测试，确保子程序的功能在与程序联在一起后正确无误。

**2. PLC 用户程序的调试**

首先利用准备好的“直连网线”将计算机和 802D SL 的 X5 连接起来。

启动 PLC 编程工具，进入通信画面，设定以太网参数：802D SL 默认地址为 169.254.11.22。

首先要拥有一个编译无误的 PLC 应用程序，然后才能利用 PLC 编程工具软件将该应用程序下载到 802D SL 中；下载成功后，需要启动 PLC 应用程序；可利用监控梯图的状态

（不包括局部变量 L 的状态）、监控内部地址的状态和“交叉引用表”来检查是否有地址冲突；如果 PLC 应用程序是在子程序库基础上建立的，需要在制造商的级别下（口令：EVENING）设定相的 PLC 机床参数，如 MD14510［16］——机床类型：1 表示车床，2 表示铣床；请参阅《PLC 子程序库说明》。

在利用西门子机床控制面板时，PLC 程序中对于手动增量功能选择的编程应注意：不论是增量点动还是连续点动，都必须通过信号接口进行选择。

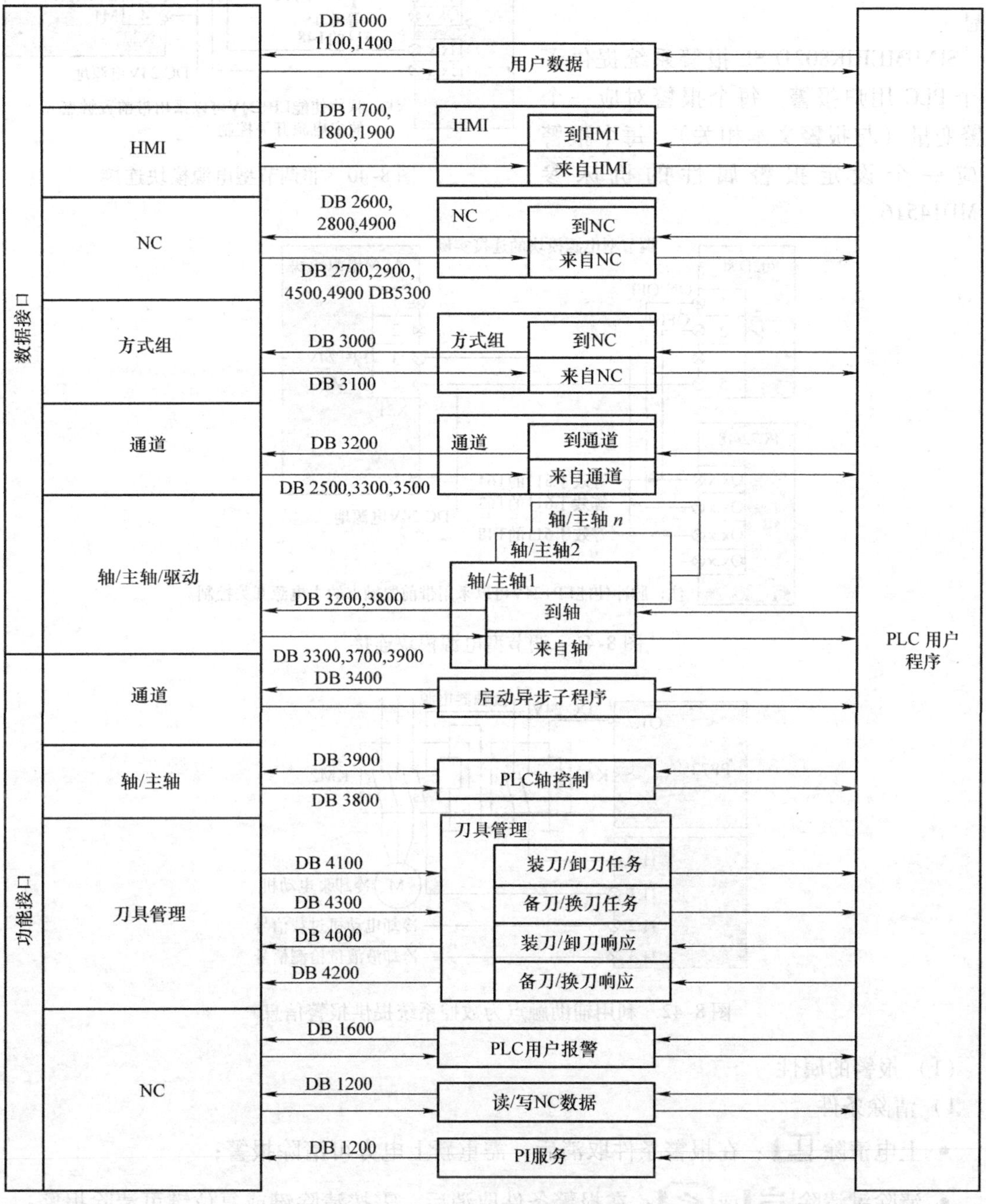

图 8-39　828D 接口信息

**3. PLC 用户报警**

PLC 报警是最有效的诊断手段之一。在图 8-42 所示的例子中，利用继电器和接触器的辅助触点作为检测信号，这样一旦冷却泵不工作，通过 PLC 用户报警，可以给操作人员或维护人员提供明确的诊断信息。

SINUMERIK802D SL 报警系统提供了 64 个 PLC 用户报警。每个报警对应一个报警变量（与报警文本相关），每个报警对应一个设定报警属性的机床参数 MD14516。

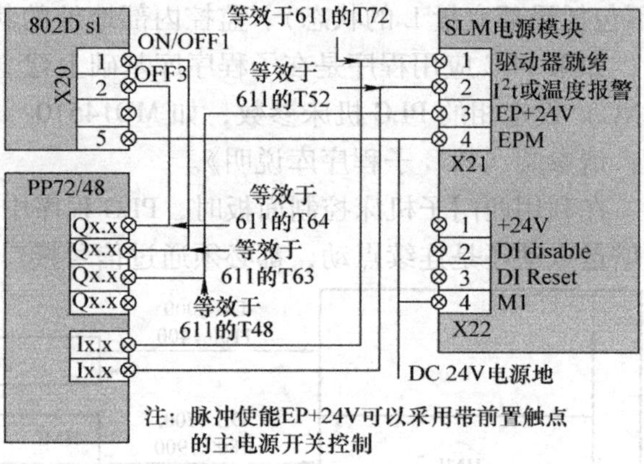


图 8-40　非调节型电源模块连接

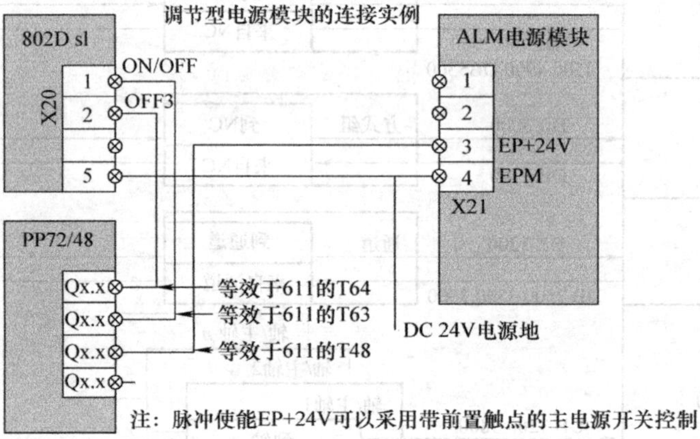


图 8-41　调节型电源模块连接

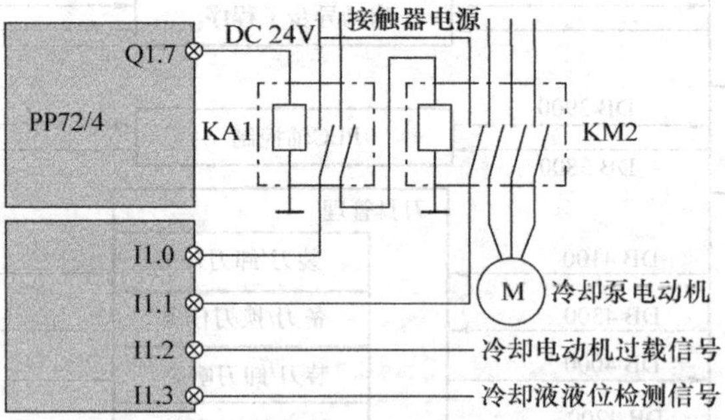


图 8-42　利用辅助触点为数控系统提供报警信息

（1）报警的属性

1）清除条件

- 上电清除：在报警条件取消后，需重新上电方可清除报警；
- 清除键清除或：在报警条件取消后，需按清除键或复位键可清除报警；
- 自清除：在报警条件取消后，报警自动清除。

2）报警响应

- PLC 停止 PLC 扫描停止。接口信号“NC 就绪”无效，所有输出无效；
- 急停报警自动激活接口信号“急停”；
- 进给保持报警自动激活接口信号“进给保持”；
- 读入禁止报警自动激活接口信号“读入禁止”；
- 启动禁止报警自动激活接口信号“NC 启动禁止”；
- 只显示报警无动作，只显示报警号和文本。

3）报警属性的设定

每个报警具有一个配置 8 位参数 MD14516[0]~[63]“USER_DATA_PLC_ALARM”。可以根据实际情况设定每个报警的清除条件和报警响应。该参数的结构如图 8-43 所示。

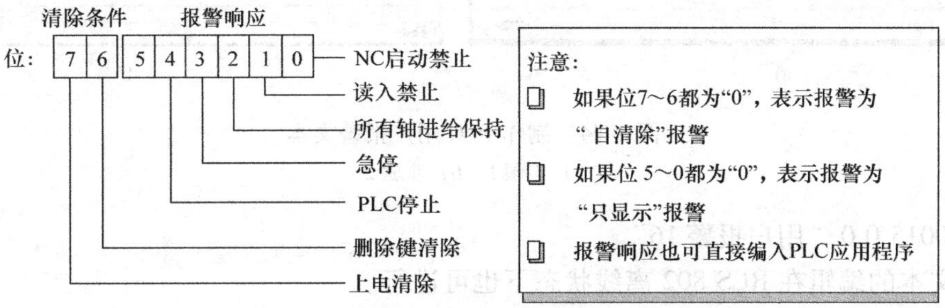


图 8-43　报警参数的结构

（2）激活用户报警

- 系统为用户提供了 64 个 PLC 用户报警。每个用户报警对应一个 NCK 的地址位。参见 PLC 接口说明。该地址位置位“1”可激活对应的报警，复位“0”则清除报警。
- 每个报警还对应一个 64 位的报警变量：VD16001000~VD16001252。变量中的内容（值）可以按照报警文本中定义的数据类型插入显示的报警文本中。

报警变量具有下列数据类型：

%d：十进制；%x：十六进制；%b：二进制；%o：八进制；%u：无符号整型；%f：浮点数报警文本中可插入报警变量，用于将可变信息显示在报警文本中。

（3）制作 PLC 用户报警文本

用户报警文本是用户处理报警的重要信息。在 802D sl 的工具盒中提供了报警文本的制作工具，报警文本工具集成于 RCS 802 中。制作报警文本的过程如下：

1）首先利用准备好的“802D sl 调试网线（直连网线）”将计算机和 802D sl 的 X5 连接起来。

2）从 WINDOWS 的“开始”菜单中找到 RCS 802，并建立在线连接。

3）选择“Extras”→“Toolbox Manager”→“Select OEM”，如图 8-44a 所示。

4）选择“Chinese”→“alcu. txt”→“Edit”，如图 8-44b 所示。

5）在弹出的编辑工具中编辑报警文本“alcu. txt”：在引号内写入报警时要提示的信息。每个报警文本最多 50 个字符（25 个汉字），不足 50 个字符的应在引号中增加空格。例如：

- 700014 0 0“＊＊＊操作错误：主轴运转过程中卡盘不能松开!”；

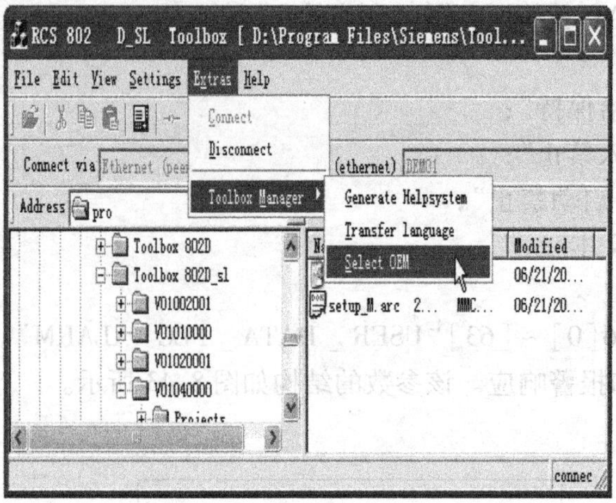


a)

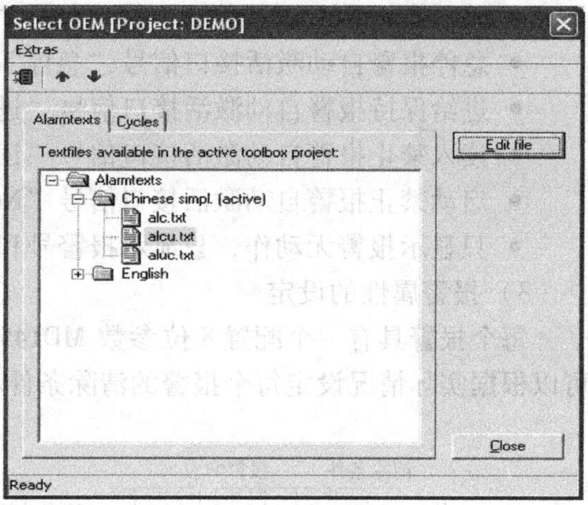


b)

图 8-44 制作 PLC 用户报警文本

a）步骤 1 b）步骤 2

- 700015 0 0 “用户报警 16”。

报警文本的编辑在 RCS 802 离线状态下也可进行。

在报警文本中的标点符号必须是半角符号（即西文标点符号）。

（4）报警文本颜色

可用下列符号控制报警文本颜色：

1）报警文本以“#［Cxxxx”开始，以“#［Cyyyy”结束。

2）·xxxx→需要的颜色，·yyyy→标准颜色（BLACK）。

3）彩色标出的报警结束时颜色更改复位，例如，“#［CRED 提示：#［CBLACK%n”。

4）禁用所有使能“%n”。

报警文本颜色见表 8-11。

（5）报警文本的下载

选择“Write”选项，将报警文本传入系统，如图 8-45 所示。

（6）报警文本的上载

系统软件版本为 1.4 的 802D_sl 提供了文本上载功能，这样可以将系统里的报警文本上载至计算机中，然后进行编辑。

选择“Read”选项，将报警文本传入系统，然后选择“Edit”。如图 8-46 所示。

表 8-11 适配器 CUA31 上指示灯的含义

| 编码 | 颜色 |
|---|---|
| WHITE | 白色 |
| BLACK | 黑色 |
| GREY_1 | 灰色色度 1 |
| GREY_2 | 灰色色度 2 |
| YELLOW | 黄色 |
| RED | 红色 |
| BLUE | 蓝色 |
| ORANGE | 橙色 |
| PETROL | 深绿 |
| SIM_BLUE | 西门子蓝 |
| GREEN | 绿色 |

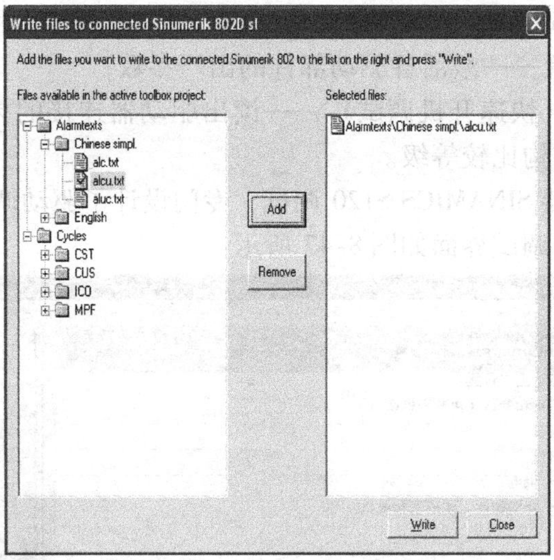


图 8-45　报警文本的下载

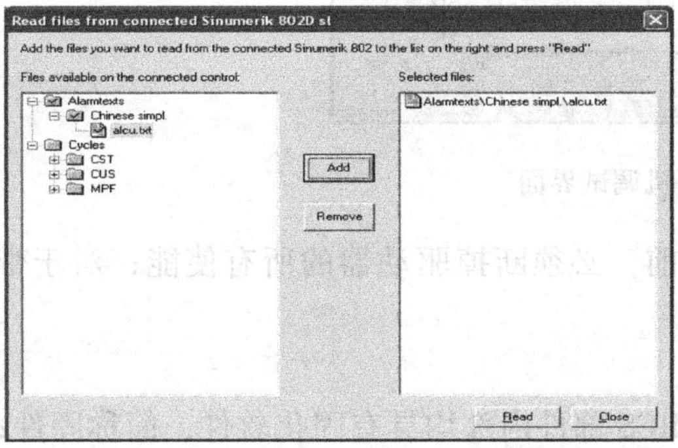

a)

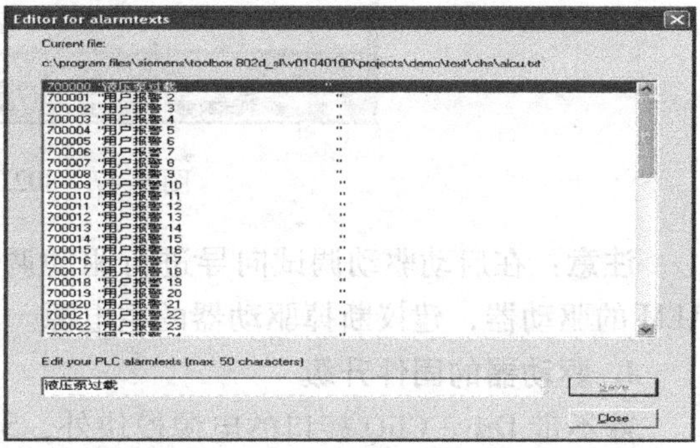

b)

图 8-46　报警文本的上载

a）步骤 1　b）步骤 2

## 8.2.5　驱动器的调试

伺服驱动器在数控系统中所执行的任务是速度控制和电流控制。伺服驱动器从数控系统接收给定速度指令 n，按照速度指令对伺服电动机进行速度调节。对于一个新驱动器模块来说，内部参数均为默认设定，因此需要对伺服驱动器进行参数配置。配置驱动器参数是通过驱动器参数告诉驱动器它所配置的功率模块的型号、配置的伺服电动机型号和测量系统的类型。这样驱动器就可以正确地对伺服电动机进行控制。通过参数的配置，可以使驱动器加载与配置相关的默认数据。不同的数控系统，驱动器的配置方法也不同。有的可在数控系统的人机界面上直接设置，有的需要通过配套软件工具。更为先进的是驱动器自动识别伺服电动机的型号。利用默认参数可以满足伺服电动机正常工作的基本条件，为随后的调试做好准备。利用默认的驱动器参数驱动机床的传动系统时，可能会出现定位误差监控、静止监控或者轮廓监控等报警。如果出现上述报警，说明驱动器的默认数据不适合所驱动的传动机构，需要对驱动器参数进行优化。

当 PLC 应用程序正确无误后，即可进入驱动器的调试。驱动器调试步骤如下：

- 装载 SINAMICS Firmware——确保驱动器各部件具有相同的固件版本；
- 装载驱动出厂设置——激活各驱动部件的出厂参数；
- 拓扑识别和确认（快速开机调试）——读出驱动器连接的拓扑结构以及实际电动机的控制参数，设定拓扑结构比较等级。

802D sl 为简化驱动器 SINAMICS S120 调试，专门设计了驱动调试向导，通过调试向导，可轻松实现驱动的调试，调试界面如图 8-47 所示。

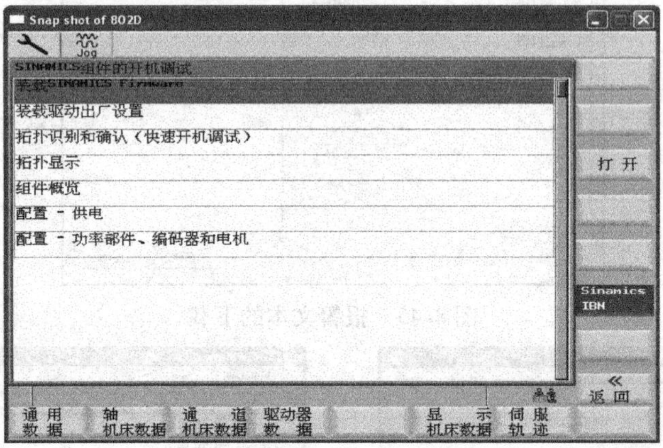


图 8-47　802D sl 开机调试界面

**注意**：在启动驱动调试向导进行驱动调试之前，必须断掉驱动器的所有使能；对于带 ALM 的驱动器，建议断掉驱动器的主电源。

**1. 驱动器的固件升级**

除不带 Drive CliQ 接口的电源模块外，SINAMICS 部件内部均具有固化软件，简称固件；为保证驱动器与数控系统软件的匹配，首先需要对驱动器的固件进行装载，在硬件未更换的情况下，固件装载执行一次即可，如果更换了新的硬件，需重新执行固件装载。

1）进入系统画面后按 <SHIFT + ALARM> 键，进入“机床参数”→“驱动器数据”→选择“SINAMICS _ IBN”，如图 8-48 所示。

2）选择“装载 SINAMICS Firmware”→“打开”，如图 8-49 所示。

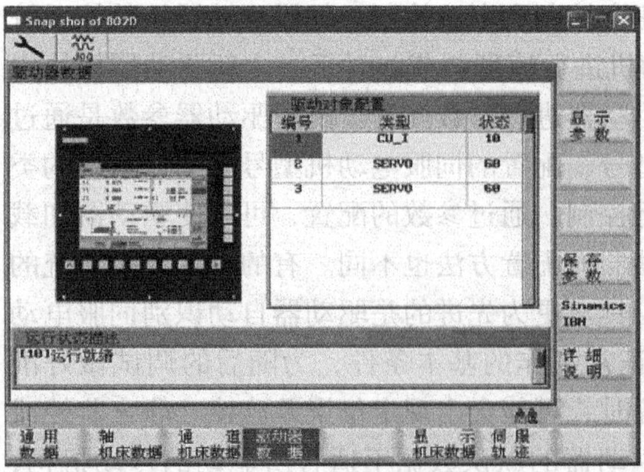


图 8-48　固件装载 1

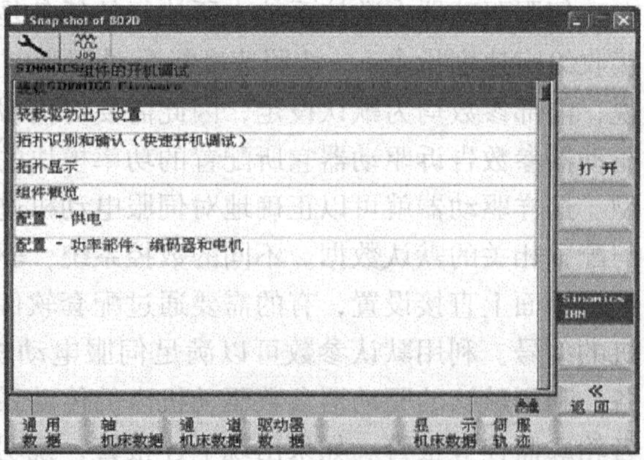


图 8-49　固件装载 2

3）选择“全部组件”→“启动”，如图 8-50 所示。

4）驱动器进线电源模块和电动机模块上指示灯 READY 以 2Hz 的频率，绿/红交替显示，表示固件升级在进行中，升级过程在系统上也有状态指示，如图 8-51 所示。

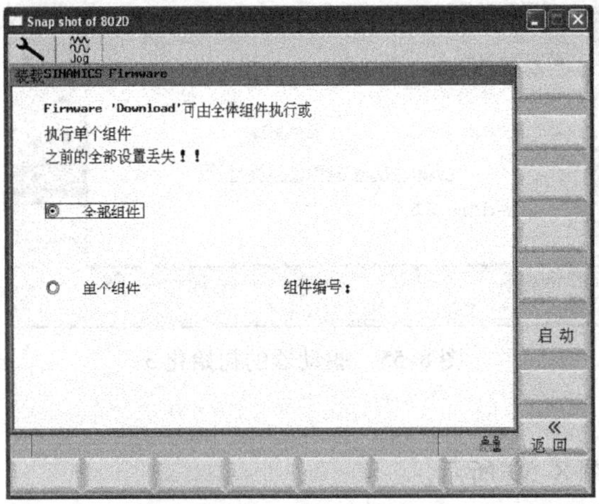


图 8-50　固件装载 3

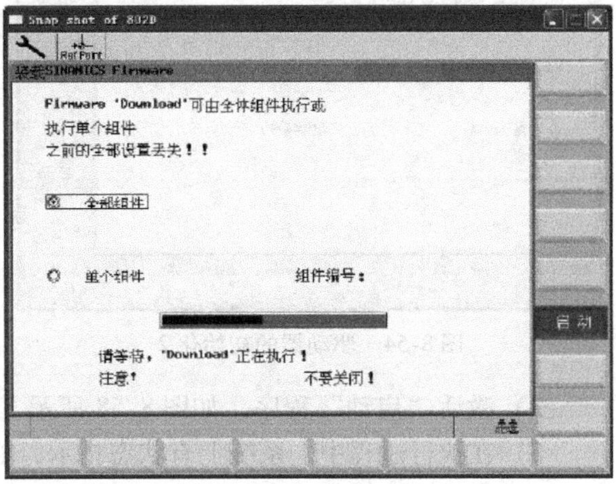


图 8-51　固件装载 4

5）当系统出现提示：“成功结束装载，该过程后必须进行 SINAMICS Power Off/On”；表示驱动器固件升级完成，如图 8-52 所示。

**注意**　在升级过程中系统和驱动不能断电！

**2. 驱动器的初始化**

1）进入驱动调试向导“SINAMICS _ IBN”→选择“装载驱动出厂设置”→“打开”，如图 8-53 所示。

2）选择“全部组件”→激活“启动”，如图 8-54 所示。

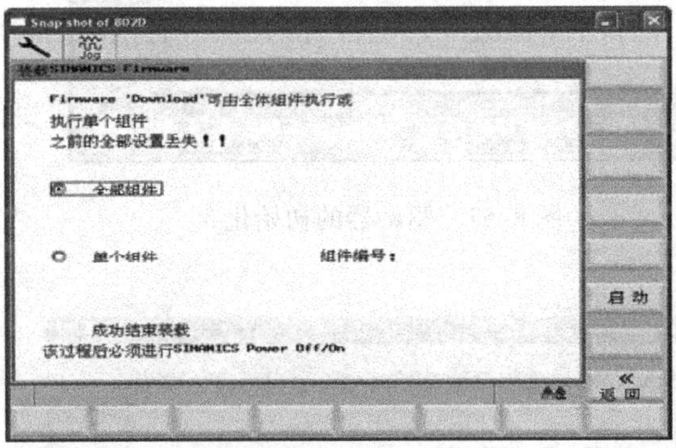


图 8-52　固件装载 5

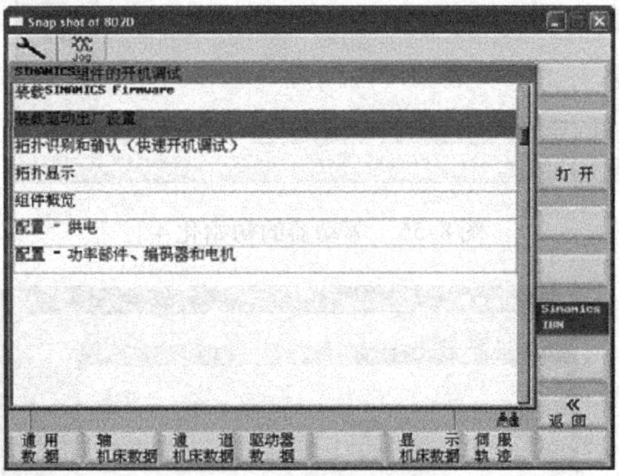


图 8-53　驱动器的初始化 1

3）在执行过程中，系统上有状态指示，如图 8-55 所示。

4）当系统提示：“组件已设为出厂设置”，表示驱动器初始化完成，如图 8-56 所示。

**3. 驱动器的自动配置**

（1）自动读取驱动器配置的拓扑结构

1）进入驱动调试向导“SINAMICS _ IBN”→选择“拓扑识别和确认（快速开机调试）”→“打开”，如图 8-57 所示。

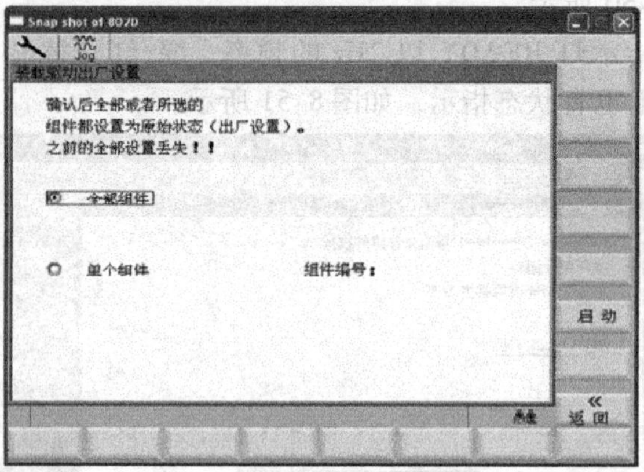


图 8-54　驱动器的初始化 2

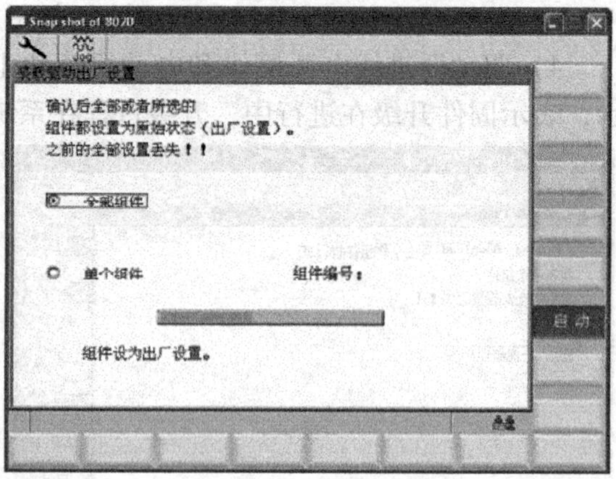


图 8-55　驱动器的初始化 3

2）激活“启动”程序，如图 8-58 所示。

3）在执行过程中，系统上有状态指示，如图 8-59 所示。

4）当系统上提示：“该过程后必须进行 SINAMICS Power Off/On”，表示驱动配置完成，如图 8-60 所示。

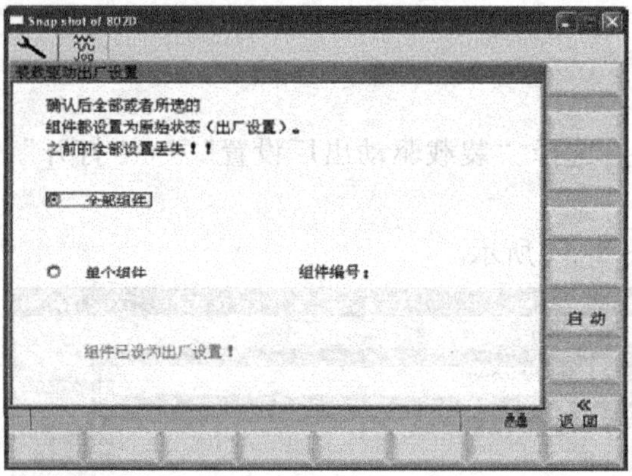


图 8-56　驱动器的初始化 4

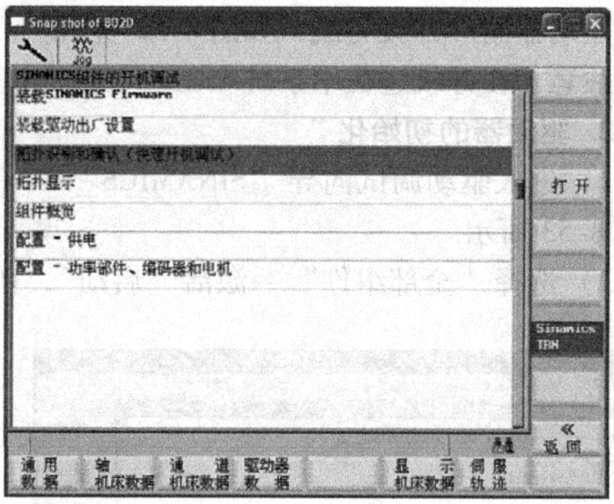


图 8-57　驱动器的初始化 5

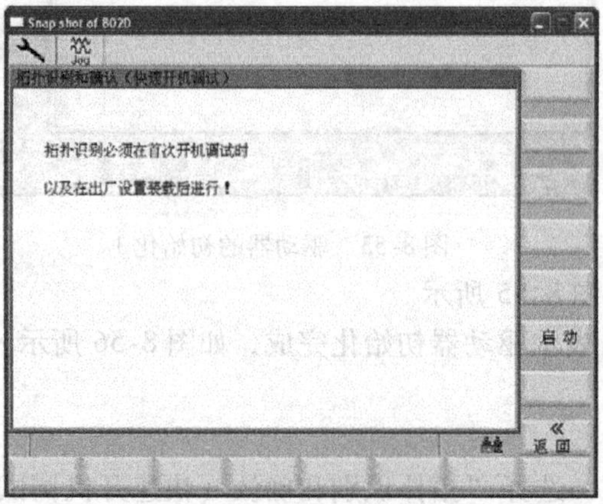


图 8-58　驱动器的初始化 6

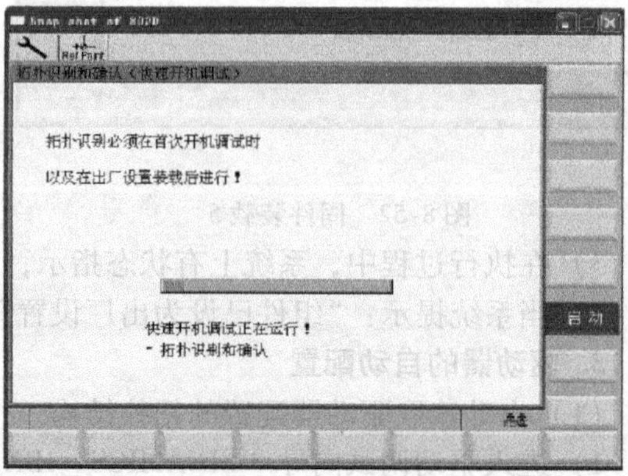


图 8-59　驱动器的初始化 7

待802DSL及驱动器断电后，再上电。

**注意**：驱动器总线Drive CLiQ的正确连接是读取配置拓扑结构的基本保证。

（2）设置SINAMICS拓扑结构比较等级

驱动调试结束后，应将拓扑结构比较等级设为最低，否则在驱动部件更换后，系统会提示：拓扑结构比较错误。

1）找到驱动器CU_I参数P9，输入1；参数P9906，输入3；参数P9，输入0。

2）驱动器数据存储。

3）找到驱动器参数P977，输入1－存储数据。

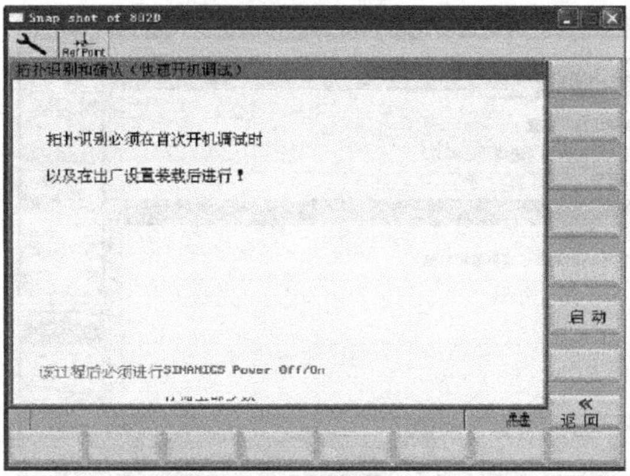


图8-60　驱动器的初始化8

4）观察驱动器参数P977；当P977由1和0表示数据存储完成；或者选择“保存参数”按键来存储驱动数据。

待802DSL及驱动器断电后，再上电。

**4. 驱动调试向导中的诊断功能**

（1）拓扑显示

1）进入驱动调试向导“SINAMICS_IBN”→选择“拓扑显示”→“打开”，如图8-61所示。

2）拓扑显示画面中表述了Drive CliQ总线的连接情况，如图8-62所示。

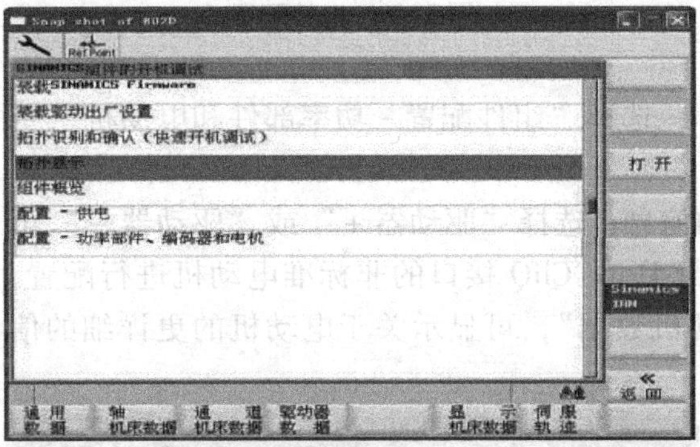


图8-61　拓扑显示1

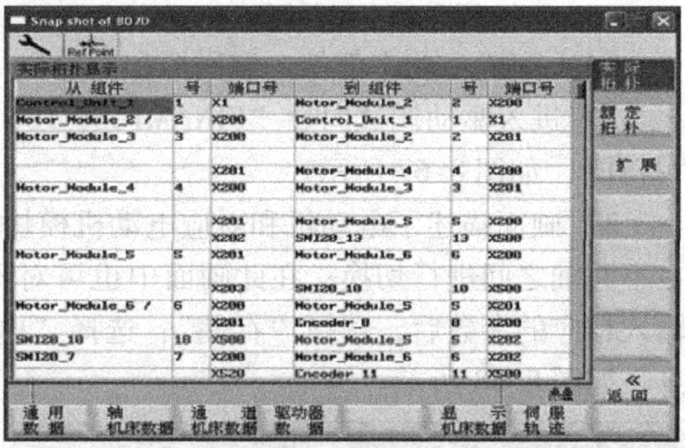


图8-62　拓扑显示2

（2）组件概览

1）进入驱动调试向导“SINAMICS_IBN”→选择“组件概览”→“打开”，如图8-63所示。

2）组件概览画面表述了所有和Drive CliQ总线连接的组件的类型、固件版本及拓扑比较等级；将光标置于某一组件，可选择“详细资料”，如图8-64所示。

3）此组件的详细资料便可显示，如图8-65所示。

（3）组件配置——带Drive CliQ接口的电源模块

进入驱动调试向导“SINAMICS_IBN”→选择“组件配置－供电”→“打开”，关于带Drive CliQ接口的电源模块的详细信息便可显示，组件配置如图8-66所示。

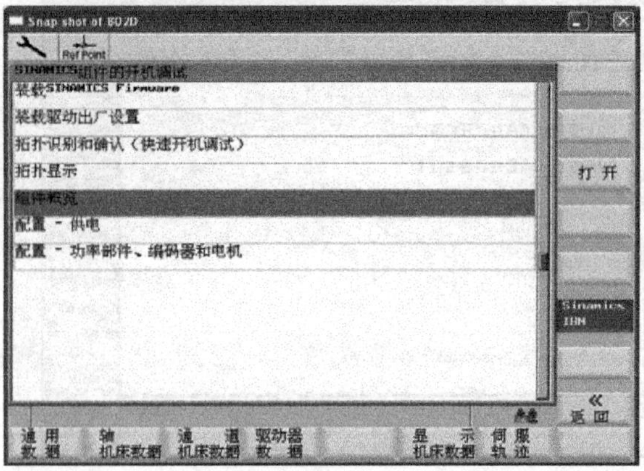


图 8-63　组件概览 1

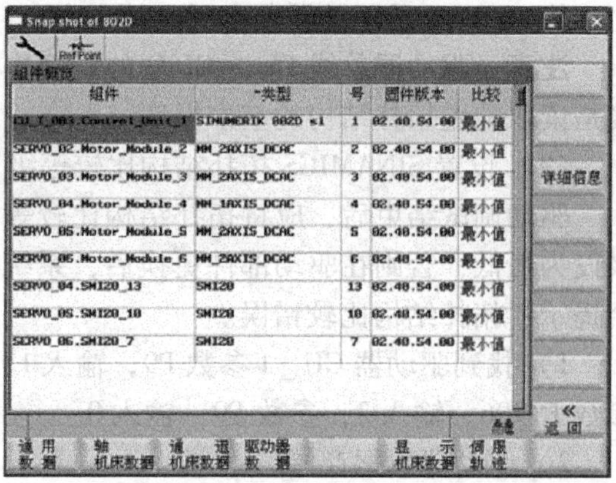


图 8-64　组件概览 2

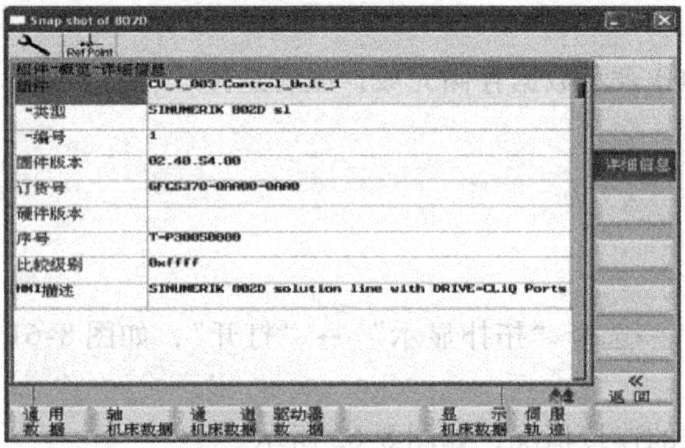


图 8-65　组件概览 3

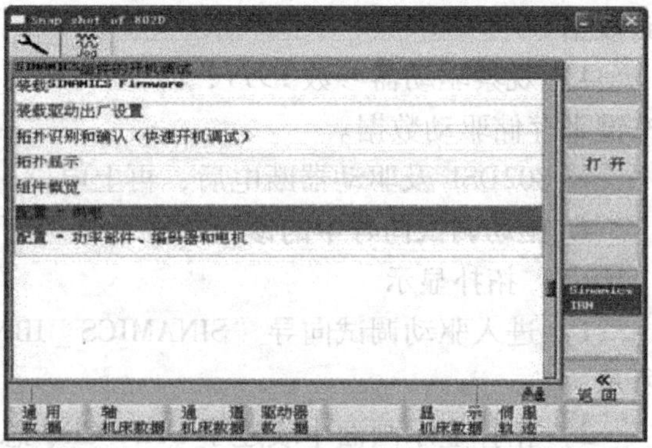


图 8-66　组件配置

（4）配置 - 功率部件、编码器和电动机

1）进入驱动调试向导“SINAMICS _ IBN”→选择“组件配置 - 功率部件和电动机”→“打开”，如图 8-67 所示。

2）画面描述了电动机和对应电动机模块的信息；选择“驱动器 +”或“驱动器 -”可在不同轴之间进行切换；在此画面中也可对不带 Drive CliQ 接口的非标准电动机进行配置，输入相应的参数后，选择“存储”；选择“电动机数据”，可显示关于电动机的更详细的信息，如图 8-68 所示。

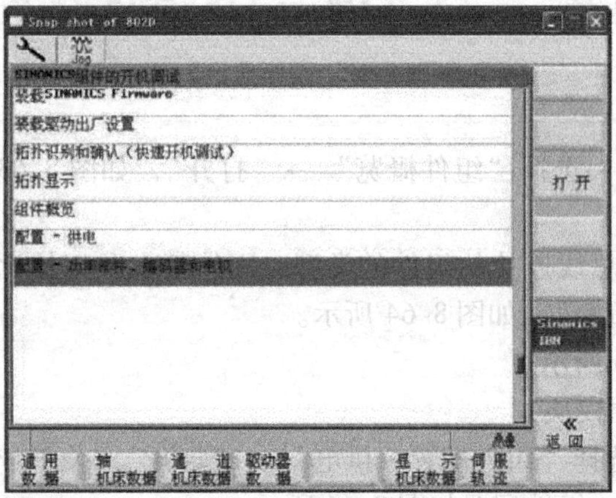


图 8-67　驱动调试

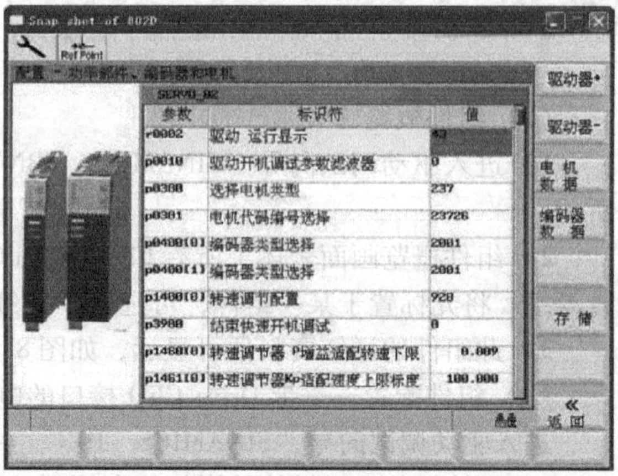


图 8-68　电动机信息选择

3）画面显示了电动机的详细信息，如图 8-69 所示。

4）画面描述了电动机和对应编码器的信息；在此画面中也可对轴的第二编码器配置，如图 8-70 所示。

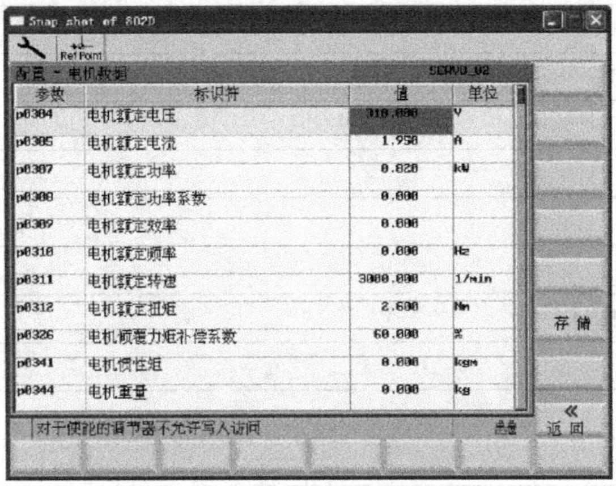


图 8-69　电动机的详细信息

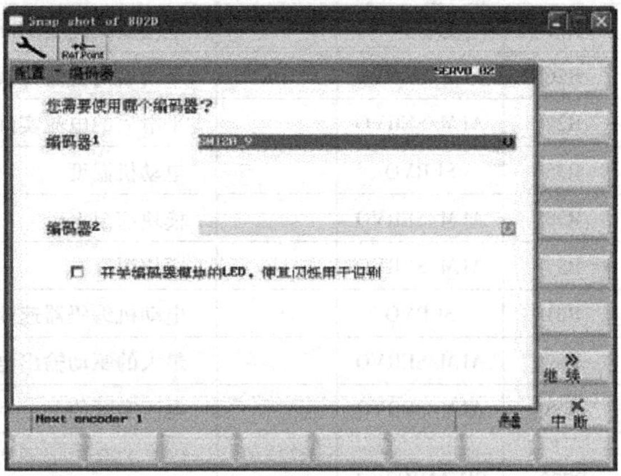


图 8-70　编码器配置

（5）SINAMICS 驱动常用参数

SINAMICS S120 的参数有 CU 控制单元参数、ALM 电源模块参数、SERVO 轴参数；其中 R 参数为只读参数，P 参数为可读可写参数。

SINAMICS 驱动常用参数表见表 8-12。

**表 8-12　SINAMICS 驱动常用参数表**

| 参数 | 参数说明 | | |
|---|---|---|---|
| | 参数归属 | 参数值 | 说明 |
| R2 | CU _ I | 0 | 驱动就绪，可以运行 |
| | | 10 | 驱动就绪，但是缺少驱动使能或者驱动有报警 |
| | | 33 | 拓扑结构错误：硬件连接出错或者在更换备件时拓扑结构比较等级 P9906 未设为 3 |
| | | 35 | 初次上电，驱动未调试 |
| | ALM | 0 | 驱动就绪，可以运行 |
| | | 32 | 启动准备，等待 ON/OFF1 信号，对应 PCU X20. 1 |
| | | 44 | 启动禁止，电源模块 EP 使能未接通 |
| | | 45 | 启动禁止，电源模块有报警 |
| | SERVO | 0 | 驱动就绪，可以运行 |
| | | 23 | 启动准备，等待电源模块运行使能 P864，对于 SLM，对应 PCU X20. 1 |
| | | 31 | 启动准备，等待驱动 ON/OFF1 使能，对应 NC/PLC 接口使能信号 V380x0002. 1 和 V380x4001. 7 |
| | | 43 | 启动禁止，ON/OFF3 使能丢失，对应 PCU X20. 2 |
| | | 45 | 启动禁止，模块有报警 |
| R20 | SERVO | | 平滑后的速度设定值 |

（续）

| 参数 | 参数说明 | | |
|---|---|---|---|
| | 参数归属 | 参数值 | 说明 |
| R21 | SERVO | | 平滑后的速度实际值 |
| R26 | ALM/SERVO | | 平滑后的直流母线电压 |
| R27 | ALM/SERVO | | 平滑后的电流实际值 |
| R35 | SERVO | | 电动机温度 |
| R36 | ALM/SERVO | | 模块超温 $I^2t$ |
| R37 | ALM/SERVO | | 模块温度 |
| R61 | SERVO | | 电动机编码器速度实际值 |
| R67 | ALM/SERVO | | 最大的驱动输出电流 |
| R68 | ALM/SERVO | | 电流实际值 |
| R722 | SINAMICS _ I | R722. 0 | PCU X20. 1 端子状态 |
| | | R722. 1 | PCU X20. 2 端子状态 |
| P9 | CU _ I | | 驱动状态，P9≠0 表示驱动处于调试状态 |
| P10 | ALM/SERVO | | ALM 或 SERVO 状态，P10≠0 表示模块处于调试状态 |
| P495 | SERVO | | 轴 BERO 信号输入定义 |
| P971 | SERVO | | P971 =1 自动变 0，轴参数存储 |
| P977 | CU _ I | | P977 =1 自动变 0，所有驱动参数存储 |
| P1460 [0] | SERVO | | 伺服速度环增益 |
| P1462 [0] | SERVO | | 伺服速度环积分时间 |
| P3985 | ALM/SERVO | | 模块控制优先权定义 |
| P9906 | CU _ I | | 拓扑比较等级设定 |

## 8.2.6 NC 调试

数控系统的位置控制由数控系统、驱动系统和测量系统构成。传统的数控系统将位置信号转换为速度给定，并用模拟电压的形式传送到伺服系统。伺服控制器根据模拟给定控制伺服电动机运动。与伺服电动机连接的测量系统将位置信号反馈给数控系统，数控系统根据指令位置与实际位置的差来调节模拟给定。对于传统的数控系统，每个轴有独立的速度给定接口和独立的位置反馈接口。而数字式的数控系统采用现场总线连接驱动器，数控系统只有总线接口，速度给定信号和位置检测信号都是以数字方式通过总线进行传递的。在总线上可以连接各种设备，如输入输出模块、驱动器等。为了保证总线通信的正确性，要对总线上的设备进行配置。通过配置使数控系统确定当前通过总线所连接的设备。

**1. 总线配置和驱动器模块定位**

有些数控系统的总线配置是开放的，可以根据需要灵活配置总线上的各种设备。有些数控系统的总线配置不开放，不能任意配置总线设备。这种数控系统的特点是将一些标准的总线配置集成到数控系统中。调试时只需通过机床参数 MD11240 来选择所需的系统数据块。总线配置完成后，需要通过机床参数 MD30110 来定位每个配置轴的给定值输出接口的地址，通过机床参数 MD30220 来确定位置反馈接口的地址见表 8-13。这样数控系统就可以进行位置调节，将每个轴的速度给定通过总线送到该轴的驱动器，并且通过总线读取该轴的实际位置。

**表 8-13 总线配置和驱动器定位参数**

| 数据号 | 数 据 名 | 单位 | 值 | 数 据 说 明 |
|---|---|---|---|---|
| 11240 | PROFIBUS _ SDB _ NUMBER [0 ~3] | - | * | 选择总线配置数据块 SDB |
| 30110 | CTRLOUT _ MODULE _ NR [0] | - | * | 定义速度给定端口（轴号） |
| 30200 | ENC _ MODULE _ NR [0] | - | * | 定义位置反馈端口（轴号） |

注：表中 * 表示需要填写的实际值，下同。

**2. 位置控制使能**

对于数控系统的默认设定，各轴均为仿真模式，即数控系统中的位置控制器没有生效。数控系统在此方式下，不向驱动器发送速度给定，也不从驱动器读取位置信息。在仿真模式下操作数控系统，只有人机界面的位置显示按照不同的操作命令发生变化。即使伺服驱动器正常通电，也不会驱动伺服电动机运动。在 PLC 应用程序调试完毕后，急停和各轴的硬限位工作正常，而且驱动器也完成了配置。在满足上述条件后，就可以激活数控系统的位置控制器，使各轴进入实际调节状态。位置控制器的使能参数见表 8-14。

**表 8-14 位置控制器的使能参数**

| 数据号 | 数 据 名 | 单位 | 值 | 数 据 说 明 |
|---|---|---|---|---|
| 30130 | CTRLOUT _ TYPE | 无 | 1 | 控制给定输出类型 |
| 30240 | ENC _ TYPE | 无 | 1 | 编码器反馈类型 |

如果机械传动系统没有问题，数控系统以及驱动器的连接正确无误，激活数控系统的位置控制器进入工作状态，将速度给定通过总线送到伺服驱动器，并将电动机的位置信号从总线读出。这时伺服电动机可以根据数控系统发出的位置指令运动。假如在位置控制器激活后，伺服电动机并不运动，或者不能正确运动，说明存在着机械部件的装配问题，或者是电气部件之间的连接问题。这时需要检查机械系统以及数控系统与伺服系统连接的正确性。调试进行到这一步时可能出现的问题如下：

1）伺服电动机不能运动，且数控系统显示报警出现以下报警："25201 驱动器故障"。这时需要根据数控系统的连接手册检查总线接线的正确性，如总线电缆是否与总线插头中的接线端子正确且牢固地连接，总线插头上的终端电阻是否正确设置，总线插头中的屏蔽线是否接好。

2）伺服电动机在接收到控制指令后不能运动，且在数控系统人机界面的状态显示行上出现提示："等待：缺少轴使能"，在这种情况下应该根据使能链来检查外部的硬件使能信号是否正确。如伺服驱动器的各个使能端子是否正确连接，数控系统信号接口中的使能信号是否置位，是否因为互锁 PLC 应用程序激活了信号接口中的进给保持。

3）伺服电动机可以运动，但是电动机的运动不正常。伺服电动机在极短的快速运动后出现报警，这种现象是因为电缆连接错误而导致速度控制或位置控制的正反馈所致。这时需要检测伺服电动机动力电缆在驱动器一端标有 U、V、W 线标的三根导线是否与动力电缆插头上标有 U、V、W 的端子对应连接，需要检查每台伺服电动机的动力电缆和信号电缆是否与配套驱动器对应的接口正确地连接。

4）如果伺服电动机不能转动，并且数控系统提示报警，这时需要检查电动机的抱闸是否释放，检查是否有传动系统的机械故障。如果伺服电动机可以正常运动，但是在高速运动时也产生同样的报警，且电动机的温度上升很快，温度很高，甚至烫手，这时应该检查伺服电动机的实际电流。一般在非切削状态下，伺服电动机的实际电流应为电动机额定电流的30%以下。如果伺服电动机的实际电流过大，或在运动过程中伺服电动机的实际电流忽大忽小，这表明传动系统存在机械装配问题或机械部件故障，如滚珠丝杠、轴承或导轨，或者由于设计时的计算错误，所选用的伺服电动机转矩不能满足传动系统运动的需要，使得伺服电动机处于长期过载状态。

在数控系统的整个调试过程中，位置控制器使能的调试非常重要。因为位置控制器的正常工作与数控系统各个部件之间连接的正确性息息相关。此时数控系统的连接错误、PLC应用程序的设计错误，甚至机械故障都可能暴露出来。从另一个方面讲，数控机床的调试步骤也是非常重要的。特别是在调试一台新型的数控机床时，一定要按照数控系统的调试规程一步一步地进行，切忌打乱调试次序，或者一次输入很多机床参数。否则在出现故障或报警时，很难快速判断出问题的原因。如果在激活位置控制器后，伺服电动机可以正常运转，伺服电动机带动机床工作台空载运行时，伺服电动机的实际电流在额定电流的30%以下，且电动机的温升正常，证明数控系统的连接正确，且没有传动系统的机械故障。

机床各轴运动的正方向，是根据切削时刀具相对于工件的运动方向，按照右手螺旋法确定的。由于机械结构设计的原因，伺服电动机可能安装在丝杠的两个不同的方向上。同样是伺服电动机正转，伺服电动机安装在丝杠左端和右端时，工作台的运动方向是不同的。如果机床某轴溜板的运动方向与该轴定义的运动方向不一致，应该通过机床参数来改变溜板的运动方向。利用表8-15中的参数可以改变轴的运动方向。

**表8-15 定义轴的运动方向**

| 数据号 | 数据名 | 单位 | 值 | 数据说明 |
|---|---|---|---|---|
| 32100 | AX _ MOTION _ DIR | — | 1 | 运动方向正常（出厂设定） |
| | | | -1 | 运动方向相反 |

### 3. 传动系统参数配比

机械传动系统参数是数控系统计算运动位置的依据。由于数控机床的运动是利用滚珠丝杠的螺旋原理将伺服电动机的旋转运动转变为直线运动的，因此对于采用电动机测量系统的位置控制，数控系统检测的是伺服电动机的角位置，将角位置换算成直线位置需要依据机械传动系统配比参数，也就是丝杠每转对应的位移－丝杠螺距和电动机与丝杠之间的传动比。对于数控机床的每个轴一旦确定其实际传动机构减速比和丝杠螺距，该轴的实际位移量也就随之确定。传动系统的参数决定了这个坐标轴的实际移动量。机械传动系统配比参数在表8-16中列出。

**表8-16 机械传动系统的配比参数**

| 数据号 | 数据名 | 单位 | 值 | 数据说明 |
|---|---|---|---|---|
| 31030 | LEADSCREW _ PITCH | mm | * | 丝杆螺距 |
| 31050 | DRIVE _ AX _ RATIO _ DENUM［0…5］ | — | * | 减速比分子 $n$ |
| 31060 | DRIVE _ AX _ RATIO _ NOMERA［0…5］ | — | * | 减速比分母 $m$ |

对于进给轴，丝杠的螺距以及减速比是确定坐标位置的唯一条件。当伺服电动机与丝杠直接连接，伺服电动机和丝杠的减速比为1:1。数控系统减速比的默认值正好为1:1。当丝杠与伺服电动机之间通过减速机构连接时，需要准确地设定减速比的分子和分母。当减速机由多级齿轮构成时，最终的减速比等于各级减速比分子的积比各级减速比分母的积，即：

$$\frac{\mathrm{MD31050}}{\mathrm{MD31060}}=\frac{n_1}{m_1}\frac{n_2}{m_2}\cdots\frac{n_i}{m_i}$$

参数的序号［0］只对进给轴有效，序号［1］～［5］对应于主轴的5个档位。就是说进给轴只需设定序号为［0］的分子和分母，主轴则需设定序号［1］～［5］的分子和分母。当机械配比参数设定完毕后，数控系统发出的手动或零件程序等移动控制指令应与实际位置相吻合。对于车床减速比分子索引号［0］～［5］都要填入相同的值，分母索引号［0］～［5］也要填入相同的值；否则在加工螺纹时，会有报警代码出现：26050。任何位置精度问题均来自机械系统的误差，如丝杠螺距误差。

**4. 速度参数的设定**

（1）进给轴速度的设定

数控系统根据数控机床的应用情况，对每个轴设计了相关的速度参数。首先是轴的最高速度，轴的最高速度与传动系统的机械结构和伺服电动机的特性有关。由于负载的质量、运动部件的阻尼、伺服电动机的转矩等原因，轴的实际速度可能达不到理论速度。有的轴行程可能很短，要达到很高的速度，需要很高的加速度，在这种情况下需要传动系统机械部件具有很高的刚性，同时在伺服电动机选型时，应选配具有高动态特性、足够输出转矩的伺服电动机。数控机床的轴最高速度不是由一个机床参数决定的，而是取决于诸多条件。

根据坐标轴的最高速度，数控系统设置了与之相关的一系列速度，这些速度的用途各有不同。从图8-71可以看出各速度之间的相互关系。

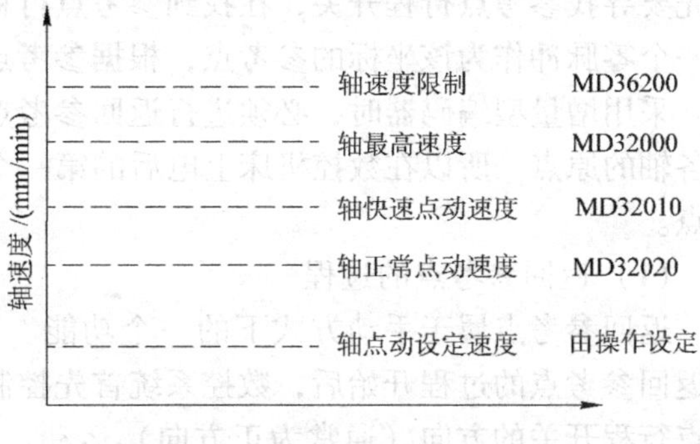


图8-71　轴速度参数之间的关系

与轴最高速度配套的另一个参数是最高速度限制。机床轴由静止到给定速度的过程中会有速度超调，不能用轴的最高速度作为速度极限。设置最高速度限制可以保证在电缆连接错误导致速度正反馈超速时，驱动系统可以自动断掉伺服使能，确保机床的轴不会因为超速而损坏。MD36200应比MD32000大10%。数控系统还可以通过用户操作界面随时设定正常点动速度和快速点动速度。

（2）主轴速度的设定

主轴速度的设定与进给轴速度的设定原理基本相同。只是主轴可能有五档速度，每个档位都具有该档的最高速度、最低速度和该档的速度限制，从图8-72中可以看出，各档速度范围允许叠加，同时可以看到主轴相关参数名和参数说明。

**5. 参考点相关参数**

参考点是确定机床坐标原点的基准，而且还是轴的软限位和各种误差补偿生效的条件。

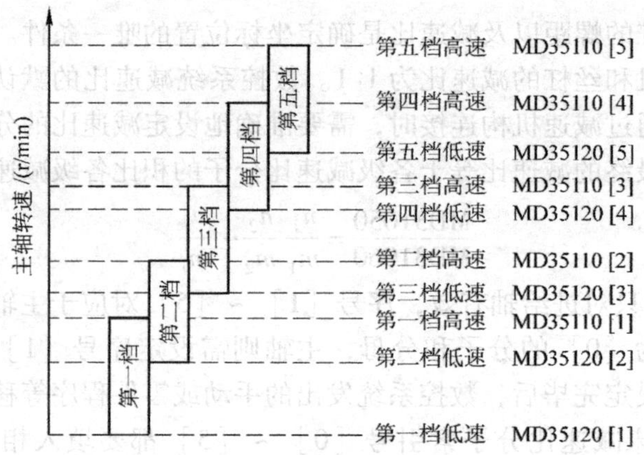


图 8-72 主轴各档速度之间的关系

如果采用带绝对值编码器的伺服电动机，机床的坐标原点是在机床调试时设定的。大多数数控机床都采用带增量型编码器的伺服电动机。编码器采用了光学原理将角位置进行编码，在编码器输出的位置编码信息中，还有一个零脉冲信号。编码器每转产生一个零脉冲。

当伺服电动机安装到机床的床身时，伺服电动机的位置确定，编码器零脉冲的角位置也就确定。由于编码器每转产生一个零脉冲，在坐标轴的整个行程中有很多零脉冲，这些零脉冲之间的距离是相等的，而且每个零脉冲在机床坐标系统中的位置是绝对确定的，为了确定坐标轴的原点，可以利用某个零脉冲的位置作为基准。这个基准就是坐标轴的参考点。为了确定参考点的位置，通常在数控机床的坐标轴上配备一个参考点行程开关。数控机床开机后首先要寻找参考点行程开关，在找到参考点行程开关之后，寻找与参考点行程开关距离最近的一个零脉冲作为该坐标的参考点，根据参考点就可以确定机床的原点。

采用增量型编码器时，必须进行返回参考点的操作，数控系统才能找到参考点，从而确定各轴的原点。所以在数控机床上电后的第一个必要执行的操作任务就是返回机床各轴的参考点。

（1）返回参考点的过程

返回参考点属于手动方式下的一个功能。在图 8-73 中描述了返回参考点的整个过程。在返回参考点的过程开始后，数控系统首先控制坐标轴按照搜索参考点行程开关的速度向参考点行程开关的方向（通常为正方向）运动，当找到参考点行程开关后，坐标轴减速至静止。然后数控系统控制该轴按照搜索零脉冲的速度，向相反方向退离参考点行程开关。一旦脱开参考点行程开关，数控系统就开始搜索第一个零脉冲。考虑到坐标轴的速度和机床工作台的惯性，当第一个零脉冲出现后，坐标轴仍将在数控系统的控制下，按照参考点的定位速度移动一个可设定的距离后停止。整个返回参考点的过程完成，此时的位置就是该坐标轴的参考点。

（2）返回参考点的操作方式

数控系统设有两种返回参考点的操作方式：一种是保持操作方式；另一种是触发操作方式。所谓保持方式是在返回参考点的整个过程中要一直按住机床控制面板上坐标轴的方向键。在返回参考点过程中的任何时刻如果松开正向键，返回参考点的过程将自动终止。采用这种操作方式的目的是保证操作安全。正是出于这个原因，这种操作方式为数控系统的默认

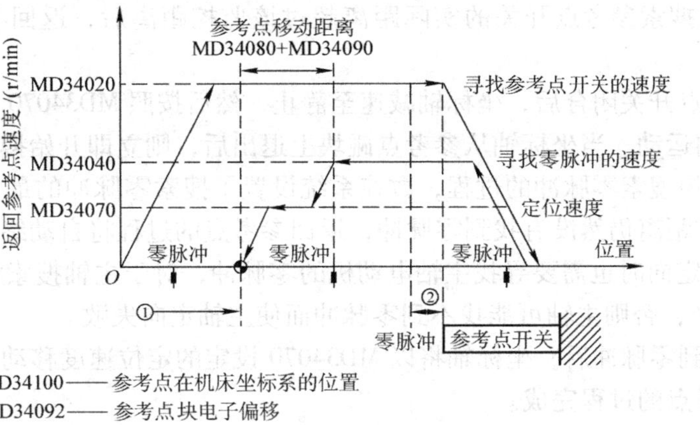


图 8-73　返回参考点的原理

设定。所谓触发操作方式是只要点一下机床控制面板上的坐标轴方向键，返回参考点的过程即可自动完成。这种方式操作简单，所以被很多数控机床采用。但是否选用这种方式不仅是由一个机床参数决定的，还和参考点碰块的安装位置有关。同样是出于安全原因，参考点开关应按照图 8-74 中的要求安装。

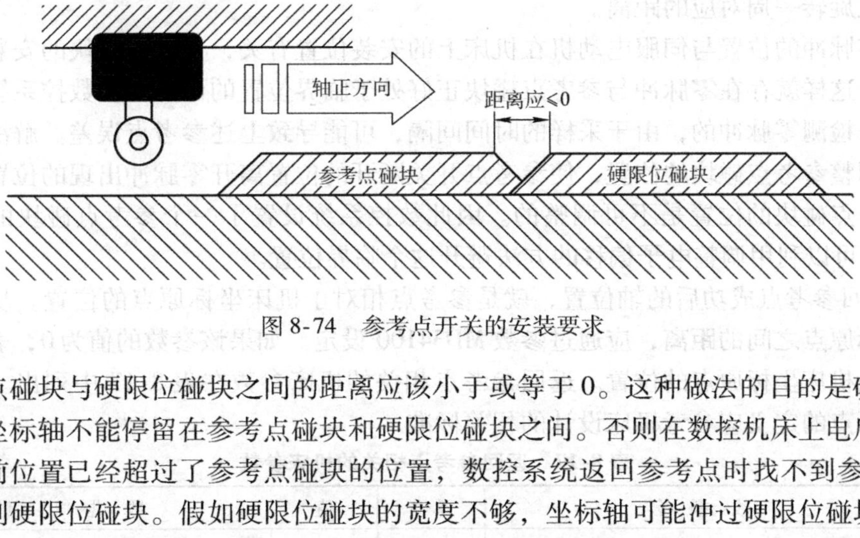


图 8-74　参考点开关的安装要求

参考点碰块与硬限位碰块之间的距离应该小于或等于 0。这种做法的目的是确保任何时刻机床的坐标轴不能停留在参考点碰块和硬限位碰块之间。否则在数控机床上电后，由于坐标轴的当前位置已经超过了参考点碰块的位置，数控系统返回参考点时找不到参考点开关，而直接撞到硬限位碰块。假如硬限位碰块的宽度不够，坐标轴可能冲过硬限位碰块而导致机械部件的损坏。

这里根据图 8-73 中描述的返回参考点原理，来进一步解释各参数的意义。

1）数控机床坐标轴的正方向通常是远离工件的方向，因此返回参考点方向的默认设定也为正方向。在数控系统中返回参考点的方向是可以设定的，既可以是正方向也可以是负方向。返回参考点的方向是通过机床参数 MD34010 来确定的。

2）MD34020 确定了搜索参考点开关的速度，与该速度相关的是参考点开关的碰块宽度。一般数控系统要求在当前设定的加速度下坐标轴碰到参考点开关后减速的距离不能超过碰块的宽度。因此在设计参考点碰块时，应考虑到搜索参考点开关的速度，并且根据该坐标轴的加速度计算减速所需的距离。

3）为了监控搜索参考点开关的过程，数控系统设置了搜索参考点开关的最大距离

MD34030，只要搜索参考点开关的实际距离超过该监控距离后，返回参考点的过程将自动终止。

4）当参考点开关闭合后，坐标轴减速至静止，然后按照 MD34070 设定的搜索零脉冲的速度向相反方向运动。当坐标轴从参考点碰块上退出后，则立即开始搜索编码器的零脉冲。

5）为了监控搜索零脉冲的过程，数控系统设置了搜索零脉冲的最大距离 MD34060。一旦超过这个监控距离仍然没有找到零脉冲，返回参考点的过程将自动终止。该参数的默认值为 20mm。主轴定向时也需要寻找主轴电动机的零脉冲，对于主轴搜索零脉冲的最大距离应设定为大于 360°，否则主轴可能找不到零脉冲而使主轴定向失败。

6）当检测到零脉冲后，坐标轴将以 MD34070 设定的定位速度移动一个可设定的距离后停止，返回参考点的过程完成。

7）在找到零脉冲后，以定位速度移动的距离由 MD34080 确定。这个可设定的移动距离是带方向的。如果设定正向返回参考点，该参数通常为负值。如果设定负向返回参考点，该参数通常应为正值。

8）在寻找零脉冲的过程中，假如参考点开关断开的位置和电动机编码器零脉冲的位置正好重合，数控系统可能检索到与参考点碰块相邻的这个零脉冲，也可能检测不到这个零脉冲而检测到下一个零脉冲，这样就造成参考点的位置误差。这种位置误差的特点是正好等于伺服电动机旋转一周对应的距离。

由于零脉冲的位置与伺服电动机在机床上的安装位置有关，参考点碰块的安装位置可能略有差异。这样就存在零脉冲与参考点碰块正好处于临界位置的可能性。数控系统是利用采样的方法来检测零脉冲的，由于采样的时间间隔，可能导致上述参考点误差。解决这个问题的方法是调整参考点碰块的位置，使参考点开关断开的位置离开零脉冲出现的位置。当然有些机床参考点碰块的位置是不可调整的。因此数控系统设置了一个参考点碰块的电子偏移 MD34092，可以利用调整电子偏移的方法避开这个临界位置。

9）返回参考点成功后的轴位置，就是参考点相对于机床坐标原点的位置。从这个位置到机床坐标原点之间的距离，应通过参数 MD34100 设定。如果该参数的值为 0，表示参考点的位置就是机床坐标原点的位置。返回参考点相关的机床参数在表 8-17 中列出。关于数控机床坐标原点的定义应参考机床设计的相关标准。

**表 8-17　返回参考点相关的机床参数**

| 数据号 | 数 据 名 | 单位 | 值 | 数 据 说 明 |
|---|---|---|---|---|
| 34010 | REFP_CAM_DIR_IS_MINUS | – | 0/1 | 返回参考点方向：0—正；1—负 |
| 34020 | REFP_VELO_SEARCH_CAM | mm/min | 实际值 | 搜索参考点开关的速度 |
| 34030 | REFP_MAX_CAM_DIST | mm | 实际值 | 搜索参考点开关的最大距离 |
| 34040 | REFP_VELO_SEARCH_MARKER | mm/min | 实际值 | 搜索零脉冲的速度 |
| 34060 | REFP_MAX_MARKER_DIST | mm | 实际值 | 搜索零脉冲的最大距离 |
| 34070 | REFP_VELO_POS | mm/min | 实际值 | 返回参考点定位速度 |
| 34080 | REFP_MOVE_DIST | mm | 实际值 | 参考点移动（距离） |
| 34092 | REFP_CAM_SHIFT | mm | 实际值 | 参考点撞块电子偏移 |
| 34100 | REFP_SET_POS | mm | 实际值 | 参考点（相对机床坐标系）位置 |

一旦机床的坐标轴找到了参考点，该坐标轴的软限位以及各种位置误差补偿也随即生效。软限位的设定是非常重要的。软限位可以有效地避免在机床使用过程中可能出现的位置超限。表 8-18 为坐标轴的软限位参数。软限位的默认值非常大，如果使用默认值，可能发生机械碰撞事故。数控系统设置了第一软限位和第二软限位，第二软限位由 PLC 激活。

**表 8-18　坐标轴的软限位参数**

| 数据号 | 数　据　名 | 单位 | 值 | 数　据　说　明 |
|---|---|---|---|---|
| 36100 | POST _ LIMIT _ MINUS | mm | * | 负向软限位 |
| 36110 | POST _ LIMIT _ PLUS | mm | * | 正向软限位 |
| 36120 | POST _ LIMIT _ MINUS2 | mm | * | 第二负向软限位 |
| 36130 | POST _ LIMIT _ PLUS2 | mm | * | 第二正向软限位 |

**6. 误差补偿参数**

数控机床机械部件的制造和装配精度影响机床的实际定位精度。传动系统机械部件的制造和装配误差可以通过数控系统的补偿功能作一定程度上的补偿。

（1）丝杠的反向间隙补偿

利用数控系统提供的反向间隙补偿功能对误差进行补偿。要对反向间隙进行补偿，首先要准确地测量出反向间隙的大小。由于滚珠丝杠的制造误差，坐标轴的任何一个位置既有反向间隙也存在丝杠的螺距误差，因此要在一个位置测量反向间隙往往不能测出实际的反向间隙误差。通常采用多点测量法，在坐标轴的若干个位置测量出反向间隙，然后计算平均值。最准确的方式是采用激光干涉仪测量坐标轴全程的丝杠螺距误差，同时可以测出准确的反向间隙。

坐标轴返回参考点后，数控系统对于反向间隙的补偿也随即生效。所谓补偿反向间隙，就是在坐标轴反向时将测得的反向间隙值加入位置指令中。测得的反向间隙的值要输入到表 8-19 的参数中。假如反向间隙值过大，可能使数控系统在补偿反向间隙时出现速度极限报警。

**表 8-19　反向间隙补偿值**

| 数据号 | 数　据　名 | 单位 | 值 | 数　据　说　明 |
|---|---|---|---|---|
| 32450 | BACKLASH | mm | * | 反向间隙，返回参考点后补偿生效 |

（2）丝杠螺距误差补偿

数控机床传动的关键机械部件是滚珠丝杠。理想的情况下丝杠没有任何位置误差，这时丝杠的每一个角位置，都对应一个直线位置。丝杠每旋转 360°所对应的直线位移称为丝杠螺距。丝杠的角位置与直线位置的对应关系符合下列公式：

$$丝杠的直线位移 = 丝杠螺距 \times 丝杠的旋转角度/360°$$

由于制造工艺的原因，实际的丝杠不可能达到理想的精度，存在螺距误差。丝杠螺距误差的大小决定了丝杠的精度等级。丝杠的误差可以利用数控系统的补偿功能部分消除或减小。数控系统对丝杠误差补偿的过程实际是通过调整丝杠的角度使得直线位移达到或接近指令位置。在图 8-75 中描述了补偿的物理原理。实际上丝杠的误差表现形式为非线性，而数控系统对丝杠螺距误差的补偿采用了线性插补法。线性补偿与非线性误差之间的矛盾影响了误差补偿的效果。

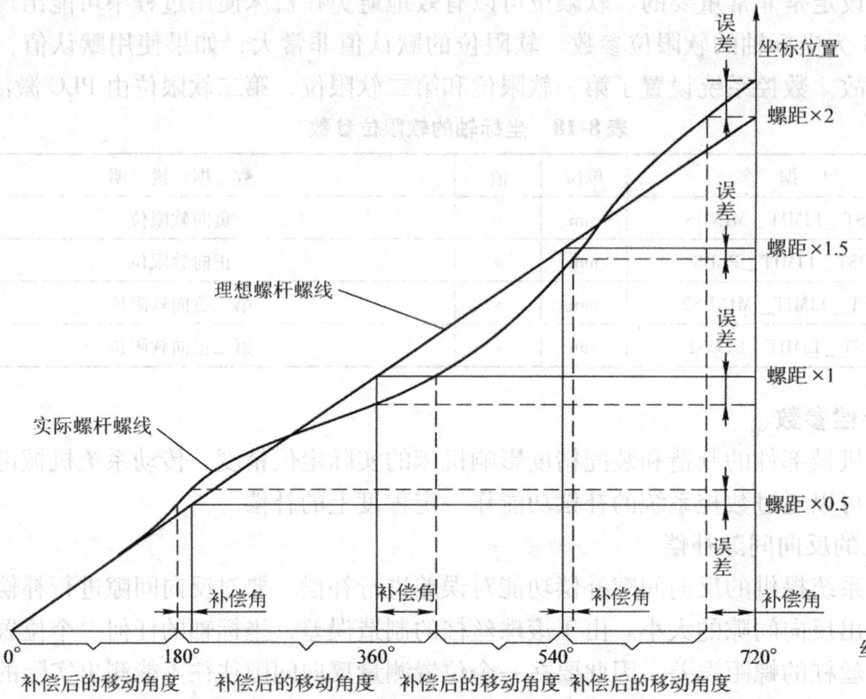


图 8-75　理想丝杠线与实际丝杠线的比较

为了更好地说明误差线性度对补偿效果的影响，对相同条件下两个线性度不同的误差进行线性补偿，并分析其各自的补偿效果。相同的条件是指相同的丝杠螺距、以一个螺距为误差测量间隔测出的误差值相同，假设在相同的测量间隔内，两个误差曲线的线性度不同。将测得的误差按照线性插补的原则均分为四等分，分别补偿在丝杠的四个角位置上。

第一个补偿试验中，对一个螺距位置上测得的一个误差进行补偿。假定在这个螺距内的误差曲线具有一定线性度，补偿效果如图 8-76 所示。

补偿之前，观察一下在四个角位置上的误差。由于误差曲线具有一定的线性度，在四个角位置上的误差均为正误差。按照线性插补的原则，将测得的误差分为四等分，补偿第一个 1/4 误差相当于将误差曲线平移了 1/4 误差所对应的角度，补偿的结果是在 90°角位置上的误差没有消除，且变为负误差；补偿第二个 1/4 误差时，在 180°角位置上的误差基本消除；补偿第三个 1/4 误差时，270°角位置上的误差大幅度减小；补偿第四个 1/4 误差时，在一个 360°角位置上的误差完全消除。

再观察一下第二个补偿试验的结果。同样一个螺距的位置上测得一个相同的误差值。这时假定在这个螺距内误差曲线的线性度很差，补偿效果如图 8-77 所示。

同样将测得的误差分为四等分。补偿第一个 1/4 误差后，在 90°角位置上的误差没有消除，反而增大了；补偿第二个 1/4 误差时，在 180°角位置上的误差变为负误差；补偿第三个 1/4 误差时，270°角位置上的误差增大了；补偿第四个 1/4 误差时，在一个 360°角位置上的误差完全消除。

从上述两个试验的结果可以看出补偿的效果，虽然丝杠的螺距误差在丝杠的总行程内是

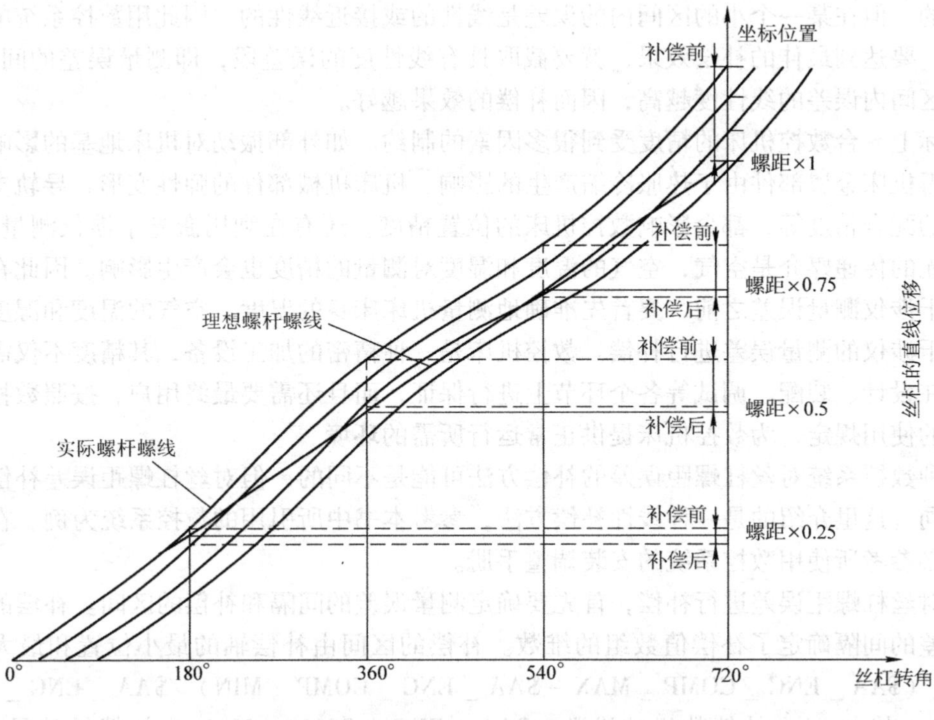


图 8-76　对具有线性度的误差进行线性补偿

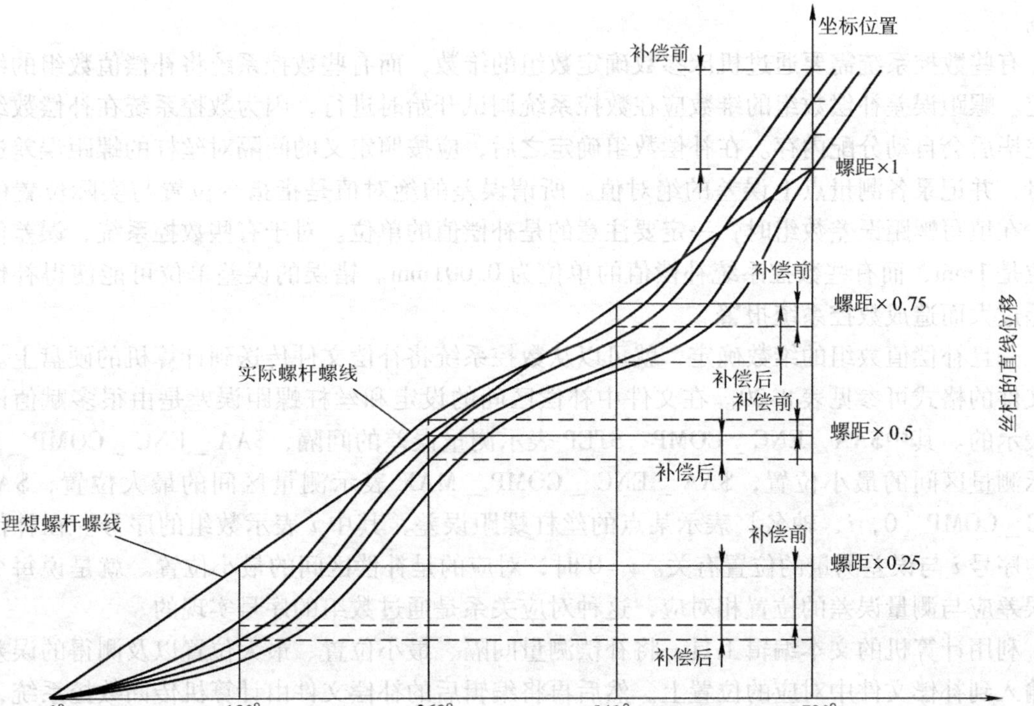


图 8-77　对非线性的误差进行线性补偿

非线性的，但在某一个小的区间内的误差是线性的或接近线性的。因此用数控系统的线性补偿功能，要达到最佳的补偿效果，就要截取具有线性度的误差段，即测量误差的间隔越小，在测量区间内误差的线性度越高，因而补偿的效果越好。

实际上一台数控机床的精度受到很多因素的制约。如外部振动对机床地基的影响、环境温度使得机床金属部件由于热胀冷缩产生的影响、机床机械部件的弹性变形、导轨支承与导轨之间的配合精度等，都会影响数控机床的位置精度。还有在利用激光干涉仪测量误差时，由于激光的传递媒介是空气，空气的温度和湿度对测量的精度也会产生影响。因此在开始利用激光干涉仪测量误差之前，要首先准确地测量机床床身的温度、空气的温度和湿度，以便对激光干涉仪的测量误差进行补偿。数控机床是一种精密的加工设备，其精度不仅需要机床制造厂在设计、装配、调试等各个环节上进行保证，而且还需要最终用户，按照数控机床厂对机床的使用规定，为数控机床提供正常运行所需的环境。

各种数控系统对丝杠螺距误差的补偿方法可能是不同的，但对丝杠螺距误差补偿的原理基本相同。这里介绍的是一种线性补偿方法，参考本书中所引用的数控系统为例。在实际调试时务必参考所使用数控系统的安装调整手册。

要对丝杠螺距误差进行补偿，首先要确定测量误差的间隔和补偿的区间。补偿的区间和测量误差的间隔确定了补偿值数组的维数。补偿的区间由补偿轴的最小位置和最大位置定义。$k$ = （$AA_ENC_COMP_MAX - $AA_ENC_COMP_MIN）/$AA_ENC_COMP_STEP + 1。其中，$k$ = 补偿数组的维数；$AA_ENC_COMP_MAX 为补偿轴的最大位置；$AA_ENC_COMP_MIN 为补偿轴的最小位置；$AA_ENC_COMP_STEP 为误差测量间隔。

有些数控系统需要通过机床参数确定数组的维数，而有些数控系统将补偿值数组的维数固定。螺距误差补偿数组的维数应在数控系统调试开始时进行，因为数控系统在补偿数组设定完毕后会自动分配内存。在补偿数组确定之后，应按照定义的间隔对丝杠的螺距误差进行测量，并记录各测量点上误差的绝对值。所谓误差的绝对值是指指令位置与实际位置的差值，在填写螺距误差数组时，一定要注意的是补偿值的单位。对于有些数控系统，误差值的单位是1mm，而有些数控系统补偿值的单位为0.001mm。错误的误差单位可能使得补偿值误差过大而造成数控系统报警。

一旦补偿值数组的维数确定，就可以从数控系统将补偿文件传送到计算机的硬盘上。这个文件的格式可参见表8-20。在文件中补偿区间的设定和丝杠螺距误差是由很多赋值语句来表示的。其中$AA_ENC_COMP_STEP 表示测量误差的间隔，$AA_ENC_COMP_MIN 表示测量区间的最小位置，$AA_ENC_COMP_MAX 表示测量区间的最大位置，$AA_ENC_COMP［0，$i$，轴名］表示某点的丝杠螺距误差，其中 $i$ 表示数组的序号。在补偿数组中序号 $i$ 与误差测量的位置有关。$i=0$ 时，对应的是补偿区间的最小位置。就是说每个丝杠误差应与测量误差的位置相对应，这种对应关系是通过数组的序号实现的。

利用计算机的文本编辑工具，将补偿测量间隔、最小位置、最大位置以及测得的误差分别输入到补偿文件中对应的位置上。然后再将编辑后的补偿文件由计算机传回数控系统，通过表8-21中的机床参数激活丝杠螺距误差补偿。数控系统返回参考点后，补偿生效。当补偿数据通过机床参数 MD32700 激活后，数控系统随即激活对当前补偿数据的写保护。如果需要更改数控系统中生效的补偿数据，需要首先设置补偿无效，然后才能将修改过的补偿文件传入数控系统。

表 8-20 补偿值数组文件格式

| 补偿值数组文件格式 | 注 释 |
| --- | --- |
| %_N_COMPLETE_EEC_INI | 文件头 |
| $AA_ENC_COMP [0, 0, AX1] =0.0 | 对应于最小位置上的误差值 |
| $AA_ENC_COMP [0, 1, AX1] =0.0 | 对应于最小位置 +1 个间隔位置上的误差值 |
| $AA_ENC_COMP [0, 2, AX1] =0.0 | 对应于最小位置 +2 个间隔位置上的误差值 |
| $AA_ENC_COMP [0, 3, AX1] =0.0 | 对应于最小位置 +3 个间隔位置上的误差值 |
| ⋮ | ⋮ |
| $AA_ENC_COMP [0, 123, AX1] =0.0 | 对应于最小位置 +123 个间隔位置上的误差值 |
| $AA_ENC_COMP [0, 124, AX1] =0.0 | 对应于最小位置 +124 个间隔位置上的误差值 |
| $AA_ENC_COMP_STEP [0, AX1] =0.0 | 测量间隔（mm） |
| $AA_ENC_COMP_MIN [0, AX1] =0.0 | 最小位置（绝对） |
| $AA_ENC_COMP_MAX [0, AX1] =0.0 | 最大位置（绝对） |
| $AA_ENC_COMP_IS_MODULO [0, AX1] =0 | 0 表示直线轴；1 表示旋转轴 |
| M17 | 文件结束 |

表 8-21 丝杠螺距误差补偿相关的参数

| 数据号 | 数 据 名 | 单位 | 值 | 数 据 说 明 |
| --- | --- | --- | --- | --- |
| 38000 | MM_ENC_COMP_MAX_POINTS | – | 125 | 最大补偿点数 |
| 32700 | ENC_COMP_ENABLE | – | 0/1 | 1 表示补偿生效；0 表示补偿无效 |

为了便于数控机床的批量生产，可采用另外一种方法输入补偿误差数据。这种方法是将表 8-20 所示的补偿文件转变为零件程序的格式，见表 8-22，然后将这个文件传入数控系统。在数控系统的零件程序目录中，可以看到名为“LBDATA – X”的文件。利用相同的方法可生成其他几个轴的补偿文件。利用这些补偿文件，生产人员在生产现场将测量的丝杠螺距误差输入到文件中，最后在自动方式下运行这个加工程序，便可以将补偿数据输入数控系统中。

表 8-22 将补偿文件转变为加工程序

| 补偿值数组文件格式 | 注 释 |
| --- | --- |
| %_N_LBDATA_X_MPF | 文件头 |
| $PATH =/_N_MPF_DIR | 文件路径：MPF 表示主程序目录 |
| $AA_ENC_COMP [0, 0, AX1] =0.0 | 对应于最小位置上的误差值 |
| $AA_ENC_COMP [0, 1, AX1] =0.0 | 对应于最小位置 +1 个间隔位置上的误差值 |
| $AA_ENC_COMP [0, 2, AX1] =0.0 | 对应于最小位置 +2 个间隔位置上的误差值 |
| $AA_ENC_COMP [0, 3, AX1] =0.0 | 对应于最小位置 +3 个间隔位置上的误差值 |
| ⋮ | ⋮ |
| $AA_ENC_COMP [0, 123, AX1] =0.0 | 对应于最小位置 +123 个间隔位置上的误差值 |
| $AA_ENC_COMP [0, 124, AX1] =0.0 | 对应于最小位置 +124 个间隔位置上的误差值 |
| $AA_ENC_COMP_STEP [0, AX1] =0.0 | 测量间隔（mm） |
| $AA_ENC_COMP_MIN [0, AX1] =0.0 | 最小位置（绝对） |
| $AA_ENC_COMP_MAX [0, AX1] =0.0 | 最大位置（绝对） |
| $AA_ENC_COMP_IS_MODULO [0, AX1] =0 | 0 表示直线轴；1 表示旋转轴 |
| M02 | 文件结束 |

**7. 以太网功能**

利用以太网可实现如下功能：

- NC 以太网功能。
- NC 调试：RCS 软件可通过以太网进行各种参数以文本或二进制格式的备份或恢复、语言安装、报警文本制作等。
- NC 远程诊断：802D sl Pro 选件，需要在计算机中安装 RCS 授权；授权盘的订货号为 6FC6000 - 6DA51 - 0AA0。
- NC 程序以太网 DNC 加工：只适用于 SINUMERIK802D sl Pro（标准配置），可以实现直接加工网盘中的零件程序，可组建车间网络以实现加工程序在服务器和 NC 系统之间的共享。
- 驱动调试：STARTER 软件可通过以太网进行驱动项目的上传、下载、在线诊断、驱动优化等；START UP - TOOL 软件可以对驱动进行优化设置。
- PLC 调试：Programming Tool PLC 802 可通过以太网进行 PLC 程序的上传、下载、在线诊断等。

（1）NC 以太网功能（802D sl Pro）

实现 NC 以太网功能需要配置网络，配置需要在数控系统和计算机两方设备上分别进行；数控系统与计算机之间可采用通过路由器组网连接或采用直连网线直接连接。

实现以太网 DNC 加工，只需 RCS 软件处于打开状态即可。

实现 NC 调试和远程诊断，需要 RCS 软件和 NC 处于在线连接状态。

1）在计算机侧的设定

- 首先在 RCS 中选择目标系统“802D sl”版本，如图 8-78 所示。
- 在 RCS 中选择与系统对应的工具盒版本，如图 8-79 所示。

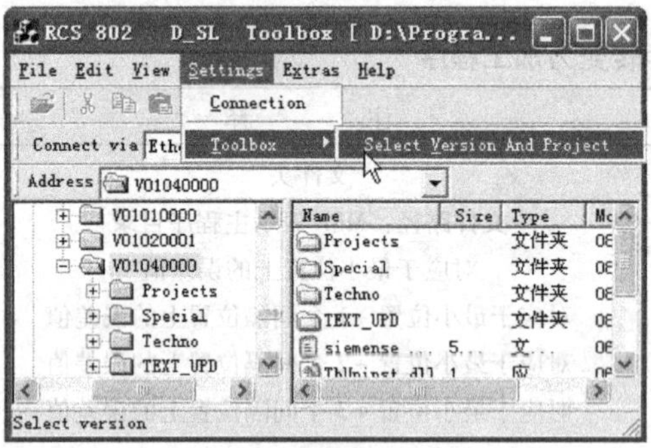


图 8-78　配置网络 1

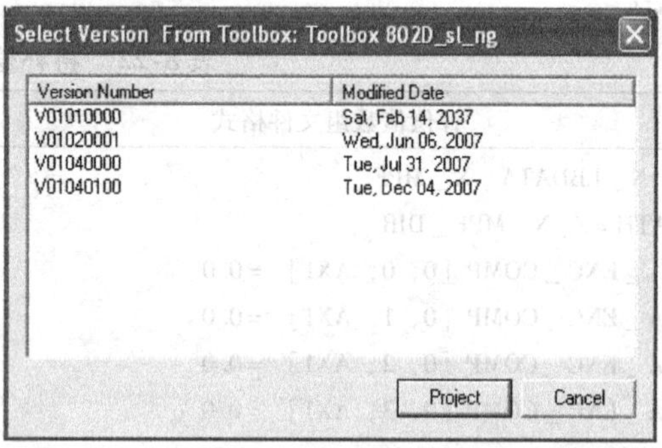


图 8-79　配置网络 2

- 选择或创建相应的项目，如图 8-80 所示。
- 共享网盘的计算机侧设定，找到目标目录，单击鼠标右键，选择共享“Sharing”，如图 8-81 所示。
- 在弹出对话框中设定目录是否共享、共享目录名，添加允许访问此目录的用户及访问权限，如图 8-82 所示。
- 添加用户，输入用户名及密码，选择用户对此网盘的访问权限，如图 8-83 所示。

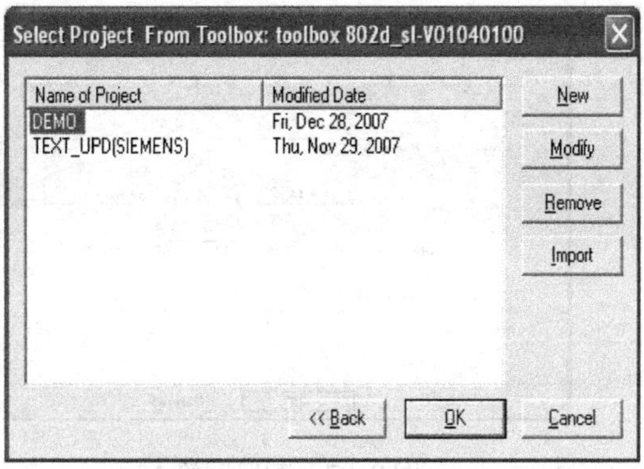


图 8-80　配置网络 3

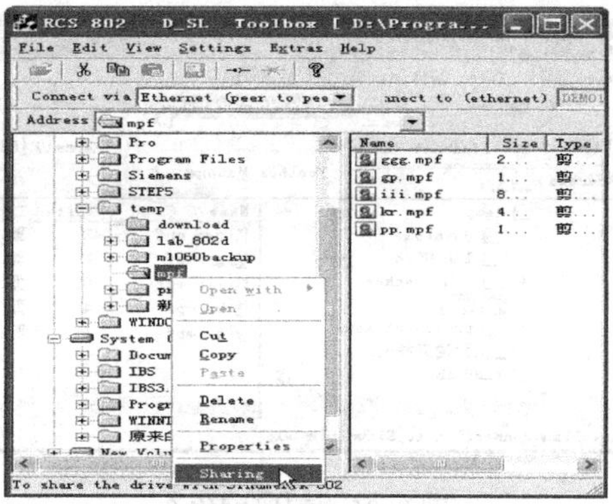


图 8-81　配置网络 4

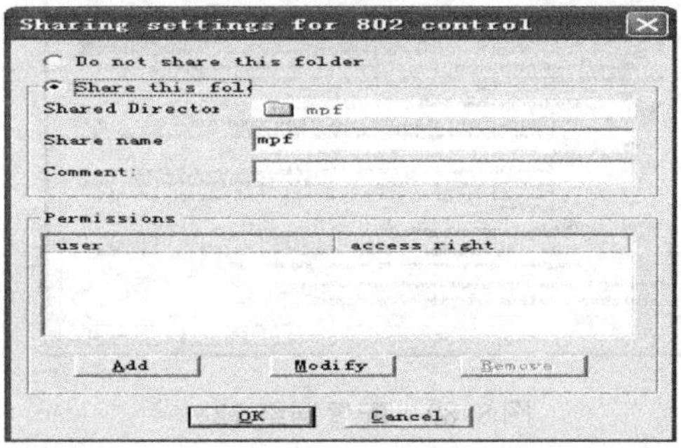


图 8-82　配置网络 5

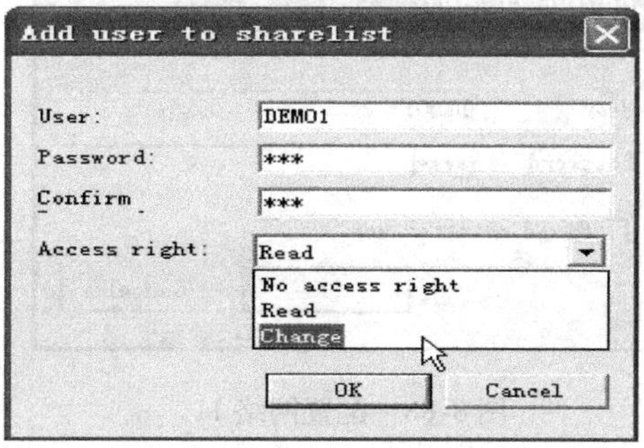


图 8-83　配置网络 6

- 与系统的连接方式选择“Settings”→“Connection”，如图 8-84 所示。
- 在 RCS 连接设定中选择通过以太网连接“Via Ethernet”，如图 8-85 所示。

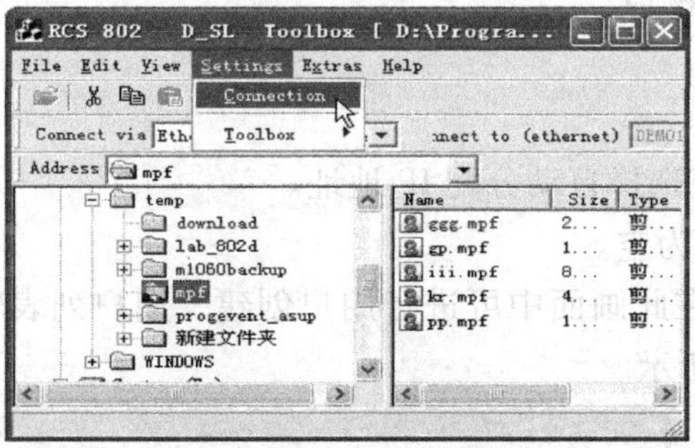


图 8-84　配置网络 7

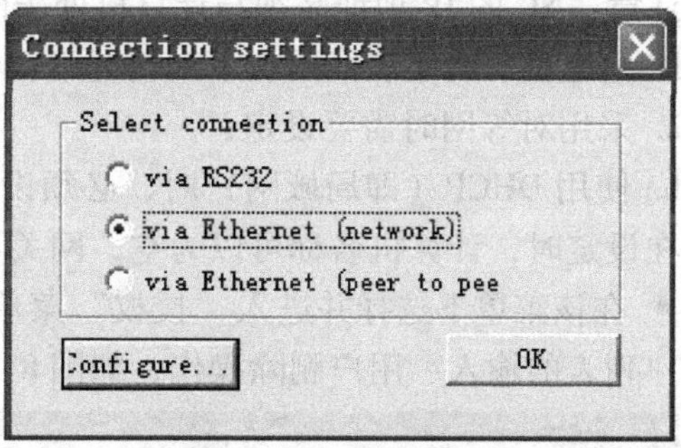


图 8-85　配置网络 8

- RCS 与 NC 系统连接，选择“Extras”→“Connect”，如图 8-86 所示。
- 配置目标系统的连接名及 IP 地址，确认，如图 8-87 所示。
- RCS 检测到目标系统后须输入访问系统的用户名及密码（此用户名及密码在 NC 系统上创建，参见系统设定），如图 8-88 所示。
- 如果系统不能访问共享网盘的内容，可能需要关闭计算机防火墙，如图 8-89 所示。

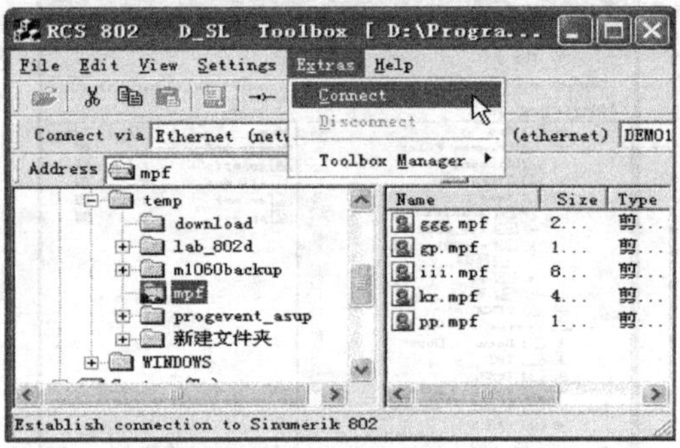


图 8-86　配置网络 9

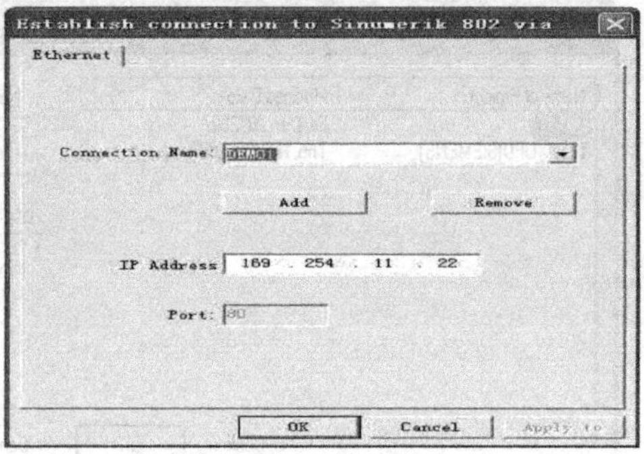


图 8-87　配置网络 10

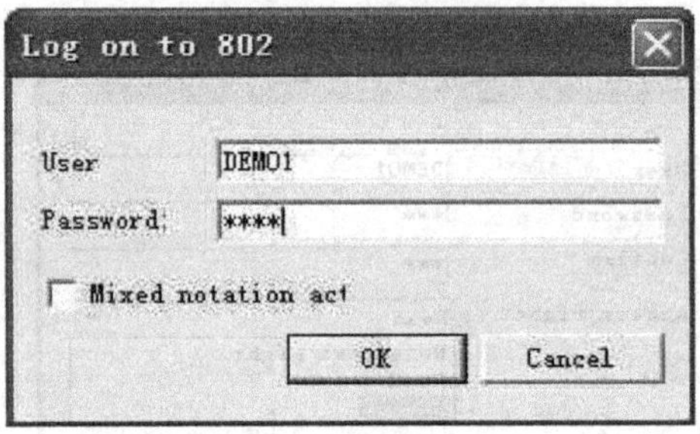


图 8-88　配置网络 11

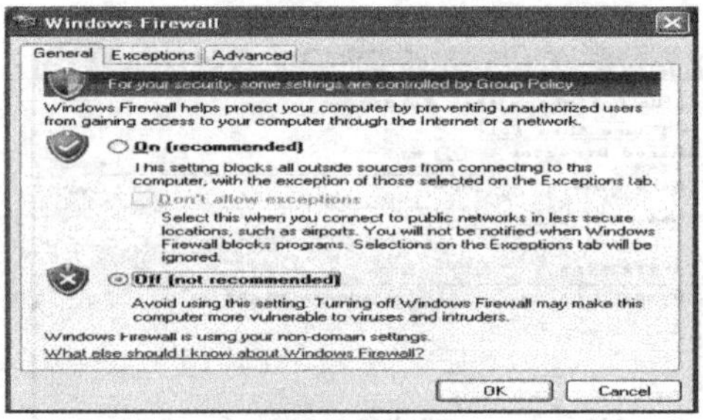


图 8-89　配置网络 12

2）在数控系统侧的设定

• 由系统菜单下的"维修信息"进入"系统通信"，然后进入"网络配置"。在该菜单下输入 IP 地址、网关，然后存储，如图 8-90 所示。

**注意**：NC 的 IP 地址必须与计算机处于同一网段。

IP 地址及子网络表征码在下列情况下：

a. 采用对等网时需要设定；

b. 使用 DHCP（即局域网）时，必须设定或选择自动分配 IP 地址。

在设定时，计算机名称可以为空，网关可以为空。

• 在该菜单下选择并进入"授权"菜单，在此画面中可进行用户创建、用户列表输出或用户列表的输入、用户删除操作，如图 8-91 所示。

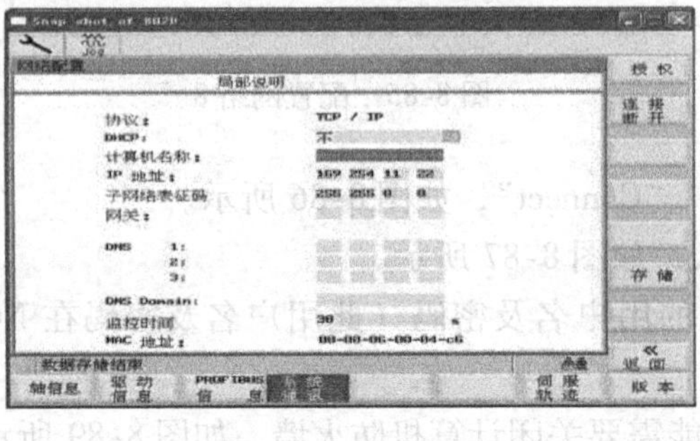


图 8-90　数控系统侧设定 1

图 8-91　数控系统侧设定 2

- 创建用户：输入用户名以及口令，然后选择“创建”来确认，如图 8-92 所示。
- 列表输出可将用户列表导出至 CF 卡或网盘，如图 8-93 所示。

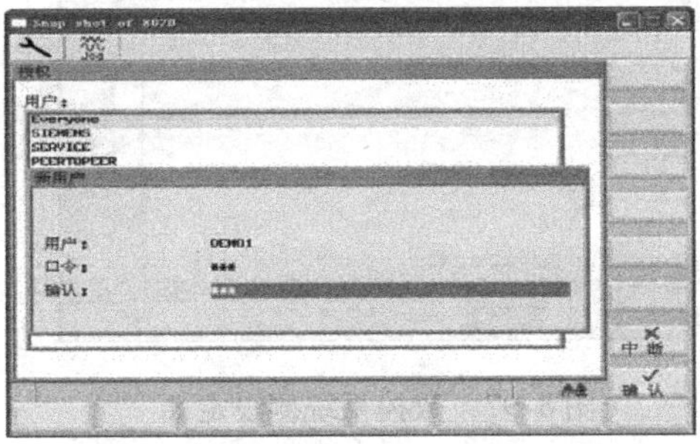


图 8-92　数控系统侧设定 3

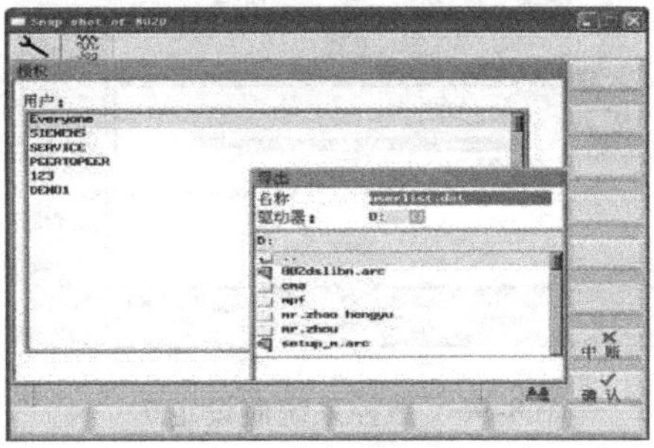


图 8-93　数控系统侧设定 4

- 列表输入可将用户列表从 CF 卡或网盘导入。
- 系统访问网盘设定：在网络配置中选择“连接断开”，用于与目标网盘的连接断开设定，如图 8-94 所示。
- 连接，将光标置于 F ~ Z 的某一网盘，按 <TAB> 键，在路径中输入网盘所在计算机的 IP 地址及网盘名，选择“连接”，连接设定完成，如图 8-95 所示。

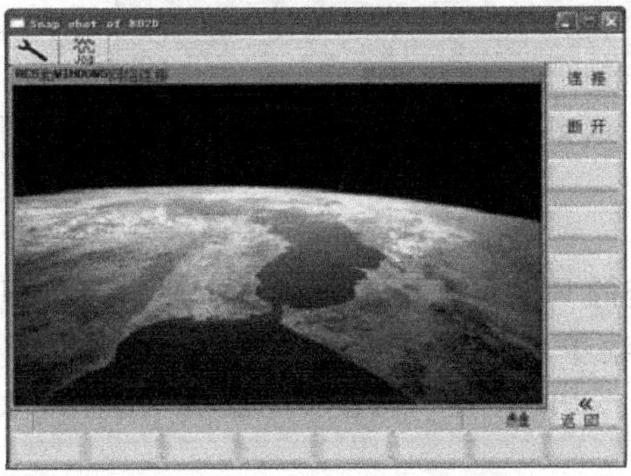


图 8-94　数控系统侧设定 5

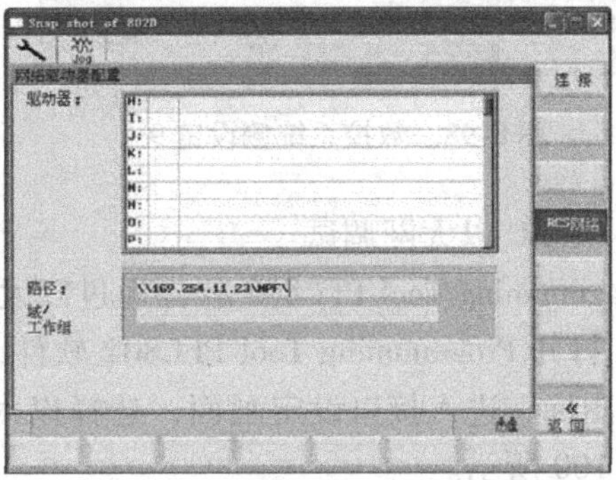


图 8-95　数控系统侧设定 6

- 用户登录：在“系统”画面下，选择“RCS 登录”，输入用户名及密码，如果在系统断电上电后需保存用户登录信息，应将“保存口令”选项激活；注意：必须先登录，否则无法使用网络功能，如图 8-96 所示。
- 网盘访问：设定完成后，在计算机上将 RCS 软件打开，在系统“程序管理”画面下，选择“RCS 连接”，可出现所有的共享网盘，如图 8-97 所示。
- 网盘程序管理：将光标置于某一网盘后，按 <Enter> 键，可显示网盘内容。网盘中的加工程序可以执行外部 DNC 加工，根据登录用户对网盘的访问权限，可以对网盘中的程序进行管理：在网盘、用户 CF 卡、NC 目录之间进行加工程序的拷贝、删除、复制等，如图 8-98 所示。
- NC 程序通过以太网 DNC 加工：选择目标程序，选择“外部执行”；在自动方式下，便可启动网盘程序的 DNC 运行，如图 8-99 所示。

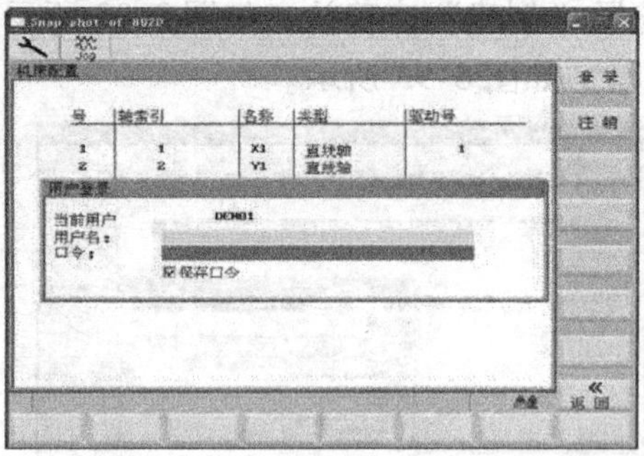


图 8-96　数控系统侧设定 7

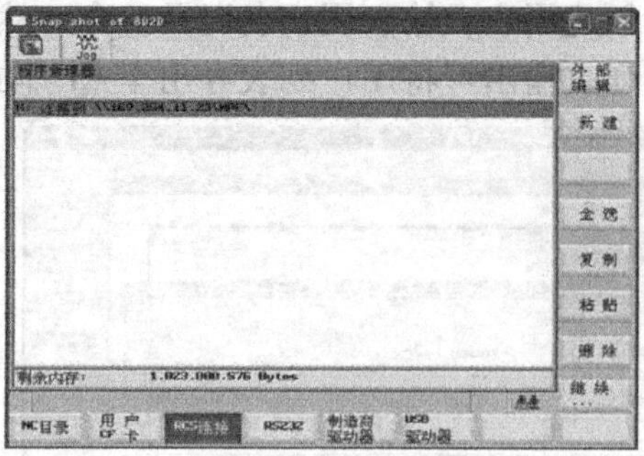


图 8-97　数控系统侧设定 8

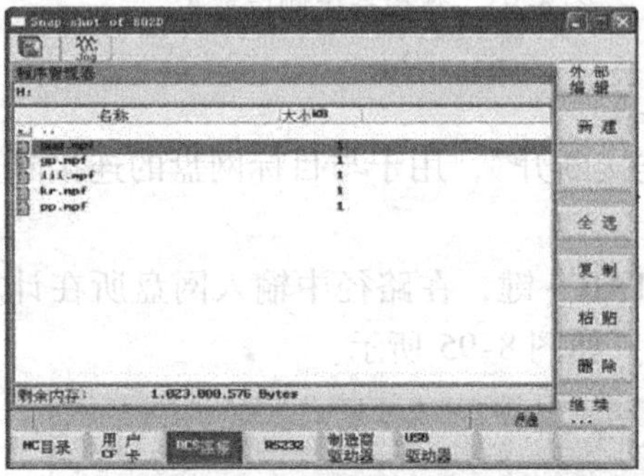


图 8-98　数控系统侧设定 9

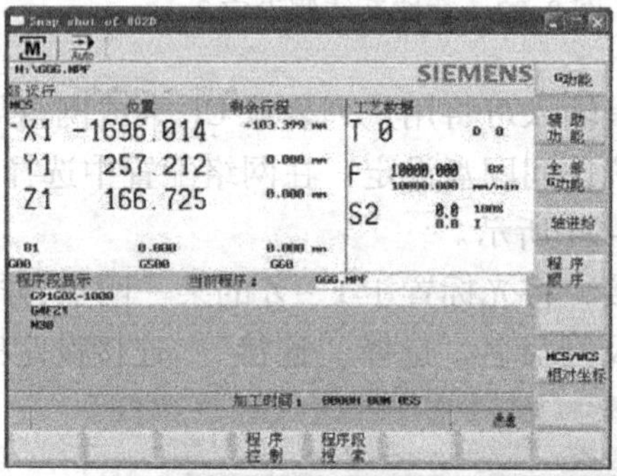


图 8-99　数控系统侧设定 10

(2) PLC 以太网调试

Programming Tool PLC802 软件通过以太网，进行 PLC 调试只需正确设定通信接口即可。

• 打开 Programming Tool PLC802 软件，选择菜单“监视”→“通讯”，双击右上角接口设定图标，进入接口设定画面，选择以太网接口“TCP/IP→xxxxxx（取决于 PC 网卡）”，如图 8-100 所示。

• 确定后在弹出画面中的“远程地址”项中输入 NC 的 IP 地址（默认为 169.254.11.22），如图 8-101 所示。设定结束后，便可通过以太网进行项目上传、下载及在线诊断。

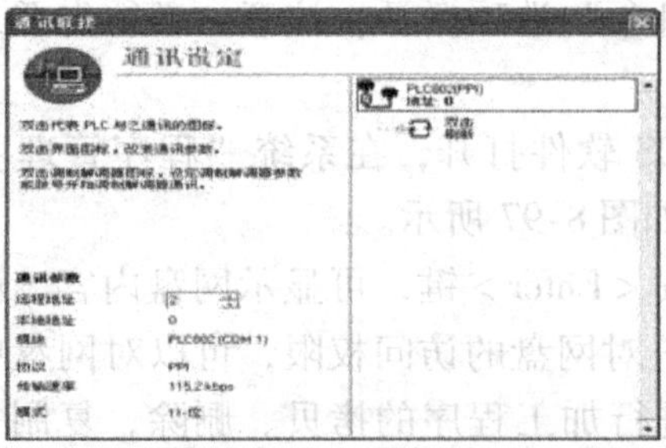


图 8-100　数控系统侧设定 11

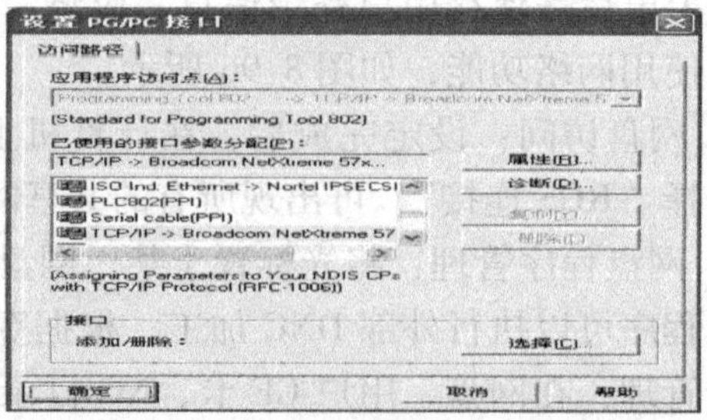


图 8-101　数控系统侧设定 12

**8. 数控系统的数据保护与数据备份**

在调试结束时必须进行数据的内部备份。一旦数控机床在用户现场出现了硬件和软件故障，利用数控机床出厂时的备份数据，可以快速恢复数控机床的出厂状态。数控系统的数据备份可分为内部数据备份和外部数据备份。不同型号数控系统数据的内部备份方法可能是不同的，但是数据的外部备份方法基本相同。这里以 802D SL 数控系统为例，对采用闪存结构数控系统的数据存储进行介绍。

（1）存储器结构

当今的数控系统全部采用微处理器作为运算的核心部件。在微处理器中的关键器件就是存储器。存储器用来保存系统软件代码，提供运算的寄存器，保存运算数据。存储器的类型有只读存储器、电可擦写的只读存储器、动态存储器和静态存储器。通常数控系统采用只读存储器存储数控系统的系统软件，动态存储器用于系统运行存储，用静态存储器存储用户数据，如 PLC 应用程序、机床参数、刀具数据、固定循环、加工程序等。静态存储器的数据通过电池保持。当电池的电量不足时，数控系统会产生报警提示，此时数控系统不能断电，需要马上更换电池。假如在数控系统出现提示信息后断电，全部数据将丢失，需要重新加载机床制造厂提供的备份数据。假如没有备份数据，将对用户的使用造成极大的麻烦。

新一代数控系统采用了闪存技术，所谓闪存就是一种可擦写的只读存储器。闪存不仅可以存储系统软件，而且可以存储用户数据。这样就减少了数控系统更换电池的维护项目，以及由于电池失效而导致数据丢失引起的不必要停机。由于闪存的写入时间比静态存储器要长，数控系统为了保证其控制软件的实时性，不能做到将任何用户数据即时写入闪存，所以数控系统采用了闪存和静态存储器并用的结构。

在闪存中存储了数控系统的系统软件代码、数控系统的默认数据、备份数据、PLC 应用程序以及 PLC 报警文本。所有用户数据比如刀具参数、零点偏移、加工程序等首先存入静态存储器中的工作数据区。工作数据区中的信息，通过高能量电容保持。采用电容保持数据信息的方法有很多优点，如电容的充电时间短、不存在充电电池的寿命问题。采用当今半导体技术制造的静态存储具有极低的功耗。即使采用电容也可以长时间保存数据。一般情况下，数控系统一次开电后，高能电容存储的能量足以保持在一个月的时间内静态存储器中的信息不丢失。

（2）数据的内部备份

尽管高能电容可以长时间保持数据信息，但是保持的时间仍然是有限的。一旦超出这个时间限制，静态存储器中的信息将不可避免地消失。解决电容保持数据的方法是利用数控系统中现有的闪存，进行数据备份。为此数控系统在闪存中保留了备份数据区，并且在人机界面设置了数据存储的功能。当数控系统调试完毕后，调试人员可通过人机界面的数据存储键将工作数据区中的信息，如机床参数、刀具参数、零点偏移、设定数据、R 参数、螺距补偿、固定循环和加工程序全部存入闪存中的备份数据区。

数控系统在存储器上电自检时，通过存储器的校验可以判断出静态存储器的信息是否丢失。一旦静态存储器中的信息丢失，数控系统自动将闪存中备份数据区的内容加载到静态存储器中的工作数据区。

采用这种存储器的结构，用户在使用过程中可能感觉不到在数控系统内部的变化。但是如果用户在操作时留意，会发现数控系统会提示相关信息，如“备份数据已经加载”。采用这种方法，既解决了闪存写入时间长的问题，同时也解决了静态存储器信息保持的问题。这就是数控系统调试完毕后必须进行数据内部备份的原因。假如数控机床在没有进行数据内部备份的情况下就出厂了，经过包装、运输和用户现场的安装，很可能在机床再次上电时，数控系统已经恢复了其默认设定，导致数控机床不能运行。出现数据问题时快速恢复机床出厂时的数据。PLC应用程序和PLC报警文本是直接存储到闪存中的，所以备份数据区中的数据不包括PLC应用程序和PLC报警文本。

用户在使用现场也可以进行数据备份，如存储零件程序、刀具数据等信息。由于数据存储的操作级别是3，在用户需要进行内部数据备份时，需要首先设定用户级别口令。需要注意的是，当数控系统出现故障时，一定不要做数据的内部备份。因为所有与故障相关的参数和数据也会随着数据存储一起被存储于闪存中。这样从数控系统的内部闪存就无法恢复数控系统的各项数据。

内部的备份数据不仅可以在静态存储器信息丢失时自动恢复数据，而且可以在数控系统针对数控机床在使用过程中可能发生的服务和维护，数据备份是必要的。一旦数控机床在用户现场出现了硬件和软件故障，利用数控机床出厂时的备份数据，可以迅速恢复到机床的出厂状态。

（3）数据的外部备份

一台数控系统在出厂时的状态，与一台数控机床出厂时，其配套的数控系统的状态是不同的，机床制造厂为使数控机床得以正确运行，已经将许多信息集成到数控系统中。这些信息包括PLC应用程序、用户报警文本、机床参数、刀具参数、零点偏移、固定循环、用户循环、零件程序以及驱动器数据等。利用数控系统提供的通信工具，可将各种数据传输到外部媒体中作为外部数据备份。可以作为数控系统外部数据备份的媒体有计算机的磁盘，如硬盘、USB存储器等，还有PCMCIA存储卡。数据的外部备份就是将数控系统中由机床制造厂设定的数据信息备份到外部媒体中。

802D sl中的数据（包括PLC应用程序、报警文本以及驱动器数据）可以通过RCS802备份到个人计算机的硬盘或软盘上，或者将数据备份到CF卡上，数据备份界面如图8-102所示。

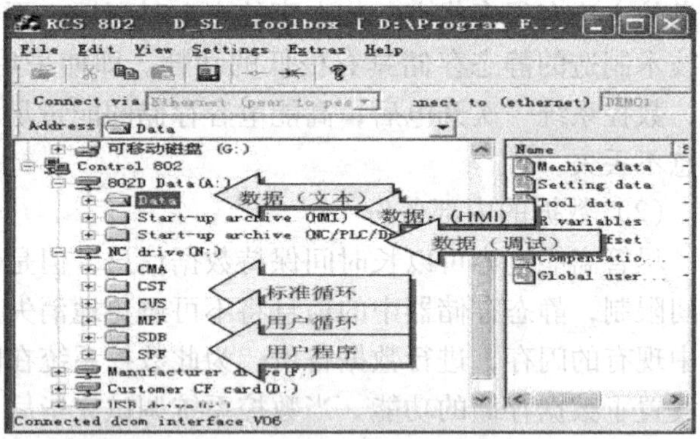

图8-102　数据备份界面

在一台机床调试完毕后，应备份以下数据：

- 机床数据（文本格式）：编辑后只留下调试时手工输入的参数，换名存储。该文件与系统软件版本无关；
- 螺距误差补偿（文本格式）；
- 刀具数据（文本格式）；
- 加工程序（文本格式）；
- 调试存档（NC/PLC）：包括了NC、PLC、驱动器的所有数据和用户报警文本及加工程序；
- 调试存档（HMI）：包括用户开机画面；
- PLC项目：PTE格式的PLC程序。

首先利用准备好的直连网线将计算机和802D sl连接起来；从WINDOWS的“开始”菜

单中找到通信工具软件 RCS 并启动；在 Control 802D 中找到需要备份的文件后，用鼠标将其拖到计算机的目录下即可。

由于在制造商口令级别下，操作者可以调出数控系统的默认数据，或者更改机床数据。所以在数据备份完成后，必须关闭制造商级别的口令，否则这台数控机床存在着数据被更改，甚至调出数控系统默认数据的可能性。只有在完成数据备份，并且关闭了数控系统制造商级别的口令后，一个数控机床的调试才算最终完成。

**9. 828D 数控系统附加功能调试**

（1）设备管理器 Easy Extend

Easy extend 可以被利用来激活设计者需要的某些硬件选项功能，最多可管理 64 个设备。不需要人员在现场进行调试。

例：这里以添加删除第 4 轴为例

1）User – PLC

用户在 PLC 程序里添加 DB9905 数据块，该数据块可以在 828D Programming Tool Library 里找到。将其添加到 PLC 程序里。如图 8-103 所示。

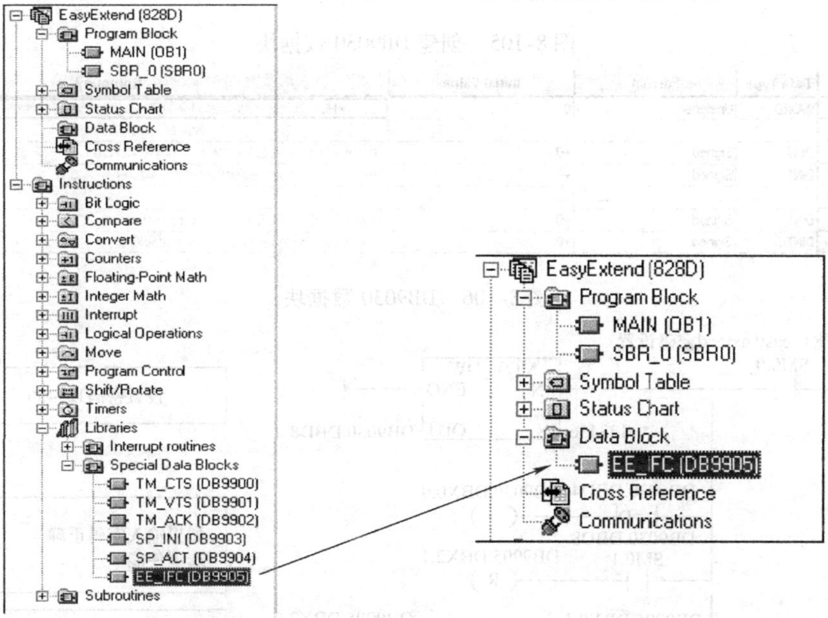


图 8-103　PLC 程序里添加 DB9905 数据块

在 DB9905 里面可以看到图 8-104 所示数据块。

2）编写 PLC

根据客户需要建立 PLC，创建 DB9030 数据块，如图 8-105 所示，将初始密码放在 DB9030. DBD8 里，与 DB9030. DBD4（用户输入）做判断，如果正确则可以激活该功能，此时 DB9905. DBX2. 0 置位。

DB9030 数据块内容如图 8-106 所示。

创建的 PLC 程序如下：

| | Address | Name | Data Type | Format | Initial Value | Comment |
|---|---|---|---|---|---|---|
| 1 | 0.0 | Enable_1 | BOOL | Bit | OFF | HMI --> PLC: Device has been commissioned |
| 2 | 0.1 | Activate_1 | BOOL | Bit | OFF | HMI --> PLC: Device should be activated |
| 3 | 0.2 | Deactivate_1 | BOOL | Bit | OFF | HMI --> PLC: Device should be deactivated |
| 4 | 1.0 | Res_1 | BYTE | Unsigned | 0 | Reserved for future use |
| 5 | 2.0 | IsActive_1 | BOOL | Bit | OFF | PLC --> HMI: Device is active |
| 6 | 2.1 | Error_1 | BOOL | Bit | OFF | PLC --> HMI: Device has an error |
| 7 | 3.0 | DeviceId_1 | BYTE | Unsigned | 0 | Unique device number |
| 8 | | | | | | |
| 9 | 4.0 | Enable_2 | BOOL | Bit | OFF | HMI --> PLC: Device has been commissioned |
| 10 | 4.1 | Activate_2 | BOOL | Bit | OFF | HMI --> PLC: Device should be activated |
| 11 | 4.2 | Deactivate_2 | BOOL | Bit | OFF | HMI --> PLC: Device should be deactivated |
| 12 | 5.0 | Res_2 | BYTE | Unsigned | 0 | Reserved for future use |
| 13 | 6.0 | IsActive_2 | BOOL | Bit | OFF | PLC --> HMI: Device is active |
| 14 | 6.1 | Error_2 | BOOL | Bit | OFF | PLC --> HMI: Device has an error |
| 15 | 7.0 | DeviceId_2 | BYTE | Unsigned | 0 | Unique device number |

图 8-104　DB9905 数据块

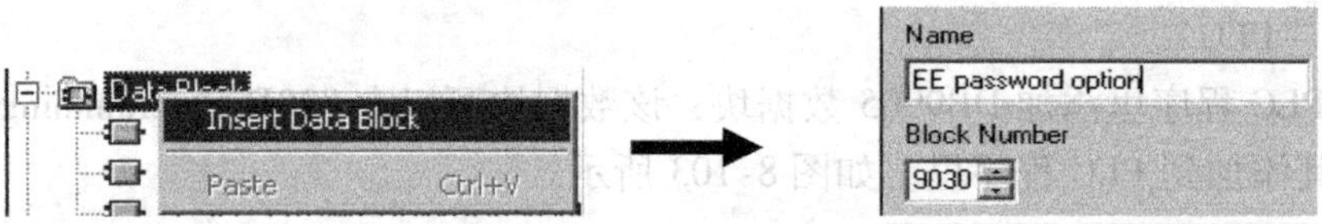


图 8-105　创建 DB9030 数据块

| | Data Type | Format | Initial Value | Comment |
|---|---|---|---|---|
| 1 | WORD | Unsigned | 0 | PLC --> HMI: Option MD Informs the HMI that the device is enabled. |
| 2 | | | | |
| 3 | DINT | Signed | +0 | Device 1 HMI --> PLC: Password input by user |
| 4 | DINT | Signed | +0 | Device 1 password defined by manufacturer |
| 5 | | | | |
| 6 | DINT | Signed | +0 | Device 2 HMI --> PLC: Password input by user |
| 7 | DINT | Signed | +0 | Device 2 password defined by manufacturer |

图 8-106　DB9030 数据块

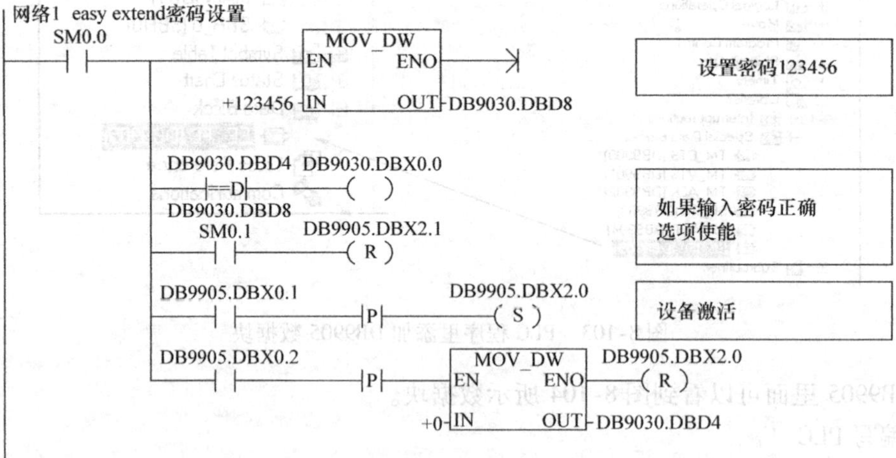


当输入密码与预设密码一致时，可以激活 Option_ MD。

3）创建 XML 文件

这里需要在“System CF card \ oem \ sinumerik \ hmi \ dvm”目录下创建一个名为 agm. xml 的文件（严格区分大小写）。也可以将做好的 agm. xml 文件转换为 UTF－8 格式保存到该目录下。如图 8-107 所示。

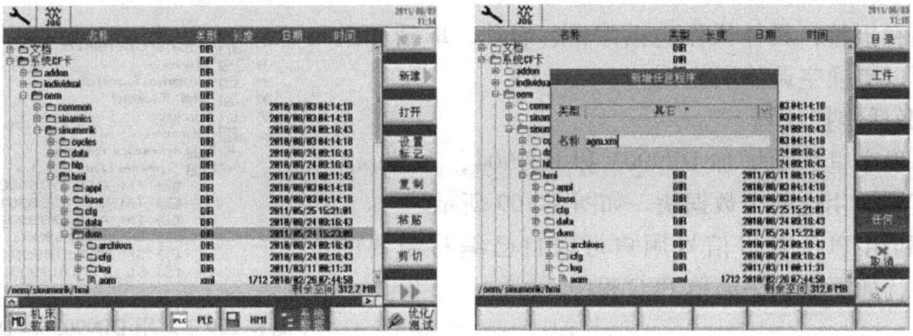

图 8-107　创建名为 agm. xml 的文件

4）agm. xml 文件内容如下：

```
<!-- Example for input the password of aggregat1 -->
<!-- PLC subroutine Easy extend out of ee_password.ptp and data blocks 9030 and 9905 are necessary -->
<AGM>

<OPTION_MD name = "plc/db9030.dbd0"/>

<DEVICE>
  <list_id>1</list_id> <!-- 在列表中的位置 -->
    <name> "Add 4th Axis" </name>
    <password refVar = "plc/db9030.dbd4" />   <!-- 输入口令的保存位置，会与PLC中保存的口令对比 -->
    <SET_ACTIVE>
      <data name = "drive/dc/p105[DO5]">1</data>  <!-- 激活驱动，第四轴驱动为5号 -->
      <data name = "$MA_CTRLOUT_TYPE[0,AX5]">1</data>   <!-- 修改第四轴的 MD30130[0]=1 -->
      <data name = "$MA_ENC_TYPE[0,AX5]">1</data>   <!-- 修改第四轴的 MD30240[0]=1 -->
      <data name = "$MC_AXCONF_MACHAX_USED[4]">5</data>   <!-- 修改通道的 MD20070[4]=5 -->
      <data name = "drive/dc/p971[DO5]">1</data>  <!-- 保存驱动数据 -->
      <while>
        <condition> "drive/dc/p971[DO5]" !=0 </condition>  <!-- 等待保存驱动数据完毕 -->
      </while>
      <control_reset resetnc ="true" resetdrive = "true"/>  <!-- 重启NC和驱动 -->
    </SET_ACTIVE>
    <SET_INACTIVE>
      <data name = "drive/dc/p105[DO5]">0</data>  <!-- 取消驱动，第四轴驱动为5号 -->
      <data name = "$MA_CTRLOUT_TYPE[0,AX5]">0</data>   <!-- 修改第四轴的 MD30130[0]=0 -->
      <data name = "$MA_ENC_TYPE[0,AX5]">0</data>   <!-- 修改第四轴的 MD30240[0]=0 -->
      <data name = "$MC_AXCONF_MACHAX_USED[4]">0</data>   <!-- 修改通道的 MD20070[4]=0 -->
      <data name = "drive/dc/p971[DO5]">1</data>  <!-- 保存驱动数据 -->
      <while>
        <condition> "drive/dc/p971[DO5]" !=0 </condition>  <!-- 等待保存驱动数据完毕 -->
      </while>
      <control_reset resetnc ="true" resetdrive = "true"/> <!-- 重启NC和驱动 -->
    </SET_INACTIVE>
</DEVICE>

</AGM>gv
```

在［参数］⟹［未激活状态］中可以看到如图 8-108 所示画面，按下“使能功能”输入密码，可以激活设置的功能。

5）在 HMI 上［激活］密码验证 Password Test 系统会重新启动，之后就可以加上第 4 轴。

6）如果需要移除第 4 轴可以在此画面上单击取消激活按键，则可以移除第 4 轴包括硬件设备。

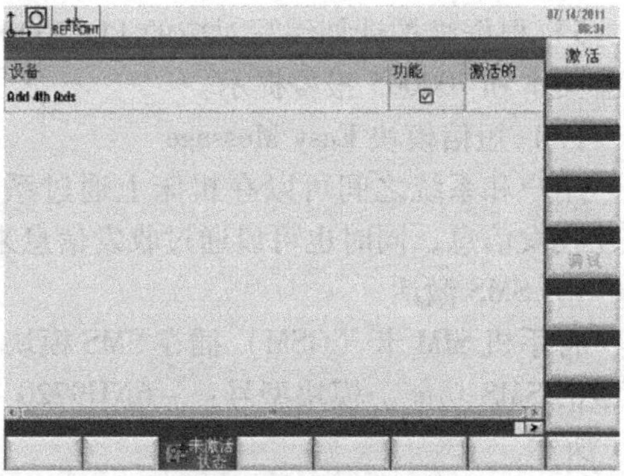

图 8-108　激活设置

（2）维护计划

828D 系统具有可以让用户自己设置的维护计划功能。维护管理器的作用在于，通过操作界面上的维护管理器窗口或编程工具，为需要处理的任务（通常是机床维护任务）设置时间间隔和报警，具体操作包括编辑、启动、取消和激活。下面以更换空调滤网为例。

1）激活维护计划

PLC 程序里必须增加 DB9903 和 DB9904，在 library 里可以直接调用这两个数据块。如图 8-109 所示。

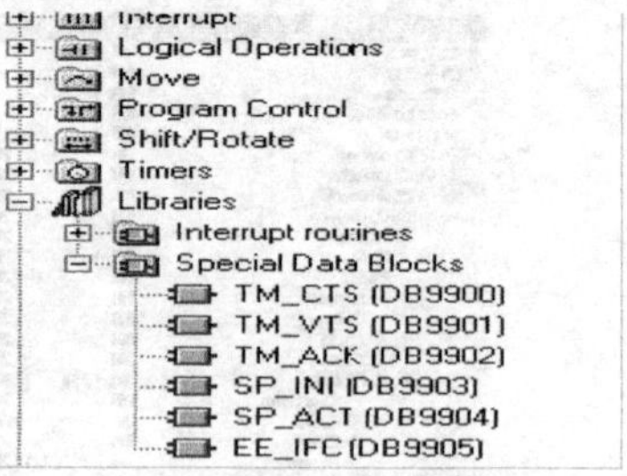

图 8-109　调用 DB9903 和 DB9904

2）利用 PLC 接口信号用户可以自己编写需要的 PLC 程序，如下举例一简单 PLC 程序：

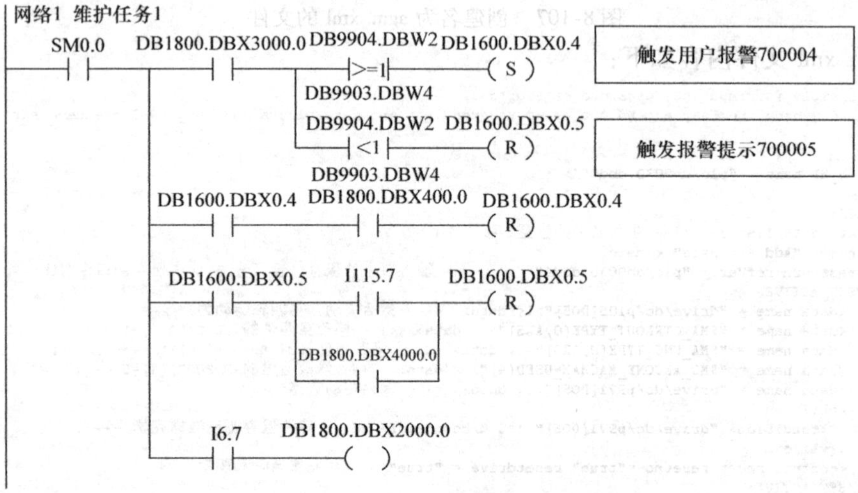


3）设置维护任务

打开维护计划界面，新建一个任务：更换空调滤网。

4）设置间隔时间，第一次出现的警告时间和警告数量，如图 8-110 所示。从第 950 小时开始，每隔（1000－950）/5＝10 小时出现报警提示一次。

5）根据维护计划编写对应的 PLC700004 报警文本和 700005 报警提示。

图 8-110　设置报警间隔时间

（3）短信模块 Easy Mcssage

用户和系统之间可以在机床上通过系统相互收发信息，同时也可以通过收发信息来改变对应的 PLC 信号。

1）SMS 激活

将手机 SIM 卡（GSM）插在 SMS 模块的卡槽里。并且在系统里将 MD51233 设为 1 就可以激活 SMS 功能。模块型号：－6NH9720－3AA00 发送器型号：－6NH7701－5AN。如图 8-111 所示。

2）SMS 配置

在系统诊断菜单下打开“Easy Msg”，如图 8-112 所示。单击  按钮在图 8-113 的界面里设置机床名和信息发送的限制数量。

图 8-111　安装 SIM 卡

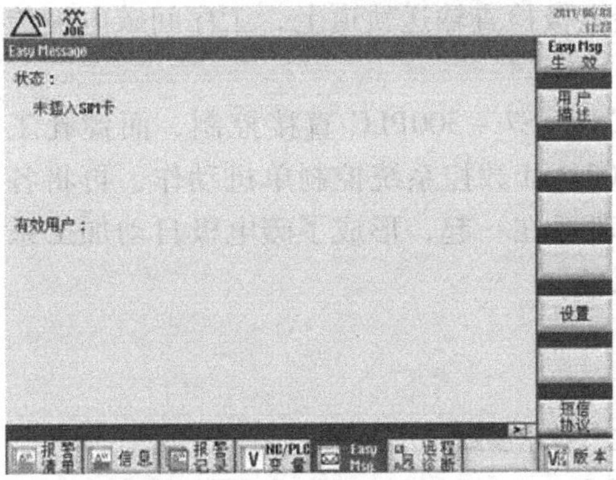


图 8-112　打开“Easy Msg”

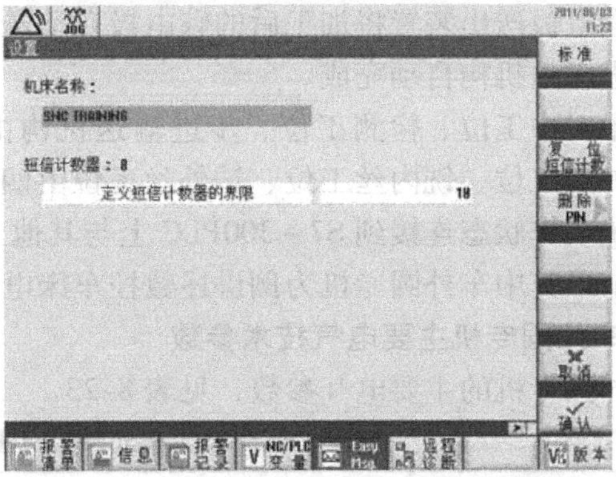


图 8-113　设置机床名和信息发送的限制数量

然后返回新建一个 用户描述 选择“新建”，出现如图 8-114 界面。填写相关信息，电话以“+86”开头，选择相关的信息，发送给相关用户。设置完毕后单击 用户有效 按钮。

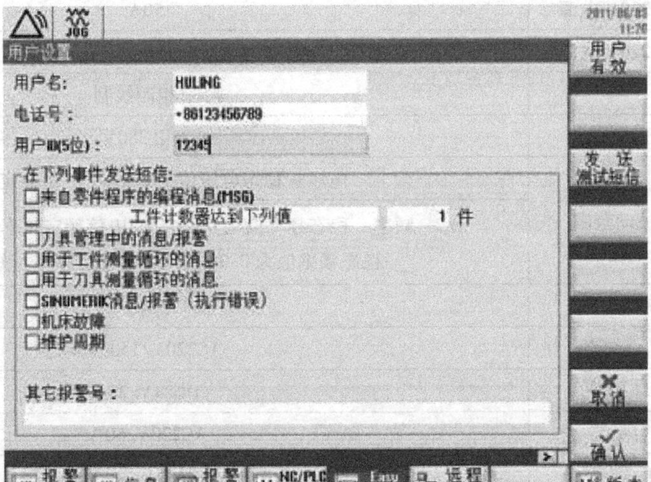


图 8-114　SIM 卡用户设置

# 8.3 数控系统举例：碳电极自动加工系统（车外圆专机）

## 8.3.1 碳电极自动加工系统

碳电极机加工机组是碳素厂生产大规格碳电极进行机加工的专用设备。将焙烧后的碳电极，用吊钩桥式起重机放置在碳电极机加工机组的受料轨道上，放置在受料轨道上的碳电极靠自重自动滚动到对中机构的上料位置，由专用翻料机构将其逐个送到机组对中机构的受料架上，经对中、端面粗精加工和镗孔及铣外锥粗精加工、外圆粗精加工、母扣螺纹粗精加工、公扣螺纹粗精加工 5 个生产工序加工后，由步进输送机构将碳电极输送至检测工序进行称重、测长、测电阻率、打印标签等检测工序，最后由步进输送机构将碳电极输送至空工位，经碳电极送出装置将加工后的碳电极自动送到碳电极检查输送轨道上，工序间碳电极传送由步进输送机构自动完成。

其中对中工位、检测工位、步进输送机构由西门子 S7－300PLC 直接控制，而镗孔工位、车外圆工位、铣内丝工位、铣外丝工位由四套 802D sl 数控系统控制单机动作，再将各数控系统动作状态连接到 S7－300PLC 上与其他工位联系在一起，形成了碳电极自动加工系统。本节以其中车外圆专机为例讲述数控车床电气原理。

**1. 车外圆专机主要电气技术参数**

车外圆专机的主要电气参数，见表 8-23。

**表 8-23　车外圆专机主要电气技术参数**

| 序 | 设备名称 | | 规格 |
|---|---|---|---|
| 1 | 机床电气总功率 | | 70kW |
| 2 | 机床总电流 | 380V 电源 | 225A |
| | | 220V 电源 | 20A |
| 3 | 用户电源总熔断器 | 380V 电源 | 50A |
| | | 220V 电源 | 70A |
| 4 | 线制 | | 三相四线制 |
| 5 | 电网电压 | | 3 相 380V |
| 6 | 电网电压允许波动范围 | | 电压：稳态电压值为 0.9～1.1 倍额定电压。 |
| | | | 频率：稳态频率值为 0.99～1.01 倍额定频率（连续工作）<br>稳态频率值为 0.98～1.02 倍锁定频率（短时工作） |
| 7 | 电网频率 | | 50Hz |
| 8 | 控制电压 | 交流 | AC220V/1500VA |
| | | 直流 | DC24V/20A |
| 9 | 照明电压/容量 | | AC220V/60W |
| 10 | 数控系统电压/容量 | | AC380V/36kW |

**2. 电气设备配置**

电气设备配置如图 8-115、图 8-116 所示。

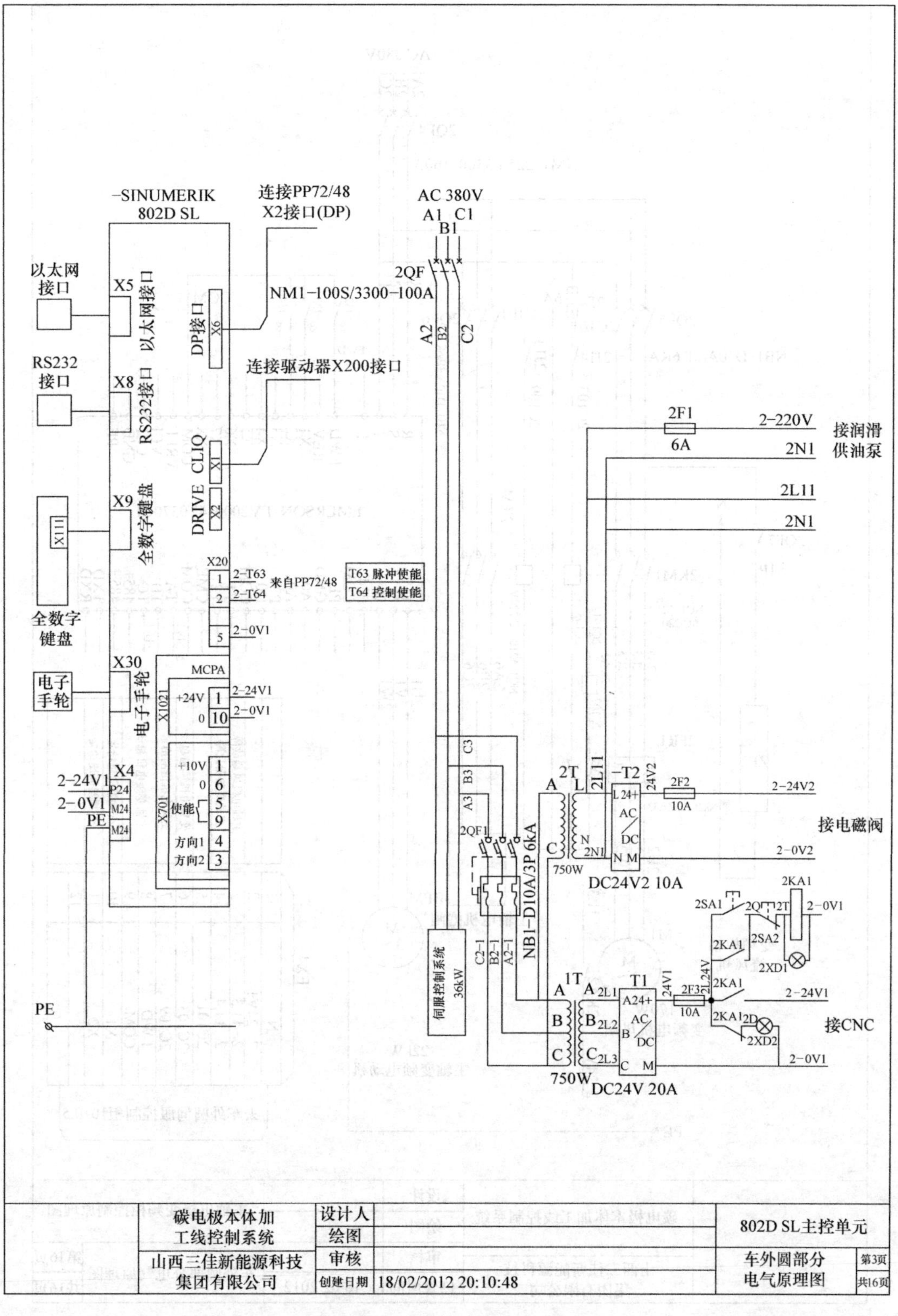


图 8-115 主控单元硬件配线图

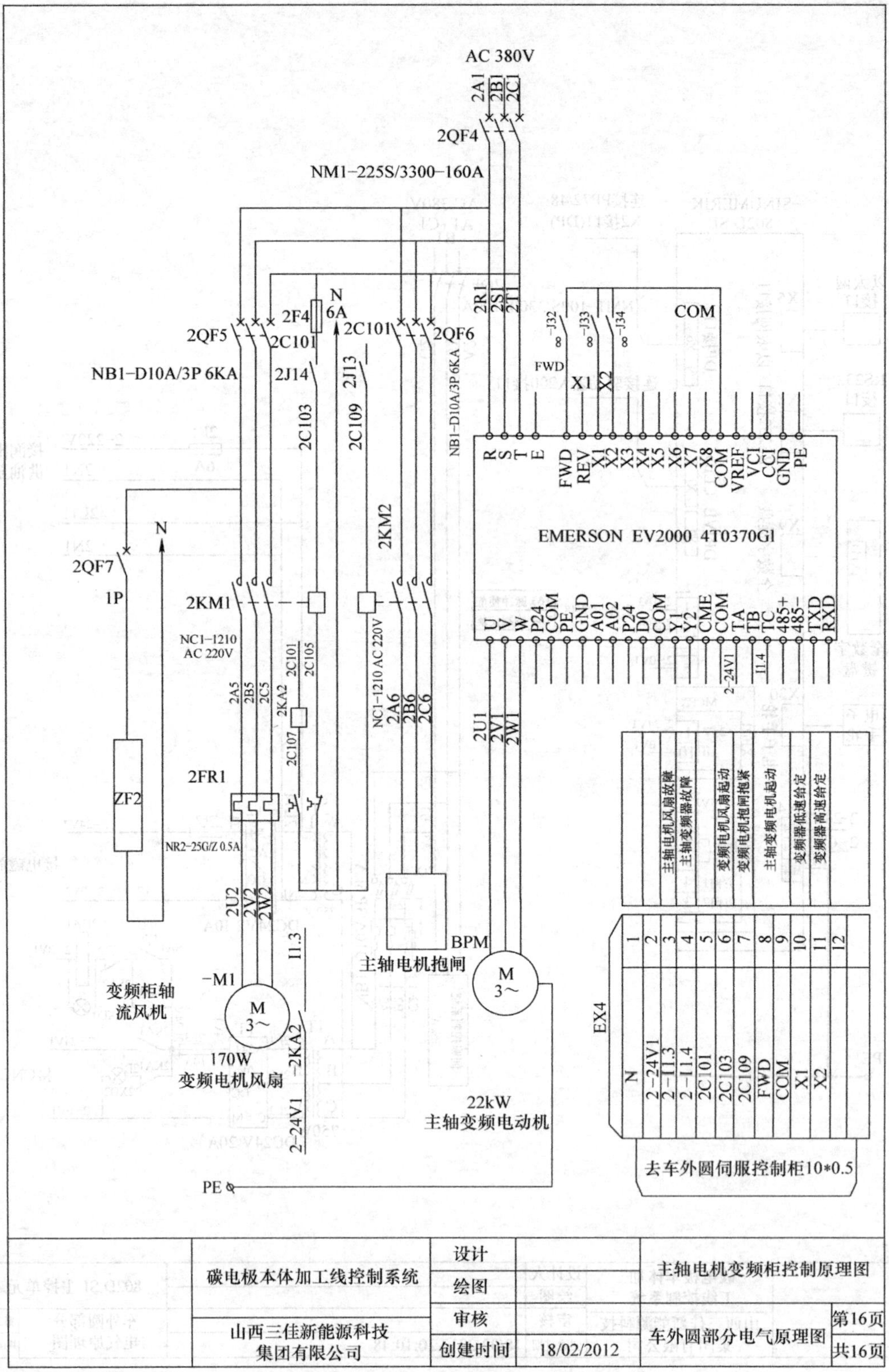


图 8-116　主轴变频控制硬件配线图

**3. 数控系统**

本机床采用系统型号为 SINUMERIK802D SL 数控系统及伺服驱动系统，主轴调速系统是采用变频调速系统，主电动机使用变频器加变频电动机。SINUMERIK802D sl 是西门子公司的经济型系统，包括面板控制单元（PCU）、键盘、机床控制面板（MCPA）、SIMODRIVE 模块式驱动系统、带编码器的 1FK7 伺服电动机、I/O 模块 PP72/48、电子手轮等。其中具有免维护性能的面板控制单元（PCU）是整个系统的核心，具有 CNC、PLC、人机界面、通信等功能。最大控制轴数/最大同时控制轴数为 6 轴，满足基本要求，适用于经济型机床。

数控系统基本性能如下：

（1）CNC 功能

- 控制车床、钻铣床；
- 可控制四个进给轴、一个 PLC 轴和一个数字或模拟主轴；
- 三轴联动，具有直线插补、平面圆弧插补、螺旋线插补、空间圆弧（CIP）插补等控制方式；
- 螺纹加工、变距螺纹加工；
- 旋转轴控制；
- 端面和柱面坐标转换（C 轴功能）；
- 前馈控制、加速度突变限制；
- 程序预读可达 35 段；
- 刀具寿命监控；
- 主轴准停，刚性攻丝、恒线速切削；
- FRAME 功能（坐标的平移、旋转、镜像、缩放）。

（2）操作单元

- 单色 10.4 寸 TFT 显示器，彩色为选件；
- 全功能数控键盘具有水平安装方式和垂直安装方式；
- 标准机床控制面板（选件）；
- 三个手轮接口；
- RS－232 串行接口；
- 以太网接口；
- 生产现场总线接口；
- 标准键盘接口；
- CF 卡插槽（用于数据备份和批量生产）。

（3）操作与显示

- 带有 8 个水平软键和 8 个垂直软键的直观操作；
- 对刀及刀具测量，工件坐标系测量，基本坐标偏移；
- MDA 方式端面加工；
- 程序段搜索运行；
- 坐标轴锁定、快速空运行；

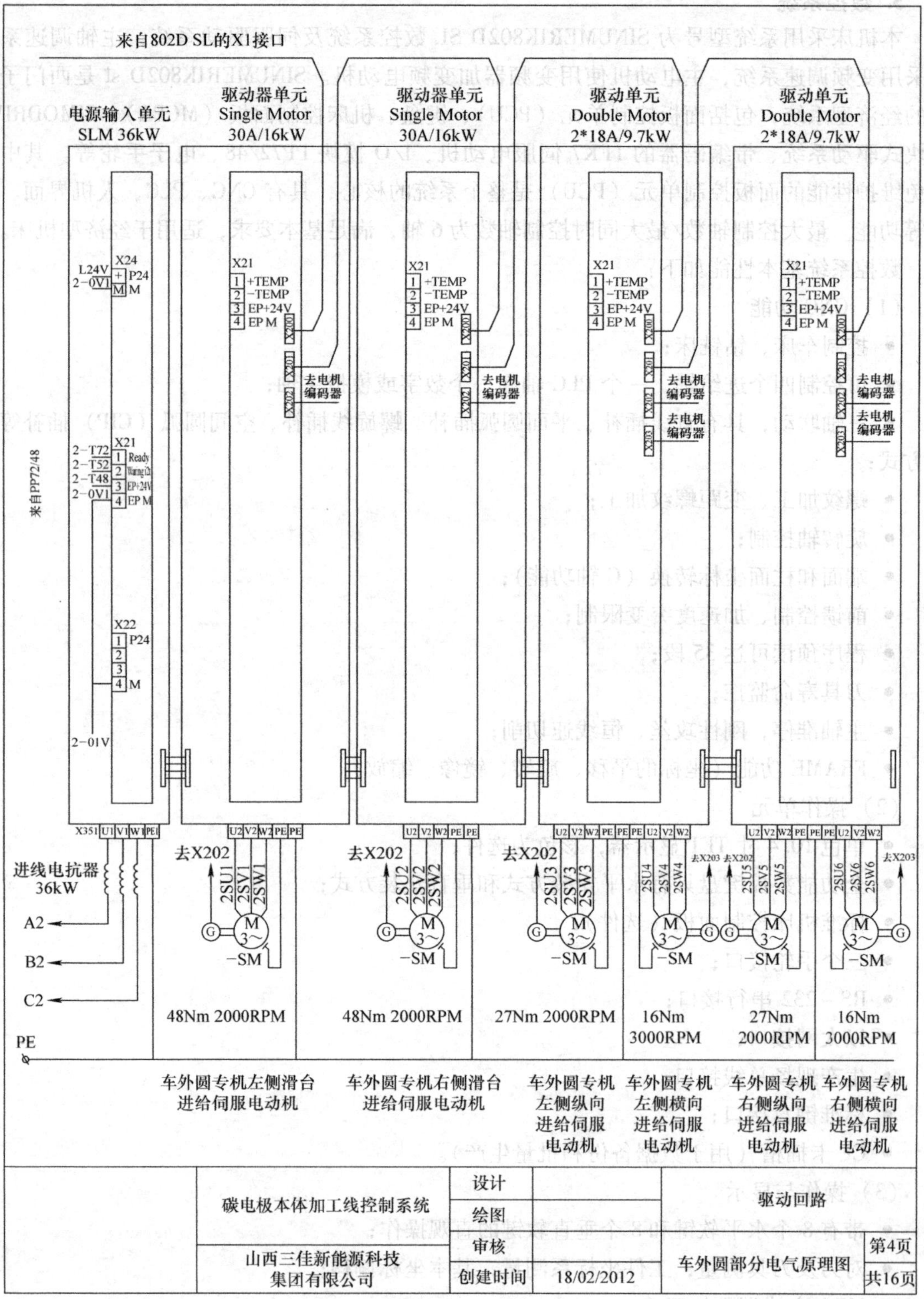


图 8-117　驱动单元硬件配线图

• 后台编程；
• 加工外部程序（通过串行接口）；
• 示波器、袖珍计算器和工件计数器；
• 两种语言在线切换；
• 16 种语言可选择安装；
• 在线公英制切换；
• 机床坐标系、工件坐标系和相对坐标系显示；
• 加工轨迹实时显示（可辨认快速和加工轨迹）；
• 在线帮助；
• 有效 G 功能和 M 功能显示；
• 坐标位置、余程以及各轴速度显示。

（4）零件编程

• 标准 G 代码编程（DIN66025）和西门子高级语言编程；
• ISO 标准编程；
• 车削、铣削工艺循环编程；
• 蓝图编程；
• 极坐标编程；
• 程序存储器容量达 340KB。

（5）PLC

• 采用标准的 S7－200 编程语言 Micro/WIN；
• 梯形图编程；
• 梯形图在线显示；
• PLC 远程诊断；
• 完全汉化的 PLC 编程工具随机提供；
• 随机提供 PLC 子程序和用于车床铣床的 PLC 应用程序实例；
• PLC 的处理速度是 6000 步/24ms；
• 40 个定时器，32 个计数器；
• 数字输入输出为 144/96。

## 8.3.2 系统调试

**1. SINUMERIK802D SL 伺服单元进给驱动装置**

PLC 程序及驱动系统硬件接线完成后，可按照第 7 章驱动器的调试步骤对驱动器进行参数设定并拓扑优化，如图 8-118 所示，状态为“0”说明驱动系统运行正常，系统接线如图 8-117 所示。

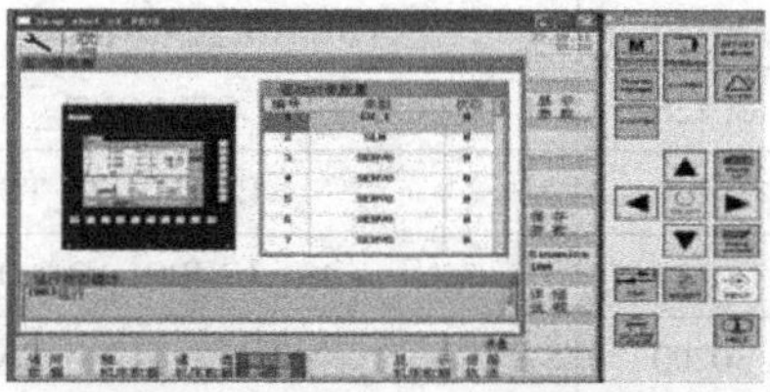

图 8-118 驱动单元对象配置状态图

**2. 参数设置、电动机及其控制电路**

1）车外圆专机伺服控制系统的典型参数见表 8-24。NC 参数设置完成后，系统初始界面如图 8-119 所示，系统配置如图 8-120 所示。

**表 8-24 车外圆专机伺服控制系统的典型基本参数**

| 参数号 | 名称 | 含义 | 设定值 |
|---|---|---|---|
| 10000 | AXCONF _ MACHAX _ NAME _ TAB [0] | 机床进给轴名称 | X |
| 10000 | AXCONF _ MACHAX _ NAME _ TAB [1] | 机床进给轴名称 | Y |
| 10000 | AXCONF _ MACHAX _ NAME _ TAB [2] | 机床进给轴名称 | Z |
| 10000 | AXCONF _ MACHAX _ NAME _ TAB [3] | 机床进给轴名称 | X4 |
| 10000 | AXCONF _ MACHAX _ NAME _ TAB [4] | 机床进给轴名称 | Y5 |
| 10000 | AXCONF _ MACHAX _ NAME _ TAB [5] | 机床进给轴名称 | Z6 |
| 19100 | NUM _ AXES _ IN _ SYSTEM | 机床进给轴数量 | 6 |
| 20050 | AXCONF _ GEOAX _ NAME _ TAB [0] … [2] | 定义通道内的几何轴名称 | 0 |
| 20060 | AXCONF _ GEOAX _ NAME _ TAB [0] … [2] | 定义通道内的几何轴名称 | 0 |
| 20070 | AXCONF _ MACHAX _ USED [0] | 通道内有效的机床轴号 | 1 |
| 20070 | AXCONF _ MACHAX _ USED [1] | 通道内有效的机床轴号 | 2 |
| 20070 | AXCONF _ MACHAX _ USED [2] | 通道内有效的机床轴号 | 3 |
| 20070 | AXCONF _ MACHAX _ USED [3] | 通道内有效的机床轴号 | 4 |
| 20070 | AXCONF _ MACHAX _ USED [4] | 通道内有效的机床轴号 | 5 |
| 20070 | AXCONF _ MACHAX _ USED [5] | 通道内有效的机床轴号 | 6 |
| 20080 | AXCONF _ CHANAX _ NAME _ TAB [0] | 通道内有效的机床轴名 | X |
| 20080 | AXCONF _ CHANAX _ NAME _ TAB [1] | 通道内有效的机床轴名 | Y |
| 20080 | AXCONF _ CHANAX _ NAME _ TAB [2] | 通道内有效的机床轴名 | Z |
| 20080 | AXCONF _ CHANAX _ NAME _ TAB [3] | 通道内有效的机床轴名 | X4 |
| 20080 | AXCONF _ CHANAX _ NAME _ TAB [4] | 通道内有效的机床轴名 | Y5 |
| 20080 | AXCONF _ CHANAX _ NAME _ TAB [5] | 通道内有效的机床轴名 | Z6 |
| 30100 | CTRLOUT _ SEGMENT _ NR [0] | 给定值：驱动器号/模块号 | 5 |
| 30110 | CTRLOUT _ MODULE _ NR [0]  X 轴 | 给定值：驱动器号/模块号 | 4 |
| 30110 | CTRLOUT _ MODULE _ NR [0]  Y 轴 | 给定值：驱动器号/模块号 | 1 |
| 30110 | CTRLOUT _ MODULE _ NR [0]  Z 轴 | 给定值：驱动器号/模块号 | 3 |
| 30110 | CTRLOUT _ MODULE _ NR [0]  X4 轴 | 给定值：驱动器号/模块号 | 6 |
| 30110 | CTRLOUT _ MODULE _ NR [0]  Y5 轴 | 给定值：驱动器号/模块号 | 2 |
| 30110 | CTRLOUT _ MODULE _ NR [0]  Z6 轴 | 给定值：驱动器号/模块号 | 5 |
| 30120 | CTRLOUT _ NR [0] | 给定值：输出到子模块/模块 | 1 |
| 30130 | CTRLOUT _ TYPE [0] | 设定轴输出类型 | 1 |
| 30134 | IS _ UNIPOLAR _ OUTPUT [0] | 设定值输出是单极 | 0 |
| 30200 | NUM _ ENCS | 编码器数量 | 1 |
| 30220 | ENC _ MODULE _ NR [0]  X 轴 | 编码器驱动器号 | 4 |
| 30220 | ENC _ MODULE _ NR [0]  Y 轴 | 编码器驱动器号 | 1 |
| 30220 | ENC _ MODULE _ NR [0]  Z 轴 | 编码器驱动器号 | 3 |
| 30220 | ENC _ MODULE _ NR [0]  X4 轴 | 编码器驱动器号 | 6 |

（续）

| 参数号 | 名称 | 含义 | 设定值 |
|---|---|---|---|
| 30220 | ENC _ MODULE _ NR［0］ Y5 轴 | 编码器驱动器号 | 2 |
| 30220 | ENC _ MODULE _ NR［0］ Z6 轴 | 编码器驱动器号 | 5 |
| 30240 | ENC _ TYPE［0］ | 实际值测量模式 | 4 |
| 31020 | ENC _ RESOL［0］ | 直接测量系统 | 32 |
| 31025 | ENC _ PULSE _ MULT | 编码器每转脉冲数 | 2048 |
| 31030 | LEADSCREW _ PITCH | 丝杠螺距 | 5mm |
| 32000 | MAX _ AX _ VELO | 最大轴速度 | 10000mm/min |
| 32010 | JOG _ VELO _ RAPID | 点动方式快速速度 | 10000mm/min |
| 32020 | JOG _ VELO | 点动速度 | 2000mm/min |
| 36100 | POS _ LIMIT _ MINUS X 轴 | 第一软限位负向 | -1mm/min |
| 36110 | POS _ LIMIT _ PLUS X 轴 | 第一软限位正向 | 560mm/min |

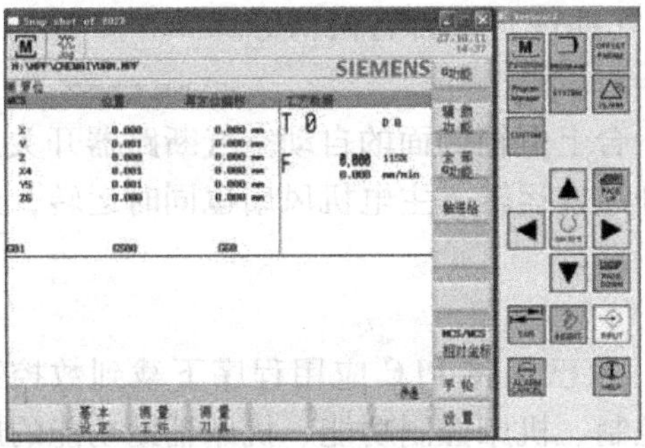

图 8-119 系统初始界面

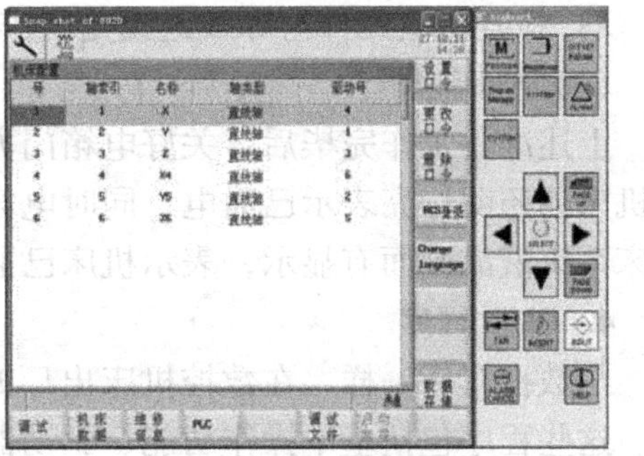

图 8-120 系统配置

2）主传动系统由 30kW 的交流变频电动机驱动，电动机安装在主轴箱的顶面，经 1∶1 的同步齿形带传动使主轴获得 500 ~ 4000r/min 的高速档无级变速段。另外通过油缸中的活塞带动拨叉推动滑移齿轮来完成高速档和低速档的变换，再通过 1∶5 的齿轮降速组，使主轴获得的 100 ~ 800r/min 低速档无级变速段。

它的滑座上的工作台可纵向（Y，Y5）移动，刀架横向（X，X4）移动由底座上的滑座来完成，刀架纵向（Z，Z6）移动由底座上的滑座来完成。工作台、滑座的移动共同组成了机床 X、Y、Z 两组三个轴线方向的运动。

X、Y 轴伺服电动机型号为 Siemens 1FK7063 - 5AF71 - 1AG0，Z 轴伺服电动机型号为 Siemens 1FK7083 - 5AF71 - 1AH0。

3）在机床中，数控系统、驱动器之间通过控制电缆 DRIVE CLIQ 进行通信，输入输出模块通过 PROFIBUS 电缆进行通信。

**3. 机床供电**

（1）电气要求

1）环境温度：工作在通风条件良好的室内温度为 0 ~ 45℃；运输时，要求温度为 -20 ~ 60℃。

2）环境湿度：正常条件下低于 75%，短时间最大允许 95%。

3）安装位置：避免阳光直晒或过度振动。

4）安装环境：尽可能处于无酸、无腐蚀气体、无盐雾、无降尘的环境。

5）主电源电压：AC 380V。

6）电压波动：最大 ±10%。

7）电源频率：50Hz。

8）严禁从有干扰源的配电盘引出主电源（例如该配电盘为电焊机、电火花机床供电），这将导致 CNC 无法正常工作。

9）机床应单独接保护地（禁止使用零线替代保护地接入机床），如果使用公共地，其他设备则不能产生大的干扰值（例如电焊机、电火花机床等设备）。

（2）机床首次送电须知

1）送电前必须保证供电系统送给机床电箱内接线板上的 L1、L2、L3 三相电源为正相序，否则将引起严重后果。

2）确认机床的接地良好，其接地导线的截面积不得小于 $6mm^2$。

3）检查电气元件与导线连接是否牢固，插头（插件）是否有松动等。

（3）机床送电

上述准备工作完毕后，关好电箱门方可送电。合上电箱侧面的自动空气断路器开关。此时机床的照明灯亮表示已通电，同时电箱上的冷却风扇运转，主电机风扇也同时运转，此时机床系统液晶画面有显示，表示机床已通电。

**4. PLC 程序**

与数控车床一样，在数控机床出厂时，生产厂家已经将 PLC 应用程序下载到数控系统中。这些程序包括基本操作功能、驱动器的使能控制、机床控制功能、机床辅助功能的应用程序，具体请参考机床使用说明书。

SIEMENS 公司随系统光盘中给用户提供了数控车床、铣床的参考 PLC 程序，生产厂家可以自己编制 PLC 程序，也可以使用 SIEMENS 的 PLC 程序，还可以在 SIEMENS 程序基础上改造出自己的应用程序。车外圆专机就是在 SIEMENS 程序基础上改编了 PLC 程序，用来实现专机的一些特殊功能。

**5. 报警信息**

对于数控机床的用户，一旦机床意外停机，会造成经济损失。当机床出现故障时，不同的故障会有不同的原因，首先在 PLC 程序中将报警变量对应到 NC 变量 V16000000 上，再通过 8.2.4 节中的方法制作报警文本，图 8-121 列举了车外圆专机的报警文本列表，通过该表可以快速处理机床常见故障。

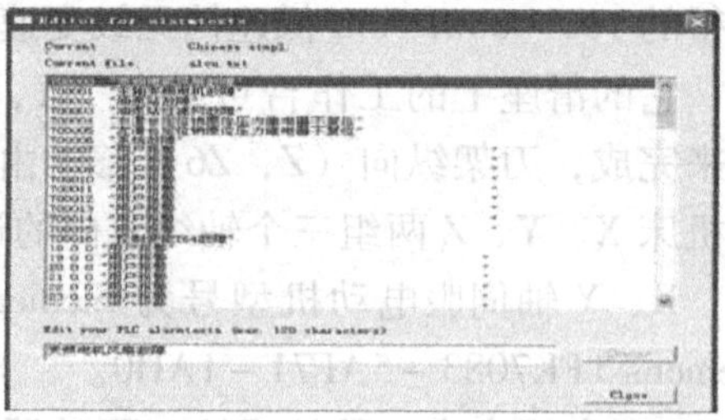

图 8-121　报警文本

## 8.3.3　伺服控制系统特殊功能调试

**1. PLC 轴功能**

802D SL 的 PLC 可以通过 PLC－NC 接口 V380x3000/V390x3000 对 PLC 轴进行控制，PLC 轴可用于车床伺服刀塔控制、加工中心伺服刀库控制、工件传输等，车外圆专机使用该轴为车刀进给轴；PLC 轴功能适用于 802D sl T/M Plus 或 Pro。PLC 轴的硬件配置和其他 NC 伺服轴相同，使用 SINAMICS S120 驱动和伺服电动机；PLC 轴的类型可以为直线轴、旋转轴或分度轴，但不能为主轴或几何轴。

PLC 轴的操作如下：

1）JOG 点动和 REF 回参考点方式，和 NC 伺服轴操作相同，即通过点动键进行点动或回参考点操作。

2）在 MDA 或 AUTO 自动操作方式下，不能通过加工程序对轴地址进行编程，只能由 PLC 对其进行控制，但可以充分利用 NC – PLC 公共数据区。

PLC 轴的显示和其他伺服轴相同，显示在 802D sl 的轴显示区域。车外圆专机使用了 PLC 轴，如图 8-117 所示中的 Z6 轴即为 PLC 轴。PLC 轴驱动调试及优化和 NC 轴完全相同。PLC 轴功能相关的 NC 参数：除表 8-25 中参数外，NC 参数和其他 NC 轴相同。

**表 8-25　车外圆专机伺服控制系统的 PLC 轴差异参数**

| 数 据 号 | 数 据 名 | 值 | 数 据 说 明 |
|---|---|---|---|
| 10000 [5] | AXCONF _ MACHAX _ NAME _ TAB [5] | Z6 | 机床进给轴名称 |
| 19100 | NUM _ AXES _ IN _ SYSTEM | 6 | 机床进给轴数量 |
| 20070 [5] | AXCONF _ MACHAX _ USED [5] | 6 | 通道内有效的机床轴号 |
| 20080 [5] | AXCONF _ CHANAX _ NAME _ TAB [5] | Z6 | 通道内有效的机床轴名 |
| 30460 | BASE _ FUNCTION _ MASK [AX6] | 20 | 定义轴是插补轴还是定位轴 |

PLC 轴的诊断除具有 NC 轴的诊断功能外，还可以通过 PLC – NC 接口的 PLC 轴状态字 VB39053003 的信息进行诊断。

**2. 由 PLC 读取坐标的位置和剩余量**

802D SL 中的 PLC 应用程序可以读取各轴机床坐标的位置以及剩余量。读取的方法如下：

首先要通过 PLC 应用程序激活读位置的功能：V26000001. 1 = 1——激活读取机床坐标的位置；V26000001. 2 = 1——激活读取位置指令的剩余值。各轴位置见表 8-26。

**表 8-26　车外圆专机伺服控制系统的各轴位置参数**

| 坐标位置的地址 | 剩余值的地址 | 轴号 | 数据类型 |
|---|---|---|---|
| VD57000000 | VD57000004 | 第一轴 | 浮点数 |
| VD57010000 | VD57010004 | 第二轴 | 浮点数 |
| VD57020000 | VD57020004 | 第三轴 | 浮点数 |
| VD57030000 | VD57030004 | 第四轴 | 浮点数 |
| VD57040000 | VD57040004 | 第五轴 | 浮点数 |
| VD57050000 | VD57050004 | 第六轴 | 浮点数 |

读坐标位置举例，如图 8-122 所示：

**3. 伺服电动机动作与液压或气动动作相互切换**

设备在运行过程中经常遇到液压动作运行到位后，伺服电动机带动滑台动作，然后切掉伺服轴使能转为液压控制设备动作，液压动作完成后再次起动伺服电动机完成加工。这需要

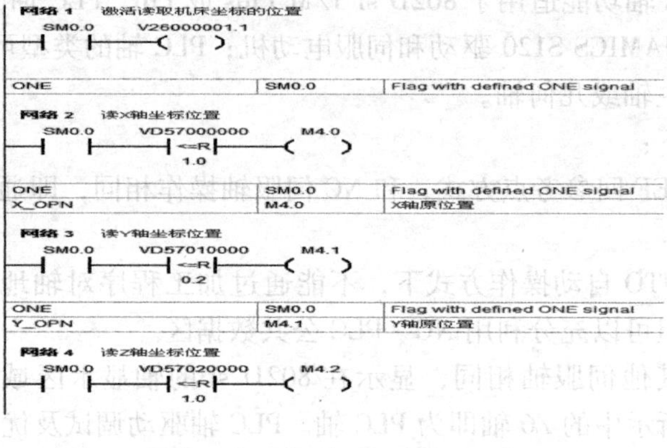


图 8-122　读坐标位置 PLC 程序

加工程序与 PLC 程序相互配合，以达到系统加工动作要求。

首先在加工程序中将设备动作规划完成，伺服轴动作后加上自定义 M 指令，如 M50，程序执行到 M50 指令时，NC 参数对应的 V25001006.2 节点动作，通过该节点触发 NC 读入禁止 V32000006.1 即可暂停伺服轴动作，液压缸动作完成后重新启动伺服系统。PLC 程序举例如图 8-123 所示。

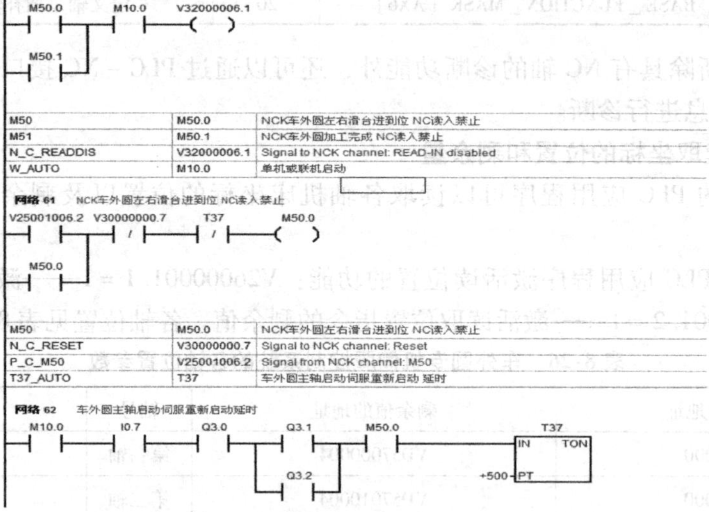


图 8-123　伺服系统暂停再启动 PLC 程序

**4. 双轴联动同时从远端向中心移动，接触到光电开关后停到固定位置**

由于西门子 802D SL 系统没有直接控制双轴同时联动到光电开关位置分别停止的功能，因此需要用户自己编辑用户加工子程序及 PLC 程序来实现此功能。将子程序生成后加入主程序即可，加工子程序如图 8-124 所示，PLC 程序如图 8-125 所示：

NC 参数 V28001001.0 被触发就说明子程序里条件 SA _ IN [9] = =1 成立，即滑台伺服电动机停止前进。

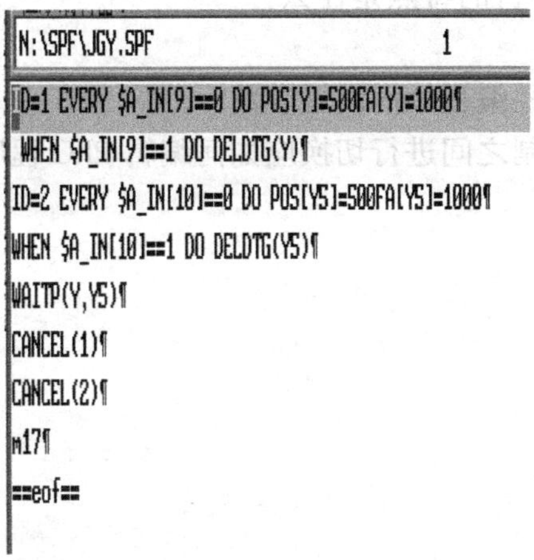


图 8-124　双轴联动到位分别停止加工子程序 1

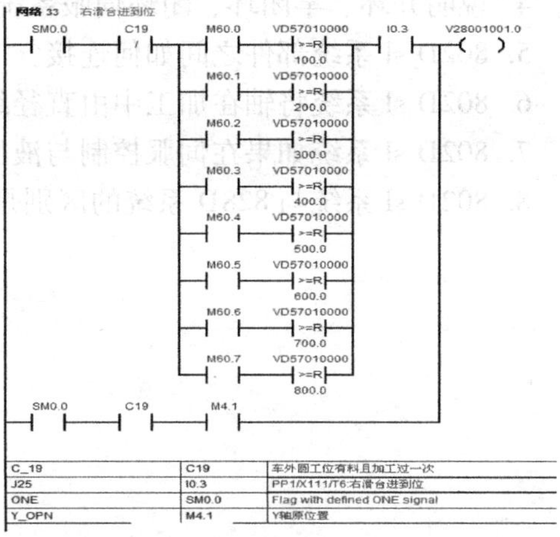

图 8-125　双轴联动到位分别停止加工子程序 2

**5. 调试数据的备份**

在系统调试完毕后，进行数据备份是十分重要的。SINUMERIK 802D sl 可在系统内部备份，也可在 CF 卡上备份，或在计算机的硬盘上备份。首先利用准备好的直连网线将计算机和 802D sl 连接起来；从 WINDOWS 的“开始”菜单中找到通信工具软件 RCS，并启动；在 Control 802D 中找到需要备份的文件后，用鼠标将其拖到计算机的目录下即可。主要是 NC/PLC/Drive 等调试数据，如图 8-126 所示。

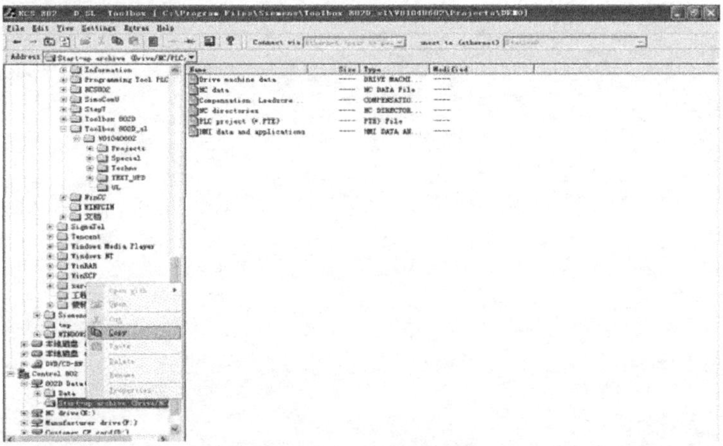

图 8-126　调试数据备份

## 8.4　练习题

1. 数控机床如何分类？
2. 数控机床与普通机床有何不同？
3. 数控机床的电气控制系统由哪些装置组成？

4. 说明开环、半闭环、闭环伺服系统的组成及各自的特点是什么?
5. 802D sl 系统部件之间如何连接?
6. 802D sl 系统将轴在加工中由直径编程变为半径编程如何设置参数?
7. 802D sl 系统如果在伺服控制与液压或气动控制之间进行切换应如何编辑 PLC 程序?
8. 802D sl 系统与 828D 系统的区别是什么?

# 附　　录

## 附录 A　电气图中常用图形符号和文字符号新旧对照表

表　A-1

| 类别 | 新符号 |  | 符号说明 | 旧符号 |  |
|---|---|---|---|---|---|
| 电机 |  |  | 直流发电机<br>直流电动机<br>交流发电机<br>交流电动机 |  |  |
|  | 形式 1 | 形式 2 |  |  |  |
| 变压器<br>电抗器<br>互感器 |  |  | 双绕组变压器<br>（电压互感器） | 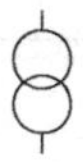 |  |
|  |  | 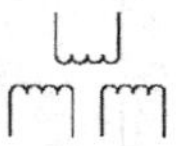 | 三绕组变压器 |  | 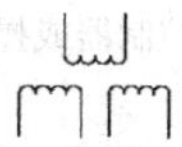 |
|  |  | 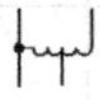 | 自耦变压器 |  |  |
|  |  |  | 电抗器、扼流线圈 |  |  |
|  |  | 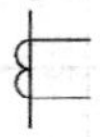 | 电流互感器 |  | 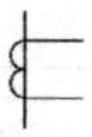 |
| 开关装置 |  |  | 断路器 | 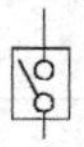 |  |
|  |  |  | 隔离开关 | 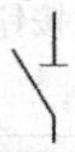 |  |
|  |  |  | 负荷开关 | 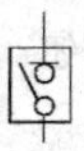 |  |
|  | 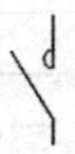 |  | 接触器 | 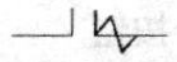 |  |

（续）

| 类别 | 新符号 | 符号说明 | 旧符号 |
| --- | --- | --- | --- |
| 熔断器<br>避雷器 | 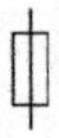 | | 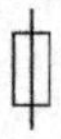 |
| |  | |  |
| | 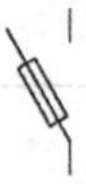 | | 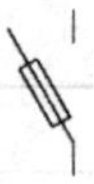 |
| |  | |  |

**表　A-2**

| 名　　称 | | 新标准 | | 新标准 | |
| --- | --- | --- | --- | --- | --- |
| | | 图形符号 | 文字符号 | 图形符号 | 文字符号 |
| 控制器或操作开关 | | 与右边符号相同 | SA | 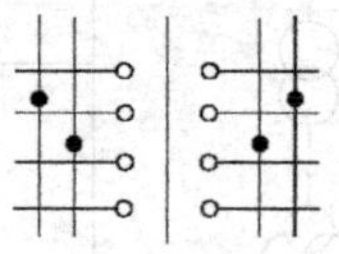 | ZK |
| 限位开关 | 动合开关 |  | SL | 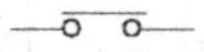 | XWK |
| | 动断触点 |  | SL |   | XWK |
| | 复合触点 |  | SL | 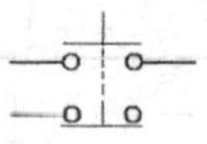 | XWK |
| 按钮 | 启动/起动按钮 | 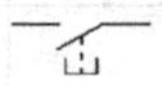 | $SB_{ST}$ | 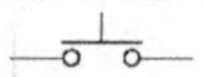 | QA |
| | 停止按钮 | 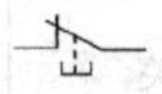 | $SR_{SS}$ | 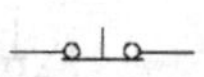 | TA |
| | 复合按钮 | 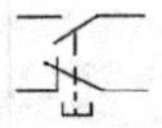 | SB | 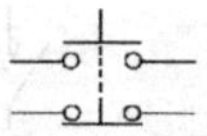 | A；AN |

（续）

| 名　称 | | 新标准 | | 新标准 | |
|---|---|---|---|---|---|
| | | 图形符号 | 文字符号 | 图形符号 | 文字符号 |
| 接触器 | 线圈 | 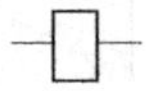 | KM | 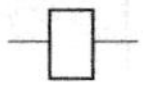 | C |
| | 动合触点 |  | KM |  | C |
| | 动断触点 |  | KM | 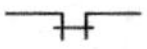 | C |
| | 带灭弧装置的动合触点 |  | KM | 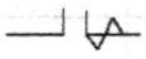 | C |
| | 带灭弧装置的动断触点 |  | KM | 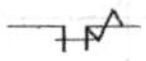 | C |
| 继电器 | | 另见表 1-10 ~ 表 1-12 | | | |
| 热继电器 | 热继电器 | | KTH | | RJ |
| | 热元件 | 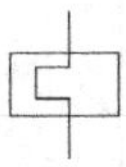 | KTH |  | RJ |
| | 动断触点 | 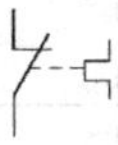 | KTH |  | RJ |
| 电磁铁 | | 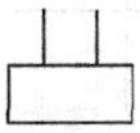 | YA | 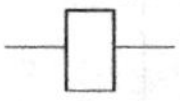 | CT |
| 接插器（插头，插座） | |  | XP，XS |  | CZ |
| 熔断器 | | 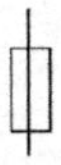 | FU |  | TD；RM |
| 信号（指示）灯 | |  | HL（PL） |  | ZSD |
| 单相电压互感器 | | 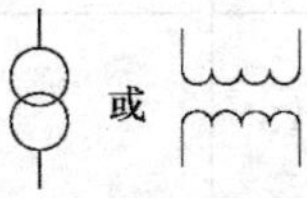 | TA | 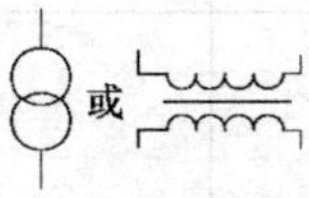 | YH |
| 电流互感器 | | 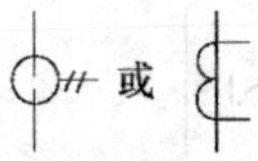 | TA |  | LH |

（续）

| 名　称 | 新标准 | | 新标准 | |
| --- | --- | --- | --- | --- |
| | 图形符号 | 文字符号 | 图形符号 | 文字符号 |
| 避雷器 |  | F | 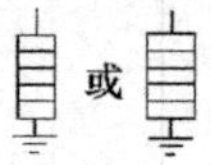 | RL |
| 电容器 | 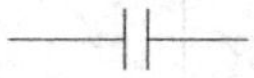 | C | C | C |
| 带铁心的电感器铁心<br>有间隙的电感器（线圈） | 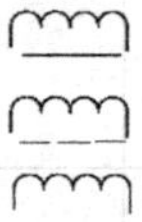 | L | L | L |
| 电阻器 |  | R |  | R |
| 滑动变阻器 | 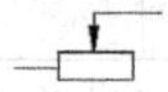 | R | R | R |
| 滑动触头电位器 | 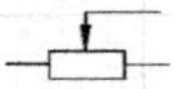 | RP | RP | RW，W |
| 母线（汇流排） |   | W，WB | W，WB | M |
| 接地一般符号 |  | E |  | |
| 开关一般符号 |  | Q |  | K |
| 二极管 | 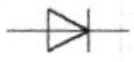 | V，VD | 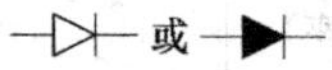 | D |
| 晶体管（PNP 型）<br>晶体管（NPN 型） |  | V，VT | 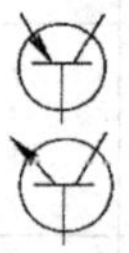 | BG |
| 晶闸管（可控硅） |  | V，VTH | 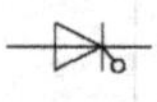 | SCR，K2L<br>KGZ |
| 稳压管 |  | V，VS |  | DW |
| 单结晶体管 | 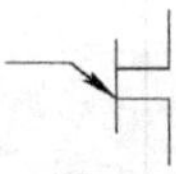 | V，VSJ |  | OJT |

（续）

| 名称 | | 新标准 | | 新标准 | |
|---|---|---|---|---|---|
| | | 图形符号 | 文字符号 | 图形符号 | 文字符号 |
| 桥式整流器 | | 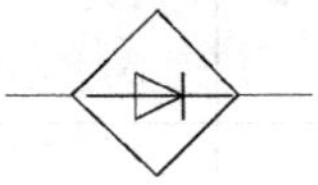 | VR | 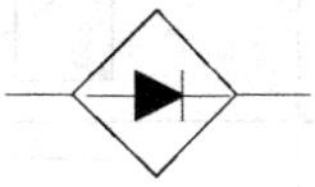 | ZL |
| 蓄电池 | | 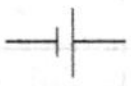 | GB |  | XDC |
| 蓄电池组 | | | | 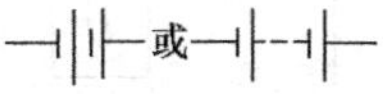 | |
| 指示仪表（举例） | 电压表 |  | PV |  | V |
| | 功率表 |  | PW |  | W |
| 记录式功率表 | | 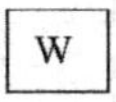 | PW | | |
| 积算仪表，电能表 | | 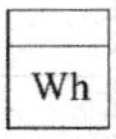 | PJ | | |
| 光字牌（单或双） | | 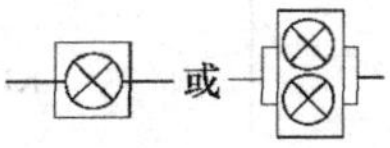 | HR | 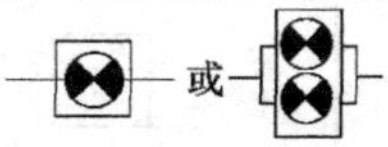 | GP |
| 电铃（警铃） | |  | HAB（EB，PB） | 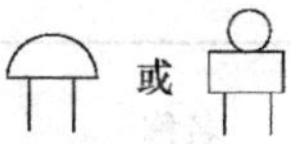 | DL，JL |
| 蜂鸣器 | |  | HAB（PUB） | 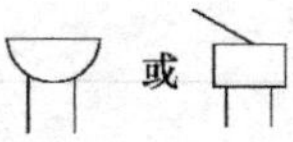 | FM |
| 电喇叭（电箱） | | 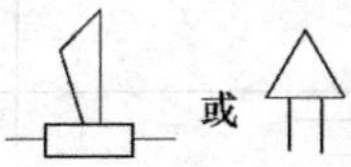 | HAL（EW） | 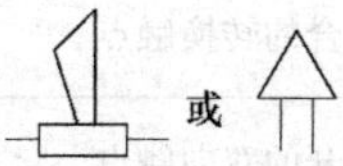 | DD |
| 手车式、抽屉式插口 | | 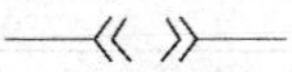 | | | |

表 A-3

| 继电器名称 | 图形符号 | | 文字符号 | |
|---|---|---|---|---|
| | 新 | 旧 | 新 | 旧 |
| 继电器一般表示 | | | K | J |
| 电流继电器 | $I$ | $I$ | KA | LJ |
| 过电流继电器 | $I<$ | $I<$ | KAO | GLJ |
| 电压继电器 | $U$ | $U$ | KV | YJ |
| 欠电压继电器 | $U<$ | $U<$ | KVU | DYJ |
| 过电压继电器 | $U>$ | $U>$ | KVO | GYJ |
| 时间继电器（定时限） | | $t$ | KT | SJ |
| 中间继电器<br>出口继电器 | | | KC<br>KOU | ZJ<br>BCJ |
| 信号继电器 | | | KS | XJ |
| 气体继电器<br>（瓦斯继电器） | | 山 | KG | WST |
| 差动继电器 | $I_d$ | $I–I$ | KD | CJ |

表 A-4

| 序号 | 名称 | 图形符号 | |
|---|---|---|---|
| | | 新符号 | 旧符号 |
| 1 | 动合触点 | 或 | 或 |
| 2 | 动断触点 | | |
| 3 | 先断后合的转换触点 | | |
| 4 | 中间断开的双向触点 | | |
| 5 | 延时闭合的动合触点 | | 或 |
| 6 | 延时闭合的动断触点 | | 或 |

（续）

| 序号 | 名称 | 图形符号 | |
|---|---|---|---|
| | | 新符号 | 旧符号 |
| 7 | 延时断开的动合触点 |  |  或  |
| 8 | 延时断开的动断触点 |  |  或  |
| 9 | 具有手动复归的机械（或电器）保持的动合触点 |  或  | 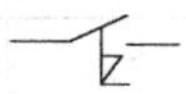 |

**表 A-5**

| 序 号 | 说 明 | 图 形 符 号 |
|---|---|---|
| 1 | 继电器线圈的一般符号 | 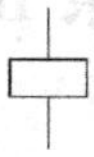 或  |
| 2 | 当需要指出继电器为双线圈时继电器线圈符号 | 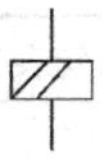 或 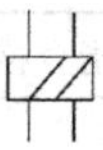 |
| 3 | 继电器有 $n$ 个线圈时继电器线圈符号 | 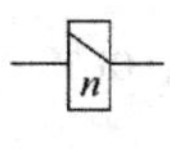 或 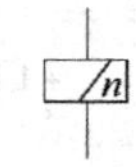 |
| 4 | 有 $n$ 个线圈的继电器的电流线圈 | 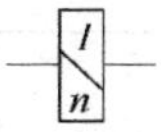 或 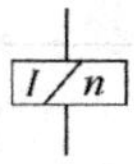 |
| 5 | 继电器的交流线圈 | 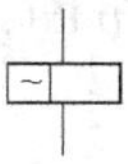 |
| 6 | 继电器的电流线圈 | 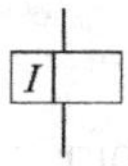 或 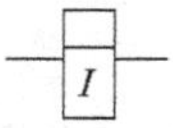 |
| 7 | 继电器的电压线圈 | 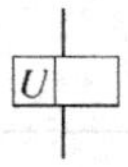 或 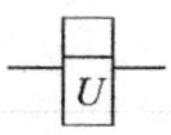 |
| 8 | 缓慢释放（缓放）线圈 | 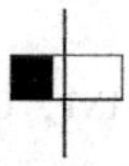 |
| 9 | 缓慢吸合（缓吸）线圈 | 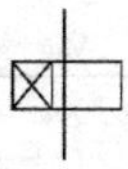 |
| 10 | 缓吸和缓放线圈 | 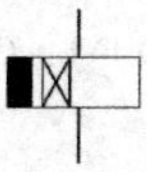 |
| 11 | 快速继电器（快吸和快放）的线圈 | 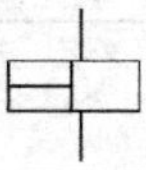 |
| 12 | 机械（或电气）保持继电器的线圈 | 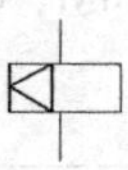 |

（续）

| 序　号 | 说　明 | 图形符号 |
|---|---|---|
| 13 | 极化继电器的线圈（圆点表示通过极化继电器的电流方向和动触点的运动之间的关系：当标有极点的线圈端子相对于另一线圈端子是正极时，动触点朝着标有圆点的位置运动） | 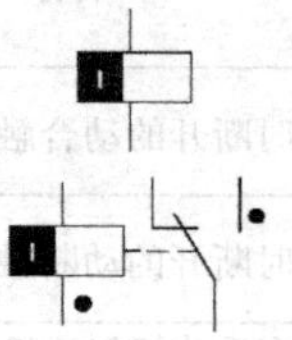 |
| 14 | 热继电器的驱动器件 | 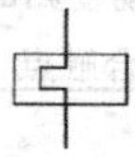 |

# 附录 B　西门子 S7－200 系列 PLC 指令表

表 B-1　四则运算指令

| 名称 | 指令格式（语句表） | 功　能 | 操作数寻址范围 |
|---|---|---|---|
| 加法指令 | +I IN1，OUT | 两个 16 位带符号整数相加，得到一个 16 位带符号整数<br>执行结果：IN1 + OUT = OUT（在 LAD 和 FBD 中为：IN1 + IN2 = OUT） | IN1，IN2，OUT：VW，IW，QW，MW，SW，SMW，LW，T，C，AC，＊VD，＊AC，＊LD<br>IN1 和 IN2 还可以是 AIW 和常数 |
| | +D IN1，IN2 | 两个 32 位带符号整数相加，得到一个 32 位带符号整数<br>执行结果：IN1 + OUT = OUT（在 LAD 和 FBD 中为：IN1 + IN2 = OUT） | IN1，IN2，OUT：VD，ID，QD，MD，SD，SMD，LD，AC，＊VD，＊AC，＊LD<br>IN1 和 IN2 还可以是 HC 和常数 |
| | +R IN1，OUT | 两个 32 位实数相加，得到一个 32 位实数<br>执行结果：IN1 + OUT = OUT（在 LAD 和 FBD 中为：IN1 + IN2 = OUT） | IN1，IN2，OUT：VD，ID，QD，MD，SD，SMD，LD，AC，＊VD，＊AC，＊LD<br>IN1 和 IN2 还可以是常数 |
| 减法指令 | －I IN1，OUT | 两个 16 位带符号整数相减，得到一个 16 位带符号整数<br>执行结果：OUT － IN1 = OUT（在 LAD 和 FBD 中为：IN1 － IN2 = OUT） | IN1，IN2，OUT：VW，IW，QW，MW，SW，SMW，LW，T，C，AC，＊VD，＊AC，＊LD<br>IN1 和 IN2 还可以是 AIW 和常数 |
| | －D IN1，OUT | 两个 32 位带符号整数相减，得到一个 32 位带符号整数<br>执行结果：OUT － IN1 = OUT（在 LAD 和 FBD 中为：IN1 － IN2 = OUT） | IN1，IN2，OUT：VD，ID，QD，MD，SD，SMD，LD，AC，＊VD，＊AC，＊LD<br>IN1 和 IN2 还可以是 HC 和常数 |
| | －R IN1，OUT | 两个 32 位实数相加，得到一个 32 位实数<br>执行结果：OUT － IN1 = OUT（在 LAD 和 FBD 中为：IN1 － IN2 = OUT） | IN1，IN2，OUT：VD，ID，QD，MD，SD，SMD，LD，AC，＊VD，＊AC，＊LD<br>IN1 和 IN2 还可以是常数 |

（续）

| 名称 | 指令格式（语句表） | 功　能 | 操作数寻址范围 |
|---|---|---|---|
| 乘法指令 | ＊I IN1，OUT | 两个16位符号整数相乘，得到一个16位整数<br>执行结果：IN1 ＊ OUT = OUT（在LAD和FBD中为：IN1 ＊ IN2 = OUT） | IN1，IN2，OUT：VW，IW，QW，MW，SW，SMW，LW，T，C，AC，＊VD，＊AC，＊LD<br>IN1和IN2还可以是AIW和常数 |
| | MUL IN1，OUT | 两个16位带符号整数相乘，得到一个32位带符号整数<br>执行结果：IN1 ＊ OUT = OUT（在LAD和FBD中为：IN1 ＊ IN2 = OUT） | IN1，IN2：VW，IW，QW，MW，SW，SMW，LW，AIW，T，C，AC，＊VD，＊AC，＊LD和常数<br>OUT：VD，ID，QD，MD，SD，SMD，LD，AC，＊VD，＊AC，＊LD |
| | ＊D IN1，OUT | 两个32位带符号整数相乘，得到一个32位带符号整数<br>执行结果：IN1 ＊ OUT = OUT（在LAD和FBD中为：IN1 ＊ IN2 = OUT） | IN1，IN2，OUT：VD，ID，QD，MD，SD，SMD，LD，AC，＊VD，＊AC，＊LD<br>IN1和IN2还可以是HC和常数 |
| | ＊R IN1，OUT | 两个32位实数相乘，得到一个32位实数<br>执行结果：IN1 ＊ OUT = OUT（在LAD和FBD中为：IN1 ＊ IN2 = OUT） | IN1，IN2，OUT：VD，ID，QD，MD，SD，SMD，LD，AC，＊VD，＊AC，＊LD<br>IN1和IN2还可以是常数 |
| 除法指令 | /I IN1，OUT | 两个16位带符号整数相除，得到一个16位带符号整数商，不保留余数<br>执行结果：OUT/IN1 = OUT（在LAD和FBD中为：IN1/IN2 = OUT） | IN1，IN2，OUT：VW，IW，QW，MW，SW，SMW，LW，T，C，AC，＊VD，＊AC，＊LD<br>IN1和IN2还可以是AIW和常数 |
| | DIV IN1，OUT | 两个16位带符号整数相除，得到一个32位结果，其中低16位为商，高16位为余数<br>执行结果：OUT/IN1 = OUT（在LAD和FBD中为：IN1/IN2 = OUT） | IN1，IN2：VW，IW，QW，MW，SW，SMW，LW，AIW，T，C，AC，＊VD，＊AC，＊LD和常数<br>OUT：VD，ID，QD，MD，SD，SMD，LD，AC，＊VD，＊AC，＊LD |
| | /D IN1，OUT | 两个32位带符号整数相除，得到一个32位整数商，不保留余数<br>执行结果：OUT/IN1 = OUT（在LAD和FBD中为：IN1/IN2 = OUT） | IN1，IN2，OUT：VD，ID，QD，MD，SD，SMD，LD，AC，＊VD，＊AC，＊LD<br>IN1和IN2还可以是HC和常数 |
| | /R IN1，OUT | 两个32位实数相除，得到一个32位实数商<br>执行结果：OUT/IN1 = OUT（在LAD和FBD中为：IN1/IN2 = OUT） | IN1，IN2，OUT：VD，ID，QD，MD，SD，SMD，LD，AC，＊VD，＊AC，＊LD<br>IN1和IN2还可以是常数 |

（续）

| 名称 | 指令格式（语句表） | 功　能 | 操作数寻址范围 |
| --- | --- | --- | --- |
| 数学函数指令 | SQRT IN，OUT | 把一个32位实数（IN）开平方，得到32位实数结果（OUT） | IN，OUT：VD，ID，QD，MD，SD，SMD，LD，AC，＊VD，＊AC，＊LD<br>IN还可以是常数 |
| | LN IN，OUT | 对一个32位实数（IN）取自然对数，得到32位实数结果（OUT） | |
| | EXP IN，OUT | 对一个32位实数（IN）取以e为底数的指数，得到32位实数结果（OUT） | |
| | SIN IN，OUT | 分别对一个32位实数弧度值（IN）取正弦、余弦、正切，得到32位实数结果（OUT） | |
| | COS IN，OUT | | |
| | TAN IN，OUT | | |
| 增减指令 | INCB OUT | 将字节无符号输入数加1<br>执行结果：OUT+1=OUT（在LAD和FBD中为：IN+1=OUT） | IN，OUT：VB，IB，QB，MB，SB，SMB，LB，AC，＊VD，＊AC，＊LD<br>IN还可以是常数 |
| | DECB OUT | 将字节无符号输入数减1<br>执行结果：OUT－1=OUT（在LAD和FBD中为：IN－1=OUT） | |
| | INCW OUT | 将字（16位）有符号输入数加1<br>执行结果：OUT+1=OUT（在LAD和FBD中为：IN+1=OUT） | IN，OUT：VW，IW，QW，MW，SW，SMW，LW，T，C，AC，＊VD，＊AC，＊LD<br>IN还可以是AIW和常数 |
| | DECW OUT | 将字（16位）有符号输入数减1<br>执行结果：OUT－1=OUT（在LAD和FBD中为：IN－1=OUT） | |
| | INCD OUT | 将双字（32位）有符号输入数加1<br>执行结果：OUT+1=OUT（在LAD和FBD中为：IN+1=OUT） | IN，OUT：VD，ID，QD，MD，SD，SMD，LD，AC，＊VD，＊AC，＊LD<br>IN还可以是HC和常数 |
| | DECD OUT | 将字（32位）有符号输入数减1<br>执行结果：OUT－1=OUT（在LAD和FBD中为：IN－1=OUT） | |

**表B-2　逻辑运算指令**

| 名称 | 指令格式（语句表） | 功　能 | 操　作　数 |
| --- | --- | --- | --- |
| 字节逻辑运算指令 | ANDB IN1，OUT | 将字节IN1和OUT按位做逻辑与运算，OUT输出结果 | IN1，IN2，OUT：VB，IB，QB，MB，SB，SMB，LB，AC，＊VD，＊AC，＊LD<br>IN1和IN2还可以是常数 |
| | ORB IN1，OUT | 将字节IN1和OUT按位做逻辑或运算，OUT输出结果 | |
| | XORB IN1，OUT | 将字节IN1和OUT按位做逻辑异或运算，OUT输出结果 | |
| | INVB OUT | 将字节OUT按位取反，OUT输出结果 | |

（续）

| 名称 | 指令格式（语句表） | 功　能 | 操　作　数 |
| --- | --- | --- | --- |
| 字逻辑运算指令 | ANDW IN1，OUT | 将字 IN1 和 OUT 按位做逻辑与运算，OUT 输出结果 | IN1，IN2，OUT：VW，IW，QW，MW，SW，SMW，LW，T，C，AC，*VD，*AC，*LD<br>IN1 和 IN2 还可以是 AIW 和常数 |
| | ORW IN1，OUT | 将字 IN1 和 OUT 按位做逻辑或运算，OUT 输出结果 | |
| | XORW IN1，OUT | 将字 IN1 和 OUT 按位做逻辑异或运算，OUT 输出结果 | |
| | INVW OUT | 将字 OUT 按位取反，OUT 输出结果 | |
| 双字逻辑运算指令 | ANDD IN1，OUT | 将双字 IN1 和 OUT 按位做逻辑与运算，OUT 输出结果 | IN1，IN2，OUT：VD，ID，QD，MD，SD，SMD，LD，AC，*VD，*AC，*LD<br>IN1 和 IN2 还可以是 HC 和常数 |
| | ORD IN1，OUT | 将双字 IN1 和 OUT 按位做逻辑或运算，OUT 输出结果 | |
| | XORD IN1，OUT | 将双字 IN1 和 OUT 按位做逻辑异或运算，OUT 输出结果 | |
| | INVD OUT | 将双字 OUT 按位取反，OUT 输出结果 | |

**表 B-3　数据传送指令**

| 名称 | 指令格式（语句表） | 功　能 | 操　作　数 |
| --- | --- | --- | --- |
| 单一传送指令 | MOVB IN，OUT | 将 IN 的内容复制到 OUT 中<br>IN 和 OUT 的数据类型应相同，可分别为字、字节、双字、实数 | IN，OUT：VB，IB，QB，MB，SB，SMB，LB，AC，*VD，*AC，*LD<br>IN 还可以是常数 |
| | MOVW IN，OUT | | IN，OUT：VW，IW，QW，MW，SW，SMW，LW，T，C，AC，*VD，*AC，*LD<br>IN 还可以是 AIW 和常数<br>OUT 还可以是 AQW |
| | MOVD IN，OUT | | IN，OUT：VD，ID，QD，MD，SD，SMD，LD，AC，*VD，*AC，*LD<br>IN 还可以是 HC，常数，&VB，&IB，&QB，&MB，&T，&C |
| | MOVR IN，OUT | | IN，OUT：VD，ID，QD，MD，SD，SMD，LD，AC，*VD，*AC，*LD<br>IN 还可以是常数 |
| | BIR IN，OUT | 立即读取输入 IN 的值，将结果输出到 OUT | IN：IB<br>OUT：VB，IB，QB，MB，SB，SMB，LB，AC，*VD，*AC，*LD |
| | BIW IN，OUT | 立即将 IN 单元的值写到 OUT 所指的物理输出区 | IN：VB，IB，QB，MB，SB，SMB，LB，AC，*VD，*AC，*LD 和常数<br>OUT：QB |

（续）

| 名称 | 指令格式（语句表） | 功　能 | 操　作　数 |
|---|---|---|---|
| 块传送指令 | BMB IN，OUT，N | 将从IN开始的连续*N*个字节数据复制到从OUT开始的数据块<br>*N*的有效范围是1～255 | IN，OUT：VB，IB，QB，MB，SB，SMB，LB，＊VD，＊AC，＊LD<br>N：VB，IB，QB，MB，SB，SMB，LB，AC，＊VD，＊AC，＊LD和常数 |
| | BMW IN，OUT，N | 将从IN开始的连续*N*个字数据复制到从OUT开始的数据块<br>*N*的有效范围是1～255 | IN，OUT：VW，IW，QW，MW，SW，SMW，LW，T，C，＊VD，＊AC，＊LD<br>IN还可以是AIW<br>OUT还可以是AQW<br>N：VB，IB，QB，MB，SB，SMB，LB，AC，＊VD，＊AC，＊LD和常数 |
| | BMD IN，OUT，N | 将从IN开始的连续*N*个双字数据复制到从OUT开始的数据块<br>*N*的有效范围是1～255 | IN，OUT：VD，ID，QD，MD，SD，SMD，LD，＊VD，＊AC，＊LD<br>N：VB，IB，QB，MB，SB，SMB，LB，AC，＊VD，＊AC，＊LD和常数 |

**表B-4　移位与循环移位指令**

| 名称 | 指令格式（语句表） | 功　能 | 操　作　数 |
|---|---|---|---|
| 字节移位指令 | SRB OUT，N | 将字节OUT右移*N*位，最左边的位依次用0填充 | IN，OUT，N：VB，IB，QB，MB，SB，SMB，LB，AC，＊VD，＊AC，＊LD<br>IN和N还可以是常数 |
| | SLB OUT，N | 将字节OUT左移*N*位，最右边的位依次用0填充 | |
| | RRB OUT，N | 将字节OUT循环右移*N*位，从最右边移出的位送到OUT的最左位 | |
| | RLB OUT，N | 将字节OUT循环左移*N*位，从最左边移出的位送到OUT的最右位 | |
| 字移位指令 | SRW OUT，N | 将字OUT右移*N*位，最左边的位依次用0填充 | IN，OUT：VW，IW，QW，MW，SW，SMW，LW，T，C，AC，＊VD，＊AC，＊LD<br>IN还可以是AIW和常数<br>N：VB，IB，QB，MB，SB，SMB，LB，AC，＊VD，＊AC，＊LD，常数 |
| | SLW OUT，N | 将字OUT左移*N*位，最右边的位依次用0填充 | |
| | RRW OUT，N | 将字OUT循环右移*N*位，从最右边移出的位送到OUT的最左位 | |
| | RLW OUT，N | 将字OUT循环左移*N*位，从最左边移出的位送到OUT的最右位 | |

（续）

| 名称 | 指令格式（语句表） | 功　能 | 操　作　数 |
|---|---|---|---|
| 双字移位指令 | SRD OUT，N | 将双字 OUT 右移 *N* 位，最左边的位依次用 0 填充 | IN，OUT：VD，ID，QD，MD，SD，SMD，LD，AC，*VD，*AC，*LD<br>IN 还可以是 HC 和常数<br>N：VB，IB，QB，MB，SB，SMB，LB，AC，*VD，*AC，*LD，常数 |
| | SLD OUT，N | 将双字 OUT 左移 *N* 位，最右边的位依次用 0 填充 | |
| | RRD OUT，N | 将双字 OUT 循环右移 *N* 位，从最右边移出的位送到 OUT 的最左位 | |
| | RLD OUT，N | 将双字 OUT 循环左移 *N* 位，从最左边移出的位送到 OUT 的最右位 | |
| 位移位寄存器指令 | SHRB DATA，S_BIT，N | 将 DATA 的值（位型）移入移位寄存器；S_BIT 指定移位寄存器的最低位，*N* 指定移位寄存器的长度（正向移位 = *N*，反向移位 = −*N*） | DATA，S_BIT：I，Q，M，SM，T，C，V，S，L<br>N：VB，IB，QB，MB，SB，SMB，LB，AC，*VD，*AC，*LD，常数 |

**表 B-5　交换和填充指令**

| 名称 | 指令格式（语句表） | 功　能 | 操　作　数 |
|---|---|---|---|
| 换字节指令 | SWAP IN | 将输入字 IN 的高位字节与低位字节的内容交换，结果放回 IN 中 | IN：VW，IW，QW，MW，SW，SMW，LW，T，C，AC，*VD，*AC，*LD |
| 填充指令 | FILL IN，OUT，N | 用输入字 IN 填充从 OUT 开始的 *N* 个字存储单元<br>*N* 的范围为 1 ~ 255 | IN，OUT：VW，IW，QW，MW，SW，SMW，LW，T，C，AC，*VD，*AC，*LD<br>IN 还可以是 AIW 和常数<br>OUT 还可以是 AQW<br>N：VB，IB，QB，MB，SB，SMB，LB，AC，*VD，*AC，*LD，常数 |

**表 B-6　表操作指令**

| 名称 | 指令格式（语句表） | 功　能 | 操　作　数 |
|---|---|---|---|
| 表存数指令 | ATT DATA，TABLE | 将一个字型数据 DATA 添加到表 TABLE 的末尾，EC 值加 1 | DATA，TABLE：VW，IW，QW，MW，SW，SMW，LW，T，C，AC，*VD，*AC，*LD<br>DATA 还可以是 AIW、AC 和常数 |
| 表取数指令 | FIFO TABLE，DATA | 将表 TABLE 的第一个字型数据删除，并将它送到 DATA 指定的单元。表中其余的数据项都向前移动一个位置，同时实际填表数 EC 值减 1 | DATA，TABLE：VW，IW，QW，MW，SW，SMW，LW，T，C，*VD，*AC，*LD<br>DATA 还可以是 AQW 和 AC |
| | LIFO TABLE，DATA | 将表 TABLE 的最后一个字型数据删除，并将它送到 DATA 指定的单元。剩余数据位置保持不变，同时实际填表数 EC 值减 1 | |

（续）

| 名称 | 指令格式（语句表） | 功　能 | 操　作　数 |
| --- | --- | --- | --- |
| 表查找指令 | FND = TBL，PTN，INDEX<br>FND < > TBL，PTN，INDEX<br>FND < TBL，PTN，INDEX<br>FND > TBL，PTN，INDEX | 搜索表 TBL，从 INDEX 指定的数据项开始，用给定值 PTN 检索出符合条件（=，< >，<，>）的数据项<br>如果找到一个符合条件的数据项，则 INDEX 指明该数据项在表中的位置。如果一个也找不到，则 INDEX 的值等于数据表的长度。为了搜索下一个符合的值，在再次使用该指令之前，必须先将 INDEX 加 1 | TBL：VW，IW，QW，MW，SMW，LW，T，C，＊VD，＊AC，＊LD<br>PTN，INDEX：VW，IW，QW，MW，SW，SMW，LW，T，C，AC，＊VD，＊AC，＊LD<br>PTN 还可以是 AIW 和 AC |

**表 B-7　数据转换指令**

| 名称 | 指令格式（语句表） | 功　能 | 操　作　数 |
| --- | --- | --- | --- |
| 数据类型转换指令 | BTI IN，OUT | 将字节输入数据 IN 转换成整数类型，结果送到 OUT，无符号扩展 | IN：VB，IB，QB，MB，SB，SMB，LB，AC，＊VD，＊AC，＊LD，常数<br>OUT：VW，IW，QW，MW，SW，SMW，LW，T，C，AC，＊VD，＊AC，＊LD |
| | ITB IN，OUT | 将整数输入数据 IN 转换成一个字节，结果送到 OUT。输入数据超出字节范围（0～255）则产生溢出 | IN：VW，IW，QW，MW，SW，SMW，LW，T，C，AIW，AC，＊VD，＊AC，＊LD，常数<br>OUT：VB，IB，QB，MB，SB，SMB，LB，AC，＊VD，＊AC，＊LD |
| | DTI IN，OUT | 将双整数输入数据 IN 转换成整数，结果送到 OUT | IN：VD，ID，QD，MD，SD，SMD，LD，HC，AC，＊VD，＊AC，＊LD，常数<br>OUT：VW，IW，QW，MW，SW，SMW，LW，T，C，AC，＊VD，＊AC，＊LD |
| | ITD IN，OUT | 将整数输入数据 IN 转换成双整数（符号进行扩展），结果送到 OUT | IN：VW，IW，QW，MW，SW，SMW，LW，T，C，AIW，AC，＊VD，＊AC，＊LD，常数<br>OUT：VD，ID，QD，MD，SD，SMD，LD，AC，＊VD，＊AC，＊LD |
| | ROUND IN，OUT | 将实数输入数据 IN 转换成双整数，小数部分四舍五入，结果送到 OUT | IN，OUT：VD，ID，QD，MD，SD，SMD，LD，AC，＊VD，＊AC，＊LD<br>IN 还可以是常数<br>在 ROUND 指令中 IN 还可以是 HC |
| | TRUNC IN，OUT | 将实数输入数据 IN 转换成双整数，小数部分直接舍去，结果送到 OUT | |

（续）

| 名称 | 指令格式（语句表） | 功　能 | 操　作　数 |
|---|---|---|---|
| 数据类型转换指令 | DTR IN，OUT | 将双整数输入数据 IN 转换成实数，结果送到 OUT | IN，OUT：VD，ID，QD，MD，SD，SMD，LD，AC，＊VD，＊AC，＊LD<br>IN 还可以是 HC 和常数 |
| | BCDI OUT | 将 BCD 码输入数据 IN 转换成整数，结果送到 OUT。IN 的范围为 0～9999 | IN，OUT：VW，IW，QW，MW，SW，SMW，LW，T，C，AC，＊VD，＊AC，＊LD<br>IN 还可以是 AIW 和常数<br>OUT 还可以是 AC 和常数 |
| | IBCD OUT | 将整数输入数据 IN 转换成 BCD 码，结果送到 OUT。IN 的范围为 0～9999 | |
| 编码译码指令 | ENCO IN，OUT | 将字节输入数据 IN 的最低有效位（值为 1 的位）的位号输出到 OUT 指定的字节单元的低 4 位 | IN：VW，IW，QW，MW，SW，SMW，LW，T，C，AIW，AC，＊VD，＊AC，＊LD，常数<br>OUT：VB，IB，QB，MB，SB，SMB，LB，AC，＊VD，＊AC，＊LD |
| | DECO IN，OUT | 根据字节输入数据 IN 的低 4 位所表示的位号将 OUT 所指定的字单元的相应位置 1，其他位置 0 | IN：VB，IB，QB，MB，SB，SMB，LB，AC，＊VD，＊AC，＊LD，常数<br>IN：VW，IW，QW，MW，SW，SMW，LW，T，C，AQW，AC，＊VD，＊AC，＊LD |
| 段码指令 | SEG IN，OUT | 根据字节输入数据 IN 的低 4 位有效数字产生相应的七段码，结果输出到 OUT，OUT 的最高位恒为 0 | IN，OUT：VB，IB，QB，MB，SB，SMB，LB，AC，＊VD，＊AC，＊LD<br>IN 还可以是常数 |
| 字符串转换指令 | ATH IN，OUT，LEN | 把从 IN 开始的长度为 LEN 的 ASCII 码字符串转换成十六进制数，并存放在以 OUT 为首地址的存储区中。合法的 ASCII 码字符的十六进制值在 30H～39H，41H～46H，字符串的最大长度为 255 个字符 | IN，OUT，LEN：VB，IB，QB，MB，SB，SMB，LB，＊VD，＊AC，＊LD<br>LEN 还可以是 AC 和常数 |

**表 B-8　特殊指令**

| 名称 | 指令格式（语句表） | 功　能 | 操　作　数 |
|---|---|---|---|
| 中断指令 | ATCH INT，EVNT | 把一个中断事件（EVNT）和一个中断程序联系起来，并允许该中断事件 | INT：常数<br>EVNT：常数（CPU221/222：0～12，19～23，27～33；CPU224：0～23，27～33；CPU226：0～33） |
| | DTCH EVNT | 截断一个中断事件和所有中断程序的联系，并禁止该中断事件 | |
| | ENI | 全局地允许所有被连接的中断事件 | 无 |
| | DISI | 全局地关闭所有被连接的中断事件 | |
| | CRETI | 根据逻辑操作的条件从中断程序中返回 | |
| | RETI | 位于中断程序结束，是必选部分，程序编译时软件自动在程序结尾加入该指令 | |

（续）

| 名称 | 指令格式（语句表） | 功　能 | 操　作　数 |
|---|---|---|---|
| 通信指令 | NETR TBL，PORT | 初始化通信操作，通过指令端口（PORT）从远程设备上接收数据并形成表（TBL）。可以从远程站点读最多16个字节的信息 | TBL：VB，MB，＊VD，＊AC，＊LD<br>PORT：常数 |
| | NETW TBL，PORT | 初始化通信操作，通过指定端口（PORT）向远程设备写表（TBL）中的数据，可以向远程站点写最多16个字节的信息 | |
| | XMT TBL，PORT | 用于自由端口模式。指定激活发送数据缓冲区（TBL）中的数据，数据缓冲区的第一个数据指明了要发送的字节数，PORT指定用于发送的端口 | TBL：VB，IB，QB，MB，SB，SMB，＊VD，＊AC，＊LD<br>PORT：常数（CPU221/222/224为0；CPU226为0或1） |
| | RCV TBL，PORT | 激活初始化或结束接收信息的服务。通过指定端口（PORT）接收的信息存储于数据缓冲区（TBL），数据缓冲区的第一个数据指明了接收的字节数 | |
| | GPA ADDR，PORT | 读取PORT指定的CPU口的站地址，将数值放入ADDR指定的地址中 | ADDR：VB，IB，QB，MB，SB，SMB，LB，AC，＊VD，＊AC，＊LD<br>在SPA指令中ADDR还可以是常数<br>PORT：常数 |
| | SPA ADDR，PORT | 将CPU口的站地址（PORT）设置为ADDR指定的数值 | |
| 时钟指令 | TODR T | 读当前时间和日期并把它装入一个8个字节的缓冲区（起始地址为T） | T：VB，IB，QB，MB，SB，SMB，LB，＊VD，＊AC，＊LD |
| | TODW T | 将包含当前时间和日期的一个8个字节的缓冲区（起始地址是T）装入时钟 | |
| 高速计数器指令 | HDEF HSC，MODE | 为指定的高速计数器分配一种工作模式。每个高速计数器使用之前必须使用HDEF指令，且只能使用一次 | HSC：常数（0～5）<br>MODE：常数（0～11） |
| | HSC N | 根据高速计数器特殊存储器位的状态，按照HDEF指令指定的工作模式，设置和控制高速计数器。N指定了高速计数器号 | N：常数（0～5） |
| 高速脉冲输出指令 | PLS Q | 检测用户程序设置的特殊存储器位，激活由控制位定义的脉冲操作，从Q0.0或Q0.1输出高速脉冲<br>可用于激活高速脉冲串输出（PTO）或宽度可调脉冲输出（PWM） | Q：常数（0或1） |

（续）

| 名称 | 指令格式（语句表） | 功 能 | 操 作 数 |
|---|---|---|---|
| PID 回路指令 | PID TBL，LOOP | 运用回路表中的输入和组态信息，进行PID运算。要执行该指令，逻辑堆栈顶（TOS）必须为ON状态。TBL指定回路表的起始地址，LOOP指定控制回路号<br>回路表包含9个用来控制和监视PID运算的参数：过程变量当前值（$PV_n$）、过程变量前值（$PV_{n-1}$）、给定值（$SP_n$）、输出值（$M_n$）、增益（$K_c$）、采样时间（$T_s$）、积分时间（$T_i$）、微分时间（$T_d$）和积分项前值（MX）<br>为使PID计算是以所要求的采样时间进行，应在定时中断执行中断服务程序或在由定时器控制的主程序中完成，其中定时时间必须填入回路表中，以作为PID指令的一个输入参数 | TBL：VB<br>LOOP：常数（0~7） |

# 参考文献


[1] 机械工业部．电力拖动与控制［M］．北京：机械工业出版社，1999.
[2] 王仁祥．常用低压电器原理及其控制技术［M］．北京：机械工业出版社，2006.
[3] 倪远平．现代低压电器及其控制技术［M］．重庆：重庆大学出版社，2003.
[4] 齐占庆．电气控制技术［M］．北京：机械工业出版社，2006.
[5] 杨渝钦．控制电机［M］．北京：机械工业出版社，2001.
[6] 王季秩．执行电动机［M］．北京：机械工业出版社，1998.
[7] 张崇巍．运动控制系统［M］．武汉：武汉理工大学出版社，2001.
[8] 邓星钟．机电传动控制［M］．武汉：华中科技大学出版社，2001.
[9] 谭建成．电机控制专用集成电路与应用［M］．北京：机械工业出版社，2002.
[10] 刘美俊．通用变频器应用技术［M］．福州：福建科学技术出版社，2004.
[11] 张志义．数控应用技术［M］．北京：化学工业出版社，2005.
[12] 王钢．数控机床调试、使用与维护［M］．北京：化学工业出版社，2005.
[13] 弥洪涛．电气控制技术［M］．长春：吉林科学技术出版社，2001.
[14] 姚永刚．数控机床电气控制［M］．西安：西安电子科技大学出版社，2006.
[15] 张永飞．数控机床电器控制［M］．大连：大连理工大学出版社，2006.
[16] 西门子公司．SINVMERIK 802D 简要调试手册．2004.
[17] 祝福．西门子 S7－200 系列 PLC 应用技术［M］．北京：电子工业出版社，2011.
[18] 龚仲华．交流伺服驱动从原理到完全应用［M］．北京：人民邮电出版社，2010.
[19] 安川电机（中国）有限公司．AC 伺服驱动器 Σ－V 系列用户手册．2012.
[20] 广州数控设备有限公司．DY3A/B 使用户手册．2004.
[21] 博世力士乐（西安）电子传动与控制有限公司．FSCG05 系列变频器使用手册．2014.
[22] 天津诺尔电气股份有限公司．TJNR1000 系列软起动器使用手册．2014.